# 工程造价软件应用

## ——广联达GTJ2021、GCCP6.0实例应用教程


主　编　肖启艳　李国太　郭阳明

副主编　沈友东　李　强　黄　嵩



北京理工大学出版社

BEIJING INSTITUTE OF TECHNOLOGY PRESS

## 内 容 提 要

本书聚焦土建造价员在建设项目设计、招标投标和施工三个阶段的建筑工程BIM计量和BIM计价岗位工作任务，设置了广联达BIM 土建计量平台GTJ2021实例应用和广联达云计价平台GCCP6.0实例应用上、下两篇，包括了解广联达BIM土建计量平台GTJ2021，建模准备工作，首层主体构件绘制，中间层（第2～10层）主体构件绘制，顶层及出屋面层主体构件绘制，飘窗绘制，楼梯绘制，装饰装修绘制，雨篷等零星构件绘制，基础层构建绘制，套做法、汇总计算与查量、报表、云应用，了解广联达云计价平台GCCP6.0，工程概算编制，工程预算编制，工程结算编制共15个工作任务。本书以真实项目为载体，融合“岗课赛证”，以岗位工作过程为导向，根据五星教学原理，按照激活旧知、示证新知、尝试应用、提示及小结等组织内容，促进融会贯通，同时以造价工程师职业道德行为准则为主线融入德育教育元素并匹配素材，实现教学内容与工作过程、专业教育与德育的有机融合。本书内容结构新颖，以二维码形式配套丰富的课程资源和教学引导资源。

本书可作为高等院校土木建筑大类相关专业和职教本科相关专业教材，也可作为工程造价从业人员的参考用书。



**图书在版编目（CIP）数据**

工程造价软件应用：广联达GTJ2021、GCCP6.0实例应用教程 / 肖启艳，李国太，郭阳明主编.--北京：北京理工大学出版社，2022.12

ISBN 978-7-5763-1961-3

Ⅰ.①工…　Ⅱ.①肖… ②李… ③郭…　Ⅲ.①建筑工程－工程造价－应用软件－高等学校－教材　Ⅳ.①TU723.3-39

中国版本图书馆CIP数据核字（2022）第258690号

出版发行 / 北京理工大学出版社有限责任公司
社　　址 / 北京市海淀区中关村南大街5号
邮　　编 / 100081
电　　话 / （010）68914775（总编室）
（010）82562903（教材售后服务热线）
（010）68944723（其他图书服务热线）
网　　址 / http://www.bitpress.com.cn
经　　销 / 全国各地新华书店
印　　刷 / 北京紫瑞利印刷有限公司
开　　本 / 787毫米×1092毫米　1/16
印　　张 / 22
字　　数 / 579千字
版　　次 / 2022年12月第1版　2022年12月第1次印刷
定　　价 / 89.00元

责任编辑 / 钟　博
文案编辑 / 钟　博
责任校对 / 周瑞红
责任印制 / 王美丽

# 前言

当前工程造价领域正面临数字化、网络化、智能化升级，这就要求工程造价技术岗位人员掌握工程造价专业领域数字化技能，能够应用数字造价技术进行工程设计、工程交易、工程施工阶段的造价数字化管理，本书正是为适应这一新要求而编写的。

本书聚焦土建造价员岗位，基于BIM进行建筑工程计量和计价两个典型工作任务，结合1+X工程造价数字化应用职业技能等级标准、全国高校BIM毕业设计创新大赛BIM全过程造价管理与应用等竞赛要求，融合“岗课赛证”，一体化设计教材和在线开放课程，从企业选取典型框架–剪力墙结构项目为载体，设置广联达BIM土建计量平台GTJ2021实例应用和广联达云计价平台GCCP6.0实例应用两个学习模块。对接工程造价数字化管理实际工作过程，将计量模块按先地上再地下、先主体再装修再零星、先室内再室外的顺序设计了11个二级工作任务，计价模块按建设项目工程设计、工程交易、工程施工阶段的造价数字化管理要求设计了4个二级工作任务，遵循学习规律将各二级工作任务由易而难序化为若干技能点，以此确定教材整体结构体系。

本书坚持德育为先、能力本位、“两性一度”“纸数融合”原则，根据五星教学原理，以面向典型项目任务为核心，针对每个技能点设置聚焦项目任务、示证新知栏目，在示证新知栏目根据内容设置小提示、拓展提升、尝试应用，并配以操作小结和阶段工程。每个技能点均以该技能点的知识、能力、素质目标开始，通过“导学单”事先告知学习目的及预期收益，以与新知识相关联的基础知识框图“激活旧知”，以项目典型工作任务图纸分析与操作步骤呈现“示证新知”，以变式项目操作“尝试应用”，以“小提示”促进融会贯通，以“操作小结”巩固新知，拓展阅读及同类其他工程构件操作步骤促进“拓展提升”；以造价工程师职业道德行为准则为德育教育主线结合各技能点内容特性深入挖掘德育教育元素，每个技能点至少匹配1个德育教育素材，以此实现素质教育目标，落实立德树人。

本书同步设计开发在线开放课程，内有视频、动画、导学单、PPT等资源，相关资源以二维码形式嵌入纸质教材，纸质教材与课程资源既可独立运用又融合互补，构成新形态一体化教材体系，使学习者既能基于纸质教材进行深度阅读和反复阅读，又能学习课程资源进而拓展纸质教材学习空间，促进个性化学习，提高学习效果。课程资源还可随产业发展新趋势及新技术、新标准的出台进行动态更新，确保新形态一体化教材教学内容与时俱进。（课程网址：https://www.xueyinonline.com/detail/232583005）

本书的特色主要体现在以下四个方面。

### 1. 聚焦德技并修，落实立德树人

聚焦培养德技并修的土建造价技术技能人才，以造价工程师职业道德行为准则为主线将德育元素全面贯穿教材。教材主体内容以项目任务为引领，培养学习者分析和解决实际项目问题的综合能力；教材拓展内容帮助学习者开阔专业视野，引导学习者不断进取创新；每个技能点设置与素质目标匹配的德育内容和配套素材，引导学习者树立正确的三观，形成遵纪守法、诚实守信、求真务实和精业进取的良好品格和工作作风。本书通过德育目标融入、教学内容编排、配套德育素材等方式实现德育元素有机融入，有效落实立德树人的根本任务。

2. 融通“岗课赛证”，彰显职教特色

本书内容从学习目标、示证新知等全面融通“岗课赛证”要求，选取企业典型项目为载体有机串联各任务内容，满足项目化教学需要。教材及时融入建筑产业新规范、新定额等，以项目化实操内容突出实践能力培养，实现理论与实践相统一，书中拓展内容着眼于开阔学习者专业视野、培养创新精神，整本书兼具实践性、技能性和应用性，彰显了职教特色。

3. 深化产教融合，校企双元开发

联合经验丰富的院校教师和企业专业技术人员等，共同参与职业能力清单的开发、教材的编写和配套在线开放课程建设，同时邀请行业企业专家反复论证，从源头上保证教材紧密对接工程实际。本书的项目载体选自企业真实案例，将实际项目转化为教材内容，内容编排紧密对接企业土建造价员岗位真实工作过程。本书从编写团队组建、项目载体选择、内容组织编排等方面真正做到了校企共建、产教融合。

配套在线开放课程

4. 强化纸数融合，服务个性学习

按“互联网+教育”新思维一体化设计教材和课程，教材结构和课程知识树、教材内容与课程资源两两对应，并将MOOC视频等课程资源以二维码形式嵌入纸质教材，实现纸质教材与数字资源融合，便于学习者开展自主学习和个性化学习。

配套图纸——3号楼图纸

为保证教学效果，本书对应的课程教学建议安排在配套安装了GTJ2021、GCCP6.0、CAD看图软件、Office办公软件、PDF软件及控屏教学软件等相关软件的机房进行，教学过程中建议以五星教学原理为指导基于纸质教材和课程资源围绕课前、课中、课后三阶段实施线上线下混合式教学，考核评价建议围绕知识水平、技能水平、德育表现实施线上评价与线下评价相结合、过程性评价与终结性评价相结合、师生评价与第三方评价相结合的考核评价，促进学习者全面发展和个性化成长成才。

配套图纸——5号楼图纸

需要说明的是，本书编写时所使用的软件版本为广联达BIM土建计量平台GTJ2021_1.0.30.0和广联达云计价平台GCCP6.0_6.3000.16.98，不同版本的软件功能及命令显示可能会略有不同。本书是基于江西2017序列定额进行编写的，不同地区的定额规则和相关说明可能不相同，实际运用时请参照工程所在地区的定额规定执行。本书提供了教材配套图纸（5号楼及3号楼）、5号楼阶段工程文件、拓展提升图纸及基础工程文件下载，上述文件请扫描相应二维码后登录智慧职教平台下载或直接登录学银在线课程网站下载。如需书中图片彩色版请登录学银在线课程网站查看。

教学实施建议

本书由九江职业技术学院肖启艳、李国太、郭阳明担任主编，由九江职业技术学院沈友东、李强和广联达科技股份有限公司黄嵩担任副主编，具体编写分工如下：肖启艳编写了任务9、任务10、任务11和任务14中14.2；李国太编写了任务1、任务2、任务3和任务4；郭阳明编写了任务5、任务13、任务14中14.1和任务15；沈友东编写了任务7和任务8；李强编写了任务6；黄嵩编写了任务12。肖启艳和李国太负责全书的统稿。

参加本书编写的人员全部是来自教学一线和工程造价岗位的教师和工程师，具有丰富的工程造价工作经验。编者在撰写本书的过程中参考了大量书籍和资料，也吸取了有关专业人士、教师及学习者的宝贵意见和建议，在此一并表示衷心的感谢。

在本书的编写过程中，虽然经过反复斟酌和校对，但由于编写水平有限、时间紧迫，书中难免存在不足之处，敬请同行专家及读者批评指正。

编 者

# 目录

## 上篇　广联达 BIM 土建计量平台 GTJ2021 实例应用

# 上篇
# 广联达 BIM 土建计量平台 GTJ2021 实例应用

## 任务 1　了解广联达 BIM 土建计量平台 GTJ2021

### 聚焦项目任务

**知识：** 1. 了解 GTJ2021 算量的基本原理。
2. 了解 GTJ2021 建模的两种方法。
3. 熟悉 GTJ2021 建模的流程。
4. 熟悉 GTJ2021 的软件界面。
5. 掌握 GTJ2021 常用的快捷键。

**能力：** 1. 针对不同结构类型的建筑能合理确定建模流程。
2. 能够准确在软件界面中找到相应的命令按钮。
3. 能够正确运用相应命令快捷键。

**素质：** 1. 从广联达 BIM 土建计量平台 GTJ2021 是完全自主开发的造价软件，并积极随规范、定额版本的更新而更新内置规则中，深刻体会创新是引领发展第一动力。
2. 从三维算量模型创建应先确定总体步骤，再确定构件建模顺序，最后确定不同类型构件建模方法，树立先总体后局部的全局观念和系统思维。

GTJ2021 基础知识导学单及激活旧知思维导图

微课：GTJ2021 基础知识

### 示证新知

“中国方案”织就最美“冰丝带”(来源：新华网)

广联达 BIM 土建计量平台 GTJ2021 是基于自主平台开发的量筋合一土建算量软件，可解决土建专业估概算、招标投标预算、施工进度变更、竣工结算全过程各阶段算量、提量、检查、审核全流程业务，实现

建设项目全过程 BIM 土建计量，同时支持 BIM 模型数据上下游无缝连接，图纸导入率 99%，梁识别+校核准确率 99%。创新是引领发展的第一动力，是建设现代化经济体系的战略支撑，是推动高质量发展的动力源，只有创新才能把核心技术牢牢掌握在自己手中，解决“卡脖子”的问题。

## 一、GTJ2021 算量的基本原理

GTJ2021 软件本身内置了《房屋建筑与装饰工程工程量计算规范》(GB 50854—2013)及全国各地定额计算规则、G101 系列平法规则，软件内计算规则设置综合考虑了结构设计规范、施工验收规范及常见的钢筋施工工艺等，还可根据施工图纸的具体要求进行相应计算设置，使用者通过楼层设置确定构件的竖向高度尺寸及标高，通过轴网确定平面定位尺寸，然后智能识别 DWG 图纸或手动定义构件并绘图、一键导入 BIM 设计模型、云协同等方式建立 BIM 土建计量模型，再套取清单或定额做法，软件按照内置的计算规则自动考虑构件之间的扣减关系，从而准确地计算出各类构件的工程量，让使用者快速完成土建专业估概算、招投标预算、施工进度变更、竣工结算全过程各阶段的算量、提量、检查、审核全流程业务(图 1-1)。

软件能够计算的工程量包括土石方工程量、砌体工程量、混凝土及模板工程量、屋面工程量、顶棚及其楼地面工程量、墙柱面工程量、钢筋工程量等。

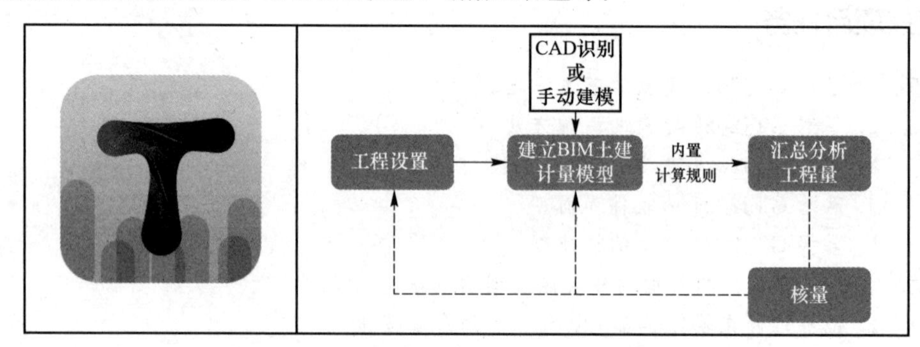


图 1-1 广联达 GTJ2021 图标及算量原理

## 二、运用 GTJ2021 算量的基本流程

运用 GTJ2021 进行土建计量全流程有 8 个基本步骤，分别是分析图纸、新建工程、工程设置、建模、云检查、汇总计算、查量、查看报表，具体流程如图 1-2 所示。

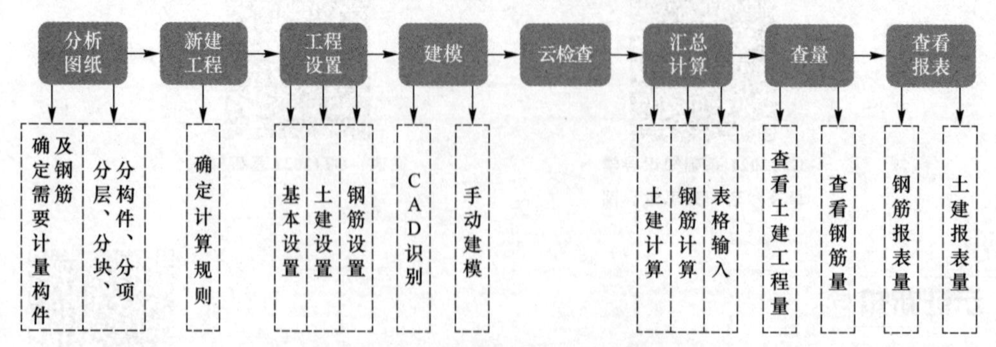


图 1-2 广联达 GTJ2021 算量基本流程

运用 GTJ2021 软件创建 BIM 土建计量三维模型有 CAD 识别和手动建模两种方法，在有 DWG 图纸的情况下，一般推荐使用 CAD 识别为主、手动建模为辅的方式进行，有助于提升建

模效率。GTJ2021 软件还支持其他类型图纸的识别(如 PDF 等)，但常见的图纸识别方式还是基于 CAD 图纸。无论采用哪种方式进行建模，首先要进行的都是系统读图，其方法是分层、分块、分构件、分项。建筑物分层如图 1-3 所示。

每层又可以分为六大块：围护结构，如柱、梁、墙、门、窗、过梁等；顶部结构或底部结构，如板、下空梁等；室内结构，如楼梯、水池、讲台等；室外结构，如散水、台阶、坡道、雨篷、挑檐、阳台等；室内装修，如地面、踢脚、墙裙、顶棚等；室外装修，如外墙裙、外墙面、腰线等。但基础层分块要单独考虑，根据基础形式的不同，可分为桩基础、桩承台、独立基础、条形基础、满堂基础，其中，桩基础为人工挖孔桩时基础层对应的构件有土方、护壁、桩。此外，各种基础对应基础层的构件有土方、垫层、基础、柱、梁、墙等，图纸中有基础梁时还有基础梁构件。

对于一个建筑而言，以地面为分界线，可将构件分为地上部分和地下部分；根据构件在结构中所起作用又可分为主体部分、装饰装修部分和零星部分；根据构件的空间位置还可分为室内部分和室外部分。在 GTJ2021 中进行建模，可先地上再地下、先主体再装修再零星、先室内再室外，大致可参照图 1-4 中 1、2、3、4 的顺序来建模。

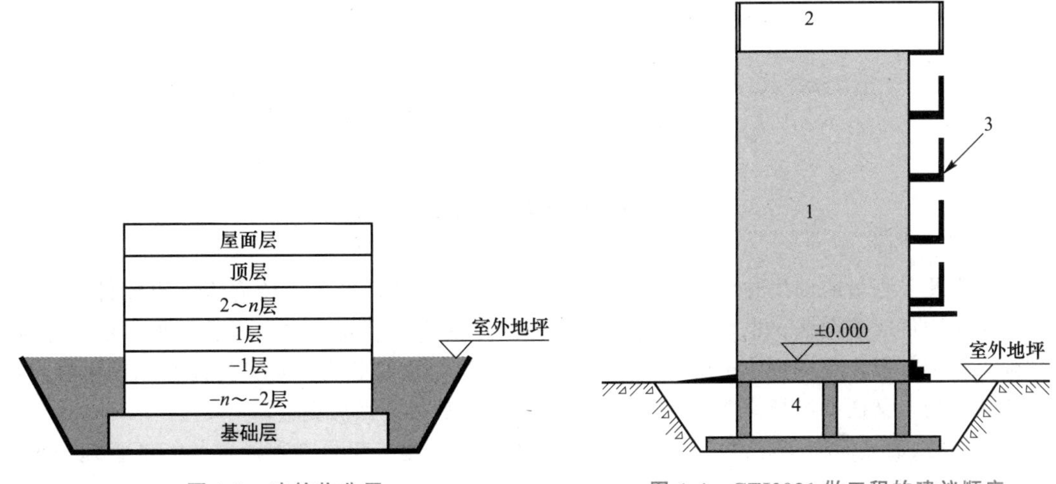


图 1-3　建筑物分层　　图 1-4　GTJ2021 做工程的建议顺序

在确定建模的大致顺序并完成新建工程、工程设置和轴网绘制后，主体结构中先绘制哪类构件，后绘制哪类构件会影响建模速度及工程量的准确性，如先画梁后画柱会使梁的支座不准确而影响梁钢筋工程量。因此，针对不同类型的结构，应根据构件在结构体系中受力及支承情况选择不同的绘制顺序，原则上先绘制作为支座的构件，具体可参考图 1-5。

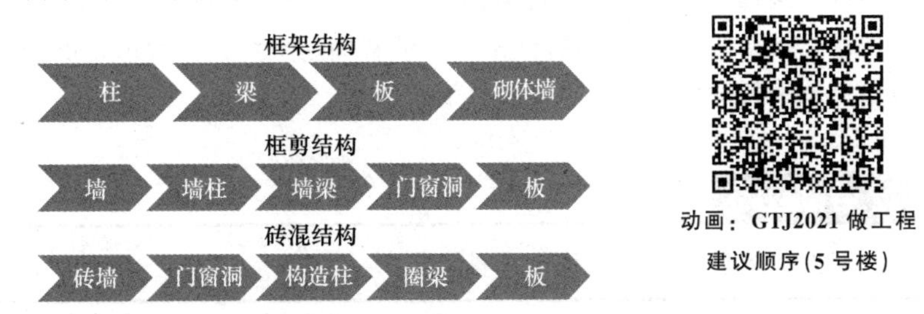


动画：GTJ2021 做工程建议顺序(5 号楼)

图 1-5　用 GTJ2021 完成常见结构类型工程的主体建模建议顺序

运用 GTJ2021 进行土建计量 CAD 识别建模基本操作流程：新建工程→添加图纸→工程设置(含识别楼层表)→分割图纸、定位图纸→设置比例、查找替换(转换符号)→识别轴网→识别

柱(柱表/柱大样、柱平面图)→识别墙(剪力墙、砌体墙)→识别梁(连梁、框架梁、非框架梁、吊筋)→识别板→识别板筋→识别基础→识别门窗洞(门窗表)→识别房间(含识别装修表)。若为砌体墙，则可在识别完板及钢筋后再识别。运用CAD识别构件一般有三个步骤：提取构件边线→提取构件标识→识别。需要注意的是，若工程实践中有若干楼层构件相同时，一般可先在其中一层识别，其余层用楼层复制命令完成建模。

运用GTJ2021进行土建计量手动绘制构件操作流程：新建构件→绘制构件。

对于单个构件绘制而言，其建模大致可以归纳为图1-6所示的思路。

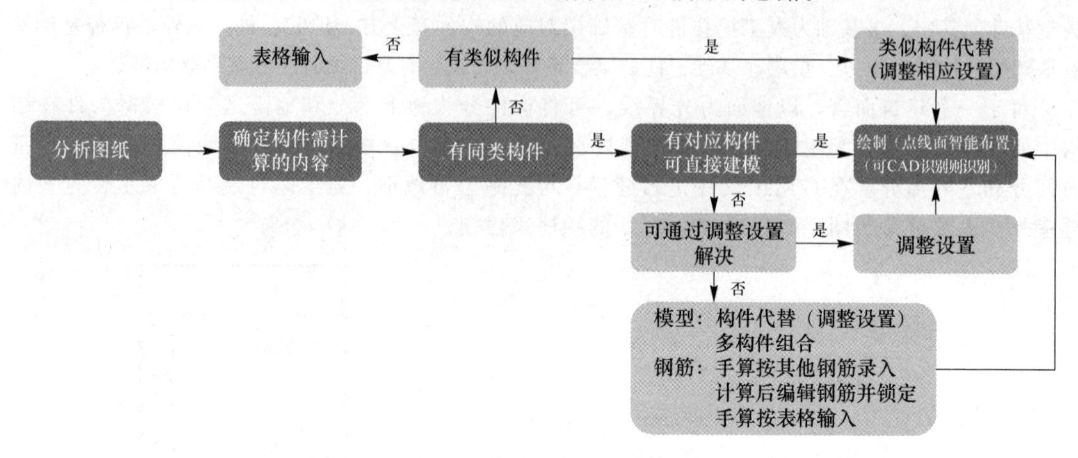


图1-6　单个构件建模思路

为了方便工程量的调用并导出工程量清单或施工图预算计算书，还需给各类构件套做法，可以在定义构件时套做法，也可以在完成全部构件建模后最后套做法，因后一种方法效率高，在实际工程中一般先完成构件建模最后统一套做法，这时应注意构件定义时需根据图纸和定额对相应构件的定义认真进行构件命名以便区分开来方便后续套做法提量。

以5号楼(后续简称“本工程”)为例，其建模顺序：新建工程→工程设置→图纸管理→识别轴网→识别首层墙柱大样及墙柱(先矩形柱再异形柱，按柱编号依次识别)→识别首层梁(先主梁再次梁，同级别梁先支座梁再支承梁，同名称梁先信息完善的梁后其他梁)→识别首层板及钢筋→识别首层砌体墙、构造柱→识别首层门窗洞、绘制首层过梁及挂板→中间层构件绘制(墙柱、梁、板、砌体墙及钢筋、构造柱、门窗、过梁及挂板、卫生间混凝土墙基)→屋面层及冲顶构件绘制(柱、梁、板及钢筋、女儿墙及钢筋、构造柱、门窗、过梁、屋面、压顶及挑檐等)→飘窗绘制→楼梯绘制→装修绘制(先室内再室外)→雨篷及其他零星构件绘制(建筑面积、平整场地、雨篷、线条、栏杆及其他)→基础层桩基础、承台、承台梁、电梯基坑底板及井壁、垫层及土方绘制→构件套做法→汇总计算与报表出量。

## 尝试应用

请分析课堂项目3号楼的建模顺序。

从上面关于建模顺序的阐述中可以看到，在建模前首先要理顺软件的建模逻辑，然后分析具体工程项目的结构类型来确定各类构件大致建模顺序，再确定每一种类型构件的建模顺序和方法，这种从总体到局部的全局观念和系统思维是我们工作中经常用到的基础性思想和工作方法。我们应着眼全面，提高运用系统思维、系统方法观察问题、分析问题、解决问题的能力。

只有这样，工作起来才能做到高效、少走弯路。

## 三、GTJ2021 软件界面

GTJ2021 软件有新建界面(图 1-7)、工程界面(图 1-8)、定义界面、表格算量界面和报表界面等。

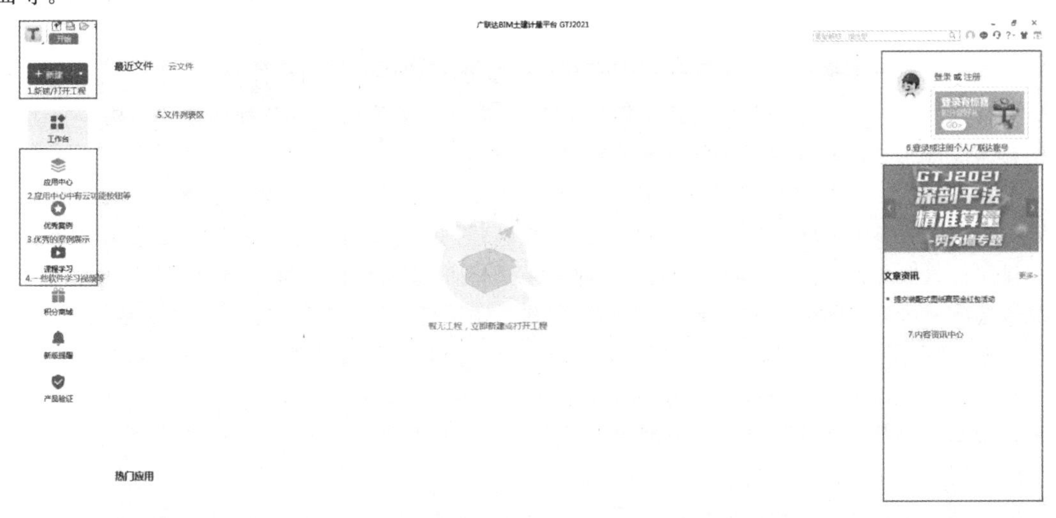


图 1-7　GTJ2021 新建界面

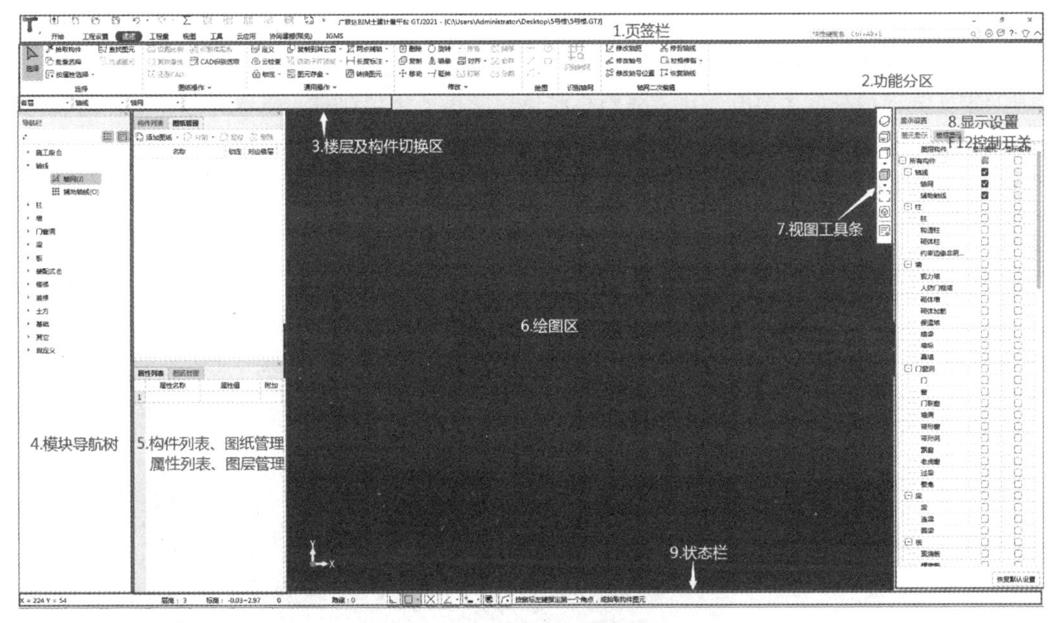


图 1-8　GTJ2021 工程界面

(1)新建界面的分区主要有 7 块，分别是新建/打开工程区、应用中心、优秀案例、学习中心、文件列表区、登录/注册区、内容资讯中心，除上述区域外，在登录/注册区域上方还提供搜索框，将需要解答的问题输入后按 Enter 键会自动跳转至广联达服务新干线答疑解惑板块显示搜索结果，同时还有意见反馈及皮肤更换等按钮。

(2)工程界面的分区主要有 9 块，分别如下。

1)页签栏：该部位可根据应用场景不同切换不同的菜单，可切换到开始、工程设置、建模、视图、工具、工程量和云应用等菜单。

2)功能分区：该部位主要提供当前工作需要使用的各种功能，可根据工程操作流程进行排布，同时对功能按钮进行归纳整理，以便使用。图 1-8 所示为建模工作创建轴网时的功能分区，将在后续对相关内容进行详细阐述。

3)楼层及构件切换区：在该部位可根据建模需要进行楼层和常用构件快速切换。

4)模块导航树：在导航树中罗列了创建 BIM 土建计量模型所需的各种构件，各构件自上而下的排布顺序与运用软件完成实际工程的顺序基本相同。

5)构件列表：在该区域内可进行各种构件(如柱、墙、梁、板、装修、土方、基础)的定义、新建，并以列表形式呈现，构件呈现的顺序默认按新建的先后顺序，还可根据需要按名称等进行构件排序；属性列表：在该区域内可对构件的截面及钢筋等属性信息进行修改调整；图纸管理：点亮该选项卡可进行图纸添加、分割、定位等操作；图层管理：该选项卡内包括已提取的 CAD 图层和原始 CAD 图层两个可选项目，可根据需要通过勾选相应项目来控制 CAD 图元的显示与隐藏。

6)绘图区：该区域是进行建模的绘图操作及模型展示区域。

7)视图工具条：用来控制工程模型的三维查看与楼层选择。也可执行页签栏中“视图”选项卡“通用操作”分组中的对应功能来进行三维模型查看。

8)显示设置：在该区域图元显示选项卡中可根据需要通过勾选相应构件来控制构件及其属性的显示与隐藏，楼层显示选项卡中可通过勾选相应楼层来查看不同楼层的三维模型。

9)状态栏：在界面的最下端，用于显示当前的绘图状态和工程的各种信息。执行命令时状态栏会显示下一步操作提示。

工程界面中“导航树”“构件列表”“属性列表”“图纸管理”“图层管理”5 个面板的显示与隐藏可通过页签栏中“视图”选项卡“用户面板”分组中对应功能控制。

(3)定义界面的分区主要有 5 块，分别是模块导航树、构件列表、属性列表、截面编辑和构件做法，前 4 块与工程界面相同。其中，截面编辑选项卡中可修改构件的截面尺寸及配筋信息，异形构件用得较为频繁，如图 1-9(a)所示；构件做法选项卡中可根据图纸和施工组织等信息套取构件清单做法和定额做法，便于提取所需要的工程量，如图 1-9(b)所示。

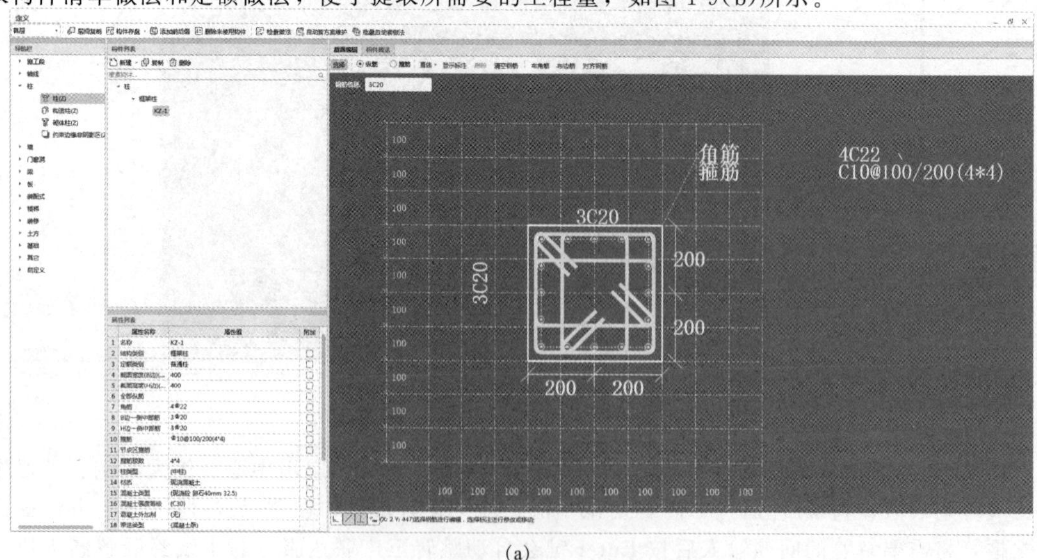


(a)

图 1-9　GTJ2021 定义界面

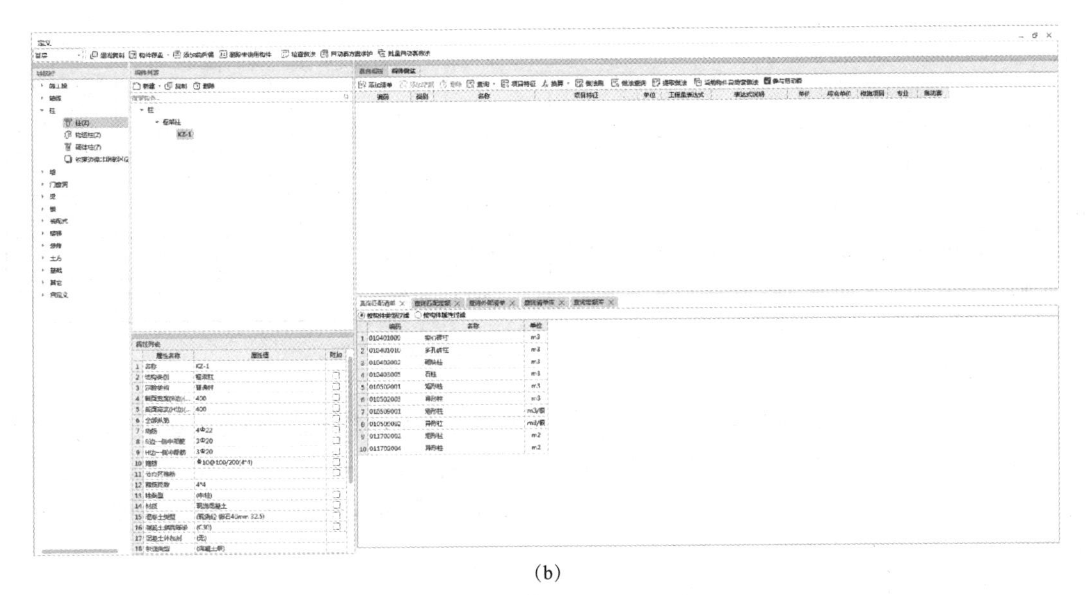

(b)

图 1-9 GTJ2021 定义界面(续)

表格算量界面和报表界面将在后续相应内容中介绍，此处不做详述。

## 四、鼠标基本操作、钢筋符号录入及快捷键

### (一)绘图区鼠标基本操作

(1)鼠标左键：选取图元，支持点选、框选。

1)点选：当鼠标处在选择状态时，在绘图区域单击某图元，则该图元被选择，此操作即为点选。

2)框选：当鼠标处在选择状态时，在绘图区域内拉框进行选择。框选分为两种：

①单击图中任一点，向右方拉一个方框选择，拖动框为实线，只有完全包含在框内的图元才被选中。

②单击图中任一点，向左方拉一个方框选择，拖动框为虚线，框内及与拖动框相交的图元均被选中。

(2)鼠标右键：确认，快捷菜单。

(3)鼠标滚轴：向前推放大，向后推缩小。

(4)按住鼠标滚轴拖动：平移。

(5)双击滚轴：在绘图区双击滚轴则全屏显示模型。

### (二)钢筋符号录入

在 GTJ2021 中，钢筋代号与钢筋等级符号的对应关系见表 1-1。“@”可用“－”代替。如 ϕ8@100/200，在软件中输入 A8－100/200 即可；构造筋 G4 Φ14，在软件中输入 G4 C14 即可；其余类似。

表 1-1 GTJ2021 中钢筋符号录入

| 种类 | 牌号 | 符号 | 软件代号 | 种类 | 牌号 | 符号 | 软件代号 |
|---|---|---|---|---|---|---|---|
| 热轧光圆钢筋 | HPZB300 | ϕ | A | 普通热轧抗震钢筋 | HRB400E | $Φ^{E}$ | CE |
| 普通热轧带肋钢筋 | HRB335 | Φ | B | 普通热轧抗震钢筋 | HRB500E | $\bar{Φ}^{E}$ | EE |
| 普通热轧带肋钢筋 | HRB400 | Φ | C | 细晶粒热轧抗震钢筋 | HRBF335E | $Φ^{FE}$ | BFE |
| 余热处理带肋钢筋 | RRB400 | $Φ^{R}$ | D | 细晶粒热轧抗震钢筋 | HRBF400E | $Φ^{FE}$ | CFE |

续表

| 种类 | 牌号 | 符号 | 软件代号 | 种类 | 牌号 | 符号 | 软件代号 |
|---|---|---|---|---|---|---|---|
| 普通热轧带肋钢筋 | HRB500 | $\Phi$ | E | 细晶粒热轧抗震钢筋 | HRBF500E | $\Phi^{FE}$ | EFE |
| 细晶粒热带肋钢筋 | HRBF335 | $\Phi^{F}$ | BF | 冷轧带肋钢筋 | CRB550 | $\phi^{R}$ | L |
| 细昌粒热轧带肋钢筋 | HRBF400 | $\Phi^{F}$ | CF | 冷轧扭钢筋 |  | $\phi^{I}$ | N |
| 细晶粒热轧带肋钢筋 | HRBF500 | $\Phi^{F}$ | EF | 预应力钢绞线 |  | $\phi^{S}$ |  |
| 普通热轧抗震钢筋 | HRB335E | $\Phi^{E}$ | BE | 预应力钢丝 |  | $\phi^{P}$ |  |

### (三)快捷键

GTJ2021中常用的快捷键见表1-2，其中构件显示隐藏的快捷键配合Shift键可控制构件属性显示/隐藏，如“Shift＋L”可控制梁的集中标注与原位标注属性信息的显示或隐藏。使用者还可以根据自身使用习惯在页签栏中“工具”选项卡中单击“选项”，在弹出的“选项”对话框下的“快捷键定义”中自行设置快捷键，如图1-10所示。

**表1-2　GTJ2021常用快捷键列表**

| 快捷键 | 命令 | 快捷键 | 命令 |
|---|---|---|---|
| Ctrl＋N | 新建工程 | DH | 导航树 |
| Ctrl＋O | 打开 | SQ | 拾取构件 |
| Ctrl＋S | 保存 | GJ | 构件列表 |
| Ctrl＋Z | 撤销 | SX | 属性 |
| Ctrl＋Y | 恢复 | CF | 从其他层复制 |
| Ctrl＋C | 复制 | FC | 复制到其他层 |
| Ctrl＋V | 粘贴 | A | 暗梁、门联窗显示/隐藏 |
| Ctrl＋X | 剪切 | B | 板显示/隐藏 |
| Tab | 动态输入时切换输入框 | C | 窗和基槽土方显示/隐藏 |
| Delete | 删除 | D | 墙洞和独立基础显示/隐藏 |
| Ctrl＋1 | 钢筋三维 | E | 墙垛和圈梁显示/隐藏 |
| Ctrl＋2 | 二维/三维 | F | 板负筋、房间和基础梁显示/隐藏 |
| Ctrl＋3 | 动态观察 | G | 过梁、连梁、地沟和栏杆扶手显示/隐藏 |
| Ctrl＋F | 查找图元 | H | 楼层板带显示/隐藏 |
| Ctrl＋Enter | 俯视 | I | 壁龛显示/隐藏 |
| Ctrl＋5 | 全屏 | J | 轴网显示/隐藏 |
| Ctrl＋I | 放大 | JD | 后浇带显示/隐藏 |
| Ctrl＋T | 缩小 | K | 吊顶、基坑土方、集水坑和栏板显示/隐藏 |
| Ctrl＋L | 左 | L | 梁显示/隐藏 |
| Ctrl＋R | 右 | M | 门和筏板基础显示/隐藏 |
| Ctrl＋U | 上 | N | 板洞显示/隐藏 |
| Ctrl＋D | 下 | O | 辅助轴线显示/隐藏 |
| F1 | 打开帮助文档 | P | 顶棚显示/隐藏 |
| F2 | 定义 | Q | 墙显示/隐藏 |

续表

| 快捷键 | 命令 | 快捷键 | 命令 |
| --- | --- | --- | --- |
| F3 | 批量选择 | R | 楼梯和筏板主筋显示/隐藏 |
| F4 | 在绘图时改变点式构件图元的插入点位置(例如:可以改变柱的插入点);改变线性构件端点实现偏移 | RF | 人防门框墙显示/隐藏 |
| | | S | 板受力筋、踢脚和散水显示/隐藏 |
| F5 | 合法性检查 | T | 条形基础和挑檐显示/隐藏 |
| F6 | 控制图纸管理选项卡显示/隐藏 | U | 墙裙、桩和建筑面积显示/隐藏 |
| F7 | 控制图层管理选项卡显示/隐藏 | V | 柱帽、楼地面、桩承台和平整场地显示/隐藏 |
| F8 | 检查做法 | W | 墙面、大开挖土方、基础板带和尺寸标注显示/隐藏 |
| F9 | 汇总计算 | X | 飘窗、筏板负筋、垫层和自定义线显示/隐藏 |
| F10 | 查看工程量 | Y | 砌体加筋和柱墩显示/隐藏 |
| F11 | 查看计算式 | YD | 压顶显示/隐藏 |
| F12 | 图元显示 | Z | 柱显示/隐藏 |

图 1-10 快捷键定义

GTJ2021
基础知识小结

# 任务2　建模准备工作

## 2.1　新建工程与工程设置

### 聚焦项目任务

**知识：**1. 了解现行的清单规范和当地定额。

2. 掌握建筑设计说明、建筑立面图、结构设计说明等图纸的识图方法。

3. 掌握工程设置中工程信息输入、楼层设置及土建设置与钢筋设置的正确操作步骤及注意事项。

**能力：**1. 能正确选择清单规则与定额规则，以及相应的清单库和定额库。

2. 能根据图纸正确选择规范规则。

3. 能从图纸中正确提取相应信息完成工程信息输入、楼层设置及土建设置与钢筋设置等工程设置操作。

4. 能正确运用相应命令、快捷键。

5. 达到1+X工程造价数字化应用初、中级和全国高校BIM毕业设计创新大赛BIM全过程造价管理与应用赛项关于新建工程和工程设置的相关要求。

**素质：**要结合工程实际和现行规范、定额选择计算规则，不可随意选择，树立"无规矩不成方圆"的法治观，养成遵纪守法的自觉性和良好习惯。

新建工程与工程设置导学单及激活旧知思维导图

微课1：新建工程与工程信息设置

微课2：楼层设置

微课3：钢筋设置

### 示证新知

#### 一、新建工程

**1. 图纸分析**

分析要点：工程所在地和所依据图集版本。

需查阅图纸：建筑设计说明、结构设计说明。

分析结果：(1)工程所在地：依据建筑施工图设计说明所显示的国家及江西省现行规范知该工程在江西省某市；(2)依据图集：查阅结施G01第四条(三)条知本工程采用16系平法规则。

### 2. 新建工程

了解项目概况后启动广联达 BIM 土建计量平台 GTJ2021 软件，进入新建工程界面，单击界面上新建/打开工程区的“新建工程”，弹出“新建工程”对话框，输入各项工程信息后单击“创建工程”即完成新建工程，如图 2-1 所示。

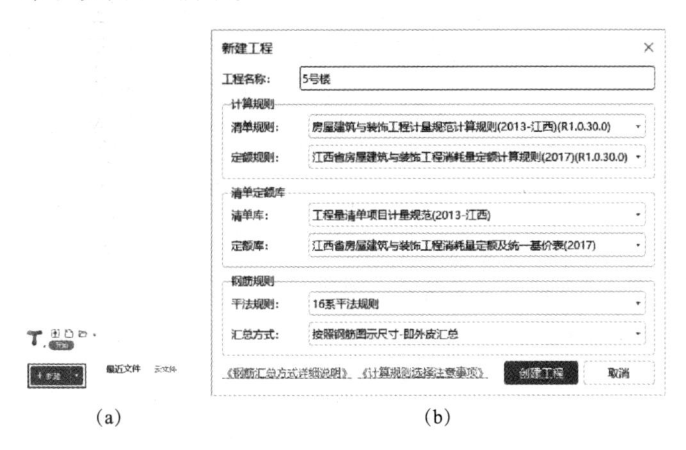


(a) (b)

图 2-1 新建 5 号楼工程

(1)工程名称：按图纸工程名称填写“5 号楼”。

(2)计算规则：因工程所在地为江西省某市，同时假定工程在 2021 年建设，因此，清单规则选择“房屋建筑与装饰工程计量规范计算规则(2013－江西)，定额规则选择“江西省房屋建筑与装饰工程消耗量定额计算规则(2017)”。同时选择清单规则和定额规则，为清单标底模式或清单投标模式；若只选择清单规则，则为清单招标模式；若只选择定额规则，即为定额模式。

(3)清单定额库：清单库选择“房屋建筑与装饰工程计量规范计算规则(2013－江西)”，定额库选择“江西省房屋建筑与装饰工程消耗量定额及统一基价表(2017)”。

(4)钢筋规则：根据图纸选择“16 系平法规则”，汇总方式选择“按照钢筋图示尺寸－即外皮汇总”。软件提供了 11 系新平法规则、16 系平法规则和新发布的 22 系平法规则，实际工程中根据图纸选择相应的平法规则即可。为了满足不同地区规则需求，软件提供了“按照钢筋图示尺寸－即外皮汇总”和“按照钢筋下料尺寸－即中心线汇总”两种汇总方式，可单击对话框左下角“《钢筋汇总方式详细说明》”了解两种汇总方式的区别。实际操作时可根据工程所在地计算规则选择相应的汇总方式。本工程按江西省计算规则选择“按照钢筋图示尺寸－即外皮汇总”的汇总方式。

#### 小提示

(1)计算规则和清单定额库的选择需要根据工程所在地和工程建设的时间选择现行的清单规则和当地现行的定额规则。

(2)钢筋汇总方式：根据工程所在地区及建设时间确定定额规则后，定额有明确规定的按定额规定选取，如本工程选用江西省 2017 版定额，其中，第五章混凝土及钢筋混凝土工程计算规则“现浇、预制构件钢筋，按设计图示钢筋长度乘以单位理论质量计算”明确了钢筋按图示尺寸汇总计算；相应地区定额无明确规定时需结合清单、定额规则说明、答疑或解释的要求并根据项目的实际情况判断、选择汇总方式。

## 尝试应用

请完成课堂项目3号楼的新建工程。

工程量计算规则是进行建筑工程计量的准则和依据，实际工作中要依据工程建设时间、地点来选择计算规则，并按计算规则的规定确定相应的计算方式，不可随意进行更改。

无规矩不成方圆(来源：学习强国 廊坊学习平台)

## 二、工程设置

### 1. 图纸分析

分析要点：檐高、结构类型、抗震等级、设防烈度、室内外地坪相对标高、楼层数量及各层层高和首层底标高、各层板厚、混凝土强度、混凝土保护层厚度、砂浆种类与标号、柱梁板等结构构件不同于图集的构造做法、搭接规定等。

需查阅图纸：建筑设计说明、建筑立面图、剖面图；结构设计说明、梁或板结构平面布置图、基础详图等。

分析结果：

(1)檐高等工程信息中相应参数：查阅建施J08中1—1剖面图可知本工程从设计室外地坪−0.150 m到檐口33.00 m之间的高差33.150 m即为檐高，室外地坪相对±0.000标高为−0.150 m；查阅结施G01结构设计总说明(一)中“一、工程概况”“二、建筑的结构概况”“四、设计依据”知工程结构类型为框架-剪力墙结构、框架和抗震墙抗震等级为三级、设防烈度为6度。

(2)楼层数量及层高等：查阅建施J08中1—1剖面图知本工程地上11层，每层层高3 m，首层底标高−0.030 m，屋面层层高4.3 m，详结施G05结构层高表；查阅结施G03中挖孔桩基础平面布置图知基础(桩承台)底标高为−2.800 m，从−0.030 m到−2.800 m高差得出基础层层高为2.77 m；结施G10标准层板钢筋图说明指出“图中未注明者板厚为90 mm”，结施G12屋面层板钢筋图说明指出“图中未注明者板厚为120 mm”，标高34.600 m处电梯机房层板厚150 mm，标高37.270 m处电梯冲顶层板厚100 mm；结施G03挖孔桩基础平面布置图中显示承台板厚为700 mm。

(3)混凝土强度：混凝土强度需查阅各类构件结施图相应说明及结构层高表。查阅结施G03、G04知垫层混凝土强度均为C10，桩身混凝土强度为C25，桩护壁混凝土强度为C25，承台混凝土强度为C30，承台拉梁混凝土强度为C30，电梯基坑底板和井壁混凝土强度为C30；查阅G05、G06、G07知基础层至第2层墙柱布置相同、第4层至第11层墙柱布置相同，基础层至第4层墙柱混凝土强度为C30，其余层墙柱混凝土强度为C25；查阅G08、G09、G10、G11、G12知全部楼层的梁及板混凝土强度均为C25；查阅G13知楼梯所用混凝土强度等级同该层梁板；查阅G01结构设计总说明(一)第九条(二)1条知，除注明外，其余构件混凝土强度均为C25。

(4)保护层厚度(mm)：查阅结施G01第四条(一)3条、第六条(二)2条和第七条(一)1、2、4、6条知，基础保护层厚度为40、基础层承台梁保护层厚度为40，基础层柱保护层厚度为25、剪力墙保护层厚度为20，基础层梁保护层厚度为30；首层至第4层柱保护层厚度为20、剪力墙保护层厚度为15，第5层及以上各层柱保护层厚度为25、剪力墙保护层厚度为20；首层以上除屋面梁板外全部楼层梁保护层厚度为25、板保护层厚度为20；屋面梁保护层厚度为30、板保护层厚度为25；其余构件图纸未明确按默认值。

(5)砂浆种类与标号：查阅建施J01第四条(一)4条和结施G01第六条(四)条知采用M5混合砂浆。

(6)柱梁板等结构构件不同于图集的构造做法、搭接规定等：查阅结施G09、G11知未标加密附加筋为每侧3根同梁箍筋、间距50 mm；查阅结施G02第八条下第4条3)条知全部单向板、双向板的分布筋，除在图中特别注明外，楼面板为Φ6@250，屋面板及外露结构为Φ6@200；查阅结施G10、G12知跨板受力筋和支座负筋的标注长度位置都为“支座中心线”；查阅结施G01第七条(二)2条知钢筋直径$d \geqslant 28$时，应采用机械连接接头；钢筋直径$d=25$时，宜采用机械连接接头。

## 小提示

(1)檐高：以设计室外地坪至檐口滴水高度(平屋顶是指屋面板底高度，斜屋面是指外墙外边线与斜屋面板底的交点)为准。凸出主体建筑屋顶的楼梯间、电梯间、水箱间、屋面天窗等不计入檐口高度之内(超过2层或7 m的可计算檐高)。建筑物各部分檐高不同时，取最大檐高值；阶梯式建筑按最高一层计取檐高值；高低相连且无抗震缝、沉降缝的建筑按较高的建筑计取檐高，高低相连且有抗震缝、沉降缝的建筑应分别计算檐高。

(2)基础层层高确定：无地下室时，为基础底面至首层结构楼面标高差值；有地下室时，为基础底面至最下一层地下室结构楼面标高差值，如图2-2所示。需要注意的是工程的基础为桩基础时，在GTJ2021中以桩承台为基础主体，计算基础层层高时以桩承台底标高为计算起点，本工程即为此种情况；若同一工程中基础底标高有多个不同标高时，可按相同基础底标高对应的基础数量最多的这个基础底标高作为基础层层高计算起点。

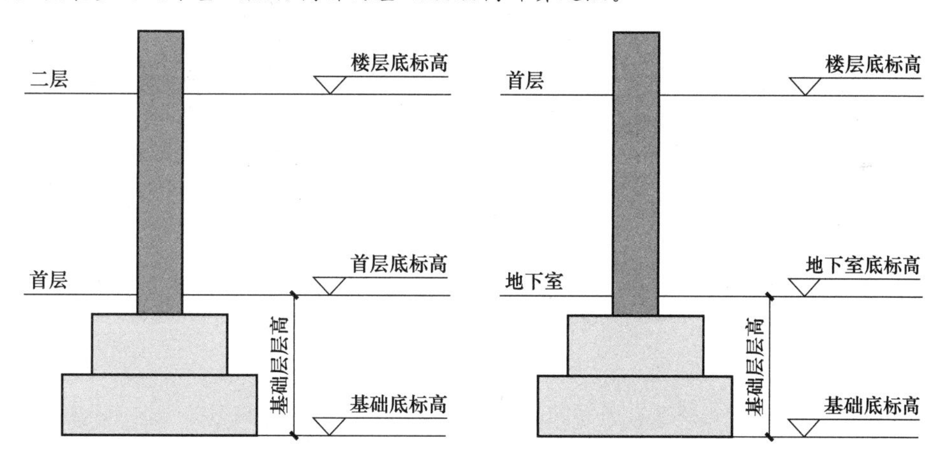


图2-2　基础层层高取值示意

(3)桩基础基础底标高确定：桩基础主要基础构件为承台或柱廊，因此，以承台底标高或柱廊底标高为基础层底标高。

### 2. 基本设置

(1)工程信息。单击“工程设置”页签下“工程信息”，弹出“工程信息”对话框，根据图纸分析结果填写相应信息，修改钢筋报表为“江西(2017)”，如图2-3所示，填写完毕后关掉对话框即可。

工程信息

工程信息　计算规则　编制信息　自定义

| | 属性名称 | 属性值 |
|---|---|---|
| 1 | ⊟ 工程概况: | |
| 2 | 工程名称: | 5号楼 |
| 3 | 项目所在地: | |
| 4 | 详细地址: | |
| 5 | 建筑类型: | 居住建筑 |
| 6 | 建筑用途: | 住宅 |
| 7 | 地上层数(层): | |
| 8 | 地下层数(层): | |
| 9 | 裙房层数: | |
| 10 | 建筑面积($m^2$): | (0) |
| 11 | 地上面积($m^2$): | (0) |
| 12 | 地下面积($m^2$): | (0) |
| 13 | 人防工程: | 无人防 |
| 14 | 檐高(m): | 33.15 |
| 15 | 结构类型: | 框架-剪力墙结构 |
| 16 | 基础形式: | 桩基础 |
| 17 | ⊟ 建筑结构等级参数: | |
| 18 | 抗震设防类别: | |
| 19 | 抗震等级: | 三级抗震 |
| 20 | ⊟ 地震参数: | |
| 21 | 设防烈度: | 6 |
| 22 | 基本地震加速度（g）: | |
| 23 | 设计地震分组: | |
| 24 | 环境类别: | |
| 25 | ⊟ 施工信息: | |
| 26 | 钢筋接头形式: | |
| 27 | 室外地坪相对±0.000标高(m): | -0.15 |
| 28 | 基础埋深(m): | |
| 29 | 标准层高(m): | |
| 30 | 湿土厚度(mm): | 0 |
| 31 | 地下水位线相对±0.000标高(m): | -2 |

(a)

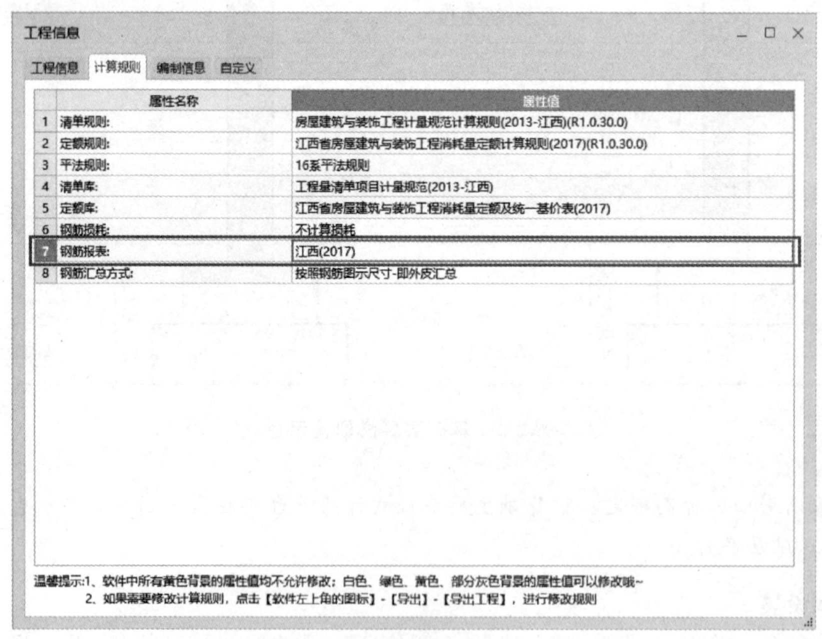
工程信息

工程信息　计算规则　编制信息　自定义

| | 属性名称 | 属性值 |
|---|---|---|
| 1 | 清单规则: | 房屋建筑与装饰工程计量规范计算规则(2013-江西)(R1.0.30.0) |
| 2 | 定额规则: | 江西省房屋建筑与装饰工程消耗量定额计算规则(2017)(R1.0.30.0) |
| 3 | 平法规则: | 16系平法规则 |
| 4 | 清单库: | 工程量清单项目计量规范(2013-江西) |
| 5 | 定额库: | 江西省房屋建筑与装饰工程消耗量定额及统一基价表(2017) |
| 6 | 钢筋损耗: | 不计算损耗 |
| 7 | 钢筋报表: | 江西(2017) |
| 8 | 钢筋汇总方式: | 按照钢筋图示尺寸-即外皮汇总 |

温馨提示:1、软件中所有黄色背景的属性值均不允许修改；白色、绿色、黄色、部分灰色背景的属性值可以修改哦~
2、如果需要修改计算规则，点击【软件左上角的图标】-【导出】-【导出工程】，进行修改规则

(b)

图 2-3　工程信息录入

(a)基本信息修改；(b)钢筋报表信息修改

蓝色字体部分内容会影响工程量计算结果，必须填写；黑色字体部分所示信息仅作标识作用，不影响工程量计算结果，可不填。

## 小提示

抗震等级是由工程结构类型、檐高和设防烈度确定的，工程图纸中抗震等级明确时可只修改抗震等级。需要注意的是，有时图纸中标出的抗震等级与根据结构类型、檐高和设防烈度判定出来的抗震等级不一致，此时应以图纸中标出的抗震等级为准。图纸中抗震等级不明确时，则应准确填写结构类型、檐高和设防烈度，软件会自动确定抗震等级。

(2)楼层设置。这一步操作是根据图纸实际情况插入楼层、修改首层底标高及各层层高、录入各层各类构件混凝土强度及保护层厚度与砂浆类型及强度等以确定整个工程的楼层数量及高度情况。整个设置对话框分为“楼层列表”设置和“楼层混凝土强度和锚固搭接设置”上下两个部分，其中“楼层列表”设置有识别楼层表和手动设置两种方式。

1)识别楼层表：若图纸中有楼层表，建议优先使用识别楼层表的方式进行楼层列表设置，其操作步骤为：在已导入有楼层表的图纸的前提下，切换到“建模”页签，在“图纸操作”功能分区单击“识别楼层表”，左键框选楼层表后单击右键进行确认，弹出“识别楼层表”对话框，如图 2-4 所示，核对楼层编码、底标高和层高等信息后删除多余的行和列，单击“识别”按钮即完成操作。后续再修改首层底标高、基础层层高、板厚即完成楼层列表设置。

图 2-4 “识别楼层表”对话框

2)手动设置：单击“工程设置”页签下“楼层设置”，弹出“楼层设置”对话框，将鼠标光标定位在首层，根据图纸分析结果单击“插入楼层”插入上部各楼层，并修改首层底标高、各层层高和板厚。

3)楼层混凝土强度和锚固搭接设置：完成楼层列表设置后，再根据图纸信息修改各层各类构件混凝土强度、保护层厚度、砂浆标号和砂浆类型，各参数相同的楼层可修改好某一层后运用“复制到其他楼层”命令进行复制。本工程可先在首层上进行设置(图 2-5)，然后复制到基础层、第 2 层至第 5 层，再修改基础层、第 5 层与首层不同的部分，然后再将第 5 层的楼层信息复制到第 5 层以上的各楼层。复制到其他楼层操作示意如图 2-6 所示，填写完毕后关掉对话框即可。在基础层还需修改基础和基础梁/承台梁的抗震等级为“非抗震”，无特殊说明基础及非框架梁、板都是非抗震。

## 小提示

本工程仅基础层柱、剪力墙、框架梁、非框架梁，第 11 层(屋面层)和冲顶层框架梁、非框架梁、板需更改保护层厚度，其他构件及其他楼层的构件均按软件默认值即可。

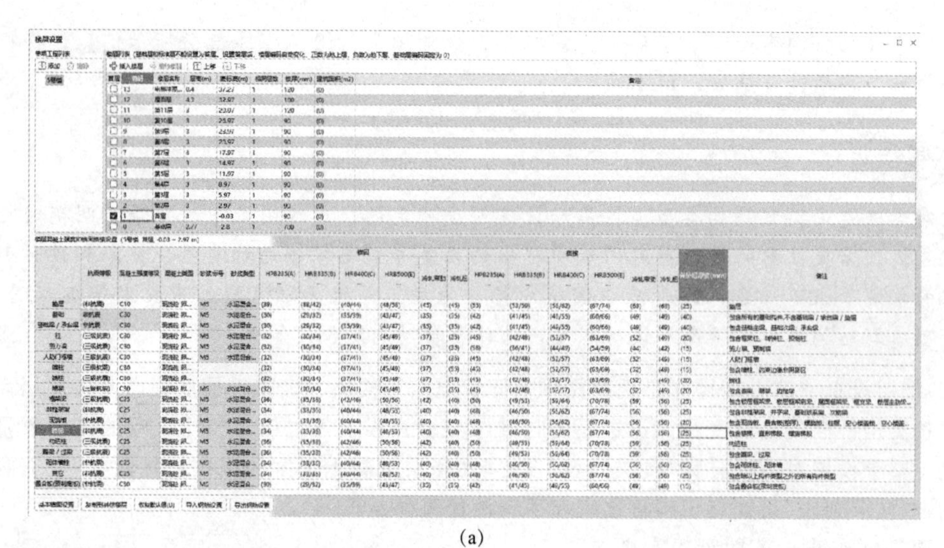

(a)

楼层设置

单项工程列表　　楼层列表（基础层和标准层不能设置为首层。设置首层后，楼层编码自动变化，正数为地上层，负数为地下层，基础层编码固定为 0）

添加　删除　　插入楼层　删除楼层　上移　下移

5号楼

| 首层 | 编码 | 楼层名称 | 层高(m) | 底标高(m) | 相同层数 | 板厚(mm) | 建筑面积(m2) | 备注 |
|---|---|---|---|---|---|---|---|---|
| ☐ | 13 | 屋顶冲顶... | 0.4 | 37.27 | 1 | 120 | (0) | |
| ☐ | 12 | 屋面层 | 4.3 | 32.97 | 1 | 100 | (0) | |
| ☐ | 11 | 第11层 | 3 | 29.97 | 1 | 120 | (0) | |
| ☐ | 10 | 第10层 | 3 | 26.97 | 1 | 90 | (0) | |
| ☐ | 9 | 第9层 | 3 | 23.97 | 1 | 90 | (0) | |
| ☐ | 8 | 第8层 | 3 | 20.97 | 1 | 90 | (0) | |
| ☐ | 7 | 第7层 | 3 | 17.97 | 1 | 90 | (0) | |
| ☐ | 6 | 第6层 | 3 | 14.97 | 1 | 90 | (0) | |
| ☐ | 5 | 第5层 | 3 | 11.97 | 1 | 90 | (0) | |
| ☐ | 4 | 第4层 | 3 | 8.97 | 1 | 90 | (0) | |
| ☐ | 3 | 第3层 | 3 | 5.97 | 1 | 90 | (0) | |
| ☐ | 2 | 第2层 | 3 | 2.97 | 1 | 90 | (0) | |
| ☑ | 1 | 首层 | 3 | -0.03 | 1 | 90 | (0) | |
| ☐ | 0 | 基础层 | 2.77 | -2.8 | 1 | 700 | (0) | |

楼层混凝土强度和锚固搭接设置（5号楼 第5层，11.97 ~ 14.97 m）

| | 抗震等级 | 混凝土强度等级 | 混凝土类型 | 砂浆标号 | 砂浆类型 | 锚固 HPB235(A) | 锚固 HRB335(B) | 锚固 HRB400(C) | 锚固 HRB500(E) | 锚固 冷轧带肋 | 锚固 冷轧扭 | 搭接 HPB235(A) | 搭接 HRB335(B) | 搭接 HRB400(C) | 搭接 HRB500(E) | 搭接 冷轧带肋 | 搭接 冷轧扭 | 保护层厚度(mm) | 备注 |
|---|---|---|---|---|---|---|---|---|---|---|---|---|---|---|---|---|---|---|---|
| 垫层 | (非抗震) | C10 | 现浇砼 卵... | M5 | 水泥混合... | (39) | (38/42) | (40/44) | (48/53) | (45) | (45) | (55) | (53/59) | (56/62) | (67/74) | (63) | (63) | (25) | 垫层 |
| 基础 | (非抗震) | C30 | 现浇砼 卵... | M5 | 水泥混合... | (30) | (29/32) | (35/39) | (43/47) | (35) | (35) | (42) | (41/45) | (49/55) | (60/66) | (49) | (49) | (40) | 包含所有的基础构件，不含基础梁 / 承台梁 / 垫层 |
| 基础梁 / 承台梁 | (非抗震) | C30 | 现浇砼 卵... | M5 | 水泥混合... | (30) | (29/32) | (35/39) | (43/47) | (35) | (35) | (42) | (41/45) | (49/55) | (60/66) | (49) | (49) | (40) | 包含基础主梁、基础次梁、承台梁 |
| 柱 | (三级抗震) | C25 | 现浇砼 卵... | M5 | 水泥混合... | (36) | (35/38) | (42/46) | (50/56) | (42) | (40) | (50) | (49/53) | (59/64) | (70/78) | (59) | (56) | (25) | 包含框架柱、转换柱、预制柱 |
| 剪力墙 | (三级抗震) | C25 | 现浇砼 卵... | M5 | 水泥混合... | (36) | (35/38) | (42/46) | (50/56) | (42) | (40) | (43) | (42/46) | (50/55) | (60/67) | (50) | (48) | (20) | 剪力墙、预制墙 |
| 人防门框墙 | (三级抗震) | C30 | 现浇砼 卵... | M5 | 水泥混合... | (32) | (30/34) | (37/41) | (45/49) | (37) | (35) | (45) | (42/48) | (52/57) | (63/69) | (52) | (49) | (15) | 人防门框墙 |
| 暗柱 | (三级抗震) | C25 | 现浇砼 卵... | | | (36) | (35/38) | (42/46) | (50/56) | (42) | (40) | (50) | (49/53) | (59/64) | (70/78) | (59) | (56) | (20) | 包含暗柱、约束边缘非阴影区 |
| 端柱 | (三级抗震) | C30 | 现浇砼 卵... | | | (32) | (30/34) | (37/41) | (45/49) | (37) | (35) | (45) | (42/48) | (52/57) | (63/69) | (52) | (49) | (20) | 端柱 |
| 墙梁 | (三级抗震) | C30 | 现浇砼 卵... | M5 | 水泥混合... | (32) | (30/34) | (37/41) | (45/49) | (37) | (35) | (45) | (42/48) | (52/57) | (63/69) | (52) | (49) | (20) | 包含连梁、暗梁、边框梁 |
| 框架梁 | (三级抗震) | C25 | 现浇砼 卵... | M5 | 水泥混合... | (36) | (35/38) | (42/46) | (50/56) | (42) | (40) | (50) | (49/53) | (59/64) | (70/78) | (59) | (56) | (25) | 包含楼层框架梁、楼层框架扁梁、屋面框架梁、框支梁、楼层主肋梁... |
| 非框架梁 | (非抗震) | C25 | 现浇砼 卵... | M5 | 水泥混合... | (34) | (33/35) | (40/44) | (48/53) | (40) | (40) | (48) | (46/50) | (56/62) | (67/74) | (56) | (56) | (25) | 包含非框架梁、井字梁、基础联系梁、次肋梁 |
| 现浇板 | (非抗震) | C25 | 现浇砼 卵... | M5 | 水泥混合... | (34) | (33/35) | (40/44) | (48/53) | (40) | (40) | (48) | (46/50) | (56/62) | (67/74) | (56) | (56) | (20) | 包含现浇板、叠合板(整厚)、螺旋板、柱帽、空心楼盖板、空心楼盖... |
| 楼梯 | (非抗震) | C25 | 现浇砼 卵... | M5 | 水泥混合... | (34) | (33/35) | (40/44) | (48/53) | (40) | (40) | (48) | (46/50) | (56/62) | (67/74) | (56) | (56) | (25) | 包含楼梯、直形梯段、螺旋梯段 |
| 构造柱 | (三级抗震) | C25 | 现浇砼 卵... | M5 | 水泥混合... | (36) | (35/38) | (42/46) | (50/56) | (42) | (40) | (50) | (49/53) | (59/64) | (70/78) | (59) | (56) | (25) | 构造柱 |
| 圈梁 / 过梁 | (三级抗震) | C25 | 现浇砼 卵... | M5 | 水泥混合... | (36) | (35/38) | (42/46) | (50/56) | (42) | (40) | (50) | (49/53) | (59/64) | (70/78) | (59) | (56) | (25) | 包含圈梁、过梁 |
| 砌体墙柱 | (非抗震) | C25 | 现浇砼 卵... | M5 | 水泥混合... | (34) | (33/35) | (40/44) | (48/53) | (40) | (40) | (48) | (46/50) | (56/62) | (67/74) | (56) | (56) | (25) | 包含砌体柱、砌体墙 |
| 其它 | (非抗震) | C25 | 现浇砼 卵... | M5 | 水泥混合... | (34) | (33/35) | (40/44) | (48/53) | (40) | (40) | (48) | (46/50) | (56/62) | (67/74) | (56) | (56) | (25) | 包含除以上构件类型之外的所有构件类型 |
| 叠合板(预制底板) | (非抗震) | C30 | 现浇砼 卵... | M5 | 水泥混合... | (30) | (29/32) | (35/39) | (43/47) | (35) | (35) | (42) | (41/45) | (49/55) | (60/66) | (49) | (49) | (15) | 包含叠合板(预制底板) |

基本锚固设置　复制到其他楼层　恢复默认值(D)　导入钢筋设置　导出钢筋设置

(b)

楼层设置

单项工程列表　　楼层列表（基础层和标准层不能设置为首层。设置首层后，楼层编码自动变化，正数为地上层，负数为地下层，基础层编码固定为 0）

添加　删除　　插入楼层　删除楼层　上移　下移

5号楼

| 首层 | 编码 | 楼层名称 | 层高(m) | 底标高(m) | 相同层数 | 板厚(mm) | 建筑面积(m2) | 备注 |
|---|---|---|---|---|---|---|---|---|
| ☐ | 13 | 屋顶冲顶... | 0.4 | 37.27 | 1 | 120 | (0) | |
| ☐ | 12 | 屋面层 | 4.3 | 32.97 | 1 | 100 | (0) | |
| ☐ | 11 | 第11层 | 3 | 29.97 | 1 | 120 | (0) | |
| ☐ | 10 | 第10层 | 3 | 26.97 | 1 | 90 | (0) | |
| ☐ | 9 | 第9层 | 3 | 23.97 | 1 | 90 | (0) | |
| ☐ | 8 | 第8层 | 3 | 20.97 | 1 | 90 | (0) | |
| ☐ | 7 | 第7层 | 3 | 17.97 | 1 | 90 | (0) | |
| ☐ | 6 | 第6层 | 3 | 14.97 | 1 | 90 | (0) | |
| ☐ | 5 | 第5层 | 3 | 11.97 | 1 | 90 | (0) | |
| ☐ | 4 | 第4层 | 3 | 8.97 | 1 | 90 | (0) | |
| ☐ | 3 | 第3层 | 3 | 5.97 | 1 | 90 | (0) | |
| ☐ | 2 | 第2层 | 3 | 2.97 | 1 | 90 | (0) | |
| ☑ | 1 | 首层 | 3 | -0.03 | 1 | 90 | (0) | |
| ☐ | 0 | 基础层 | 2.77 | -2.8 | 1 | 700 | (0) | |

楼层混凝土强度和锚固搭接设置（5号楼 第11层，29.97 ~ 32.97 m）

| | 抗震等级 | 混凝土强度等级 | 混凝土类型 | 砂浆标号 | 砂浆类型 | 锚固 HPB235(A) | 锚固 HRB335(B) | 锚固 HRB400(C) | 锚固 HRB500(E) | 锚固 冷轧带肋 | 锚固 冷轧扭 | 搭接 HPB235(A) | 搭接 HRB335(B) | 搭接 HRB400(C) | 搭接 HRB500(E) | 搭接 冷轧带肋 | 搭接 冷轧扭 | 保护层厚度(mm) | 备注 |
|---|---|---|---|---|---|---|---|---|---|---|---|---|---|---|---|---|---|---|---|
| 垫层 | (非抗震) | C10 | 现浇砼 卵... | M5 | 水泥混合... | (39) | (38/42) | (40/44) | (48/53) | (45) | (45) | (55) | (53/59) | (56/62) | (67/74) | (63) | (63) | (25) | 垫层 |
| 基础 | (非抗震) | C30 | 现浇砼 卵... | M5 | 水泥混合... | (30) | (29/32) | (35/39) | (43/47) | (35) | (35) | (42) | (41/45) | (49/55) | (60/66) | (49) | (49) | (40) | 包含所有的基础构件，不含基础梁 / 承台梁 / 垫层 |
| 基础梁 / 承台梁 | (非抗震) | C30 | 现浇砼 卵... | M5 | 水泥混合... | (30) | (29/32) | (35/39) | (43/47) | (35) | (35) | (42) | (41/45) | (49/55) | (60/66) | (49) | (49) | (40) | 包含基础主梁、基础次梁、承台梁 |
| 柱 | (三级抗震) | C25 | 现浇砼 卵... | M5 | 水泥混合... | (36) | (35/38) | (42/46) | (50/56) | (42) | (40) | (50) | (49/53) | (59/64) | (70/78) | (59) | (56) | (25) | 包含框架柱、转换柱、预制柱 |
| 剪力墙 | (三级抗震) | C25 | 现浇砼 卵... | M5 | 水泥混合... | (36) | (35/38) | (42/46) | (50/56) | (42) | (40) | (43) | (42/46) | (50/55) | (60/67) | (50) | (48) | (20) | 剪力墙、预制墙 |
| 人防门框墙 | (三级抗震) | C30 | 现浇砼 卵... | M5 | 水泥混合... | (32) | (30/34) | (37/41) | (45/49) | (37) | (35) | (45) | (42/48) | (52/57) | (63/69) | (52) | (49) | (15) | 人防门框墙 |
| 暗柱 | (三级抗震) | C25 | 现浇砼 卵... | | | (36) | (35/38) | (42/46) | (50/56) | (42) | (40) | (50) | (49/53) | (59/64) | (70/78) | (59) | (56) | (20) | 包含暗柱、约束边缘非阴影区 |
| 端柱 | (三级抗震) | C30 | 现浇砼 卵... | | | (32) | (30/34) | (37/41) | (45/49) | (37) | (35) | (45) | (42/48) | (52/57) | (63/69) | (52) | (49) | (20) | 端柱 |
| 墙梁 | (三级抗震) | C30 | 现浇砼 卵... | M5 | 水泥混合... | (32) | (30/34) | (37/41) | (45/49) | (37) | (35) | (45) | (42/48) | (52/57) | (63/69) | (52) | (49) | (20) | 包含连梁、暗梁、边框梁 |
| 框架梁 | (三级抗震) | C25 | 现浇砼 卵... | M5 | 水泥混合... | (36) | (35/38) | (42/46) | (50/56) | (42) | (40) | (50) | (49/53) | (59/64) | (70/78) | (59) | (56) | 30 | 包含楼层框架梁、楼层框架扁梁、屋面框架梁、框支梁、楼层主肋梁... |
| 非框架梁 | (非抗震) | C25 | 现浇砼 卵... | M5 | 水泥混合... | (34) | (33/36) | (40/44) | (48/53) | (40) | (40) | (48) | (46/50) | (56/62) | (67/74) | (56) | (56) | 30 | 包含非框架梁、井字梁、基础联系梁、次肋梁 |
| 现浇板 | (非抗震) | C25 | 现浇砼 卵... | M5 | 水泥混合... | (34) | (33/36) | (40/44) | (48/53) | (40) | (40) | (48) | (46/50) | (56/62) | (67/74) | (56) | (56) | 25 | 包含现浇板、叠合板(整厚)、螺旋板、柱帽、空心楼盖板、空心楼盖... |
| 楼梯 | (非抗震) | C25 | 现浇砼 卵... | M5 | 水泥混合... | (34) | (33/36) | (40/44) | (48/53) | (40) | (40) | (48) | (46/50) | (56/62) | (67/74) | (56) | (56) | (25) | 包含楼梯、直形梯段、螺旋梯段 |
| 构造柱 | (三级抗震) | C25 | 现浇砼 卵... | M5 | 水泥混合... | (36) | (35/38) | (42/46) | (50/56) | (42) | (40) | (50) | (49/53) | (59/64) | (70/78) | (59) | (56) | (25) | 构造柱 |
| 圈梁 / 过梁 | (三级抗震) | C25 | 现浇砼 卵... | M5 | 水泥混合... | (36) | (35/38) | (42/46) | (50/56) | (42) | (40) | (50) | (49/53) | (59/64) | (70/78) | (59) | (56) | (25) | 包含圈梁、过梁 |
| 砌体墙柱 | (非抗震) | C25 | 现浇砼 卵... | M5 | 水泥混合... | (34) | (33/36) | (40/44) | (48/53) | (40) | (40) | (48) | (46/50) | (56/62) | (67/74) | (56) | (56) | (25) | 包含砌体柱、砌体墙 |
| 其它 | (非抗震) | C25 | 现浇砼 卵... | M5 | 水泥混合... | (34) | (33/36) | (40/44) | (48/53) | (40) | (40) | (48) | (46/50) | (56/62) | (67/74) | (56) | (56) | (25) | 包含除以上构件类型之外的所有构件类型 |
| 叠合板(预制底板) | (非抗震) | C30 | 现浇砼 卵... | M5 | 水泥混合... | (30) | (29/32) | (35/39) | (43/47) | (35) | (35) | (42) | (41/45) | (49/55) | (60/66) | (49) | (49) | (15) | 包含叠合板(预制底板) |

基本锚固设置　复制到其他楼层　恢复默认值(D)　导入钢筋设置　导出钢筋设置

(c)

**图 2-5 “楼层设置”对话框**

(a)首层至第 4 层楼层设置信息；(b)第 5 层至第 10 层楼层设置信息；(c)第 11 层(屋面层)及冲顶层楼层设置信息

楼层设置

单项工程列表

添加 删除

5号楼

楼层列表（基础层和标准层不能设置为首层。设置首层后，楼层编码自动变化，正数为地上层，负数为地下层，基础层编码固定为 0）

插入楼层 删除楼层 上移 下移

| 首层 | 编码 | 楼层名称 | 层高(m) | 底标高(m) | 相同层数 | 板厚(mm) | 建筑面积(m2) | 备注 |
|---|---|---|---|---|---|---|---|---|
| ☐ | 13 | 电梯冲顶... | 0.4 | 37.27 | 1 | 120 | (0) | |
| ☐ | 12 | 屋面层 | 4.3 | 32.97 | 1 | 100 | (0) | |
| ☐ | 11 | 第11层 | 3 | 29.97 | 1 | 120 | (0) | |
| ☐ | 10 | 第10层 | 3 | 26.97 | 1 | 90 | (0) | |
| ☐ | 9 | 第9层 | 3 | 23.97 | 1 | 90 | (0) | |
| ☐ | 8 | 第8层 | 3 | 20.97 | 1 | 90 | (0) | |
| ☐ | 7 | 第7层 | 3 | 17.97 | 1 | 90 | (0) | |
| ☐ | 6 | 第6层 | 3 | 14.97 | 1 | 90 | (0) | |
| ☐ | 5 | 第5层 | 3 | 11.97 | 1 | 90 | (0) | |
| ☐ | 4 | 第4层 | 3 | 8.97 | 1 | 90 | (0) | |
| ☐ | 3 | 第3层 | 3 | 5.97 | 1 | 90 | (0) | |
| ☐ | 2 | 第2层 | 3 | 2.97 | 1 | 90 | (0) | |
| ☑ | 1 | 首层 | 3 | -0.03 | 1 | 90 | (0) | |
| ☐ | 0 | 基础层 | 2.77 | -2.8 | 1 | 700 | (0) | |

楼层混凝土强度和锚固搭接设置（5号楼 基础层，-2.80 ~ -0.03 m）

| | 抗震等级 | 混凝土强度等级 | 混凝土类型 | 砂浆标号 | 砂浆类型 | 锚固 HPB235(A) | 锚固 HRB335(B) | 锚固 HRB400(C) | 锚固 HRB500(E) | 锚固 冷轧带肋 | 锚固 冷轧扭 | 搭接 HPB235(A) | 搭接 HRB335(B) | 搭接 HRB400(C) | 搭接 HRB500(E) | 搭接 冷轧带肋 | 搭接 冷轧扭 | 保护层厚度(mm) | 备注 |
|---|---|---|---|---|---|---|---|---|---|---|---|---|---|---|---|---|---|---|---|
| 垫层 | (非抗震) | C10 | 现浇砼 碎... | M5 | 水泥混合... | (39) | (38/42) | (40/44) | (48/53) | (45) | (45) | (55) | (53/59) | (56/62) | (67/74) | (63) | (63) | (25) | 垫层 |
| 基础 | (非抗震) | C30 | 现浇砼 碎... | M5 | 水泥混合... | (30) | (29/32) | (35/39) | (43/47) | (35) | (35) | (42) | (41/45) | (49/55) | (60/66) | (49) | (49) | (40) | 包含所有的基础构件,不含基础梁/承台梁/垫层 |
| 基础梁/承台梁 | (非抗震) | C30 | 现浇砼 碎... | M5 | 水泥混合... | (30) | (29/32) | (35/39) | (43/47) | (35) | (35) | (42) | (41/45) | (49/55) | (60/66) | (49) | (49) | (40) | 包含基础主梁、基础次梁、承台梁 |
| 柱 | (三级抗震) | C30 | 现浇砼 碎... | M5 | 水泥混合... | (32) | (30/34) | (37/41) | (45/49) | (37) | (35) | (45) | (42/48) | (52/57) | (63/69) | (52) | (49) | 25 | 包含框架柱、转换柱、预制柱 |
| 剪力墙 | (三级抗震) | C30 | 现浇砼 碎... | M5 | 水泥混合... | (32) | (30/34) | (37/41) | (45/49) | (37) | (35) | (38) | (36/41) | (44/49) | (54/59) | (44) | (42) | 20 | 剪力墙、预制墙 |
| 人防门框墙 | (三级抗震) | C30 | 现浇砼 碎... | M5 | 水泥混合... | (32) | (30/34) | (37/41) | (45/49) | (37) | (35) | (45) | (42/48) | (52/57) | (63/69) | (52) | (49) | (15) | 人防门框墙 |
| 暗柱 | (三级抗震) | C30 | 现浇砼 碎... | | | (32) | (30/34) | (37/41) | (45/49) | (37) | (35) | (45) | (42/48) | (52/57) | (63/69) | (52) | (49) | 20 | 包含暗柱、约束边缘非阴影区 |
| 端柱 | (三级抗震) | C30 | 现浇砼 碎... | | | (32) | (30/34) | (37/41) | (45/49) | (37) | (35) | (45) | (42/48) | (52/57) | (63/69) | (52) | (49) | (20) | 端柱 |
| 墙梁 | (三级抗震) | C30 | 现浇砼 碎... | M5 | 水泥混合... | (32) | (30/34) | (37/41) | (45/49) | (37) | (35) | (45) | (42/48) | (52/57) | (63/69) | (52) | (49) | (20) | 包含连梁、暗梁、边框梁 |
| 框架梁 | (三级抗震) | C25 | 现浇砼 碎... | M5 | 水泥混合... | (36) | (35/38) | (42/46) | (50/56) | (42) | (40) | (50) | (49/53) | (59/64) | (70/78) | (59) | (56) | 30 | 包含楼层框架梁、楼层框架扁梁、屋面框架梁、框支梁、楼层主肋梁... |
| 非框架梁 | (非抗震) | C25 | 现浇砼 碎... | M5 | 水泥混合... | (34) | (33/36) | (40/44) | (48/53) | (40) | (40) | (48) | (46/50) | (56/62) | (67/74) | (56) | (56) | 30 | 包含非框架梁、井字梁、基础联系梁、次肋梁 |
| 现浇板 | (非抗震) | C25 | 现浇砼 碎... | M5 | 水泥混合... | (34) | (33/36) | (40/44) | (48/53) | (40) | (40) | (48) | (46/50) | (56/62) | (67/74) | (56) | (56) | (20) | 包含现浇板、叠合板(整厚)、螺旋板、柱帽、空心楼盖板、空心楼盖... |
| 楼梯 | (非抗震) | C25 | 现浇砼 碎... | M5 | 水泥混合... | (34) | (33/36) | (40/44) | (48/53) | (40) | (40) | (48) | (46/50) | (56/62) | (67/74) | (56) | (56) | (25) | 包含楼梯、直形梯段、螺旋梯段 |
| 构造柱 | (三级抗震) | C25 | 现浇砼 碎... | M5 | 水泥混合... | (36) | (35/38) | (42/46) | (50/56) | (42) | (40) | (50) | (49/53) | (59/64) | (70/78) | (59) | (56) | (25) | 构造柱 |
| 圈梁/过梁 | (三级抗震) | C25 | 现浇砼 碎... | M5 | 水泥混合... | (36) | (35/38) | (42/46) | (50/56) | (42) | (40) | (50) | (49/53) | (59/64) | (70/78) | (59) | (56) | (25) | 包含圈梁、过梁 |
| 砌体墙柱 | (非抗震) | C25 | 现浇砼 碎... | M5 | 水泥混合... | (34) | (33/36) | (40/44) | (48/53) | (40) | (40) | (48) | (46/50) | (56/62) | (67/74) | (56) | (56) | (25) | 包含砌体柱、砌体墙 |
| 其它 | (非抗震) | C25 | 现浇砼 碎... | M5 | 水泥混合... | (34) | (33/36) | (40/44) | (48/53) | (40) | (40) | (48) | (46/50) | (56/62) | (67/74) | (56) | (56) | (25) | 包含除以上构件类型之外的所有构件类型 |
| 叠合板(预制底板) | (非抗震) | C30 | 现浇砼 碎... | M5 | 水泥混合... | (30) | (29/32) | (35/39) | (43/47) | (35) | (35) | (42) | (41/45) | (49/55) | (60/66) | (49) | (49) | (15) | 包含叠合板(预制底板) |

基本锚固设置 复制到其他楼层 恢复默认值(D) 导入钢筋设置 导出钢筋设置

(d)

图 2-5 “楼层设置”对话框(续)

(d)基础层楼层设置信息

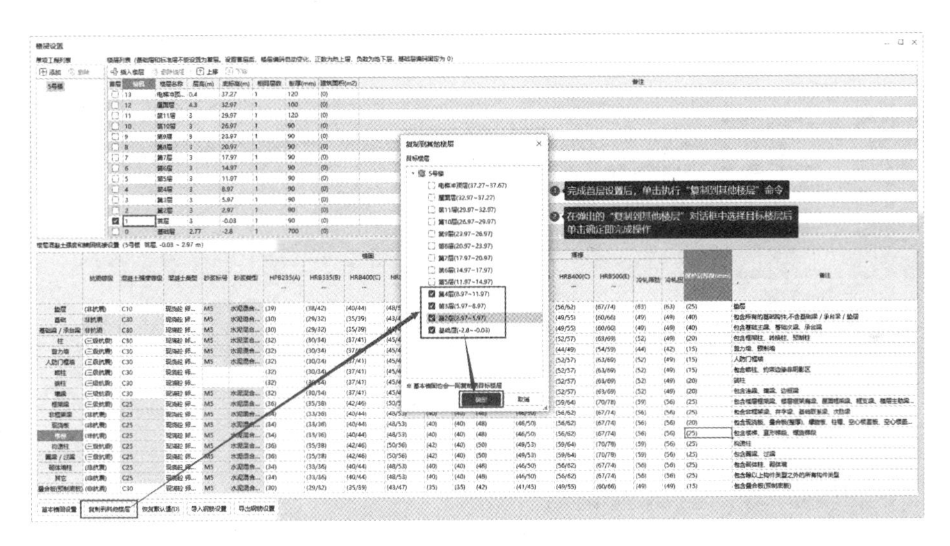


图 2-6 “楼层设置”“复制到其他楼层”操作示意

在插入楼层过程中若操作有误，可使用“删除楼层”“上移”“下移”命令来进行调整，但首层、基础层和当前正在绘图的楼层不能删除。工程中若有几层所有构件全部一致时，可设置标准层，在相同层数列内填入相同层数量即可，但因软件层间图元复制操作方便，实际工程中一般不采用标准层操作。若实际工程中同一楼层有多种板厚度时，也可不在“楼层设置”步骤修改板厚，在后续板绘制时再作修改。

屋面上凸出的女儿墙等可插入屋面层(层高可按女儿墙高度设置)单独一层绘制，也可并入最上一层绘制，一般建议插入屋面层绘制，如本工程电梯冲顶层上只有女儿墙也可以不单独设置冲顶层。

图 2-5“楼层设置”对话框下方“导入/导出钢筋设置”功能可将调整好的设置导出以便其他人使用或在其他工程中使用，在处理群体工程时非常有效；恢复默认值则是将所有的设置信息恢复软件默认信息。

## 小提示

(1)首层底标高应为结构标高。

(2)基础层层高不包括垫层，基础层层高输入准确与否可通过查看基础层底标高是否与图纸一致来验证。

(3)首层和基础层必须分别单独存在；楼层编号不允许重叠和遗漏。

(4)若有地下室时，可将鼠标光标定位在基础层上插入楼层或在首层上插入楼层后下移。

(5)构件的抗震等级、混凝土强度等级和保护层厚度的变化对工程钢筋计算量有一定影响。混凝土强度等级影响钢筋搭接与锚固，抗震等级决定钢筋的搭接和锚固。

### 3. 土建设置

土建计算规则在“新建工程”步骤中已选择，不需要再进行修改。

### 4. 钢筋设置

(1)计算设置：单击“工程设置”页签下“钢筋设置”中“计算设置”，在弹出“计算设置”对话框中单击“框架梁”，修改第 27 项“次梁两侧共增加箍筋数量”为“6”，如图 2-7 所示；本工程中除屋面板分布筋为 Φ6@200 外，其余均为 Φ6@250，板分布筋保持默认不修改；有必要的话还要修改板/坡道第 29、36、37 条：板面跨板受力筋和负筋标注位置。

计算设置

计算规则 | 节点设置 | 箍筋设置 | 搭接设置 | 箍筋公式

柱 / 墙柱
剪力墙
人防门框墙
连梁
框架梁
非框架梁
板 / 坡道
叠合板(整厚)
预制柱
预制梁
预制墙
空心楼盖板
主肋梁
次肋梁
楼梯
基础
基础主梁 / 承...
基础次梁
砌体结构

| | 类型名称 | 设置值 |
|---|---|---|
| 13 | 当左右跨不等时，伸入小跨内负筋的L取值 | 取左右最大跨计算 |
| 14 | ⊟ 下部钢筋 | |
| 15 | 不伸入支座的下部钢筋距支座边的距离 | 0.1*L |
| 16 | 下部原位标注钢筋做法 | 遇支座断开 |
| 17 | 下部通长筋遇支座做法 | 遇支座连续通过 |
| 18 | 下部纵筋遇加腋做法 | 锚入加腋 |
| 19 | ⊟ 侧面钢筋/吊筋 | |
| 20 | 侧面构造筋的锚固长度 | 15*d |
| 21 | 侧面构造筋的搭接长度 | 15*d |
| 22 | 梁侧面原位标注筋做法 | 遇支座断开 |
| 23 | 侧面通长筋遇支座做法 | 遇支座连续通过 |
| 24 | 吊筋锚固长度 | 20*d |
| 25 | 吊筋弯折角度 | 按规范计算 |
| 26 | ⊟ 箍筋/拉筋 | |
| 27 | 次梁两侧共增加箍筋数量 | 6 |
| 28 | 起始箍筋距支座边的距离 | 50 |
| 29 | 抗震KL、WKL端支座为梁时，则在该支座一侧箍筋加密 | 否 |
| 30 | 框架梁箍筋加密长度 | 按规范计算 |
| 31 | 框架扁梁箍筋加密长度 | max(b+hb,lae,C) |
| 32 | 框支梁箍筋加密长度 | max(0.2*Ln,1.5*hb) |
| 33 | 框架梁箍筋、拉筋加密区根数计算方式 | 向上取整+1 |
| 34 | 框架梁箍筋、拉筋非加密区根数计算方式 | 向上取整-1 |
| 35 | 箍筋弯勾角度 | 135° |
| 36 | 加腋梁箍筋加密起始位置 | 梁柱垂直下加腋端部 |
| 37 | 拉筋配置 | 按规范计算 |
| 38 | ⊟ 悬挑端 | |

输入格式：具体整数或数量 + 级别 + 直径（肢数），肢数为空默认与箍筋肢数相同。

导入规则 | 导出规则 | 恢复默认值

图 2-7　修改钢筋计算设置下“计算规则”框架梁设置

切换到“搭接设置”选项卡，按图纸要求修改钢筋的搭接方式和定尺长度，如图 2-8 所示。其中墙柱垂直筋随层走，其定尺不用修改，只修改水平筋等“其余钢筋定尺”。单击“计算设置”对话框左下方的“导入规则”按钮可直接调用以前保存的计算规则而无须重新设置，单击“导出规则”按钮则可将本次设置导出，方便下次调用。修改完成后关闭“计算设置”对话框即可。

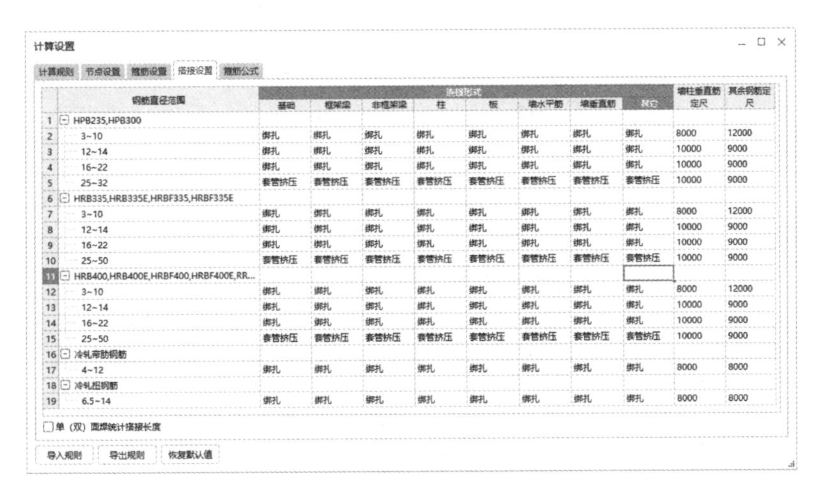

计算设置

计算规则 | 节点设置 | 箍筋设置 | 搭接设置 | 箍筋公式

| | 钢筋直径范围 | 连接形式 | | | | | | | | 墙柱垂直筋定尺 | 其余钢筋定尺 |
|---|---|---|---|---|---|---|---|---|---|---|---|
| | | 基础 | 框架梁 | 非框架梁 | 柱 | 板 | 墙水平筋 | 墙垂直筋 | 其它 | | |
| 1 | HPB235,HPB300 | | | | | | | | | | |
| 2 | 3~10 | 绑扎 | 绑扎 | 绑扎 | 绑扎 | 绑扎 | 绑扎 | 绑扎 | 绑扎 | 8000 | 12000 |
| 3 | 12~14 | 绑扎 | 绑扎 | 绑扎 | 绑扎 | 绑扎 | 绑扎 | 绑扎 | 绑扎 | 10000 | 9000 |
| 4 | 16~22 | 绑扎 | 绑扎 | 绑扎 | 绑扎 | 绑扎 | 绑扎 | 绑扎 | 绑扎 | 10000 | 9000 |
| 5 | 25~32 | 套管挤压 | 套管挤压 | 套管挤压 | 套管挤压 | 套管挤压 | 套管挤压 | 套管挤压 | 套管挤压 | 10000 | 9000 |
| 6 | HRB335,HRB335E,HRBF335,HRBF335E | | | | | | | | | | |
| 7 | 3~10 | 绑扎 | 绑扎 | 绑扎 | 绑扎 | 绑扎 | 绑扎 | 绑扎 | 绑扎 | 8000 | 12000 |
| 8 | 12~14 | 绑扎 | 绑扎 | 绑扎 | 绑扎 | 绑扎 | 绑扎 | 绑扎 | 绑扎 | 10000 | 9000 |
| 9 | 16~22 | 绑扎 | 绑扎 | 绑扎 | 绑扎 | 绑扎 | 绑扎 | 绑扎 | 绑扎 | 10000 | 9000 |
| 10 | 25~50 | 套管挤压 | 套管挤压 | 套管挤压 | 套管挤压 | 套管挤压 | 套管挤压 | 套管挤压 | 套管挤压 | 10000 | 9000 |
| 11 | HRB400,HRB400E,HRBF400,HRBF400E,RR... | | | | | | | | | | |
| 12 | 3~10 | 绑扎 | 绑扎 | 绑扎 | 绑扎 | 绑扎 | 绑扎 | 绑扎 | 绑扎 | 8000 | 12000 |
| 13 | 12~14 | 绑扎 | 绑扎 | 绑扎 | 绑扎 | 绑扎 | 绑扎 | 绑扎 | 绑扎 | 10000 | 9000 |
| 14 | 16~22 | 绑扎 | 绑扎 | 绑扎 | 绑扎 | 绑扎 | 绑扎 | 绑扎 | 绑扎 | 10000 | 9000 |
| 15 | 25~50 | 套管挤压 | 套管挤压 | 套管挤压 | 套管挤压 | 套管挤压 | 套管挤压 | 套管挤压 | 套管挤压 | 10000 | 9000 |
| 16 | 冷轧带肋钢筋 | | | | | | | | | | |
| 17 | 4~12 | 绑扎 | 绑扎 | 绑扎 | 绑扎 | 绑扎 | 绑扎 | 绑扎 | 绑扎 | 8000 | 8000 |
| 18 | 冷轧扭钢筋 | | | | | | | | | | |
| 19 | 6.5~14 | 绑扎 | 绑扎 | 绑扎 | 绑扎 | 绑扎 | 绑扎 | 绑扎 | 绑扎 | 8000 | 8000 |

单（双）面焊统计搭接长度

导入规则 | 导出规则 | 恢复默认值

图 2-8　修改钢筋“搭接设置”

## 小提示

(1)钢筋的接头形式会直接影响钢筋工程量，按图纸要求进行设置。钢筋的定尺长度是根据国家标准生产的合格钢筋的出厂长度，会影响接头的数量。图纸未明确搭接长度的，参考工程所在地定额规定来确定定尺长度，如本工程选用江西省2017版定额，其中第五章混凝土及钢筋混凝土工程计算规则规定设计图示及规范要求未明确规定时，钢筋接头数量按“直径10以内的长钢筋按每12 m计算一个钢筋搭接(接头)、直径10以上的长钢筋按每9 m计算一个钢筋搭接(接头)”计算；若当地定额也没有明确规定时按每9 m计算一个接头，搭接长度按规定计算。

(2)在前述图2-3(b)“工程信息”对话框“计算规则”页签修改“7 钢筋报表”为“江西(2017)”后，则软件会自动根据江西规则修改定尺长度，无须再手动修改。实际工程中可根据工程所在地选择相应地区钢筋报表。

(2)比重设置：市场直径为6的钢筋几乎没有，现场施工一般用直径6.5的钢筋代替直径6的钢筋，因此，将直径为6的钢筋比重改为直径为6.5的钢筋比重，即0.26，如图2-9所示。

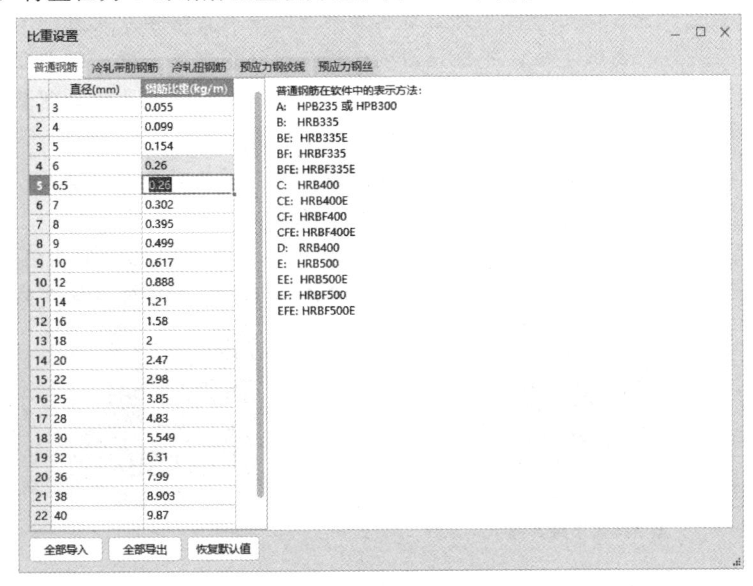

比重设置

普通钢筋 | 冷轧带肋钢筋 | 冷轧扭钢筋 | 预应力钢绞线 | 预应力钢丝

| | 直径(mm) | 钢筋比重(kg/m) |
|---|---|---|
| 1 | 3 | 0.055 |
| 2 | 4 | 0.099 |
| 3 | 5 | 0.154 |
| 4 | 6 | 0.26 |
| 5 | 6.5 | 0.26 |
| 6 | 7 | 0.302 |
| 7 | 8 | 0.395 |
| 8 | 9 | 0.499 |
| 9 | 10 | 0.617 |
| 10 | 12 | 0.888 |
| 11 | 14 | 1.21 |
| 12 | 16 | 1.58 |
| 13 | 18 | 2 |
| 14 | 20 | 2.47 |
| 15 | 22 | 2.98 |
| 16 | 25 | 3.85 |
| 17 | 28 | 4.83 |
| 18 | 30 | 5.549 |
| 19 | 32 | 6.31 |
| 20 | 36 | 7.99 |
| 21 | 38 | 8.903 |
| 22 | 40 | 9.87 |

普通钢筋在软件中的表示方法：
A: HPB235 或 HPB300
B: HRB335
BE: HRB335E
BF: HRBF335
BFE: HRBF335E
C: HRB400
CE: HRB400E
CF: HRBF400
CFE: HRBF400E
D: RRB400
E: HRB500
EE: HRB500E
EF: HRBF500
EFE: HRBF500E

全部导入 | 全部导出 | 恢复默认值

图 2-9　修改钢筋比重

### 尝试应用

请完成课堂项目 3 号楼的工程设置。

### 拓展训练

某工程现浇板分布筋见表 2-1，请完成相关设置。

表 2-1　某工程现浇板分布筋

| 楼板厚度 | 100～140 | 150～170 | 180～200 | 200～220 | 230～250 |
|---|---|---|---|---|---|
| 分布钢筋 | Φ8@200 | Φ8@150 | Φ10@250 | Φ10@200 | Φ12@200 |

5 号楼阶段工程文件：
完成新建工程、工程设置

新建工程、
工程设置操作小结

## 2.2　图纸管理

### 聚焦项目任务

**知识：** 1. 掌握系统识读建筑施工图和结构施工图的方法。
2. 掌握添加图纸、分割图纸和定位图纸的操作步骤。
3. 掌握大样图设置比例的方法。

**能力：** 1. 能正确识读建筑施工图和结构施工图。
2. 能根据软件可识别的构件类型正确分割图纸并与前期楼层设置一一对应。
3. 能正确进行图纸定位，并根据图纸比例确定是否需要设置比例并完成操作。
4. 达到 1+X 工程造价数字化应用中级和全国高校 BIM 毕业设计创新大赛 BIM 全过程造价管理与应用赛项关于图纸管理的相关要求。

**素质：** 1. 从图纸管理中各图纸分割后应与楼层一一对应并准确定位，体会个体应在时代坐标中找准青春定位，奋发有为、开拓创新。
2. 综合分析图纸，选择合理的定位点，并针对只有局部轴网的图纸进行正确定位，养成发现问题、分析问题并根据实际情况选择最优办法解决问题的能力。

图纸管理导学单及
激活旧知思维导图

微课：图纸管理

## 示证新知

### 一、添加图纸

单击“建模”页签，弹出图 1-8 所示的工程界面，单击与“构件列表”并列显示在其右侧的“图纸管理”，执行“添加图纸”命令，在弹出的“添加图纸”对话框中找到图纸所在位置后单击“打开”按钮或双击左键即完成了图纸添加，如图 2-10 所示。

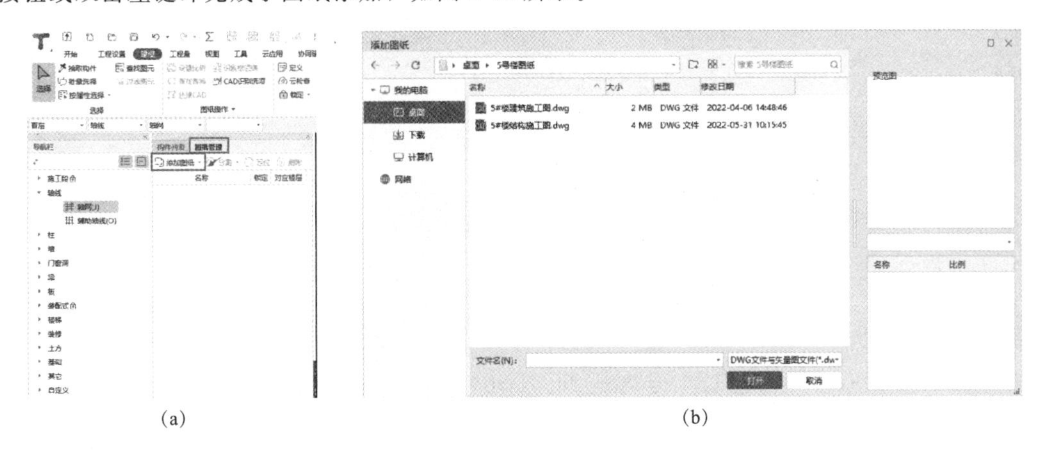

(a)　　(b)

图 2-10　添加图纸操作

(a)添加图纸；(b)“添加图纸”对话框

GTJ2021 可支持的电子图纸格式有“.dwg”“.dxf”“.pdf”“.cadi2”“.gad”。其中，“.dwg”“.dxf”是 CAD 软件保存的格式，“.cadi2”“.gad”是广联达算量分割后的图纸保存的格式。

### 二、分割图纸

#### 1. 图纸分析

分析要点：根据软件可识别的构件类型确定哪些图纸要分割出来；确定各分割出来的图纸与楼层设置中各楼层的对应关系；图纸不规整的情况下确定定位点；图纸的比例。

需查阅图纸：全部图纸。

分析结果：本工程需要分割的图纸及其与楼层设置中各楼层的对应关系见表 2-2。其中，工程做法表和门窗表也可以放到其他楼层下，或者也可以根据个人习惯不单独分割出来；本工程中柱大样比例非 1∶1 绘制，为方便后续操作，将柱大样图单独分割出来并进行比例设置，放在与对应墙柱网平面布置图相同的楼层。桩承台大样因其内部钢筋设置仍需要手动进行，因此，不将承台大样单独分割出来。

表 2-2　本工程需分割的图纸及其与楼层对应表

| 楼层 | 建筑施工图 | 结构施工图 |
|---|---|---|
| 屋面层 | 屋顶层平面图 | 电梯机房层梁钢筋图<br>电梯冲顶层梁钢筋图<br>电梯机房层板钢筋图<br>电梯冲顶层板钢筋图 |

续表

| 楼层 | 建筑施工图 | 结构施工图 |
| --- | --- | --- |
| 第 11 层 | — | 屋面层梁钢筋图<br>屋面层板钢筋图 |
| 第 4 层 | — | 8.970 m 以上墙柱网平面布置图及大样 |
| 第 3 层 | — | 5.970～8.970 m 墙柱网平面布置图及大样 |
| 第 2 层 | 二-十一层平面图 | — |
| 首层 | 一层平面图<br>门窗表(本工程不单独分割)<br>内装修表(本工程不单独分割) | 承台顶～5.970 m 墙柱网平面布置图及大样<br>标准层梁钢筋图<br>标准层板钢筋图 |
| 基础层 | — | 挖孔桩基础平面布置图<br>承台拉梁平面布置图<br>基础层梁钢筋平面布置图 |

2. 分割图纸

在 GTJ2021 中，分割图纸有“手动分割”和“自动分割”两种方式。“自动分割”适于比较规范的图纸，其操作步骤为：单击“图纸管理”下“分割”下拉列表中的“自动分割”→软件会自动查找照图纸边框线和图纸名称自动分割图纸，若找不到合适名称会自动命名。

大部分情况下一般采用“手动分割”方式分割图纸，其操作步骤为：在“分割”命令下下拉选择“手动分割”→单击鼠标左键框选需分割出来的 CAD 图元后右击确认会弹出“手动分割”对话框→单击绘图区需要分割出来的图纸名称→选择图纸对应楼层后单击“确定”按钮即完成分割。软件会将分割过的区域用黄色框框起来，继续单击鼠标左键框选需分割出来的 CAD 图元重复上述步骤将其余需要分割的图纸一一分割出来即可。分割完成后如图 2-11 所示。双击某一图纸名称，绘图界面就会进入相应图纸，并会根据图纸对应的楼层切换到相应的楼层，如双击“第 2 层”下的“二-十一层平面图”，整个界面显示如图 2-12 所示。

| 名称 | 锁定 | 对应楼层 |
| --- | --- | --- |
| 基础层 (-2.8~-0.03) | | |
| 挖孔桩基础平面布置图 | | (基础层) |
| 承台拉梁平面布置图 | | (基础层) |
| 基础层梁钢筋平面布置图 | | (基础层) |
| 首层 (-0.03~2.97) | | |
| 一层平面图 | | (首层) |
| 承台顶~5.970m墙柱大样图 | | (首层) |
| 承台顶~5.970m墙柱网平面布置图 | | (首层) |
| 标准层梁钢筋图 | | (首层) |
| 标准层板钢筋图 | | (首层) |
| 第2层 (2.97~5.97) | | |
| 二-十一层平面图 | | (第2层) |
| 第3层 (5.97~8.97) | | |
| 5.970~8.970m墙柱大样图 | | (第3层) |
| 5.970~8.970m墙柱网平面布置图 | | (第3层) |
| 第4层 (8.97~11.97) | | |
| 8.970m以上墙柱大样图 | | (第4层) |
| 8.970m以上墙柱网平面布置图 | | (第4层) |
| 第11层 (29.97~32.97) | | |
| 屋面层梁钢筋图 | | (第11层) |
| 屋面层板钢筋图 | | (第11层) |
| 屋面层 (32.97~37.27) | | |
| 屋顶层平面图 | | (屋面层) |
| 电梯冲顶层梁钢筋图 | | (屋面层) |
| 电梯机房层梁钢筋图 | | (屋面层) |
| 电梯冲顶层板钢筋图 | | (屋面层) |
| 电梯机房层板钢筋图 | | (屋面层) |
| 未对应图纸 | | |
| 5#楼建筑施工图 | | |
| 5#楼结构施工图 | | |

图 2-11　本工程分割图纸结果

## 小提示

(1)为使软件内图纸与楼层对应关系简洁明了，且软件具有层间图元复制功能，因此，多个楼层的构件布置相同时，图纸只需对应给其中一个楼层即可，如标准层梁钢筋图实际对应的楼层有1～10 层，但分割后对应楼层时只对应到首层，其他楼层通过复制方式完成构件建模。

(2)门窗表、柱表、剪力墙表、连梁表及装修做法表等也可不单独分割出来，识别时直接在导入的整个图纸中找到对应的表格运用进行操作。

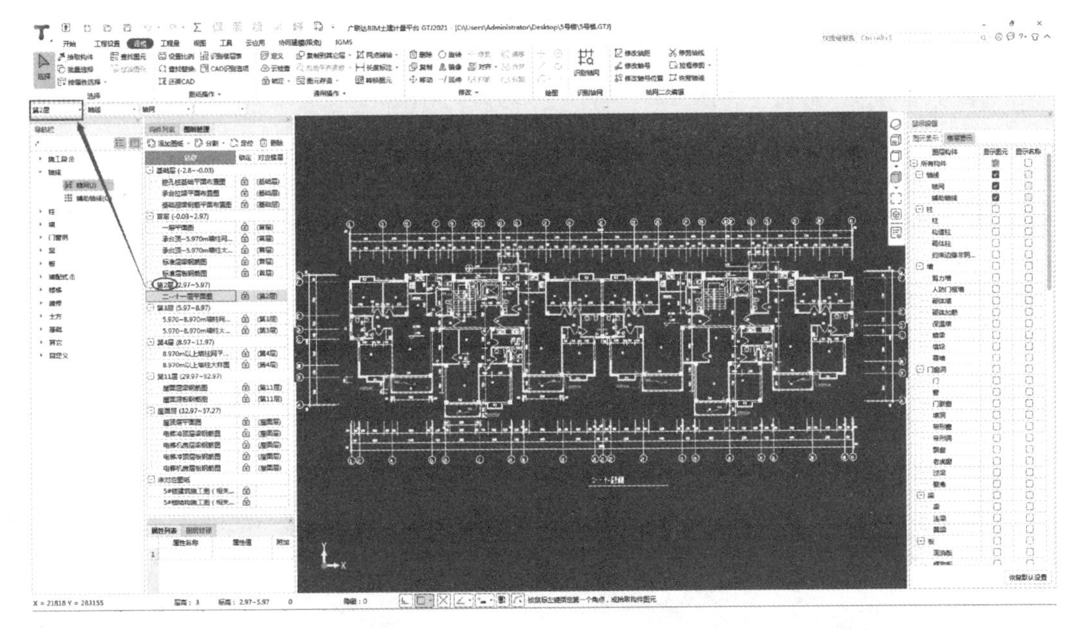

图 2-12　双击“二～十一层平面图”界面显示

## 三、定位图纸

### 1. 图纸分析

分析要点：各楼层平面图轴网是否一致。同时注意检查软件中分割出来的图纸有无自动定位，若已自动定位，则会在绘图区 CAD 图元定位点上显示一个十字交叉点，如图 2-13 所示。

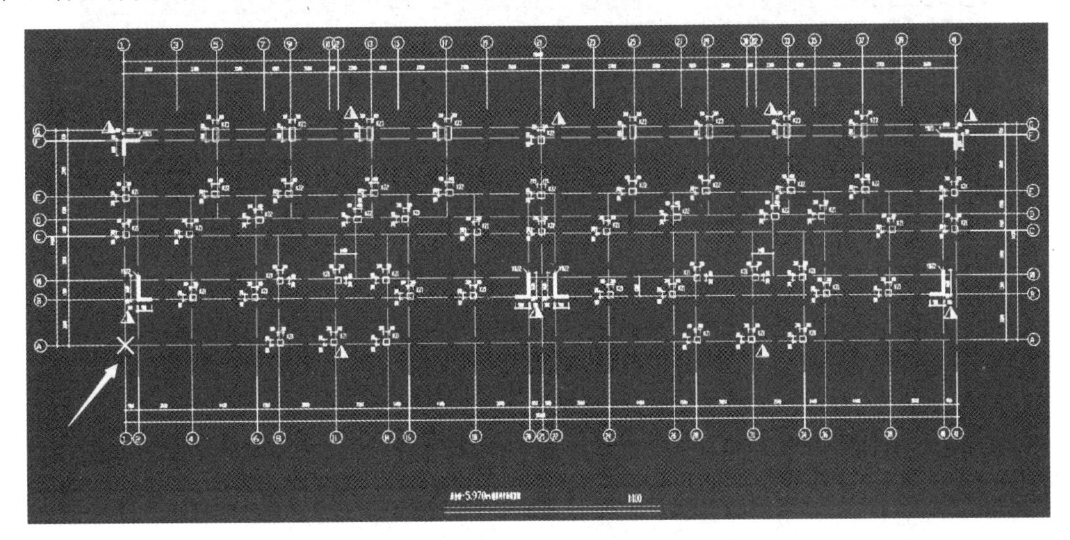

图 2-13　软件对图纸进行自动定位判断

需查阅图纸：软件中已分割好的各平面图及柱、梁、板平面布置图等。

分析结果：本工程一层平面图、二-十一层平面图、屋顶平面图、电梯机房层梁钢筋图、电梯冲顶层梁钢筋图、电梯机房层板钢筋图、电梯冲顶层板钢筋图需要进行手动定位。以(1，A)点作为零点，屋顶平面图、电梯机房层梁钢筋图、电梯冲顶层梁钢筋图、电梯机房层板钢筋图、

电梯冲顶层板钢筋图中(13，F)相对于零点(1，A)点的坐标为(16 700，13 500)。

**2. 定位图纸**

添加图纸并分割完成后，软件一般会自动对分割后的图纸根据左下角轴线交点进行自动定位，但有些图纸其左下角轴线交点与绝大部分图纸不相同或所分割出来的图纸内容较多时，软件不会自动定位，对于这部分图纸需进行手动定位，如本工程电梯机房层梁钢筋图等。

以电梯机房层梁钢筋图为例，其定位图纸的步骤为：双击图纸管理中“电梯机房层梁钢筋图”图纸，单击“图纸管理”下“定位”→单击状态栏上方“交点”按钮，单击⑬轴和Ⓕ轴找到(⑬，Ⓕ)交点→单击状态栏上方“动态输入”按钮，将光标放回绘图区(⑬，Ⓕ)交点，输入X坐标为16 700后按Tab键切换到Y坐标，输入13 500后按Enter键即完成该图纸定位，如图2-14所示。定位后若在绘图区找不到该图纸，双击鼠标滚轮即全屏显示全部内容。用同样的方法可完成其他图纸定位。

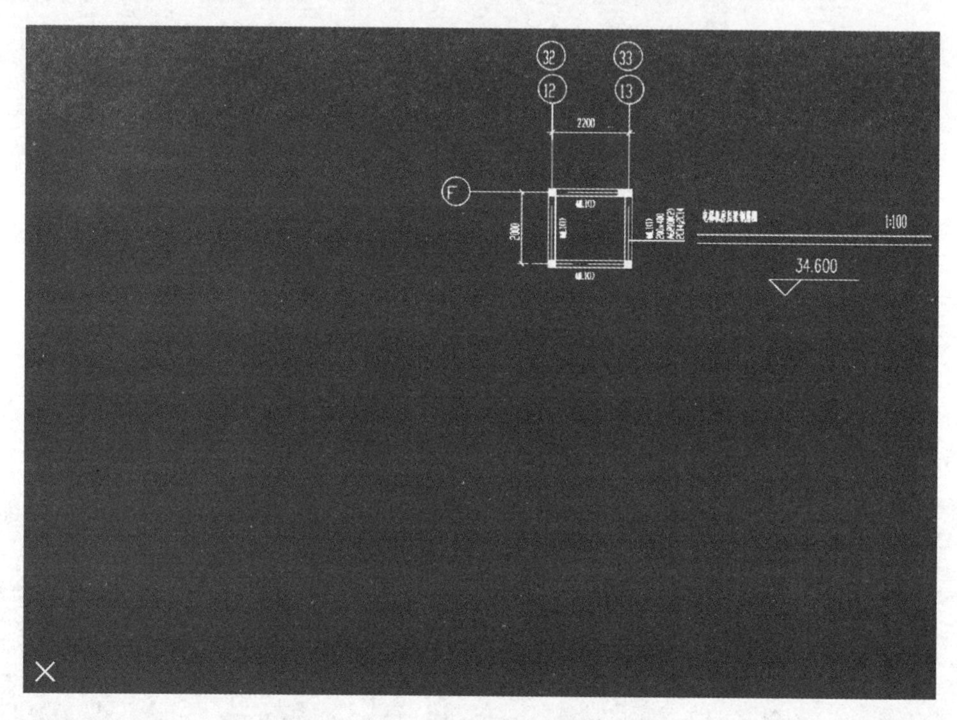


图 2-14 “电梯机房层梁钢筋图”定位

## 小提示

对图纸进行定位是为了确保上下各层相应构件处于同一平面位置而不至于错位，未正确定位图纸进行后续CAD识别会增加工作量并影响工程量大小。

若图纸比较复杂时，建议选择一个各图纸上均有的点作为(0，0)点。

从图纸的分割与定位可以看到，其中的重点是图纸分割后要与工程设置中的楼层一一对应，同时为了保证后续根据图纸识别的各层三维模型不错位，还需要对各图纸进行正确的定位。具体选择哪一点做定位点要综合分析图纸的情况，最好选择一个各图纸均有的点来做定位原点。同样，作为个体的我们，也应该在时代的浪潮中保持一颗红心向祖国，找准自我定位，在实现中华民族伟大复兴中国梦的新征程上奋勇前进。

## 四、设置比例及查找替换

中国青年给“中国建造”添色 擦亮“国家名片”（来源：央视网）

**1. 图纸分析**

分析要点：分割出来的不是按 1∶100 比例绘制的图纸有哪些。图纸中标高显示是汉字或异形钢筋符号等，如梁支座负筋表述为 6Φ25(2/4)等情况。

需查阅图纸：重点查阅各大样图等。

分析结果：本工程各层墙柱大样图绘制比例为 1∶50，需要进行比例设置。本工程图纸表述较为规范，无须进行查找替换的异常表述情况。

**2. 设置比例**

以承台顶～5.970 m 墙柱大样图为例，其操作步骤为：双击“承台顶～5.970 m 墙柱大样图”进入图纸→执行“图纸操作”功能分区中“设置比例”命令(图 2-15)→单击 CAD 图元上有标注的一条直线的两端→在弹出的“输入尺寸”对话框(对话框中所呈现尺寸为所选两点间实际长度)输入两点间标注尺寸长度，单击“确定”按钮完成操作。其余层的构造柱大样也参照上述步骤进行比例设置即可。GTJ2021 软件会自动根据提取的 CAD 图纸中柱大样的标注尺寸识别构件，不进行设置比例操作也可以，但要求所提取的内容要准确，实际工程中一般还是会进行设置比例操作。

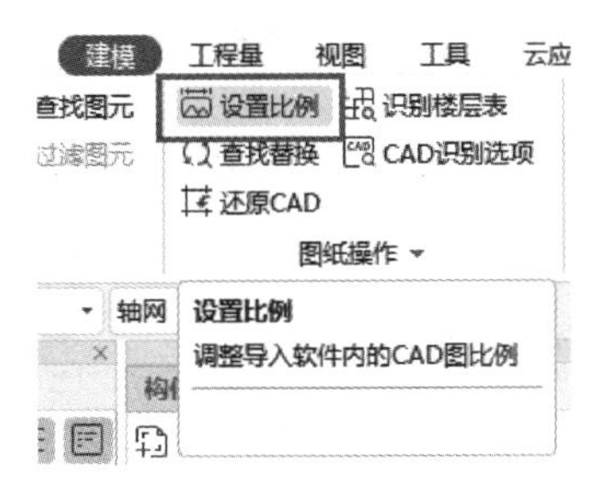


图 2-15　设置比例

### 尝试应用

请完成课堂项目 3 号楼的图纸添加、分割、定位和比例设置等图纸管理操作。

### 拓展训练

某工程柱大样与平面布置图在一张平面图内表示如图 2-16 所示，试分析可以采用哪几种方法进行图纸分割，并讨论哪种方式更高效。

拓展阅读：查找替换

某工程首层柱 CAD 图下载

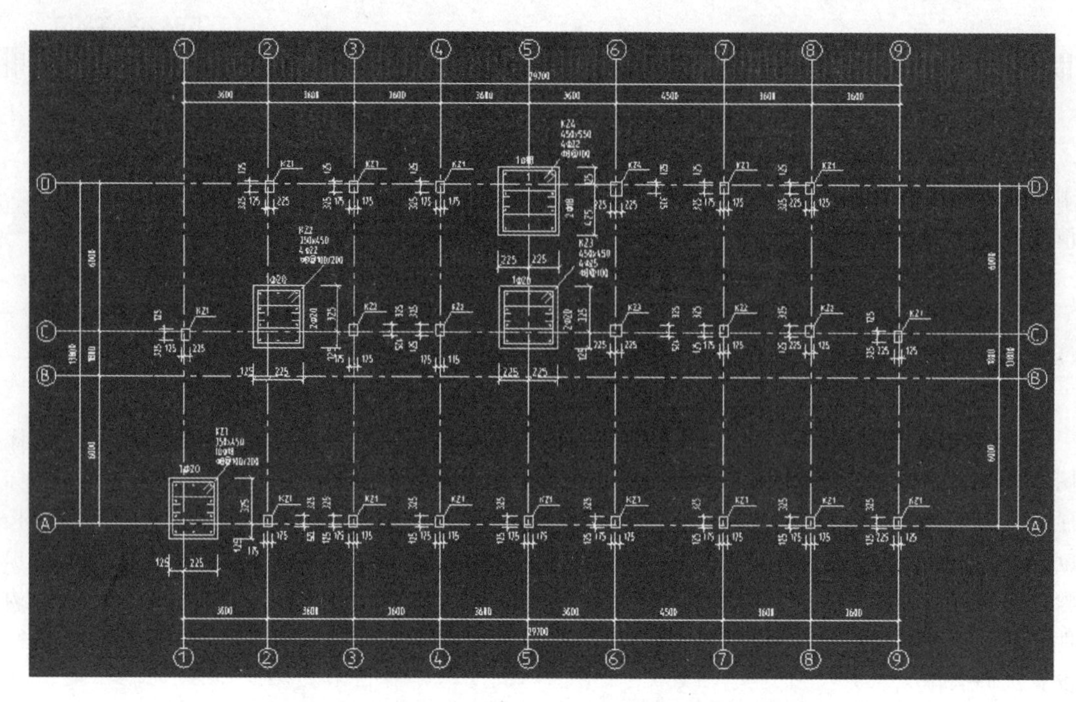


图 2-16　柱大样与柱平面布置图合并在同一张图上表示

**5 号楼阶段工程文件：完成图纸管理**

**图纸管理操作小结**

## 2.3　轴网绘制

### 聚焦项目任务

**知识：** 1. 掌握轴网识读方法。

2. 掌握 CAD 识别轴网的操作步骤。
3. 掌握手动定义并绘制轴网的操作步骤。
4. 掌握斜交轴网和圆弧形轴网绘制、轴网拼接的操作步骤。

**能力：** 1. 能系统识读建筑施工图和结构施工图，并找出轴网最全面的图纸。

2. 能根据图纸正确识别轴网。
3. 在无法进行识别的情况下能正确定义轴网并完成绘制。
4. 能根据图纸要求创建斜交轴网和圆弧形轴网，进行多种类型轴网的拼接。
5. 达到 1+X 工程造价数字化应用初、中级和全国高校 BIM 毕业设计创新大赛 BIM 全过程造价管理与应用赛项关于轴网绘制的相关要求。

**素质：** 从轴网是创建建筑三维算量模型的基准，轴网正确与否决定后续三维模型创建的准确性，树立做人行事要有原则守底线的意识，公平、公正、客观地出具造价文件。

轴网绘制导学单及
激活旧知思维导图

微课：轴网绘制

## 示证新知

### 一、图纸分析

分析要点：对比各层平面图找出轴网最全面的一张平面图。

需查阅图纸：全部图纸。

分析结果：本工程标准层梁钢筋图和标准层板钢筋图轴网比较全面，选用标准层梁钢筋图作为参考进行轴网绘制。本工程轴网数据有：上开间和下开间轴线有错位，轴号不一致，需要注意；左右进深轴线数量和轴距均相同。

### 二、图纸识别方式绘制轴网

在左侧模块导航栏切换到“轴线”下“轴网”，在“图纸管理”中双击“标准层梁钢筋图”进入图纸。执行功能分区上“识别轴网”的命令，如图 2-17 所示，在绘图区出现轴网识别界面，具体包括三个步骤，分别是：提取轴线→提取标注→自动识别，按顺序依次执行命令即可。

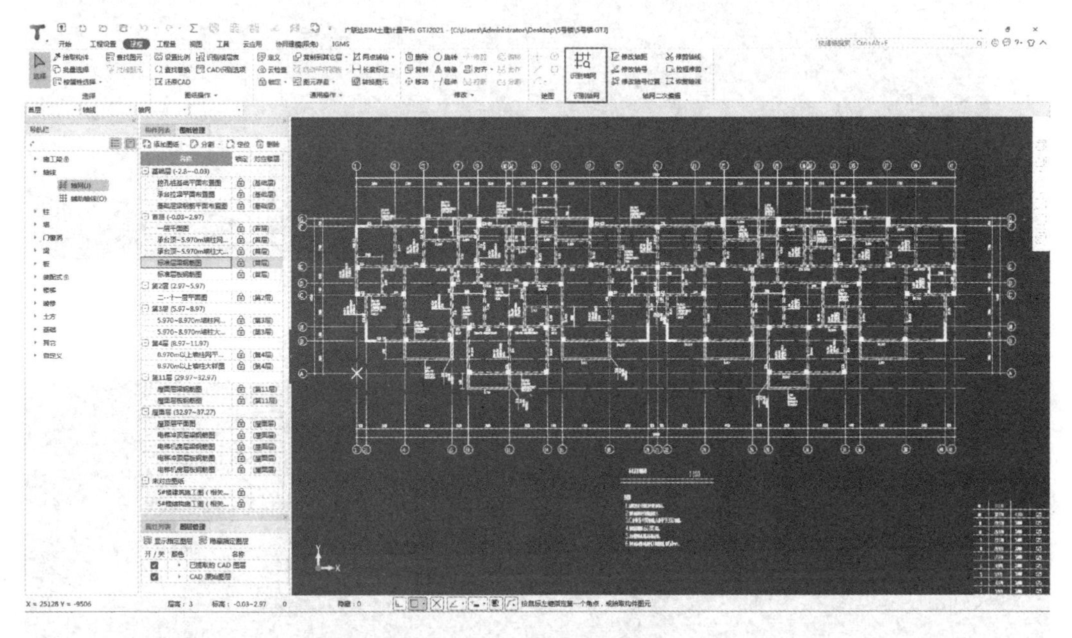

图 2-17　识别轴网界面

(1)提取轴线：执行“提取轴线”命令，单击左键，按图层选择轴线(选中后轴线变成蓝色线如图 2-18 所示)后右键确认，选中的 CAD 轴线图元自动消失，并存放在“已提取的 CAD 图层”中。

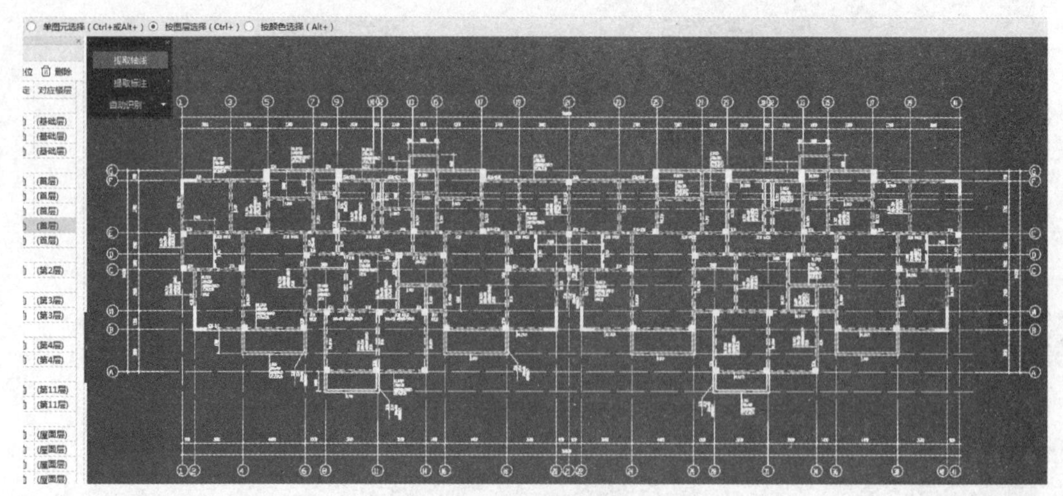

图 2-18　提取轴线

(2)提取标注：执行“提取标注”命令，单击左键，按图层选择轴线标注(选中后标注变成蓝色线如图 2-19 所示)后单击右键确认，则选择的 CAD 图元自动消失，并存放在“已提取的 CAD 图层”中。

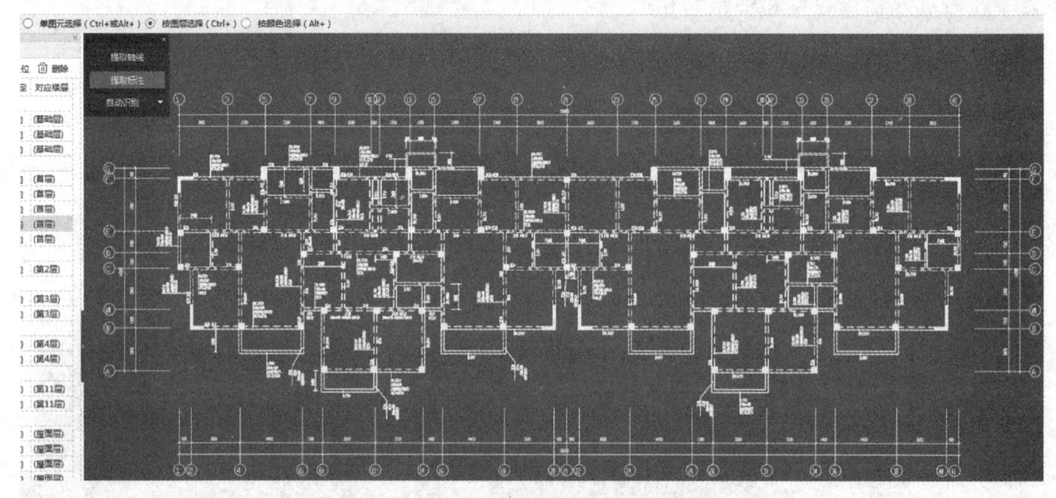

图 2-19　提取轴线标注

(3)识别轴网：单击“自动识别”，软件自动完成轴网识别，如图 2-20 所示。

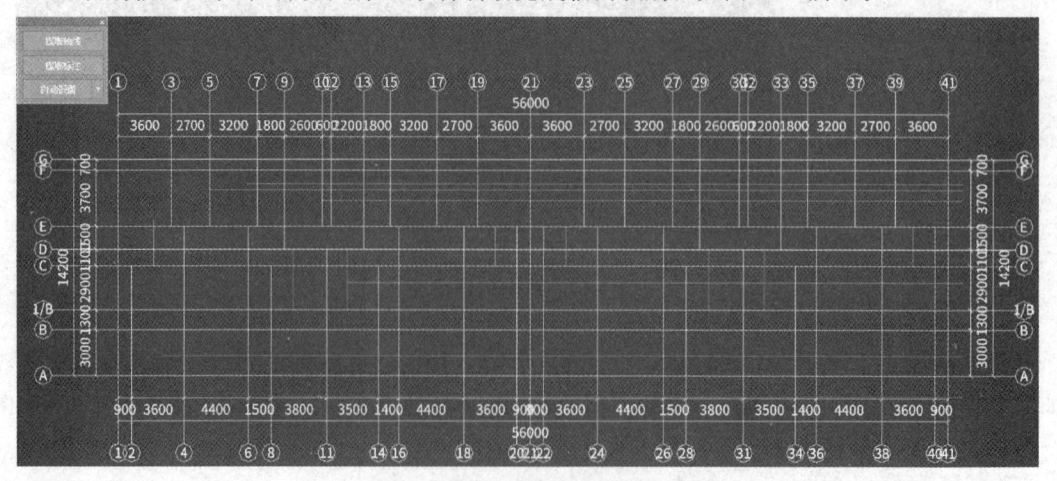


图 2-20　5 号楼轴网识别结果

除“自动识别”外，还有“选择识别”和“识别辅轴”两种功能，其中“选择识别”适用于手动选择识别 CAD 轴线，可选择需要的轴线进行识别；“识别辅轴”适用于手动识别 CAD 辅助轴线。一般多用“自动识别”，可快速识别出工程轴网。

拓展阅读：还原 CAD

拓展提升：还原 CAD

## 小提示

(1)软件提供了“单图元选择”“按图层选择”和“按颜色选择”三种选择 CAD 图元的方式 ○ 单图元选择（Ctrl+或Alt+）⊙ 按图层选择（Ctrl+）○ 按颜色选择（Alt+），因 CAD 图一般按不同的图层来绘制不同类型的构件，因此，软件默认“按图层选择”。实际工程中若存在图纸不规范的情况需根据情况灵活运用三种选择方式。

(2)提取标注步骤有可能轴号与尺寸标注不在同一 CAD 图层，如本工程，在提取时注意不能遗漏。

(3)在下一步发现上一步还有未提取的内容时，可重复上一步操作继续提取未提取内容。

## 尝试应用

请完成课堂项目 3 号楼的识别轴网操作。

## 三、手动绘制轴网

在无法通过 CAD 识别的方式绘制轴网时，可手动绘制轴网，其操作过程为：单击“构件列表”下“新建”按钮，根据本工程轴网选择“新建正交轴网”(图 2-21)→在弹出的“定义”对话框(图 2-22)中按图纸定义上、下开间和左进深的轴距(左、右进深一样可只输入左进深，轴距输入可手动输入或双击常用数值输入，如图 2-23 所示)，所有轴距输入完毕后执行“轴号自动排序”，关闭“定义”对话框→在弹出的“请输入角度”对话框(输入角度为 0)单击“确定”按钮即可完成绘制→单击功能分区上“轴网二次编辑”下“修改轴号位置”按钮 修改轴号位置，选中横向轴线后单击鼠标右键→在弹出的“修改轴号位置”对话框(图 2-24)中选择“两端标注”后单击“确定”按钮即完成轴网绘制→在绘制完成的轴网上根据实际图纸绘制辅轴即可。“修改轴号位置”操作前后对比如图 2-25 所示。

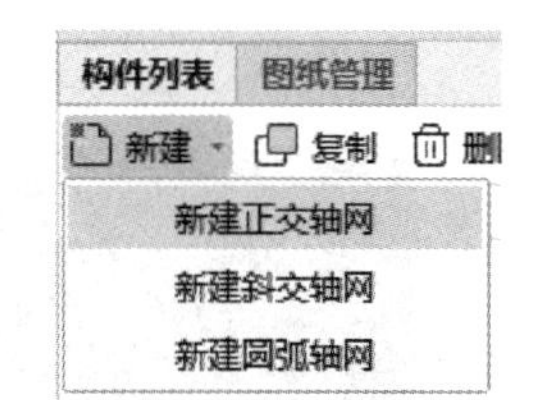


图 2-21　新建正交轴网

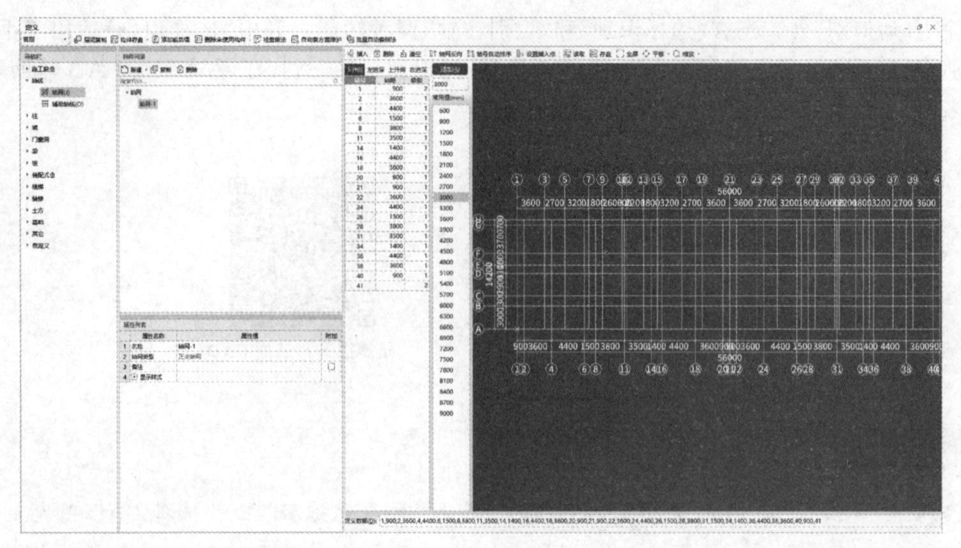

图 2-22　轴网定义

| 下开间 | 左进深 | 上开间 | 右进深 |
|---|---|---|---|

| 轴号 | 轴距 | 级别 |
|---|---|---|
| 1 | 900 | 2 |
| 2 | 3600 | 1 |
| 4 | 4400 | 1 |
| 6 | 1500 | 1 |
| 8 | 3800 | 1 |
| 11 | 3500 | 1 |
| 14 | 1400 | 1 |
| 16 | 4400 | 1 |
| 18 | 3600 | 1 |
| 20 | 900 | 1 |
| 21 | 900 | 1 |
| 22 | 3600 | 1 |
| 24 | 4400 | 1 |
| 26 | 1500 | 1 |
| 28 | 3800 | 1 |
| 31 | 3500 | 1 |
| 34 | 1400 | 1 |
| 36 | 4400 | 1 |
| 38 | 3600 | 1 |
| 40 | 900 | 1 |
| 41 |  | 2 |

| 下开间 | 左进深 | 上开间 | 右进深 |
|---|---|---|---|

| 轴号 | 轴距 | 级别 |
|---|---|---|
| 1 | 3600 | 2 |
| 3 | 2700 | 1 |
| 5 | 3200 | 1 |
| 7 | 1800 | 1 |
| 9 | 2600 | 1 |
| 10 | 600 | 1 |
| 12 | 2200 | 1 |
| 13 | 1800 | 1 |
| 15 | 3200 | 1 |
| 17 | 2700 | 1 |
| 19 | 3600 | 1 |
| 21 | 3600 | 1 |
| 23 | 2700 | 1 |
| 25 | 3200 | 1 |
| 27 | 1800 | 1 |
| 29 | 2600 | 1 |
| 30 | 600 | 1 |
| 32 | 2200 | 1 |
| 33 | 1800 | 1 |
| 35 | 3200 | 1 |
| 37 | 2700 | 1 |
| 39 | 3600 | 1 |
| 41 |  | 2 |

| 下开间 | 左进深 | 上开间 | 右进深 |
|---|---|---|---|

| 轴号 | 轴距 | 级别 |
|---|---|---|
| A | 3000 | 2 |
| B | 1300 | 1 |
| 1/B | 2900 | 1 |
| C | 1100 | 1 |
| D | 1500 | 1 |
| E | 3700 | 1 |
| F | 700 | 1 |
| G |  | 2 |

图 2-23　5 号楼上下开间和左进深轴距及轴号输入

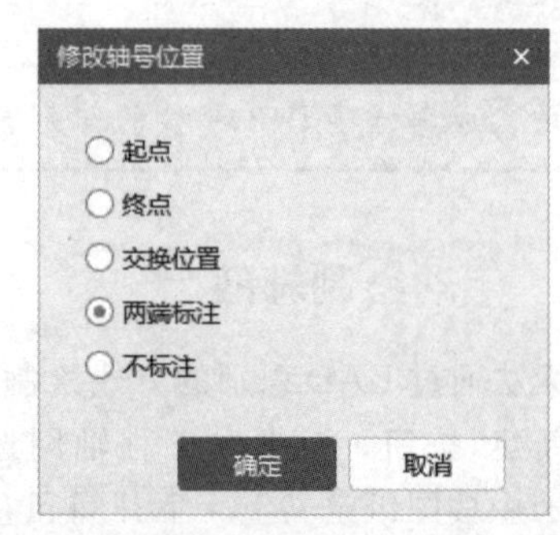


图 2-24　“修改轴号位置”对话框

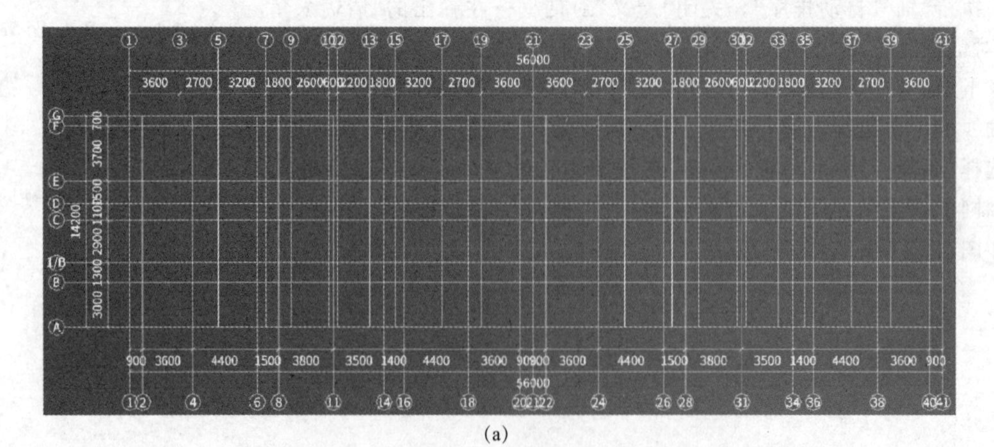


(a)

图 2-25　“修改轴号位置”操作前后轴网对比

(a)“修改轴号位置”操作前

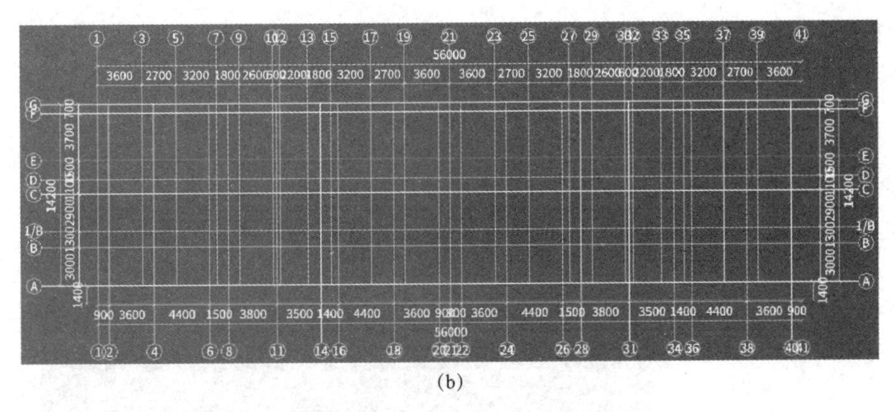


(b)

图 2-25 “修改轴号位置”操作前后轴网对比(续)

(b)“修改轴号位置”操作后

## 小提示

(1)轴网定义相关操作。

1)轴距输入：有选用常用数据、直接输入轴距和定义数据三种方式，前两种方式因为更为直观用得较多。若对软件比较熟悉用定义数据的方式会更加高效，其操作区域在图 2-22 轴网定义最下方空格，输入的格式为“轴号，轴距，轴号，轴距，轴号……”如输入“A，3 000，B，1 300，1/B，2 900，C，1 100，D，1 500，E，3 700，F，700，G”；对于连续相同的轴距也可连乘如“1，3 000 * 6，7”，定义完数据后自动生成轴网。

2)轴网反向：将已经输入好的轴距位置反向排列，轴号及轴距标注不变。如“1，3 000，2，2 000，3，1 000，4”反向后为“1，1 000，2，2 000，3，3 000，4”。

3)轴号自动排序：单击“轴号自动排序”按钮，将选中轴网的所有轴号按照轴号编号原则自动调整。该功能用于上下开间或左右进深不同的时候，新建时软件对轴号各自排序，此时使用轴号自动排序可使上下开间或左右进深统一排序，而不会出现同一轴线上下开间的轴号不一样的情况。

4)设置插入点：可通过此功能改变轴网的插入点，默认的插入点是轴网左下角，可以设置轴线的任何交点为插入点，设置后会有一明显的标记×，如果设置的插入点不在轴线交点上，可以通过 Shift＋鼠标左键偏移定位。

5)读取：可将保存过的轴网调用到当前工程中。

6)存盘：把当前建立的轴网保存起来，以供其他工程使用，轴网文件扩展名为“.GAX”。

(2)手动绘制轴网时，若上、下开间或左、右进深相同，可只定义其中一项，在绘图完成后单击“修改轴号位置”实现轴号两端标注。

(3)完成绘制后若发现轴网定义错误可在定义轴网页面修改，图形中的轴网尺寸会自动刷新。若只需修改其中一条轴线的位置，也可用“修改轴距”来实现，该命令在功能分区上“轴网二次编辑”中，还有修剪轴线、修改轴号、拉框修剪、修改轴号位置和恢复轴线操作。

辅轴的绘制有“两点辅轴”“平行辅轴”“点角辅轴”“辅角辅轴”“转角辅轴”“三点辅轴”“起点圆心终点辅轴”“圆形辅轴”等，若绘制错误还可“删除辅轴”，如图 2-26 所示。以本工程Ⓒ轴与Ⓔ轴间夹的②轴与③轴中间的纵向辅轴绘制为例，其绘制过程为：单击功能分区上“通用操作”下“两点辅轴”→将光标放在(①，Ⓒ)交点上，按住 Shift 键后单击鼠标左键→在弹出的对话框中 X 方向输入 2 400、Y 方向输入 0 后单击“确定”按钮→将光标放在(①，Ⓔ)交点上，按住 Shift 键后单击鼠标左键→在弹出的对话框中 X 方向输入 2 400、Y 方向输入 0 后单击“确定”按钮，在弹出的对话框直接单击“确定”按钮即完成这一辅轴绘制。再以本工程Ⓐ轴下方横向辅轴绘制为例，

其绘制过程为：单击功能分区上“通用操作”下“平行辅轴”→单击左键选择Ⓐ轴→在弹出的对话框中偏移距离输入－1 400后单击“确定”按钮即完成这一辅轴绘制。

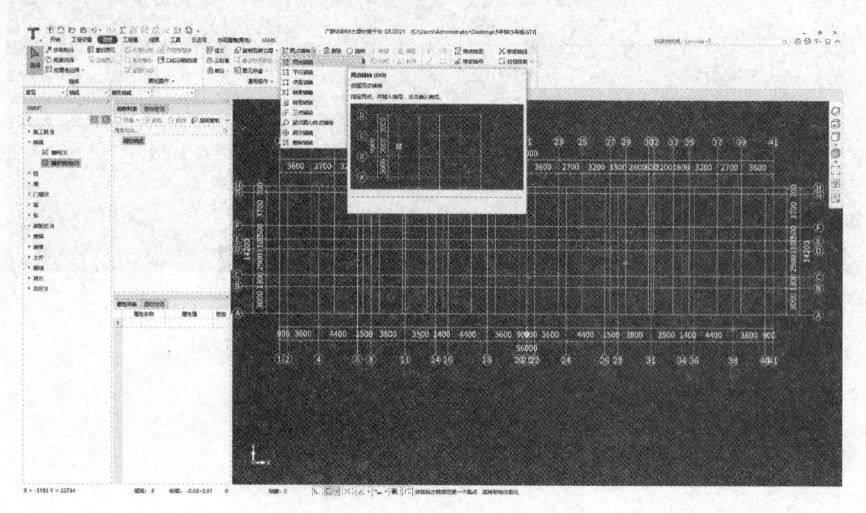

图 2-26 绘制辅轴

轴网作为创建三维算量模型的基准，往往纵横交错，还可能有诸多辅助轴线或出现多个轴网拼接的情况，在这些情况下，找准最全的轴网作为建模基础即可使相应问题得到解决。同时，若手动绘制轴网，一定要确保轴距和轴号的准确性，否则会影响到后续模型创建。做人做事也同样要把握原则、坚守底线，坚守客观、公平、公正地出具造价文件的原则和底线绝不让步。

拓展阅读：斜交轴网、圆弧轴网、轴网拼接

良心如秤 公平公正（来源：学习强国 四川学习平台）

外交风云：原则和底线 不能让步（来源：学习强国 华策影视）

## 尝试应用

请完成课堂项目3号楼轴网手动绘制操作。

## 拓展训练

请扫描如下二维码下载某图书馆和某综合楼CAD图纸，并分别用CAD识别和手动绘制两种方式绘制两个工程轴网。

某图书馆轴网拼接CAD图纸及基础工程下载

某综合楼圆弧形轴网、拼接轴网CAD图纸及基础工程下载

5号楼阶段工程文件：完成轴网

轴网绘制操作小结

# 任务3　首层主体构件绘制

## 3.1　首层墙柱绘制

### 聚焦项目任务

**知识：** 1. 掌握柱平法施工图识读方法，以及柱钢筋、混凝土、模板的列项和工程量计算规则。
2. 掌握识别柱大样和识别柱的操作步骤。
3. 掌握识别柱表的操作步骤。
4. 掌握手动定义并绘制柱的操作步骤。

**能力：** 1. 能系统识读柱平法施工图。
2. 能根据图纸正确通过CAD识别方式绘制柱。
3. 在无法进行识别的情况下能正确定义柱并完成绘制。
4. 达到1+X工程造价数字化应用初、中级和全国高校BIM毕业设计创新大赛BIM全过程造价管理与应用赛项关于绘制柱的相关要求。

**素质：** 从柱是结构体系中将上部荷载传至基础的主要承重构件，体会青年是实现中华民族伟大复兴的中坚力量，树立远大理想，担当时代责任。

首层墙柱绘制导学单及激活旧知思维导图

微课1：CAD识别绘制首层墙柱

微课2：手动绘制柱及其他操作微课

微课3：定义复杂柱拓展

### 示证新知

#### 一、图纸分析

分析要点：柱的平法注写方式(截面注写或列表注写)，不同截面、不同配筋的柱数量及各柱的纵筋(角筋和边筋)和箍筋配筋情况，工程图纸是否存在对称等情况。

需查阅图纸：结施G01结构设计说明(一)、结施G02结构设计说明(二)、结施G05承台顶～5.970 m墙柱网平面布置图。

分析结果：

(1)查阅本工程结施G05承台顶～5.970 m墙柱网平面布置图可知承台顶～5.970 m有矩形框柱三种，约束边缘构件剪力墙墙柱两种，相关参数分别如下：

KZ1：截面400×400，全部纵筋12 Φ16，箍筋Φ10@100/200、4×4，首层31根。

KZ2：截面 500×400，全部纵筋 12 ⌀16，箍筋 ⌀10@100/200、4×4，首层 14 根。

KZ3：截面 400×900，全部纵筋 14 ⌀18，箍筋 ⌀8@100、4×4，首层 8 根。

约束边缘构件剪力墙墙柱 YBZ1、YBZ2 均为 L 形截面，首层分别有 2 根和 4 根。按江西省 2017 版定额规定，YBZ1、YBZ2 截面厚度为 200 mm≤300 mm，YBZ1 各肢截面高度与厚度的比值的最大值为 5.75，在 4 到 8 之间，因此，YBZ1 属于短肢剪力墙；YBZ2 各肢截面高度与厚度的比值的最大值为 8.5，大于 8，因此，YBZ2 属于剪力墙直形墙。

矩形框柱和约束边缘构件剪力墙墙柱均为截面注写方式。

(2)经查看结施 G05 可知，①轴与㊶轴上墙柱对称，对称轴为㉑轴；②轴至⑳轴与㉒轴至㊵轴上墙柱布置一致，若采用手动建模则在墙柱绘制时只需绘制①轴至㉑轴上墙柱即可，其余轴可运用镜像和复制命令。

## 二、CAD 识别方式绘制墙柱

采用 CAD 识别方式绘制柱的步骤为：通过识别柱表或识别柱大样来新建柱构件，然后通过识别柱在绘图区绘制柱图元。其中 CAD 识别方式新建柱构件中识别柱表适用于工程图纸用列表方式即柱表来表示柱的尺寸及配筋信息的情况，识别柱大样适用于工程图纸用截面表示柱的尺寸及配筋信息的情况。

**步骤一：CAD 识别方式新建柱构件**

本工程柱为截面注写方式，因此，用识别柱大样来新建柱构件。具体操作如下：

在左侧模块导航栏切换到“柱”下“柱”，在“图纸管理”中双击首层“承台顶～5.970 m 墙柱大样图”进入图纸。同时检查楼层及构件切换区显示的楼层是否是首层，若不是，则需手动切换至首层。执行功能分区上“识别柱大样”命令，如图 3-1 所示，在绘图区出现识别柱大样界面，具体包括四个步骤：提取边线→提取标注→提取钢筋线→点选识别，按从上向下的顺序依次执行命令即可。

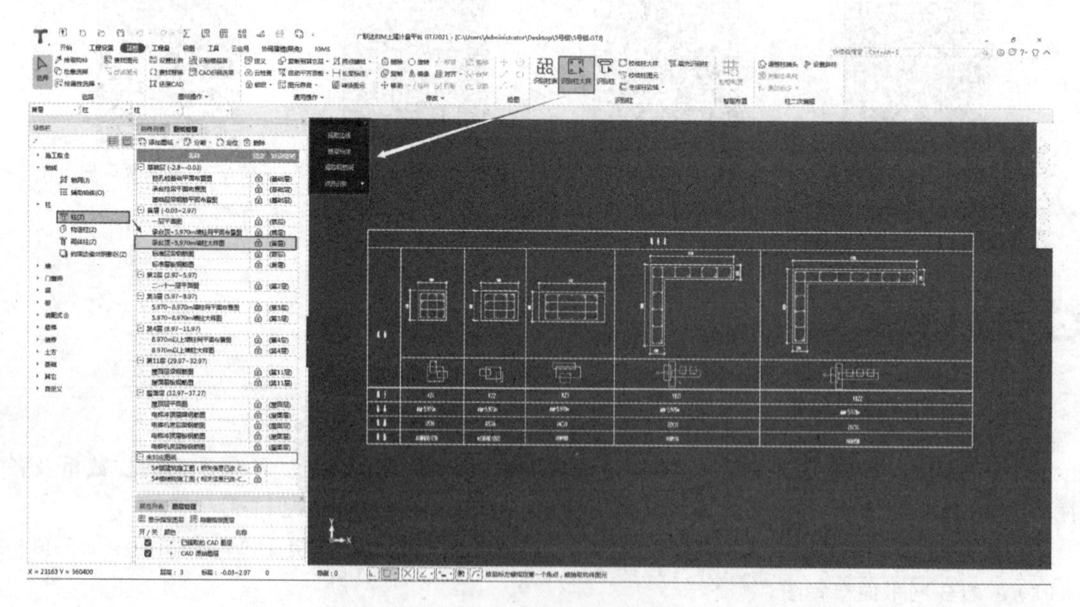

图 3-1　识别柱大样界面

(1)提取边线：执行“提取边线”命令，单击左键按图层选择柱大样图中柱边线(选中后轴线变成蓝色线)后右键确认，则选择的 CAD 图元自动消失，并存放在“已提取的 CAD 图层”中。

(2)提取标注：执行“提取标注”命令，单击左键按图层选择柱大样图中的配筋及尺寸、柱高度范围等标注信息(选中后标注变成蓝色)后右键确认，则选择的 CAD 图元自动消失，并存放在“已提取的 CAD 图层”中。

(3)提取钢筋线：执行“提取钢筋线”命令，单击左键按图层选择柱大样图中柱边线内的所有钢筋线(选中后钢筋线变成蓝色线)后右键确认，则选择的 CAD 图元自动消失，并存放在“已提取的 CAD 图层”中。

(4)识别柱大样：执行“点选识别”命令，单击左键选择要识别柱大样的柱边线，在弹出的“点选识别柱大样”对话框中核对相关信息无误后，单击“确定”按钮即完成操作。继续重复上述步骤可完成其他柱大样的识别，图 3-2 为识别 KZ1、KZ3、YBZ1 大样的“点选识别柱大样”对话框。本工程柱大样识别完成后切换到构件列表和属性列表如图 3-3 所示，可以注意到软件自动根据柱构件的名称对所识别到的柱进行了分类，如 YBZ1 和 YBZ2 识别为暗柱构件。全部柱大样识别完毕后，可执行功能分区中“识别柱”下“校核柱大样”命令进行自动校核。

图 3-2　点选识别柱大样

图 3-3　已识别的柱构件

识别柱大样除点选识别外，还有“框选识别”和“自动识别”两种功能。“框选识别”通过拉框选择柱大样边线、标注和钢筋线后右键确认，可实现批量识别；“自动识别”功能可以将已经提取了的柱边线、标注和钢筋线的柱大样一次全部识别，其操作过程为：在完成柱边线、标注和钢筋线提取后，执行“自动识别”命令，则已被提取边线、标注和钢筋线的柱大样被软件自动识别为柱构件，并弹出识别成功的提示。这两种功能适于图纸比较规范的情况，一般推荐使用“点选识别”。

## 拓展训练

请扫描下方相应二维码下载柱大样在柱平面布置图中合并表示和柱表的拓展训练 CAD 图纸，并分别完成柱大样和柱表识别操作。

柱大样在柱平面布置图中用放大比例截面注写CAD图纸及基础工程下载

拓展提升：识别柱大样(柱大样在柱平面布置图中用放大比例截面注写)

柱表 CAD 图纸及基础工程下载

拓展提升：识别柱表

拓展阅读：识别在柱平面布置图中用放大比例截面注写的柱大样、识别柱表

### 小提示

(1)在提取柱大样边线、标注及钢筋线时，软件默认“按图层选择”，有时候会有不同的信息混用图层的情况，如本工程中柱的部分箍筋线与柱的尺寸标注线在同一图层，此时按图层选择会把该部分箍筋线提取出来，这时应灵活配合运用“单图元选择”“按图层选择”。

(2)实际工程中，很多图纸会用放大比例绘制柱大样，在识别前应通过“设置比例”操作使柱大样 CAD 图元的比例是 1∶1(即 CAD 图线长与标注长度相等)。本工程已在图纸管理步骤完成“设置比例”操作。

通过识别柱大样或识别柱表的方式新建柱构件软件会将柱的基本信息填入到柱属性内，但有部分属性需要根据图纸信息进行手动修改。

### 小提示

柱的属性值包括基本属性、钢筋业务属性、土建业务属性和显示样式四块共 51 项，如图 3-4 所示。

(1)基本属性包括柱名称、结构类别、定额类别、柱的截面尺寸及配筋信息、柱类型、混凝土相关信息和标高信息等。

|  | 属性名称 | 属性值 | 附加 |
|---|---|---|---|
| 1 | 名称 | KZ1 |  |
| 2 | 结构类别 | 框架柱 | ☐ |
| 3 | 定额类别 | 普通柱 | ☐ |
| 4 | 截面宽度(B边)(... | 400 | ☐ |
| 5 | 截面高度(H边)(... | 400 | ☐ |
| 6 | 全部纵筋 | 12⌀16 | ☐ |
| 7 | 角筋 |  | ☐ |
| 8 | B边一侧中部筋 |  | ☐ |
| 9 | H边一侧中部筋 |  | ☐ |
| 10 | 箍筋 | ⌀10@100/200 | ☐ |
| 11 | 节点区箍筋 |  | ☐ |
| 12 | 箍筋肢数 | 按截面 |  |
| 13 | 柱类型 | (中柱) | ☐ |
| 14 | 材质 | 现浇混凝土 | ☐ |
| 15 | 混凝土类型 | (现浇砼 卵石40mm 32.5) | ☐ |
| 16 | 混凝土强度等级 | (C30) | ☐ |
| 17 | 混凝土外加剂 | (无) |  |
| 18 | 泵送类型 | (混凝土泵) |  |
| 19 | 泵送高度(m) |  |  |
| 20 | 截面面积(m²) | 0.16 | ☐ |
| 21 | 截面周长(m) | 1.6 | ☐ |
| 22 | 顶标高(m) | 层顶标高 | ☐ |
| 23 | 底标高(m) | 层底标高 | ☐ |
| 24 | 备注 |  | ☐ |
| 25 | ⊟ 钢筋业务属性 |  |  |
| 26 | 其它钢筋 |  |  |
| 27 | 其它箍筋 |  | ☐ |
| 28 | 抗震等级 | (三级抗震) | ☐ |
| 29 | 锚固搭接 | 按默认锚固搭接计算 |  |
| 30 | 计算设置 | 按默认计算设置计算 |  |
| 31 | 节点设置 | 按默认节点设置计算 |  |
| 32 | 搭接设置 | 按默认搭接设置计算 |  |
| 33 | 汇总信息 | (柱) | ☐ |
| 34 | 保护层厚... | (20) | ☐ |
| 35 | 芯柱截面... |  | ☐ |
| 36 | 芯柱截面... |  | ☐ |
| 37 | 芯柱箍筋 |  | ☐ |
| 38 | 芯柱纵筋 |  | ☐ |
| 39 | 上加密范... |  | ☐ |
| 40 | 下加密范... |  | ☐ |
| 41 | 插筋构造 | 设置插筋 | ☐ |
| 42 | 插筋信息 |  | ☐ |
| 43 | ⊟ 土建业务属性 |  |  |
| 44 | 计算设置 | 按默认计算设置 |  |
| 45 | 计算规则 | 按默认计算规则 |  |
| 46 | 做法信息 | 按构件做法 |  |
| 47 | 超高底面... | 按默认计算设置 | ☐ |
| 48 | 支模高度 | 按默认计算设置 | ☐ |
| 49 | 模板类型 | 九夹板模 木撑 | ☐ |
| 50 | ⊞ 显示样式 |  |  |

图 3-4　柱的属性

1)“1 名称”一项需注意的是在当前楼层当前构件类型中名称要唯一，即不能出现两个名称一样的柱构件，后续其他构件也是如此。

2)柱的结构类别软件会根据输入的名称自动判断，若判断不对也可根据实际情况手动选择。软件提供的“2 结构类别”有框架柱(KZ)、转换柱(ZHZ)、暗柱(AZ)、端柱(DZ/YBZ/GBZ 等)。

3)柱纵筋的输入中“6 全部纵筋”与“7 角筋”“8 B 边一侧中部筋”“9 H 边一侧中部筋”两类纵筋输入，只能选择“全部纵筋”或“角筋＋B 边一侧中部筋＋H 边一侧中部筋”的形式输入，如图 3-4 输入了全部纵筋后，后三项则不可输入。

4)柱的类型可以设置为中柱、角柱、边柱－B、边柱－H，该属性只影响顶层柱的钢筋计算，因此在顶层，需根据图纸信息进行正确设置，也可在顶层完成全部柱绘制后执行功能分区“柱二次编辑”下 判断边角柱 一次性完成边角柱设置。

5)柱的顶标高和底标高根据柱的实际情况进行设置，需要特别注意如楼梯间梯柱等不贯通楼层全高的柱的标高修改。

(2)钢筋业务属性一般默认按照工程设置步骤所设置的内容显示，当个别柱有不同做法时可根据实际情况修改相应属性设置。

1)其中其他钢筋和其他箍筋是指除基本属性中已输入的钢筋外，还有其他需要计算的钢筋或箍筋，则单击右侧三点按钮 26 其它钢筋 在弹出的对话框中输入。

2)抗震等级、锚固设置、计算设置、节点设置、搭接设置、保护层厚度软件均按画图准备工作中楼层设置和钢筋设置相应步骤内容默认显示，如图纸中针对当前构件有特殊要求时可进行修改，修改后对将要绘制的该名称构件生效。

3)“41 插筋构造”指柱层间变截面或钢筋发生变化时的柱纵筋设计构造或柱生根时的纵筋构造，当选择为设置插筋时，软件根据相应设置自动计算插筋，该设置为软件默认设置；当选择为纵筋锚固时，则上层柱纵筋伸入下层，不再单独设置插筋，遇短柱或基础层层高较小时相应柱的该项属性需要改为纵筋锚固；二者的区别是设置了插筋后，软件会在基础顶部和上部构件之间计算一次接头，设置为纵筋锚固时，就没有这个接头，直接从上部构件到基础底了(图 3-5)。

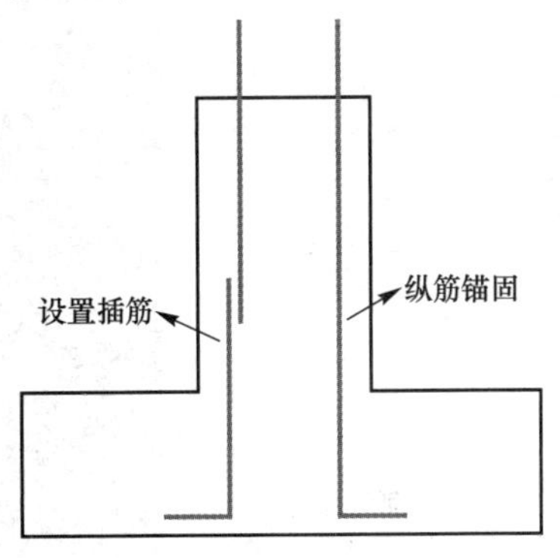

图 3-5 柱插筋构造属性“设置插筋”和“纵筋锚固”区别示意

4)“42 插筋信息”默认为空，表示插筋的根数和直径同柱纵筋；图纸中有特殊设置时也可自行输入，输入格式为“数量＋级别＋直径”，不同直径用“＋”号连接，只有当插筋构造选择为“设置插筋”时该属性值才起作用。

(3)土建业务属性和显示样式一般保持为默认即可，显示样式也可根据个人喜好调整构件填充颜色及构件透明度，但需要注意的是若将不透明度调整为“0”时图元变成纯透明状态，只有在被选中时才能查看到。

框架柱钢筋输入格式

(4)“属性列表”中属性名称为蓝色字体的是公有属性，黑色字体的是私有属性。

1)修改柱公有属性，则不管是已经绘制还是即将绘制的该楼层中同名称柱的对应属性都会随之改变，也即公有属性一改全改。在完成柱绘制后发现有公有属性值错误时，在柱列表中选中该柱修改为正确属性值即可。

2)修改柱私有属性，则只有还未绘制即将绘制的该名称柱的对应属性改变，而已经绘制的该名称柱的对应属性不变。若想改变已经绘制的该名称柱的私有属性，则应在绘图区选中要改

变私有属性的柱图元，然后在弹出的该柱的“属性列表”中修改相应私有属性。后续其他构件属性修改也是如此。

## 尝试应用

请完成课堂项目 3 号楼的首层柱大样识别。

**步骤二：CAD 识别方式绘制柱**

在“图纸管理”中双击首层“承台顶～5.970 m 墙柱网平面布置图”进入图纸。执行功能分区上“识别柱”命令，如图 3-6 所示，则在绘图区出现识别柱界面，具体包括三个步骤：提取边线→提取标注→点选识别，按从上向下的顺序依次执行命令即可。

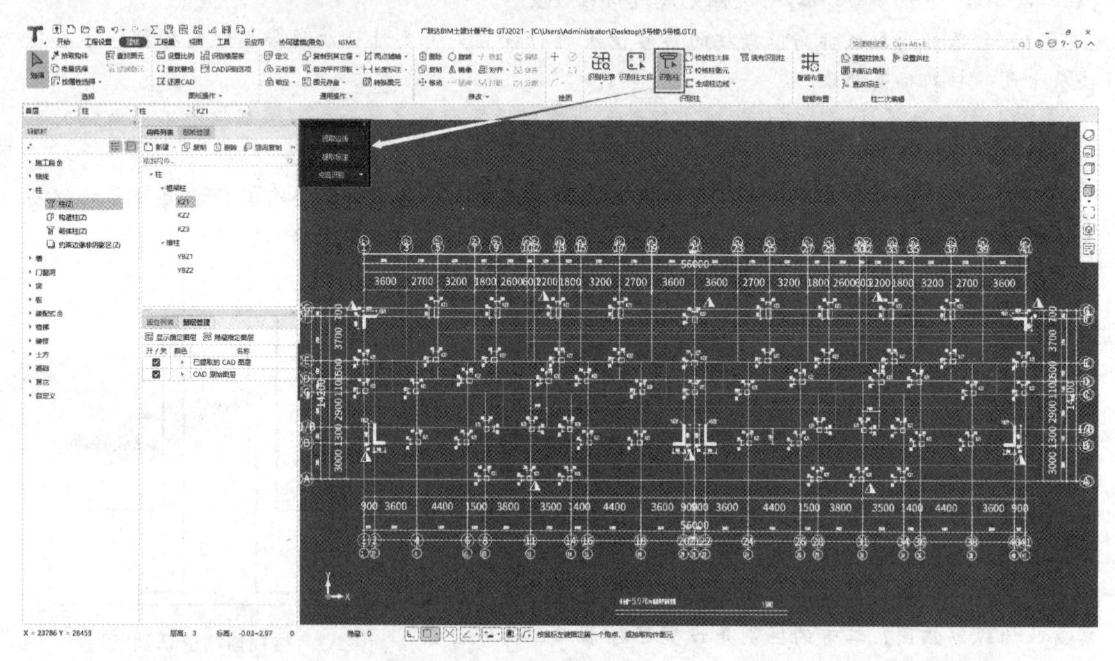

图 3-6　识别柱界面

(1)提取边线：执行“提取边线”命令，单击左键按图层选择柱平法施工图中柱边线(选中后柱边线变成蓝色线)后单击右键确认，则选择的 CAD 图元自动消失，并存放在“已提取的 CAD 图层”中。

(2)提取标注：单击“提取标注”命令，单击左键按图层选择柱平法施工图中表述柱名称和柱定位尺寸的标注(选中后标注变成蓝色)后右键确认，则选择的 CAD 图元自动消失，并存放在“已提取的 CAD 图层”中。

(3)识别柱：以 KZ1 识别为例，单击“点选识别”右侧下箭头选择“按名称识别”，单击左键选择柱平法施工图中任意一个 KZ1 名称标注，在弹出的“识别柱”对话框[图 3-7(a)]中核对信息无误后单击“确定”按钮或右键确认，弹出对话框[图 3-7(b)]后单击“确定”按钮即完成操作。建议按 Shift＋Z 键显示柱的属性以便运用“按名称识别”识别柱后进行信息核对[图 3-7(c)]。继续重复上述步骤可完成其他柱的识别，全部识别后柱三维如图 3-8 所示。

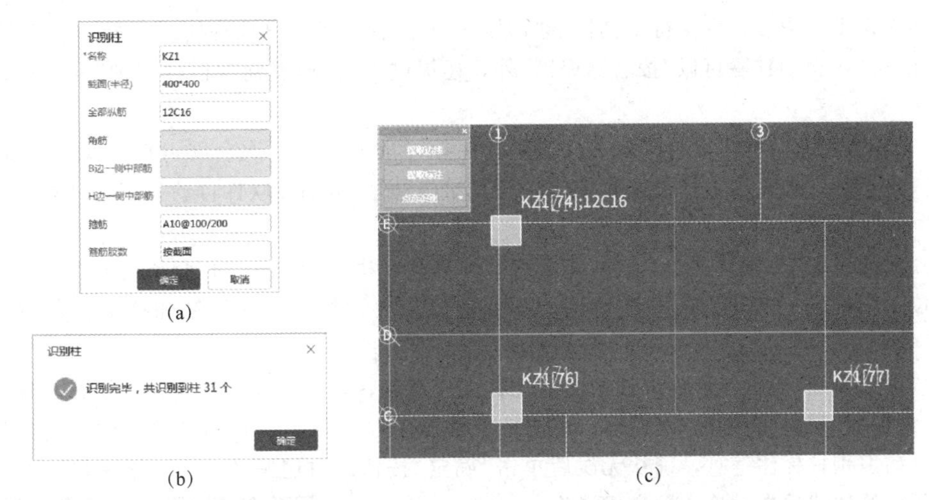


(a) (b) (c)

图 3-7 按名称识别 KZ1

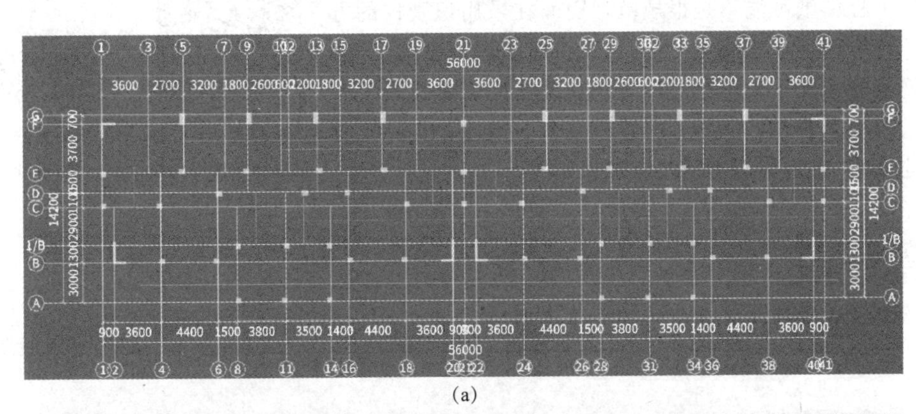

(a)

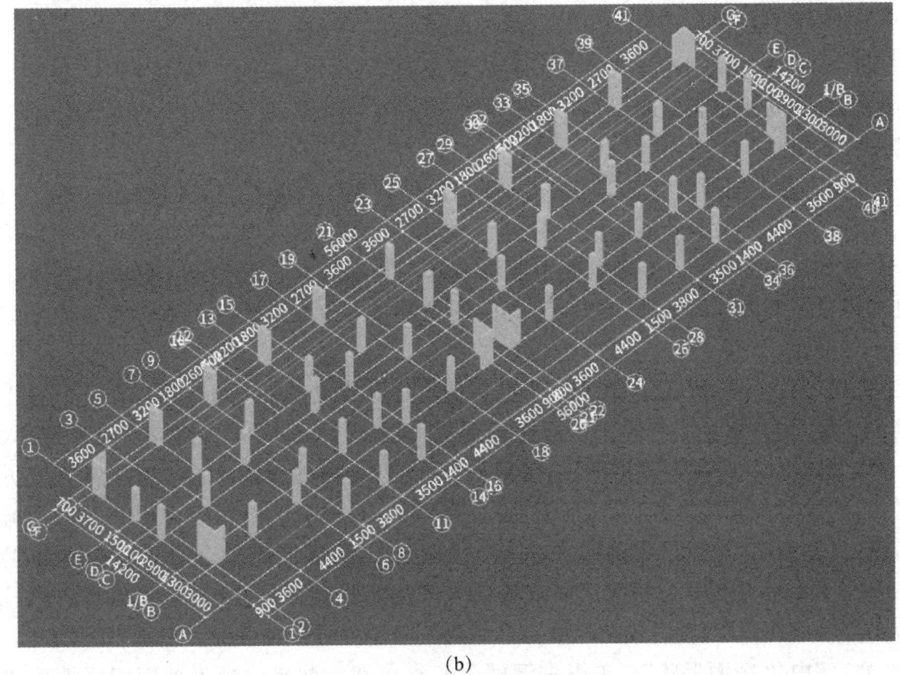

(b)

图 3-8 首层柱 CAD 识别成果

(a)俯视图；(b)三维图

全部柱识别完毕后，可执行工具栏上“校核柱图元”命令进行自动校核。

GTJ2021 中识别柱除可以“按名称识别”外，还提供了“自动识别”“框选识别”和“点选识别”三种操作。

(1)“自动识别”功能可以将提取了柱边线和柱标注的所有柱一次全部识别，其操作步骤为：单击“自动识别”，则提取了柱边线和柱标注的 CAD 柱图元全部被软件自动识别为柱构件，并弹出“识别成功”的提示。

(2)“框选识别”功能与自动识别柱非常相似，只是在执行“框选识别”命令后要在绘图区域单击左键拉一个框确定需识别的柱的范围，则此范围内已被提取了柱边线和柱标注所有柱将被识别。

(3)“点选识别”适于异形柱或柱截面对比柱大样有旋转角度的柱的识别，其操作步骤为：单击“点选识别”，弹出“识别柱”对话框；单击柱平法施工图中需要识别的柱的标注，则“识别柱”对话框自动识别柱标注信息，确认无误后单击“确定”按钮或右键确认；在柱平法施工图中单击要识别的柱的边线后右键确认即完成操作。

实际工程图纸可能不是很规范，因而在采用识别柱的方式绘制柱时一般不建议使用“自动识别”或“框选识别”，若在图纸不规范的情况下采用这两种方式后续可能需要花费较多的时间进行模型修改，从而影响建模效率。因此，实际工程中一般建议用“按名称识别”和“点选识别”。

拓展阅读：生成柱边线和填充识别柱

拓展提升：填充识别柱

**尝试应用**

请完成课堂项目 3 号楼的首层柱识别。

## 三、手动绘制墙柱

若有些柱无法通过识别的方法进行绘制或者手动定义并绘制的方法更快时，还可以通过手动定义并绘制的方法来进行绘制。

**步骤一：定义柱**

(1)定义矩形柱。切换到“图纸管理”左侧的“构件列表”，同时切换到“图层管理”左侧的“属性列表”。单击“新建”下“新建矩形柱”按钮 新建矩形柱 ，以本工程 KZ2 为例，其信息输入属性列表相应位置如图 3-9 所示。实际工程中柱较多且不能识别时，可先定义好其中一个柱，然后基于该柱构件进行复制，再根据图纸修改对应信息的方式定义其他柱，避免重复看图以提高工作效率。

(2)定义异形柱。异形柱定义较之矩形柱和圆形柱其难点在于绘制异形柱截面并按图纸要求录入钢筋。单击“构件列表”“新建”下“新建异形柱”按钮 新建异形柱 ，弹出“异形截面编辑器”对话框，单击“定义网格”并在弹出的“定义网格”对话框中按图纸信息输入水平和垂直方向间距后确定，执行“异形截面编辑器”对话框下“画直线”命令，根据图纸内容画出柱截面后确定。确定后到右侧“属性列表”对话框中通过布角筋、布边筋、画箍筋等命令设置柱内的钢筋。若有 CAD 底图时，可以不用定义网格并用画直线的方式确定柱截面，即用“从 CAD 选择截面图”或“在 CAD 中绘制截面图”两种方式快速确定柱截面。若画完异形柱截面后发现截面有误，可以切换到“属性列表”中“2 截面形状”，单击右侧框中三点按钮在弹出的异形截面编辑器中进行再次编辑。按异形柱定义的本工程 YBZ1 如图 3-10 所示。

上述新建各类型柱还可在“构件列表”空白处单击鼠标右键弹出，新建柱出现错误时也可选中错误的柱构件单击“删除”或单击鼠标右键进行删除，右键弹出快捷菜单还可对已新建的柱进行排序、过滤等操作，如图 3-11 所示。

拓展提升：其他钢筋输入

| | 属性名称 | 属性值 | 附加 |
|---|---|---|---|
| 1 | 名称 | KZ2 | |
| 2 | 结构类别 | 框架柱 | ☐ |
| 3 | 定额类别 | 普通柱 | ☐ |
| 4 | 截面宽度(B边)(... | 500 | ☐ |
| 5 | 截面高度(H边)(... | 400 | ☐ |
| 6 | 全部纵筋 | 12⌀16 | ☐ |
| 7 | 角筋 | | ☐ |
| 8 | B边一侧中部筋 | | ☐ |
| 9 | H边一侧中部筋 | | ☐ |
| 10 | 箍筋 | ⌀10@100/200 | ☐ |
| 11 | 节点区箍筋 | | ☐ |
| 12 | 箍筋肢数 | 按截面 | |
| 13 | 柱类型 | (中柱) | ☐ |
| 14 | 材质 | 现浇混凝土 | ☐ |
| 15 | 混凝土类型 | (现浇砼 卵石40mm 32.5) | ☐ |
| 16 | 混凝土强度等级 | (C30) | ☐ |
| 17 | 混凝土外加剂 | (无) | |
| 18 | 泵送类型 | (混凝土泵) | |
| 19 | 泵送高度(m) | | |
| 20 | 截面面积(m²) | 0.2 | ☐ |
| 21 | 截面周长(m) | 1.8 | ☐ |
| 22 | 顶标高(m) | 层顶标高 | ☐ |
| 23 | 底标高(m) | 层底标高 | ☐ |
| 24 | 备注 | | ☐ |

| | 属性名称 | 属性值 | 附加 |
|---|---|---|---|
| 25 | ⊟ 钢筋业务属性 | | |
| 26 | 其它钢筋 | | |
| 27 | 其它箍筋 | | ☐ |
| 28 | 抗震等级 | (三级抗震) | ☐ |
| 29 | 锚固搭接 | 按默认锚固搭接计算 | |
| 30 | 计算设置 | 按默认计算设置计算 | |
| 31 | 节点设置 | 按默认节点设置计算 | |
| 32 | 搭接设置 | 按默认搭接设置计算 | |
| 33 | 汇总信息 | (柱) | ☐ |
| 34 | 保护层厚... | (20) | ☐ |
| 35 | 芯柱截面... | | ☐ |
| 36 | 芯柱截面... | | ☐ |
| 37 | 芯柱箍筋 | | ☐ |
| 38 | 芯柱纵筋 | | ☐ |
| 39 | 上加密范... | | ☐ |
| 40 | 下加密范... | | ☐ |
| 41 | 插筋构造 | 设置插筋 | ☐ |
| 42 | 插筋信息 | | ☐ |
| 43 | ⊞ 土建业务属性 | | |
| 50 | ⊞ 显示样式 | | |

图 3-9　KZ2 属性

属性列表　图层管理

| | 属性名称 | 属性值 | 附加 |
|---|---|---|---|
| 1 | 名称 | YBZ1 | |
| 2 | 截面形状 | L-d形 | ☐ |
| 3 | 结构类别 | 暗柱 | ☐ |
| 4 | 定额类别 | 普通柱 | ☐ |
| 5 | 截面宽度(B边)(... | 1150 | ☐ |
| 6 | 截面高度(H边)(... | 1100 | ☐ |
| 7 | 全部纵筋 | 22⌀16 | ☐ |
| 8 | 材质 | 现浇混凝土 | ☐ |
| 9 | 混凝土类型 | (现浇砼 卵石40m... | ☐ |
| 10 | 混凝土强度等级 | (C30) | ☐ |
| 11 | 混凝土外加剂 | (无) | |
| 12 | 泵送类型 | (混凝土泵) | |
| 13 | 泵送高度(m) | | |
| 14 | 截面面积(m²) | 0.41 | ☐ |
| 15 | 截面周长(m) | 4.5 | ☐ |
| 16 | 顶标高(m) | 层顶标高 | ☐ |
| 17 | 底标高(m) | 层底标高 | ☐ |
| 18 | 备注 | | ☐ |
| 19 | ⊟ 钢筋业务属性 | | |
| 20 | 其它钢筋 | | |
| 21 | 其它箍筋 | | ☐ |
| 22 | 抗震等级 | (三级抗震) | ☐ |
| 23 | 锚固搭接 | 按默认锚固搭... | |
| 24 | 计算设置 | 按默认计算设... | |
| 25 | 节点设置 | 按默认节点设... | |
| 26 | 搭接设置 | 按默认搭接设... | |
| 27 | 汇总信息 | (暗柱/端柱) | ☐ |
| 28 | 保护层厚... | (15) | ☐ |
| 29 | 上加密范... | | ☐ |
| 30 | 下加密范... | | ☐ |
| 31 | 插筋构造 | 设置插筋 | ☐ |
| 32 | 插筋信息 | | ☐ |
| 33 | ⊞ 土建业务属性 | | |
| 40 | ⊞ 显示样式 | | |

图 3-10　YBZ1 属性

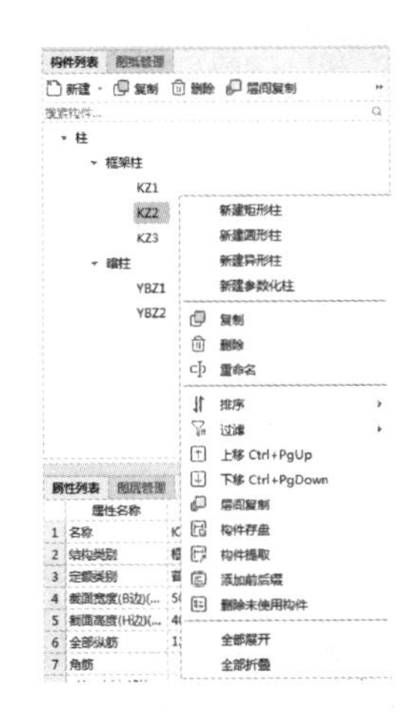


图 3-11　构件列表右键菜单

## 拓展训练

请扫描右侧二维码下载参数化柱和异形柱定义拓展训练 CAD 图纸，并完成四种柱的定义。

拓展阅读：圆形柱和参数化柱的定义

参数化柱和异形柱定义 CAD 图纸及基础工程下载

## 尝试应用

请完成课堂项目3号楼的首层柱手动定义。

**步骤二：手动绘制柱**

(1)绘制柱。GTJ2021中绘制柱有“点”绘制和智能布置两类。“点”绘制操作：执行“点”命令+后选中“构件列表”中需要绘制的柱构件，单击要绘制柱的位置即完成绘制。

(2)绘制偏心柱。以本工程(④，Ⓑ)交点的KZ1为例，该柱相对于轴线交点(④，Ⓑ)有偏心，其绘制方法有四种。

1)先按不偏心的柱绘制，绘制好后单击“查改标注”，然后在绘图区改相应偏心柱的标注即可。此法适用于图纸中偏心柱较多且偏心尺寸不统一的情况。

2)先按不偏心的柱绘制，然后选中需要偏心的柱，然后单击“属性列表”左下方的“截面编辑”按钮，在弹出的截面显示中更改相应的数据(图3-12)来达到偏心的目的。此法适用于同名称且偏心尺寸都相同的偏心柱设置。

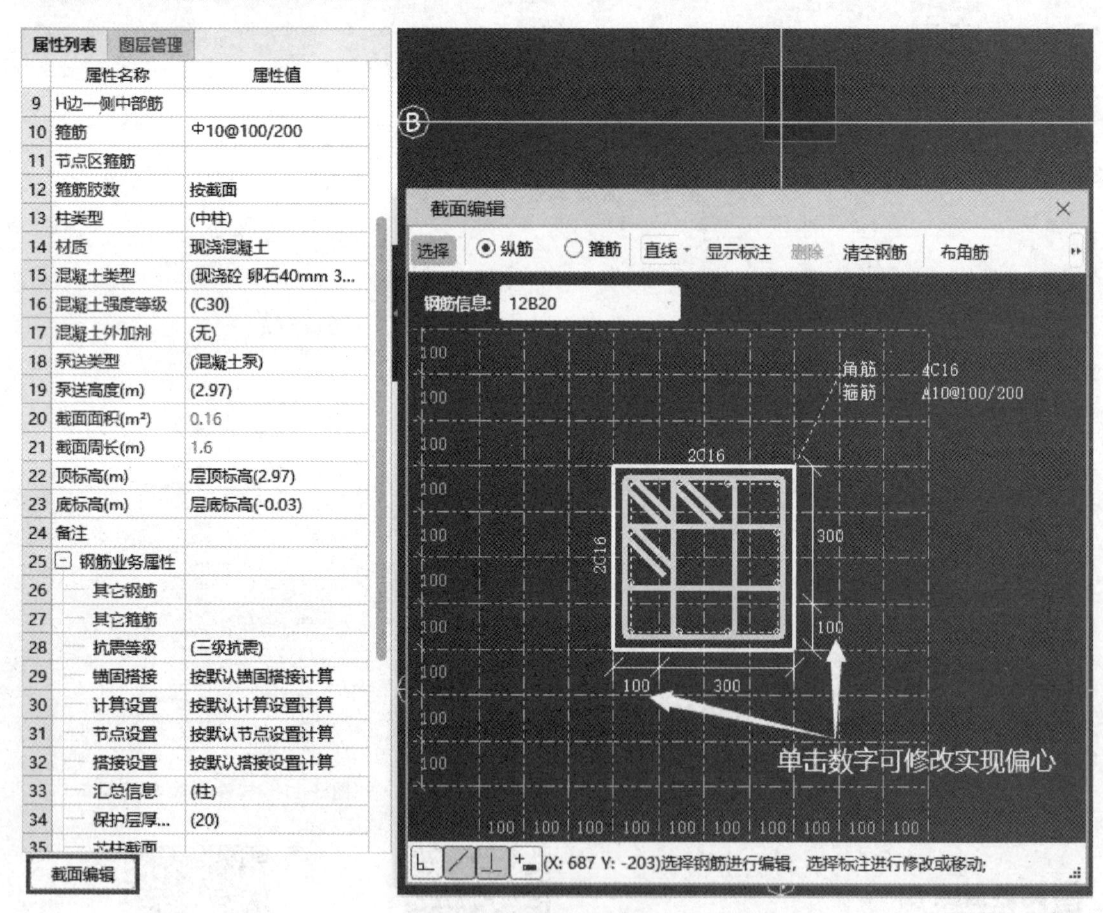


图3-12 截面编辑方式实现柱偏心

3)在有参照线的情况下，可先按不偏心的柱绘制，然后用“修改”功能分区上“对齐”下的“对齐”或“多对齐”来实现偏心，如图3-13所示。当需要快速地将某个图元边线与其他构件的边线平齐，可以使用“对齐”功能；针对点状图元，需要将多个点式图元边线与其他构件的边线平齐时，可以使用“多对齐”功能，提升操作效率，如柱靠墙边、柱靠梁边都可用“对齐”或“多对齐”命令来实现。“对齐”具体操作为执行命令后选择柱要对齐的参照线，然后再选择柱要与参照线对齐的边线即完成操作；若使用“多对齐”进行柱对齐操作则在选定参照线后可以拉框选择多个需要对齐的柱图元。

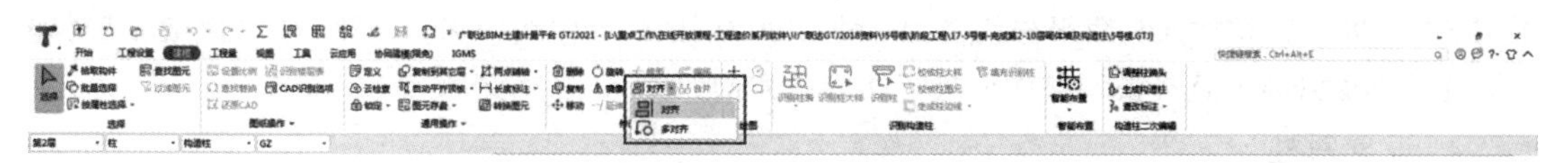

图 3-13　对齐方式实现柱偏心

## 小提示

(1)线性构件(比如梁、墙、栏板、过梁、连梁等)支持单图元对齐，点状构件(如柱、独基等)支持单对齐和多对齐。

(2)对齐图元的同时，该图元的附属图元也会被移动，比如对齐墙体后，墙体上的门窗洞也会被移动。

(3)若对齐后存在图元重叠冲突，或存在附属图元脱离父图元的情况，软件将自动取消本次操作，并弹出提示信息；用户可以根据提示信息进行检查调整，调整后再次执行对齐。

4)Ctrl＋左键偏移。单击“点”，按“Ctrl＋左键”单击轴线交点，则会显示出运行“查改标注”后的结果，在绘图区改相应偏心柱的标注即可。此法适用情况同方法一。

上述四种方法有各自的适用范围，实际工程中可根据图纸情况选择合适的方法。本工程因各柱的偏心尺寸不太一致，因此，使用“查改标注”方法较合适。

绘制截面不对称构件时，执行“点”命令在确定布置点前，按住 F3 键再单击左键可以进行左右镜像翻转，按住“Shift＋F3”键再单击左键可以进行上下镜像翻转；按住 F4 键再单击左键可以改变插入点来实现柱构件的偏心。

智能布置柱可以 9 种参照对象进行绘制，可以是轴线、墙、梁、独基、桩承台、桩、门窗洞、柱帽和柱墩(图 3-14)，其中以“轴线”“独基”“桩承台”“桩”等为参照的绘制方式较常用，以“轴线”为例，其操作为：在“构件列表”中选择要绘制的柱，执行“智能布置”下“轴线”命令，在绘制区域框选要绘制柱的轴线交点即可完成柱的绘制。以其他参照对象进行柱智能布置时点击参照对象后在绘图区选择要布置柱的参照对象后鼠标右键确认选择后即可。

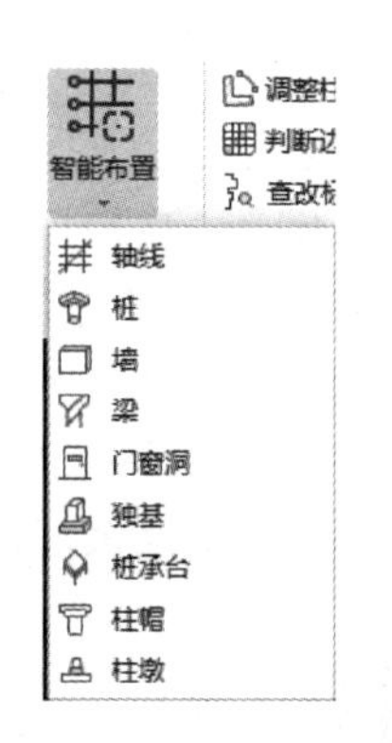


图 3-14　智能布置柱

拓展提升：柱的其他操作(调整柱端头、设置斜柱)

## 尝试应用

请完成课堂项目 3 号楼的首层柱手动绘制操作。

## 四、其他操作

### 1. 调整柱端头

此功能只对一字形、L形、T形、十字形的非对称柱有效，可将一字形、十字形柱逆时针旋转90°，将L形柱按照夹角平分线镜像，将T形柱按T形中线镜像。单击“柱二次编辑”功能分区上调整柱端头，选择要调整的柱进行柱端头方向调整。

### 2. 设置斜柱

若图纸中存在斜柱则需要执行“柱二次编辑”功能分区上设置斜柱，执行命令后选中绘图区要设置为斜柱的柱图元即弹出“设置斜柱”对话框（图3-15），根据已知信息选择合适的方式设置柱的斜度。

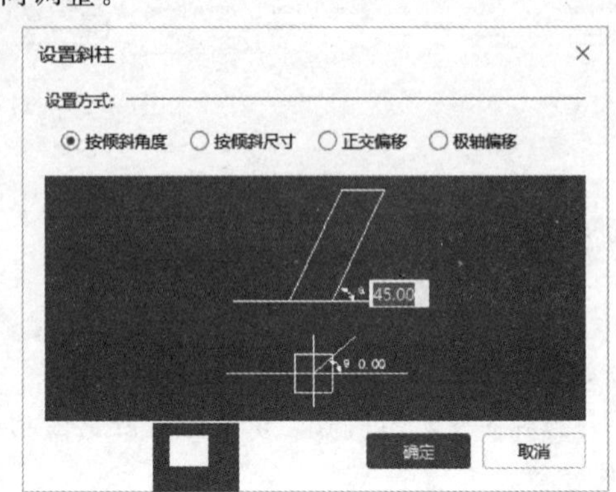

图3-15 设置斜柱

### 3. 判断边角柱

根据平法图集《混凝土结构施工图平面整体表示方法制图规则和构造详图（现浇混凝土框架、剪力墙、梁、板）》16 G101－1 第67、69页（22G101—1 第2-14、2-15页），抗震框架柱在“顶层”的时候，由于内侧和外侧纵筋在顶部的锚固有所不同，因此，需要区分出哪些纵筋属于外侧筋，哪些纵筋属于内侧筋，然后按照内外侧各自不同的顶部锚固形式去计算钢筋量。手动区分内外侧纵筋比较烦琐，耗时甚巨，效率低下。通过“判断边角柱”的功能可以实现自动区分内外侧纵筋的目的，帮助提高工作效率。一般在完成顶层柱绘制后执行该命令即可。

### 4. 镜像和复制

绘制好①轴至㉑轴上墙柱并处理好偏心后，将①轴上墙柱以㉑轴为对称轴镜像到㊶轴，将②轴至⑳轴墙柱复制到㉒轴至㊵轴即完成本工各首层柱绘制。

**尝试应用**

请完成课堂项目3号楼的首层柱其他操作。

柱在框架结构、框剪结构中承担着将上部荷载传至基础的重要作用，是重要的竖向承重构件，必须具有足够的强度和稳定性。一如当代青年是实现中华民族伟大复兴的中坚力量，必须具有坚定的理想信念和立志报国的远大理想，主动担当、积极奋斗，锤炼品德、增长本领，不断锻炼自己、提高自己、完善自己，为实现中华民族伟大复兴贡献青春力量。

5号楼阶段工程文件：完成首层墙柱

首层墙柱绘制操作小结

新青年张腾：飞驰在世界屋脊（来源：新华社公众号）

## 3.2 首层梁绘制

### 聚焦项目任务

**知识：** 1. 掌握梁平法施工图识读方法，及梁钢筋、混凝土、模板的列项和工程量计算规则。
2. 掌握识别梁的操作步骤。
3. 掌握手动定义并绘制梁的操作步骤。
4. 掌握识别梁原位标注的操作步骤。
5. 掌握手动输入梁原位标注(原位标注＋平法表格)的操作步骤。
6. 掌握识别吊筋和生成吊筋的操作步骤。

**能力：** 1. 能系统识读梁平法施工图。
2. 能根据图纸正确通过图纸识别方式绘制梁。
3. 在无法进行识别的情况下能正确定义梁并完成绘制。
4. 能根据图纸正确通过图纸识别方式录入梁原位标注。
5. 在无法进行识别的情况下能正确通过原位标注或平法表格方式录入梁原位标注。
6. 能根据图纸中梁的集中标注情况和梁与梁之间的支承关系合理确定梁绘制的先后顺序。
7. 能通过应用到同名梁、梁跨数据复制等命令提高原位标注录入效率。
8. 达到1＋X工程造价数字化应用初、中级和全国高校BIM毕业设计创新大赛BIM全过程造价管理与应用赛项关于绘制梁的相关要求。

**素质：** 从建模前充分的图纸分析捋顺梁与梁之间的关系以确定梁构件绘制顺序，体会充分的分析和准备工作的重要性，养成认真踏实、不冒进的工作作风。

首层梁绘制导学单及激活旧知思维导图

微课1：CAD手动识别绘制首层梁

微课2：CAD自动识别绘制梁及原位标注

微课3：手动绘制梁

微课4：手动录入梁原位标注

微课5：偏心梁、弧形梁、拱梁、梁加腋拓展

### 示证新知

#### 一、图纸分析

分析要点：不同类型(如框架梁与非框架梁等)或不同配筋的梁数量、梁截面类型及配筋信息，主次梁及梁之间的支承关系，以及工程图纸是否存在对称等情况。

需查阅图纸：结施G01结构设计说明(一)、结施G02结构设计说明(二)、结施G09标准层梁钢筋图。

分析结果：

(1)查看本工程结施G09标准层梁钢筋图知首层有以下梁：

1)框架梁：KL1～KL22，其中KL5、KL7、KL8、KL9、KL14截面为200×400，KL3截面

为 200×450，KL15、KL16 截面为 200×550，其余框架梁截面为 200×500。

2)非框架梁：L1～L12，其中 L1 截面为 150×300，L6、L10、L11、L12 截面为 200×300，L2、L4、L9 截面为 200×350，L3、L5、L7、L8 截面为 200×400。

3)附加筋：说明第 6 条"图中未标加密附加筋为每侧 3 根同梁箍筋，间距 50 mm。"

(2)经查看结施 G09 可知，①轴上 KL1、Ⓒ轴上 KL15、Ⓕ轴上 KL19 以㉑轴为对称轴，两边对称。除以上梁和㉑轴上 KL9、Ⓒ轴上 KL16、Ⓔ轴上 KL18、Ⓕ轴上 KL21 以外，其余①轴至㉑轴之间的梁与㉑轴至㊶轴之间梁一样，可以复制。

在三维算量模型创建中，对梁进行充分的图纸分析相较于其他构件来说更为重要，在建模之前应捋顺梁与梁之间的关系，分清楚哪些是主梁、哪些是次梁。同为主梁或次梁的情况下，相交的梁中哪一根是作为支座的梁，哪一根是作为被支承的梁，确定各梁绘制的先后顺序。在实际工作中，遇事也需要充分分析，认真踏实地做好准备工作，抓住重点，这样才能更好地开展工作，取得更好的成效。

**栾恩杰：认真踏实人生的品格**
**（来源：央视网）**

## 二、CAD 识别方式绘制梁

**步骤一：CAD 识别方式新建并绘制梁**

在左侧模块导航栏切换到"梁"下"梁"，在"图纸管理"中双击首层"标准层梁钢筋图"进入图纸。执行功能分区上"识别梁"命令，如图 3-16 所示，则在绘图区出现识别梁界面，具体包括五个步骤：提取边线→自动提取标注→点选识别梁→编辑支座→点选识别原位标注，按顺序依次执行命令即可。本步讲解前四步操作即识别梁，其过程相当于定义并绘制梁的过程。

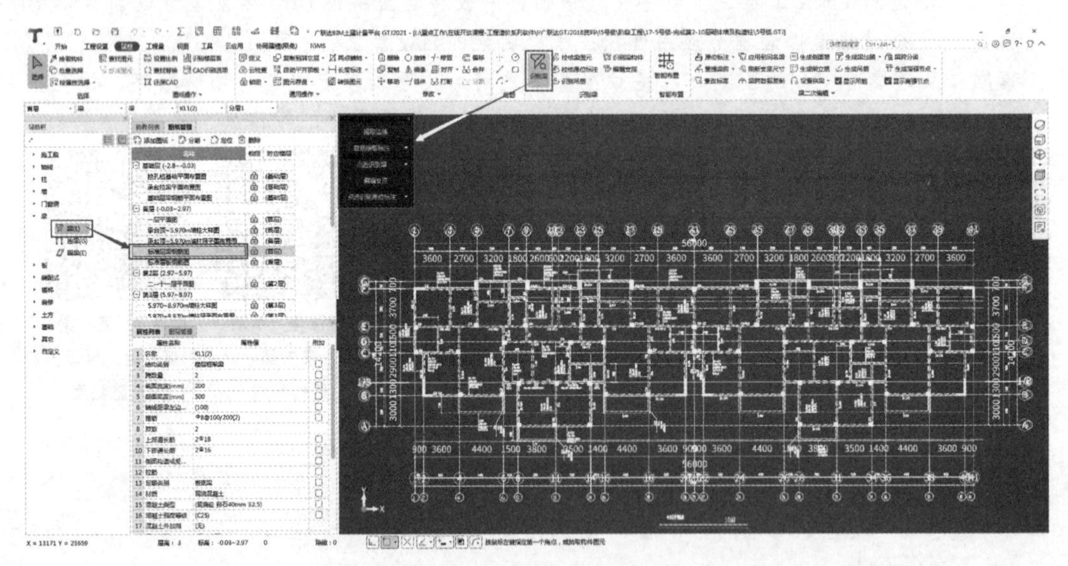

图 3-16　识别梁界面

(1)提取边线：执行"提取边线"命令，单击左键，按图层选择标准层梁钢筋图中梁边线(选中后梁边线变成蓝色虚线)后单击右键确认(需要注意的是，有时梁的外边线和内边线不在一个图层上，提取时需确保内外边线都提取到)，则选择的 CAD 图元自动消失，并存放在"已提取的 CAD 图层"中。

(2)提取梁标注：执行"自动提取标注"命令，单击左键，按图层选择标准层梁钢筋图中梁标注(选中后梁标注变成蓝色)后单击右键确认(提取梁标注后，集中标注是黄色显示，原位标注是粉色显示)，单击“确定”则选择的CAD图元自动消失，并存放在“已提取的CAD图层”中(需要注意的是：软件还有“提取梁集中标注”和“提取梁原位标注”两个命令操作，但因绝大部分CAD图纸中梁集中标注和原位标注都采用同一图层绘制，因此，一般采用“自动提取标注”)。

(3)识别梁：以Ⓔ轴上KL18为例，单击“点选识别梁”命令，执行左键，选择KL18的集中标注后核对“点选识别梁”对话框(图3-17)内梁集中标注信息后右键确认或单击“确定”按钮；单击左键选择①轴右侧起跨(第一跨)梁边线和㊶轴左侧末跨(最后一跨)梁边线后右键确认或单击“确定”按钮即完成操作。其余梁的识别也可按此步骤进行。

识别梁除点选识别外，还有“自动识别梁”和“框选识别梁”两种功能。

“自动识别梁”功能可以将提取的梁边线和梁集中标注一次全部识别，其操作步骤为：单击“自动识别梁”，软件弹出“识别梁选项”对话框(图3-18)→核对相应信息后单击“继续”按钮→则提取的梁边线和梁集中标注被识别为软件的梁构件。识别梁完成后，软件自动启用“校核梁图元”，如识别的梁跨与标注的梁跨数量不符，则弹出提示对话框，并且梁用红色显示，可以双击对话框中问题跟踪图元进行查看和修改。此时需要配合使用“编辑支座”命令进行梁跨支座调整。

图3-17 “点选识别梁”(KL18)对话框

| | 名称 | 截面(b*h) | 上通长筋 | 下通长筋 | 侧面钢筋 | 箍筋 | 肢数 |
|---|---|---|---|---|---|---|---|
| 1 | KL1(2) | 200*500 | 2C18 | 2C16 | | A8@100/200(2) | 2 |
| 2 | KL2(1) | 200*500 | 2C18 | 2C16 | | A8@100/200(2) | 2 |
| 3 | KL3(1) | 200*450 | 2C16 | 2C16 | | A8@100/200(2) | 2 |
| 4 | KL4(2A) | 200*500 | 2C18 | | | A8@100/200(2) | 2 |
| 5 | KL5(2) | 200*400 | 2C16 | | | A8@100/200(2) | 2 |
| 6 | KL6(1A) | 200*500 | 2C16 | | | A8@100/200(2) | 2 |
| 7 | KL7(1) | 200*400 | 2C16 | 2C16 | | A8@100/200(2) | 2 |
| 8 | KL8(2A) | 200*400 | 2C18 | | | A8@100/200(2) | 2 |
| 9 | KL9(2A) | 200*400 | 2C16 | 2C16 | | A8@100/200(2) | 2 |
| 10 | KL10(1A) | 200*500 | 2C16 | 2C16 | | A8@100/200(2) | 2 |
| 11 | KL11(1) | 200*500 | 2C16 | | | A8@100/200(2) | 2 |

图3-18 “识别梁选项”对话框

使用“自动识别梁”的方式识别梁时还需要在选择状态按Z键将柱隐藏起来检查梁是否封闭，如不封闭，则需要使用“延伸”命令来使梁封闭，其操作过程为：执行“延伸”命令→单击鼠标左键选择梁图元要延伸的目标位置线→单击鼠标左键点选需要延伸的梁图元，则所选图元被延伸至此边界线→继续选择需要延伸至该目标线的其他梁图元，则所选图元将被延伸至该界线后右键确认→继续选择其他需要延伸梁图元的目标位置线后选择需要延伸的梁图元→全部完成操作后两次右键退出操作。

当需要识别某一区域内的梁时，则使用“框选识别梁”的操作步骤为：单击“框选识别梁”→框选要识别的梁边线右键确定即可完成识别。

图纸比较规范时用“自动识别梁”可以提高建模效率；图纸规范程度一般时可使用“自动识别梁”配合使用“编辑支座”；实际工程中图纸规范程度不一定能够得到保证，因此，一般建议使用“点选识别梁”。全部梁识别完毕后可执行工具栏上“查改支座”下“梁跨校核”命令进行自动校核以确保梁跨正确。本工程首层梁绘制如图3-19所示。

完成识别梁后即完成梁的定义及绘制，软件会将梁的基本信息填入到梁属性内。

## 尝试应用

请完成课堂项目3号楼的首层梁识别。

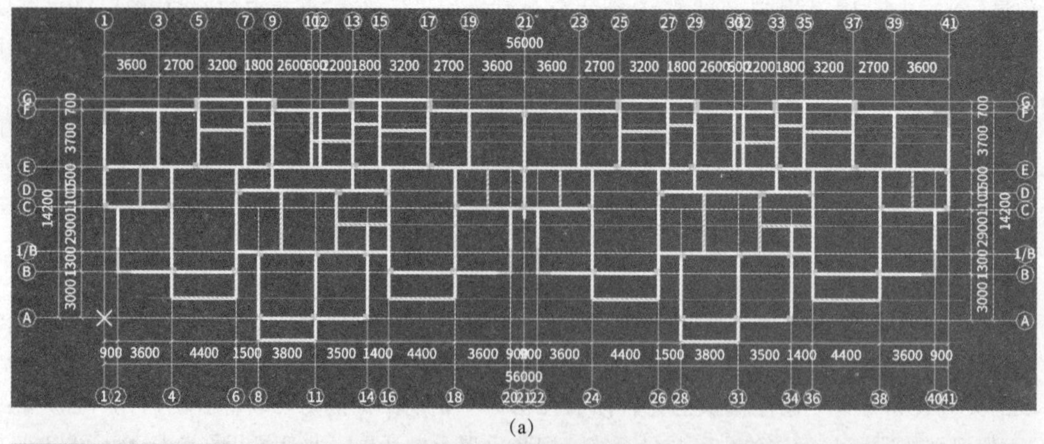


(a)

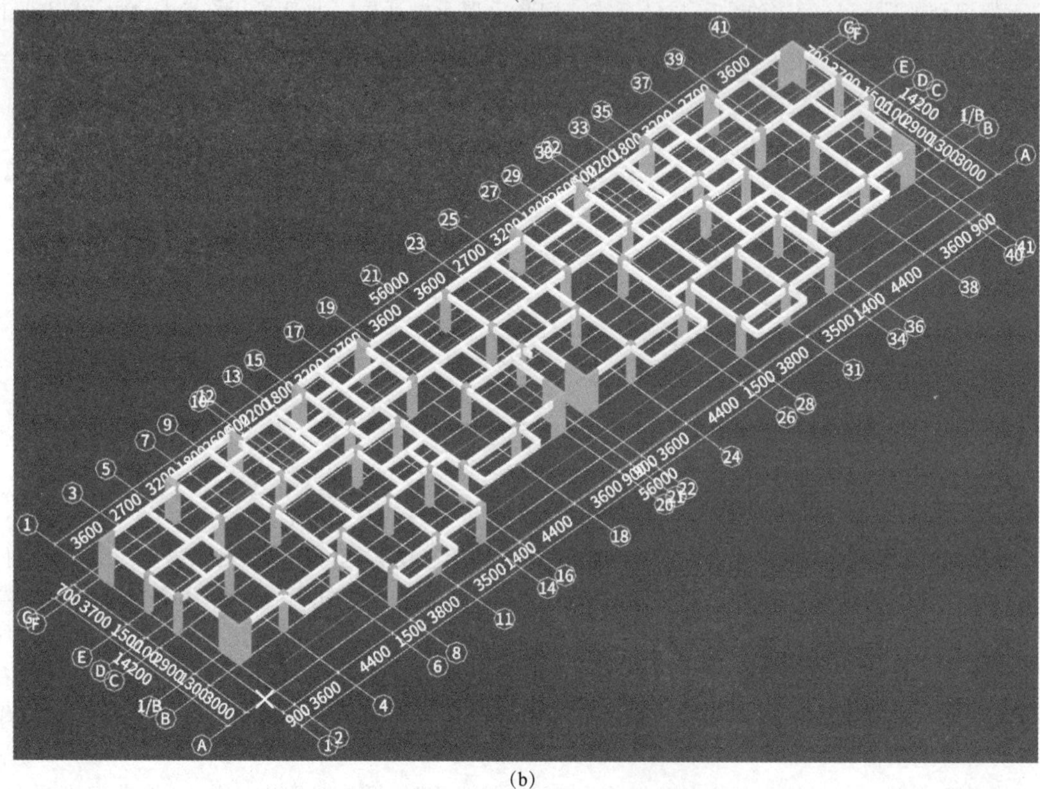

(b)

**图 3-19　完成首层梁绘制后模型**

(a)俯视图；(b)三维图

## 小提示

(1)梁的属性值包括基本属性、钢筋业务属性、土建业务属性和显示样式四块共 46 项，如图 3-20 所示。

1)基本属性包括梁名称、结构类别、跨数量、梁的截面尺寸及配筋信息、混凝土相关信息和标高信息等。

①“3 跨数量”一般不需要输入，提取梁跨后会自动读取。

| 属性列表 | 图层管理 | | |
| --- | --- | --- | --- |
| | 属性名称 | 属性值 | 附加 |
| 1 | 名称 | KL1(2) | |
| 2 | 结构类别 | 楼层框架梁 | ☐ |
| 3 | 跨数量 | 2 | ☐ |
| 4 | 截面宽度(mm) | 200 | ☐ |
| 5 | 截面高度(mm) | 500 | ☐ |
| 6 | 轴线距梁左边... | (100) | ☐ |
| 7 | 箍筋 | Φ8@100/200(2) | ☐ |
| 8 | 肢数 | 2 | |
| 9 | 上部通长筋 | 2Φ18 | ☐ |
| 10 | 下部通长筋 | 2Φ16 | ☐ |
| 11 | 侧面构造或受... | | ☐ |
| 12 | 拉筋 | | ☐ |
| 13 | 定额类别 | 板底梁 | ☐ |
| 14 | 材质 | 现浇混凝土 | ☐ |
| 15 | 混凝土类型 | (现浇砼 卵石40mm 32.5) | ☐ |
| 16 | 混凝土强度等级 | (C25) | ☐ |
| 17 | 混凝土外加剂 | (无) | |
| 18 | 泵送类型 | (混凝土泵) | |
| 19 | 泵送高度(m) | | |
| 20 | 截面周长(m) | 1.4 | ☐ |
| 21 | 截面面积(m²) | 0.1 | ☐ |
| 22 | 起点顶标高(m) | 层顶标高 | ☐ |
| 23 | 终点顶标高(m) | 层顶标高 | ☐ |
| 24 | 备注 | | ☐ |

| | 属性名称 | 属性值 | 附加 |
| --- | --- | --- | --- |
| 25 | ⊟ 钢筋业务属性 | | |
| 26 | 其它钢筋 | | |
| 27 | 其它箍筋 | | ☐ |
| 28 | 保护层厚... | (25) | ☐ |
| 29 | 钢筋汇总... | (梁) | ☐ |
| 30 | 抗震等级 | (三级抗震) | ☐ |
| 31 | 锚固搭接 | 按默认锚固搭接计算 | |
| 32 | 计算设置 | 按默认计算设置计算 | |
| 33 | 节点设置 | 按默认节点设置计算 | |
| 34 | 搭接设置 | 按默认搭接设置计算 | |
| 35 | ⊟ 土建业务属性 | | |
| 36 | 土建汇总... | (梁) | ☐ |
| 37 | 计算设置 | 按默认计算设置 | |
| 38 | 计算规则 | 按默认计算规则 | |
| 39 | 做法信息 | 按构件做法 | |
| 40 | 模板类型 | 九夹板模 木撑 | ☐ |
| 41 | 支模高度 | 按默认计算设置 | ☐ |
| 42 | 图元形状 | 直形 | ☐ |
| 43 | 超高底面... | 按默认计算设置 | ☐ |
| 44 | ⊟ 显示样式 | | |
| 45 | 填充颜色 | | |
| 46 | 不透明度 | (100) | |

图 3-20 梁的属性

②梁的结构类别软件会根据输入的名称自动判断，若判断不对也可根据实际情况手动选择。软件提供的“2 结构类别”有楼层框架梁(KL)、楼层框架扁梁(KBL)、屋面框架梁(WKL)、框支梁(KZL)、非框架梁(L)、井字梁(JZL)。

③“12 拉筋”是在输入了侧面纵筋(构造筋或受扭钢筋)时，软件按“计算设置”中的设置自动计算拉筋信息，一般按默认即可。当前构件需要特殊处理时，可以根据实际情况输入。

④梁的起点顶标高和终点顶标高根据梁的实际情况进行设置，通过改变这两项属性值可绘制斜梁。

2)钢筋业务属性一般默认按照工程设置步骤所设置的内容显示，当个别柱有不同做法时可根据实际情况修改相应属性设置。

①其他箍筋是指除当前构件中已经输入的箍筋外，还有需要计算的箍筋，则可以通过其他箍筋来输入，其输入方式与柱的其他箍筋输入一样。

②抗震等级、锚固设置、计算设置、节点设置、搭接设置均按画图准备工作中楼层设置和钢筋设置相应步骤内容默认显示，如图纸中针对当前构件有特殊要求时可进行修改，修改后对将要绘制的该名称构件生效。

3)土建业务属性和显示样式与柱相应属性一样，一般保持为默认即可，显示样式也可根据个人喜好调整构件填充颜色及构件透明度。

框架梁钢筋输入格式

(2)识别梁的基本顺序：为保证梁之间的支承关系正确，在识别梁时先识别主梁再识别次梁；同为主梁(或次梁)时先识别作为支座的主梁(或次梁)再识别被支承的主梁或次梁；同一名称的梁先识别集中标注和原位标注信息完善的梁，再识别其余梁。

**步骤二：CAD 识别方式录入梁原位标注——识别原位标注**

识别梁第五个步骤为识别原位标注，软件提供了“自动识别原位标注”“框选识别原位标注”“单构件识别原位标注”和“点选识别原位标注”四种命令。注意：识别原位标注功能之后，识别成功的原位标注变为深蓝色显示，未识别的仍保持粉色，软件通过颜色的变化方便检查。识别

梁原位标注时，优先识别原位标注完善的梁。识别梁原位标注时建议按 Shift＋L 键打开梁的属性显示以便核对。

(1)“自动识别原位标注”可以将已经提取的梁原位标注一次性全部识别，适用于图纸较为规范的情况，其操作步骤为：单击“自动识别梁原位标注”命令，则软件自动对已经提取的全部原位标注进行识别，识别完成后，弹出原位标注识别完毕的“提示”对话框，如图 3-21 所示，单击“确定”按钮后，软件会自动进行梁原位标注校核，校核是否存在未识别的原位标注，在弹出的图 3-22 所示“校核原位标注”对话框中双击存在的问题可跟踪图元，再用“点选识别梁原位标注”或“原位标注”(第二种方法介绍)或“平法表格”(第二种方法介绍)命令进行修改和完善。

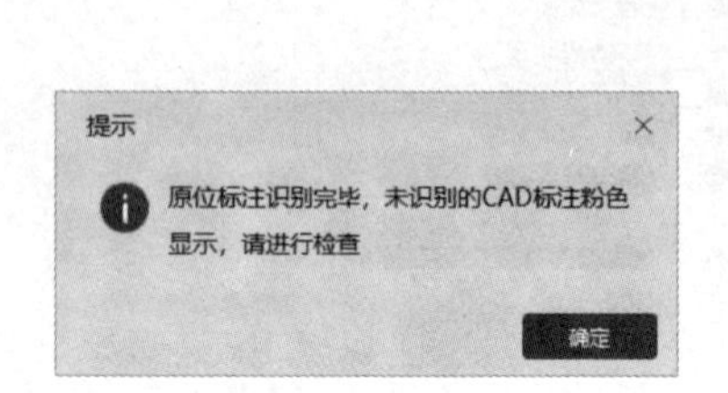


图 3-21　自动识别梁原位标注提示对话框

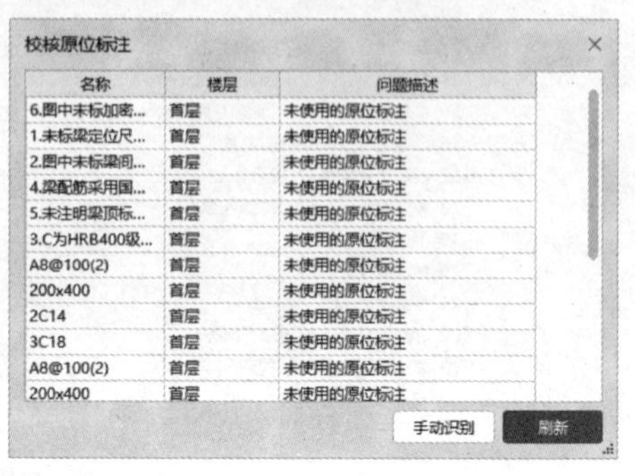


图 3-22　校核原位标注提示对话框

(2)“框选识别原位标注”适用于需要识别某一区域内的原位标注的情况，其操作步骤为：单击“框选识别梁原位标注”命令→拉框选择需要识别的某一区域原位标注→右击确定，即完成识别。

(3)“单构件识别原位标注”是针对单根梁进行原位标注识别时应用。其操作步骤为：单击“单构件识别梁原位标注”命令→选择需要识别的梁构件，此时构件处于选择状态→单击鼠标右键，则提取的梁原位标注就被识别为软件中梁构件的原位标注。采用此种方式识别梁的原位标注后建议识别一根梁原位标注就核对一根，然后执行“梁二次编辑”功能分区中“应用到同名梁”，快速复制原位标注至其他同名称梁。“应用到同名梁”适用于图纸中有多个同名称梁时快速进行原位标注，其操作步骤为：单击“应用到同名梁”命令→选中已完成原位标注的梁后右键确认→软件会显示已应用到多少根同名梁，即完成操作。

(4)“点选识别原位标注”功能可以将提取的梁原位标注逐个识别，一般适用于梁原位标注为引出标注的情况，其操作步骤为：单击“点选识别梁原位标注”命令→选择需要识别的梁构件，此时构件处于选择状态→选择 CAD 图中的原位标注图元，软件自动寻找最近的梁支座位置并进行关联(如果软件自动寻找的梁支座位置出错还可以通过按 Ctrl＋左键选择其他的标注框进行关联)，位置准确时右击则选择的 CAD 图元被识别为所选梁支座的钢筋信息→再右击，则退出“点选识别梁原位标注”命令。

实际工程运用中，因图纸的规范性较难保证，一般不建议使用“自动识别原位标注”和“框选识别原位标注”，若使用则一定要按 Shift＋L 键打开梁的属性显示仔细核对和修改。但为了提高建模效率，一般建议运用“单构件识别原位标注”针对原位标注信息完善的梁进行识别，并在核对无误后配合使用“应用到同名梁”。本工程中因 KL4、KL6、KL8 下端悬挑跨的原位标注为引出标注，距离梁跨较远，因此，对于这三根梁需运用点选识别梁原位标注，还需注意的是原位标注中对应跨中下部同时标注有下部钢筋、截面和箍筋时，均需识别。

原位标注识别完以后，执行工具栏上“梁原位标注校核”命令进行原位标注校核，若有问题也会弹出图 3-22 所示的“校核原位标注”对话框。完成梁原位标注录入后，梁的颜色由粉色变为绿色，如图 3-23 所示。

## 尝试应用

请完成课堂项目 3 号楼的首层梁原位标注识别。

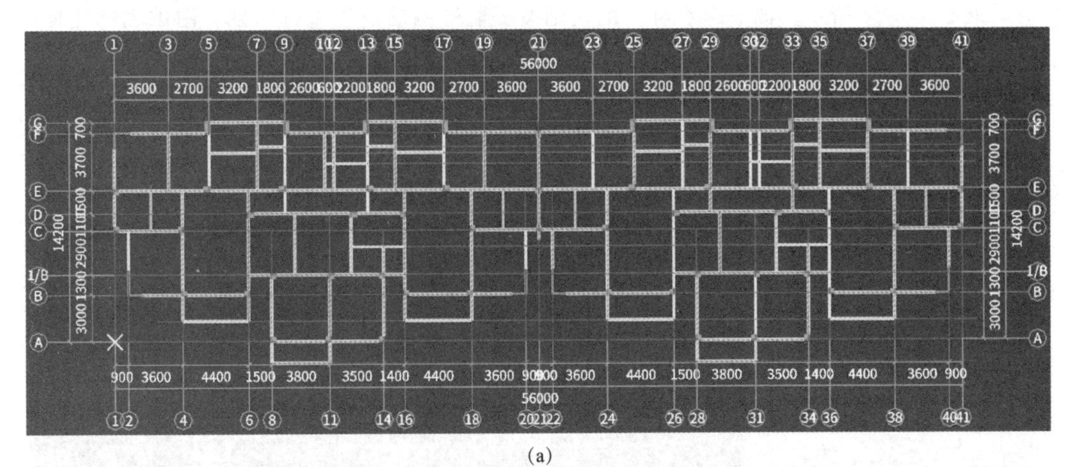


(a)

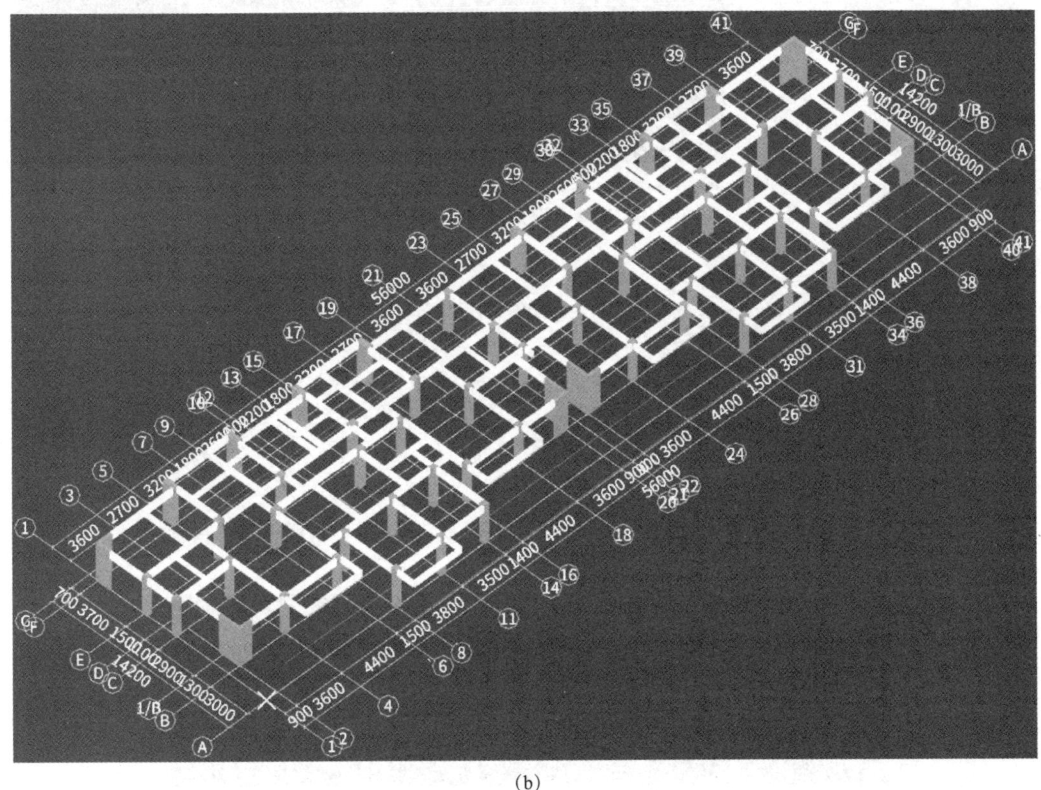

(b)

图 3-23　完成首层梁原位标注后模型

(a)俯视图；(b)三维图

**步骤三：识别吊筋**

在本工程 CAD 图中绘制有加筋线，其标注在梁配筋图中有说明“图中未标加密附加筋为每侧 3 根同梁箍筋，间距 50 mm”，可通过执行“识别梁”功能分区中“识别吊筋”识别快速输入加筋信息(图 3-24)，其操作步骤为：执行工具栏“识别吊筋”下“提取钢筋和标注”命令，单击 CAD 图中加筋钢筋线后单击右进行确认→单击工具栏“识别吊筋”下“自动识别”，如提取的吊筋和次梁加筋存在没有标注的情况，则弹出“识别吊筋”对话框，直接在该对话框中输入钢筋信息，如图3-25所示，修改完成后单击“确定”→软件自动识别所有提取的次梁加筋，识别完成，弹出“提示”对话框如图3-26所示。图中存在标注的，则按提取的钢筋信息进行识别；图中无标注信息，则按输入的钢筋信息进行识别。识别成功的钢筋线，自动变为蓝色显示，完成识别后的吊筋显示如图3-27所示。

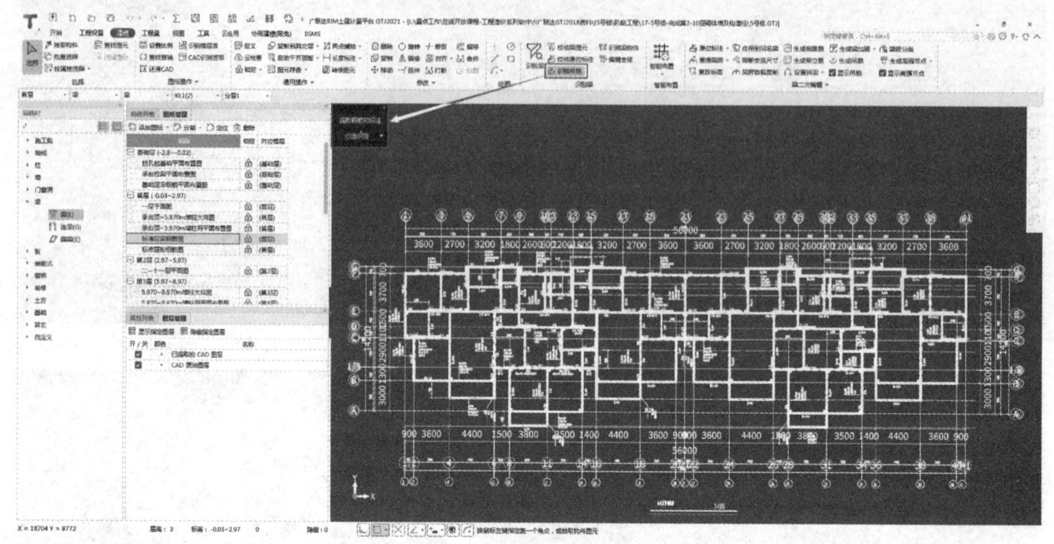

图 3-24　识别吊筋操作

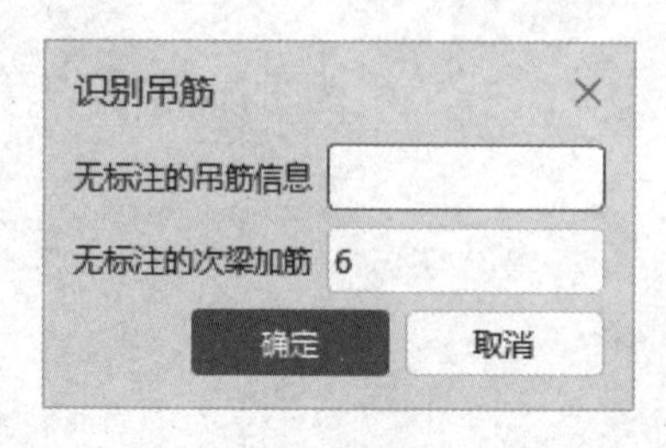


图 3-25　自动识别吊筋对话框

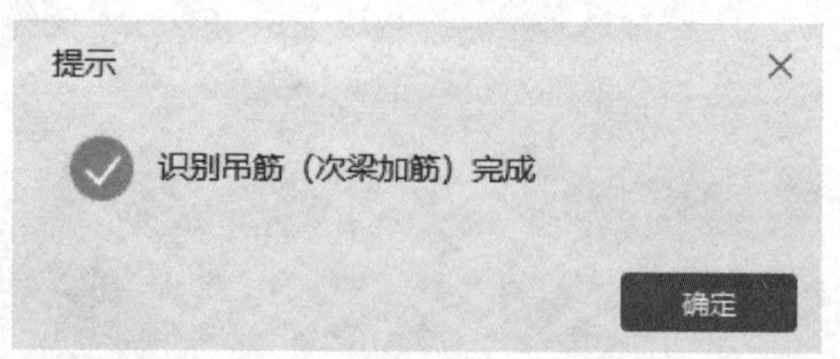


图 3-26　完成识别吊筋提示对话框

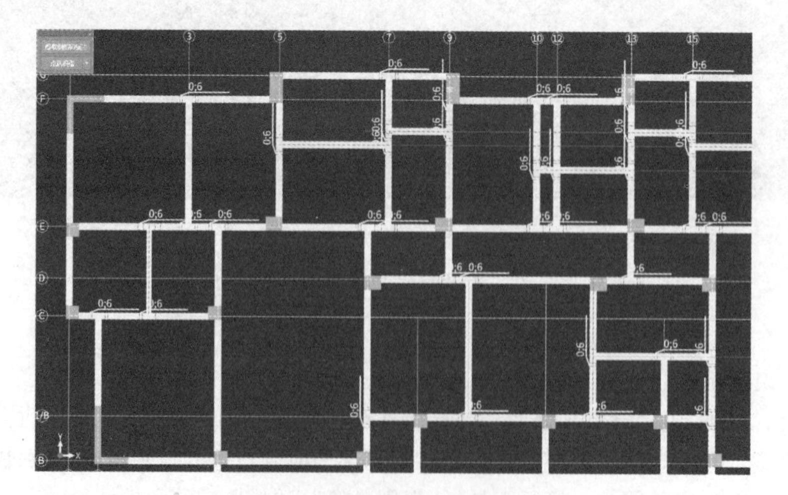

图 3-27　成功识别的吊筋显示

## 小提示

(1)所有的识别吊筋功能需要主次梁都已经变成绿色才能识别吊筋和加筋。

(2)识别后，已经识别的 CAD 图线变为蓝色，未识别的保持原来的颜色。

(3)图上有钢筋线的才识别，没有钢筋线的，不会自动生成。

(4)重复识别时会覆盖上次识别的内容。

## 尝试应用

请完成课堂项目 3 号楼的首层梁附加筋识别。

## 三、手动绘制梁

**步骤一：定义梁**

根据截面分类，本工程中梁均为矩形梁。

切换到“图纸管理”左侧的“构件列表”，同时切换到“图层管理”左侧的“属性列表”。单击“新建”下的“新建矩形梁”按钮，以本工程 KL1、KL15、KL20、L1 为例，其信息输入属性列表相应位置如图 3-28 所示。

图纸中梁较多时，可先定义好其中一根梁，然后基于该梁构件进行复制，再根据图纸修改对应信息的方式定义其他梁，避免重复看图以提高工作效率。

| | 属性名称 | 属性值 | 附加 |
|---|---|---|---|
| 1 | 名称 | KL1(2) | |
| 2 | 结构类别 | 楼层框架梁 | ☐ |
| 3 | 跨数量 | 2 | ☐ |
| 4 | 截面宽度(mm) | 200 | ☐ |
| 5 | 截面高度(mm) | 500 | ☐ |
| 6 | 轴线距梁左边... | (100) | ☐ |
| 7 | 箍筋 | Φ8@100/200(2) | ☐ |
| 8 | 肢数 | 2 | |
| 9 | 上部通长筋 | 2Φ18 | ☐ |
| 10 | 下部通长筋 | 2Φ16 | ☐ |
| 11 | 侧面构造或受... | | ☐ |
| 12 | 拉筋 | | ☐ |
| 13 | 定额类别 | 板底梁 | ☐ |
| 14 | 材质 | 现浇混凝土 | ☐ |
| 15 | 混凝土类型 | (现浇砼 卵石40mm 32.5) | ☐ |
| 16 | 混凝土强度等级 | (C25) | ☐ |
| 17 | 混凝土外加剂 | (无) | |
| 18 | 泵送类型 | (混凝土泵) | |
| 19 | 泵送高度(m) | | |
| 20 | 截面周长(m) | 1.4 | ☐ |
| 21 | 截面面积(m²) | 0.1 | ☐ |
| 22 | 起点顶标高(m) | 层顶标高 | ☐ |
| 23 | 终点顶标高(m) | 层顶标高 | ☐ |
| 24 | 备注 | | ☐ |
| 25 | ⊞ 钢筋业务属性 | | |
| 35 | ⊞ 土建业务属性 | | |
| 44 | ⊞ 显示样式 | | |

(a)

| | 属性名称 | 属性值 | 附加 |
|---|---|---|---|
| 1 | 名称 | KL15(1) | |
| 2 | 结构类别 | 楼层框架梁 | ☐ |
| 3 | 跨数量 | 1 | ☐ |
| 4 | 截面宽度(mm) | 200 | ☐ |
| 5 | 截面高度(mm) | 550 | ☐ |
| 6 | 轴线距梁左边... | (100) | ☐ |
| 7 | 箍筋 | Φ8@100/200(2) | ☐ |
| 8 | 肢数 | 2 | |
| 9 | 上部通长筋 | 2Φ14 | ☐ |
| 10 | 下部通长筋 | 2Φ18 | ☐ |
| 11 | 侧面构造或受... | N4Φ12 | ☐ |
| 12 | 拉筋 | (Φ6) | ☐ |
| 13 | 定额类别 | 板底梁 | ☐ |
| 14 | 材质 | 现浇混凝土 | ☐ |
| 15 | 混凝土类型 | (现浇砼 卵石40mm 32.5) | ☐ |
| 16 | 混凝土强度等级 | (C25) | ☐ |
| 17 | 混凝土外加剂 | (无) | |
| 18 | 泵送类型 | (混凝土泵) | |
| 19 | 泵送高度(m) | | |
| 20 | 截面周长(m) | 1.5 | ☐ |
| 21 | 截面面积(m²) | 0.11 | ☐ |
| 22 | 起点顶标高(m) | 层顶标高 | ☐ |
| 23 | 终点顶标高(m) | 层顶标高 | ☐ |
| 24 | 备注 | | ☐ |
| 25 | ⊞ 钢筋业务属性 | | |
| 35 | ⊞ 土建业务属性 | | |
| 44 | ⊞ 显示样式 | | |

(b)

图 3-28　KL1、KL15、KL20、L1 属性

(a)KL1 属性列表；(b)KL15 属性列表

拓展阅读：异形梁和参数化梁的定义

拓展提升：定义异形梁和参数化梁

| | 属性名称 | 属性值 | 附加 |
|---|---|---|---|
| 1 | 名称 | KL20(1) | |
| 2 | 结构类别 | 楼层框架梁 | ☐ |
| 3 | 跨数量 | 1 | ☐ |
| 4 | 截面宽度(mm) | 200 | ☐ |
| 5 | 截面高度(mm) | 500 | ☐ |
| 6 | 轴线距梁左边... | (100) | ☐ |
| 7 | 箍筋 | Φ8@100/200(2) | ☐ |
| 8 | 肢数 | 2 | |
| 9 | 上部通长筋 | 2Φ16 | ☐ |
| 10 | 下部通长筋 | 3Φ18 | ☐ |
| 11 | 侧面构造或受... | G2Φ12 | ☐ |
| 12 | 拉筋 | (Φ6) | ☐ |
| 13 | 定额类别 | 板底梁 | ☐ |
| 14 | 材质 | 现浇混凝土 | ☐ |
| 15 | 混凝土类型 | (现浇砼 卵石40mm 32.5) | ☐ |
| 16 | 混凝土强度等级 | (C25) | ☐ |
| 17 | 混凝土外加剂 | (无) | |
| 18 | 泵送类型 | (混凝土泵) | |
| 19 | 泵送高度(m) | | |
| 20 | 截面周长(m) | 1.4 | ☐ |
| 21 | 截面面积(m²) | 0.1 | ☐ |
| 22 | 起点顶标高(m) | 层顶标高 | ☐ |
| 23 | 终点顶标高(m) | 层顶标高 | ☐ |
| 24 | 备注 | | ☐ |
| 25 | ⊕ 钢筋业务属性 | | |
| 35 | ⊕ 土建业务属性 | | |
| 44 | ⊕ 显示样式 | | |

(c)

| | 属性名称 | 属性值 | 附加 |
|---|---|---|---|
| 1 | 名称 | L1(1) | |
| 2 | 结构类别 | 非框架梁 | ☐ |
| 3 | 跨数量 | 1 | ☐ |
| 4 | 截面宽度(mm) | 150 | ☐ |
| 5 | 截面高度(mm) | 300 | ☐ |
| 6 | 轴线距梁左边... | (75) | ☐ |
| 7 | 箍筋 | Φ6@150(2) | ☐ |
| 8 | 肢数 | 2 | |
| 9 | 上部通长筋 | 2Φ12 | ☐ |
| 10 | 下部通长筋 | 2Φ12 | ☐ |
| 11 | 侧面构造或受... | | ☐ |
| 12 | 拉筋 | | ☐ |
| 13 | 定额类别 | 板底梁 | ☐ |
| 14 | 材质 | 现浇混凝土 | ☐ |
| 15 | 混凝土类型 | (现浇砼 卵石40mm 32.5) | ☐ |
| 16 | 混凝土强度等级 | (C25) | ☐ |
| 17 | 混凝土外加剂 | (无) | |
| 18 | 泵送类型 | (混凝土泵) | |
| 19 | 泵送高度(m) | | |
| 20 | 截面周长(m) | 0.9 | ☐ |
| 21 | 截面面积(m²) | 0.045 | ☐ |
| 22 | 起点顶标高(m) | 层顶标高 | ☐ |
| 23 | 终点顶标高(m) | 层顶标高 | ☐ |
| 24 | 备注 | | ☐ |
| 25 | ⊕ 钢筋业务属性 | | |
| 35 | ⊕ 土建业务属性 | | |
| 44 | ⊕ 显示样式 | | |

(d)

图 3-28　KL1、KL15、KL20、L1 属性(续)

(c)KL20 属性列表；(d)L1 属性列表

## 尝试应用

请完成课堂项目 3 号楼的首层梁手动定义。

**步骤二：绘制梁**

梁绘制方法有“直线”“点加长度”“三点画弧”“矩形”“圆”“智能布置”等画法，不同的画法有其适用情况。

(1)“直线”画法。在“构件列表”中选择要绘制的梁，单击“直线／”，选择第一点、第二点即完成操作。采用“直线”画法绘制本工程 KL15 操作如图 3-29 所示。

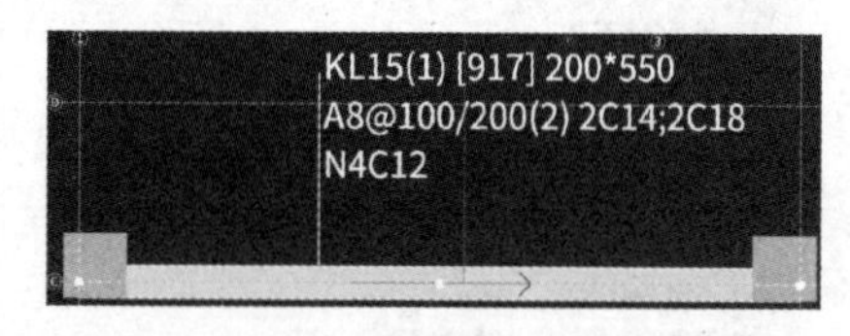


图 3-29　“直线”绘制 KL15

本工程中 KL4、KL6、KL8、KL10 等为延伸悬挑梁。悬挑梁(含纯悬挑梁和延伸悬挑梁)绘制可以用直线配合“点加长度”绘制或直线配合 Shift＋左键两种方式进行绘制，其中“点加长度”绘制悬挑梁：当图纸中有悬挑梁时，可执行“直线”命令，绘制好全部非悬挑跨后勾选楼层及构件切换区右侧的“点加长度”，然后在右侧框内输入悬挑梁的长度(图 3-30)，在绘图区单击左键选择悬挑梁起点，再通过鼠标光标与起点的相对位置来确定悬挑外伸方向，确定后单击该方向上一个已知点即完成绘制。

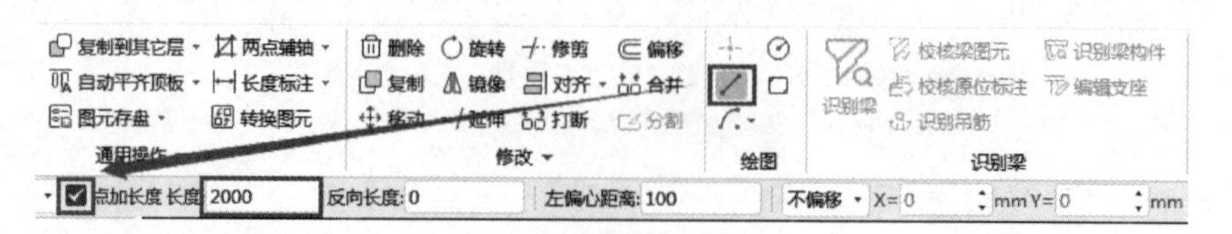


图 3-30　“点加长度”绘制悬挑梁

本工程中有一部分非框架梁如 L1、L4、L7、L8、L9、L10、L11、L12 不在轴线上，对于这类梁的绘制有两种方法：先绘制辅轴，然后再在辅轴上绘制梁；用“Shift+左键”偏移的方法绘制。

(2)“智能布置”画法。智能布置梁可以 5 种参照对象进行绘制，可以是轴线、墙轴线、墙中心线、条基轴线和条基中心线(图 3-31)，其中以“轴线”“条基中心线”(绘制基础梁)为参照的绘制方式较常用。以“轴线”为例，其操作为：在“构件列表”中选择要绘制的梁，执行“智能布置”下“轴线”命令，在绘图区左键点选或框选布置范围，软件会在框选中的所有轴线布置相应的梁。以其他参照对象进行梁智能布置时，单击参照对象，在绘图区选择要布置梁的参照对象后右击确认选择即可。

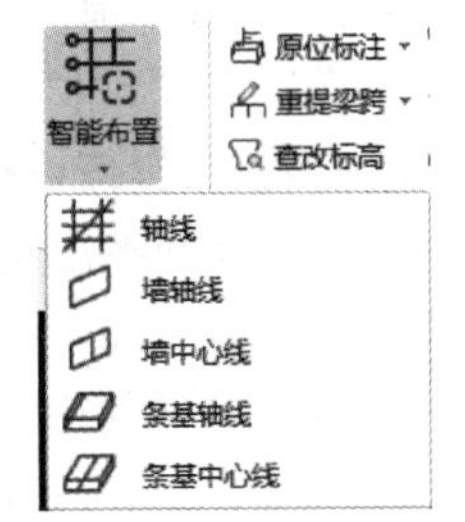

图 3-31　智能布置梁的方式

(3)跨操作。在梁的跨操作中，有重提梁跨、设置支座、删除支座三个功能，如图 3-32 所示。这三个命令与上文中“识别梁”第四个步骤“编辑支座”功能类似，可以理解为编辑支座是重提梁跨、设置支座、删除支座三者的集合。

1)重提梁跨：当原位标注计算梁的钢筋需要重提梁跨且在提取了梁跨后才能识别梁的跨数、梁支座并进行计算时；或由于图纸变更或编辑梁支座信息，导致梁支座减少或增加，影响了梁跨数量，可使用“重提梁跨”重新提取梁的跨信息。重提梁跨操作：单击工具栏上“重提梁跨”按钮，选择要识别的梁，右击确认完成操作。使用“重提梁跨”功能，以检查梁跨的设置是否与集中标注相对应。如不一致将会影响梁的原位标注的操作，此时还需再次打开此按钮后选择“设置支座”或“删除支座”进行修改至符合要求。

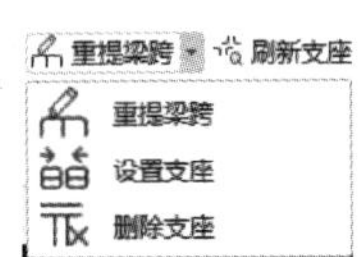

图 3-32　梁跨操作

## 小提示

重提梁跨只能是一个图元一个图元进行操作，不能进行批量操作。

2)设置支座：单击工具栏上“设置支座”按钮，选择作为支座的图元，右击确定，在弹出的“确认”对话框选择“是”，选择要设置支座的梁，右击确定即可。

3)删除支座：当软件识别后梁的跨数比平法施工图上多时则需要进行“删除支座”操作。其操作如下：单击工具栏上“删除支座”按钮；选择需要删除支座的梁图元，选择需要删除的梁支座(选中的支座显示为红色)，右击确定；在弹出的“确认”对话框选择“是”；弹出“提示”对话框，单击“确定”按钮即可。

(4)查改标高。查改标高可在绘图区域直接调整梁图元的标高，梁顶面标高与当前层楼面标高不一致时(如设置斜梁)可在梁模块下执行该命令进行设置。执行此命令后，梁周围会出现标高数字，单击标高数字可对标高进行修改。

## 小提示

(1)如果需要查改标高的梁不是斜梁则应该注意将起点顶标高和终点顶标高同时进行修改。

(2)选中需要修改标高的梁，在其“属性列表”中修改“起点顶标高”和“终点顶标高”也可达到目的，但需要注意区分梁的起点和顶点，可键盘上 ESC 键下方的“～”键打开构件绘制方向显示确定起点和终点。该法不如“查改标高”来得直观。

拓展阅读：用“矩形”绘制梁、绘制弧形梁、梁偏心处理

## 尝试应用

请完成课堂项目 3 号楼的首层梁手动绘制。

**步骤三：录入梁原位标注**

(1)原位标注和平法表格。梁原位标注钢筋的信息的录入，可以通过“原位标注”和“平法表格”来实现，如图 3-33 所示。

1)原位标注：单击工具栏上“原位标注”，选择要原位标注的梁，然后在对应位置输入原位标注内容，输入完成后右击确认。当梁下部跨中原位标注内容不只下部受力筋一项，其原位标注的操作为：在“原位标注”操作时单击 1 跨下部筋 中右侧的下箭头展开按钮，弹出下拉菜单如图 3-34所示，在对应行进行原位标注信息修改或输入即可。

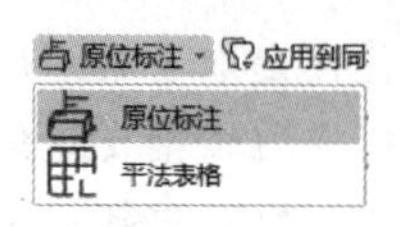


图 3-33 手动录入梁原位标注的两种方式

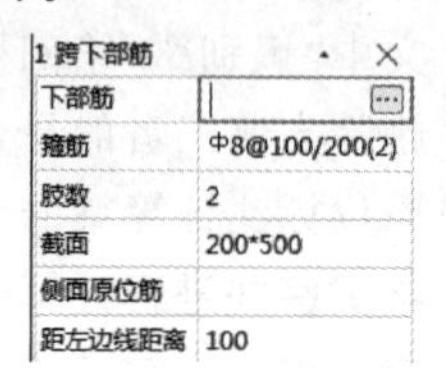


图 3-34 梁跨中原位标注内容有多项时录入位置

## 小提示

(1)建议在梁原位标注前，将所有与要识别的梁相交的柱、梁都画好，以便更准确地识别梁跨及相应的支座尺寸。

(2)原位标注在每跨梁中有左、中、右、跨中下部(下)4 个位置，一次只能对一根梁进行操作。输入信息后按 Enter 键切换到下一位置，顺序为左、中、右、下，当前是“下”时切换至下一跨的“左”，当前是最后一跨的“下”时则回到首跨“左”。按 Shift＋Enter 键可在不同跨的相同位置进行切换。

(3)一定要通过识别或手动输入的方式对梁进行原位标注使其颜色变为绿色，否则汇总计算时不计算未进行原位标注的梁钢筋。

2)平法表格：平法表格的操作与“原位标注”功能类似，只是不能在绘图区域输入梁的钢筋信息，所有的钢筋信息都是在平法表格中输入的，上述原位标注信息及集中标注等梁所有的信息都可在平法表格中快速输入。单击工具栏上“平法表格”，会在状态栏上方显示平法表格，选择要编辑的梁，然后在对应跨的对应项目中输入梁平法配筋图上标示的信息即可。

无论是使用“原位标注”还是“平法表格”录入梁原位标注信息，都建议按 Shift＋L 键打开梁的属性显示，以便核对录入的信息是否准确。

(2)梁跨数据复制。“梁跨数据复制”适用于工程中不同名称的梁，梁跨的原位标注信息相同，或同一道梁不同跨的原位标注信息相同时，使用该功能可以将当前选中的梁跨数据复制到目标梁跨上快速完成原位标注录入。其操作步骤为：单击“梁二次编辑”功能分区下 梁跨数据复制→在绘图区域选择需要复制的梁跨后右击确认，则选中的待复制梁跨显示为红色→在绘图区域选择目标梁跨(选中的梁跨显示为黄色)后右击确认完成操作。

梁跨数据复制的功能还可以跨图元进行操作，即“梁跨数据复制”除可以在同一梁图元的不

同梁跨之间操作，还可以在不同梁图元之间进行操作。

**尝试应用**

请完成课堂项目3号楼的首层梁原位标注录入。

**步骤四：生成吊筋**

生成吊筋：实际工程中附加吊筋和次梁加筋的布置方式一般都是在结构设计总说明中集中说明的，此时需要批量布置吊筋和次梁加筋。操作步骤如下：执行“梁二次编辑”功能分区下“生成吊筋”命令后弹出图3-35所示的“生成吊筋”对话框→根据图纸选择正确的生成位置再输入相应附加箍筋(附加箍筋)或吊筋，选择对应的生成方式，单击“确定”按钮→若生成方式为“选择图元”则需要在绘图区选择需要设置吊筋或次梁加筋的主梁及与之相交的次梁后右击确认即完成操作，弹出图3-36所示的生成吊筋完成的提示对话框。若生成方式为“选择楼层”则会弹出楼层选择对话框，选择需要按该设置生成吊筋的楼层右击即完成吊筋录入，最后同样会弹出图3-36所示的生成吊筋完成的提示对话框。

图3-35　生成吊筋信息设置对话框

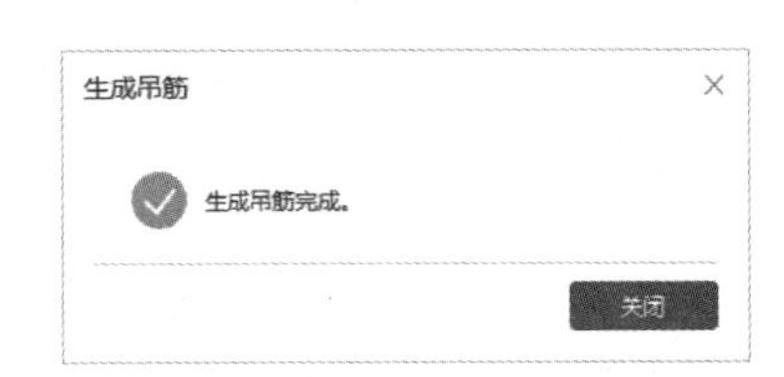


图3-36　生成吊筋完成提示对话框

有些部位用“生成吊筋”布置不了次梁加筋的可在平法表格内输入，但在平法表格中输入的次梁加筋不在图中显示。

查改吊筋：若图纸中大部分位置吊筋或次梁加筋的信息相同，则可使用“生成吊筋”生成吊筋和次梁加筋，再针对需要修改单个吊筋或次梁加筋的信息用“查改吊筋”实现。图纸中没有吊筋或次梁加筋的位置通过“生成吊筋”命令生成后可用“删除吊筋”将其删除。两种命令如图3-37所示。

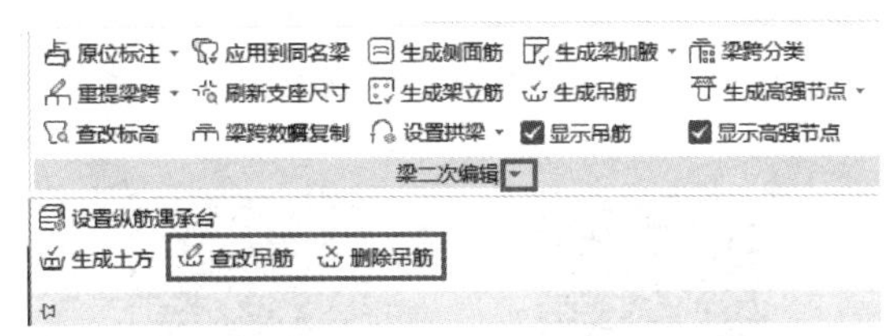


图3-37　“查改吊筋”和“删除吊筋”命令

**尝试应用**

请完成课堂项目3号楼的首层梁生成吊筋操作。

图纸分析中可以看到本工程①轴上 KL1、Ⓒ轴上 KL15、Ⓕ轴上 KL19 以㉑轴为对称轴，两边对称。除以上梁和㉑轴上 KL9、Ⓒ轴上 KL16、Ⓔ轴上 KL18、Ⓕ轴上 KL21 以外，其余①轴至㉑轴之间的梁与㉑轴至㊶轴之间梁一样，可以复制。因此，在手动绘制首层梁时可以在画好①轴至㉑轴的基础上用镜像和复制的方法绘制㉒轴至㊶轴其余梁，梁镜像和复制操作与柱相同。

拓展阅读：生成侧面筋、生成架立筋、设置拱梁、生成梁加腋

拓展阅读：定义并绘制圈梁、生成圈梁及圈梁钢筋输入格式

5号楼阶段工程文件：完成首层梁

首层梁绘制操作小结

## 3.3 首层板及钢筋绘制

### 聚焦项目任务

**知识：** 1. 掌握板平法施工图识读方法，及板钢筋、混凝土、模板的列项和工程量计算规则。
2. 掌握识别板、手动定义并绘制板的操作步骤。
3. 掌握板查改标高、设置斜板等板的二次编辑操作。
4. 掌握识别板受力筋(含跨板受力筋)、定义板受力筋(含跨板受力筋)并布置板受力筋(含跨板受力筋)的操作步骤。
5. 掌握应用同名板、复制钢筋、交换标注、查改标注等板受力筋二次编辑的操作步骤。
6. 掌握识别板负筋、定义板负筋并布置板负筋的操作步骤，并掌握交换标注、查改标注等板负筋二次编辑。

**能力：** 1. 能系统识读板平法施工图。
2. 能根据图纸正确通过图纸识别方式绘制板及钢筋，并能够根据定额及规范规定对识别出来的板进行类别区分、设置马凳筋。
3. 在无法进行识别的情况下能正确定义板及钢筋并完成绘制。
4. 达到 1+X 工程造价数字化应用初、中级和全国高校 BIM 毕业设计创新大赛 BIM 全过程造价管理与应用赛项关于绘制板及钢筋的相关要求。

**素质：** 软件提供了多种绘制板钢筋的方式，实际建模时可根据工程图纸及个人习惯灵活运用，充分发散思维，创新运用更高效、准确的多方式结合绘制方法，树立良好的创新精神。

首层板及钢筋绘制导学单及激活旧知思维导图

微课 1：CAD 识别绘制首层板

微课 2：手动绘制板

微课 3：设置斜板、拱板、升降板及弧形板与螺旋板绘制拓展

微课 4：CAD 识别绘制板受力筋

微课 5：手动布置受力筋

微课 6：绘制板负筋、坡道拓展

## 示证新知

### 一、图纸分析

分析要点：不同厚度的板、不同类型的板（平板、有梁板、阳台板等）、板面标高与楼面结构标高不同的板位置、板内受力筋和负筋配筋信息等，以及工程图纸是否存在对称等情况。

需查阅图纸：结施 G01 结构设计说明（一）、结施 G02 结构设计说明（二）、结施 G10 标准层板钢筋图。

分析结果：

（1）经查看结施 G10 标准层板钢筋图可知，以㉑轴为分界线，左右两边的板和配筋相同，绘制时可先绘制左边，然后用复制命令绘制右边的板及钢筋。因此下述分析和具体操作针对㉑轴左侧板及钢筋。

（2）板种类（按厚度分）：查阅结施 G10 标准层板钢筋图知 $h=120$ 的板一侧 2 处；$h=100$ 的板一侧 11 处；其余未注明者板厚为 90 mm。如图 3-38 所示，画椭圆处为 $h=120$ 的板，画方框处为 $h=100$ 的板，其余未作标注的为 $h=90$ 的板。

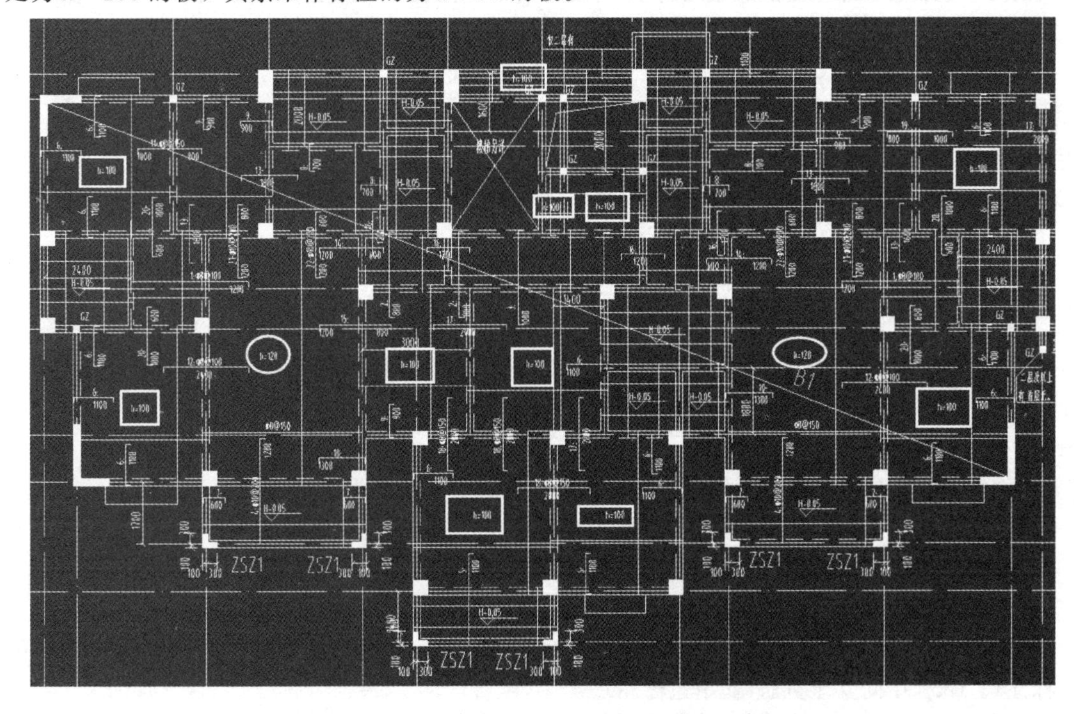


图 3-38　本工程标准层不同厚度板分布示意图

有梁板及平板分布：根据江西2017版定额规定，本工程标准层板的分类有有梁板、平板、阳台板、悬挑板和雨篷板5种类型的板，如图3-39所示(为使图面清爽，以标准层板钢筋图右侧为示意)。悬挑板有5处为飘窗板，飘窗板和雨篷板两项内容在本节中暂不介绍其绘制，留待后续讲解相关内容时再行介绍。其中，3阳台板两侧为框架梁，实际工程中有时为简化仍按有梁板建模进行混凝土和模板计算，本节后续将分别介绍按有梁板和阳台板进行计算的方法。

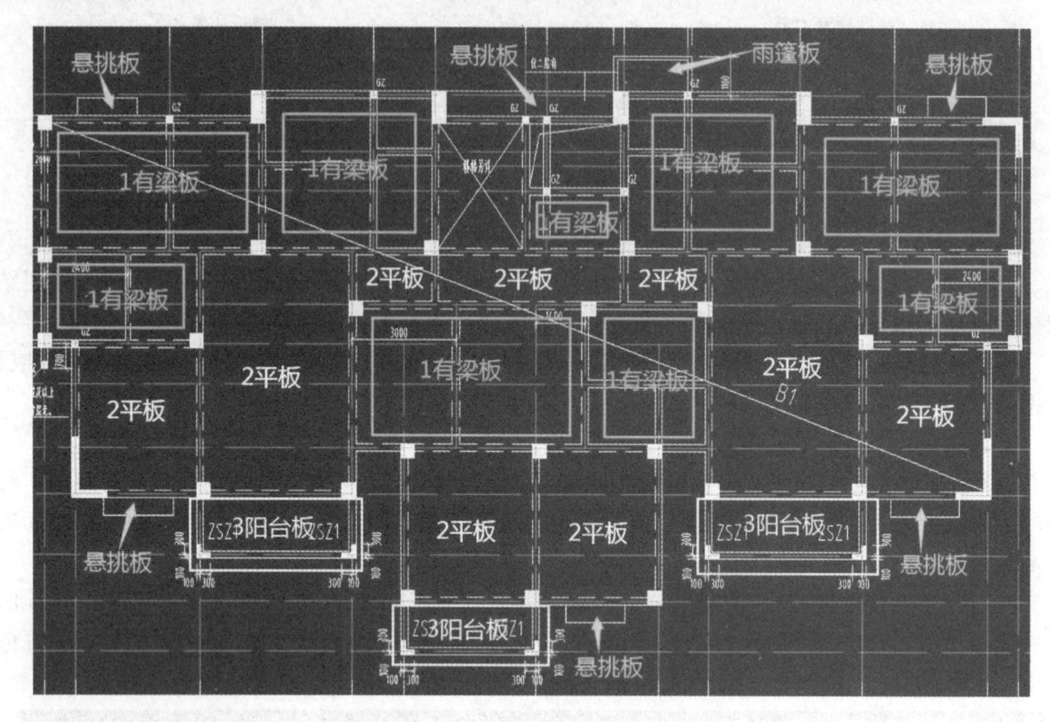


图3-39　本工程标准层板类别划分

综上所述，以其中一侧板进行统计分析知：厚度 $h=120$ 的板均为平板；厚度 $h=100$ 的板有6处为有梁板、4处为平板、1处为悬挑板；厚度 $h=90$ 的板有19处为有梁板、3处为平板、3处为阳台板。

(3)板标高：查阅结施G10标准层板钢筋图知卫生间、露台、厨房楼面标高比相应楼面低0.05 m，一侧14处，其余位置板顶标高同楼面结构标高。

(4)马凳筋信息：查阅结施G02结构设计说明(二)第八条下第4条中第19)条知马凳筋统一采用Ⅰ型，Φ8@1 000＊1 000，L1＝板上部钢筋间距＋50(本工程取值为250)，L2＝板厚－2×保护层厚度－上层两个方向钢筋直径－下层下排钢筋直径，L3＝板下部钢筋间距＋50(本工程取值为250)。

(5)查阅结施G10标准层板钢筋图知楼板底筋、面筋和负筋配置情况为：

$H=120$ 的板底钢筋：X方向 Φ8@150，Y方向 Φ8@200。

$H=100$ 的板底钢筋：X方向和Y方向 Φ8@200。

$H=90$ 的板底钢筋：X方向和Y方向 Φ8@200。

15处板布置有板面受力筋，受力筋全部为 Φ8@200。5种跨板受力筋、5种端支座负筋(单边标注)、12种中间支座负筋(非单边标注)。

查阅结施G02结构设计总说明(二)第八条下第4条中第3)、4)条知，分布筋除注明外楼面板为Φ6@250，屋面板及外露结构为Φ6@200，温度筋除特别注明外为Φ6@200。

(6)查阅结施 G02 结构设计总说明(二)“图八～4～9 板钢筋长度标注示意”知，板内负筋外伸长度标注到支座中心线。

## 二、绘制板

**步骤一：CAD 识别方式绘制板**

根据结施 G10 标准层板钢筋图设计说明，本工程中未标明的板厚为 90 mm。

将楼层切换到首层，在左侧模块导航栏切换到“板”下“现浇板”，在“图纸管理”下双击“标准层板钢筋图”进入图纸。单击功能分区上“识别板”命令，如图 3-40 所示，则在绘图区出现识别板界面，具体包括三个步骤：提取板标识→提取板洞线→自动识别板，按从上向下的顺序依次执行命令即可。

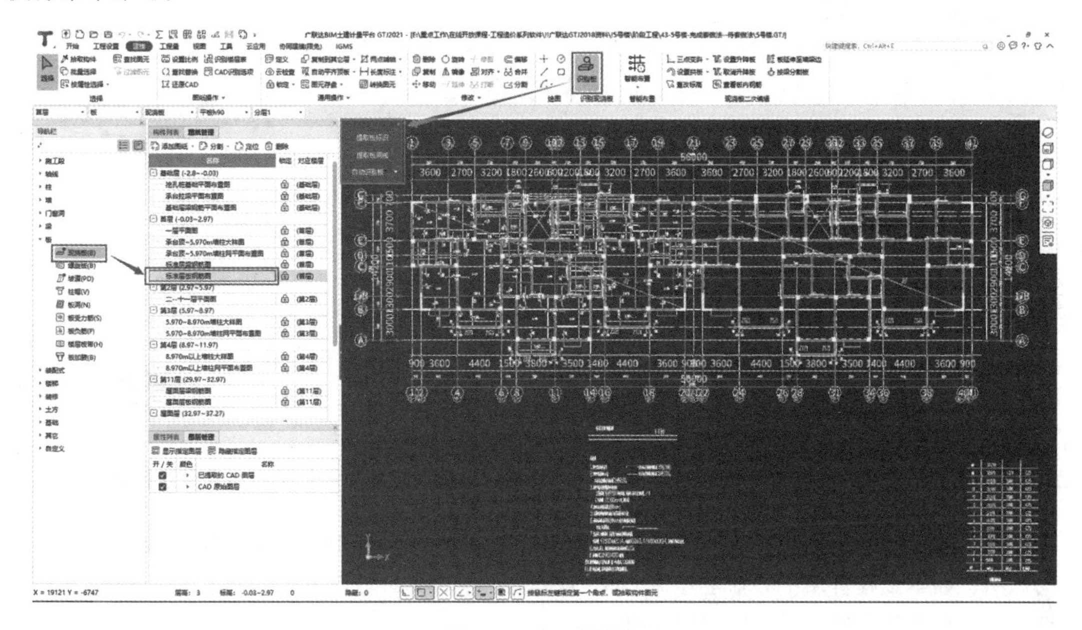

图 3-40　识别板界面

(1)提取板标识：执行“提取板标识”命令，按图层选择标准层板钢筋图中板的标注(如 $h=100$)(选中后板标识变成蓝色)，在楼层及构件切换区将图元选择方式切换为单图元选择，单击 CAD 图上两个“B1”标识使这两个标识变为白色(即不提取这两个标识)后右击确认，则选择的 CAD 图元自动消失，并存放在“已提取的 CAD 图层”中。

### 小提示

其中①～⑳轴之间的板及钢筋布置和㉑～㊵轴之间的板及钢筋布置一致，CAD 图上绘制有两根斜线且带有标识“B1”，该标识与板标识在同一图层，此处提取板标识排除两个“B1”标识是为了避免后续自动识别板时出现 B1 板。

(2)提取板洞线：执行“提取板洞线”命令，在前一步按单图元选择的基础上选择标准层板钢筋图①～㉑轴之间楼梯间交叉板洞线和电梯间折线板洞线共 4 根板洞线(选中后板洞线变成蓝色虚线)后单击右键确认，则选择的 CAD 图元自动消失，并存放在“已提取的 CAD 图层”中。

提取板洞线也可以按图层选择板洞线，再切换为按单图元选择，将左右两根长斜线排除(即不提取这两根斜线)。

## 小提示

其中①～⑳轴之间的板及钢筋布置和㉑～㊵轴之间的板及钢筋布置一致，CAD图上绘制有两根斜线，与板洞线在同一图层，提取板洞线时排除这两根斜线是为了避免在自动识别板时与斜线相交的板识别不成功。

(3)自动识别板：单击“自动识别板”，弹出“识别板选项”对话框如图3-41所示，该对话框主要是需要确认在板识别前作为板支座的各类构件是否完成绘制，若已完成单击“确定”按钮(需要注意的是，若为砖混结构还需勾选“砌体墙”)→弹出“识别板选项”对话框如图3-42(a)所示，该对话框主要是确认板厚度，将其中未标注板按设计说明更改为B—h90、厚度为90后[图3-42(b)]单击“确定”按钮即完成板操作。

图3-41 识别板选项——板支座选项对话框

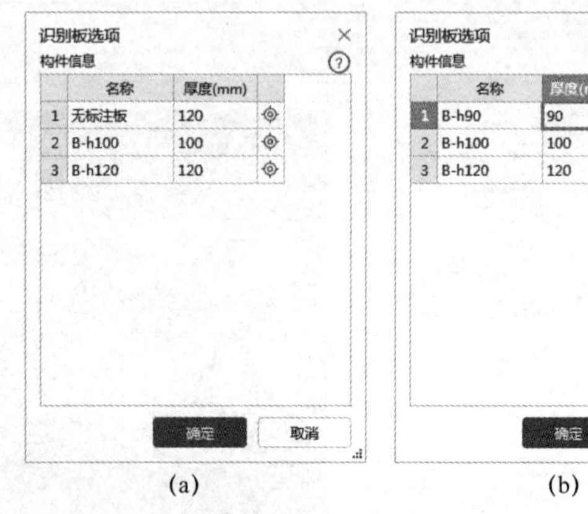


图3-42 识别板选项——板名称及厚度确认对话框

需要注意的是，识别板只适用于板四周均有闭合梁的封闭范围，对于悬挑板软件无法进行自动识别，如本工程首层中Ⓕ轴至Ⓖ轴之间的⑨轴至⑬轴和㉙轴至㉝轴的飘板，此种情况需自行绘制板，该板的绘制在后续内容中介绍。

为方便后续板钢筋复制，先将㉑轴至㊶轴识别到的板删除，这样后面在“应用到同名称板”进行钢筋复制时就不会复制到㉑轴至㊶轴范围，在完成板钢筋绘制后再将①轴至㉑轴的板复制到㉑轴至㊶轴。

识别后再对照CAD图进行检查和修改。可以在选择状态下按F3批量选择分别选择各种厚度的板核对各板的厚度是否正确，检查发现Ⓔ轴上方⑩轴至⑫轴间的板厚度为100，自动识别板识别为90，选择该板，右击在弹出的命令列表中单击“转换图元”，弹出“转换图元”对话框，如图3-43所示，在右侧目标构件框内选择“B-h100”，单击“确定”按钮即将该板图元转换为100厚的板图元。

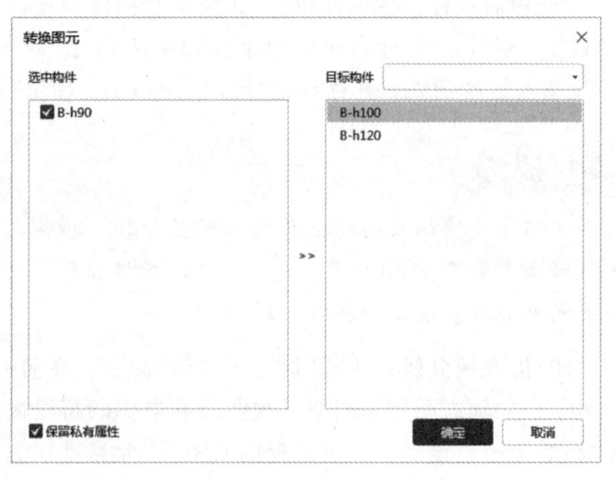


图3-43 转换图元对话框

完成识别板后即完成板的定义及绘制，软件会将板的基本信息填入到板属性内。

## 小提示

板的属性值包括基本属性、钢筋业务属性、土建业务属性和显示样式四块共33项，如图3-44所示。

(1)基本属性包括板名称、厚度、类别、是否叠合板后浇、是否楼板、板的截面尺寸及配筋信息、混凝土相关信息和标高信息等。

1)板的类别有有梁板、无梁板、平板、拱板、薄壳板和其他几种选项，实际工程中可根据图纸选择。

2)“5 是否是楼板”主要与计算超高模板、超高体积起点判断有关，若是则表示构件可以向下找到该构件作为超高计算判断依据，若否则超高计算判断与该板无关。

3)“11 顶标高”为板顶的标高，可以根据实际情况进行调整。现浇板为斜板时，顶标高不显示具体数值而显示“自定义”。

(2)钢筋业务属性包括板的保护层厚度、马凳筋设置和拉筋等属性。软件会自动读取楼层设置中的保护层厚度，如果当前构件需要特殊处理，则可以根据实际情况进行输入。一般默认按照工程设置步骤所设置的内容显示，当个别柱有不同做法时可根据实际情况修改相应属性设置。“21 马凳筋数量计算方式”“22 拉筋数量计算方式”“23 归类名称”一般按软件默认即可。

1)“17 马凳筋参数图”中可编辑马凳筋类型，单击该属性值会显示带三点的小框，单击该三点小框，弹出图3-45所示的“马凳筋设置”对话框，先选择马凳筋图形(有Ⅰ型、Ⅱ型和Ⅲ型三种类型)，然后在马凳筋信息栏按马凳筋钢筋输入格式录入钢筋信息，再在右侧输入L1、L2、L3三个数值后单击“确定”即完成马凳筋录入，同时“18 马凳筋信息”软件会根据设置的马凳筋参数自动录入。

板钢筋输入格式

| | 属性名称 | 属性值 | 附加 |
|---|---|---|---|
| 1 | 名称 | B-h100 | |
| 2 | 厚度(mm) | 100 | ☐ |
| 3 | 类别 | 有梁板 | ☐ |
| 4 | 是否叠合板后浇 | 否 | ☐ |
| 5 | 是否是楼板 | 是 | ☐ |
| 6 | 混凝土类型 | (现浇砼 卵石40m... | ☐ |
| 7 | 混凝土强度等级 | (C25) | ☐ |
| 8 | 混凝土外加剂 | (无) | |
| 9 | 泵送类型 | (混凝土泵) | |
| 10 | 泵送高度(m) | | |
| 11 | 顶标高(m) | 层顶标高 | ☐ |
| 13 | − 钢筋业务属性 | | |
| 14 | 其它钢筋 | | |
| 15 | 保护层厚... | (20) | ☐ |
| 16 | 汇总信息 | (现浇板) | ☐ |
| 17 | 马凳筋参... | | |
| 18 | 马凳筋信息 | | ☐ |
| 19 | 线形马凳... | 平行横向受力筋 | ☐ |
| 20 | 拉筋 | | ☐ |
| 21 | 马凳筋数... | 向上取整+1 | ☐ |
| 22 | 拉筋数量... | 向上取整+1 | ☐ |
| 23 | 归类名称 | (B-h100) | ☐ |
| 24 | − 土建业务属性 | | |
| 25 | 计算设置 | 按默认计算设置 | |
| 26 | 计算规则 | 按默认计算规则 | |
| 27 | 做法信息 | 按构件做法 | |
| 28 | 支模高度 | 按默认计算设置 | ☐ |
| 29 | 模板类型 | 九夹板模 木撑 | ☐ |
| 30 | 超高底面... | 按默认计算设置 | ☐ |
| 31 | − 显示样式 | | |
| 32 | 填充颜色 | | |
| 33 | 不透明度 | (100) | |

图3-44　板的属性

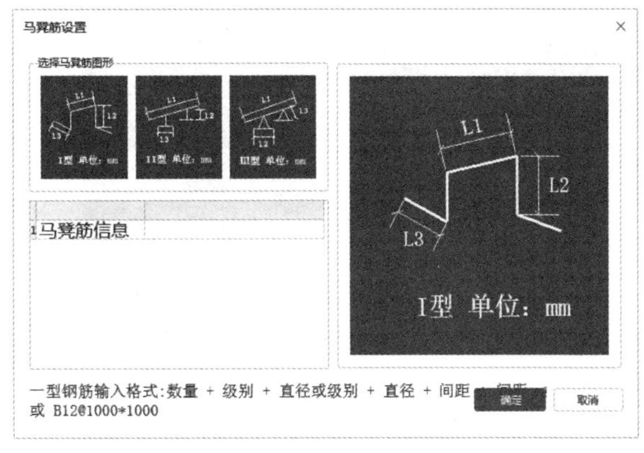


图3-45　“马凳筋设置”对话框

2)“19 线形马凳筋方向”对Ⅱ、Ⅲ型马凳筋起作用，设置马凳筋的布置方向。

3)“20 拉筋”板内若在沿板厚方向设置拉筋时，在此项输入拉筋信息。

(3)土建业务属性和显示样式一般保持为默认即可，显示样式也可根据个人喜好调整构件填充颜色及构件透明度。

从识别出的板属性可知软件自动识别的板全部默认为有梁板，且马凳筋属性为空。因此，需要根据图纸信息进行板构件的修改。因马凳筋参数为私有属性，为提升建模效率此处按先处理修改板类别再修改马凳筋的步骤进行。

根据前述图纸分析结果：厚度 $h=120$ 的板均为平板；厚度 $h=100$ 的板有6处为有梁板、4处为平板、1处为悬挑板；厚度 $h=90$ 的板有19处为有梁板、3处为平板、3处为阳台板。

在构件列表把厚度为120的板类别改为平板，同时为方便后续套做法，把板的名称改为“平板h120”；将板厚为100的板复制2个构件出来，将3个100厚的构件名称分别改为“有梁板h100”“平板h100”“悬挑板h100”，对应的板类别分别改为“有梁板”“平板”“其他”；将板厚为90的板复制2个构件出来，将3个90厚的构件名称分别改为“有梁板h90”“平板h90”“阳台板h90”，对应的板类别分别改为“有梁板”“平板”“其他”，修改后构件列表如图3-46所示。然后根据第一步图纸分析结果在绘图区选中要修改板类别的板图元执行“转换图元”命令即可，以100厚的平板为例，选中为平板的4处100厚板右击后单击“转换图元”命令，选择转换为“平板h100”即完成操作。除100厚的悬挑板外，其他的非有梁板构件也通过这种方法转换图元即可。

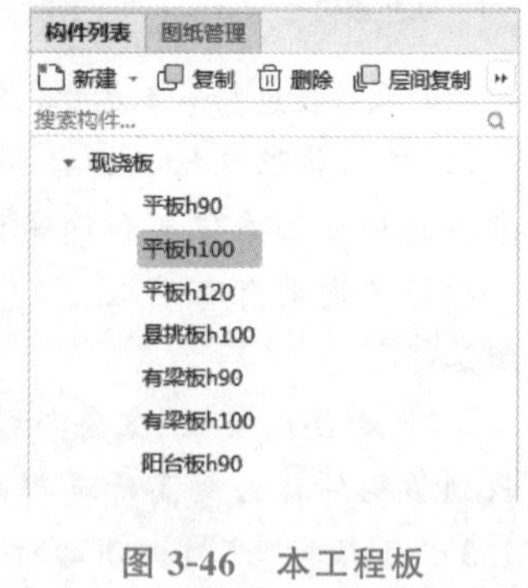


图3-46　本工程板构件情况

## 小提示

“转换图元”操作前建议按Shift＋B键打开板属性显示以便快速地选中相应厚度的板。

马凳筋参数图和马凳筋信息为板的私有属性，因此，针对已绘制的板图元修改马凳筋属性应先选中板图元再修改。切换到“构件列表”和“属性列表”。以板厚为90的板马凳筋设置为例，其操作步骤为：在选择状态下按F3快捷键，在弹出的对话框中选中90厚的全部板(含有梁板、平板、阳台板)，然后在属性列表中单击马凳筋参数属性值及右侧三点小框，在弹出的马凳筋参数按图纸及前述的第一步图纸分析结果输入马凳筋参数如图3-47(a)所示，其他两种厚度的板马凳筋设置如图3-47(b)、(c)所示。本工程①轴至21轴完成识别和修改的板如图3-48所示。

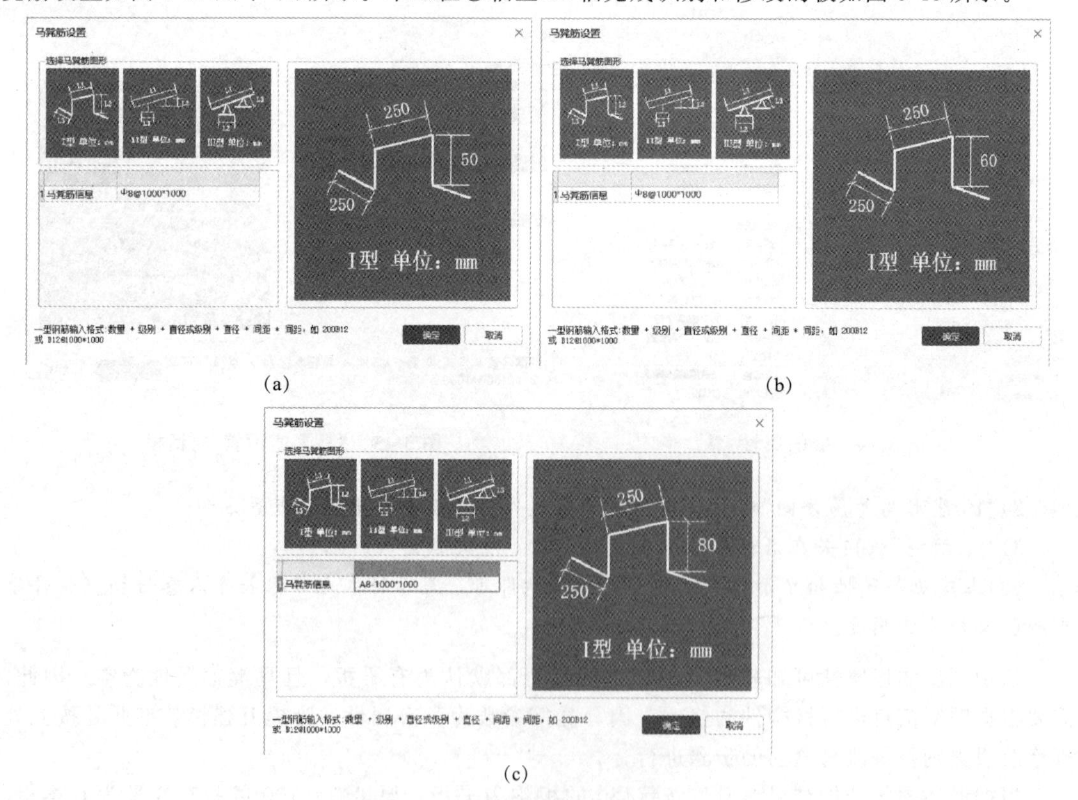


图3-47　本工程首层板马凳筋设置

(a)厚度90的板马凳筋设置；(b)厚度100的板马凳筋设置；(c)厚度120的板马凳筋设置

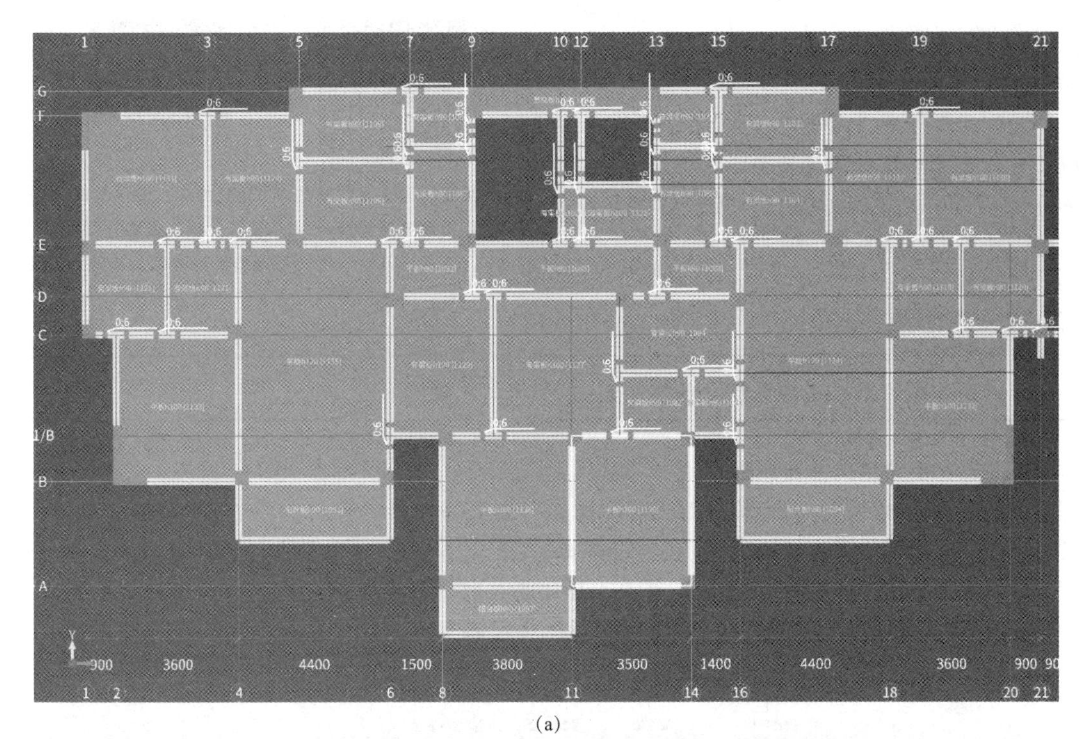

(a)

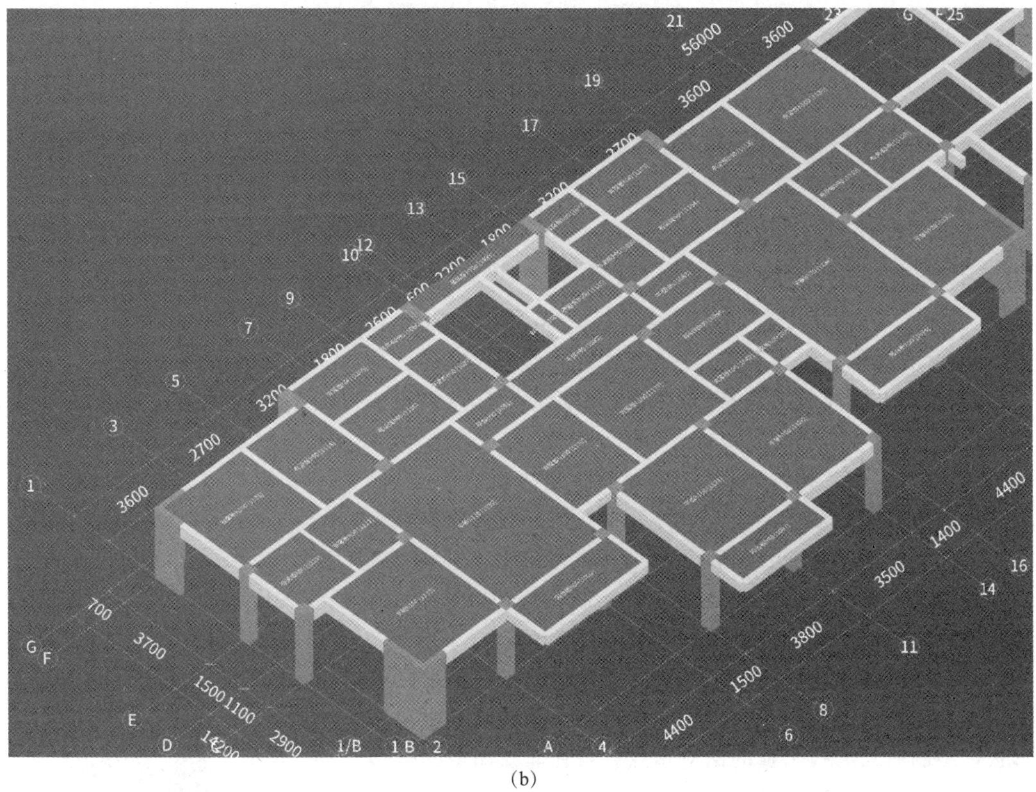

(b)

图 3-48　本工程①轴至㉑轴首层板

(a)俯视图；(b)三维图

## 小提示

需要注意的是，因马凳筋参数图是私有属性，如果是先选中板图元修改马凳筋参数后再执行“转换图元”命令，则完成后要仔细检查各类板图元是否都已设置马凳筋参数。

拓展阅读：马凳筋的设置及计算

拓展阅读：设置斜板、设置拱板、设置升降板、板延伸至墙梁边、按梁分割板

## 尝试应用

请完成课堂项目3号楼的首层板CAD识别绘制及修改。

**步骤二：手动定义并绘制板**

(1)定义板。切换到“图纸管理”左侧的“构件列表”，同时切换到“图层管理”左侧的“属性列表”。单击“新建”下“新建现浇板”按钮 新建现浇板 ，以本工程100厚的有梁板为例，其信息输入属性列表相应位置如图3-49所示。其中，马凳筋参数设置参见前述内容。实际工程中板较多且不能识别时，可先定义好其中一种类型的板，然后基于该板构件进行复制再根据图纸修改对应信息的方式定义其他板，避免重复看图以提高工作效率。

| | 属性名称 | 属性值 | 附加 |
|---|---|---|---|
| 1 | 名称 | 有梁板h100 | |
| 2 | 厚度(mm) | 100 | ☐ |
| 3 | 类别 | 有梁板 | ☐ |
| 4 | 是否叠合板后浇 | 否 | ☐ |
| 5 | 是否是楼板 | 是 | ☐ |
| 6 | 混凝土类型 | (现浇砼 卵石40m... | ☐ |
| 7 | 混凝土强度等级 | (C25) | ☐ |
| 8 | 混凝土外加剂 | (无) | |
| 9 | 泵送类型 | (混凝土泵) | |
| 10 | 泵送高度(m) | | |
| 11 | 顶标高(m) | 层顶标高 | ☐ |
| 12 | 备注 | | ☐ |
| 13 | ⊟ 钢筋业务属性 | | |
| 14 | 其它钢筋 | | |
| 15 | 保护层厚... | (20) | ☐ |
| 16 | 汇总信息 | (现浇板) | ☐ |
| 17 | 马凳筋参... | Ⅰ型 | |
| 18 | 马凳筋信息 | Φ8@1000*1000 | ☐ |
| 19 | 线形马凳... | 平行横向受力筋 | ☐ |
| 20 | 拉筋 | | ☐ |
| 21 | 马凳筋数... | 向上取整+1 | ☐ |
| 22 | 拉筋数量... | 向上取整+1 | ☐ |
| 23 | 归类名称 | (有梁板h100) | ☐ |
| 24 | ⊞ 土建业务属性 | | |
| 31 | ⊞ 显示样式 | | |

图3-49　100厚有梁板属性

(2)绘制板。板绘制方法有“点”“直线”“矩形”“三点画弧”“智能布置”等画法，不同的画法有其适用情况。

1)“点”画法。在“构件列表”中选择要绘制的板，单击“点”，单击要布置该板的封闭区域即可。这种画法只能在墙或梁全部画好后在封闭区域内操作。

2)“直线”画法。在“构件列表”中选择要绘制的板，单击“直线”，依次单击围成该板的直线端点至最后一个端点，右击确认即完成绘制。这种画法适于绘制任意形状的板。可在非封闭空间操作。

3)“矩形”画法。在“构件列表”选择要绘制的板，单击“矩形”，单击要绘制的矩形板的两个对角点即完成绘制。这种画法主要用于绘制矩形板，绘制时只需找出板的两对角点。可在非封闭空间操作。

(3)现浇板标高修改。修改现浇板的标高有以下两种方法：

1)选中需要修改标高的板，在“属性列表”中修改其顶标高，可输入标高绝对值(如“2.92”)或相对值(如“层顶标高－0.05”)。

2)查改标高：执行“查改标高”命令，在绘图区各板图元上会显示

拓展阅读：智能布置画板、绘制弧形板、绘制螺旋板及螺旋板钢筋输入格式

各板标高数值，单击需修改标高的板块标高数值，输入标高绝对值即可修改。

**尝试应用**

请完成课堂项目3号楼的首层板定义并绘制。

## 三、绘制板受力筋(含跨板受力筋)

**步骤一：绘制板受力筋(含跨板受力筋)**

**方法一：CAD识别方式录入板受力筋及跨板受力筋**

本工程标准层中未标注钢筋信息的板钢筋都为 ⌀8@200。识别板受力筋一般建议配合“应用同名称板”一起使用。

在左侧模块导航栏切换到“板”下“板受力筋”，在“图纸管理”中双击首层“标准层板钢筋图”进入图纸(若板是采用CAD图纸识别的方式绘制则无须执行图纸切换操作)。执行功能分区上“识别受力筋”命令，如图3-50所示，则在绘图区出现识别板受力筋界面，具体包括三个步骤：提取板筋线→提取板筋标注→点选识别受力筋，按顺序依次执行命令即可。

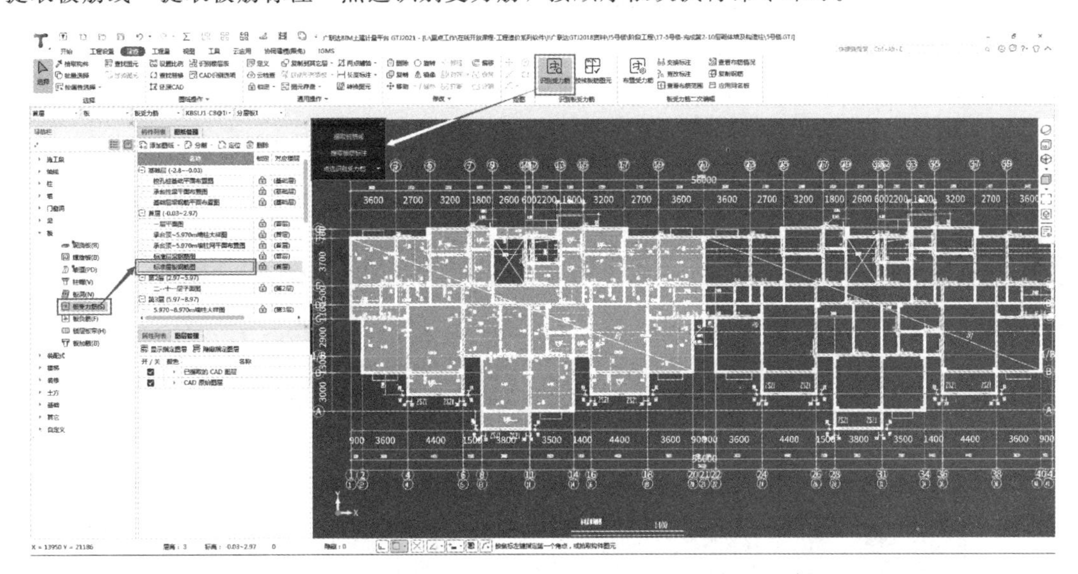

图3-50　识别板受力筋界面

(1)提取板筋线：执行“提取板筋线”命令，按图层选择标准层板钢筋图中板的板底钢筋及板面跨板受力钢筋线(选中后板钢筋线变成蓝色虚线)后右击确认，则选择的CAD图元自动消失，并存放在“已提取的CAD图层”中。

(2)提取板筋标注：执行“提取板筋标注”命令，按图层选择标准层板钢筋图中板的钢筋标注(选中后板钢筋标注变成蓝色)后右击确认，则选择的CAD图元自动消失，并存放在“已提取的CAD图层”中。

(3)识别受力筋：本步骤可以识别板的板底受力筋、板面受力筋和跨板受力筋。

其中，板底受力筋、板面受力筋识别过程一样，以Ⓑ轴至Ⓒ轴和②轴至④轴间板底受力筋为例，执行“点选识别受力筋”命令，单击绘图区钢筋CAD图线软件自动弹出图3-51(a)所示“点选识别板受力筋”对话框→根据图纸信息输入受力筋名称、选择构件类型(受力筋或跨板受力

筋)、钢筋类别和钢筋信息后右击确认或单击“确定”按钮→将光标放在需布置钢筋的板上会出现蓝色粗线框，单击即完成板受力筋识别。注意在最后一步选择布筋范围时可根据板的实际布置情况在工具栏中根据需要选择 ◉ 单板 ○ 多板 ○ 自定义 ○ 按受力筋范围 来确定布筋范围。

跨板受力筋识别与板受力筋识别不同的地方在于弹出的“点选识别板受力筋”对话框中需要确认跨板受力筋的左右标注如图 3-51(b)所示，CAD 图纸识别时其名称软件会直接读取 CAD 图中的标注或默认为 KBSLJ－1；钢筋信息软件会按图纸标注的钢筋信息显示，若图上无钢筋信息则需要根据图纸说明手动输入(如本工程的 2 号、3 号、5 号跨板受力筋)，该项不允许为空；左、右标注为识别的钢筋标注长度，可允许其中一项为空。跨板受力筋信息准确后右击确认或单击“确定”按钮，将光标移动到该跨板受力筋所属的板内，板边线会出现蓝色粗线框加亮显示，此亮色区域即为受力筋的布筋范围，单击即完成板受力筋识别。

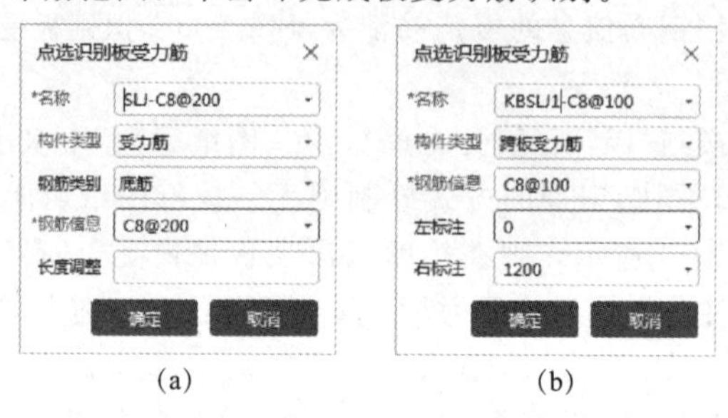

(a)　　(b)

图 3-51　“点选识别板受力筋”对话框

(a)点选识别板受力筋；(b)点选识别跨板受力筋

需要注意的是⑨轴至⑬轴和Ⓓ轴至Ⓔ轴之间所围的板上布置了板面钢筋、2 号跨板受力筋和 3 号跨板受力筋，这三种钢筋有各自的分布范围，如图 3-52 所示，但识别跨板受力筋和板面钢筋时软件是布置在整块板内，因此，识别完成后需要选中相应的钢筋通过夹点编辑的方式修改钢筋的布置范围。

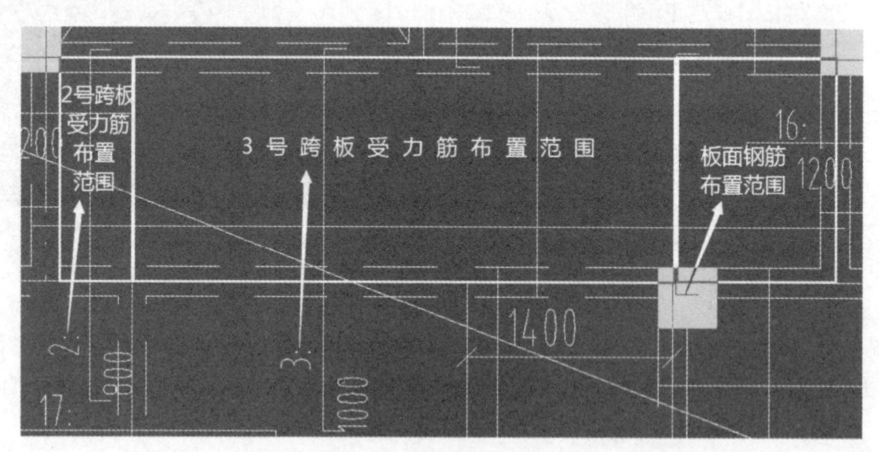

图 3-52　⑨轴至⑬轴和Ⓓ轴至Ⓔ轴之间板面钢筋布置范围

除“点选识别板受力筋”外，软件还提供了“自动识别板筋”，该功能用于将提取的板筋线和板筋标注自动转化为板筋图元。通过自动识别板筋功能，可以一次性识别整张图纸中的受力筋和负筋，从而大大提升工作效率。该功能适用于图纸很规范的情况，在实际工程中因图纸或多或少会存在各种问题，为避免自动识别板筋后花费更多的时间进行板筋修改，一般不推荐使用。

识别完一块板的板受力筋布置以后用“应用同名板”将板受力筋快速布置到其他同名称板上。

操作步骤：单击“板受力筋二次编辑”功能分区下“应用同名板”按钮 应用同名板→选择已经布筋的板，右击进行确定(选中后蓝色显示)，弹出“提示”对话框显示应用成功的板数量，单击“确定”按钮即完成操作。该命令适于同名称的板钢筋信息一致的情况，用来快速地布置同名称板的钢筋。该命令适用于板底受力筋、板面受力筋的布置，通常不适于跨板受力筋。

当前板中布置了钢筋后，其他板内钢筋与当前板钢筋一样时可应用“复制钢筋”快速将钢筋布置到其他板中，且可在不同名称的板间复制，其操作步骤为：单击“板受力筋二次编辑”功能分区下“复制钢筋”按钮 复制钢筋→选择要复制的钢筋(选中后该钢筋为蓝色显示)→选择要布置该钢筋的目标板，右击确认即完成复制。

识别完跨板受力筋后，应注意检查跨板受力筋的分布筋是否与图纸吻合，不吻合的需选中相应跨板受力筋进行分布筋属性修改。

若识别的跨板受力筋挑出一端的方向不对可用“交换标注”命令进行编辑。全部采用识别的方式录入完成全部板受力筋和跨板受力筋后可执行“校核板筋图元”命令进行自动校核。

## 小提示

(1)在提取板筋线和板筋标注步骤中，若板筋线和板筋标注与前一步识别板的板标注等信息在同一图层，则在相应步骤中可不需再提取。

(2)板受力筋的属性值包括基本属性、钢筋业务属性和显示样式 3 块共 18 项，如图 3-53(a)所示。

1)基本属性包括受力筋名称、类别、钢筋信息和左右弯折等。受力筋名称在当前层当前构件类型中需唯一，若手动新建受力筋构件时，建议将配筋具体信息录入到名称中便于与其他受力筋构件区分开来。受力筋类别包括底筋、面筋、中间层筋和温度筋四类，CAD 图纸识别时软件会根据 CAD 钢筋图线的弯钩方向自动判断类别。左右弯折默认为 0。

2)钢筋业务属性各项属性值一般按软件默认即可。当前构件如果有特殊要求，则可以根据具体情况修改，因均为私有属性故而修改后只对当前构件起作用。

(3)跨板受力筋的属性值包括基本属性、钢筋业务属性和显示样式 3 块共 23 项，如图 3-53(b)所示。值得注意的是，在完成跨板受力筋识别后需要对跨板受力筋的属性值进行检查，特别是马凳筋排数、标注长度位置和分布钢筋。

| | 属性名称 | 属性值 | 附加 |
|---|---|---|---|
| 1 | 名称 | 无标注SLJ-C8@2... | |
| 2 | 类别 | 底筋 | ☐ |
| 3 | 钢筋信息 | Φ8@200 | ☐ |
| 4 | 左弯折(mm) | (0) | ☐ |
| 5 | 右弯折(mm) | (0) | ☐ |
| 6 | 备注 | | ☐ |
| 7 | ⊟ 钢筋业务属性 | | |
| 8 | 钢筋锚固 | (40) | |
| 9 | 钢筋搭接 | (56) | |
| 10 | 归类名称 | (无标注SLJ-C8@... | ☐ |
| 11 | 汇总信息 | (板受力筋) | ☐ |
| 12 | 计算设置 | 按默认计算设置... | |
| 13 | 节点设置 | 按默认节点设置... | |
| 14 | 搭接设置 | 按默认搭接设置... | |
| 15 | 长度调整(... | | ☐ |
| 16 | ⊞ 显示样式 | | |

(a)

| | 属性名称 | 属性值 | 附加 |
|---|---|---|---|
| 1 | 名称 | KBSLJ-C8@100 | |
| 2 | 类别 | 面筋 | ☐ |
| 3 | 钢筋信息 | Φ8@100 | ☐ |
| 4 | 左标注(mm) | 0 | ☐ |
| 5 | 右标注(mm) | 1200 | ☐ |
| 6 | 马凳筋排数 | 1/1 | ☐ |
| 7 | 标注长度位置 | (支座中心线) | ☐ |
| 8 | 左弯折(mm) | (0) | ☐ |
| 9 | 右弯折(mm) | (0) | ☐ |
| 10 | 分布钢筋 | (Φ6@250) | ☐ |
| 11 | 备注 | | ☐ |
| 12 | ⊟ 钢筋业务属性 | | |
| 13 | 钢筋锚固 | (40) | |
| 14 | 钢筋搭接 | (56) | |
| 15 | 归类名称 | (KBSLJ-C8@100) | ☐ |
| 16 | 汇总信息 | (板受力筋) | ☐ |
| 17 | 计算设置 | 按默认计算设置... | |
| 18 | 节点设置 | 按默认节点设置... | |
| 19 | 搭接设置 | 按默认搭接设置... | |
| 20 | 长度调整(... | | ☐ |
| 21 | ⊞ 显示样式 | | |

(b)

图 3-53 板受力筋的属性

(a)板受力筋的属性；(b)跨板受力筋的属性

1)基本属性包括跨板受力筋名称、类别、钢筋信息、左右标注、马凳筋排数、标注长度位置、左右弯折和分布钢筋等。跨板受力筋名称在当前层当前构件类型中需唯一，同样建议将配筋具体信息录入到名称中便于与其他跨板受力筋构件区分开来。跨板受力筋类别为面筋，不能改动。CAD图纸识别的跨板受力筋左标注和右标注软件会按图纸实际情况自动识别，对于垂直方向的跨板受力筋默认下端为左、上端为右。马凳筋排数可以为0，双边标注负筋两边的马凳筋排数不一致时，用“/”隔开。除计算左标注和右标注范围的排数外(用左右标注的值除以1 000按四舍五入取值)，跨板受力筋所跨的板内马凳筋个数软件会按照马凳筋计算方法自动计算。所以，跨板钢筋应该按照跨板受力筋来定义，这样马凳筋的计算才和实际情况相符。标注长度位置：受力筋左右长度标注的位置包括支座中心线、支座内边线、支座外边线、支座轴线；支座内、外边线是根据图纸规定来确定的，一般会在板配筋图或结构设计说明或板配筋图说明中明确负筋标注位置，此时应依据图纸绘制；设计有规定时按设计，设计无规定时则按支座中心线。跨板受力筋支座各位置线如图3-54所示。分布钢筋：取“计算设置”中的“分布筋配置”数据，若图纸与“计算设置”中的“分布筋配置”数据不同，也可自行输入。

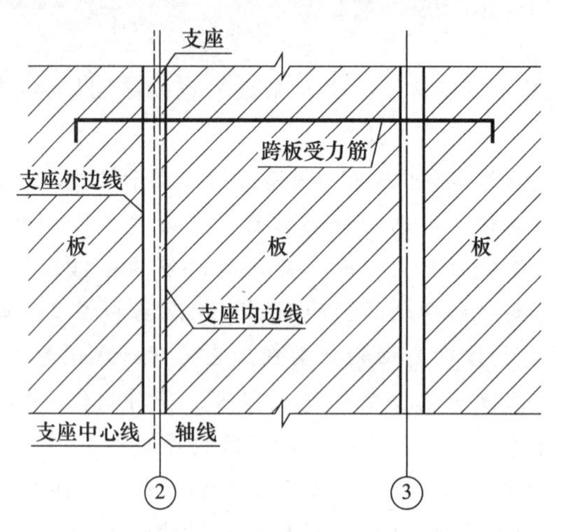


图3-54　板跨板受力筋支座位置线示意图

板受力筋钢筋输入格式

2)钢筋业务属性各项属性值一般按软件默认即可。当前构件如果有特殊要求，则可以根据具体情况修改，因均为私有属性故而修改后只对当前构件起作用。

温度筋因未在图纸中表现出来，不能用识别的方式建模，只能手动布置，该内容将在后续手动绘制板钢筋中详细讲述。

**尝试应用**

请完成课堂项目3号楼的首层板受力筋及跨板受力筋CAD识别录入。

**方法二：手动定义并绘制板受力筋及跨板受力筋**

(1)“XY方向”录入板受力筋。在GTJ2021中，板的底筋、面筋、中间层筋、温度筋可用“单板+XY方向”或“多板+XY方向”快速布置，使用这种方式不需要新建受力筋构件，可减少重复性工作时间，从而提高工作效率。其操作步骤为：执行“板受力筋二次编辑”功能分区下“布置受力筋”命令，在楼层及构件切换区右侧选择“单板”“XY方向”→软件弹出“智能布置”对话框，如图3-55所示，根据图纸具体情况选择双向布置、双网双向布置或XY向布置→在绘图区选择

要布置钢筋的板即可完成相应钢筋的布置。

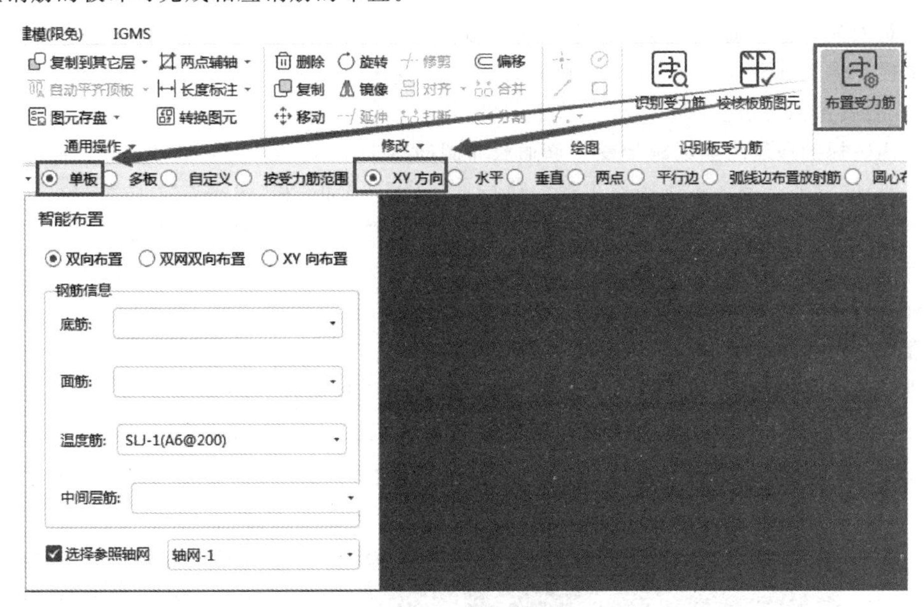

图 3-55　板受力筋智能布置对话框

“智能布置”对话框中布置方式有三种，分别如下：

1)双向布置：这种方式适于 XY 方向钢筋布置一样的情况，如某块板两个方向的底筋相同，则可以使用双向布置，在底筋右侧框内输入底筋的钢筋信息后就可以一次布置好两个方向的底筋。这种方式下可根据图纸信息选择布置底筋、面筋、中间层筋、温度筋。

2)双网双向布置：这种方式适于布置配筋信息完全相同的 XY 方向底筋和面筋，在钢筋信息按图纸输入钢筋信息，就可以同时布置底筋和面筋的 XY 方向钢筋。

3)XY 向布置：这种方式适于布置 XY 方向配筋信息不同的底筋和面筋，需要输入底筋和面筋的两个方向的钢筋。如本工程厚度为 120 的板内底筋布置应采用“单板＋XY 方向”选择“XY 向布置”，温度筋(楼层中板面仅有支座负筋，没有 XY 方向板面受力筋的板内需布置)采用“单板＋XY 方向”选择“双向布置”。

在工程图纸不是特别规范的情况下，采用“XY 方向”方式布置板受力筋并反建受力筋构件是相对比较高效的板受力筋录入方式，一般推荐采用。

(2)手动定义并绘制板受力筋(底筋、面筋、跨板受力筋和温度筋)。

1)定义板受力筋。切换到“图纸管理”左侧的“构件列表”，同时切换到“图层管理”左侧的“属性列表”。单击“新建”下“新建板受力筋”按钮 新建板受力筋 或“跨板受力筋”按钮 新建跨板受力筋 ，按图纸信息输入相应属性即可完成定义。为了在绘制板受力筋时能明确区分各受力筋信息，可将受力筋的名称改为钢筋信息，或勾选相应属性值右侧的附加框(但该信息仅在构件列表中看得到，在后续预览和导出报表时并不区分勾选的附加框信息)，如图 3-56 所示。其中，板底筋、面筋、中间层

|  | 属性名称 | 属性值 | 附加 |
|---|---|---|---|
| 1 | 名称 | SLJ-A6@200 |  |
| 2 | 类别 | 温度筋 | ☑ |
| 3 | 钢筋信息 | Φ6@200 | ☐ |
| 4 | 左弯折(mm) | (0) | ☐ |
| 5 | 右弯折(mm) | (0) | ☐ |
| 6 | 备注 |  | ☐ |
| 7 | ⊟ 钢筋业务属性 |  |  |
| 8 | 钢筋锚固 | (34) |  |
| 9 | 钢筋搭接 | (48) |  |
| 10 | 归类名称 | (SLJ-A6@200) | ☐ |
| 11 | 汇总信息 | (板受力筋) | ☐ |
| 12 | 计算设置 | 按默认计算设置... |  |
| 13 | 节点设置 | 按默认节点设置... |  |
| 14 | 搭接设置 | 按默认搭接设置... |  |
| 15 | 长度调整(... |  | ☐ |
| 16 | ⊞ 显示样式 |  |  |

图 3-56　框选附加项以区分构件名称

筋和温度筋均在新建板受力筋中定义，然后通过选择对应类别来区分。

2)绘制板受力筋。板的受力筋和跨板受力筋只在一块板内布置时可采用“单板＋水平”(X方向)或“单板＋垂直”(Y方向)的方式绘制。具体操作步骤：执行工具栏上“单板”和“水平”或“垂直”命令，然后再到要布置面筋的板上单击即可。

相邻几块板的板受力筋或跨板受力筋通长布置时可采用“多板＋水平”(X方向)或“多板＋垂直”(Y方向)的方式绘制。具体操作步骤：执行工具栏上“多板”和“水平”或“垂直”命令，选中需布置面筋的相邻几块板后右键确定，在选中的板上单击鼠标左键布置钢筋即可。

若跨板受力筋只有左标注或右标注，绘制后与图纸标注的方向不一致则可使用“交换左右标注”命令(执行命令后选择需要交换标注的跨板受力筋即可)。

**步骤二：查看布筋情况**

完成全部板受力筋后可单击“查看布筋情况”按钮 **查看布筋情况** 对照图纸检查是否全面布置完毕，软件可检查底筋、面筋(含板面受力筋和跨板受力筋)、中间层筋和温度筋。本工程各类钢筋布置如图3-57所示。

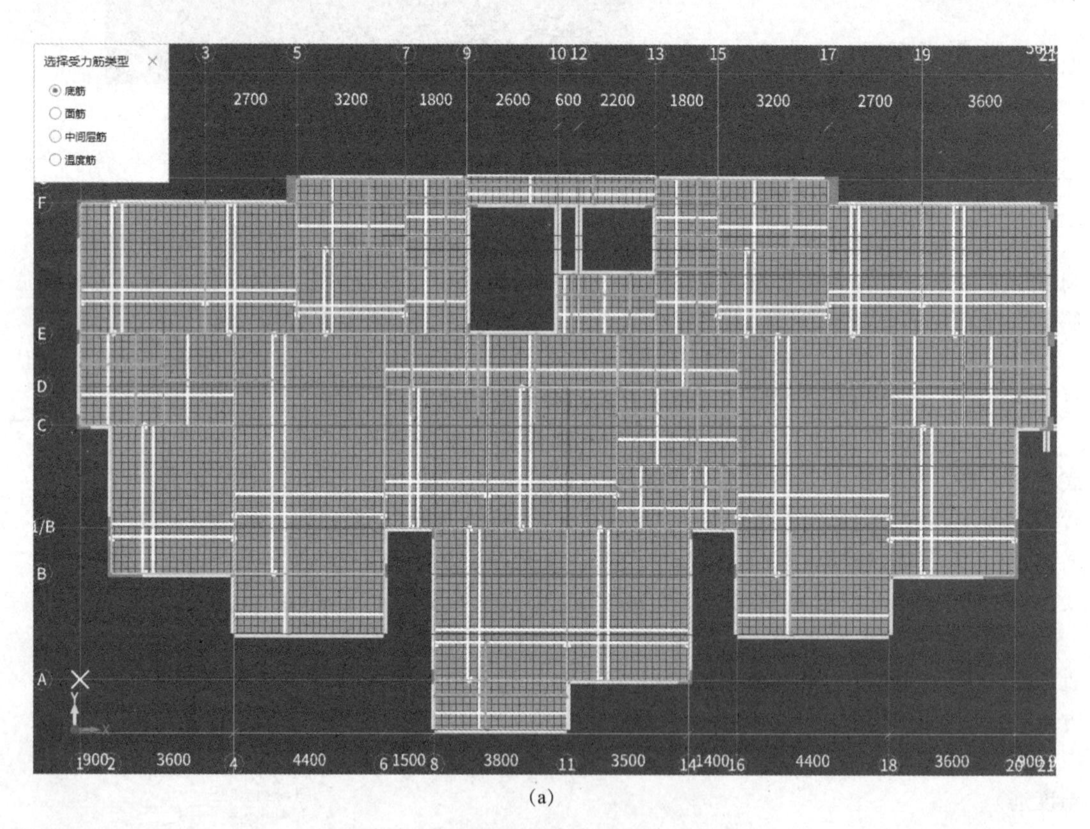


(a)

图3-57 本工程标准层板受力筋布置情况

(a)本工程标准层板底筋布置情况

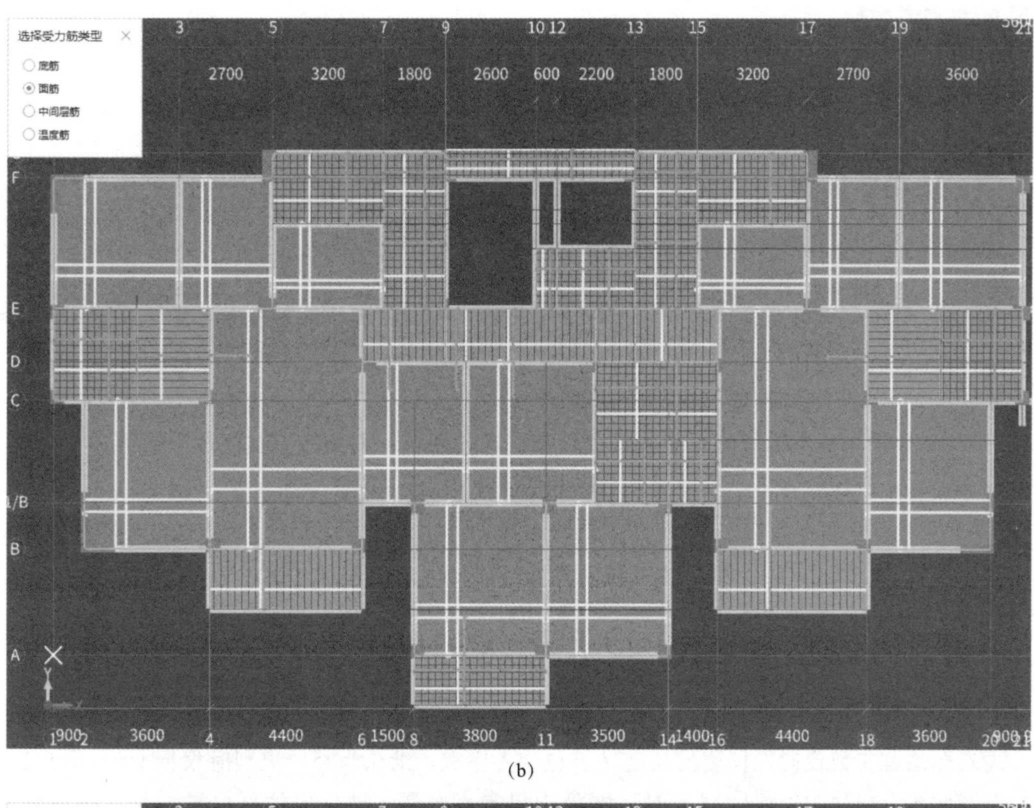


(b)

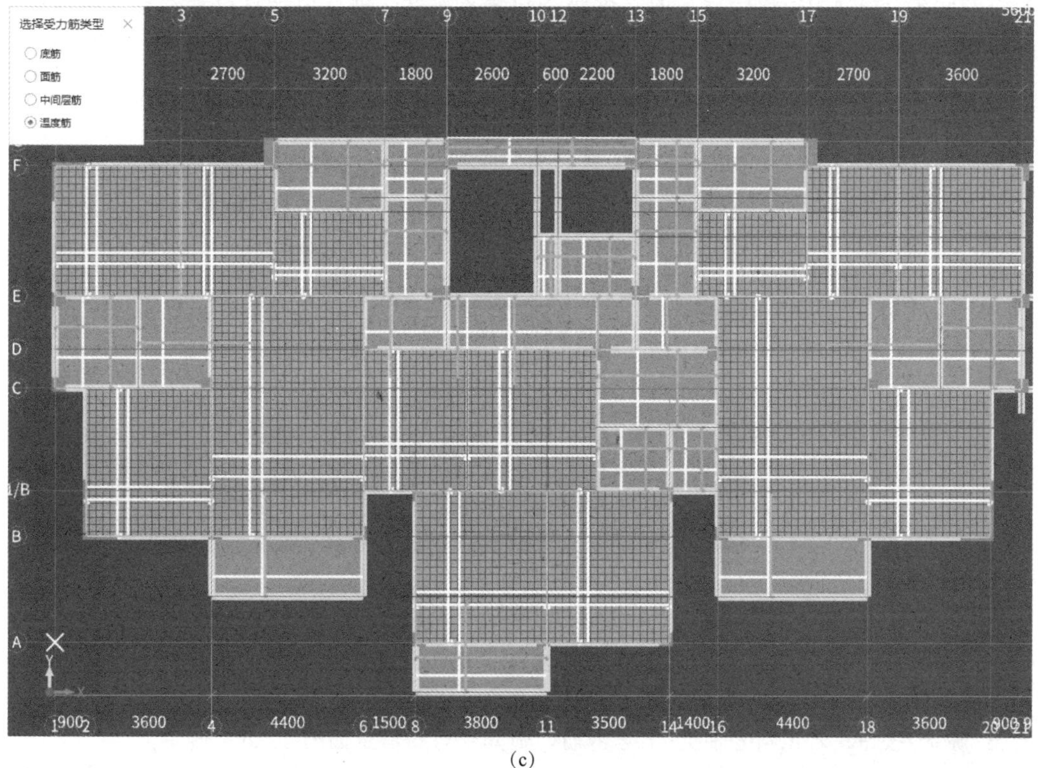


(c)

**图 3-57　本工程标准层板受力筋布置情况(续)**

(b)本工程标准层板面筋布置情况；(c)本工程标准层板温度筋布置情况

## 尝试应用

请完成课堂项目 3 号楼的首层板受力筋及跨板受力筋手动定义并绘制。

## 四、绘制板负筋

**步骤一：绘制板负筋**

**方法一：CAD 识别方式录入板负筋。**

在左侧模块导航栏切换到“板”下“板负筋”，执行功能分区上“识别负筋”命令，如图 3-58 所示，则在绘图区出现识别负筋界面，具体包括三个步骤：提取板筋线→提取板筋标注→点选识别负筋，按从上向下的顺序依次执行命令即可。

一般 CAD 图中板负筋和跨板受力筋都绘制在同一图层，因此在识别跨板受力筋后，前两个步骤基本完成，直接进入第三步即可，其操作步骤如下：

单击“点选识别负筋”，弹出“点选识别板负筋”对话框，如图 3-59(a)所示。相应信息的含义如下。

名称：软件自动读取钢筋标注，读取不到时，软件自动默认，从 FJ－1 开始，不允许为空且不能超过 255 个字符，下拉框可选择最近使用的构件名称。

钢筋信息：为识别的钢筋标注，该项不允许为空，下拉框可选择最近使用的钢筋信息，若未标钢筋则软件自动填充 ⌀8@200；

左、右标注：为识别的钢筋标注，可允许其中一项为空；双边标注/单边标注。

左右标注都有数值时，标注的长度是否包含支座宽，默认为否，识别时根据 CAD 图自行判断；左右标注有一项为空时，标注的长度是否包含支座宽，默认为计算设置，有支座内边线、支座轴线、支座中心线、支座外边线、负筋线长度几种选项，识别时根据 CAD 图自行判断。

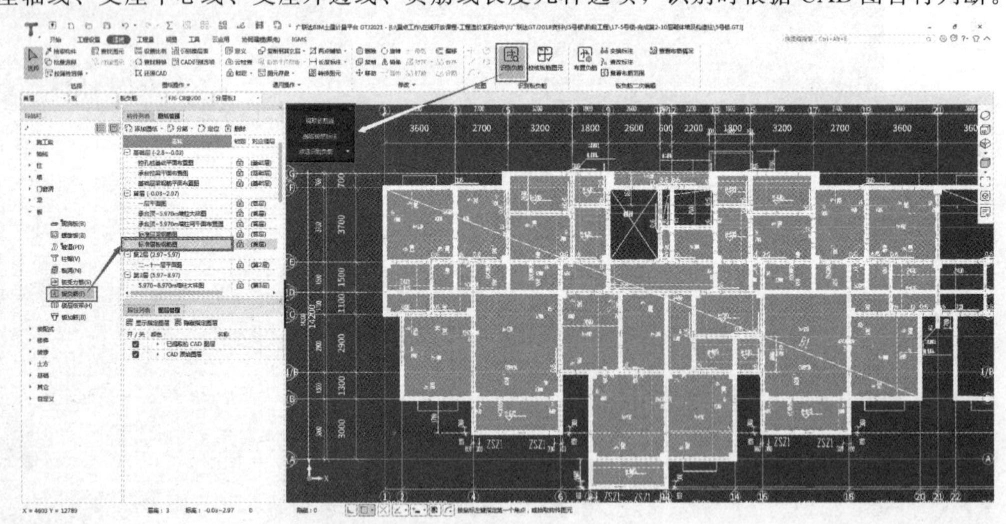

图 3-58　识别负筋界面

单击 CAD 图中Ⓔ轴上 6 号负筋钢筋线则软件自动匹配相应受力筋信息并按 CAD 图手动调整后如图 3-59(b)所示，为方便核对负筋名称建议和 CAD 图中保持一致，信息准确后右击确认或单击“确定”按钮；若识别Ⓔ轴上 21 号钢筋，则其受力筋信息如图 3-59(c)所示。

确认“点选识别板负筋”对话框内信息准确无误后右击确认或单击“确定”，然后通过负筋布筋方式(单击左键选取负筋布置范围的两个端点)绘制负筋即完成识别。与跨板受力筋一样，若识别出的板负筋挑出方向不对时可执行“交换标注”命令进行调整。

图 3-59 “点选识别板负筋”对话框

(a)板负筋识别对话框；(b)6 号负筋识别信息；(c)21 号负筋识别信息

软件还提供了“自动识别板筋”，其介绍详见前述相关内容。若全部采用识别的方式时最后可执行“校核板筋图元”命令进行自动校核。

## 小提示

板负筋的属性值包括基本属性、钢筋业务属性和显示样式三块共 21 项，如图 3-60(a)所示。值得注意的是，在完成板负筋识别后注意检查板负筋马凳筋排数、标注位置和分布钢筋等属性值。

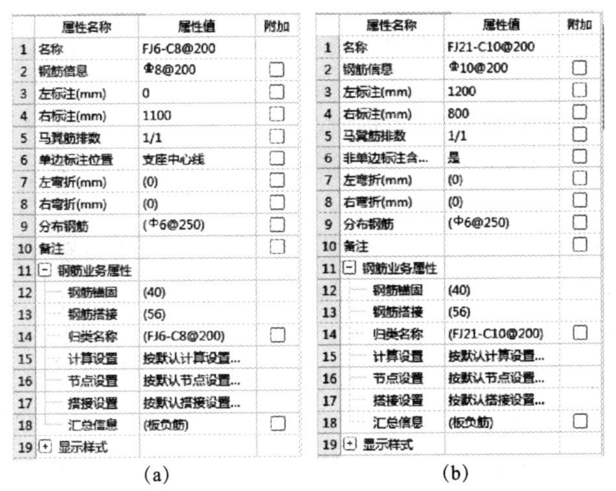

(a)

| | 属性名称 | 属性值 | 附加 |
|---|---|---|---|
| 1 | 名称 | FJ6-C8@200 | |
| 2 | 钢筋信息 | Φ8@200 | ☐ |
| 3 | 左标注(mm) | 0 | ☐ |
| 4 | 右标注(mm) | 1100 | ☐ |
| 5 | 马凳筋排数 | 1/1 | ☐ |
| 6 | 单边标注位置 | 支座中心线 | ☐ |
| 7 | 左弯折(mm) | (0) | ☐ |
| 8 | 右弯折(mm) | (0) | ☐ |
| 9 | 分布钢筋 | (Φ6@250) | ☐ |
| 10 | 备注 | | ☐ |
| 11 | ⊟ 钢筋业务属性 | | |
| 12 | 钢筋锚固 | (40) | |
| 13 | 钢筋搭接 | (56) | |
| 14 | 归类名称 | (FJ6-C8@200) | ☐ |
| 15 | 计算设置 | 按默认计算设置... | |
| 16 | 节点设置 | 按默认节点设置... | |
| 17 | 搭接设置 | 按默认搭接设置... | |
| 18 | 汇总信息 | (板负筋) | ☐ |
| 19 | ⊞ 显示样式 | | |

(b)

| | 属性名称 | 属性值 | 附加 |
|---|---|---|---|
| 1 | 名称 | FJ21-C10@200 | |
| 2 | 钢筋信息 | Φ10@200 | ☐ |
| 3 | 左标注(mm) | 1200 | ☐ |
| 4 | 右标注(mm) | 800 | ☐ |
| 5 | 马凳筋排数 | 1/1 | ☐ |
| 6 | 非单边标注含... | 是 | ☐ |
| 7 | 左弯折(mm) | (0) | ☐ |
| 8 | 右弯折(mm) | (0) | ☐ |
| 9 | 分布钢筋 | (Φ6@250) | ☐ |
| 10 | 备注 | | ☐ |
| 11 | ⊟ 钢筋业务属性 | | |
| 12 | 钢筋锚固 | (40) | |
| 13 | 钢筋搭接 | (56) | |
| 14 | 归类名称 | (FJ21-C10@200) | ☐ |
| 15 | 计算设置 | 按默认计算设置... | |
| 16 | 节点设置 | 按默认节点设置... | |
| 17 | 搭接设置 | 按默认搭接设置... | |
| 18 | 汇总信息 | (板负筋) | ☐ |
| 19 | ⊞ 显示样式 | | |

板负筋钢筋输入格式

图 3-60 板负筋的属性

(a)6 号板负筋的属性；(b)21 号板负筋的属性

(1)基本属性包括板负筋名称、钢筋信息、左右标注、马凳筋排数、单边标注位置/非单边标注是否含支座、左右弯折和分布钢筋等。板负筋名称在当前层当前构件类型中需唯一，同样建议将配筋具体信息录入到名称中便于与其他板负筋构件区分开来。钢筋信息软件会按图纸自动识别，也可手动输入。CAD 图纸识别的板负筋左标注和右标注软件会按图纸实际情况自动识别，对于垂直方向的板负筋默认下端为左、上端为右。马凳筋排数可以为 0，双边标注负筋两边的马凳筋排数不一致时，用“/”隔开，用左右标注的值除以 1 000 按四舍五入取值。单边标注位置/非单边标注含支座宽：当左标注和右标注有一个数值为“0”时显示单边标注位置属性信息，可通过下拉菜单进行选择；当为中间支座钢筋时，显示非单边标注含支座宽属性信息，即图纸标注的长度是否包含负筋所在支座的宽度。分布钢筋：取“计算设置”中的“分布筋配置”数据，若图纸与“计算设置”中的“分布筋配置”数据不同，也可自行输入。

(2)钢筋业务属性各项属性值一般按软件默认即可。当前构件如果有特殊要求，则可以根据具体情况修改，因均为私有属性故修改后只对当前构件起作用。

## 尝试应用

请完成课堂项目3号楼的首层板负筋CAD识别录入。

**方法二：手动定义并绘制板负筋。**

(1)定义板负筋。切换到“图纸管理”左侧的“构件列表”，同时切换到“图层管理”左侧的“属性列表”。单击“新建”下“新建板负筋”按钮 新建板负筋 ，按图纸信息输入相应属性即可完成定义。

(2)绘制板负筋。软件提供了六种画板负筋的方式，分别是按梁布置、按圈梁布置、按连梁布置、按墙布置、按板边布置和画线布置，如图3-61所示。

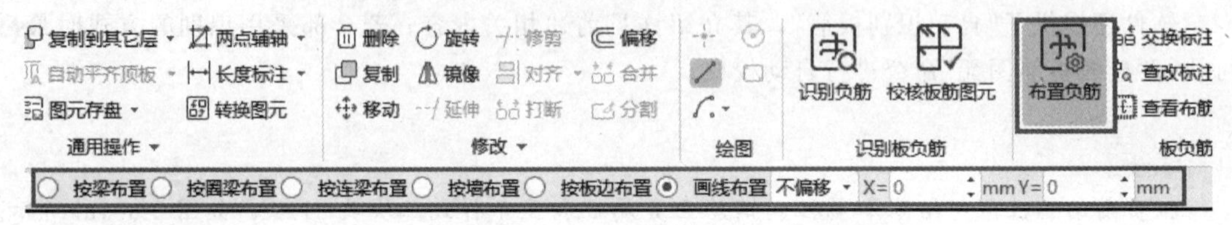


图3-61 板负筋布置方式

按梁布置、按圈梁布置、按连梁布置、按墙布置操作方法一致，操作步骤：执行相应布置负筋的命令，在绘图区选择相应的参照图元(梁、圈梁、连梁或墙)，选中的图元显示一条高亮蓝线；单击选中图元的一侧，该侧作为负筋的左标注，完成操作。

按板边布置操作步骤：执行命令，在绘图区选择板边线；单击边线的一侧，该侧作为负筋的左标注，完成操作。

画线布置操作步骤：执行命令，在绘图区点单击两点，作为画线布置的范围，单击该线的一侧，作为负筋的左标注，完成操作。画线布置可以画直线和弧线。

实际工程中建议针对每种负筋先识别一根，以此建立该负筋构件，其余部位用“按板边布置”进行手动布置，这是相对更高效的绘制方式。但需注意的是，对于同一块板的侧边被梁分割成两个板边时(如图3-62所示5号楼标准层板钢筋图⑫轴与⑬轴中间的6号负筋、⑯轴上的10号负筋)，采用“按板边布置”需要布置多次(因板边被梁分割成了多段)，这时建议采用“画线布置”。

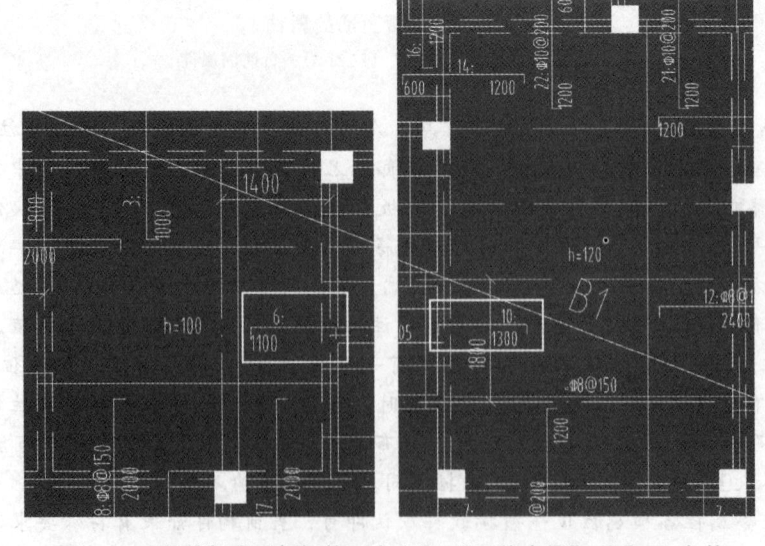


图3-62 5号楼标准层板钢筋图中建议用“画线布置”6号和10负筋

可以看到，软件提供了识别、手动布置两种方式来绘制板钢筋，在手动布置时软件提供了多种参考方式，实际工程中可以根据工程图纸并结合个人喜好来找到更为高效的方式，完成板负筋的绘制。正所谓“殊途同归，其致一也”。日常工作生活中，我们应充分发散思维、开动脑筋，树立良好的创新精神，不断提升创新能力。

【创新进行时】探秘建筑机器人(来源：央视网)

**步骤二：查看布筋情况**

绘制完一根负筋后可单击“查看布筋范围”按钮 查看布筋情况 查看该负筋的布置范围。完成全部板负筋后可单击“查看布筋情况”，对照图纸检查是否全面布置完毕，本工程首层板负筋布置如图 3-63 所示。

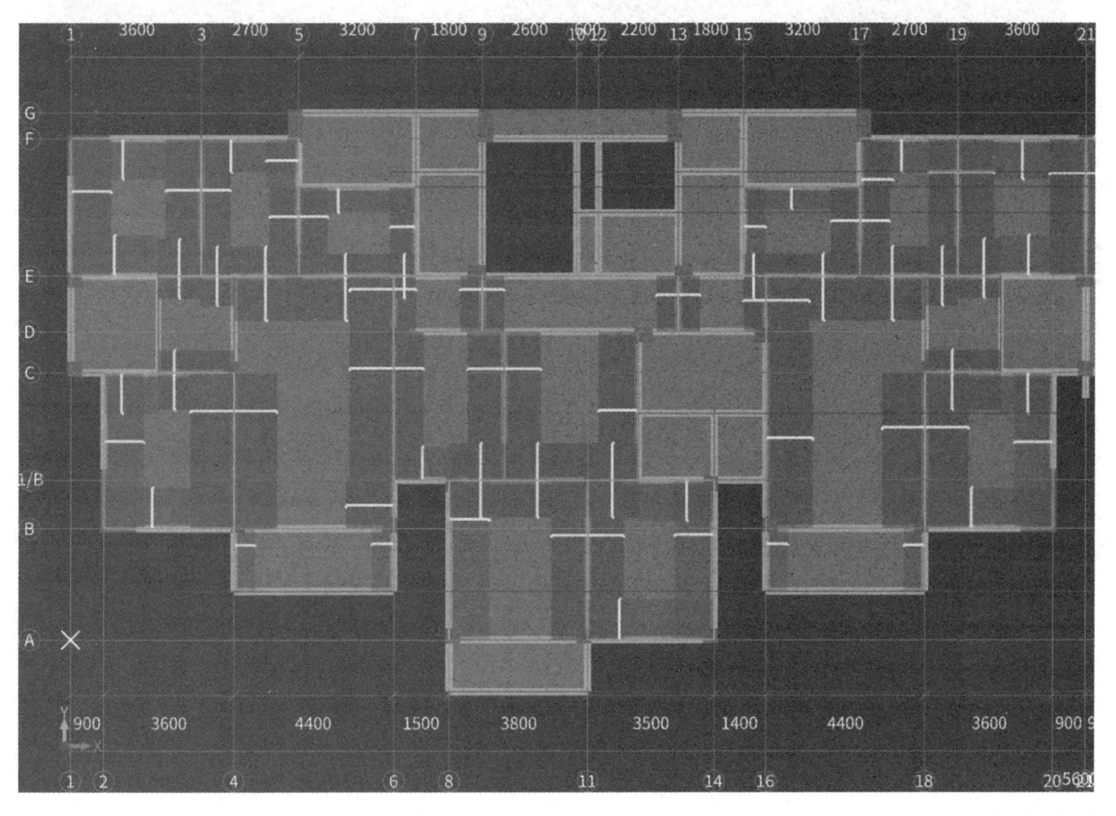


图 3-63　本工程标准层板负筋布置情况

## 五、用复制、镜像命令绘制㉑轴右侧板及钢筋

本工程标准层板及钢筋以㉑轴为分界线，左右两边的板和配筋相同，在完成㉑轴以左的板及钢筋绘制后，可用复制命令绘制右边的板及钢筋，其操作过程为：按 F3 快捷键，批量选择板及钢筋(㉑轴上的 17 号筋除外)，以(①，Ⓐ)交点为基点复制到(㉑，Ⓐ)交点即完成复制，复制完成后注意删除㉑轴上的从①轴复制过来的单边标注 6 号负筋，并将①轴上 6 号负筋镜像到㊶轴。完成绘制后首层板及钢筋如图 3-64 所示。

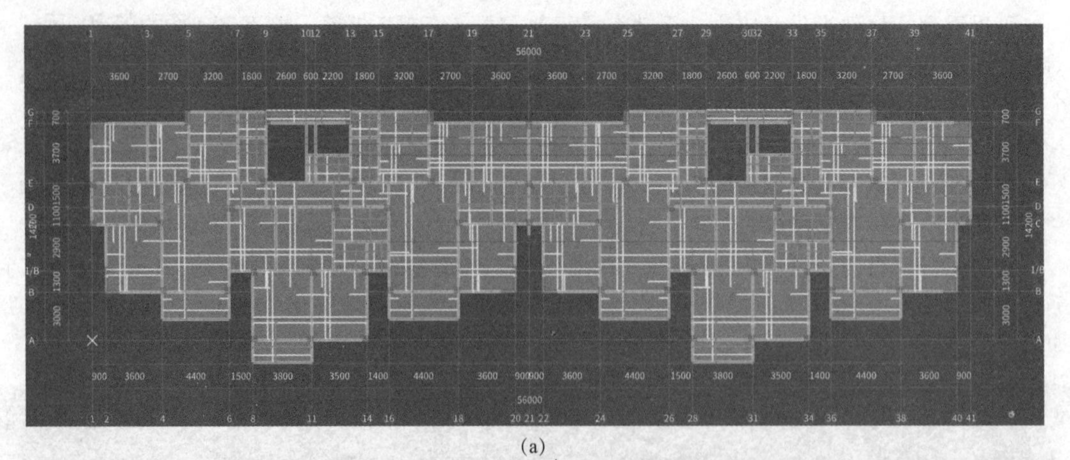

(a)

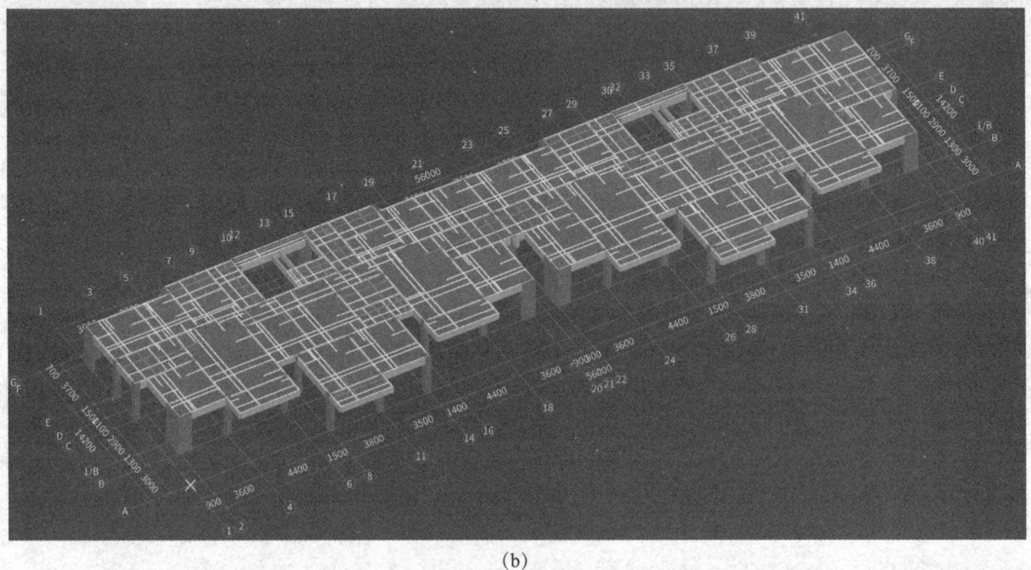

(b)

**图 3-64　完成首层板及钢筋后模型**

(a)俯视图；(b)三维图

## 尝试应用

1. 请完成课堂项目3号楼的首层板负筋手动定义并绘制。
2. 请完成课堂项目3号楼汽车坡道绘制；下载坡道练习CAD图纸及基础工程文件并完成图纸中的另外两个汽车坡道绘制。

拓展阅读：坡道绘制

坡道CAD图纸及基础工程下载

5号楼阶段工程文件：完成首层板及钢筋

首层板及钢筋绘制操作小结

# 3.4　首层砌体墙及钢筋、构造柱绘制

## 聚焦项目任务

**知识：** 1. 掌握建筑平面图识读方法，及砌体墙、砌体墙内钢筋、构造柱钢筋、构造柱混凝土、构造柱模板的列项和工程量计算规则。

2. 掌握识别砌体墙、手动定义并绘制砌体墙的操作步骤。

3. 掌握砌体墙查改标高、设置斜墙及墙体拉通等砌体墙的二次编辑操作。

4. 掌握砌体加筋的定义及绘制和生成砌体加筋操作。

5. 掌握图纸识别方式和手动定义并绘制的方式绘制构造柱，以及生成构造柱操作。

6. 掌握剪力墙及连梁的图纸识别和手动定义并绘制两种绘制方法的操作步骤。

**能力：** 1. 能根据图纸正确通过图纸识别方式绘制砌体墙，并正确设置砌体墙的通长筋及横向短筋。能对自动识别的墙体进行修改优化，能正确判断内外墙。

2. 在无法进行识别的情况下能正确定义砌体墙及钢筋并完成绘制。

3. 能根据图纸正确通过生成砌体加筋或手动定义并绘制的方式绘制砌体加筋。

4. 能系统识读建筑平面图、建筑设计说明、结构设计说明，从结构图纸中找出构造柱的大样及布置图并能正确识读。

5. 能根据图纸正确通过生成构造柱或手动定义并绘制的方式绘制构造柱。

6. 能根据图纸选择合适的方法正确绘制剪力墙及连梁等构件。

7. 达到1＋X工程造价数字化应用初、中级和全国高校BIM毕业设计创新大赛BIM全过程造价管理与应用赛项关于绘制砌体墙及钢筋、构造柱、剪力墙等的相关要求。

**素质：** 工程中砌体墙多使用空心砖和多孔砖，同时国家明令"禁止损毁耕地烧砖……禁止使用黏土砖"，了解使用黏土砖的危害，从而树立良好的环境保护和可持续发展意识。

首层砌体墙及钢筋、构造柱绘制导学单及激活旧知思维导图

微课1：CAD识别绘制首层砌体墙

微课2：手动绘制砌体墙及复杂墙体绘制和砌体加筋拓展

微课3：绘制首层构造柱

微课4：识别剪力墙及连梁拓展

## 示证新知

### 一、图纸分析

分析要点：不同材质砌体墙的种类、同材质砌体墙有几种不同厚度及墙内配筋等情况。构造柱的种类、构造柱的截面类型及配筋信息、不同截面或不同配筋的构造柱数量，以及工程图纸是否存在对称等情况。

需查阅图纸：砌体墙布置查阅建施J01建筑设计说明、结施G02结构设计说明(二)、建施

J03一层平面图；构造柱查阅结施G10标准层板钢筋图、结施G13楼梯结构布置图及节点大样。

分析结果：

(1)砌体墙。

1)查看结构施工图知本工程剪力墙除有剪力墙墙柱外没有其他剪力墙。

2)砌体墙外墙和分户墙为200 mm厚的页岩多孔砖墙，内墙为100 mm厚的页岩多孔砖墙，详见建施J01建筑设计说明第四条第(一)条第2条。首层墙体厚度全部为200 mm。

3)砌体填充墙应沿墙、柱全高每隔500配置2Φ6墙体拉筋，拉筋通长设置，详见结施G02结构设计总说明(二)第九条第3条。墙体转角处和纵横墙交接处未设柱时，应设置拉结筋，详见结施G02结构设计总说明(二)第九条第4条；构造柱与填充墙交接处，应设拉结筋，详见结施G02结构设计总说明(二)第九条第5条。这两种拉筋都在墙内通长布置，可利用砌体墙内通长筋。

4)经查看建施J03可知，①轴墙体以㉑轴为对称轴，可镜像。其余①轴至㉑轴之间的墙与㉑轴至㊶轴之间墙一样，可以复制，然后再将部分墙合并。

(2)构造柱。

1)查阅结施G10标准层板钢筋图知本工程有：

构造柱GZ：截面200×200，全部纵筋4 ⏀10，箍筋Φ6@200、2×2，首层18处。

装饰柱ZSZ1：L形截面，全部纵筋8 ⏀10，箍筋Φ6@200，首层12处。

2)查阅结施G13楼梯结构布置图及节点大样知本工程楼梯间有构造柱梯柱一种，首层2个楼梯间共4处：

TZ：截面200×200，全部纵筋4 ⏀14，箍筋Φ6@100、2×2，柱顶标高为层顶标高−1.5 m。

从上述分析中可以看到，本工程砌体墙使用的是页岩多孔砖，符合国家相关法律、法规的要求。《中华人民共和国循环经济促进法》第二十三条明确要求“建筑设计、建设、施工等单位应当按照国家有关规定和标准，对其设计、建设、施工的建筑物及构筑物采用节能、节水、节地、节材的技术工艺和小型、轻型、再生产品。……国家鼓励利用无毒无害的固体废物生产建筑材料，鼓励使用散装水泥，推广使用预拌混凝土和预拌砂浆。禁止损毁耕地烧砖。在国务院或者省、自治区、直辖市人民政府规定的期限和区域内，禁止生产、销售和使用黏土砖”。我们应当爱护环境，践行绿色低碳生活，牢固树立“绿水青山就是金山银山”的发展理念。

珍惜土地资源(来源：学习强国 自然资源部)

## 二、绘制砌体墙

**方法一：CAD识别方式绘制砌体墙**

在左侧模块导航栏切换到“墙”下“砌体墙”，在“图纸管理”下双击“一层平面图”进入图纸。执行功能分区上“识别砌体墙”命令，如图3-65所示，在绘图区出现识别砌体墙界面，具体包括四个步骤：提取砌体墙边线→提取墙标识→提取门窗线→识别砌体墙，按从上向下的顺序依次执行命令即可。

(1)提取砌体墙边线：执行“提取砌体墙边线”命令，按图层选择一层平面图中砌体墙边线(选中墙体边线变成蓝色虚线)后右击确认，则选择的CAD图元自动消失，并存放在“已提取的CAD图层”中。

(2)提取墙标识：CAD图纸中一般不对砌体墙作标识，此步骤跳过。

(3)提取门窗线：执行“提取门窗线”命令，按图层选择一层平面图中门窗线(选中后门窗线变成蓝色虚线)后单击鼠标右键确认，则选择的CAD图元自动消失，并存放在“已提取的CAD图层”中。

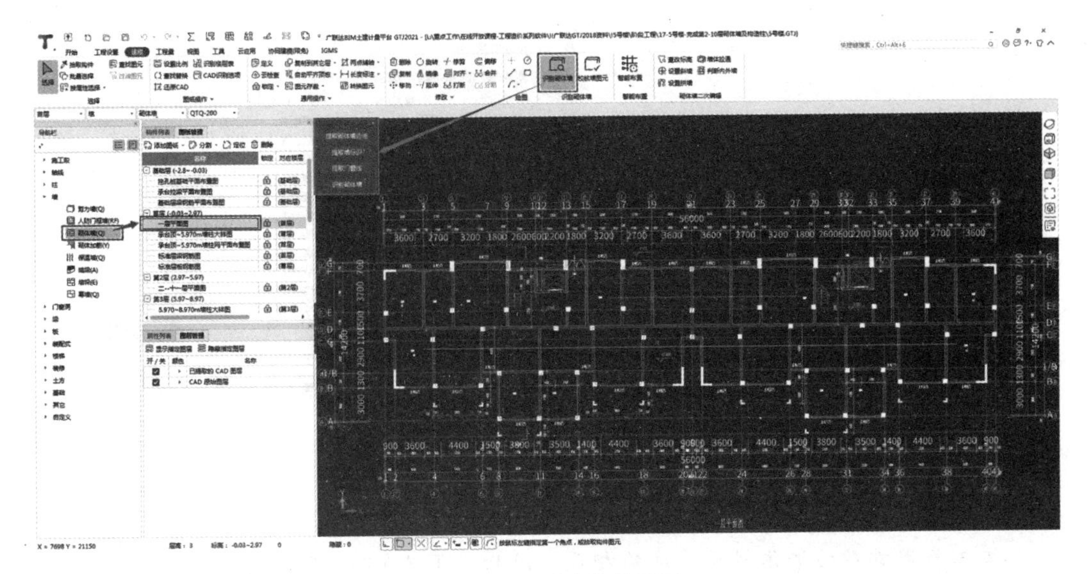

图 3-65 识别砌体墙界面

## 小提示

此步骤很重要，若不提取门窗线，则识别出的墙体会在门窗洞口处整体断开。

(4)识别砌体墙：单击工具栏“识别砌体墙”，弹出“识别砌体墙”对话框，如图 3-66(a)所示，根据工程实际保留需要识别的砌体墙(本工程首层砌体墙均为 200 mm 厚的页岩多孔砖墙)，并修改砌体墙名称，根据图纸输入砌体墙内通长筋配筋信息，如图 3-66(b)所示，单击对话框下方“自动识别”；弹出确认对话框如图 3-67 所示(在识别墙之前需要绘制好柱，软件自动把墙伸入柱内的端头自动延伸到柱内，墙和柱构件自动进行正确的相交扣减)，单击“是”按钮；软件会自动进行墙体识别并在识别完成后自动进行“墙图元校核”，弹出对话框如图 3-68 所示，双击存在的问题可跟踪图元进行检查和修改，全部检查修改完毕即完成墙体识别。

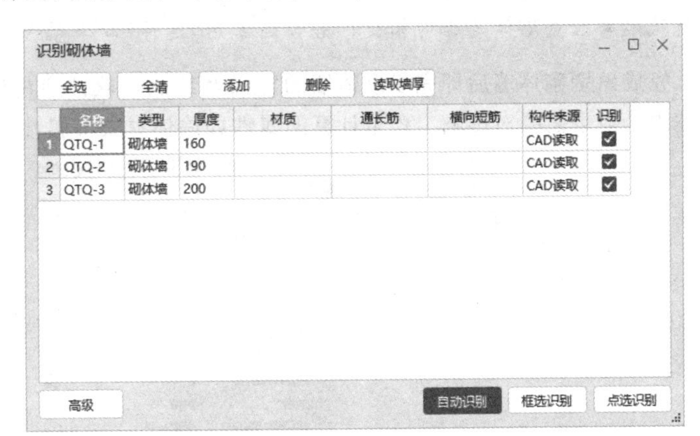


(a)

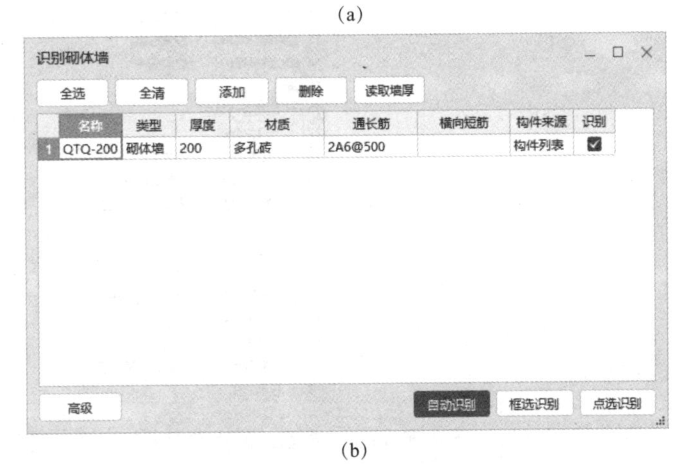


(b)

图 3-66 “识别砌体墙”对话框

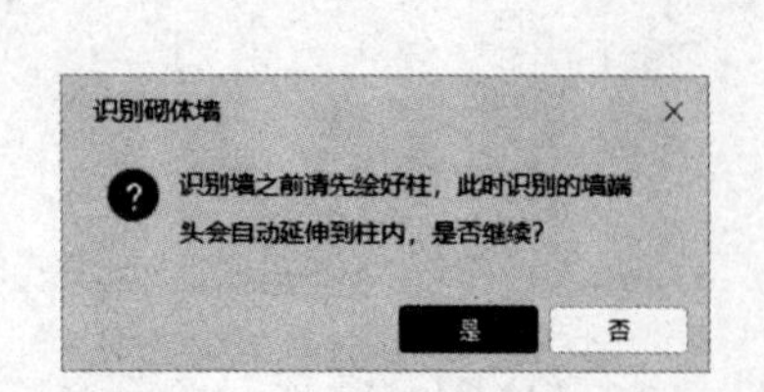


图 3-67　自动识别砌体墙确认对话框

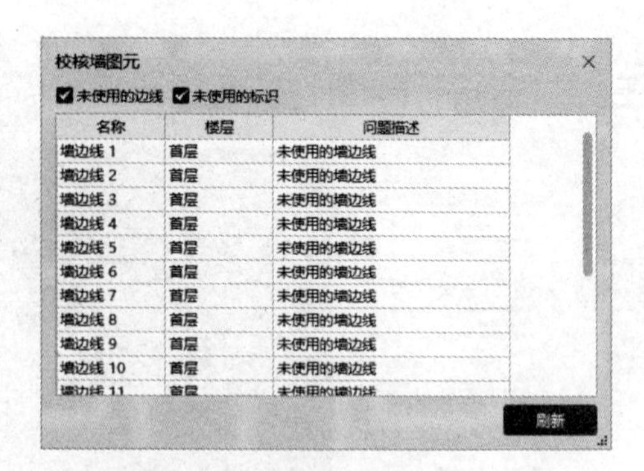


图 3-68　“校核墙图元”对话框

## 小提示

(1)本工程因首层的墙体材质厚度均相同，因此，可以在“识别砌体墙”对话框中只保留QTQ-200这一个构件。但如果工程中有厚度相同但材质不同的墙体时则应通过对话框中添加项手动添加一个同厚度的墙构件，并在名称中赋予材质以区分，然后用“点选识别”(下文中介绍)的方式识别墙体。

(2)自动识别的砌体墙大多情况下都会与CAD图有出入，因此，在识别后对照CAD图进行仔细检查并修改是非常有必要的。同时为了确保后续房间装修构件能正常绘制，还需按Z键将柱隐藏起来检查墙体是否均相交，若否则需用“延伸”命令等进行修改使其相交。

完成识别砌体墙后即完成砌体墙的定义及绘制，软件会将砌体墙的基本信息填入到砌体墙属性内。但也需要对影响工程量计算的属性如墙体材质等属性进行修改，如图 3-69 所示。

| | 属性名称 | 属性值 | 附加 |
|---|---|---|---|
| 1 | 名称 | QTQ-200 | |
| 2 | 厚度(mm) | 200 | ☐ |
| 3 | 轴线距左墙皮... | (100) | ☐ |
| 4 | 砌体通长筋 | 2Φ6@500 | ☐ |
| 5 | 横向短筋 | | ☐ |
| 6 | 材质 | 多孔砖 | ☐ |
| 7 | 砂浆类型 | (水泥混合砂浆) | ☐ |
| 8 | 砂浆标号 | (M5) | ☐ |
| 9 | 内/外墙标志 | (内墙) | ☑ |
| 10 | 类别 | 砖墙 | ☐ |
| 11 | 起点顶标高(m) | 层顶标高 | ☐ |
| 12 | 终点顶标高(m) | 层顶标高 | ☐ |
| 13 | 起点底标高(m) | 层底标高 | ☐ |
| 14 | 终点底标高(m) | 层底标高 | ☐ |
| 15 | 备注 | | ☐ |
| 16 | − 钢筋业务属性 | | |
| 17 | 其它钢筋 | | |
| 18 | 汇总信息 | 砌体通长拉结筋 | ☐ |
| 19 | 计算设置 | 按默认计算设置... | |
| 20 | 搭接设置 | 按默认搭接设置... | |
| 21 | 钢筋搭接 | (55) | |
| 22 | − 土建业务属性 | | |
| 23 | 计算设置 | 按默认计算设置 | |
| 24 | 计算规则 | 按默认计算规则 | |
| 25 | 做法信息 | 按构件做法 | |
| 26 | 工艺 | 混水 | ☐ |
| 27 | 超高底面... | 按默认计算设置 | ☐ |
| 28 | + 显示样式 | | |

图 3-69　首层 200 厚页岩多孔砖砌体墙属性列表

## 小提示

砌体墙的属性值包括基本属性、钢筋业务属性、土建业务属性和显示样式 4 块共 30 项，如图 3-69 所示。

(1)基本属性包括砌体墙名称、厚度、砌体墙通长筋和横向短筋、砌体墙及砂浆材料、内外墙标识、类别和砌体墙标高信息等。

1)“1 名称”建议体现出墙体厚度及材质，该名称在当前楼层的当前构件类型下是唯一的。

2)“4 砌体通长筋”和“5 横向短筋”：砌体墙上的通长加筋和砌体墙上的垂直墙面的短筋，类似于剪力墙上的拉筋，如图 3-70 所示。

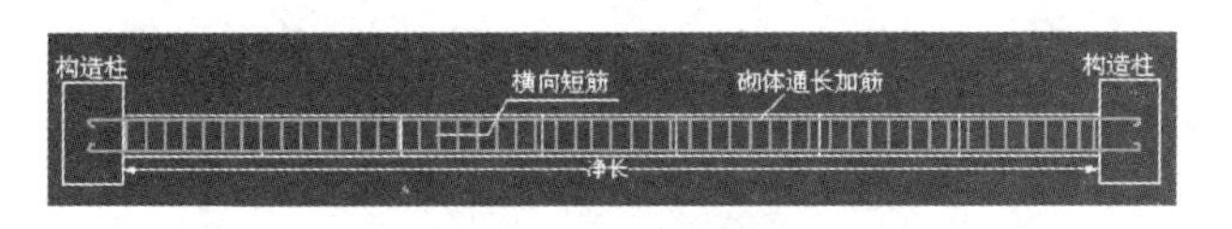


图 3-70　砌体墙内砌体通长筋和横向短筋示意

砌体墙钢筋输入格式

3)“6 材质”需结合图纸信息进行修改，因不同材质的墙对应不同的计算规则。

4)砂浆类型和砂浆强度：这里的默认取值与楼层设置里的砂浆强度一致。若当前构件的砂浆强度与默认不同则根据实际情况进行调整。

5)“9 内/外墙标志”是用来识别内外墙图元的标志，内外墙的计算规则不同；这个属性可暂时保持为默认，待全楼墙体绘制好以后单击“砌体墙二次编辑”功能分区下“判断内外墙”按钮 **判断内外墙**，则软件自动判断为内外墙。

6)“10 类别”可以是砖墙、间壁墙、空斗墙、空花墙、填充墙、砌块墙、虚墙，根据实际情况设置即可。虚墙本身不计算工程量，可以用来分割、封闭房间，虚墙定义通过修改墙体类别实现。

7)“11 起点顶标高”“12 终点顶标高”“13 起点底标高”“14 终点底标高”根据实际情况进行设置即可。

(2)钢筋业务属性包括其他钢筋、汇总信息、计算设置、搭接设置、钢筋搭接等，其他钢筋是指除砌体通长筋和横向短筋以外的其他钢筋通过手算的方式在此处录入，其他属性一般保持默认即可。

(3)土建业务属性中“26 工艺”按图纸信息可选择混水、单面清水、双面清水。图纸中未明确强调时一般为混水，大多数情况下保持默认即可。其他属性和显示样式保持默认即可。

除“自动识别”外，软件还提供了“点选识别”“框选识别”和“高级”三个页签选项。

(1)点选识别：在图 3-66 所示的“识别砌体墙”对话框中选择需要识别的墙构件，单击“点选识别”按钮，然后在绘图区域根据状态栏提示单击需要识别的墙线，如果墙厚匹配，则生成蓝色预览图；连续把该构件全部选上之后，单击鼠标右键确认，完成识别，则生成墙图元。

(2)框选识别：在图 3-66 所示的“识别砌体墙”对话框中选择需要识别的墙构件，单击“框选识别”按钮，在图中拉框选择墙图元；单击鼠标右键确认，则被选中的墙被识别。

## 小提示

(1)“点选识别”可用于当个别构件需要单独识别，或者自动识别构件没有识别全有遗漏的情况。

(2)如果在单击图元的时候所选 CAD 墙线厚度不等于构件属性中的厚度时，软件会给出提

示，如图 3-71 所示；单击“确定”按钮后，重新选择别的厚度吻合的墙。

(3)框选识别时，完全框选到的墙才会自动识别。

(3)高级：直接单击“高级”按钮，软件打开高级设置相应内容，在其中可以设置忽略的洞口宽度等值及相应误差范围，一般保持默认即可，如图 3-72 所示。

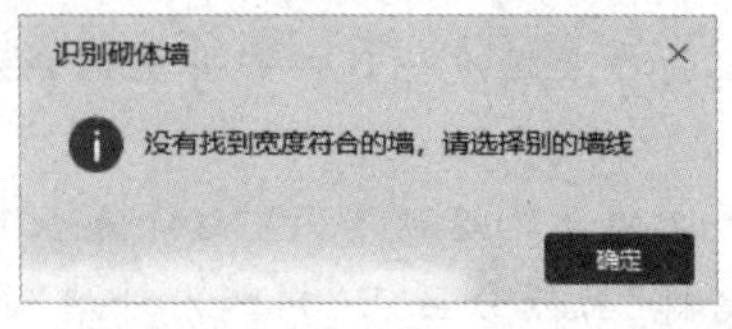


图 3-71　点选识别砌体墙时 CAD 墙图线厚度不吻合提示对话框

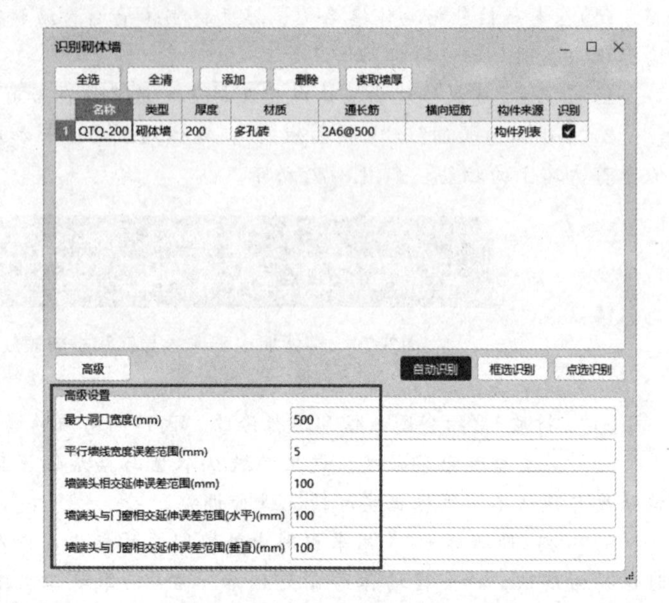


图 3-72　识别砌体墙高级设置

图 3-72 所示对话框上部还有其他一些操作按钮，其功能分别如下：

1)添加：直接在识别的墙表中添加一行，可以手动输入墙的名称、厚度及钢筋信息。

2)删除：直接在识别的墙表选择多余行，直接删除。

3)全选：在识别时，单击“全选”把“是否识别”下边所有行都勾选。

4)全清：单击“全清”时，把“是否识别”下边所有勾选行全部取消勾选。

5)读取墙厚：识别墙时，如果有部分墙厚软件没有直接读出，选择墙的两条边线，右击确定，把墙厚识别到构件列表中，再根据构件输入钢筋信息即可。

**尝试应用**

请完成课堂项目 3 号楼的首层砌体墙识别。

**方法二：手动定义并绘制砌体墙**

(1)定义砌体墙。切换到“图纸管理”左侧的“构件列表”，同时切换到“图层管理”左侧的“属性列表”。单击“新建”，可以新建内墙、外墙、虚墙、异形墙和参数化墙(图 3-73)，根据图纸要求新建相应类型墙，如本工程首层 200 厚砌体墙定义过程为：单击左侧导航栏中“墙”下“砌体墙”，单击“构件列表”中“新建”，单击“新建砌体墙”，然后在“属性列表”中输入相应属性即可完成定义，如图 3-69 所示。

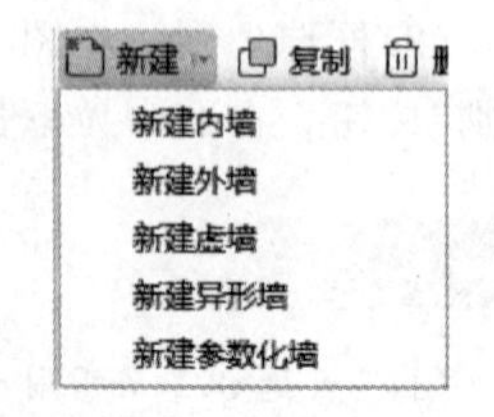


图 3-73　软件可新建的砌体墙种类

(2)绘制砌体墙。砌体墙绘制方法有“直线”“三点画弧”“矩形”“智能布置”等画法，其操作步骤同梁的绘制方法。绘制完成的首层砌体墙如图 3-74 所示。

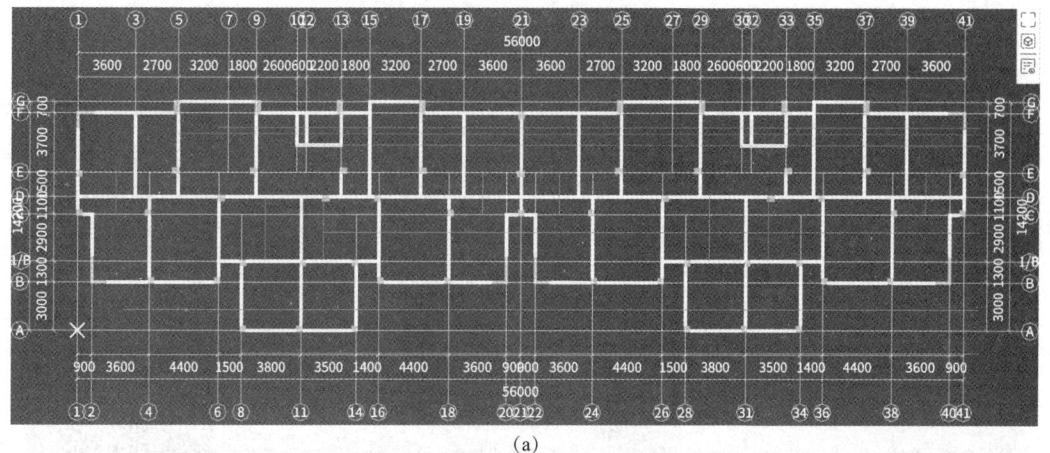

(a)

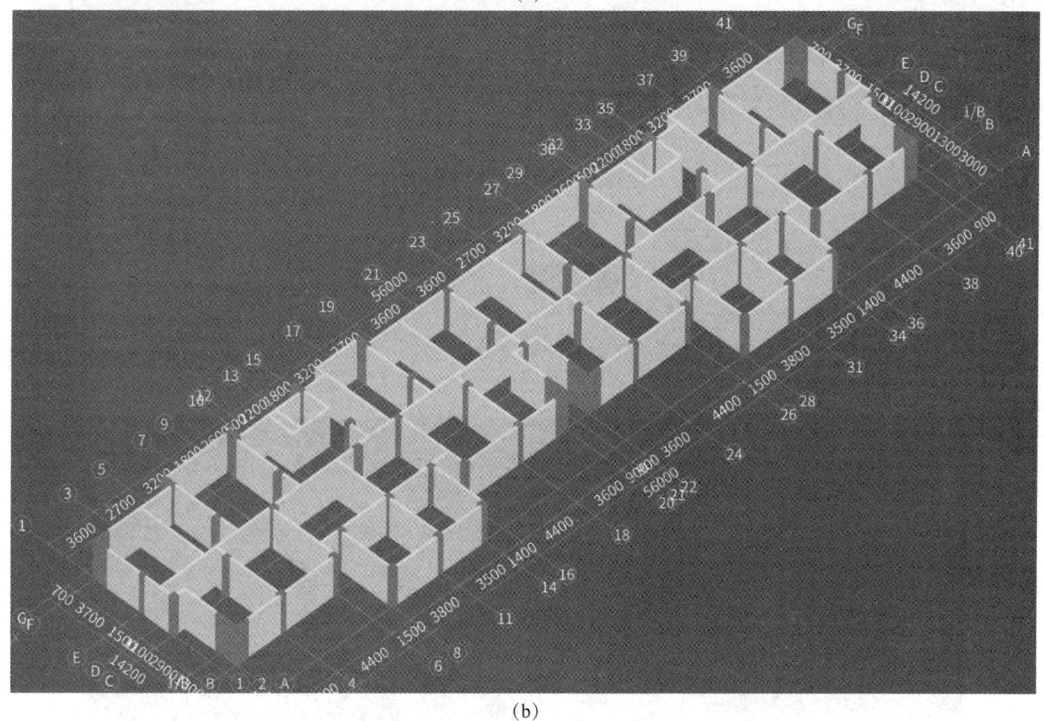

(b)

图 3-74　本工程首层砌体墙

(a)俯视图；(b)三维图

(3)判断内外墙。实际工程中，内外墙标志会影响智能布置外墙面、智能布置散水，影响脚手架、墙裙装修、墙体积、模板面积、钢筋网片、建筑面积等工程量的计算。需要将工程中的墙图元按照实际位置进行内外墙标志区分，该功能可达成上述目的。单击“砌体墙二次编辑”功能分区下“判断内外墙”按钮 判断内外墙，则软件弹出“判断内外墙”对话框，如图 3-75 所示。根据需要选择当前楼层或其他楼层后单击“确定”按钮，软件会自动判断内外墙，如当前层判断内外墙后显示如图 3-76(a)所示。从图中可以看出软件自动判断的内外墙会因为前述墙识别时是一个整体而存在部分判断不准确的情况，针对该部分墙图元需要打断为两段墙图元并修改相应图元的内外墙标识属性，如本工程首层砌体墙修改后如图 3-76(b)所示。也可以先进行“打断”操作再执行“判断内外墙”命令。还可以在完成全楼主体构件绘制后再统一判断内外墙，但判断完后要注意一层一层检查并进行修改。具体是按每层楼进行判断还是最后全楼判断依据个人习惯而定。

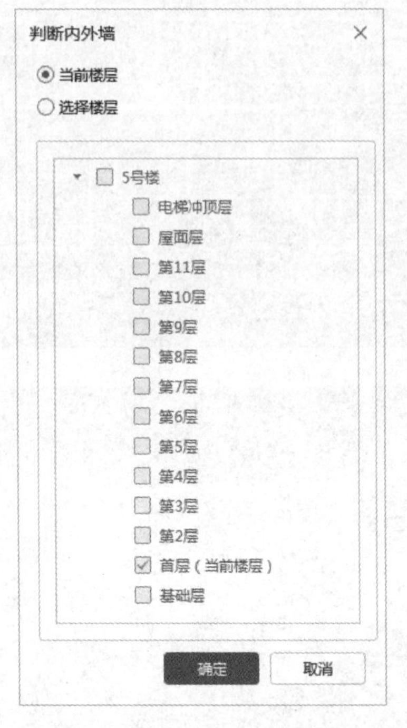


图 3-75　判断内外墙对话框

拓展阅读：定义异形和参数化砌体墙

拓展阅读：查改标高、设置斜墙、设置拱墙、墙体拉通

拓展阅读：定义并绘制砌体加筋、生成砌体加筋及砌体加筋钢筋输入格式

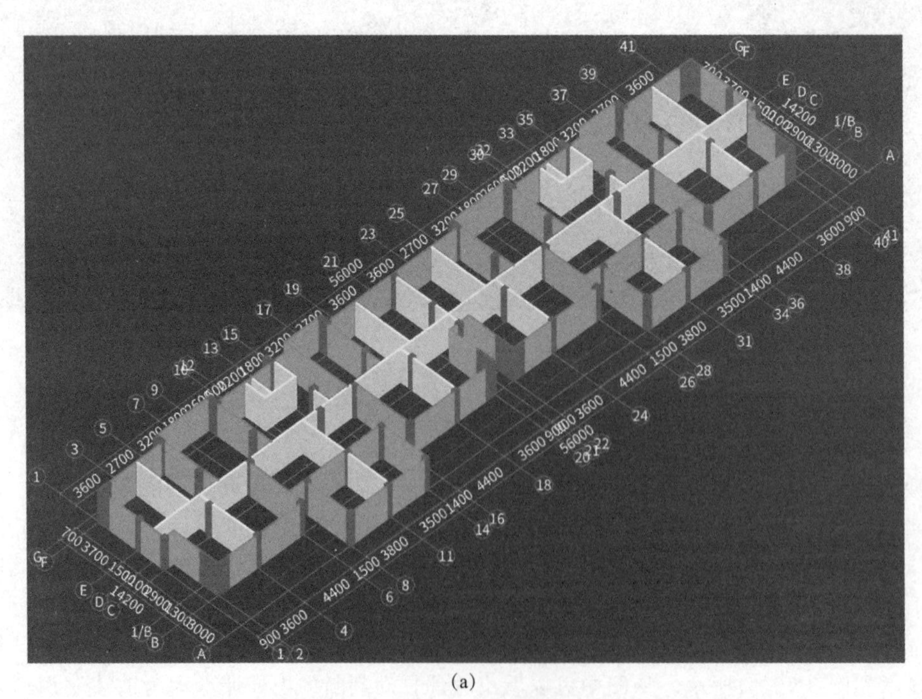

(a)

图 3-76　判断内外墙后效果示意

(a)判断内外墙前

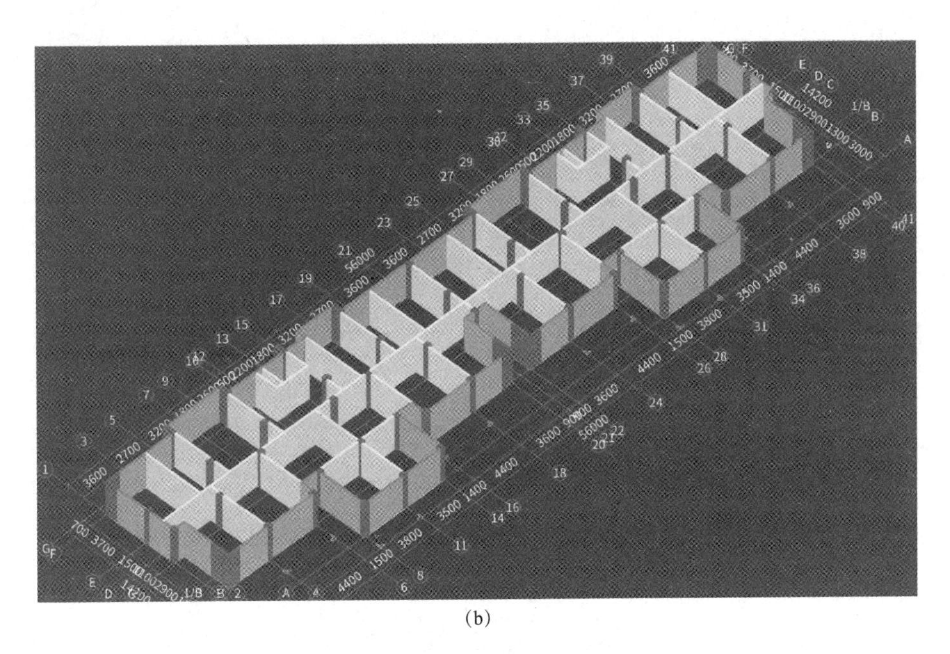

(b)

图 3-76　判断内外墙后效果示意(续)

(b)判断内外墙后

## 尝试应用

请完成课堂项目 3 号楼的首层砌体墙定义与绘制。

## 三、绘制构造柱

GTJ2021 软件中构造柱的绘制与柱绘制过程相同，如用 CAD 识别方式绘制构造柱的过程为：根据图纸表述方式用识别柱大样或识别柱表的方式定义构造柱，然后通过识别柱来绘制构造柱图元。单击左侧模块导航栏“柱”下“构造柱”按钮进入构造柱操作界面。

本工程中首层的构造柱在“结施 G10 标准层板钢筋图”中以柱大样的形式表述 GZ 和 ZSZ1 两种构造柱，且两种构造柱的绘制比例不同，因此，在识别构造柱大样时事先不设置比例，但在提取柱边线、柱标识和钢筋线时建议“按单图元选择”提取。按该方式可以识别新建 GZ 构造柱构件。通过 CAD 识别的方式新建的 ZSZ1 构件软件会自动识别为暗柱，且无法在属性中进行类别调整，所以，构造柱 ZSZ1 不适合用 CAD 识别柱大样的方式新建构件。可以通过新建参数化构造柱的方式来快速定义 ZSZ1，其操作步骤为：单击“构件列表”下“新建”下“新建参数化构造柱”按钮 新建参数化构造柱 →在弹出的“选择参数化图形”对话框中选择图 3-77(a)所示的截面并根据图纸信息输入图中相应参数后单击“确定”按钮→修改构造柱名称、全部纵筋，并单击“属性列表”左下角“截面编辑”打开“截面编辑”对话框修改箍筋信息，如图 3-77(b)所示，即完成定义。也可用新建异形构造柱的方式新建 ZSZ1，操作步骤同前述异形柱定义。

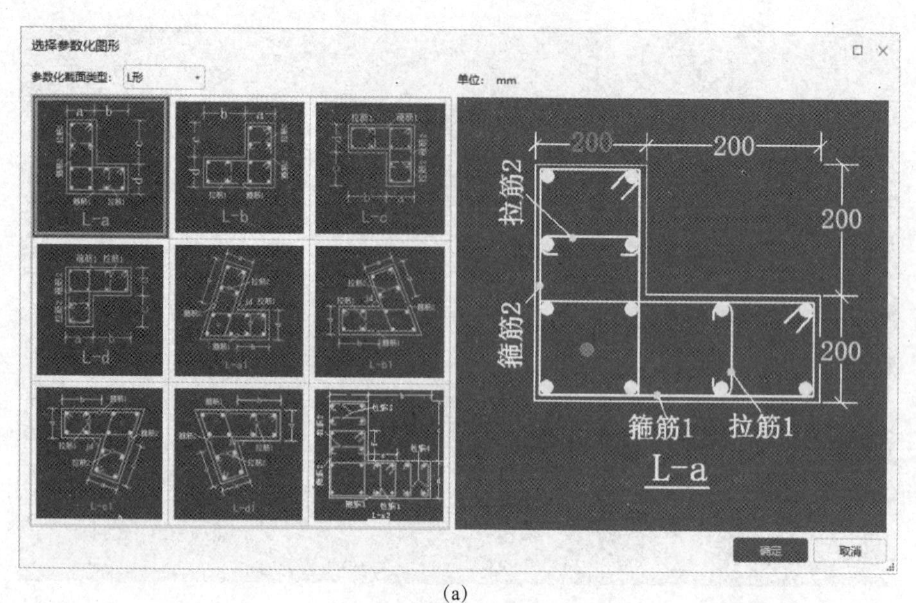


(a)

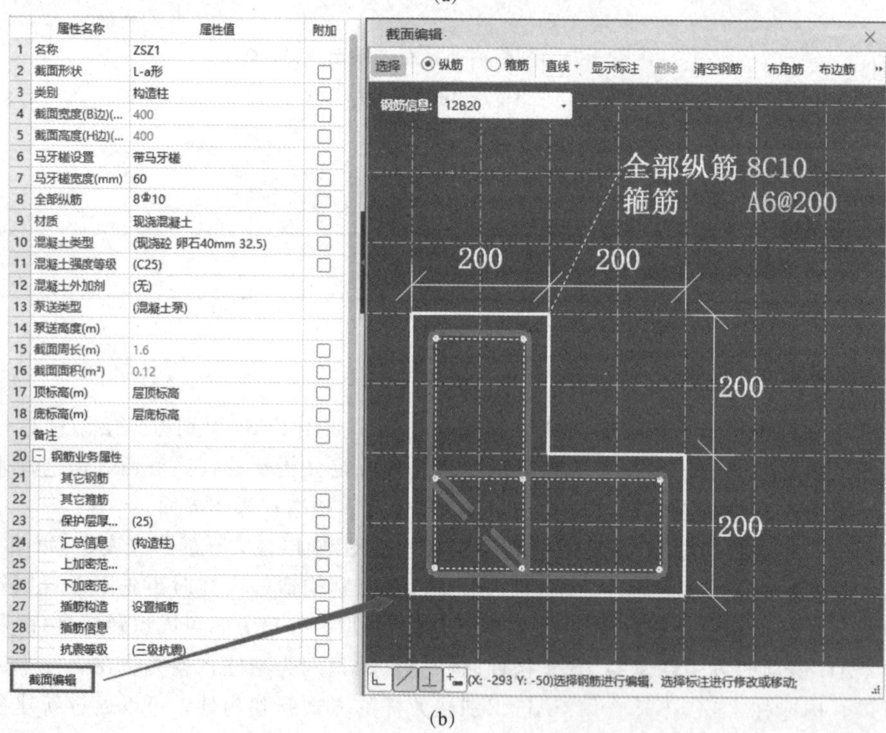

| | 属性名称 | 属性值 | 附加 |
|---|---|---|---|
| 1 | 名称 | ZSZ1 | |
| 2 | 截面形状 | L-a形 | ☐ |
| 3 | 类别 | 构造柱 | ☐ |
| 4 | 截面宽度(B边)(... | 400 | ☐ |
| 5 | 截面高度(H边)(... | 400 | ☐ |
| 6 | 马牙槎设置 | 带马牙槎 | ☐ |
| 7 | 马牙槎宽度(mm) | 60 | ☐ |
| 8 | 全部纵筋 | 8⌀10 | ☐ |
| 9 | 材质 | 现浇混凝土 | ☐ |
| 10 | 混凝土类型 | (现浇砼 卵石40mm 32.5) | ☐ |
| 11 | 混凝土强度等级 | (C25) | ☐ |
| 12 | 混凝土外加剂 | (无) | |
| 13 | 泵送类型 | (混凝土泵) | |
| 14 | 泵送高度(m) | | |
| 15 | 截面周长(m) | 1.6 | ☐ |
| 16 | 截面面积(m²) | 0.12 | ☐ |
| 17 | 顶标高(m) | 层顶标高 | ☐ |
| 18 | 底标高(m) | 层底标高 | ☐ |
| 19 | 备注 | | ☐ |
| 20 | ⊟ 钢筋业务属性 | | |
| 21 | 其它钢筋 | | |
| 22 | 其它箍筋 | | ☐ |
| 23 | 保护层厚... | (25) | ☐ |
| 24 | 汇总信息 | (构造柱) | ☐ |
| 25 | 上加密范... | | ☐ |
| 26 | 下加密范... | | ☐ |
| 27 | 插筋构造 | 设置插筋 | ☐ |
| 28 | 插筋信息 | | ☐ |
| 29 | 抗震等级 | (三级抗震) | ☐ |



(b)

图 3-77　本工程 ZSZ1 定义过程

(a)选择参数化截面；(b)编辑 ZSZ1 属性

## 小提示

(1)为便于核对及后续识别构造柱，构造柱的名称一定要与平面布置图中的名称保持一致，否则后续将无法识别。

(2)本工程中因只有 GZ 和 ZSZ1 两个构造柱，直接用手动定义的方式新建两个构造柱构件

效率较识别 GZ、手动定义 ZSZ1 要高。

(3)构造柱的属性值包括基本属性、钢筋业务属性、土建业务属性和显示样式 4 块共 47 项，如图 3-78 所示。基本属性包括构造柱名称、类别、截面尺寸及马牙槎设置信息、配筋信息、混凝土相关信息和标高信息等。其中“2 类别”软件会根据构件名称中的字母自动生成，例如：GZ 生成的是构造柱，也可以根据实际情况进行选择，共有构造柱和抱框两种选择。马牙槎信息一般保持默认即可。配筋信息与柱属性相似，钢筋业务属性与柱的钢筋业务属性相似，此处不再赘述。土建业务属性和显示样式一般保持为默认即可。圆形构造柱、异形构造柱和参数化构造柱的属性和矩形构造柱属性相似，此处不再介绍。

| | 属性名称 | 属性值 | 附加 | | | | |
|---|---|---|---|---|---|---|---|
| 1 | 名称 | GZ | | 24 | ⊟ 钢筋业务属性 | | |
| 2 | 类别 | 构造柱 | ☐ | 25 | 其它钢筋 | | |
| 3 | 截面宽度(B边)(... | 200 | ☐ | 26 | 其它箍筋 | | ☐ |
| 4 | 截面高度(H边)(... | 200 | ☐ | 27 | 保护层厚... | (25) | ☐ |
| 5 | 马牙槎设置 | 带马牙槎 | ☐ | 28 | 汇总信息 | (构造柱) | ☐ |
| 6 | 马牙槎宽度(mm) | 60 | ☐ | 29 | 上加密范... | | ☐ |
| 7 | 全部纵筋 | 4Φ10 | ☐ | 30 | 下加密范... | | ☐ |
| 8 | 角筋 | | ☐ | 31 | 插筋构造 | 设置插筋 | ☐ |
| 9 | B边一侧中部筋 | | ☐ | 32 | 插筋信息 | | ☐ |
| 10 | H边一侧中部筋 | | ☐ | 33 | 抗震等级 | (三级抗震) | ☐ |
| 11 | 箍筋 | Φ6@200 | ☐ | 34 | 锚固搭接 | 按默认锚固搭接计算 | |
| 12 | 箍筋肢数 | 按截面 | | 35 | 计算设置 | 按默认计算设置计算 | |
| 13 | 材质 | 现浇混凝土 | ☐ | 36 | 节点设置 | 按默认节点设置计算 | |
| 14 | 混凝土类型 | (现浇砼 卵石40mm 32.5) | ☐ | 37 | 搭接设置 | 按默认搭接设置计算 | |
| 15 | 混凝土强度等级 | (C25) | ☐ | 38 | ⊟ 土建业务属性 | | |
| 16 | 混凝土外加剂 | (无) | | 39 | 计算设置 | 按默认计算设置 | |
| 17 | 泵送类型 | (混凝土泵) | | 40 | 计算规则 | 按默认计算规则 | |
| 18 | 泵送高度(m) | | | 41 | 做法信息 | 按构件做法 | |
| 19 | 截面周长(m) | 0.8 | ☐ | 42 | 超高底面... | 按默认计算设置 | ☐ |
| 20 | 截面面积($m^2$) | 0.04 | ☐ | 43 | 支模高度 | 按默认计算设置 | ☐ |
| 21 | 顶标高(m) | 层顶标高 | ☐ | 44 | 模板类型 | 木模 木撑 | ☐ |
| 22 | 底标高(m) | 层底标高 | ☐ | 45 | ⊟ 显示样式 | | |
| 23 | 备注 | | ☐ | 46 | 填充颜色 | ■ | |
| | | | | 47 | 不透明度 | (100) | |

图 3-78　构造柱的属性

GZ 的绘制可采用“按名称识别”的 CAD 识别方式绘制，但识别后需注意将 GZ 柱大样处、21 轴上及(7，G)和(27，G)处仅二层及以上楼层有的 GZ 图元选中后删除。ZSZ1 的截面大小与大样中标注的截面大小不统一，因此，其不能通过识别方式来绘制。要综合运用“点”“移动”“复制”和“镜像”或“点”配合 F4 命令完成首层 ZSZ1 绘制。

构造柱钢筋输入格式

## 小提示

采用识别方式绘制 ZSZ1 时，按“点选识别”时需手动输入相应钢筋信息，且不管是“按名称识别”还是“点选识别”，所识别的 ZSZ1 均为暗柱且软件自动反建该构件，因此，采用识别方式绘制 ZSZ1 不可取。

本工程 TZ 的定义与矩形柱定义相似，不同的地方在于需要根据图纸信息修改其顶标高，如图 3-79 所示。其绘制分别以(⑨，Ⓕ)、(⑩，Ⓕ)、(㉙，Ⓕ)和(㉚，Ⓕ)为基点向下偏移 1 200 用点＋Shift 键绘制即可。绘制完成的首层构造柱如图 3-80 选中的蓝色柱所示。

## 尝试应用

请完成课堂项目 3 号楼的首层构造柱绘制。

| | 属性名称 | 属性值 | 附加 |
|---|---|---|---|
| 1 | 名称 | TZ | |
| 2 | 类别 | 构造柱 | ☐ |
| 3 | 截面宽度(B边)(... | 200 | ☐ |
| 4 | 截面高度(H边)(... | 200 | ☐ |
| 5 | 马牙槎设置 | 带马牙槎 | ☐ |
| 6 | 马牙槎宽度(mm) | 60 | ☐ |
| 7 | 全部纵筋 | 4⌀14 | ☐ |
| 8 | 角筋 | | ☐ |
| 9 | B边一侧中部筋 | | ☐ |
| 10 | H边一侧中部筋 | | ☐ |
| 11 | 箍筋 | Φ6@100(2*2) | ☐ |
| 12 | 箍筋肢数 | 2*2 | |
| 13 | 材质 | 现浇混凝土 | ☐ |
| 14 | 混凝土类型 | (现浇砼 卵石40m... | ☐ |
| 15 | 混凝土强度等级 | (C25) | ☐ |
| 16 | 混凝土外加剂 | (无) | |
| 17 | 泵送类型 | (混凝土泵) | |
| 18 | 泵送高度(m) | | |
| 19 | 截面周长(m) | 0.8 | ☐ |
| 20 | 截面面积(m²) | 0.04 | ☐ |
| 21 | 顶标高(m) | 层顶标高-1.5 | ☐ |
| 22 | 底标高(m) | 层底标高 | ☐ |
| 23 | 备注 | | ☐ |
| 24 | ⊕ 钢筋业务属性 | | |
| 38 | ⊕ 土建业务属性 | | |
| 45 | ⊕ 显示样式 | | |

图 3-79　本工程 TZ 属性

拓展阅读：生成构造柱

拓展阅读：剪力墙绘制、识别连梁表及剪力墙和连梁钢筋输入格式

剪力墙、连梁 CAD 图纸及基础工程下载

5 号楼阶段工程文件：完成首层砌体墙及钢筋、构造柱

首层砌体墙及钢筋、构造柱绘制操作小结

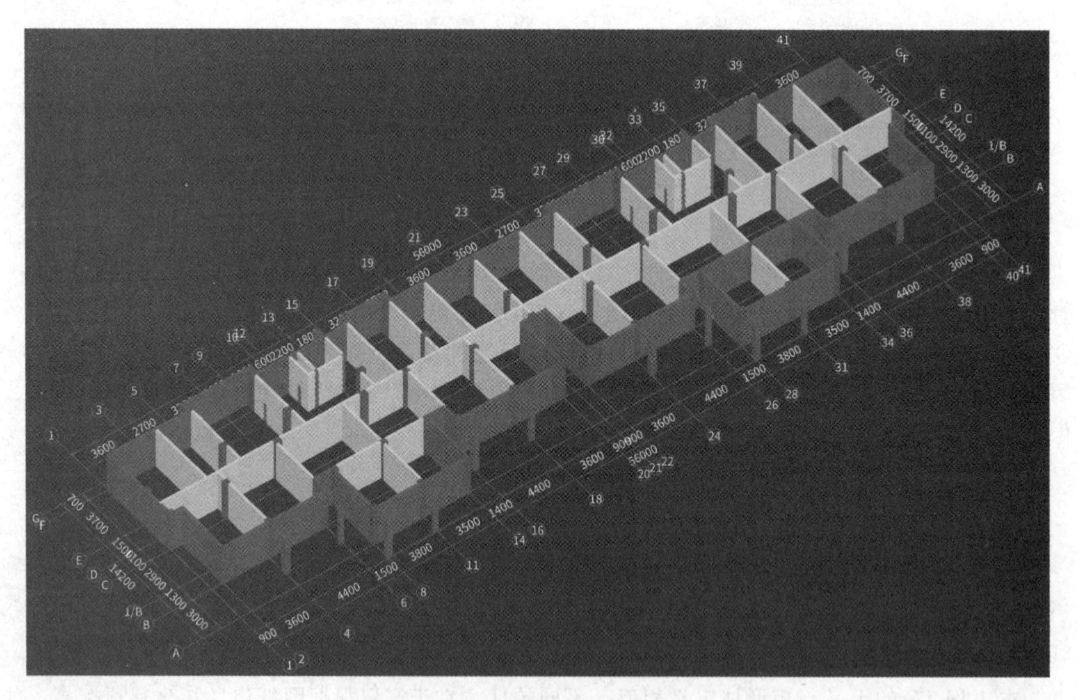

图 3-80　本工程首层构造柱示意

## 3.5 首层门窗及过梁绘制

### 聚焦项目任务

**知识：** 1. 掌握建筑平面图和门窗表及结构设计说明识读方法，及门窗、过梁钢筋、过梁混凝土、过梁模板的列项和工程量计算规则。

2. 掌握识别门窗表、识别门窗、手动定义并绘制门窗的操作步骤。

3. 掌握生成过梁、手动定义并绘制过梁操作。

**能力：** 1. 能根据图纸正确通过图纸识别方式新建门窗构件、识别绘制门窗。

2. 在无法进行识别的情况下能正确定义门窗并完成绘制。

3. 能根据图纸正确通过生成过梁或手动定义并绘制的方式绘制过梁。

4. 达到1+X工程造价数字化应用初、中级和全国高校BIM毕业设计创新大赛BIM全过程造价管理与应用赛项关于绘制门窗及过梁的相关要求。

**素质：** 1. 从分析洞口顶部有框架梁的情况下无须设置过梁，树立资源合理利用、拒绝浪费的良好消费观念和生活理念。

2. 从洞口上方过梁若与框架梁有接触时则为挂板，其计算不按过梁计算而并入框架梁计算，深刻理解要结合具体环境和情况来进行事物分析和判断。

首层门窗及过梁绘制<br>导学单及激活旧知思维导图

微课1：首层门窗绘制

微课2：首层过梁、挂板绘制

### 示证新知

#### 一、图纸分析

分析要点：门窗的类型尺寸及数量；过梁种类及各类型过梁截面、配筋及支承长度，以及工程图纸是否存在对称等情况。

需查阅图纸：建施J00目录及门窗表、建施J03一层平面图、建施J09墙身大样；结施G02结构设计总说明(二)。

分析结果：

(1)一层无窗。电梯间有墙洞，洞口尺寸为1 100×2 100，详见建施J09墙身大样。查看本工程建施J00目录及门窗表及建施J03一层平面图知首层门窗及墙洞情况见表3-1。

(2)查看本工程结施G02结构设计总说明(二)可知本工程过梁混凝土为C25，其设置见表3-2。

表 3-1　本工程首层门窗表

| 类型 | 编号 | 洞口尺寸/mm | 数量 | 离地高 | 备注 |
|---|---|---|---|---|---|
| 门 | DM1 | 1 600×2 100 | 2 | 0 | 电子门 |
| | JLM1225 | 1 200×2 500 | 4 | 0 | 不锈钢卷帘门 |
| | JLM1525 | 1 500×2 500 | 6 | 0 | 不锈钢卷帘门 |
| | JLM1825 | 1 800×2 500 | 10 | 0 | 不锈钢卷帘门 |
| | JLM2725 | 2 700×2 500 | 2 | 0 | 不锈钢卷帘门 |
| | JLM3225 | 3 200×2 500 | 4 | 0 | 不锈钢卷帘门 |
| | JLM3725 | 3 700×2 500 | 2 | 0 | 不锈钢卷帘门 |
| | M5 | 600×1 100 | 2 | 1 500 | 平开门(丙级防火门) |
| 墙洞 | 电梯间门洞 | 1 100×2 100 | 2 | 0 | 墙洞 |

表 3-2　本工程过梁设置表

| 洞口净跨 $l_0$ | $l_0 \leqslant 1\ 000$ | $1\ 000 < l_0 \leqslant 1\ 500$ | $1\ 500 < l_0 \leqslant 2\ 000$ | $2\ 000 < l_0 \leqslant 2\ 500$ | $2\ 500 < l_0 \leqslant 3\ 000$ | $3\ 000 < l_0 \leqslant 4\ 000$ |
|---|---|---|---|---|---|---|
| 梁高 $h$ | 120 | 120 | 150 | 180 | 240 | 300 |
| 支承长度 $a$ | 240 | 240 | 240 | 240 | 370 | 370 |
| 面筋② | 2Φ8 | 2Φ10 | 2Φ10 | 2Φ12 | 2Φ12 | 2Φ12 |
| 底筋① | 2Φ10 | 2Φ12 | 2Φ14 | 2Φ14 | 2Φ16 | 2Φ16 |
| 箍筋③ | Φ6@200 | Φ6@150 | Φ6@150 | Φ6@150 | Φ8@200 | Φ8@200 |

本工程首层外墙处卷帘门洞口高 2 500 mm，上部框架梁除 JLM1 225 上方梁截面高 400 mm 外，其他卷帘门上方框架梁截面高均为 500 mm，层高 3 m，因此，除 JLM1 225 外其他卷帘门上方不需设置过梁。JLM1 225 洞口顶部距离上方框架梁顶部间距为 100 mm，且梁宽等于墙宽，按图纸结施 G02 结构设计总说明(二)第九条下第 11 条 1)条图九～10～1b 知洞口上方设置挂板并与框架梁浇为整体，挂板高 100 mm，两端伸入墙入长度为 250 mm，并需要增加 2Φ16 的底部钢筋，按江西省 2017 版定额规定，这种挂板并入梁内按矩形梁计算，首层共 2 处需绘制该挂板。M5 洞口宽 600 mm<700 mm，上方不需设过梁。DM1 上方和电梯间门洞上方需设置过梁。综上，本工程首层应设置三种过梁：DM1 上方设置表 3-2 第三列过梁、电梯间门洞上方设置表 3-2 第二列过梁、JLM1225 上方设置挂板。

从图纸和分析结果来看，在洞口上方设置了梁时就不用设置过梁，我们可以看到资源合理利用在建筑结构中的应用；当洞口顶部与梁底之间间距较小时设置挂板即可，其计算并入上方梁内计算而不按过梁计算。同时过梁一般在结构设计说明中进行表述而没有图纸，因此，在进行图纸分析时应结合门窗与上方梁之间的具体位置关系来考虑是否需要过梁，并判定是过梁还是挂板，这就要求我们结合具体的环境进行事物分析，养成具体情况具体分析的良好习惯。

绿色中国"加减法"建材技术创新 节能效率世界领先(来源：央视网)

## 二、绘制首层门

**方法一：CAD 识别方式绘制门**

(1)识别门窗表。识别门窗洞之前要先识别门窗表，此过程相当于定义门窗洞。

在左侧模块导航栏切换到"门窗洞"下"门"，在"图纸管理"中双击门窗表所在的图纸"5＃楼

建筑施工图”进入图纸。识别门窗表的操作步骤为：单击“识别门窗表”，左键框选 CAD 图纸中门窗表后右击确认，弹出“识别门窗表”对话框如图 3-81(a)所示→明确各列标题尤其是名称、门窗洞尺寸、离地高度和类型要对，删除不必要的行和列，本工程中 TC1 和 TC2 无法通过识别门窗表的方式正确新建相应构建因而删除→根据图纸调整各门窗对应楼层，为提升绘图效率可以将每种门窗的所属楼层勾选上全部楼层，到最后整楼模型全部创建完毕后再执行“删除未使用构件”删除多余构件，调整后如图 3-81(b)所示，单击“确定”按钮弹出图 3-81(c)所示的提示对话框，再单击“确定”按钮则完成门窗表识别。其中，MLC1 的属性尺寸需在识别的基础上对照图纸手动进行修改，因此，其所属楼层仅先设置为第 2 层，待识别后在第 2 层对照图纸按图 3-82 完成相关属性值修改，这一步骤也可在第 2 层识别 MLC1 之前完成。需注意的是，各门窗洞口对应的楼层应做准确，也可以每类构件都对应所有楼层，这样软件会在每个楼层都新建对应的门窗构件，在全部门窗识别完毕后再执行“构件”菜单下的“批量删除未使用构件”命令来删除未使用的构件。

| 下拉... | 名称 | 宽度*高度 | 下拉... | 离地高度 | 备注 | 类型 | 所属楼层 |
|---|---|---|---|---|---|---|---|
| 类型门 | 设计编号 | 洞口尺寸(... | 数量 | 离地高 | 备注 | 门 | 5号楼[1] |
| | DM1 | 1600*2100 | 2 | 0 | 电子门 | 门 | 5号楼[1] |
| | M1 | 1000*2100 | 60 | 0 | 钢制安全... | 门 | 5号楼[1] |
| | M2 | 900*2100 | 160 | 0 | 平开门(用... | 门 | 5号楼[1] |
| | M3 | 800*2100 | 120 | 0 | 平开门(用... | 门 | 5号楼[1] |
| | M4 | 700*2100 | 40 | 0 | 塑钢平开门 | 门 | 5号楼[1] |
| | M5 | 600*1100 | 22 | 1500 | 平开门(两... | 门 | 5号楼[1] |
| | M6 | 1200*2100 | 4 | 0 | 塑钢平开门 | 门 | 5号楼[1] |
| | MLC1 | 1200*2400 | 20 | 0 | 塑钢门连窗 | 门联窗 | 5号楼[1] |
| | TM1 | 3200*2500 | 40 | 0 | 塑钢推拉门 | 门 | 5号楼[1] |
| | TM2 | 2800*2500 | 20 | 0 | 塑钢推拉门 | 门 | 5号楼[1] |
| | JLM1225 | 1200*2500 | 4 | 0 | 不锈钢卷... | 门 | 5号楼[1] |
| | JLM1525 | 1500*2500 | 6 | 0 | 不锈钢卷... | 门 | 5号楼[1] |
| | JLM1825 | 1800*2500 | 10 | 0 | 不锈钢卷... | 门 | 5号楼[1] |
| | JLM2725 | 2700*2500 | 2 | 0 | 不锈钢卷... | 门 | 5号楼[1] |
| | JLM3225 | 3200*2500 | 4 | 0 | 不锈钢卷... | 门 | 5号楼[1] |
| | JLM3725 | 3700*2500 | 2 | 0 | 不锈钢卷... | 门 | 5号楼[1] |
| 窗 | C1 | 1500*1500 | 84 | 900 | 塑钢窗 | 窗 | 5号楼[1] |
| | C2 | 1300*1500 | 20 | 900 | 塑钢窗 | 窗 | 5号楼[1] |
| | C3 | 900*1500 | 80 | 900 | 塑钢窗 | 窗 | 5号楼[1] |
| | C4 | 600*1500 | 20 | 900 | 塑钢平开窗 | 窗 | 5号楼[1] |
| | C5 | 1500*1200 | 22 | 0 | 塑钢窗 | 窗 | 5号楼[1] |
| | C6 | 1800*1900 | 8 | 600 | 塑钢窗 | 窗 | 5号楼[1] |



(a)



| 名称 | 宽度*高度 | 离地高度 | 备注 | 类型 | 所属楼层 |
|---|---|---|---|---|---|
| 设计编号 | 洞口尺寸(... | 离地高 | 备注 | 门 | 5号楼[1,2,3,4,5,6,7,8,9,10,11,12] |
| DM1 | 1600*2100 | 0 | 电子门 | 门 | 5号楼[1,2,3,4,5,6,7,8,9,10,11,12] |
| M1 | 1000*2100 | 0 | 钢制安全... | 门 | 5号楼[1,2,3,4,5,6,7,8,9,10,11,12] |
| M2 | 900*2100 | 0 | 平开门(用... | 门 | 5号楼[1,2,3,4,5,6,7,8,9,10,11,12] |
| M3 | 800*2100 | 0 | 平开门(用... | 门 | 5号楼[1,2,3,4,5,6,7,8,9,10,11,12] |
| M4 | 700*2100 | 0 | 塑钢平开门 | 门 | 5号楼[1,2,3,4,5,6,7,8,9,10,11,12] |
| M5 | 600*1100 | 1500 | 平开门(两... | 门 | 5号楼[1,2,3,4,5,6,7,8,9,10,11,12] |
| M6 | 1200*2100 | 0 | 塑钢平开门 | 门 | 5号楼[1,2,3,4,5,6,7,8,9,10,11,12] |
| MLC1 | 1200*2400 | 0 | 塑钢门连窗 | 门联窗 | 5号楼[2] |
| TM1 | 3200*2500 | 0 | 塑钢推拉门 | 门 | 5号楼[1,2,3,4,5,6,7,8,9,10,11,12] |
| TM2 | 2800*2500 | 0 | 塑钢推拉门 | 门 | 5号楼[1,2,3,4,5,6,7,8,9,10,11,12] |
| JLM1225 | 1200*2500 | 0 | 不锈钢卷... | 门 | 5号楼[1,2,3,4,5,6,7,8,9,10,11,12] |
| JLM1525 | 1500*2500 | 0 | 不锈钢卷... | 门 | 5号楼[1,2,3,4,5,6,7,8,9,10,11,12] |
| JLM1825 | 1800*2500 | 0 | 不锈钢卷... | 门 | 5号楼[1,2,3,4,5,6,7,8,9,10,11,12] |
| JLM2725 | 2700*2500 | 0 | 不锈钢卷... | 门 | 5号楼[1,2,3,4,5,6,7,8,9,10,11,12] |
| JLM3225 | 3200*2500 | 0 | 不锈钢卷... | 门 | 5号楼[1,2,3,4,5,6,7,8,9,10,11,12] |
| JLM3725 | 3700*2500 | 0 | 不锈钢卷... | 门 | 5号楼[1,2,3,4,5,6,7,8,9,10,11,12] |
| C1 | 1500*1500 | 900 | 塑钢窗 | 窗 | 5号楼[1,2,3,4,5,6,7,8,9,10,11,12] |
| C2 | 1300*1500 | 900 | 塑钢窗 | 窗 | 5号楼[1,2,3,4,5,6,7,8,9,10,11,12] |
| C3 | 900*1500 | 900 | 塑钢窗 | 窗 | 5号楼[1,2,3,4,5,6,7,8,9,10,11,12] |
| C4 | 600*1500 | 900 | 塑钢平开窗 | 窗 | 5号楼[1,2,3,4,5,6,7,8,9,10,11,12] |
| C5 | 1500*1200 | 0 | 塑钢窗 | 窗 | 5号楼[1,2,3,4,5,6,7,8,9,10,11,12] |
| C6 | 1800*1900 | 600 | 塑钢窗 | 窗 | 5号楼[1,2,3,4,5,6,7,8,9,10,11,12] |



(b)



(c)

图 3-81　本工程识别门窗表对话框

门、窗、门联窗、墙洞、壁龛钢筋输入格式

| | 属性名称 | 属性值 | 附加 |
|---|---|---|---|
| 1 | 名称 | M1 | |
| 2 | 洞口宽度(mm) | 1000 | ☐ |
| 3 | 洞口高度(mm) | 2100 | ☐ |
| 4 | 离地高度(mm) | 0 | ☐ |
| 5 | 框厚(mm) | 60 | ☐ |
| 6 | 立樘距离(mm) | 0 | ☐ |
| 7 | 洞口面积(m²) | 2.1 | ☐ |
| 8 | 框外围面积(m²) | (2.1) | ☐ |
| 9 | 框上下扣尺寸(... | 0 | ☐ |
| 10 | 框左右扣尺寸(... | 0 | ☐ |
| 11 | 是否随墙变斜 | 否 | ☐ |
| 12 | 备注 | | ☐ |
| 13 | ⊟ 钢筋业务属性 | | |
| 14 | 斜加筋 | | ☐ |
| 15 | 洞口每侧... | | ☐ |
| 16 | 其它钢筋 | | |
| 17 | 汇总信息 | (洞口加强筋) | ☐ |
| 18 | ⊟ 土建业务属性 | | |
| 19 | 计算规则 | 按默认计算规则 | |
| 20 | 做法信息 | 按构件做法 | |
| 21 | ⊞ 显示样式 | | |

图 3-82　门属性列表

完成识别后软件会自动新建相应的门窗洞构件并赋予相关属性。

## 小提示

(1)门的属性值包括基本属性、钢筋业务属性、土建业务属性和显示样式4块共23项，如图3-82所示。

1)基本属性中名称在当前楼层的当前构件类型下唯一，“2 洞口宽度(mm)”“3 洞口高度(mm)”“4 离地高度(mm)”一定要和图纸中吻合，“11 是否随墙变斜”主要是针对斜墙上布置门的情况，选择“是”时，门随斜墙变斜；选择“否”时，门不随墙变斜。

2)钢筋业务属性中“15 洞口每侧加强筋”用于计算门周围的加强钢筋，如果顶部和两侧配筋不同时，则用“/”隔开；“16 其它钢筋”是针对除了当前构件中已经输入的钢筋以外，还有需要计算的钢筋，则通过其他钢筋来输入。

3)土建业务属性和显示样式一般保持为默认即可，显示样式也可根据个人喜好调整构件填充颜色及构件透明度。

(2)窗的属性值包括基本属性、钢筋业务属性、土建业务属性和显示样式4块共25项，如图3-83所示。较门属性多了“2 类别”和“3 顶标高(m)”两项，其他属性与门相同，此处不赘述。

(3)门联窗的属性值包括基本属性、钢筋业务属性、土建业务属性和显示样式4块共29项，如图3-84所示。需特别注意“4 窗宽度”“6 窗距门相对高度”和“7 窗位置”三项，其他属性与门、窗相似，此处不再赘述。

| | 属性名称 | 属性值 | 附加 |
|---|---|---|---|
| 1 | 名称 | C1 | |
| 2 | 类别 | | ☐ |
| 3 | 顶标高(m) | 层底标高+2.4 | ☐ |
| 4 | 洞口宽度(mm) | 1500 | ☐ |
| 5 | 洞口高度(mm) | 1500 | ☐ |
| 6 | 离地高度(mm) | 900 | ☐ |
| 7 | 框厚(mm) | 60 | ☐ |
| 8 | 立樘距离(mm) | 0 | ☐ |
| 9 | 洞口面积(m²) | 2.25 | ☐ |
| 10 | 框外围面积(m²) | (2.25) | ☐ |
| 11 | 框上下扣尺寸(... | 0 | ☐ |
| 12 | 框左右扣尺寸(... | 0 | ☐ |
| 13 | 是否随墙变斜 | 是 | ☐ |
| 14 | 备注 | | ☐ |
| 15 | ⊟ 钢筋业务属性 | | |
| 16 | 斜加筋 | | ☐ |
| 17 | 洞口每侧... | | ☐ |
| 18 | 其它钢筋 | | |
| 19 | 汇总信息 | (洞口加强筋) | ☐ |
| 20 | ⊟ 土建业务属性 | | |
| 21 | 计算规则 | 按默认计算规则 | |
| 22 | 做法信息 | 按构件做法 | |
| 23 | ⊞ 显示样式 | | |

图 3-83　窗属性列表

属性列表　图层管理

| | 属性名称 | 属性值 | 附加 |
|---|---|---|---|
| 1 | 名称 | MLC1 | |
| 2 | 洞口宽度(mm) | 1200 | ☐ |
| 3 | 洞口高度(mm) | 2400 | ☐ |
| 4 | 窗宽度(mm) | 600 | ☐ |
| 5 | 门离地高度(mm) | 0 | ☐ |
| 6 | 窗距门相对高度(mm) | 900 | ☐ |
| 7 | 窗位置 | 靠右 | ☐ |
| 8 | 框厚(mm) | 60 | ☐ |
| 9 | 立樘距离(mm) | 0 | ☐ |
| 10 | 洞口面积(m²) | 2.34 | ☐ |
| 11 | 门框外围面积(m²) | (1.44) | ☐ |
| 12 | 窗框外围面积(m²) | (0.9) | ☐ |
| 13 | 门框上下扣尺寸(mm) | 0 | ☐ |
| 14 | 门框左右扣尺寸(mm) | 0 | ☐ |
| 15 | 窗框上下扣尺寸(mm) | 0 | ☐ |
| 16 | 窗框左右扣尺寸(mm) | 0 | ☐ |
| 17 | 是否随墙变斜 | 否 | ☐ |
| 18 | 备注 | 塑钢门连窗 | ☐ |
| 19 | ⊟ 钢筋业务属性 | | |
| 20 | 斜加筋 | | ☐ |
| 21 | 洞口每侧加强筋 | | ☐ |
| 22 | 其它钢筋 | | |
| 23 | 汇总信息 | (洞口加强筋) | ☐ |
| 24 | ⊟ 土建业务属性 | | |
| 25 | 计算规则 | 按默认计算规则 | |
| 26 | 做法信息 | 按构件做法 | |
| 27 | ⊞ 显示样式 | | |

图 3-84　门联窗属性列表

(2)识别首层门。在“图纸管理”中双击首层“一层平面图”进入图纸。执行功能分区上“识别门窗洞”命令，如图 3-85 所示，则在绘图区出现识别门窗洞界面，具体包括三个步骤：提取门窗线→提取门窗洞标识→点选识别，按从上向下的顺序依次执行命令即可。

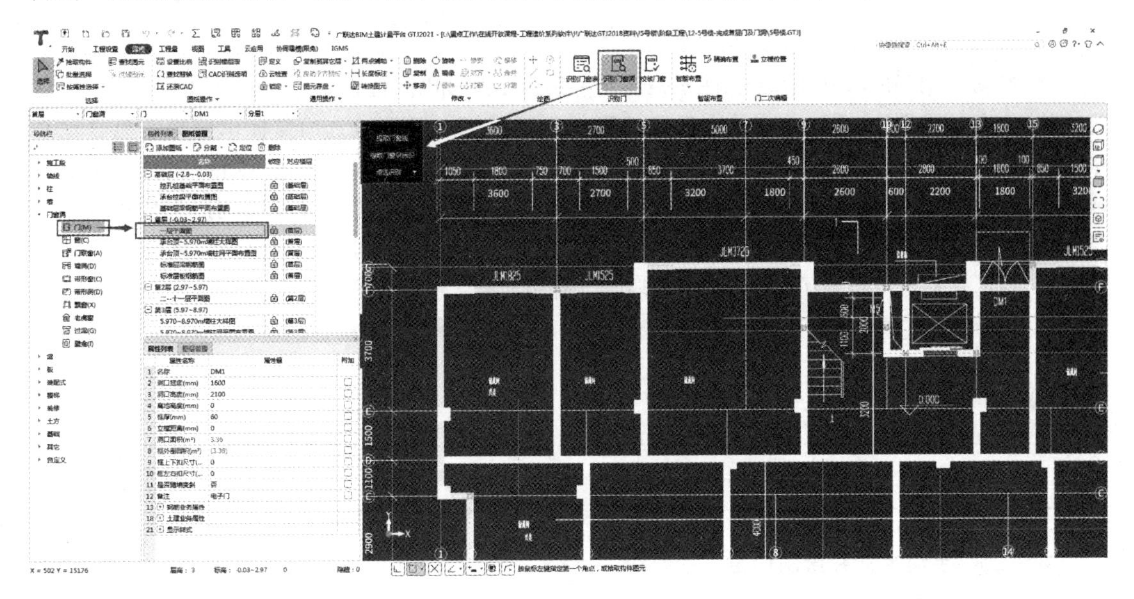

图 3-85 识别门窗洞界面

1)提取门窗线：执行“提取门窗线”命令，按图层选择一层平面图中门窗洞线(选中后字体变成蓝色)(注意要确保所有在不同图层上的门窗线均要选上)后单击鼠标右键确认，则选择的 CAD 图元自动消失，并存放在“已提取的 CAD 图层”中。

2)提取门窗洞标识：执行“提取门窗洞标识”命令，按图层选择一层平面图中门洞的名称(选中后字体变成蓝色)后单击鼠标右键确认，则选择的 CAD 图元自动消失，并存放在“已提取的 CAD 图层”中。

3)识别门窗洞：单击“自动识别”，软件自动识别门窗洞并弹出成功识别的提示对话框，如图 3-86(a)所示，单击“确定”按钮后软件自动进行“校核门窗”并显示结果，如图 3-86(b)所示。

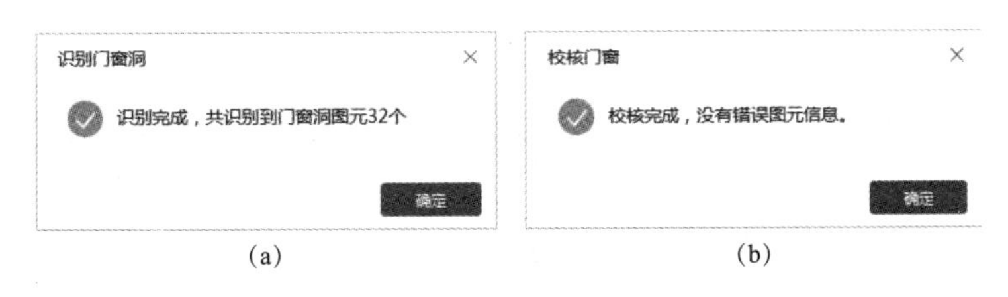


图 3-86 “自动识别”门窗洞提示对话框

## 小提示

(1)因为门窗洞都是开在墙体上的，属于墙体的附属构件，因此识别门窗洞的前提是已完成作为父图元的墙体绘制。此外在识别门窗之前一定要确认已经绘制完墙并建立门窗构件。

(2)第一步“提取门窗线”若在识别墙体时已提取过可以直接跳到第二步。

(3)采用自动识别后若识别的门窗洞信息与CAD图纸不对应则会弹出问题提示对话框，有时也会将门窗洞位置识别错，此时应按Shift＋M键Shift＋C键把门窗属性显示打开，对照CAD图对自动识别出来有错的门窗删除，再用“点”或“精确布置”等方式手动绘制，同时补齐未识别到的门窗洞。“点”和“精确布置”等绘制方法将在下文中详细介绍。

除“自动识别”外，GTJ2021软件还提供了“点选识别”和“框选识别”，“点选识别”操作步骤为：执行“点选识别”命令，单击绘图区要识别的门窗CAD标识(被选门窗标识变为蓝色显示)，单击鼠标右键确认，则所选的门窗洞标识查找与它平行且最近的墙边线进行门窗洞自动识别完成操作，单击鼠标右键则退出“点选识别门窗洞”命令。“框选识别”与“自动识别”非常相似，只是在执行“框选识别”命令后在绘图区域拉一个框确定一个范围，则此范围内提取的所有门窗标识将被识别。其操作步骤为：单击“框选识别门窗洞”命令，在绘图区域拉框确定一个范围；单击鼠标右键确认选择，则被框选的所有门窗标识将被识别为门窗洞构件。

**尝试应用**

请完成课堂项目3号楼的门窗表识别并识别首层门窗。

**方法二：手动定义并绘制门窗**

1. 定义门/窗

单击左侧导航栏中“门窗洞”下“门”→单击“构件列表”中“新建”→单击“新建矩形门”→在“属性列表”中根据图纸信息填写相应内容。可定义矩形门、异形门、参数化门和标准门。窗的定义与门定义相似。图3-82和图3-83分别为本工程M1和C1属性参数。

拓展阅读：异形门、参数化门和标准门的定义

拓展提升：定义异形门、参数化门和标准门

2. 绘制门/窗

门窗绘制方法有“点”“智能布置(墙段中点)”“精确布置”三种方法，其中“点”画法较为常用。

(1)“点”画法。操作步骤：选好要绘制的门或窗构件，单击“点”→放至需要绘制门或窗的墙段上，并准确捕捉插入点后单击确定即可完成绘制，图3-87所示为本工程DM1绘制。一般配合Shift＋左键通过偏移的方式指定插入点。

(2)“智能布置”画法。操作步骤：选好要绘制的门或窗构件→单击“智能布置”下“墙段中点”→选择需要布置门或窗的墙段单击鼠标右键即可完成操作。

(3)“精确布置”画法。操作步骤：选好要绘制的门或窗构件→单击“精确布置”→在需要布置门或窗的墙段上单击选择参考点→输入要绘制的门或窗离参考点最近的端点与参考点的距离即完成绘制。图3-88所示为本工程首层G轴上17轴至19轴间JLM1 525绘制及距离输入(600)。

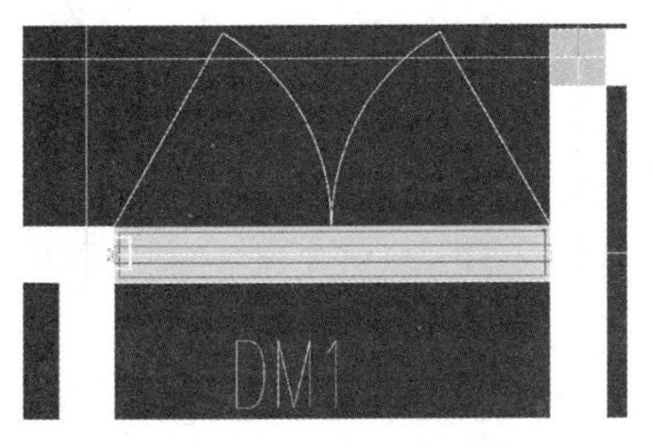


图 3-87　本工程 DM1 绘制

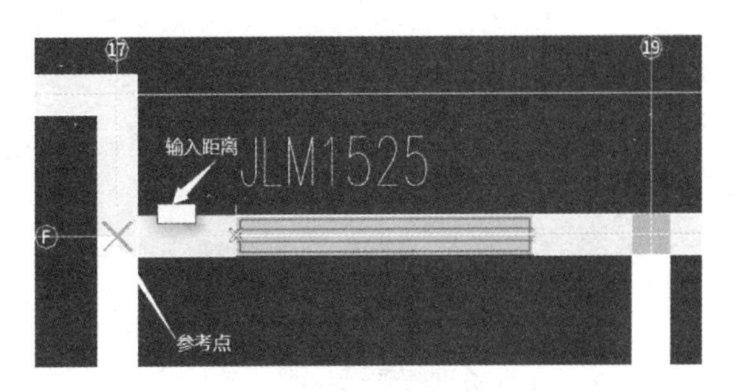


图 3-88　精确布置本工程首层 G 轴上⑰轴至⑲轴间 JLM1 525

## 小提示

在没有 CAD 底图需要手动绘制时建议采用“精确布置”或“点”配合 Shift＋左键的方式绘制门或窗。

## 尝试应用

请完成课堂项目 3 号楼的首层门窗定义与绘制。

## 三、墙洞定义及绘制

### 1. 定义墙洞

单击左侧导航栏中“门窗洞”下“墙洞”→单击“构件列表”中“新建”→单击“新建矩形墙洞”→在右侧“属性列表”中根据图纸信息填写电梯间门洞相应属性。可定义矩形墙洞、异形墙洞。本工程电梯间门洞定义如图 3-89 所示。

| | 属性名称 | 属性值 | 附加 |
|---|---|---|---|
| 1 | 名称 | 电梯间门洞 | |
| 2 | 洞口宽度(mm) | 1100 | ☐ |
| 3 | 洞口高度(mm) | 2100 | ☐ |
| 4 | 离地高度(mm) | 0 | ☐ |
| 5 | 洞口每侧加强筋 | | ☐ |
| 6 | 斜加筋 | | ☐ |
| 7 | 加强暗梁高度(... | | ☐ |
| 8 | 加强暗梁纵筋 | | ☐ |
| 9 | 加强暗梁箍筋 | | ☐ |
| 10 | 洞口面积(m²) | 2.31 | ☐ |
| 11 | 是否随墙变斜 | 是 | ☐ |
| 12 | 备注 | | ☐ |
| 13 | ⊟ 钢筋业务属性 | | |
| 14 | 其它钢筋 | | |
| 15 | 汇总信息 | (洞口加强筋) | ☐ |
| 16 | ⊟ 土建业务属性 | | |
| 17 | 计算规则 | 按默认计算规则 | |
| 18 | 做法信息 | 按构件做法 | |
| 19 | ⊞ 显示样式 | | |

图 3-89　本工程电梯间门洞

### 2. 绘制墙洞

本工程首层电梯间门洞未标尺寸，相关尺寸在建施 J04 二-十一层平面图上，首层电梯间门洞用“精确布置”绘制，操作步骤同门窗绘制。

## 四、绘制过梁

**方法一：手动定义并绘制过梁**

在完成梁、墙、门窗洞绘制后可通过查看三维视图来辅助判断哪些门窗洞上方需要设置过梁。结合三维视图和前述图纸分析结果，本工程首层仅 DM1、电梯间门洞和 JLM1 225 上方需设置过梁。其定义过程为：单击左侧导航栏中“门窗洞”下“过梁”→单击“构件列表”中“新建”→单击“新建矩形过梁”→在“属性列表”中根据图纸信息填写相应内容。本工程 DM1、电梯间门洞上方过梁属性列表如图 3-90 所示，除基本属性外，其他三类属性保持默认。GTJ2021 中还可定义异形过梁和标准过梁，异形过梁与异形梁定义相似，此处不再赘述。

## 小提示

过梁的属性值包括基本属性、钢筋业务属性、土建业务属性和显示样式4块共43项，如图3-90所示。

|  | 属性名称 | 属性值 | 附加 |
|---|---|---|---|
| 1 | 名称 | GL-150 |  |
| 2 | 截面宽度(mm) |  | ☐ |
| 3 | 截面高度(mm) | 150 | ☐ |
| 4 | 中心线距左墙... | (0) | ☐ |
| 5 | 全部纵筋 |  | ☐ |
| 6 | 上部纵筋 | 2Φ10 | ☐ |
| 7 | 下部纵筋 | 2Φ14 | ☐ |
| 8 | 箍筋 | Φ6@150(2) | ☐ |
| 9 | 肢数 | 2 | ☐ |
| 10 | 材质 | 现浇混凝土 | ☐ |
| 11 | 混凝土类型 | (现浇砼 卵石40m... | ☐ |
| 12 | 混凝土强度等级 | (C25) | ☐ |
| 13 | 混凝土外加剂 | (无) |  |
| 14 | 泵送类型 | (混凝土泵) |  |
| 15 | 泵送高度(m) |  |  |
| 16 | 位置 | 洞口上方 | ☐ |
| 17 | 顶标高(m) | 洞口顶标高加过... | ☐ |
| 18 | 起点伸入墙内... | 240 | ☐ |
| 19 | 终点伸入墙内... | 240 | ☐ |
| 20 | 长度(mm) | (480) | ☐ |
| 21 | 截面周长(m) | 0.3 | ☐ |
| 22 | 截面面积(m²) | 0 | ☐ |
| 23 | 备注 |  | ☐ |
| 24 | ⊟ 钢筋业务属性 |  |  |
| 25 | 侧面纵筋(... |  |  |
| 26 | 拉筋 |  | ☐ |
| 27 | 其它钢筋 |  |  |
| 28 | 其它箍筋 |  |  |
| 29 | 保护层厚... | (25) | ☐ |
| 30 | 汇总信息 | (过梁) | ☐ |
| 31 | 抗震等级 | (三级抗震) | ☐ |
| 32 | 锚固搭接 | 按默认锚固搭... |  |
| 33 | 计算设置 | 按默认计算设... |  |
| 34 | 搭接设置 | 按默认搭接设... |  |
| 35 | 节点设置 | 按默认节点设... |  |
| 36 | ⊟ 土建业务属性 |  |  |
| 37 | 计算设置 | 按默认计算设置 |  |
| 38 | 计算规则 | 按默认计算规则 |  |
| 39 | 做法信息 | 按构件做法 |  |
| 40 | 模板类型 | 木模 木撑 | ☐ |
| 41 | ⊞ 显示样式 |  |  |

(a)

|  | 属性名称 | 属性值 | 附加 |
|---|---|---|---|
| 1 | 名称 | GL-120 |  |
| 2 | 截面宽度(mm) |  | ☐ |
| 3 | 截面高度(mm) | 120 | ☐ |
| 4 | 中心线距左墙... | (0) | ☐ |
| 5 | 全部纵筋 |  | ☐ |
| 6 | 上部纵筋 | 2Φ10 | ☐ |
| 7 | 下部纵筋 | 2Φ12 | ☐ |
| 8 | 箍筋 | Φ6@150(2) | ☐ |
| 9 | 肢数 | 2 | ☐ |
| 10 | 材质 | 现浇混凝土 | ☐ |
| 11 | 混凝土类型 | (现浇砼 卵石40m... | ☐ |
| 12 | 混凝土强度等级 | (C25) | ☐ |
| 13 | 混凝土外加剂 | (无) |  |
| 14 | 泵送类型 | (混凝土泵) |  |
| 15 | 泵送高度(m) |  |  |
| 16 | 位置 | 洞口上方 | ☐ |
| 17 | 顶标高(m) | 洞口顶标高加过... | ☐ |
| 18 | 起点伸入墙内... | 240 | ☐ |
| 19 | 终点伸入墙内... | 240 | ☐ |
| 20 | 长度(mm) | (480) | ☐ |
| 21 | 截面周长(m) | 0.24 | ☐ |
| 22 | 截面面积(m²) | 0 | ☐ |
| 23 | 备注 |  | ☐ |
| 24 | ⊟ 钢筋业务属性 |  |  |
| 25 | 侧面纵筋(... |  |  |
| 26 | 拉筋 |  | ☐ |
| 27 | 其它钢筋 |  |  |
| 28 | 其它箍筋 |  |  |
| 29 | 保护层厚... | (25) | ☐ |
| 30 | 汇总信息 | (过梁) | ☐ |
| 31 | 抗震等级 | (三级抗震) | ☐ |
| 32 | 锚固搭接 | 按默认锚固搭... |  |
| 33 | 计算设置 | 按默认计算设... |  |
| 34 | 搭接设置 | 按默认搭接设... |  |
| 35 | 节点设置 | 按默认节点设... |  |
| 36 | ⊟ 土建业务属性 |  |  |
| 37 | 计算设置 | 按默认计算设置 |  |
| 38 | 计算规则 | 按默认计算规则 |  |
| 39 | 做法信息 | 按构件做法 |  |
| 40 | 模板类型 | 木模 木撑 | ☐ |
| 41 | ⊞ 显示样式 |  |  |

(b)

**图3-90 本工程首层过梁属性**

(a)DM1上方过梁属性；(b)电梯间门洞上方过梁属性

(1)基本属性包括过梁名称、截面尺寸、配筋信息、混凝土信息、标高信息、伸入墙内长度等。

过梁钢筋输入格式

1)“2 截面宽度(mm)”默认值为空值，此时过梁的宽度为其所在的墙图元的宽度。

2)“5 全部纵筋”指上部钢筋和下部钢筋之和，依照图纸输入。将属性中上部纵筋和下部纵筋信息全部删除，全部纵筋信息即可输入。

3)“16 位置”这一属性是确定过梁是在门窗洞口的上方还是下方，默认为洞口上方。

4)“17 顶标高(m)”这一属性确定过梁的标高，当选择洞口上方、洞口下方时，顶标高能够自动显示洞口顶标高加过梁高度和洞口底标高。

5)“18 起点伸入墙内长度”和“19 终点伸入墙内长度”这两个属性是确定从门窗洞口边开始算起，过梁伸入墙内的长度，单位为 mm。绘制时距离墙图元起点较近的一端被称为起点，距离墙图元起点较远的一端被称为终点。

(2)钢筋业务属性包括侧面纵筋、拉筋、其他钢筋和其他箍筋及保护层厚度、汇总信息、计算设置、搭接设置、钢筋搭接等，侧面纵筋为过梁中除上下纵筋外中部侧面纵筋在此输入；当有侧面纵筋时，软件按“计算设置”中的设置自动计算拉筋信息；其他钢筋和其他箍筋是指过梁基本属性中的上下纵筋和箍筋外的其他钢筋通过手算的方式在此处录入，其他属性一般保持默认即可。

(3)土建业务属性和显示样式保持默认即可。

定义好两种过梁后进行过梁绘制，绘制方法有“点”和“智能布置”，一般推荐用“智能布置”，智能布置下有如图 3-91 所示四种不同的参照条件，实际操作时按根据已有条件的不同选择合适的参照。以本工程首层 DM1 上方过梁绘制为例，其绘制步骤为：选择要绘制的过梁“GL-150”→单击“智能布置”下“门、窗、门联窗、墙洞、带型窗、带型洞”→按 F3 键在弹出的批量选择对话框中选择 DM1 门(若该过梁适于多种门窗可在此步骤将适用的门窗均选中)后单击“确定”按钮→绘图区会将选中的门窗蓝色高亮显示，无误后单击鼠标右键确认即完成绘制。

当选“智能布置”下“门窗洞口宽度”时，会弹出图 3-92 所示的对话框，在对话框中输入所要绘制过梁适用的洞口范围。需要注意的是布置条件两侧数值均包含在内，对照图纸输入时需要注意区分。

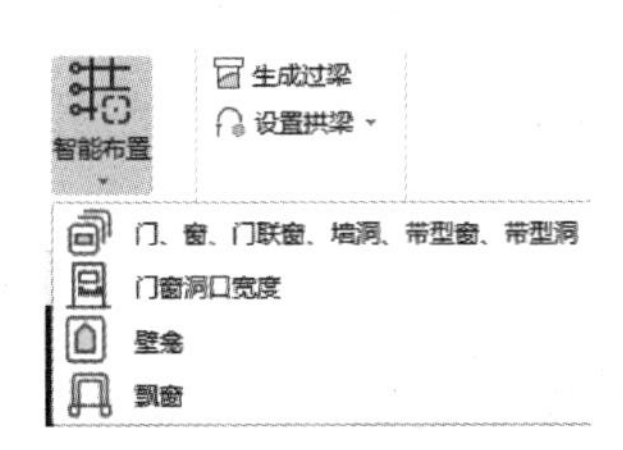

图 3-91 智能布置过梁

图 3-92 智能布置下按门窗洞口宽度布置过梁对话框

JLM1 225 上方挂板按江西省 2017 版定额规定要并入梁内按矩形梁计算，因此，该处按矩形梁定义并绘制，底部增加的 2 Φ16 录入矩形梁下部通长筋；其中的箍筋已在前述首层梁 KL14 绘制中按截面 200×400 和箍筋配置 Φ8@100(2)录入过，因此，在挂板定义时通过手动计算该部分梁高度变为 500 后增加的箍筋量在其他箍筋中录入，再根据图纸修改挂板的顶标高为层高减其上方的 KL14 梁高，其属性如图 3-93 所示。定义好了之后用直线在洞口上方范围内绘制并进行原位标注使其显示颜色变为绿色即完成绘制。

(a) (b)

图 3-93 JLM1 225 上方挂板定义

(a)JLM1225 上方挂板属性列表；(b)JLM1225 上方挂板其他箍筋录入

**尝试应用**

请完成课堂项目 3 号楼的首层过梁定义与绘制。

**方法二：生成过梁**

除手动定义并绘制过梁外，GTJ2021 软件中还提供了生成过梁方法绘制过梁，这种方法适于工程图纸中对过梁在设计说明中统一说明的情况，如本工程中可采用此法。将在中间层过梁绘制时详细介绍用“生成过梁”绘制过梁的操作。

5 号楼阶段工程文件：完成首层门窗及过梁

首层门窗及过梁绘制操作小结

# 任务 4　中间层(第 2～10 层)主体构件绘制

## 4.1　中间层(第 2～10 层)墙柱、梁绘制

### 聚焦项目任务

**知识：** 掌握图元和构件层间复制操作。

**能力：** 1. 能用层间复制命令快速绘制中间各层的柱、梁。

2. 能根据图纸确定中间各层柱、梁与首层柱、梁的异同，并对柱、梁不同于首层的楼层柱梁按此前的方法用图纸识别或手动绘制的方式绘制。

3. 能在层间复制的基础上对楼层中与首层差别极小的部分进行手动修改至真实反映图纸内容。

**素质：** 从中间层墙柱、梁绘制可基于已绘制的首层墙柱、梁复制，但需注意对与首层不同的地方进行修改，原原本本按图纸进行算量模型创建，养成诚实、守信的职业道德。

中间层(第 2～10 层)墙柱、梁绘制导学单及激活旧知思维导图

微课：中间层(第 2～10 层)墙柱、梁绘制

### 示证新知

#### 一、图纸分析

分析要点：中间各层(第 2～10 层)墙柱与首层的区别，及各层不同截面、不同配筋的柱数量及各柱的纵筋(角筋和边筋)和箍筋配筋情况，工程图纸是否存在对称等情况。中间各层梁与首层的区别，及各层不同类型(如框架梁与非框架梁等)或不同配筋的梁数量、梁截面类型及配筋信息，主次梁及梁之间的支承关系，以及工程图纸是否存在对称等情况。

需查阅图纸：结施 G05 承台顶～5.970 m 墙柱网平面布置图、结施 G06 5.970～8.970 m 墙柱网平面布置图、结施 G07 8.970 m 以上墙柱网平面布置图、结施 G09 标准层梁钢筋图。

分析结果：

(1)中间层(第 2～10 层)墙柱：所有楼层矩形框柱和剪力墙墙柱均为截面注写方式。

1)查阅结施 G05 承台顶～5.970 m 墙柱网平面布置图知本工程 2 层及以下墙柱布置完全一致。

2)查阅结施 G06 5.970～8.970 m 墙柱网平面布置图知第 3 层矩形框柱三种，约束边缘构件剪力墙墙柱两种，相关参数分别为：

KZ1：截面 400×400，全部纵筋 12 ⌀16，箍筋 Φ10@100/200、4×4，共 44 根。

KZ2：截面 500×400，全部纵筋 12 ⌀16，箍筋 Φ10@100/200、4×4，共 1 根。

KZ3：截面 400×900，全部纵筋 14 ⌀18，箍筋 Φ8@100、4×4，共 8 根。

约束边缘构件剪力墙墙柱 YBZ1、YBZ2 均为 L 形截面，同首层布置完全一致，分别有 2 根和 4 根。

3)查阅结施 G07 8.970 m 以上墙柱网平面布置图知第 4 层及以上楼层矩形框柱两种，构造边缘构件剪力墙墙柱两种，相关参数分别为：

KZ1：截面 400×400，全部纵筋 12 ⌀16，箍筋 Φ8@100/200、4×4，每层 45 根。

KZ3：截面 400×900，全部纵筋 14 ⌀18，箍筋 Φ8@100、4×4，每层 8 根。

构造边缘构件剪力墙墙柱 GBZ1、GBZ2 均为 L 形截面，两个构件纵筋和箍筋配置均与下部楼层不同，每层分别有 2 根和 4 根。同首层图纸分析一样，GBZ1 属于短肢剪力墙，GBZ2 属于剪力墙直形墙。

第 5 层及以上墙柱与第 4 层不同的地方在于第 4 层墙柱混凝土强度等级为 C30，而第 5 层及以上墙柱混凝土强度等级为 C25。

(2)中间层梁：中间层(第 2～10 层)梁的布置及配筋情况与首层完全一致。

## 二、绘制中间层(第 2～10 层)墙柱

中间层(第 2～10 层)墙柱的绘制思路为第 3、4 层按照首层墙柱的绘制步骤“识别柱大样→识别柱”进行，此处不再赘述。第 2 层墙柱运用层间复制命令“从其他层复制”或“复制到其他层”从首层复制过来，第 5 层及以上楼层运用层间复制命令“从其他层复制”或“复制到其他层”从第 4 层复制过来。

以第 2 层墙柱构件绘制为例，“从其他层复制”的操作步骤为：在“楼层及构件切换区”将楼层切换为第 2 层→单击“通用操作”功能分区下“从其他层复制”按钮 从其它层复制 →在弹出的“从其他层复制”对话框中选择“首层”作为源楼层，并选中要复制的柱图元(构造柱暂不复制)，在右侧目标楼层选择中勾选第 2 层(基础层柱也与首层相同，为避免后面到基础层再重复操作，应将基础层也勾选上)，如图 4-1 所示，单击“确定”按钮→因前期已通过识别柱大样在第 2 层和基础层新建了相应墙柱构件，因此，弹出图 4-2 所示的“复制图元冲突处理方式”对话框，根据实际情况进行选择后单击“确定”按钮即完成复制。复制后基础层至第 2 层柱如图 4-3 所示。

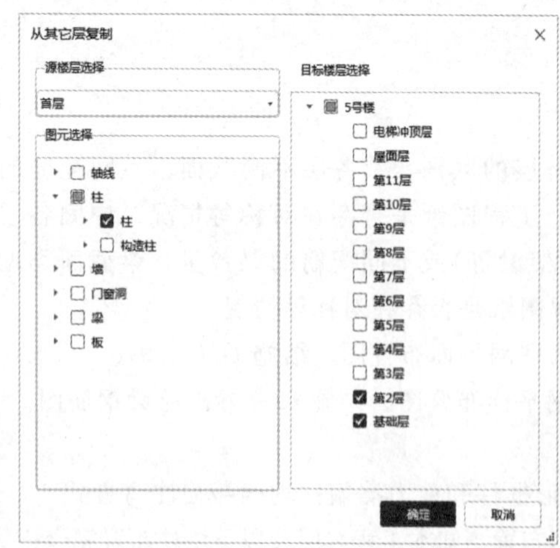


图 4-1　从其他层复制对话框

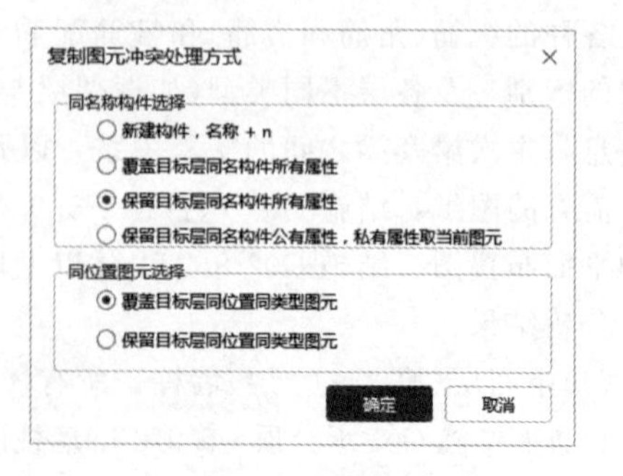


图 4-2　复制图元冲突处理方式对话框

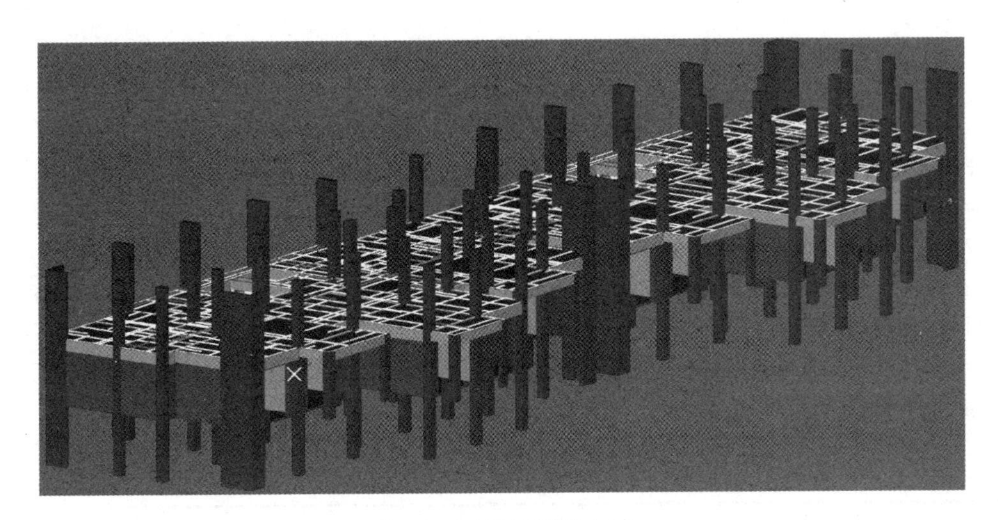

图 4-3　2 层以下墙柱示意

以第 5 层及以上墙柱构件绘制为例，“复制到其他层”的操作步骤为：在“楼层及构件切换区”将楼层切换为第 4 层→单击“通用操作”功能分区下“复制到其他层”按钮 复制到其它层 →按 F3 键批量选择要复制到其他层的墙柱图元，如图 4-4 所示，单击“确定”按钮后单击鼠标右键确认→弹出“复制到其他层”对话框，选择第 5～10 层，如图 4-5 所示→因前期已通过识别柱大样在第 5 层及上述各楼层新建了相应墙柱构件，弹出图 4-2 所示“复制图元冲突处理方式”对话框，5 层及以上各层墙柱混凝土强度与第 4 层不同，因而在“同名称构件选择”中选择图 4-2 所示的第三项“保留目标层同名称构件所有属性”后确定即完成复制。实际操作时也可先按 F3 键批量选择要复制到其他楼层的图元，再执行“复制到其他层”命令。

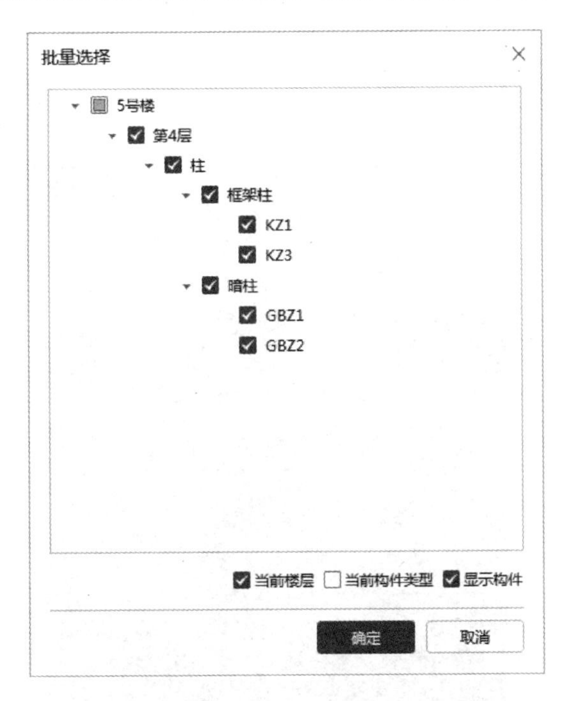


图 4-4　批量选择第 4 层要复制的墙柱图元

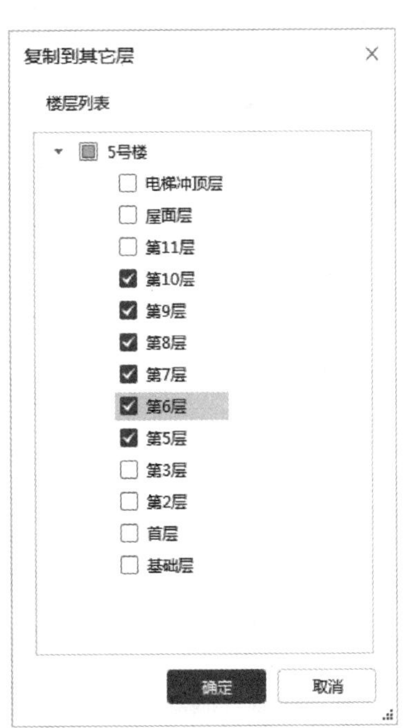


图 4-5　复制到其他层对话框

## 小提示

(1)本工程“复制图元冲突处理方式”对话框因第 2 层、基础层墙柱构件属性和布置与首层完全一致，因此，其中“同名称构件选择”选择后面三种都可以。

(2)执行“通用操作”功能分区下“从其他层复制”和“复制到其他层”既在层间复制构件也复制图元；执行“构件列表”中的“层间复制”只复制构件不复制图元。

拓展阅读：层间复制构件

## 尝试应用

请完成课堂项目 3 号楼的中间层墙柱绘制。

## 三、绘制中间层(第 2～10 层)梁

中间层(第 2～10 层)梁与首层完全一致，可根据建模习惯用“从其他层复制”或“复制到其他层”绘制，此处不再赘述。但注意在选择要复制的梁图元时不要把仅首层有的新建为矩形框架梁的“JLM1225 上方挂板”选中。第 3 层与第 2 层相比有部分 500×400 的 KZ2 变为 400×400 的 KZ1，第 4 层没有 KZ2，原 KZ2 部位全部是 KZ1，梁的支座尺寸发生了变化会导致梁的跨长发生变化，此时需要使用“梁二次编辑”功能分区下“刷新支座尺寸”命令更新支座信息快速识别多跨梁的跨长。因此，第 2～10 层梁绘制思路为：先在首层用“复制到其他层”命令将首层除“JLM1225 上方挂板”以外其他的楼层框架梁和非框架梁复制到第 2～4 层→在第 3、4 层分别执行“刷新支座尺寸”命令→在第 4 层用“复制到其他层”命令将楼层框架梁和非框架梁复制到第 5～10 层即完成绘制。

在复制过程中，因梁要以柱或剪力墙的竖向受力构件作为支座，因此，软件会逐层校验合法性，如图 4-6 所示，完成绘制的中间层墙柱和梁示意如图 4-7 所示。

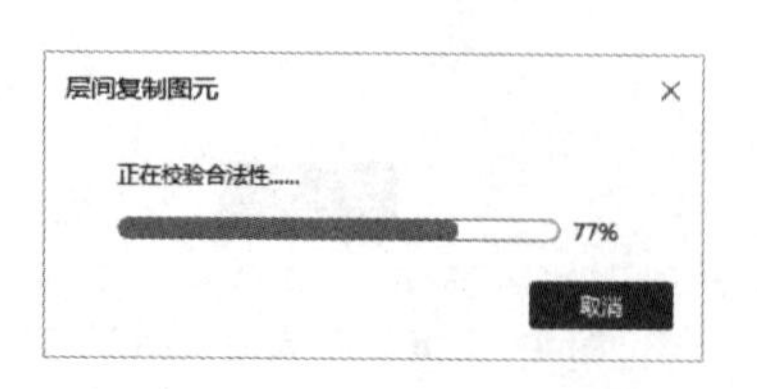


图 4-6　层间复制图元校验合法性

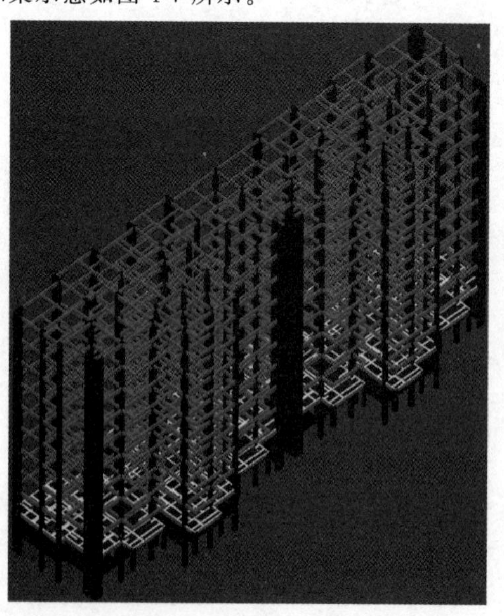

图 4-7　中间层(2～10 层)墙柱和梁示意

尝试应用

请完成课堂项目3号楼的中间层梁绘制。

5号楼阶段工程文件：完成中间层(第2～10)层墙柱、梁

中间层(第2～10层)墙柱、梁绘制操作小结

诚信为本：老秤一斤十六两(来源：央视网)

在绘制中间层墙柱和梁时，注意分析对比图纸是否可以采用“从其他层复制”的命令快速建模，同时还需注意复制后是否存在与源楼层构件分布不同的地方，总而言之就是三维算量模型要原原本本反映图纸内容，这是对造价从业人员的基本要求，即诚实守信。

## 4.2 中间层(第2～10层)板及钢筋绘制

### 聚焦项目任务

**知识：** 掌握图元和构件层间复制操作。

**能力：** 1. 能用层间复制命令快速绘制中间各层的板及钢筋。

2. 能根据图纸确定中间各层板及钢筋与首层板及钢筋的异同，并对板及钢筋不同于首层的楼层柱梁按此前的方法用图纸识别或手动绘制的方式绘制。

3. 能在层间复制的基础上对楼层中与首层差别极小的部分进行手动修改，直至真实反映图纸内容。

**素质：** 从板内马凳筋虽不显眼但必须设置并起到支撑上层钢筋网的作用，体会任何人积极向上的行为都对国家、对社会有积极作用，树立积极向上的人生态度和自我奉献精神。

中间层(第2～10层)板及钢筋绘制导学单及激活旧知思维导图

微课：中间层(第2～10层)板及钢筋绘制

### 示证新知

#### 一、图纸分析

分析要点：中间各层(第2～10层)板与首层的区别，不同厚度的板、不同类型的板(平板、有梁板、阳台板等)、板面标高与楼面结构标高不同的板位置、板内受力筋和负筋配筋信息等，以及工程图纸是否存在对称等情况。

需查阅图纸：结施 G01 结构设计说明(一)、结施 G02 结构设计说明(二)、结施 G10 标准层板钢筋图。

分析结果：

中间层(第 2～10 层)板及钢筋与首层的区别在于：Ⓕ轴外侧⑨轴至⑬轴间、㉙轴到㉝轴间的 100 mm 厚悬挑板仅首层有，上部各楼层均没有。

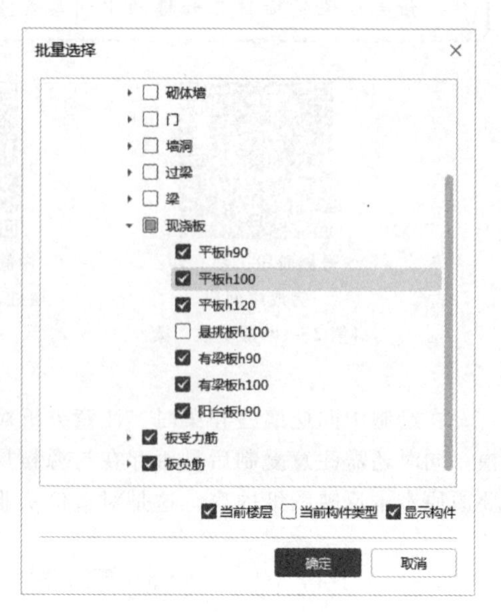


图 4-8 层间复制绘制第 2～10 层板及钢筋

## 二、绘制中间层(第 2～10 层)板及钢筋

中间层(第 2～10 层)板与首层相比，除了没有Ⓕ轴外侧⑨轴至⑬轴间、㉙轴到㉝轴间的 100 mm 厚悬挑板外，其他的板及钢筋布置完全一致，可根据建模习惯用“从其他层复制”或“复制到其他层”绘制，在选择要复制的板及钢筋图元时不要把仅首层有的“悬挑板 h100”选中(图 4-8)，此处不再赘述。复制过程与梁图元层间复制相同，软件同样会逐层校验合法性，同时因未勾选“悬挑板 h100”图元但勾选了布置在该板内的钢筋，因此，软件会弹出图 4-9 所示复制失败记录，直接关闭该对话框忽略即可，完成绘制的中间层板及钢筋示意如图 4-10 所示。

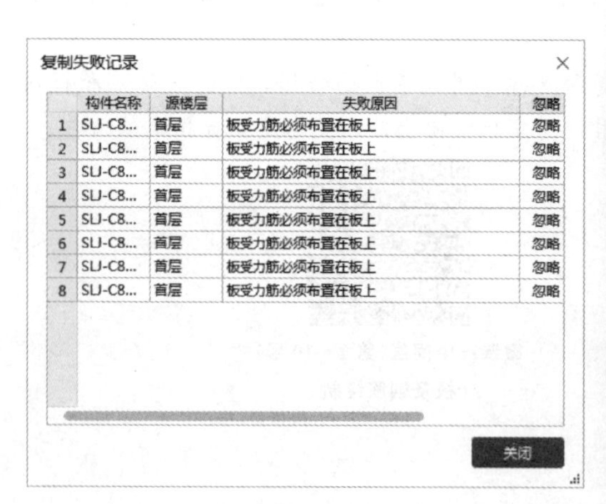
复制失败记录

| | 构件名称 | 源楼层 | 失败原因 | 忽略 |
|---|---|---|---|---|
| 1 | SLJ-C8... | 首层 | 板受力筋必须布置在板上 | 忽略 |
| 2 | SLJ-C8... | 首层 | 板受力筋必须布置在板上 | 忽略 |
| 3 | SLJ-C8... | 首层 | 板受力筋必须布置在板上 | 忽略 |
| 4 | SLJ-C8... | 首层 | 板受力筋必须布置在板上 | 忽略 |
| 5 | SLJ-C8... | 首层 | 板受力筋必须布置在板上 | 忽略 |
| 6 | SLJ-C8... | 首层 | 板受力筋必须布置在板上 | 忽略 |
| 7 | SLJ-C8... | 首层 | 板受力筋必须布置在板上 | 忽略 |
| 8 | SLJ-C8... | 首层 | 板受力筋必须布置在板上 | 忽略 |

关闭

图 4-9 板内受力筋复制失败记录

图 4-10 中间层(第 2～10 层)板及钢筋示意

### 尝试应用

请完成课堂项目 3 号楼的中间层板及钢筋绘制。

5 号楼阶段工程文件：
完成中间层(第 2～10 层)
板及钢筋

中间层(第 2～10 层)
板及钢筋绘制操作小结

雷锋短暂的一生，
诠释了奉献与爱(来源：
央视国家记忆微博视频号)

本工程在结构设计说明中对马凳筋进行了说明，实际工程中有很多图纸可能不会对马凳筋进行明确说明，但在实际施工时必须设置，因此创建三维算量模型时也必须在板内设置马凳筋。马凳筋虽然不直接承受结构荷载，但它起到支撑上部钢筋网的作用，保证两层钢筋网之间有足够的空间从而达成设计意图。作为个人，也应该像马凳筋一样，在自己的位置上积极发光发热，为社会进步积极奉献自我。

## 4.3 中间层(第 2～10 层)砌体墙及钢筋、构造柱绘制

### 聚焦项目任务

**知识：**掌握图元和构件层间复制操作。

**能力：**1. 能根据图纸确定中间各层墙、砌体加筋、构造柱与首层墙、砌体加筋、构造柱的异同。

2. 能用层间复制命令快速绘制与首层布置相同的中间各层墙、砌体加筋、构造柱。能在层间复制的基础上对楼层中与首层差别极小的部分进行手动修改至真实反映图纸内容。

3. 能用前面学习过的砌体墙及钢筋和构造柱绘制方法绘制中间层墙、砌体加筋、构造柱不同于首层的部分。

**素质：**在完成首层构件绘制后，再绘制中间层构件，很多的操作就是对些前在首层构件创建过程中学习的操作再运用，在反复训练与建模中养成踏实肯干、苦干、实干的工作作风。

中间层(第 2～10 层)
砌体墙及钢筋、构造柱绘制
导学单及激活旧知思维导图

微课：中间层(第 2～10 层)
砌体墙及钢筋、构造柱绘制

### 示证新知

#### 一、图纸分析

分析要点：中间各层(第 2～10 层)砌体墙及构造柱与首层的区别，不同材质砌体墙的种类、同材质砌体墙有几种不同厚度及墙内配筋等情况。构造柱的种类、构造柱的截面类型及配筋信

息、不同截面或不同配筋的构造柱数量，以及工程图纸是否存在对称等情况。

需查阅图纸：砌体墙布置查阅建施 J01 建筑设计说明、结施 G02 结构设计说明(二)、建施 J04 二-十一层平面图；构造柱查阅结施 G10 标准层板钢筋图、结施 G13 楼梯结构布置图及节点大样。

分析结果：

(1)砌体墙：本工程第 2 层及以上各层砌体墙与首层不同。

1)砌体墙外墙和分户墙为 200 mm 厚的页岩多孔砖墙，内墙为 100 mm 厚的页岩多孔砖墙，详见建施 J01 建筑设计说明第四条第(一)条第 2 条。

2)砌体填充墙应沿墙、柱全高每隔 500 配置 2Φ6 墙体拉筋，拉筋通长设置，详见结施 G02 结构设计总说明(二)第九条第 3 条。墙体转角处和纵横墙交接处未设柱时，应设置拉结筋，详见结施 G02 结构设计总说明(二)第九条第 4 条；构造柱与填充墙交接处，应设拉结筋，详见结施 G02 结构设计总说明(二)第九条第 5 条。这两种拉筋都在墙内通长布置，可利用砌体墙内通长筋。

(2)结施 G10 标准层板钢筋图中说明第 7 条规定：凡在板上砌隔墙时，应在墙下板内底部增设加强筋，当板跨 $L \leqslant 1\,500$ 时为 2 Φ14，当板跨 $1\,500 < L \leqslant 2\,800$ 时为 3Φ14，并锚固于两端支座内。将结施 G09 标准层梁钢筋图与建施 J04 二-十一层平面图对比发现第 2 层～11 层的板面每层有 4 个位置砌隔墙，分别位于Ⓓ轴上②～④轴、⑱～⑳轴、㉒～㉔轴和㊳～㊵轴，板跨为 2 100 mm，因此，板底设置加强筋为 3Φ14，此部分钢筋一般手算：[单根长为板净跨长加两端锚固长(1.925＋MAX(5×14，200/2)/1 000＋MAX(5×14，150/2)/1 000)＝2.1(m)、每层共 3×4＝12(根)，共 10 层。因此，此类钢筋总长为 2.1×12×10＝252(m)]。

(3)经查看建施 J04 二-十一层平面图可知，①轴与㊶轴上墙对称，对称轴为㉑轴；Ⓒ轴上墙体以㉑轴为对称轴对称；其余墙㉑轴左侧和右侧布置一致，因而若为手动定义并绘制只需绘制①～㉑轴上构件即可，其余轴可运用镜像和复制命令。

(4)构造柱。

1)查阅结施 G10 标准层板钢筋图知本工程第 2～10 层有：

构造柱 GZ：截面 200×200，全部纵筋 4 Φ10，箍筋 Φ6@200、2×2，21 处，较首层相比多了㉑轴上及(⑦，Ⓖ)和(㉗，Ⓖ)3 处。

装饰柱 ZSZ1：L 形截面，全部纵筋 8Φ10，箍筋 Φ6@200，12 处。

2)查阅结施 G13 楼梯结构布置图及节点大样知本工程楼梯间有构造柱梯柱一种，每层 2 个楼梯间共 4 处：

TZ：截面 200×200，全部纵筋 4Φ14，箍筋 Φ6@100、2×2，柱顶标高为层顶标高－1.5 m。

## 二、绘制第 2～10 层砌体墙

第 2～10 层砌体墙与首层砌体墙绘制相同，可基于建施 J04 二-十一层平面图通过 CAD 识别的方式绘制，也可手动定义并绘制。对于本工程，推荐采用 CAD 识别方式绘制第 2～10 层砌体墙，其操作思路为先在第 2 层通过 CAD 识别并根据图纸修改砌体墙布置至完全与图纸吻合后再用“复制到其他层”的方式将砌体墙复制到第 3～10 层。识别时其“识别砌体墙”对话框中信息如图 4-11 所示，按该信息执行“自动识别”后砌体墙布置如图 4-12(a)、(b)所示；需要按 Shift＋Z 键将柱隐藏后对照图纸将没有识别到的砌体墙补齐(如南面 MLC1、C1、C4 所在位置及南北通户型卫生间与餐厅的分隔墙等)，将被门窗洞分隔开不连续的砌体墙用“延伸”或夹点编辑拉伸闭合(如推拉门所在位置等)，修改完成后针对一部分是外墙、一部分是内墙的整条砌体墙进行“打断”操作，打断完成后执行“判断内外墙”命令(也可先执行“判断内外墙”命令再对判断不对的墙体进行“打断”操作后修改内外墙属性)，第 2 层砌体墙布置如图 4-12(c)、(d)所示。先进行“打断”操作再执行“判断内外墙”命令效率更高。

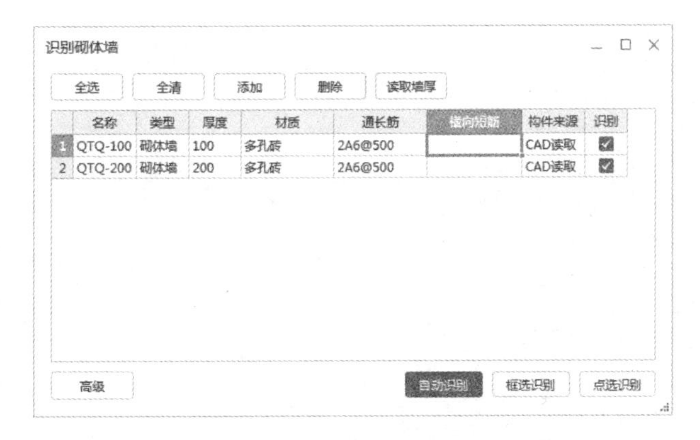


图 4-11　第 2～10 层“识别砌体墙”对话框

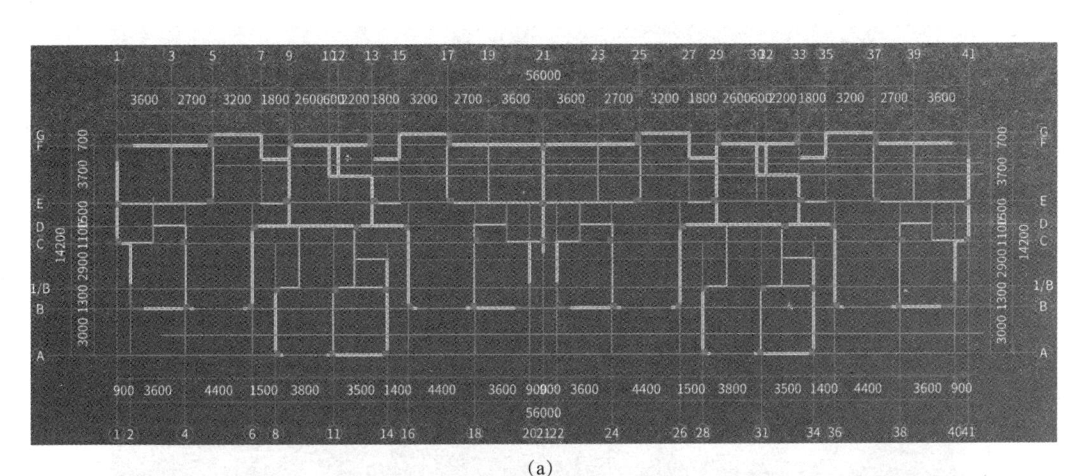

(a)

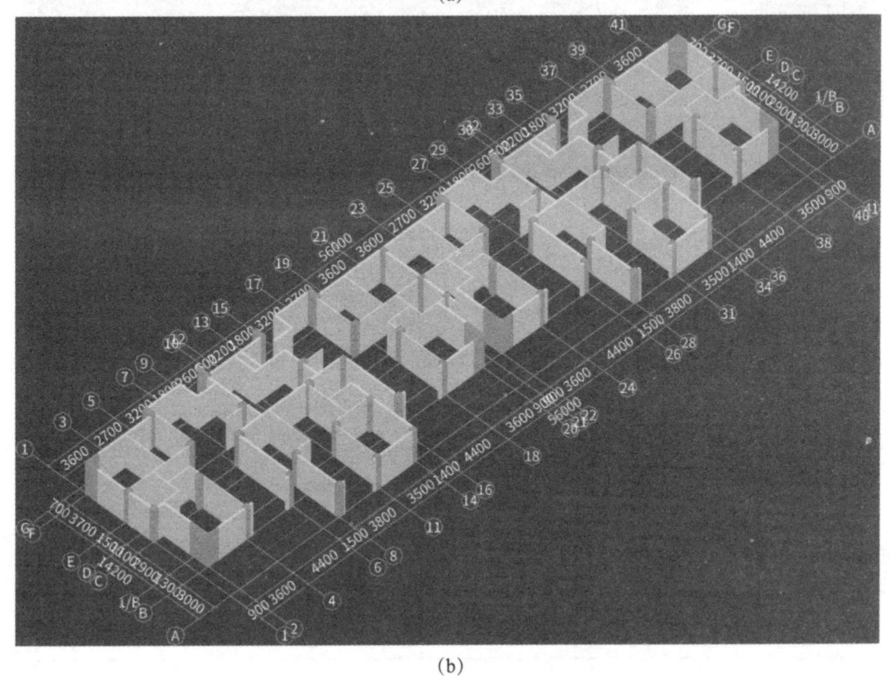

(b)

图 4-12　第 2 层砌体墙效果示意

(a)第 2 层砌体墙自动识别后俯视图；(b)第 2 层砌体墙自动识别后三维图

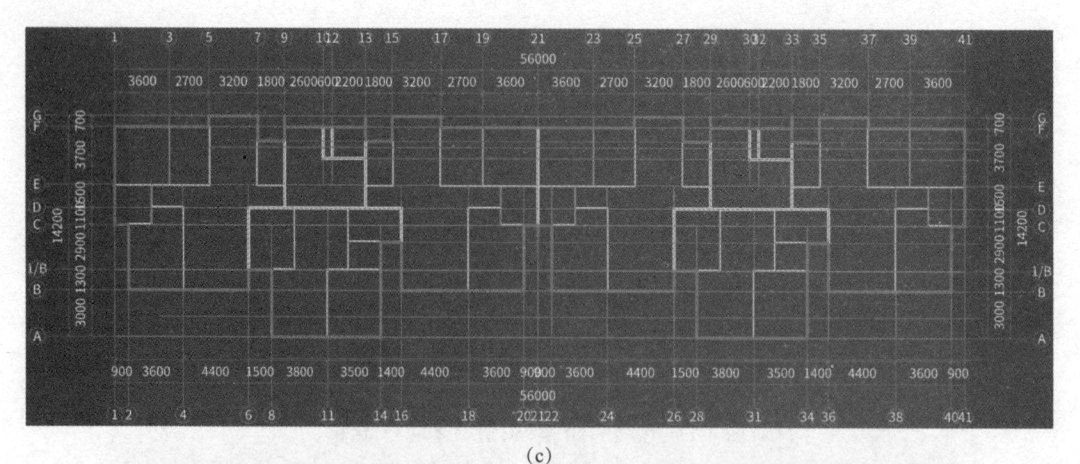


(c)

(d)

**图 4-12　第 2 层砌体墙效果示意图(续)**

(c)第 2 层砌体墙自动识别修改后俯视图；(d)第 2 层砌体墙自动识别修改后三维图

若采用手动定义并绘制时可将二层与首层相同的构件(200 厚的砌体墙 QTQ-200)通过“构件列表”下“层间复制”从首层上将构件复制到二层实现快速定义。

在完成二层墙体绘制后用“复制到其他层”的方式将砌体墙复制到第 3～10 层，为避免重复操作，本工程待构造柱绘制好后再一起进行砌体墙和构造柱层间复制。

## 尝试应用

请完成课堂项目 3 号楼的中间层砌体墙绘制。

本工程上部各层砌体墙的平面布置虽与首层不同，但在构件的识别绘制时，其操作步骤和过程与首层是相同的，我们应该在重复相同的操作时沉下心来，踏踏实实按图纸进行模型创建，

在反复的训练中养成踏实肯干、苦干、实干的工作作风。

技赢未来：砌乐无穷

（来源：芒果 tv 网站）

## 三、绘制第 2～10 层构造柱

第 2～10 层构造柱布置与首层相比多了㉑轴上及（⑦，Ⓖ）和（㉗，Ⓖ）3 处 GZ，因此可以先将首层构造柱用“从其他层复制”的方法复制到第 2 层，再用“点”画法把㉑轴上及（⑦，Ⓖ）和（㉗，Ⓖ）3 处 GZ 画上。第 2 层构造柱画好后如图 4-13（蓝色高亮显示）所示。将第 2 层砌体墙及构造柱复制到第 3～10 层效果如图 4-14 所示。

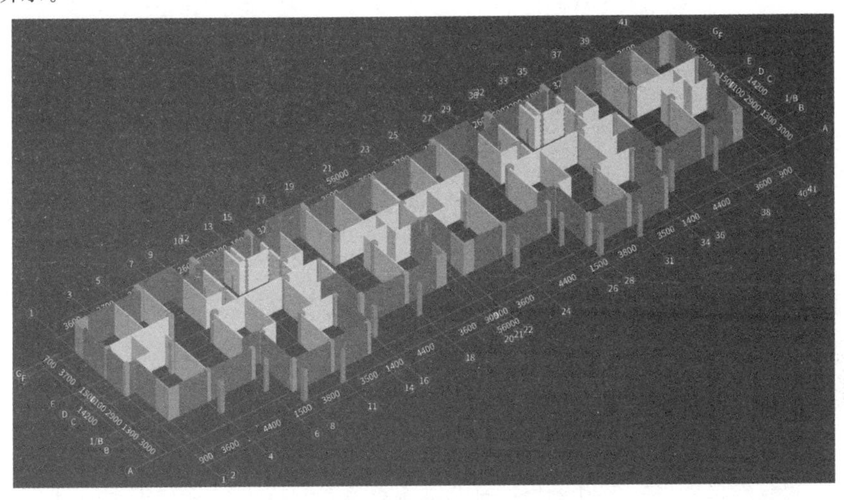


图 4-13　第 2 层构造柱示意图

图 4-14　第 2～10 层砌体墙及构造柱完成三维示意图

尝试应用

请完成课堂项目3号楼的中间层构造柱绘制。

5号楼阶段工程文件：
完成中间层(第2～10层)
砌体墙及钢筋、构造柱

中间层(第2～10层)
砌体墙及钢筋、构造柱
绘制操作小结

# 4.4 中间层(第2～10层)门窗及过梁绘制

## 聚焦项目任务

**知识：** 1. 掌握图元和构件层间复制操作。
2. 掌握生成过梁操作。
3. 掌握从工程图纸中提取卫生间混凝土墙基的信息及其绘制。

**能力：** 1. 能根据图纸确定中间各层门窗及过梁与首层门窗及过梁的异同，并对门窗及过梁不同于首层的部分按此前的方法用图纸识别或手动绘制的方式绘制；能用生成过梁的方式绘制过梁。
2. 能用层间复制命令快速绘制中间各层的门窗及过梁，能在层间复制的基础上对楼层中与源楼层差别极小的部分进行手动修改至真实反映图纸内容。
3. 达到1+X工程造价数字化应用初级、中级关于绘制厨房、卫生间防水上翻构件的相关要求。

**素质：** 从门窗定义时要准确定义其尺寸大小和离地高度、绘制时尽量采用识别或精确布置的方式，做到精确对应图纸，树立精益求精的工匠精神。

中间层(第2～10层)
门窗及过梁绘制导学单及
激活旧知思维导图

微课1：第2层门窗及
挂板绘制

微课2：第2层过梁
绘制

微课3：第3～10层门窗
及过梁与挂板绘制、
卫生间混凝土墙基绘制

## 示证新知

### 一、图纸分析

分析要点：中间各层(第2～10层)门窗及过梁与首层的区别，门窗的类型尺寸及数量；过梁种类及各类型过梁截面、配筋及支承长度，以及工程图纸是否存在对称等情况。

需查阅图纸：门窗布置查阅建施 J00 目录及门窗表、建施 J04 二-十一层平面图；过梁布置查阅建施 J00 目录及门窗表、建施 J01 建筑设计说明、建施 J04 二-十一层平面图、结施 G02 结构设计总说明(二)、结施 G09 标准层梁钢筋图。

分析结果：

(1)门窗：查看本工程建施 J00 目录及门窗表及建施 J04 二-十一层平面图知第 2～10 层门窗情况见表 4-1。

**表 4-1 第 2～10 层门窗信息表**

| 类型 | 编号 | 洞口尺寸/mm | 第 2～9 层每层数量 | 第 10～11 层每层数量 | 离地高 | 备注 |
|---|---|---|---|---|---|---|
| 门 | M1 | 1 000×2 100 | 6 | 6 | 0 | 钢制安全门(乙级防火门) |
| | M2 | 900×2 100 | 16 | 16 | 0 | 平开门(用户自理) |
| | M3 | 800×2 100 | 12 | 12 | 0 | 平开门(用户自理) |
| | M4 | 700×2 100 | 4 | 4 | 0 | 塑钢平开门 |
| | M5 | 600×1 100 | 2 | 2 | 1 500 | 平开门(丙级防火门) |
| | MLC1 | 1 200×2 400 | 2 | 2 | 0 | 塑钢门连窗 |
| | TM1 | 3 200×2 500 | 4 | 4 | 0 | 塑钢推拉门 |
| | TM2 | 2 800×2 500 | 2 | 2 | 0 | 塑钢推拉门 |
| 窗 | C1 | 1 500×1 500 | 8 | 10 | 900 | 塑钢窗 |
| | C2 | 1 300×1 500 | 2 | 2 | 900 | 塑钢窗 |
| | C3 | 900×1 500 | 8 | 8 | 900 | 塑钢窗 |
| | C4 | 600×1 500 | 2 | 2 | 900 | 塑钢平开窗 |
| | C5 | 1 500×1 200 | 2 | 2 | 0 | 塑钢窗 |
| | C6 | 1 800×1 900 | 0 | 4 | 600 | 塑钢窗 |
| | TC1 | 3 000×1 900 | 4 | 0 | 600 | 塑钢窗 |
| | TC2 | 2 700×1 900 | 6 | 4 | 600 | 塑钢窗 |
| 墙洞 | 电梯间门洞 | 1 100×2 100 | 2 | 2 | 0 | 墙洞 |

(2)过梁：查看本工程结施 G02 结构设计总说明(二)可知本工程过梁混凝土为 C25，其设置见表 3-2。

本工程 TM1 和 TM2 洞口高 2 500 mm，上方框架梁截面高 500 mm，层高 3 m，因此，TM1 和 TM2 上方不需设置过梁。M5 和 C4 洞口宽 600 mm<700 mm，上方不需设过梁。

C1 和①轴与④轴上 C3 洞口顶部距离当前层楼面高度为 2 400 mm，上方框架梁截面高 500 mm，层高 3 m，洞口顶距框架梁底为 100 mm，且梁宽等于墙宽，设置与首层 JLM1225 上方一样的挂板，即挂板高度为 100 mm，与结构梁浇为整体，两端伸入墙入长度为 250 mm，并需要增加 2 $\Phi$16 的底部钢筋。第 2～9 层每层共 10 处需绘制该挂板。第 10 层因将原第 2～9 层南面布置的 TC2 改为布置 C1，因此，第 10 层共 12 处需绘制该挂板。

C2 洞口顶部距离当前层楼面高度为 2 400 mm，上方框架梁截面高 400 mm，层高 3 m，洞口顶距框架梁底为 200 mm<(过梁高+120 mm)，且梁宽等于墙宽，按图纸结施 G02 结构设计总说明(二)第九条下第 11 条 1)条图九～10～1b 知洞口上方设置挂板并与结构梁浇为整体，挂

板高 200 mm，两端伸入墙入长度为 250 mm，并需要增加 2Φ16 的底部钢筋，按江西省 2017 版定额规定并入梁内按矩形梁计算。每层共 2 处需绘制该挂板。

其他门窗洞口(除①轴与㊶轴上其他 C3，全部 C5、MLC1、M1、M2、M3、M4、电梯间门洞)上方过梁根据洞口宽度按上述表格设置过梁。

(3)查看建施 J01 建筑设计说明第四条第(一)条第 4 条知：卫生间、水箱间等有水房间的墙体离地面 200 mm 高处，应捣 C20 混凝土墙基。按江西省 2017 版定额规定“与主体结构不同时浇捣的厨房、卫生间等处墙体下部的现浇混凝土翻边执行圈梁相应项目”，因此，该 C20 混凝土墙基按圈梁定义并绘制。

(4)查看建施 J01 建筑设计说明第四条第(三)条第 7 条知门窗定位：所有未注明的垛宽的门窗，均居中安装或留垛 100 mm(或靠柱安装)；外门窗一般居墙中(注明者除外)；卫生间门扇宜高出楼地面 20 mm。

(5)经查看建施 J04 二-十一层平面图可知，①轴㊶轴上门窗及过梁对称，对称轴为㉑轴；Ⓒ轴上门窗及过梁以㉑轴为对称轴对称；其余门窗及过梁㉑轴左侧和右侧布置一致，因而只需绘制①～㉑轴上构件即可，其余轴可运用镜像和复制命令。

## 二、绘制第 2—10 层门窗洞(TC1、TC2 除外)

第 2～10 层门窗布置与首层有较大区别，其中第 10 层门窗布置与第 2～9 层门窗区别在于原第 2～9 层南面的 TC1 到了第 10 层以上全部改为布置 C6、原第 2～9 层南面的 TC2 到了第 10 层以上全部改为布置 C1。总体绘制思路为：将“电梯间墙洞”从首层复制到第 2 层→用 CAD 识别或手动绘制的方法将第 2 层除 TC1、TC2 外的其他门窗全部绘制好→用“复制到其他层”将第 2 层除未绘制的 TC1、TC2 外绘制好的所有门窗复制到第 3～10 层→在第 10 层把南面的 C1 和 C6 布置好即可。

### 小提示

*此处未提及手动定义门窗是在首层识别门窗表时已在各层完成除 TC1 和 TC2 外其他门窗的定义。*

对于矩形门窗来说，识别门窗洞和手动布置门窗在首层门窗及过梁绘制中进行了详尽的介绍，此处不再赘述。

识别门窗洞时建议采用“点选识别”，准确度更高。若采用“自动识别”，则在识别后会因没有 TC1 和 TC2 构件而弹出图 4-15 所示的“校核门窗”对话框。通过自动识别门窗洞需要将软件自动识别到的绘图区 TC1 和 TC2 图元与构件列表中的 TC1 和 TC2 构件均删除，同时还需要对部分识别位置不对的门窗图元位置进行调整，调整完成后第 2 层门窗示意如图 4-16 所示。绘制完第 2 层门窗洞后，为避免重复操作，待过梁绘制完成后再一起复制到第 3～10 层。

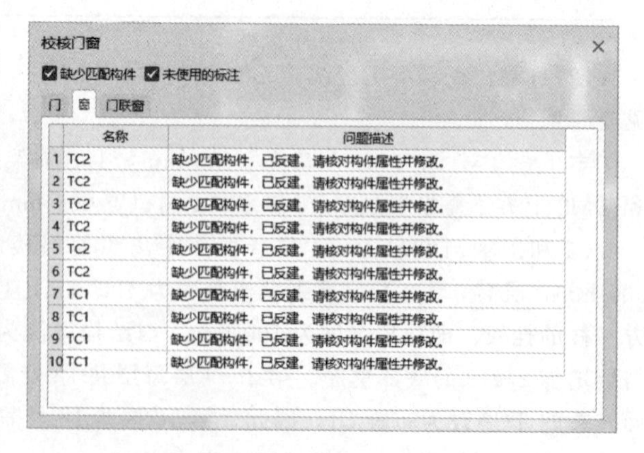

图 4-15 自动识别第 2 层门窗洞弹出的校核门窗对话框

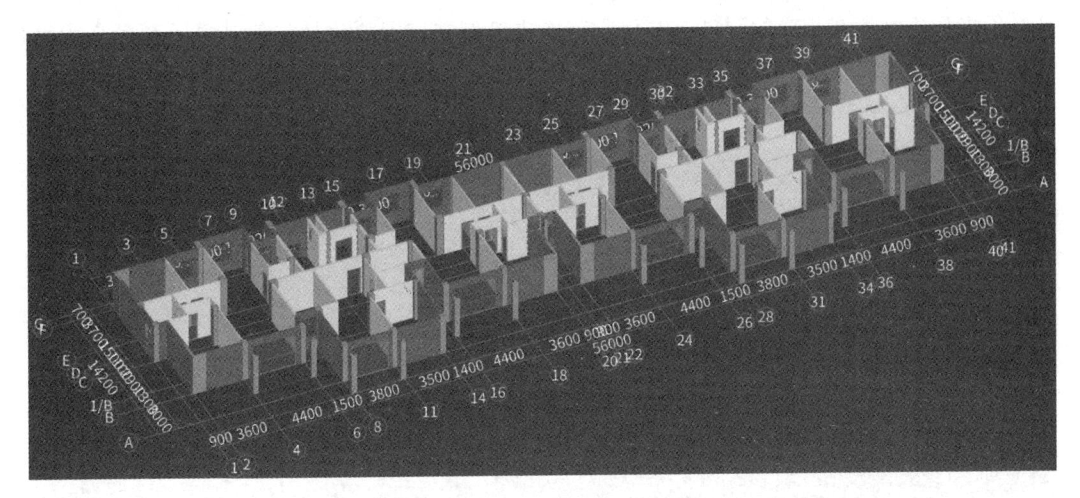

图 4-16　第 2 层门窗洞示意

## 尝试应用

请完成课堂项目 3 号楼的第 2 层门窗洞绘制。

电梯间墙洞虽然未在门窗表中表述，但依然要绘制，因为门窗洞口的设置会影响到工程中砌体墙、过梁甚至构造柱的设置及工程量，因此在门窗绘制时要对照图纸力求精确，包括门窗的数量、门窗定义时尺寸大小和离地高度要正确，绘制时其平面位置也应与图纸保持一致。这就要求我们在建模时要保持精益求精、追求更完美的工作态度，以工匠精神要求自己认真做好每一件事。

大国工匠梅琳：
精益求精的追梦者
（来源：央视网）

## 三、绘制第 2～10 层过梁及挂板

### 1. 挂板定义与绘制

此处先介绍挂板绘制，对于截面高度为 100 的挂板可以先在“楼层及构件切换区”中将楼层切换到首层，将左侧模块导航栏切换到“梁”下“梁”，用“构件列表”中“层间复制”将首层上“JLM1 225 上方挂板”构件复制到第 2 层，但注意修改挂板顶标高为“层顶标高－0.5”，可改挂板名称也可不改，此处为不致产生混淆，将复制上来的挂板名称改为用截面尺寸标识的名称“200 * 100 挂板”，如图 4-17 所示。在“200 * 100 挂板”的基础上复制新建“200 * 200 挂板”并修改其相关属性如图 4-18 所示，注意将其增加的“其他箍筋”长度改为 400 mm。

200*100挂板
200*200挂板
▾ 非框架梁

属性列表　图层管理

| | 属性名称 | [illegible] | 附加 |
|---|---|---|---|
| 1 | 名称 | 200*100挂板 | |
| 2 | 结构类别 | 楼层框架梁 | ☐ |
| 3 | 跨数量 | | ☐ |
| 4 | 截面宽度(mm) | 200 | ☐ |
| 5 | 截面高度(mm) | 100 | ☐ |
| 6 | 轴线距梁左边... | (100) | ☐ |
| 7 | 箍筋 | | ☐ |
| 8 | 肢数 | 2 | |
| 9 | 上部通长筋 | | ☐ |
| 10 | 下部通长筋 | 2⌀16 | ☐ |
| 11 | 侧面构造或受... | | ☐ |
| 12 | 拉筋 | | ☐ |
| 13 | 定额类别 | 板底梁 | ☐ |
| 14 | 材质 | 现浇混凝土 | ☐ |
| 15 | 混凝土类型 | (现浇砼 卵石4... | ☐ |
| 16 | 混凝土强度等级 | (C25) | ☐ |
| 17 | 混凝土外加剂 | (无) | |
| 18 | 泵送类型 | (混凝土泵) | |
| 19 | 泵送高度(m) | | |
| 20 | 截面周长(m) | 0.6 | ☐ |
| 21 | 截面面积(m²) | 0.02 | ☐ |
| 22 | 起点顶标高(m) | 层顶标高-0.5 | ☐ |
| 23 | 终点顶标高(m) | 层顶标高-0.5 | ☐ |
| 24 | 备注 | | ☐ |
| 25 | ⊟ 钢筋业务属性 | | |
| 26 | 其它钢筋 | | |
| 27 | 其它箍筋 | 1 | ☐ |
| 28 | 保护层厚... | (25) | ☐ |
| 29 | 钢筋汇总... | (梁) | ☐ |
| 30 | 抗震等级 | (三级抗震) | ☐ |

图 4-17　“200 * 100 挂板”属性列表

200*100挂板
200*200挂板
▾ 非框架梁

属性列表　图层管理

| | 属性名称 | [illegible] | 附加 |
|---|---|---|---|
| 1 | 名称 | 200*200挂板 | |
| 2 | 结构类别 | 楼层框架梁 | ☐ |
| 3 | 跨数量 | | ☐ |
| 4 | 截面宽度(mm) | 200 | ☐ |
| 5 | 截面高度(mm) | 200 | ☐ |
| 6 | 轴线距梁左边... | (100) | ☐ |
| 7 | 箍筋 | | ☐ |
| 8 | 肢数 | 2 | |
| 9 | 上部通长筋 | | ☐ |
| 10 | 下部通长筋 | 2⌀16 | ☐ |
| 11 | 侧面构造或受... | | ☐ |
| 12 | 拉筋 | | ☐ |
| 13 | 定额类别 | 板底梁 | ☐ |
| 14 | 材质 | 现浇混凝土 | ☐ |
| 15 | 混凝土类型 | (现浇砼 卵石4... | ☐ |
| 16 | 混凝土强度等级 | (C25) | ☐ |
| 17 | 混凝土外加剂 | (无) | |
| 18 | 泵送类型 | (混凝土泵) | |
| 19 | 泵送高度(m) | | |
| 20 | 截面周长(m) | 0.8 | ☐ |
| 21 | 截面面积(m²) | 0.04 | ☐ |
| 22 | 起点顶标高(m) | 层顶标高-0.4 | ☐ |
| 23 | 终点顶标高(m) | 层顶标高-0.4 | ☐ |
| 24 | 备注 | | ☐ |
| 25 | ⊟ 钢筋业务属性 | | |
| 26 | 其它钢筋 | | |
| 27 | 其它箍筋 | 1 | ☐ |
| 28 | 保护层厚... | (25) | ☐ |
| 29 | 钢筋汇总... | (梁) | ☐ |
| 30 | 抗震等级 | (三级抗震) | ☐ |

图 4-18　“200 * 200 挂板”属性列表

定义好了之后用直线在相应的洞口上方相应范围内绘制并进行原位标注使其显示颜色变为绿色即完成绘制，绘制时建议打开CAD底图以便捕捉到洞口端点，绘制完成后C1上方“200＊100挂板”局部示意如图4-19所示。

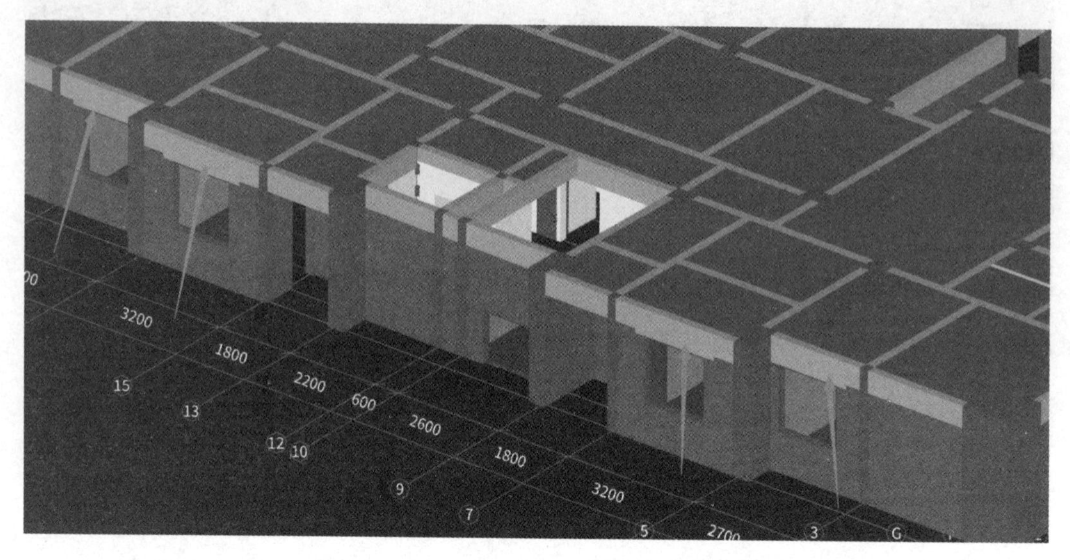


图4-19　C1上方“200＊100挂板”局部示意

**2. 过梁绘制**

**方法一：手动定义并绘制过梁**

定义过梁：在左侧模块导航栏切换到“门窗洞”下“过梁”，楼层切换到“第2层”。根据图纸分析结果，中间层有两种过梁，截面均为墙厚×120，可将首层的GL-120构件复制到第2层，再基于GL-120构件复制新建配筋较少的120高过梁，同时为区分将构件名称改为“GL-120少筋”，根据图纸信息修改相应属性如图4-20所示。

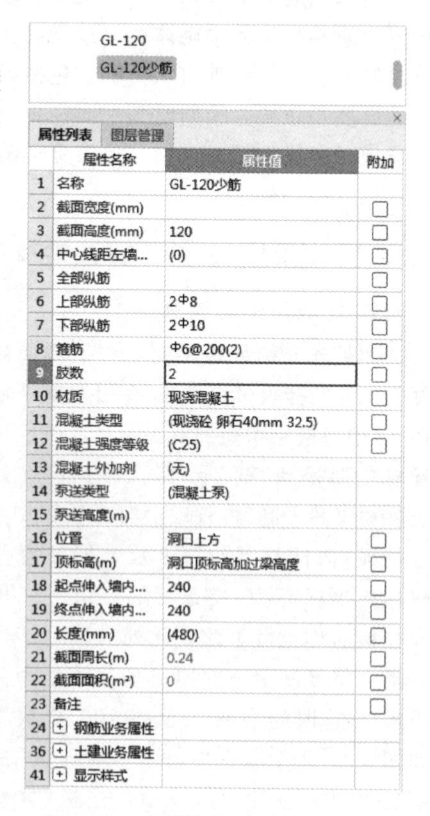

GL-120
GL-120少筋

属性列表　图层管理

| | 属性名称 | 属性值 | 附加 |
|---|---|---|---|
| 1 | 名称 | GL-120少筋 | |
| 2 | 截面宽度(mm) | | ☐ |
| 3 | 截面高度(mm) | 120 | ☐ |
| 4 | 中心线距左墙... | (0) | ☐ |
| 5 | 全部纵筋 | | ☐ |
| 6 | 上部纵筋 | 2Φ8 | ☐ |
| 7 | 下部纵筋 | 2Φ10 | ☐ |
| 8 | 箍筋 | Φ6@200(2) | ☐ |
| 9 | 肢数 | 2 | ☐ |
| 10 | 材质 | 现浇混凝土 | ☐ |
| 11 | 混凝土类型 | (现浇砼 卵石40mm 32.5) | ☐ |
| 12 | 混凝土强度等级 | (C25) | ☐ |
| 13 | 混凝土外加剂 | (无) | |
| 14 | 泵送类型 | (混凝土泵) | |
| 15 | 泵送高度(m) | | |
| 16 | 位置 | 洞口上方 | ☐ |
| 17 | 顶标高(m) | 洞口顶标高加过梁高度 | ☐ |
| 18 | 起点伸入墙内... | 240 | ☐ |
| 19 | 终点伸入墙内... | 240 | ☐ |
| 20 | 长度(mm) | (480) | ☐ |
| 21 | 截面周长(m) | 0.24 | ☐ |
| 22 | 截面面积(m²) | 0 | ☐ |
| 23 | 备注 | | ☐ |
| 24 | ⊕ 钢筋业务属性 | | |
| 36 | ⊕ 土建业务属性 | | |
| 41 | ⊕ 显示样式 | | |

图4-20　配筋较少的过梁“GL-120少筋”属性信息

绘制过梁：选择要绘制的过梁“GL-120”→单击“智能布置”下“门、窗、门联窗、墙洞、带型窗、带型洞”→按F3键在弹出的批量选择对话框中选择C5、MLC1和电梯间门洞后单击“确定”按钮→在绘图区选中的门窗会蓝色高亮显示，无误后右击确认即完成绘制。绘制“GL-120少筋”则批量选择M1、M2、M3、M4、C3进行智能布置，但布置后要注意将①轴和㊶轴C3上方的过梁删除，这两处布置了挂板，不能重复布置。MLC1上方过梁因两端墙体原因，两端伸入长度均应修改为200 mm。

**方法二：生成过梁**

第2～10层相比首层需要布置过梁的洞口比较多，且本工程图纸在结施G02结构设计总说明(二)对过梁布置进行了统一说明，因此，也可以用“生成过梁”来布置第2～10层过梁，可先在第2层布置再用层间复制的方式复制过梁图元到其他楼层。其操作步骤为：先确保楼层在第2层→

单击左侧模块导航栏切换到“门窗洞”下“过梁”→单击“过梁二次编辑”功能分区下“生成过梁”，弹出“生成过梁”对话框，如图 4-21(a)所示→按照要生成过梁的门窗洞宽度大小根据图纸规定录入过梁布置条件，选择“选择图元”生成方式，不勾选“覆盖同位置过梁”，如图 4-21(b)所示，完成设置后单击“确定”按钮→按 F3 键在弹出的批量选择对话框中选择需要布置过梁的门窗洞构件(M1—M4、C5、MLC1、电梯间门洞和 C3)后单击“确定”按钮→软件会高亮显示选中的门窗洞构件，确认无误后单击鼠标右键确认即完成布置，软件会自动弹出图 4-22 所示的提示对话框。需要注意的是①轴和④轴上 C3 上方因布置了挂板后不需要布置过梁，因此，要将这两处生成的过梁删除。



(a)

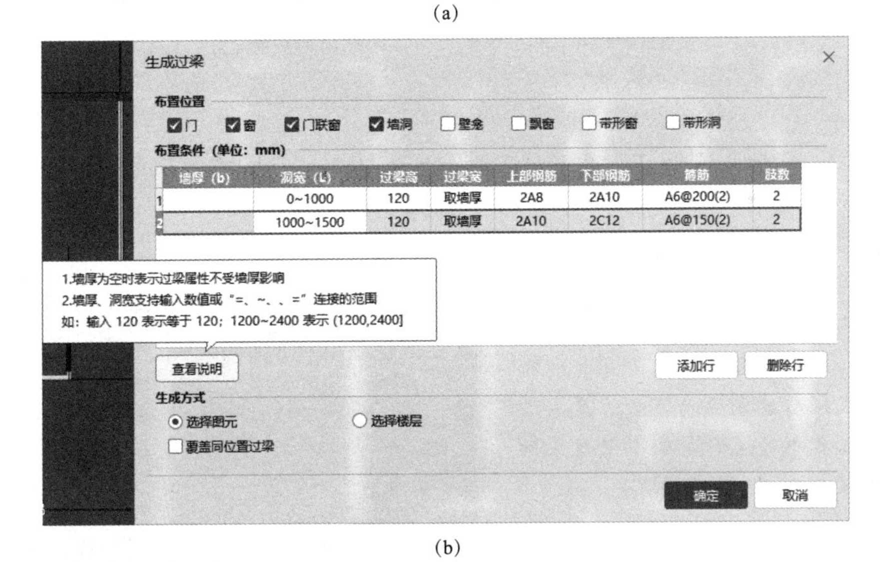


(b)

图 4-21　生成过梁对话框

图 4-22　生成过梁提示对话框

GTJ2021 软件“生成过梁”操作生成的过梁构件属性值“18 起点伸入墙内长度”和“19 终点伸入墙内长度”均按默认的 250 设置且在遇墙端时会自动适应端部墙体尺寸，对于本工程需要将这两个属性值改为 240。需要注意的是这两项均为私有属性，需要选中已绘制的过梁图元进行这两项属性的修改。在实际操作中选中全部构件并将过梁构件属性值“18 起点伸入墙内

长度”和“19 终点伸入墙内长度”均改为 240 后，部分位于端部的过梁可能会伸出墙体外部，针对这种情况要将过梁突出墙体的部分进行长度调整(共 8 根过梁长度需调整，操作步骤为选中相应过梁图元修改“18 起点伸入墙内长度”或“19 终点伸入墙内长度”属性值)，使其不突出墙体、不重叠布置。全部绘制完成后可通过三维视图同时查看过梁和挂板以检查过梁是否绘制完成。如本工程第 2 层过梁及挂板绘制完成后如图 4-23 所示。

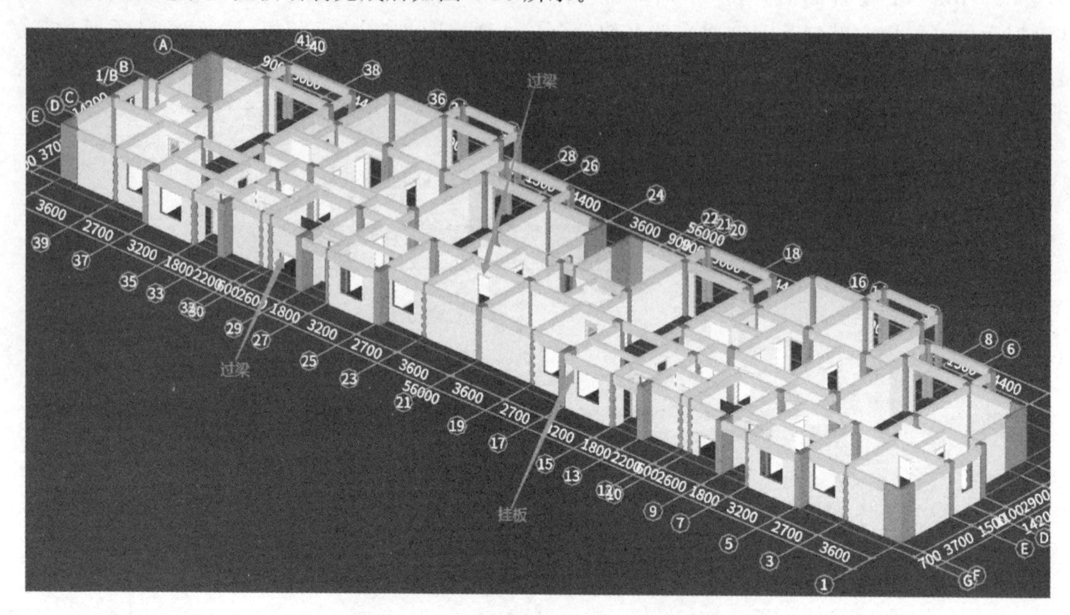


图 4-23　本工程第 2 层过梁及挂板示意

“生成过梁”反建的“GL-2”构件与首层手动定义的“GL-120”为相同构件。

## 小提示

本工程中经图纸分析后过梁种类少且过梁伸入墙内的长度为 240 mm 而非默认的 250 mm，因而采用手动定义并智能布置过梁的方式进行绘制更为高效。生成过梁比较适合工程中过梁种类较多且过梁两端伸入墙长度为 250 mm 的情况。

用“复制到其他层”将第 2 层门窗洞及过梁与挂板复制到第 3～10 完成上部各中间层门窗洞及过梁与挂板绘制。将楼层切换到第 10 层，将原第 2～9 层南面布置 TC1、原第 2～9 层南面布置 TC2 的位置分别布置 C6(共 4 处)、C1(共 2 处)，并在 C1 上方布置“200 * 100 挂板”。绘制完成的中间各层门窗及过梁与挂板如图 4-24 所示。

图 4-24　中间各层门窗及过梁与挂板完成绘制示意

## 尝试应用

请完成课堂项目 3 号楼的中间层过梁绘制。

## 四、厨房卫生间 200 mm 高 C20 混凝土墙基绘制

根据图纸分析结果第(3)条，卫生间、水箱间等有水房间的墙体离地面 200 mm 高处应捣 C20 混凝土墙基，按江西省 2017 版定额规定该部分构件按圈梁计算，接下来介绍这个部位构件的定义与绘制。

先将楼层切换至第 2 层，单击左侧模块导航栏切换到“梁”下“圈梁”，单击“新建矩形圈梁”修改相应属性值，因卫生间有 100 mm 和 200 mm 两种厚度的墙体，因此，定义 100×200 和 200×200 两种截面的圈梁，其内无钢筋，需注意两点：一是其混凝土等级为 C20；二是其顶标高为“层底标高＋0.2 m”，如图 4-25 所示。圈梁的定义过程和其各项属性值详参首层梁绘制中拓展阅读相应内容，此处不再赘述。其绘制按直线配合 F4 键对齐绘制即可，完成第 2 层绘制后用“复制到其他层”复制到第 3～10 层即可。第 2 层绘制完成的卫生间 C20 混凝土墙基局部示意如图 4-26 所示。

▾ 圈梁

C20混凝土墙基100*200

C20混凝土墙基200*200

属性列表　图层管理

| | 属性名称 | 属性值 | 附加 |
|---|---|---|---|
| 1 | 名称 | C20混凝土墙基1... | |
| 2 | 截面宽度(mm) | 100 | ☐ |
| 3 | 截面高度(mm) | 200 | ☐ |
| 4 | 轴线距梁左边... | (50) | ☐ |
| 5 | 上部钢筋 | | ☐ |
| 6 | 下部钢筋 | | ☐ |
| 7 | 箍筋 | | ☐ |
| 8 | 肢数 | 2 | |
| 9 | 材质 | 现浇混凝土 | ☐ |
| 10 | 混凝土类型 | (现浇砼 卵石40m... | ☐ |
| 11 | 混凝土强度等级 | C20 | ☐ |
| 12 | 混凝土外加剂 | (无) | |
| 13 | 泵送类型 | (混凝土泵) | |
| 14 | 泵送高度(m) | | |
| 15 | 截面周长(m) | 0.6 | ☐ |
| 16 | 截面面积(m²) | 0.02 | ☐ |
| 17 | 起点顶标高(m) | 层底标高+0.2 | ☐ |
| 18 | 终点顶标高(m) | 层底标高+0.2 | ☐ |
| 19 | 备注 | | ☐ |
| 20 | ⊞ 钢筋业务属性 | | |
| 34 | ⊞ 土建业务属性 | | |
| 42 | ⊞ 显示样式 | | |

C20混凝土墙基100*200

C20混凝土墙基200*200

属性列表　图层管理

| | 属性名称 | 属性值 | 附加 |
|---|---|---|---|
| 1 | 名称 | C20混凝土墙基2... | |
| 2 | 截面宽度(mm) | 200 | ☐ |
| 3 | 截面高度(mm) | 200 | ☐ |
| 4 | 轴线距梁左边... | (100) | ☐ |
| 5 | 上部钢筋 | | ☐ |
| 6 | 下部钢筋 | | ☐ |
| 7 | 箍筋 | | ☐ |
| 8 | 肢数 | 2 | |
| 9 | 材质 | 现浇混凝土 | ☐ |
| 10 | 混凝土类型 | (现浇砼 卵石40m... | ☐ |
| 11 | 混凝土强度等级 | C20 | ☐ |
| 12 | 混凝土外加剂 | (无) | |
| 13 | 泵送类型 | (混凝土泵) | |
| 14 | 泵送高度(m) | | |
| 15 | 截面周长(m) | 0.8 | ☐ |
| 16 | 截面面积(m²) | 0.04 | ☐ |
| 17 | 起点顶标高(m) | 层底标高+0.2 | ☐ |
| 18 | 终点顶标高(m) | 层底标高+0.2 | ☐ |
| 19 | 备注 | | ☐ |
| 20 | ⊞ 钢筋业务属性 | | |
| 34 | ⊞ 土建业务属性 | | |
| 42 | ⊞ 显示样式 | | |

图 4-25　C20 混凝土墙基属性列表

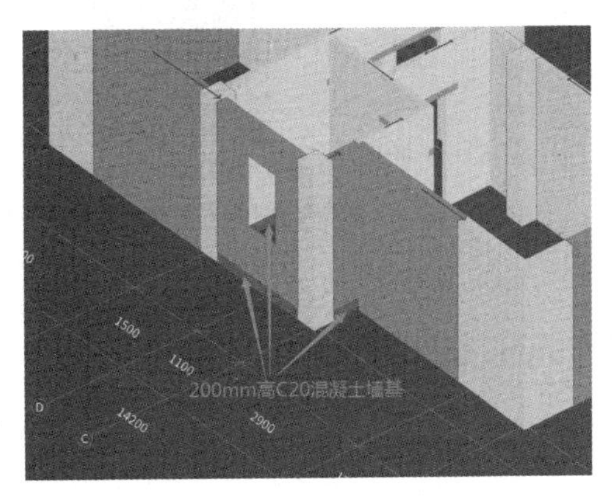


图 4-26　第 2 层卫生间 C20 混凝土墙基局部示意图

## 尝试应用

请完成课堂项目 3 号楼卫生间、操作间混凝土坎的绘制。

5 号楼阶段工程文件：完成中间层(第 2～10 层)门窗及过梁

中间层(第 2～10 层)门窗及过梁绘制操作小结

# 任务5　顶层及出屋面层主体构件绘制

## 5.1　第11层及屋面层墙柱、梁绘制

### 聚焦项目任务

**知识：** 1. 掌握顶层柱、梁绘制操作，掌握顶层判断边角柱。
2. 掌握柱标高修改。
3. 掌握在同一平面位置绘制不同标高的梁。

**能力：** 1. 能用图纸识别或手动绘制的方式绘制顶层及屋面层的柱、梁。
2. 能根据图纸确定顶层及屋面层柱、梁与下部各层柱、梁的异同，并对柱、梁不同于下部各层的楼层柱梁按此前的方法用图纸识别或手动绘制的方式绘制。

**素质：** 混凝土可以根据需要浇注成各种形状的构件，类比个体应不断提升自己的能力，全面发展，提高自身环境适应能力。

第11层及屋面层墙柱、梁绘制导学单及激活旧知思维导图

微课：第11层及屋面层墙柱、梁绘制

### 示证新知

### 一、图纸分析

分析要点：顶层(第11层)及屋面层墙柱与下部各层的区别，各层不同截面、不同配筋的柱数量及各柱的纵筋(角筋和边筋)和箍筋配筋情况，工程图纸是否存在对称等情况。顶层(第11层)及屋面层梁与下部各层的区别，各层不同类型(如框架梁与非框架梁等)或不同配筋的梁数量、梁截面类型及配筋信息，主次梁及梁之间的支承关系，以及工程图纸是否存在对称等情况。

需查阅图纸：结施G07 8.970 m以上墙柱网平面布置图、结施G11屋面层梁钢筋图、结施G12屋面层板钢筋图、结施G13楼梯结构布置图及节点大样。

分析结果：

(1)第11层。

1)第11层墙柱布置与第10层完全相同。

2)查看结施G11屋面层梁钢筋图和结施G13楼梯结构布置图及节点大样知本工程11层梁布置如下：

屋面框架梁：WKL1～WKL22，其中WKL3、WKL7、WKL9、WKL11、WKL14截面为200×400，WKL15、WKL16、WKL17截面为200×550，其余屋面框架梁截面为200×500。

非框架梁：L1～L4，其中L1、L2、L3截面为200×400，L4截面为200×350。

经查看结施G11可知，①轴上WKL1、Ⓒ轴上WKL16、Ⓕ轴上WKL19以㉑轴为对称轴，两边对称。除以上梁和㉑轴上WKL11、Ⓒ轴上WKL15、Ⓔ轴上WKL18、Ⓕ轴上WKL21以外，其余①轴至㉑轴之间的梁与㉑轴至㊶轴之间梁一样，可以复制。

(2)屋面层。

1)查看结施G12屋面层板钢筋图知本工程屋面层有柱三种：

KZ1：截面400×400，全部纵筋12Φ16，箍筋Φ8@100/200、3×3，标高32.97～37.27 m，在Ⓔ轴与⑨轴、⑬轴、㉙轴、㉝轴交点处。

Z2：截面400×200，全部纵筋6 Φ14，箍筋Φ6@100、2×2，标高32.97～37.27 m。

LZ：截面200×200，全部纵筋4 Φ12，箍筋Φ6@100、2×2，标高32.97～34.57 m，此为梁上柱。

2)查看结施G11屋面层梁钢筋图知本工程屋面层有梁四种：

机房L1：截面200×400，上部纵筋2Φ14，下部纵筋2Φ14，箍筋Φ6@100(2)，梁面标高34.6 m。

冲顶L1：截面200×450，上部纵筋2Φ16，下部纵筋2Φ16，箍筋Φ8@100/200(2)，梁面标高37.27 m。

冲顶L2：截面200×450，上部纵筋2Φ16，下部纵筋2Φ16，箍筋Φ8@100/200(2)，梁面标高37.27 m。

冲顶L3：截面200×450，上部纵筋2Φ14，下部纵筋2Φ18，箍筋Φ6@200(2)，梁面标高37.27 m。

## 二、绘制第11层及屋面层墙柱

### 1. 绘制第11层墙柱

第11层墙柱与第10层完全一致，用“从其他层复制”将第10层墙柱复制到第11层即可。

### 2. 绘制屋面层墙柱

屋面层Ⓔ轴与⑨轴、⑬轴、㉙轴、㉝轴交点处KZ1可以执行“复制到其他层”命令从第11层复制上来。其操作步骤为：切换到第11层，选择Ⓔ轴与⑨轴、⑬轴、㉙轴、㉝轴交点处KZ1→单击“通用操作”功能分区下“复制到其他层”，在弹出的对话框中选择目标楼层“屋面层”，单击“确定”按钮成复制。

Z2和LZ在下部楼层没有，因此要屋面层重新定义。单击左侧导航栏中“柱”下“柱”，单击“构件列表”中“新建”下“新建矩形柱”，在“属性列表”中根据图纸信息填写相应内容。LZ为梁上柱，未到层顶，仍按框柱定义，定义时注意修改其顶标高，Z2和LZ属性列表如图5-1所示。Z2和LZ也可分别到电梯冲顶层板钢筋图和电梯机房层板钢筋图两个图上通过“识别柱大样”的方式新建构件。

Z2和LZ定义好后可用“点”结合“Shift＋左键”、F4键、“复制”的方式来绘制，也可以不用F4键在绘制完成后再用“查改标注”来处理其偏心情况。在有CAD底图的情况下可以直接用“点”结合F4键绘制。

在完成⑨～⑬轴墙柱绘制后可用“复制”命令绘制㉙～㉝轴墙柱。图5-2所示工程屋面层⑨～⑬轴墙柱示意图。

|  | 属性名称 | 属性值 | 附加 |
| --- | --- | --- | --- |
| 1 | 名称 | Z2 |  |
| 2 | 结构类别 | 框架柱 | ☐ |
| 3 | 定额类别 | 普通柱 | ☐ |
| 4 | 截面宽度(B边)(... | 400 | ☐ |
| 5 | 截面高度(H边)(... | 200 | ☐ |
| 6 | 全部纵筋 | 6Φ14 | ☐ |
| 7 | 角筋 |  | ☐ |
| 8 | B边一侧中部筋 |  | ☐ |
| 9 | H边一侧中部筋 |  | ☐ |
| 10 | 箍筋 | Φ6@100(2*2) | ☐ |
| 11 | 节点区箍筋 |  | ☐ |
| 12 | 箍筋肢数 | 2*2 |  |
| 13 | 柱类型 | (中柱) | ☐ |
| 14 | 材质 | 现浇混凝土 | ☐ |
| 15 | 混凝土类型 | (现浇砼 卵石40mm 32.5) | ☐ |
| 16 | 混凝土强度等级 | (C25) | ☐ |
| 17 | 混凝土外加剂 | (无) |  |
| 18 | 泵送类型 | (混凝土泵) |  |
| 19 | 泵送高度(m) |  |  |
| 20 | 截面面积(m²) | 0.08 | ☐ |
| 21 | 截面周长(m) | 1.2 | ☐ |
| 22 | 顶标高(m) | 层顶标高 | ☐ |
| 23 | 底标高(m) | 层底标高 | ☐ |
| 24 | 备注 |  | ☐ |
| 25 | ⊞ 钢筋业务属性 |  |  |
| 43 | ⊞ 土建业务属性 |  |  |
| 50 | ⊞ 显示样式 |  |  |

|  | 属性名称 | 属性值 | 附加 |
| --- | --- | --- | --- |
| 1 | 名称 | LZ |  |
| 2 | 结构类别 | 框架柱 | ☐ |
| 3 | 定额类别 | 普通柱 | ☐ |
| 4 | 截面宽度(B边)(... | 200 | ☐ |
| 5 | 截面高度(H边)(... | 200 | ☐ |
| 6 | 全部纵筋 | 4Φ12 | ☐ |
| 7 | 角筋 |  | ☐ |
| 8 | B边一侧中部筋 |  | ☐ |
| 9 | H边一侧中部筋 |  | ☐ |
| 10 | 箍筋 | Φ6@100(2*2) | ☐ |
| 11 | 节点区箍筋 |  | ☐ |
| 12 | 箍筋肢数 | 2*2 |  |
| 13 | 柱类型 | (中柱) | ☐ |
| 14 | 材质 | 现浇混凝土 | ☐ |
| 15 | 混凝土类型 | (现浇砼 卵石40mm 32.5) | ☐ |
| 16 | 混凝土强度等级 | (C25) | ☐ |
| 17 | 混凝土外加剂 | (无) |  |
| 18 | 泵送类型 | (混凝土泵) |  |
| 19 | 泵送高度(m) |  |  |
| 20 | 截面面积(m²) | 0.04 | ☐ |
| 21 | 截面周长(m) | 0.8 | ☐ |
| 22 | 顶标高(m) | 层底标高+1.6 | ☐ |
| 23 | 底标高(m) | 层底标高 | ☐ |
| 24 | 备注 |  | ☐ |
| 25 | ⊞ 钢筋业务属性 |  |  |
| 43 | ⊞ 土建业务属性 |  |  |
| 50 | ⊞ 显示样式 |  |  |

图 5-1　屋面层 Z2、LZ 属性列表

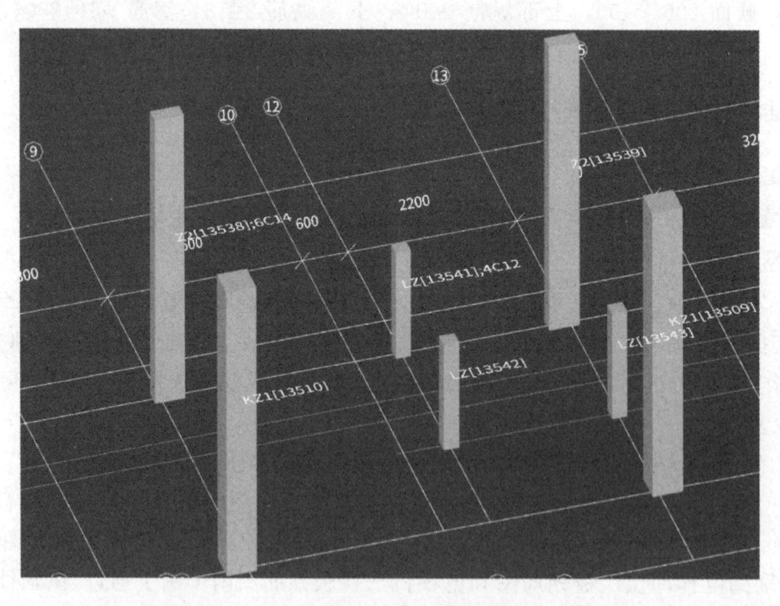


图 5-2　本工程屋面层⑨～⑬轴墙柱示意图

## 尝试应用

请完成课堂项目 3 号楼的屋面层及出屋面层墙柱绘制。

## 三、绘制第 11 层及屋面层梁

### 1. 绘制第 11 层梁

第 11 层梁与标准层梁区别在于第 11 层梁为屋面框架梁。其绘制与首层梁绘制步骤相同，可采用 CAD 图纸识别或手动定义并绘制的方式进行，此处不赘述。

### 2. 绘制电梯机房层(标高 34.57 m 处)梁

单击左侧模块导航栏“梁”下“梁”，在“图纸管理”中双击“电梯机房层梁钢筋图”进入图纸，因图纸管理时已将该图纸对应到屋面层，因此，双击图纸后楼层会自动切换到屋面层。与首层梁绘制一样，可以用 CAD 图纸识别或手动定义并绘制的方式绘制电梯机房层梁，此处推荐使用 CAD 图纸识别方法。但需要注意的是，因电梯机房层梁顶标高为 34.57 m，与屋面层层顶标高 37.27 m 不同，因此，过图纸识别出来的机房 L1 的标高需要进行修改，跨数也不对，会曝红，如图 5-3(a)所示。需要进行两步修改：第一步，选中所有“机房 L1”图元，将其“22 起点顶标高”“23 终点顶标高”均修改为“层底标高＋1.6”(标高为 34.57，相对于层底标高 32.97 高 1.6 m，建议使用相对标高设置成“层底标高＋1.6”)；第二步，对曝红的“机房 L1”进行“编辑支座”操作，两项修改完成后效果如图 5-3(b)所示，在该基础上进行原位标注操作即完成了⑨～⑬轴电梯机房层梁绘制。待⑨～⑬轴电梯冲顶层梁绘制完成后一起复制到㉙～㉝轴。

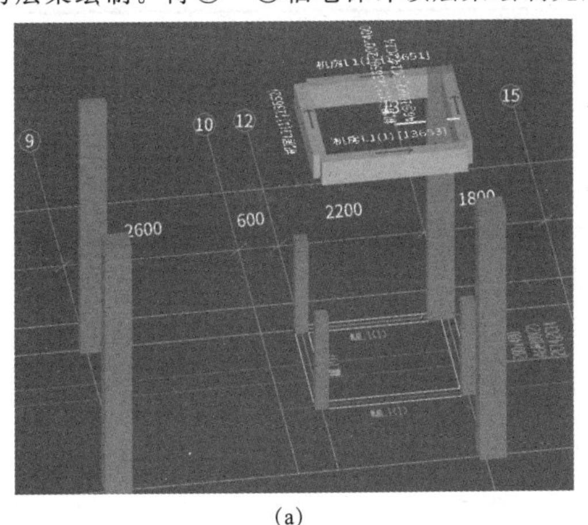

(a)

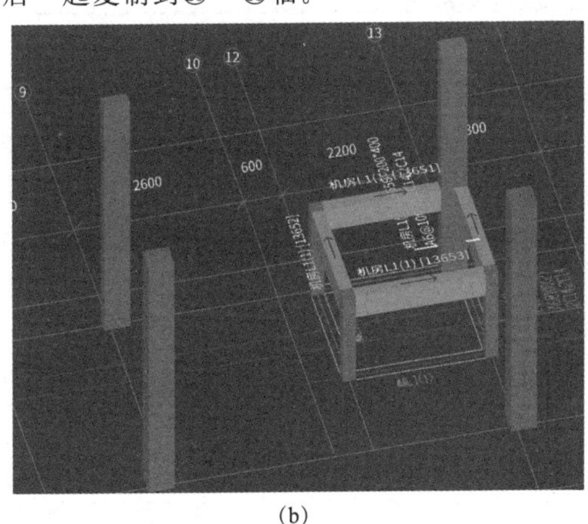

(b)

图 5-3　机房层“机房 L1”示意图

### 3. 绘制电梯冲顶层(标高 37.27 m 处)梁

电梯冲顶层梁绘制用 CAD 图纸识别或手动定义并绘制的方式进行，此处推荐使用 CAD 图纸识别，与首层梁 CAD 图纸识别步骤相同。但若采用自动识别梁，Ⓕ轴上的冲顶 L2 会因为⑨～⑬轴上有机房 L1 而导致两个梁在平面上重叠的部分识别不到，如图 5-4(a)所示，需要对该位置“冲顶 L2”梁图元执行“延伸”命令。延伸完成后进行原位标注识别即可完成电梯冲顶层梁绘制，完成绘制后电梯机房层及电梯冲顶层梁如图 5-4(b)所示。

将电梯机房层及电梯冲顶层⑨～⑬轴梁复制到㉙～㉝轴即完成屋面层梁绘制。

**小提示**

同一楼层同平面内有处在不同标高外的梁重叠布置时，采用 CAD 识别方式绘制时先识别低标高位置的梁再识别上部的梁，其原因是 CAD 识别的梁均默认其顶标高为层顶标高，因此，识别下方梁然后修改完标高后再识别上方的梁才不至于因为重叠而布置不上去。

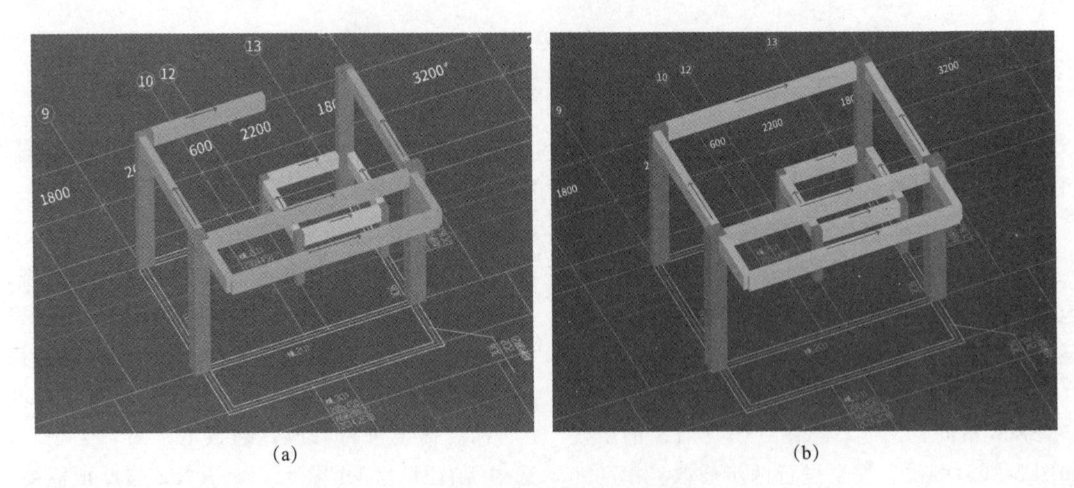


(a)　　　　　　　　　　　　　　　　(b)

图 5-4　电梯机房层及电梯冲顶层梁示意

### 尝试应用

请完成课堂项目 3 号楼的屋面层梁绘制。

混凝土原材料容易获得，同时其抗压强度较高，保温隔热、防水及防火功能和耐久性都较好，可以灵活做出各种造型，满足不同建筑形态要求，良好的适应性使其在工程中得到广泛的应用。作为个体，应当加强学习、增长才干，德、智、体、美、劳全面发展，不断提升自身修养和本领，努力成为可堪大用能担重任的栋梁之材。

【百家讲坛】苏轼：伟大的天才与全才(来源：央视网)

## 四、判断边角柱

在完成第 11 层(顶层)和屋面层梁绘制后，由于边柱和角柱顶层节点处钢筋构造与中柱不同，因此，要在第 11 层(顶层)和屋面层进行“判断边角柱”操作。进行该操作时要分别切换到第 11 层(顶层)和屋面层，并单击左侧模块导航栏切换到“柱”下“柱”，执行“柱二次编辑”功能分区下“判断边角柱”命令，执行命令后边柱和角柱会切换为亮蓝色显示，如图 5-5 所示。

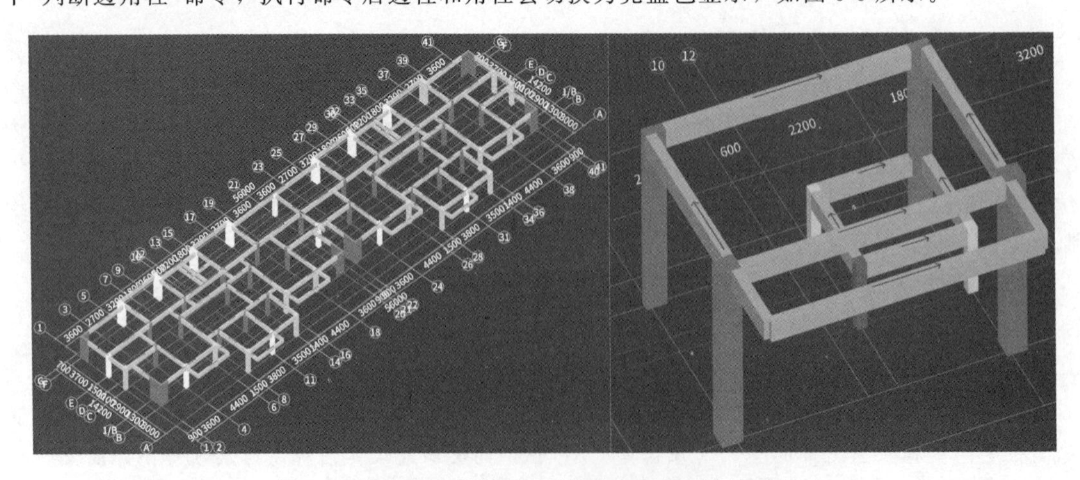


图 5-5　判断边角柱操作后边柱和角柱显示颜色变化

5 号楼阶段工程文件：完成
第 11 层及屋面层墙柱、梁

第 11 层及屋面层墙柱、
梁绘制操作小结

# 5.2　第 11 层及屋面层板及钢筋绘制

## 聚焦项目任务

**知识：** 1. 掌握斜板绘制。
2. 掌握在同一平面位置绘制不同标高的板。
3. 掌握修改板标高。
4. 掌握柱、墙平齐顶板操作。

**能力：** 1. 能根据图纸确定顶层及屋面层板及钢筋与中间层板及钢筋的异同，并对板及钢筋不同于中间层的楼层柱梁按此前的方法用图纸识别或手动绘制的方式绘制。
2. 能在层间复制的基础上对楼层中与中间层差别极小的部分进行手动修改至真实反映图纸内容。
3. 能绘制斜板并能以已绘制的斜板为参照运用自动平齐顶板命令使柱、墙、梁平齐板顶。
4. 达到 1+X 工程造价数字化应用初、中级和全国高校 BIM 毕业设计创新大赛 BIM 全过程造价管理与应用赛项关于绘制斜板及自动平齐顶板的相关要求。

**素质：** 从南面阳台位置板所处位置为主体结构外阳台时按阳台计算，在屋面层则按有梁板计算，树立在工程实际中一定要结合具体情况深入调研分析，树立务实求真的工作作风。

第 11 层及屋面层板及钢筋
绘制导学单及激活旧知思维导图

微课 1：第 11 层板及
钢筋绘制

微课 2：电梯机房层、
冲顶层板及钢筋绘制

## 示证新知

### 一、图纸分析

分析要点：顶层(第 11 层)与屋面层板及钢筋与下部各层的区别，各层不同厚度、不同类型、不同配筋的板的数量及位置，以及工程图纸是否存在对称等情况。

需查阅图纸：结施 G02 结构设计说明(二)、结施 G12 屋面层板钢筋图。

分析结果：

(1)第 11 层。查看结施 G12 屋面层板钢筋图知本工程第 11 层板及钢筋布置如下：

以㉑轴为分界线，左右两边的板和配筋相同，绘制时可先绘制左边，然后用复制命令绘制右边的板及钢筋。

所有屋面板厚度都是 120 mm。屋面板全部双层双向配筋，整个屋面层板内仅底筋有 4 处板 X 向和 2 处 Y 向为 ф8@150，其余底筋和面筋全部为 ф8@200。没有温度筋。3 种跨板受力筋、6 种中间支座负筋(非单边标注)，均为附加筋。图中钢筋所注长度均从梁(墙)中心算起。

有梁板及平板分布：根据江西 2017 版定额规定，本工程第 11 层(顶层)板的分类有有梁板、平板 2 种类型的板，如图 5-6 所示(为使图面清爽，以屋面层板钢筋图右侧为示意)。以其中一侧板进行统计分析知：有梁板 5 处、平板 17 处。

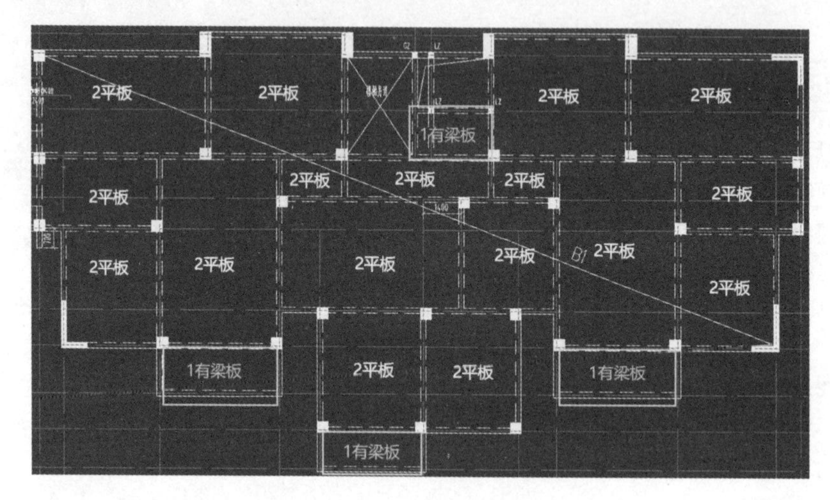


图 5-6　本工程屋面层板类别划分

马凳筋统一采用Ⅰ型，ф8@1 000 * 1 000，L1＝板上部钢筋间距＋50(本工程第 11 层取值为 250)，L2＝板厚－2×保护层厚度－上层两个方向钢筋直径－下层下排钢筋直径，L3＝板下部钢筋间距＋50(本工程第 11 层取值为 250)，详结施 G02 结构设计说明(二)第八条下第 4 条中第 19)条。

刘少奇同志相关的珍贵影像：务实求真（来源：学习强国）

从图 5-6 可以看到，南面挑阳台位置的 6 块板在下部各楼层时属于阳台，定义和计算都是按阳台进行；而到了屋面层，因其上方再无其他楼层，该位置不属于阳台性质，因此，在屋面层这对应的 6 块板要根据其实际情况按有梁板定义和计算。在工程实际中，做造价、建模计量及后续的计价都不能想当然，必须深入地分析实际情况，养成务实求真的良好工作作风。

(2)屋面层。查看结施 G12 屋面层板钢筋图中电梯机房层板钢筋图和电梯冲顶层板钢筋图知本工程屋面层有板两种：

H＝150：板内配置双层双向 ф8@150 钢筋，板面标高 34.57 m，为有梁板。

H＝100：板内配置双层双向 ф8@200 钢筋，板面标高 37.27 m，为有梁板。

马凳筋统一采用Ⅰ型，ф8@1 000 * 1 000，L1＝板上部钢筋间距＋50(本工程电梯机房层取值为 200，电梯冲顶层取值为 250)，L2＝板厚－2×保护层厚度－上层两个方向钢筋直径－下层下排钢筋直径，L3＝板下部钢筋间距＋50(本工程电梯机房层取值为 200，电梯冲顶层取值为 250)，详见结施 G02 结构设计说明(二)第八条下第 4 条中第 19)条。

## 二、绘制第 11 层及屋面层板及钢筋

### 1. 绘制第 11 层板及钢筋

第 11 层板及钢筋与首层板及钢筋绘制步骤相同，一样先绘制左侧有标注的板及钢筋，再复制到右侧，此处不再赘述。但需要注意的是，因该层平板居多，对自动识别出来的板先改为“平板 h120”并改其类别为“平板”，再在此基础上复制修改为有梁板构件再执行“转换图元”命令，全部改好后选中所有的板设置如图 5-7 所示的马凳筋；板内均为双网双向配筋，建议用“单板”+“XY 方向”布置效率更高；板内负筋和跨板受力筋均为在双网双向布筋基础上的附加筋。

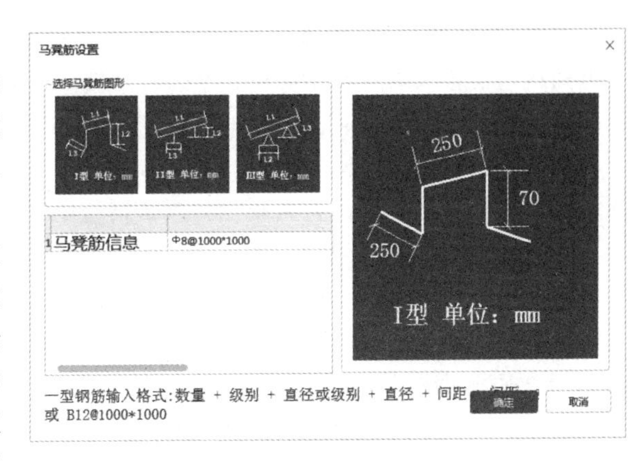


图 5-7 本工程屋面层马凳筋设置

**小提示**

本工程中结施 G02 结构设计总说明(二)中明确屋面板及外露结构的分布筋为 Φ6@200，而前期钢筋计算设置中板的分布筋是按下部楼层的 Φ6@250 设置，本工程屋面板中均为双网双向布筋并另附加跨板受力筋和负筋，软件默认不设置分布筋，因而在附加跨板受力筋和附加负筋布置时无须关注分布筋。若碰到实际工程中屋面板或外露结构中为非双网双向布筋的情况，则需特别注意跨板受力筋和负筋布置时分布筋的设置情况。

### 2. 绘制电梯机房层(标高 34.57 m 处)板及钢筋

电梯机房层板只有一种 150 mm 厚的有梁板，采用手动定义并用“点”画法布置板或识别板都可以，此处因只有一种板，采用手动定义并“点”画法布置更高效。需要注意的是该板板面标高为 34.57 m，其定义和马凳筋设置如图 5-8 所示。

| | 属性名称 | 属性值 | 附加 |
|---|---|---|---|
| 1 | 名称 | 有梁板h150 | |
| 2 | 厚度(mm) | 150 | |
| 3 | 类别 | 有梁板 | |
| 4 | 是否叠合板后浇 | 否 | |
| 5 | 是否是楼板 | 是 | |
| 6 | 混凝土类型 | (现浇砼 卵石40mm 32... | |
| 7 | 混凝土强度等级 | (C25) | |
| 8 | 混凝土外加剂 | (无) | |
| 9 | 泵送类型 | (混凝土泵) | |
| 10 | 泵送高度(m) | | |
| 11 | 顶标高(m) | 层底标高+1.6 | |
| 12 | 备注 | | |
| 13 | − 钢筋业务属性 | | |
| 14 | 其它钢筋 | | |
| 15 | 保护层厚度(... | (25) | |
| 16 | 汇总信息 | (现浇板) | |
| 17 | 马凳筋参数图 | I型 | |
| 18 | 马凳筋信息 | Φ8@1000*1000 | |
| 19 | 线形马凳筋... | 平行横向受力筋 | |
| 20 | 拉筋 | | |
| 21 | 马凳筋数量... | 向上取整+1 | |
| 22 | 拉筋数量计... | 向上取整+1 | |
| 23 | 归类名称 | (有梁板h150) | |
| 24 | + 土建业务属性 | | |
| 31 | + 显示样式 | | |

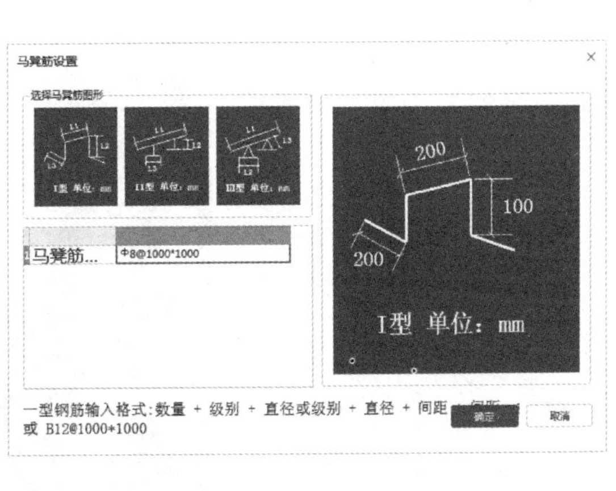


图 5-8 本工程电梯机房层板属性列表及马凳筋设置

该板内钢筋采用“单板”+“XY方向”布置，在弹出的“智能布置”对话框中选择“双网双向布置”，输入钢筋信息“C8@150”，单击绘图区板图元即完成操作。

**3. 绘制电梯冲顶层(标高37.27 m处)板及钢筋**

电梯机房层板只有一种100 mm厚的有梁板，采用手动定义并用“点”+“矩形”画法布置板或识别板都可以，其定义和马凳筋设置如图5-9所示。此处采用手动定义并绘制，需要注意的是Ⓔ轴至Ⓕ轴之间右上角因电梯机房层已绘制了150 mm的有梁板，因此，电梯冲顶层Ⓔ轴至Ⓕ轴之间板要用“矩形”画法布置；若采用“点”画法则与电梯机房层板在平面上重叠的部分布置不上去。

| | 属性名称 | 属性值 | 附加 |
|---|---|---|---|
| 1 | 名称 | 有梁板h100 | |
| 2 | 厚度(mm) | 100 | ☐ |
| 3 | 类别 | 有梁板 | ☐ |
| 4 | 是否叠合板后浇 | 否 | ☐ |
| 5 | 是否是楼板 | 是 | ☐ |
| 6 | 混凝土类型 | (现浇砼 卵石40m... | ☐ |
| 7 | 混凝土强度等级 | (C25) | ☐ |
| 8 | 混凝土外加剂 | (无) | |
| 9 | 泵送类型 | (混凝土泵) | |
| 10 | 泵送高度(m) | | |
| 11 | 顶标高(m) | 层顶标高 | ☐ |
| 12 | 备注 | | ☐ |
| 13 | ⊟ 钢筋业务属性 | | |
| 14 | 其它钢筋 | | |
| 15 | 保护层厚... | (25) | ☐ |
| 16 | 汇总信息 | (现浇板) | ☐ |
| 17 | 马凳筋参... | I型 | |
| 18 | 马凳筋信息 | Φ8@1000*1000 | ☐ |
| 19 | 线形马凳... | 平行横向受力筋 | ☐ |
| 20 | 拉筋 | | ☐ |
| 21 | 马凳筋数... | 向上取整+1 | ☐ |
| 22 | 拉筋数量... | 向上取整+1 | ☐ |
| 23 | 归类名称 | (有梁板h100) | ☐ |
| 24 | ⊞ 土建业务属性 | | |
| 31 | ⊞ 显示样式 | | |

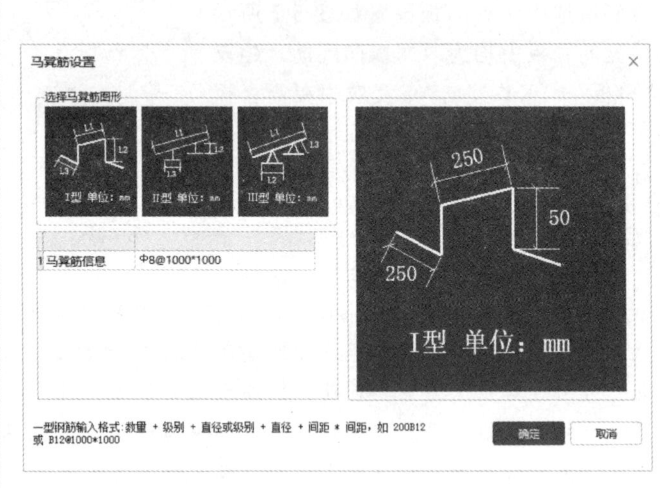


图5-9 本工程电梯冲顶层板属性列表及马凳筋设置

该板内钢筋采用“单板”+“XY方向”布置，在弹出的“智能布置”对话框中选择“双网双向布置”，输入钢筋信息“C8@200”，单击绘图区板图元即完成操作。

在绘制完成⑨～⑬轴电梯机房层、冲顶层板及钢筋后(图5-10)，要将该处的板及钢筋复制到㉙～㉝轴。

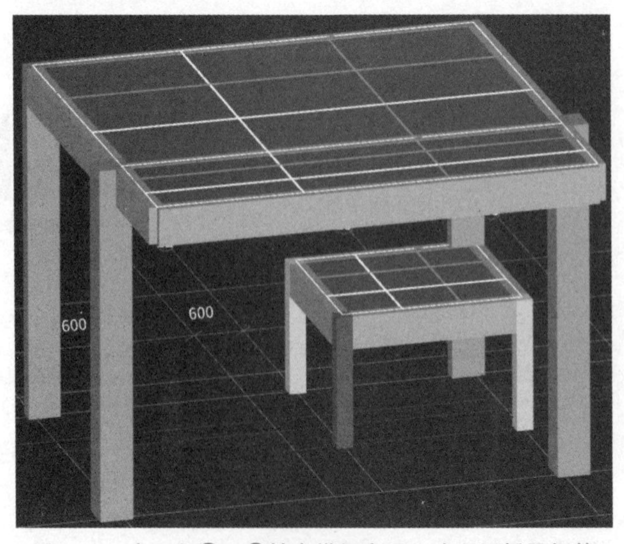


图5-10 本工程⑨～⑬轴电梯机房层、冲顶层板及钢筋

**小提示**

实际工程中若屋面层板为斜板则按首层板绘制拓展知识中斜板绘制进行绘制即可，斜板下方相应的柱、墙、

梁用“建模”菜单下“通用操作”功能分区中的“自动平齐顶板”操作即可使柱顶、墙顶与梁顶平齐板顶。

**尝试应用**

请完成课堂项目3号楼的屋面层与出屋面层板及钢筋绘制。

5号楼阶段工程文件：完成第11层及屋面层板及钢筋

第11层与屋面层板及钢筋绘制操作小结

## 5.3 第11层及出屋面层砌体墙及压顶、构造柱绘制

**聚焦项目任务**

**知识：** 1. 掌握女儿墙绘制操作。

2. 掌握用自动生成构造柱绘制女儿墙内构造柱。

3. 掌握女儿墙压顶及屋面挑檐绘制。

**能力：** 1. 能用层间复制命令复制下一层柱作为绘制女儿墙的参考。

2. 能根据图纸确定顶层及屋面层墙、砌体加筋、构造柱与下部各层墙、砌体加筋、构造柱的异同，并对墙、砌体加筋、构造柱不同于下部各层的楼层柱梁按此前的方法用图纸识别或手动绘制的方式绘制。

3. 能用压顶或圈梁或挑檐绘制女儿墙上方压顶或挑檐。

4. 达到1+X工程造价数字化应用初、中级和全国高校BIM毕业设计创新大赛BIM全过程造价管理与应用赛项关于绘制女儿墙、压顶、挑檐的相关要求。

**素质：** 自主了解我国经典砌体结构——万里长城的结构构造和作用，了解中国人民的伟大创造和智慧，弘扬长城精神、传承爱国情怀。

第11层及出屋面层砌体墙及压顶、构造柱绘制导学单及激活旧知思维导图

微课1：第11层及出屋面层砌体墙绘制

微课2：屋面层异形挑檐与压顶及构造柱绘制

**示证新知**

### 一、图纸分析

分析要点：顶层(第11层)砌体墙及钢筋、构造柱与下部各层的异同，不同材质砌体墙的种

类、同材质砌体墙有几种不同厚度及墙内配筋等情况；构造柱的种类、构造柱的截面类型及配筋信息、不同截面或不同配筋的构造柱数量，以及工程图纸是否存在对称等情况。

屋面层及出屋面冲顶层女儿墙厚度、材料类型及配筋情况，出屋面层楼梯间电梯间砌体墙厚度、材料类型及配筋情况，女儿墙压顶情况，女儿墙内构造柱布置情况及出屋面层构造柱种类、截面类型及配筋情况等。

需查阅图纸：建施 J01 建筑设计说明、建施 J04 二-十一层平面图、建施 J05 屋顶层平面图、建施 J09 墙身大样、结施 G02 结构设计说明(二)、结施 G13 楼梯结构布置图及节点大样。

分析结果：

(1)第 11 层。第 11 层砌体墙及构造柱布置情况与第 10 层完全相同。

(2)屋面层。查看建施 J05 屋顶层平面图和结施 G02 结构设计总说明(二)知屋面层在Ⓓ～Ⓕ轴与⑨～⑬轴、㉙～㉝轴有页岩多孔砖墙，墙厚 200，墙内配置 2Φ6@500 通长墙体拉筋，其中电梯间洞口一侧墙体从 32.27 m 布置到 34.57 m(顶标高为“层顶标高－2.7”)。查阅结施 G12 屋面层板钢筋图知在出屋面楼梯间电梯间砌体墙内(⑩，Ⓕ)和(㉚，Ⓕ)两个交点上设置构造柱 GZ。

查看建施 J05 屋顶层平面图、建施 J09 墙身大样、结施 G02 结构设计总说明(二)和结施 G13 楼梯结构布置图及节点大样知屋面层女儿墙、压顶、构造柱布置情况：

南面 6 个阳台上方三面女儿墙高 1.850 m(不含挑檐高)，顶标高为“层底标高＋1.85”，200 mm厚页岩多孔砖墙，墙内配置 2Φ6@500 通长墙体拉筋；其上方为异形挑檐，顶标高为“层顶标高－1.9”，如图 5-11(a)所示，该部分应分别按圈梁和挑檐计算；墙内构造柱设置为：每隔 4 m设 GZ，转角必设。

其余部位女儿墙高 0.950 m(不含压顶高)，含压顶高为 1.300 m，为便于后续压顶绘制，按含压顶高界定其顶标高为“层底标高＋1.3”，200 mm 厚页岩多孔砖墙，墙内配置 2Φ6@500 通长墙体拉筋；其为异形压顶，顶标高为“层底标高＋1.3”；墙内构造柱设置为：每隔 4 m 设 GZ，转角必设，如图 5-11(b)所示。

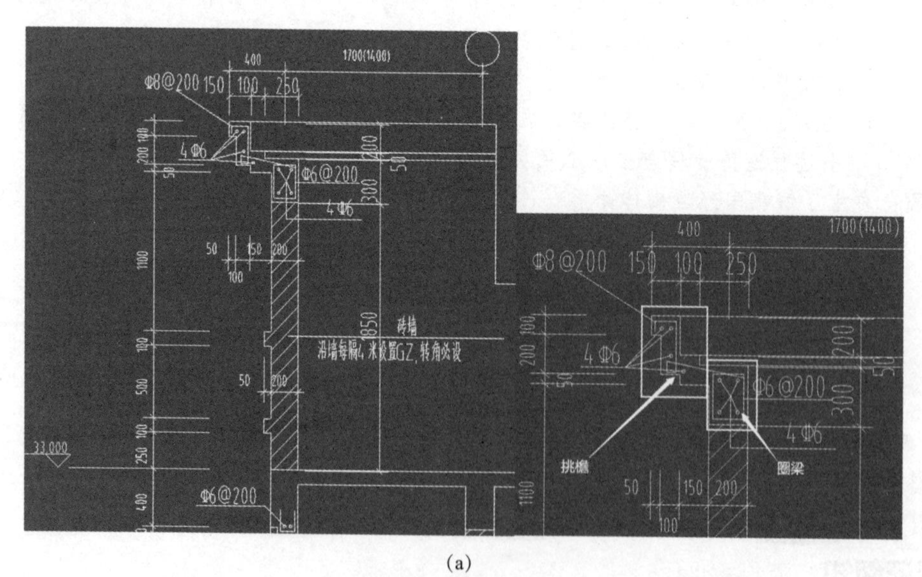


(a)

**图 5-11　本工程两种女儿墙及压顶、构造柱设置**

(a)南面阳台位置对应女儿墙上方异形挑檐

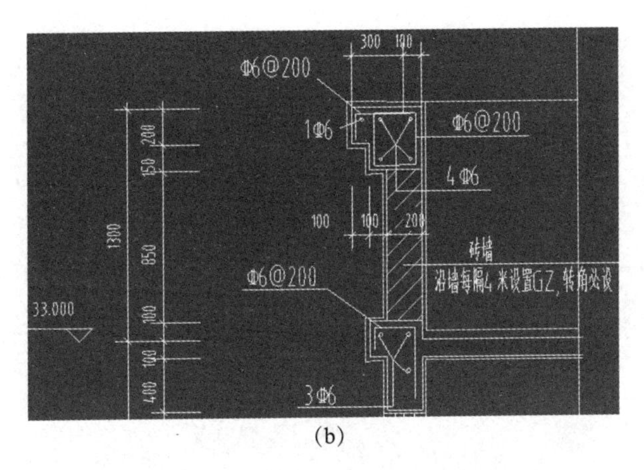


(b)

图 5-11　本工程两种女儿墙及压顶、构造柱设置(续)

(b)其他高度较低的女儿墙上方异形压顶

(3)冲顶层。查阅建施 J09 墙身大样知冲顶层女儿墙为异形女儿墙。

## 二、绘制第 11 层砌体墙及构造柱

第 11 层砌体墙及构造柱与第 10 层完全一致，可用“从其他层复制”命令将第 10 层的砌体墙及构造柱复制上来。

## 三、绘制屋面层砌体墙、女儿墙压顶及构造柱

### 1. 绘制砌体墙

国家相册：心中的长城(来源：新华网)

将楼层切换到屋面层、图纸切换到“屋顶层平面图”，用与首层砌体墙相同的绘制方法绘制屋面层墙体，操作步骤：自动识别砌体墙→墙体补画、延伸等操作→对女儿墙进行“打断”操作并在打断后选中相应的女儿墙修改起点和终点顶标高(两种高度的女儿墙顶标高分别修改为“层底标高＋1.85”和“层底标高＋1.3”)→修改电梯机房靠南面的墙体顶标高为“层底标高＋1.6”→执行“判断内外墙”命令。楼梯间电梯间外围墙体所处环境与外墙相同，执行“判断内外墙”命令判断出来其在女儿墙包围范围内而判断为内墙，这三条墙需要手动选中修改“9 内/外墙标志”为“外墙”，这一步骤也可在绘制屋面层外墙装修时进行。屋面层砌体墙绘制完成后如图 5-12 所示。

砖砌体结构在我国建筑中的应用历史悠久，最具代表意义的是万里长城，它是中国也是世界上修建时间最长、工程量最大的一项古代防御工程。它是构成中华民族的民族记忆、国家记忆和民族认同、国家认同的重要遗产，它还是中华民族的精神象征，长城精神包括：团结统一、众志成城的爱国精神；坚韧不屈、自强不息的民族精神；守望和平、开放包容的时代精神。

### 2. 绘制女儿墙压顶

(1)南面阳台位置对应女儿墙上方圈梁及异形挑檐绘制。

江西省 2017 版定额规定“挑檐、天沟壁≤400 mm，执行挑檐项目；挑檐、天沟壁＞400 mm，按全高执行栏板项目”，本工程南面阳台位置对应女儿墙上方异形挑檐分别按 200×300 的圈梁和挑出圈梁的异形挑檐绘制(实际工程投标报价时多用此种方式)。

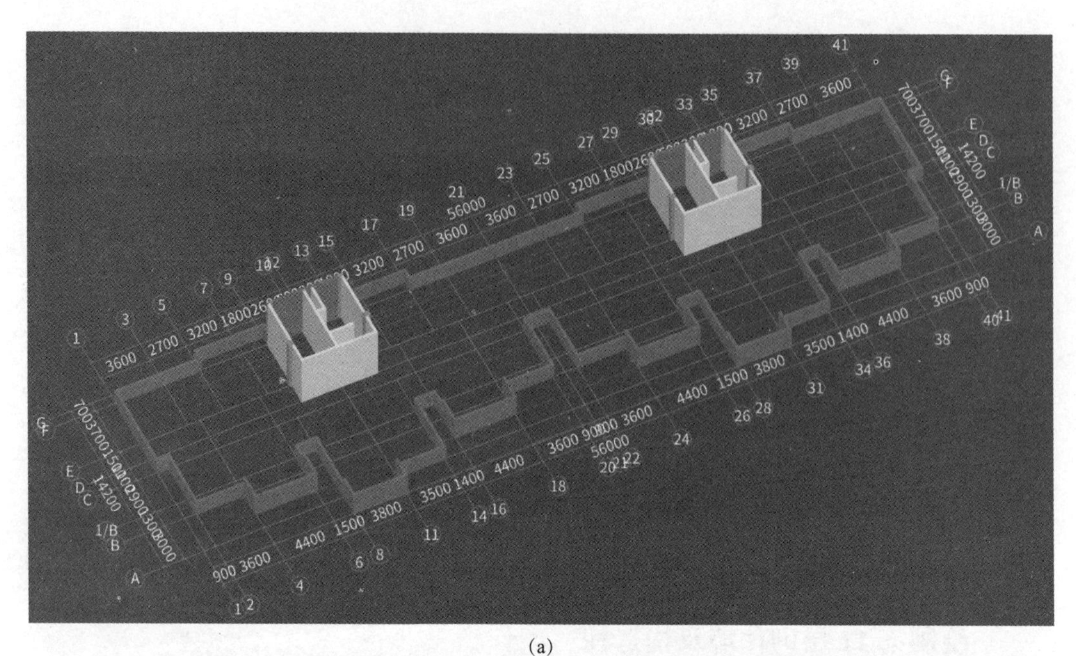

(a)

(b)

**图 5-12　本工程屋面层砌体墙(含女儿墙)示意**

(a)软件自动判断内外墙结果；(b)手动调整楼梯间电梯间内侧三面墙为外墙后示意

其定义操作步骤如下：

1)200×300 的圈梁定义与绘制同前述圈梁定义及绘制，需注意其顶标高为“层底标高＋2.15 m”，其属性列表如图 5-13 所示。

2)挑出圈梁的异形挑檐定义：将图纸切换到未对应给相关楼层的“5＃楼结构施工图”找到“结施 G13 楼梯结构布置图及节点大样”中该挑檐大样并进行“设置比例”操作→单击左侧模块导航栏“其他”下“挑檐”，单击构件列表“新建”下“新建线式异形挑檐”，弹出图 5-14(a)所示的“异

|  | 属性名称 | 属性值 | 附加 |
|---|---|---|---|
| 1 | 名称 | 南面挑阳台女儿墙上方圈梁 |  |
| 2 | 截面宽度(mm) | 200 | ☐ |
| 3 | 截面高度(mm) | 300 | ☐ |
| 4 | 轴线距梁左边... | (100) | ☐ |
| 5 | 上部钢筋 | 2⌀6 | ☐ |
| 6 | 下部钢筋 | 2⌀6 | ☐ |
| 7 | 箍筋 | ⌀6@200 | ☐ |
| 8 | 肢数 | 2 |  |
| 9 | 材质 | 现浇混凝土 | ☐ |
| 10 | 混凝土类型 | (现浇砼 卵石40mm 32.5) | ☐ |
| 11 | 混凝土强度等级 | (C25) | ☐ |
| 12 | 混凝土外加剂 | (无) |  |
| 13 | 泵送类型 | (混凝土泵) |  |
| 14 | 泵送高度(m) |  |  |
| 15 | 截面周长(m) | 1 | ☐ |
| 16 | 截面面积(m²) | 0.06 | ☐ |
| 17 | 起点顶标高(m) | 层底标高+2.15 | ☐ |
| 18 | 终点顶标高(m) | 层底标高+2.15 | ☐ |
| 19 | 备注 |  | ☐ |
| 20 | + 钢筋业务属性 |  |  |
| 34 | + 土建业务属性 |  |  |
| 42 | + 显示样式 |  |  |

图 5-13 本工程南面挑阳台上方圈梁属性列表

形截面编辑器”对话框，单击“在 CAD 中绘制截面图”→在 CAD 图纸中沿着异形挑檐各边线画线绘制挑檐截面，完成后右击弹出如图 5-14(b)所示截面单击“确定”→修改属性列表中名称为“女儿墙上方异形挑檐”、起点和终点顶标高为“层顶标高－1.9”，并点开“属性列表”左下角“截面编辑”，打开“截面编辑”进行钢筋录入，纵筋设置为 1C6 用“点”布置到各个位置，异形箍筋 C8@200 用“直线”布置，如图 5-15 所示。

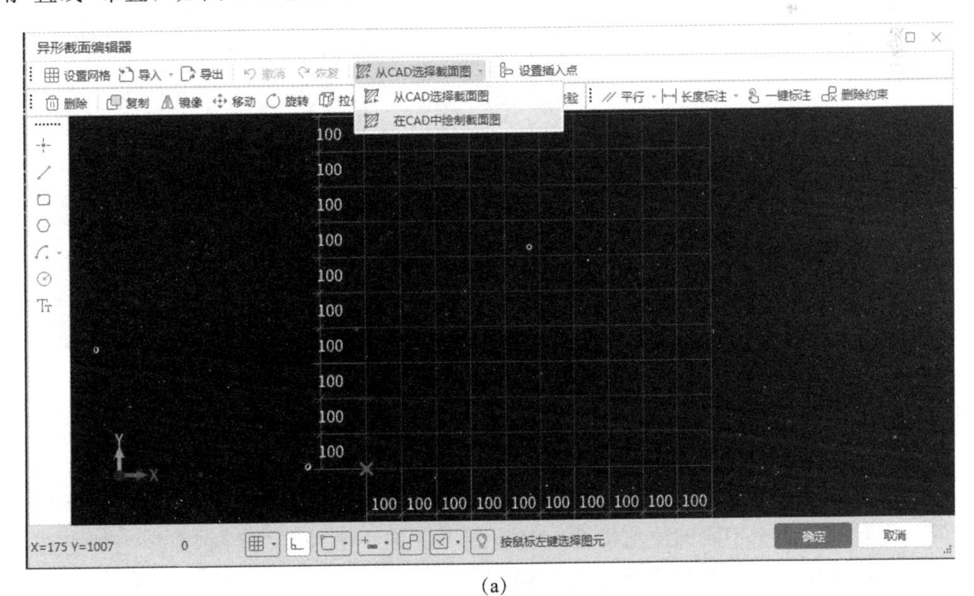


(a)

图 5-14 “异形截面编辑”对话框

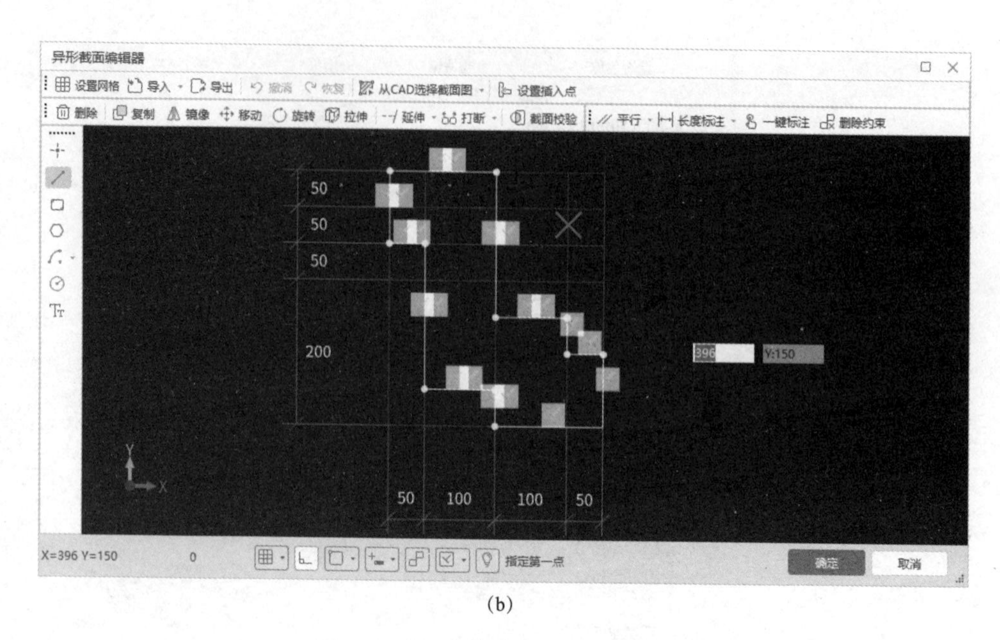


(b)

图 5-14 “异形截面编辑”对话框(续)

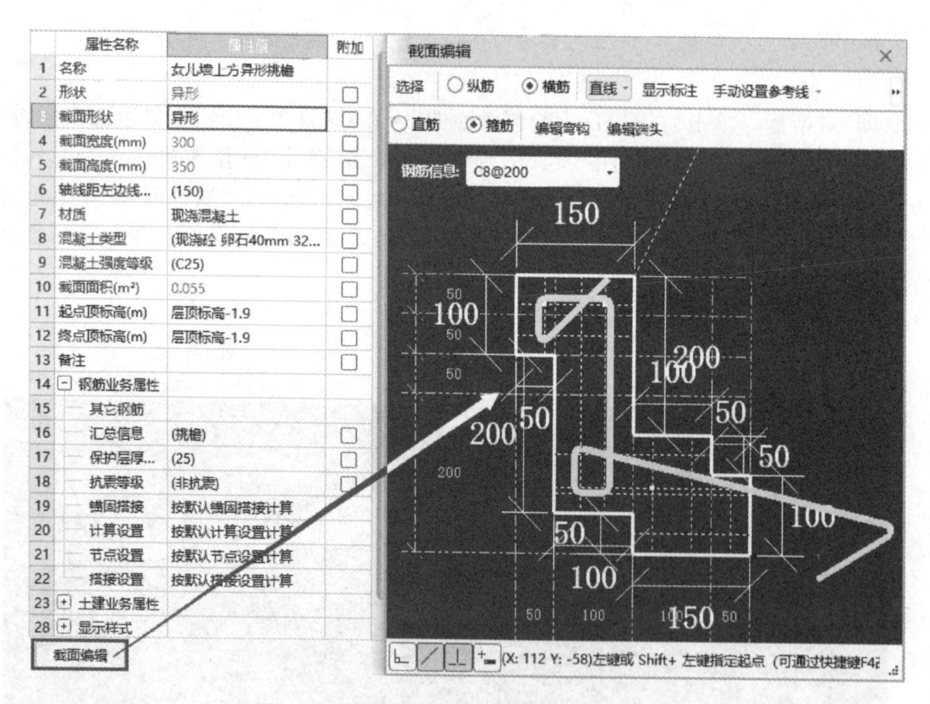


图 5-15 本工程异形挑檐属性列表及配筋

其绘制操作步骤为：用“直线”配合使用 F4 键以女儿墙上方圈梁外边线为基准按顺时针顺序绘制即可，绘制完成两个不同部位的挑檐后其他剩下的四个部位用“复制”命令绘制更高效。绘制完成后局部挑檐效果如图 5-16 所示。

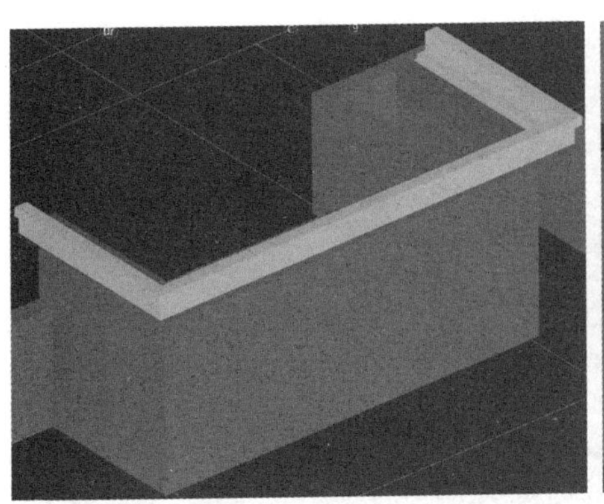 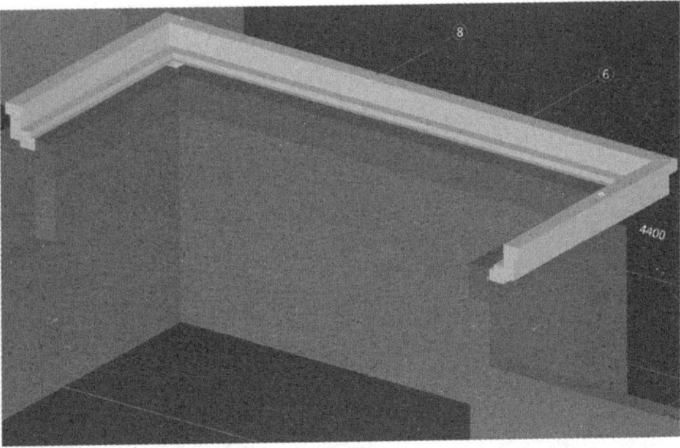

图 5-16　南面异形挑檐示意

## 小提示

需要注意的是，此类截面左右两边不对称的构件其绘制的方向会对最终建模的效果有很大的影响。比如，本工程异形挑檐要顺时针绘制，其方向才是对的；若为逆时针绘制则其挑出部分不向外而向内。

(2)其余部位女儿墙上方压顶绘制。其余部位女儿墙压顶用异形压顶定义，其定义过程与上述异形挑檐定义过程相同(其属性列表及配筋如图 5-17 所示)，此处不再赘述。其绘制同上述异形挑檐按顺时针用“直线”绘制即可，完成后效果如图 5-18 所示。

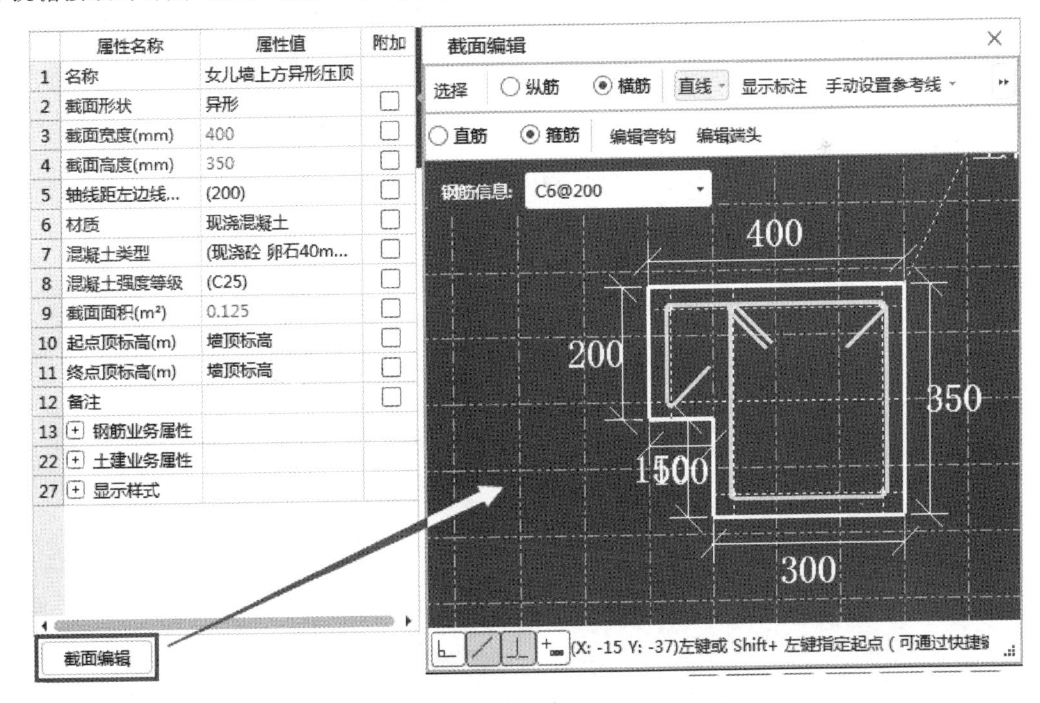


图 5-17　本工程异形压顶属性列表及配筋

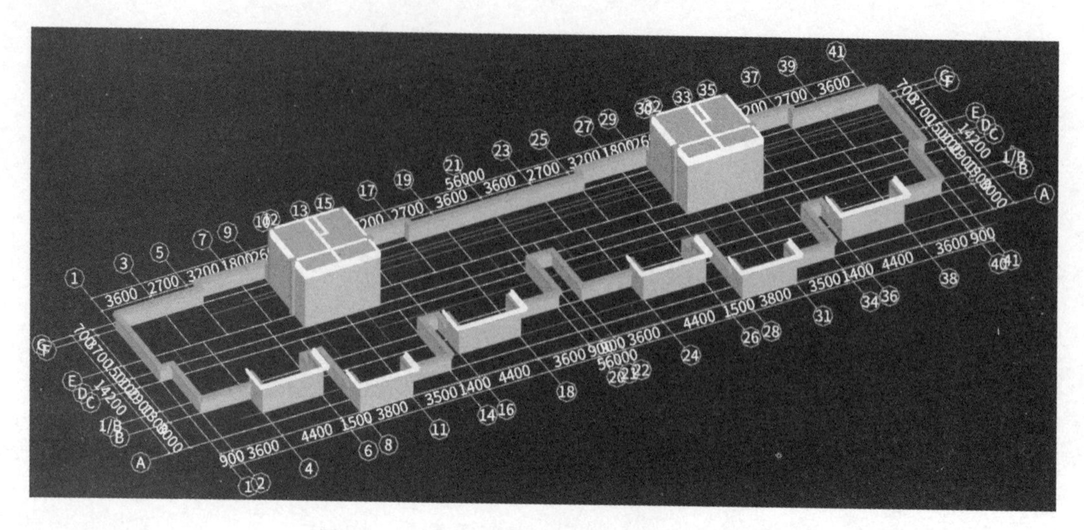

图 5-18　本工程女儿墙上方挑檐和压顶示意

## 小提示

如图 5-18 所示，挑檐在转角位置会自动闭合显示，压顶在转角位置不自动闭合显示。

### 3. 绘制构造柱

屋面层女儿墙内构造柱可用“生成构造柱”的方式绘制，其操作在“首层砌体墙及钢筋、构造柱绘制”已经详细介绍过，此处不再赘述。其中“生成构造柱”对话框设置如图 5-19 所示。将自动生成的构造柱名称改为“GZ”。

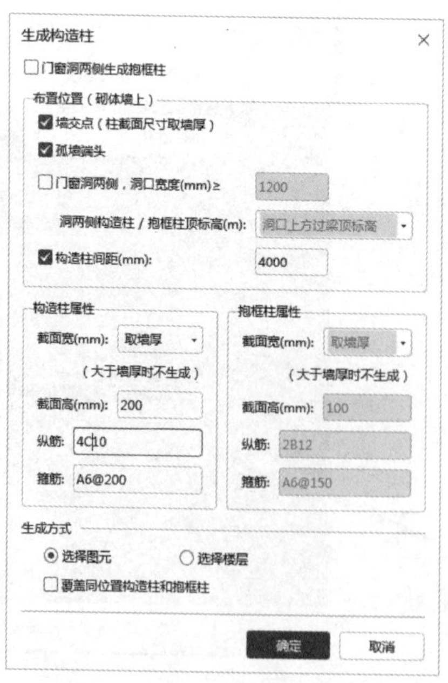


图 5-19　屋面层女儿墙位置“生成构造柱”对话框设置

（⑩，Ⓕ）和（㉚，Ⓕ）两个交点上设置构造柱 GZ 可用“从其他层复制”命令将第 10 层的这两个位置的构造柱复制上来。绘制完成屋面层构造柱如图 5-20 所示。

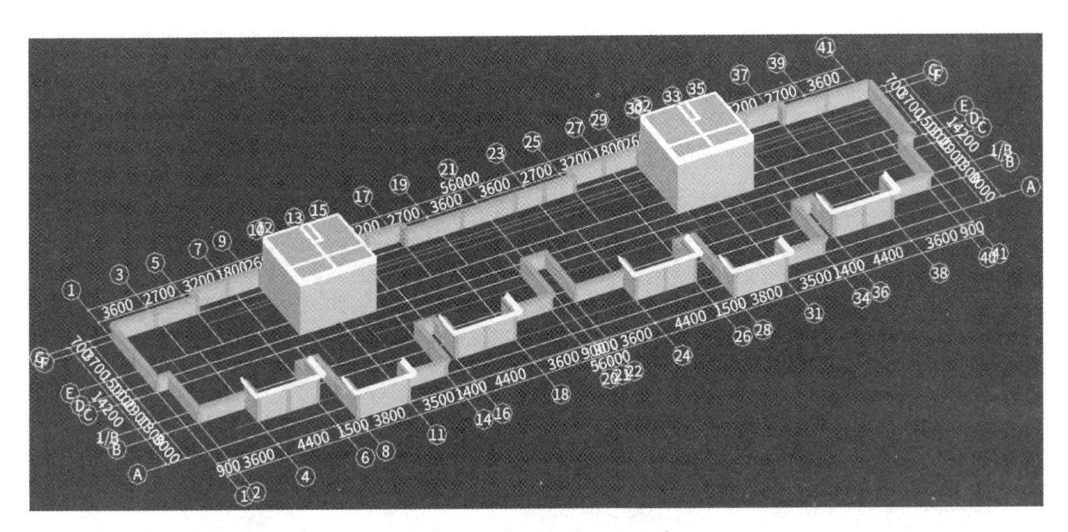

图 5-20　屋面层构造柱示意

**尝试应用**

请完成课堂项目 3 号楼的屋面层及出屋面层砌体墙、构造柱、挑檐及压顶绘制。

## 四、绘制冲顶层异形女儿墙

冲顶层异形女儿墙用异形墙绘制，其定义和绘制步骤同女儿墙上方异形压顶，如图 5-21 所示。

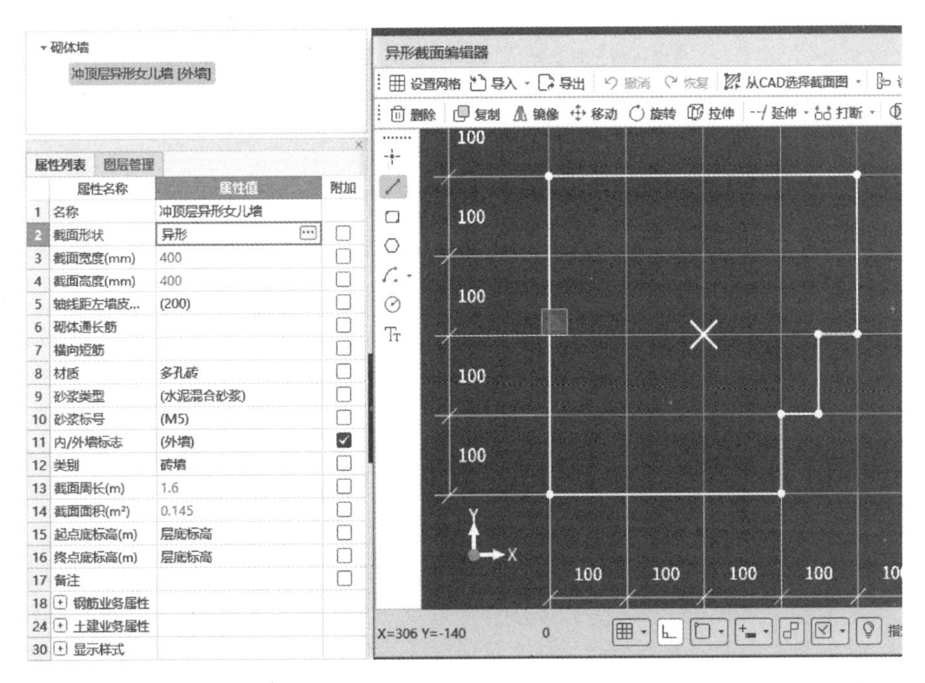


图 5-21　冲顶层女儿墙定义

为便于绘制冲顶层异形女儿墙，先双击进入屋顶层平面图，然后再将楼层切换至电梯冲顶层，以屋顶层平面图出屋面的楼梯间四周外围砌体墙CAD图线作参照，用“直线＋F4”键的方式按逆时针顺序绘制即可。

完成第11层、屋面层和冲顶层砌体墙、构造柱和压顶挑檐绘制如图5-22所示。

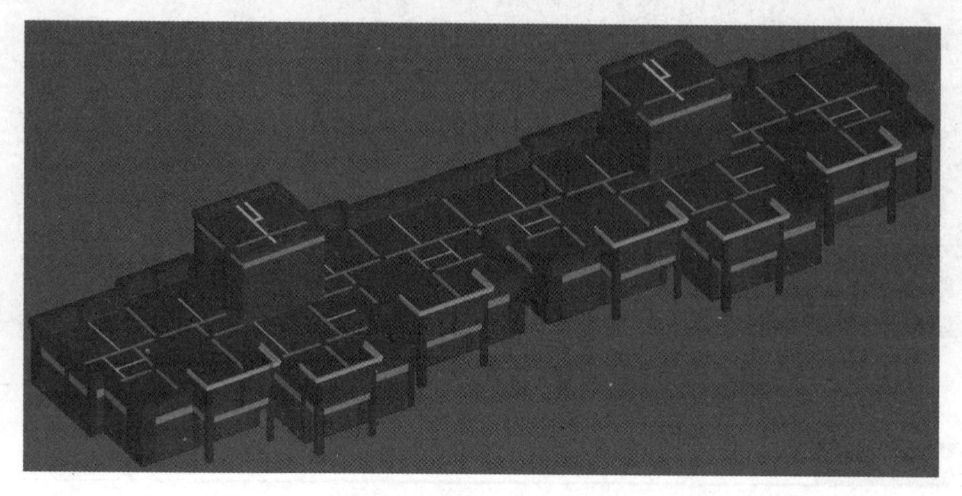

图5-22　第11层、屋面层和冲顶层砌体墙、构造柱和压顶挑檐示意图

5号楼阶段工程文件：完成第11层及出屋面层砌体墙及压顶、构造柱

第11层及出屋面层砌体墙及压顶、构造柱绘制操作小结

## 5.4　第11层及屋面层门窗及过梁、屋面门槛、屋面绘制

### 聚焦项目任务

**知识：** 1. 熟练掌握门窗及过梁绘制操作。

2. 掌握建筑设计说明和屋面平面图识读方法及屋面及防水工程的列项和工程量计算规则，掌握屋面绘制及防水反边设置。

**能力：** 1. 能正确分析图纸并绘制出屋面楼梯间电梯间的门窗及过梁。

2. 能根据图纸确定顶层及屋面层与下部各层门窗及过梁的异同，并能在层间复制的基础上对楼层中与中间层差别极小的部分进行手动修改至真实反映图纸内容。

3. 能绘制屋面并根据图纸设置反边。

4. 达到1＋X工程造价数字化应用初、中级和全国高校BIM毕业设计创新大赛BIM全过程造价管理与应用赛项关于绘制屋面及屋面门槛的相关要求。

**素质：** 屋面防水卷边和屋面门槛的设置是为了防水，由此树立良好的风险防范意识。

第 11 层及屋面层门窗及过梁、屋面门槛、屋面绘制导学单及激活旧知思维导图

微课：第 11 层及屋面层门窗及过梁、屋面门槛、屋面绘制

## 示证新知

### 一、图纸分析

分析要点：顶层(第 11 层)门窗及过梁与下部各层的区别，屋面层门窗及过梁的布置等情况。

屋面的分类及做法、防水布置及反边情况。

需查阅图纸：建施 J01 建筑设计说明、建施 J02 居住建筑节能设计说明、建施 J04 二-十一层平面图、建施 J05 屋顶层平面图、结施 G02 结构设计说明(二)、结施 G12 屋面层板钢筋图。

分析结果：

(1)第 11 层。查看建施 J04 二-十一层平面图、结施 G02 结构设计说明(二)、结施 G12 屋面层板钢筋图知第 11 层门窗及过梁与挂板、卫生间混凝土墙基和第 10 层完全一样。

(2)屋面层。查看建施 J05 屋顶层平面图和结施 G02 结构设计总说明(二)知屋面层有 4 个 M6、2 个 C5，过梁及洞口尺寸见表 5-1。

表 5-1　屋面层门窗及过梁信息表

| 类型 | 编号 | 洞口尺寸/mm | 数量 | 离地高 | 备注 | 过梁 |
|---|---|---|---|---|---|---|
| 门 | M6 | 1 200×2 100 | 4 | 0 | 塑钢平开门 | GL-120(截面为墙厚×120，支承长度 240 mm 底筋 2Φ12，面筋 2Φ10 箍筋 Φ6@150) |
| 窗 | C5 | 1 500×1 200 | 2 | 1 400 | 塑钢窗 | |

查阅建施 G09 墙身大样知本工程屋面层从楼梯间到屋面的 M6 下方有素混凝土屋面门槛，如图 5-23 所示。

(3)屋面防水等构造。

1)综合建施 J01 和建施 J02 知屋面构造做法：40 厚 C25 细石混凝土(内铺钢丝网)；20 厚 1∶3 水泥砂浆；35 厚岩棉板(A1 级防火性能)；高聚物改性沥青防水卷材二道；20 厚 1∶3 水泥砂浆；80 厚水泥膨胀珍珠岩。

2)所有防水材料的四周均卷至屋面泛水高度(约 300 mm)。

### 二、绘制第 11 层门窗及过梁

第 11 层门窗及过梁与挂板、卫生间混凝土墙基和第 10 层完全一样，可用“从其他层复制”从第 10 层复制上来，但原归属于楼层框架梁的“200 * 100 挂板”和“200 * 200 挂板”的结构类别属性要改为“屋面框架梁”。

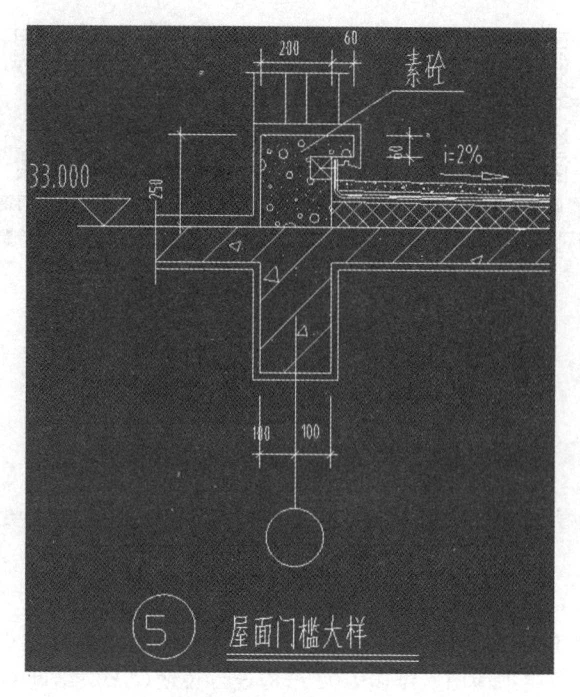


图 5-23　屋面门槛大样

## 三、绘制屋面层门窗及过梁、屋面门槛

屋面层门窗可基于“建施 J05 屋顶层平面图”通过识别门窗洞的方式来绘制；过梁可先执行“构件列表”中“层间复制”将第 11 层“GL-120”构件复制到屋面层，然后再用“智能布置”绘制过梁，此处均不再赘述。

**小提示**

完成门窗识别后注意将 M6 的离地高度改为 250 mm(与屋面门槛顶面平齐)。

屋面门槛用异形圈梁定义，其属性列表如图 5-24 所示。其绘制用“直线＋F4 键”绘制。

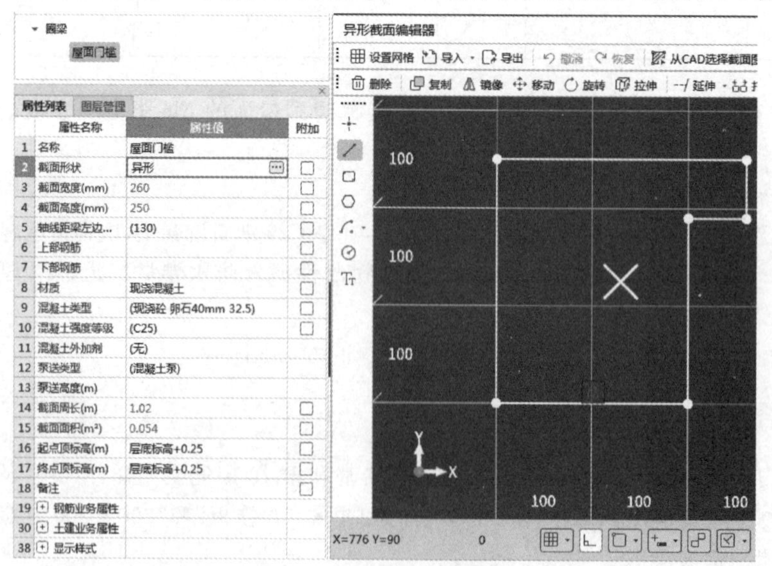


| | 属性名称 | 属性值 | 附加 |
|---|---|---|---|
| 1 | 名称 | 屋面门槛 | |
| 2 | 截面形状 | 异形 | |
| 3 | 截面宽度(mm) | 260 | |
| 4 | 截面高度(mm) | 250 | |
| 5 | 轴线距梁左边... | (130) | |
| 6 | 上部钢筋 | | |
| 7 | 下部钢筋 | | |
| 8 | 材质 | 现浇混凝土 | |
| 9 | 混凝土类型 | (现浇砼 卵石40mm 32.5) | |
| 10 | 混凝土强度等级 | (C25) | |
| 11 | 混凝土外加剂 | (无) | |
| 12 | 泵送类型 | (混凝土泵) | |
| 13 | 泵送高度(m) | | |
| 14 | 截面周长(m) | 1.02 | |
| 15 | 截面面积(m²) | 0.054 | |
| 16 | 起点顶标高(m) | 层底标高+0.25 | |
| 17 | 终点顶标高(m) | 层底标高+0.25 | |
| 18 | 备注 | | |
| 19 | + 钢筋业务属性 | | |
| 30 | + 土建业务属性 | | |
| 38 | + 显示样式 | | |

图 5-24　屋面门槛属性列表

## 四、绘制屋面层及电梯冲顶层屋面

屋面层屋面的定义与绘制步骤为：楼层切换到屋面层，单击左侧模块导航栏“其他”下“屋面”，单击“构件列表”下“新建屋面”，并将新建的“WM－1”底标高改为“层底标高”→单击“点”，在屋面空白处单击即完成绘制→单击“屋面二次编辑”下“设置防水卷边”，选中屋面单击鼠标右键确认→在弹出的“设置防水卷边”对话框中输入防水卷边高度 300 后单击“确定”按钮即完成屋面层屋面绘制。

电梯冲顶层屋面绘制与屋面层屋面绘制步骤相同，此处不再赘述。绘制好后的屋面如图 5-25 所示。

也可将屋面层的屋面和电梯冲顶层屋面均在屋面层进行绘制。

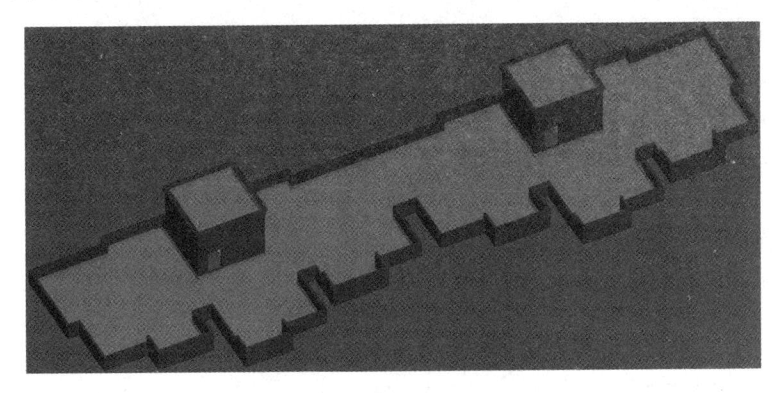

图 5-25　本工程屋面示意

5 号楼阶段工程文件：完成第 11 层及屋面层门窗及过梁、屋面门槛、屋面

第 11 层及屋面层门窗及过梁、屋面门槛、屋面绘制操作小结

**尝试应用**

请完成课堂项目 3 号楼的屋面层及出屋面层门窗、过梁及屋面绘制。

对于采用平屋面的建筑，其平面防水一般要做上翻，设计无规定时上翻高度取 500 mm；出屋面楼梯间到屋面的门底部一般要设置防水门槛。实际生活工作中，我们也应对各种潜在的风险进行充分预判并提前做好应对措施，树立良好的风险防控意识。

勿忘国耻警钟长鸣
居安思危捍卫和平
（来源：央视网）

# 任务6 飘窗绘制

## 聚焦项目任务

**知识**：1. 掌握飘窗、老虎窗等建筑详图和结构详图识读方法，以及飘窗、老虎窗列项和工程量计算规则。

2. 掌握参数化飘窗、老虎窗的定义操作。

3. 掌握飘窗、老虎窗的绘制。

**能力**：1. 能根据图纸正确定义飘窗、老虎窗并进行绘制。

2. 达到1+X工程造价数字化应用初、中级和全国高校BIM毕业设计创新大赛BIM全过程造价管理与应用赛项关于绘制飘窗、老虎窗等复杂窗户及窗户下卧梁的相关要求。

**素质**：飘窗和老虎窗比普通窗户要美观但构造复杂，其定义及绘制也比普通窗户复杂，即对窗户来说其美观性与其构造复杂性在一定程度上成正比，体会个体呈现出来的状态是其内在涵养的外在表现，从而树立终身学习不断自我提升的理念。

飘窗绘制导学单及激活旧知思维导图

微课1：飘窗绘制

微课2：飘窗卧梁绘制及带形窗与老虎窗拓展

## 示证新知

### 一、图纸分析

分析要点：飘窗的类型及相关尺寸信息、飘窗内配筋信息等，及各层中各类飘窗的平面布置和数量等情况。

需查阅图纸：建施J00目录及门窗表、建施J04二-十一层平面图、建施J09墙身大样、结施G13楼梯结构布置图及节点大样。

分析结果：

(1)查看本工程建施J00目录及门窗表及建施J04二-十一层平面图知第2～10层飘窗情况见表6-1。

表6-1 飘窗信息表

| 类型 | 编号 | 洞口尺寸/mm | 2～9层每层数量 | 10～11层每层数量 | 离地高 | 备注 |
|---|---|---|---|---|---|---|
| 窗 | TC1 | 3 000×1 900 | 4 | 0 | 600 | 塑钢窗 |
|  | TC2 | 2 700×1 900 | 6 | 4 | 600 | 塑钢窗 |

中间层飘窗平面和大样钢筋如图 6-1 所示。

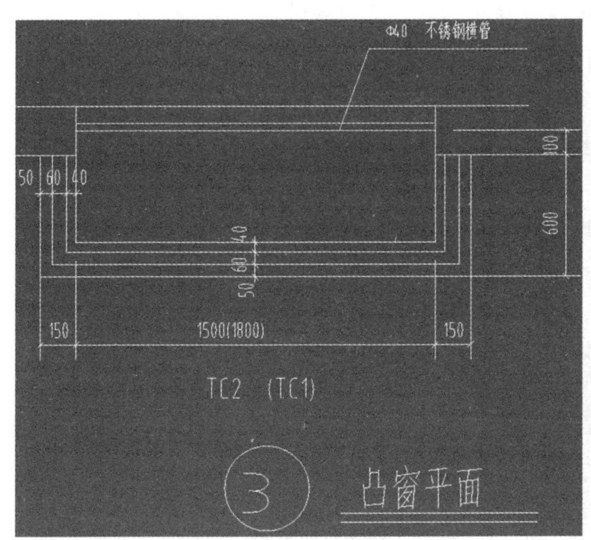


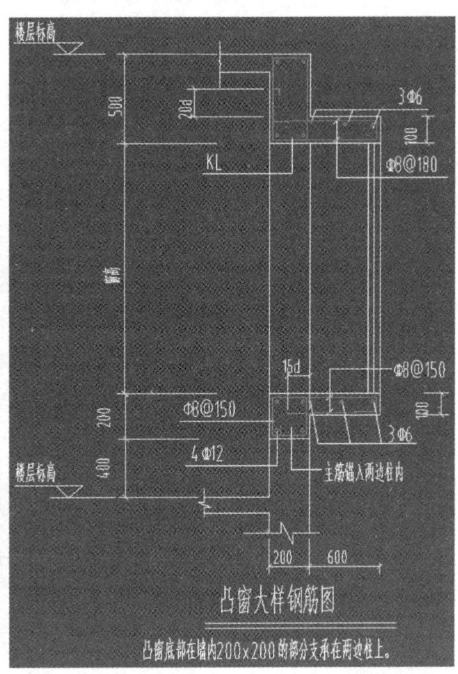


图 6-1 飘窗平面示意

但查阅结施 G13 楼梯结构布置图及节点大样知第 9 层南面飘窗顶板兼做上方楼层空调板，其顶板配筋与中间楼层不同，如图 6-2 所示。配筋信息为 ⌀8@180 的下部受力筋长度为：200（框梁截面宽）＋600－2×25（两个保护层厚度）＝750(mm)，配筋信息为 ⌀8@180 的下部受力筋长度为：20×8＋(200＋600－2×25)＋(100－2×25)×4＋(300－2×25)＝1 360 mm。（凸窗顶板和底板按二 a 类环境考虑，因此，混凝土保护层厚度取 25 mm）。

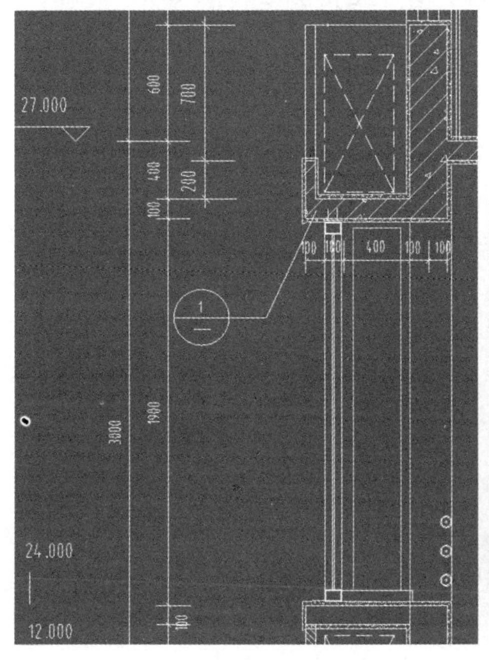


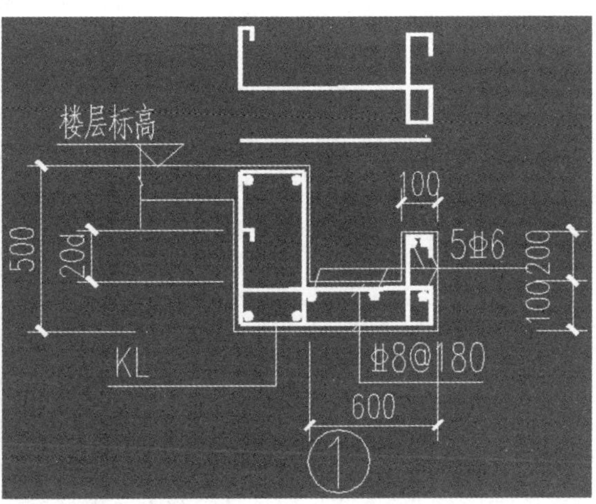


图 6-2 第 9 层飘窗顶板配筋示意

(2)查阅结施 G13 楼梯结构布置图及节点大样知飘窗底部还设有 200×200 的卧梁，内配置 4 ⌀12 的纵筋，φ8@150 的双肢箍筋，洞口上方不设过梁。

## 二、定义并绘制第 2～10 层 TC1、TC2

### 1. 定义 TC1、TC2

飘窗的定义步骤为：将楼层切换到第 2 层，单击左侧模块导航栏“门窗洞”下“飘窗”，单击“构件列表”下“新建参数化飘窗”弹出“选择参数化图形”对话框，在该对话框中根据图纸在左侧参数化截面类型中选择“矩形飘窗”，根据图纸中相应数据输入飘窗各项数值，图 6-3(a)、(c)分别为 TC1、TC2 的参数设置，完成设置后单击“确定”→修改属性列表中飘窗名称、标高、建筑面积计算方式，在其他钢筋中录入上下飘窗板内钢筋即完成飘窗定义，如图 6-3(b)、(d)分别为 TC1、TC2 的属性列表和钢筋录入信息。

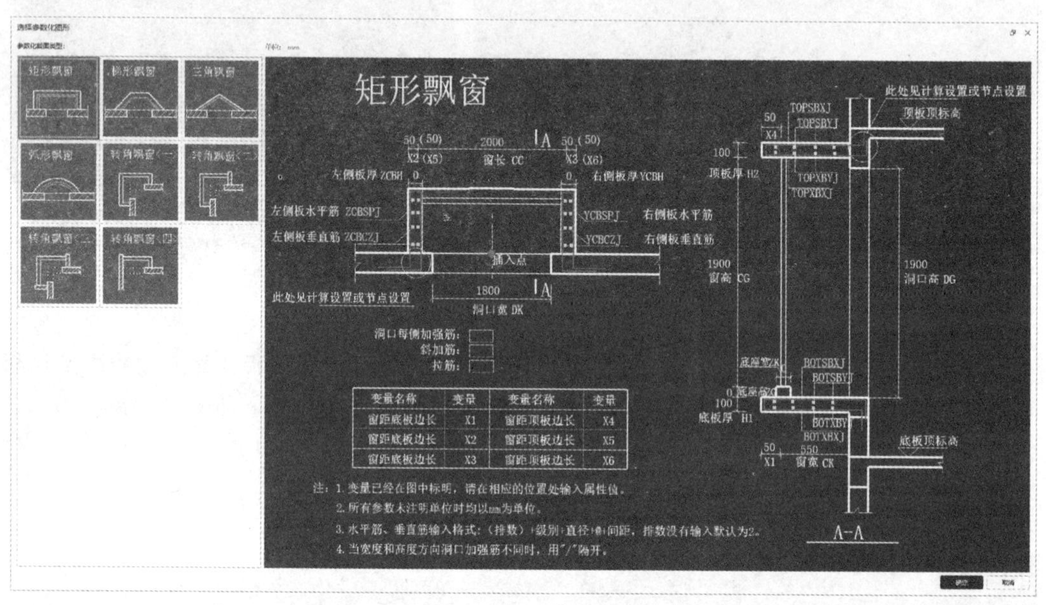


(a)

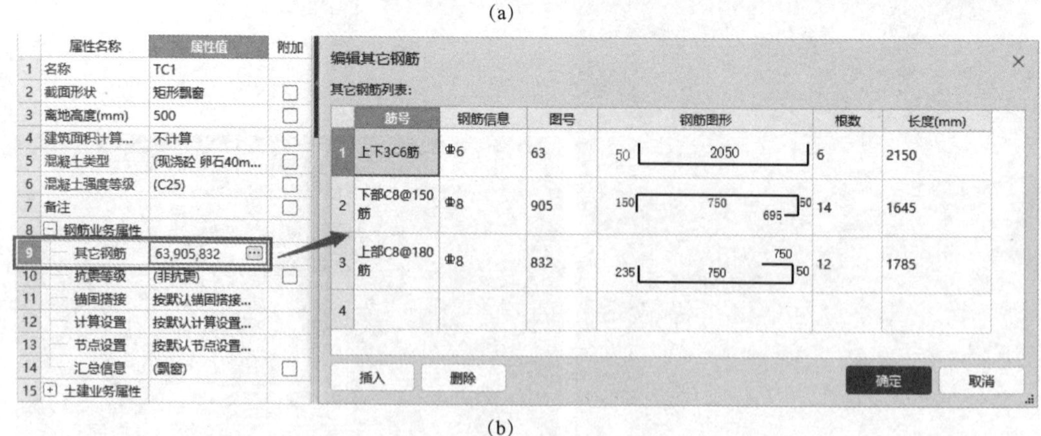


(b)

图 6-3 本工程飘窗定义

(a)TC1“选择参数化图形”对话框参数设置；(b)TC1 属性列表及钢筋输入

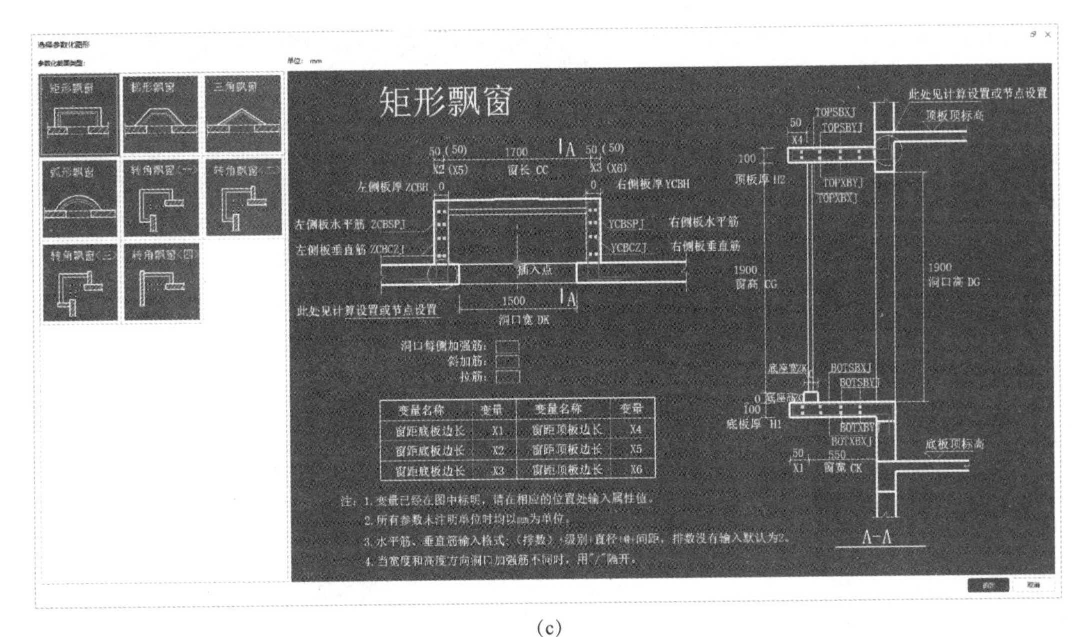


(c)

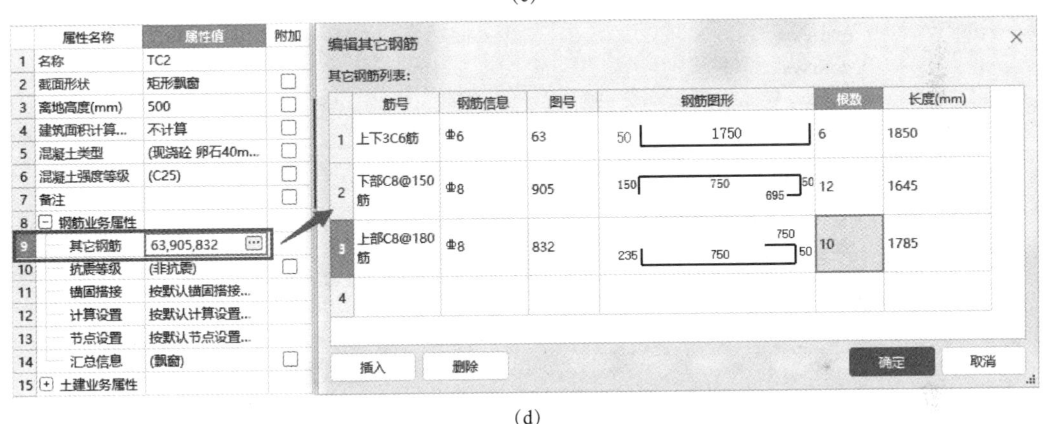


(d)

**图 6-3　本工程飘窗定义(续)**

(c)TC2“选择参数化图形”对话框参数设置；(d)TC2 属性列表及钢筋输入

## 小提示

(1)本工程中因图纸飘窗大样中上下飘窗板内钢筋布置与矩形参数化飘窗内钢筋布置形式差别较大，因此，不在“选择参数化图形”对话框中输入钢筋而通过手动计算钢筋在其他钢筋中录入。

(2)飘窗属性值包括基本属性、钢筋业务属性、土建业务属性和显示样式 4 块共 18 项，如图 6-3 所示。GTJ2021 中飘窗把底板、空洞及顶板视为一个整体，属性值“3 离地高度(mm)”为底板下表面距地高度，“建施 J00 目录及门窗表”中门窗表内飘窗的离地高度为洞口距地高度，因此，该属性值应输入 500 mm(即洞口距地高度－底板厚度)。钢筋业务属性中在参数化图形对话框中无法输入的钢筋可在“9 其他钢筋”中输入，其他钢筋业务属性和土建业务属性及显示样式保持默认即可。

### 2. 绘制 TC1、TC2

定义好 TC1、TC2 后，可以用“点”“精确布置”等手动绘制的方式进行绘制，步骤与首层及中间层门窗绘制相同。完成第 2 层 TC1、TC2 绘制后可用“复制到其他层”绘制第 3～9 层飘窗，只选中北面飘窗用“复制到其他层”绘制第 10～11 层飘窗。

因飘窗其他钢筋是公有属性，因此，在第 9 层要将 TC2 复制一个出来命名为“TC2 南”。根据图纸修改第 9 层南面飘窗 TC1 和 TC2 南的钢筋设置如图 6-4 所示。第 9 层 TC1 按图 6-4(a)改好其他钢筋属性值即可，南面 TC2 用右键“转换图元”命令改为“TC2 南”即可。

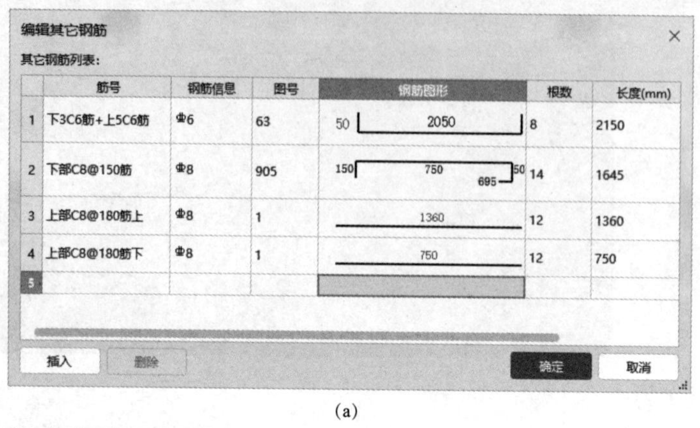

编辑其它钢筋

其它钢筋列表：

| | 筋号 | 钢筋信息 | 图号 | 钢筋图形 | 根数 | 长度(mm) |
|---|---|---|---|---|---|---|
| 1 | 下3C6筋+上5C6筋 | ⌀6 | 63 | 50 2050 | 8 | 2150 |
| 2 | 下部C8@150筋 | ⌀8 | 905 | 150 750 50 695 | 14 | 1645 |
| 3 | 上部C8@180筋上 | ⌀8 | 1 | 1360 | 12 | 1360 |
| 4 | 上部C8@180筋下 | ⌀8 | 1 | 750 | 12 | 750 |
| 5 | | | | | | |

插入 删除 确定 取消

(a)

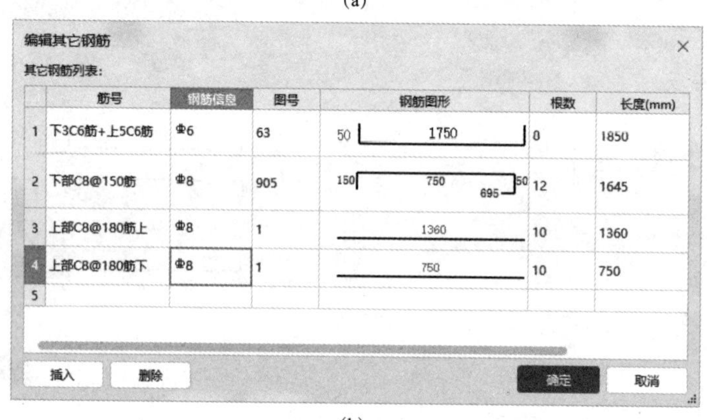

编辑其它钢筋

其它钢筋列表：

| | 筋号 | 钢筋信息 | 图号 | 钢筋图形 | 根数 | 长度(mm) |
|---|---|---|---|---|---|---|
| 1 | 下3C6筋+上5C6筋 | ⌀6 | 63 | 50 1750 | 0 | 1850 |
| 2 | 下部C8@150筋 | ⌀8 | 905 | 150 750 50 695 | 12 | 1645 |
| 3 | 上部C8@180筋上 | ⌀8 | 1 | 1360 | 10 | 1360 |
| 4 | 上部C8@180筋下 | ⌀8 | 1 | 750 | 10 | 750 |
| 5 | | | | | | |

插入 删除 确定 取消

(b)

**图 6-4　第 9 层南面飘窗钢筋设置情况**

(a)第 9 层 TC1 钢筋设置；(b)第 9 层 TC2 南钢筋设置

## 小提示

此处 ⌀6 的钢筋计算了 8 根，把顶板反边内的 2 根也计算入内，后续绘制反边时不需要再输入钢筋。

完成飘窗绘制后如图 6-5 所示。飘窗也可分别按底板、顶板、洞口、带形窗分别绘制。

## 尝试应用

请完成课堂项目 3 号楼的飘窗绘制。

拓展阅读：绘制带形窗、老虎窗

图 6-5　本工程各层飘窗示意

从上述飘窗的定义及绘制和绘制后的三维模型示意图来看，飘窗比普通窗户的外形要美观，但定义时还需定义飘窗板内的钢筋，往往需要手动计算后通过其他钢筋来录入，远比普通窗户要复杂，在一定程度上来讲，其外在的美观度是由其相对复杂的构造支撑起来的。同样，作为个体的人所表现出来的状态直接体现了一个人的内在修养，我们应不断加强学习、提升修养和综合素质，对外呈现更好的自己。

国家相册：读书的滋味(来源：新华网)

## 三、定义并绘制 TC1、TC2 下卧梁

飘窗下卧梁与圈梁比较相似，因此，用圈梁定义。定义好以后用“直线”绘制，其绘制范围为飘窗最新的两个框架柱或墙柱之间。圈梁的定义和“直线”画法在“首层梁绘制”中详细介绍过，此处不再赘述。飘窗下卧梁属性列表各属性值如图 6-6 所示(与楼层框架梁属性类似)，注意其顶标高为层底标高加飘窗底板上表面距地高即为“层底标高＋0.6”。上部第 3～11 层该构件的绘制与绘制第 3～11 层的飘窗思路一样。

| | 属性名称 | 属性值 | 附加 |
|---|---|---|---|
| 1 | 名称 | 飘窗下卧梁 | |
| 2 | 截面宽度(mm) | 200 | ☐ |
| 3 | 截面高度(mm) | 200 | ☐ |
| 4 | 轴线距梁左边线距... | (100) | ☐ |
| 5 | 上部钢筋 | 2⌀12 | ☐ |
| 6 | 下部钢筋 | 2⌀12 | ☐ |
| 7 | 箍筋 | Φ8@150 | ☐ |
| 8 | 肢数 | 2 | |
| 9 | 材质 | 现浇混凝土 | ☐ |
| 10 | 混凝土类型 | (现浇砼 卵石4... | ☐ |
| 11 | 混凝土强度等级 | (C25) | ☐ |
| 12 | 混凝土外加剂 | (无) | |
| 13 | 泵送类型 | (混凝土泵) | |
| 14 | 泵送高度(m) | | |
| 15 | 截面周长(m) | 0.8 | ☐ |
| 16 | 截面面积(m²) | 0.04 | ☐ |
| 17 | 起点顶标高(m) | 层底标高+0.6 | ☐ |
| 18 | 终点顶标高(m) | 层顶标高+0.6 | ☐ |
| 19 | 备注 | | ☐ |
| 20 | ⊞ 钢筋业务属性 | | |
| 34 | ⊞ 土建业务属性 | | |
| 42 | ⊞ 显示样式 | | |

图 6-6　飘窗下卧梁属性列表

5 号楼阶段工程文件：完成飘窗

飘窗绘制操作小结

**尝试应用**

请完成课堂项目 3 号楼的飘窗下卧梁绘制。

# 任务7　楼梯绘制

## 聚焦项目任务

**知识：** 1. 掌握楼梯等建筑详图和结构详图识读方法，及楼梯列项和工程量计算规则。
2. 掌握参数化楼梯的定义及绘制操作。
3. 掌握矩形楼梯的布置。
4. 掌握楼梯混凝土、模板、装修及钢筋的计算规则。

**能力：** 1. 能根据图纸正确定义楼梯并进行绘制。
2. 达到1+X工程造价数字化应用初、中级和全国高校BIM毕业设计创新大赛BIM全过程造价管理与应用赛项关于绘制楼梯的相关要求。

**素质：** 1. 从楼梯逐级向上的形态中树立既要积极向上、仰望星空，又要脚踏实地、久久为功的锐意进取和埋头苦干的工作态度。
2. 从楼梯连通上下楼层作用体会人与人之间有效沟通的重要性。

楼梯绘制导学单及激活旧知思维导图

微课：楼梯绘制

## 示证新知

### 一、图纸分析

分析要点：楼梯类型(单跑/双跑等)，梯井宽度，踢脚线高度，平台板厚度，板搁置长度，梁搁置长度，踏步的级数、高度和宽度，梯梁设置情况及配筋，平台长度及配筋情况，梯板宽度与厚度及配筋信息，楼梯平面布置情况等。

需查阅图纸：建施J01建筑设计说明、建施J04二-十一层平面图、建施J08中1—1剖面、结施G09标准层梁钢筋图、结施G13楼梯结构布置图及节点大样。

分析结果：

(1)查阅建施J01建筑设计说明第四条下第(六)条下第3条知踢脚线高度为150 mm，结合该条并查阅赣04 J402－56－1，未明确防滑条起步距离，按一般情况取防滑条两端起步距离之和为300 mm。

(2)查阅建施J04二-十一层平面图知本工程楼梯为平行双跑楼梯，梯板宽度均为1 150 mm，梯井宽度100 mm，一层中共2个相同布置的楼梯，可在首层先绘制好左侧楼梯，再复制到右边，然后通过“复制到其他层”命令将楼梯复制到其他楼层。

(3)查阅建施 J08 中 1—1 剖面和结施 G13 楼梯结构布置图及节点大样知楼梯踏步级数为 8，楼梯踏步的高度为 166.7 mm、宽度为 260 mm，休息平台的长度为 1 200 mm。

(4)查阅结施 G13 楼梯结构布置图及节点大样知中间休息平台外侧 TL1 截面为 200×300，上部钢筋 2Φ12，下部钢筋 2Φ14，箍筋 Φ6@200；中间休息平台内侧靠梯段 TL2 截面为 200×350，上部钢筋 2Φ12，下部钢筋 2Φ16，箍筋 Φ8@200。平台板厚度为 90 mm，内配 Φ8@200 的双网双向钢筋。全楼只有一种梯板 TB1，厚度为 100 mm，底筋和面筋均为 Φ8@180，梯板分布筋为 Φ6@200。

(5)按江西省 2017 版定额规定，楼梯混凝土、模板和楼梯面层装饰均按楼梯间水平投影面积计算，因此，梁搁置长度和板搁置长度取为 0 mm。

## 二、绘制楼梯

**方法一：绘制参数化楼梯**

将楼层切换至首层。

(1)定义参数化楼梯。其操作步骤为：单击左侧导航栏中“楼梯”下“楼梯”，单击“构件列表”中“新建”下“新建参数化楼梯”，弹出图 7-1(a)所示的“选择参数化图形”对话框→根据图纸在左侧参数化截面类型中选择“标准双跑”→在右侧操作区域根据图纸信息输入梯井宽度等 5 个参数→根据梯梁信息在右侧操作区域表格中输入梯梁截面及配筋(注意本工程中梯梁名称编号与对话框中的梯梁名称编号不是一一对应关系，没有设置相应梁时截面尺寸输入 0、配筋信息直接删除)→在右侧操作区域下方楼梯平面图中输入踏步宽、数量、平台长、梯板宽，单击平台板配筋形式右侧三点小框按图纸选好平台板的配筋形式(有两种配筋形式供选择)并输入平台板配筋→在右侧操作区梯段剖面图部位单击梯段类型右侧三点小框选择梯段类型(上梯段有四种类型供选择，下梯段有六种类型供选择)并输入梯板厚度、踏步高度、梯板配筋信息，本工程上、下梯板是相同的，只要输入上跑梯段信息后在下跑梯段右侧单击“同上跑梯段”按钮 同上跑梯段 即可，完成各相应参数输入的顺序及结果如图 7-1(b)→单击确定后在属性列表中修改栏杆扶手设置、建筑面积计算方式及设置马凳筋等，如图 7-2 所示，修改完即完成参数化楼梯定义。

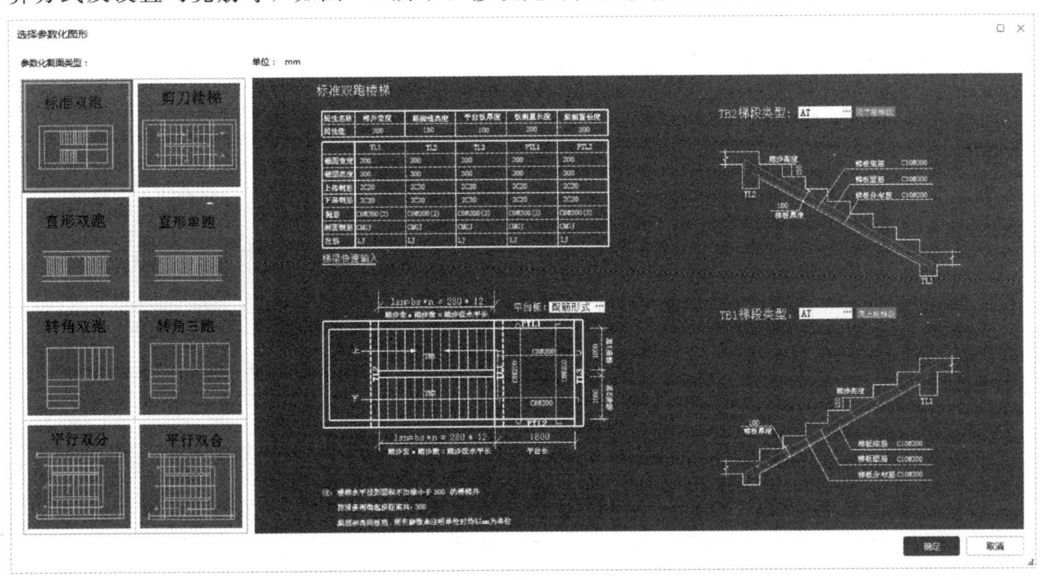


(a)

图 7-1 “新建参数化楼梯”的“选择参数化图形”对话框

(a)参数化楼梯“选择参数化图形”对话框

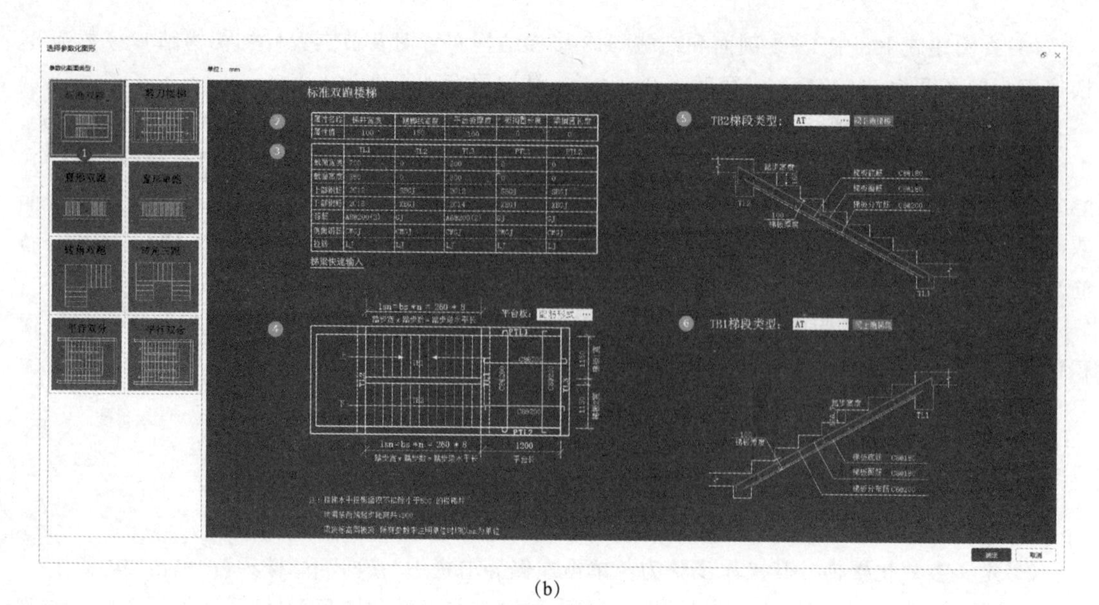

(b)

图 7-1　新建参数化楼梯的选择参数化图形对话框(续)

(b)本工程楼梯参数输入的顺序及结果

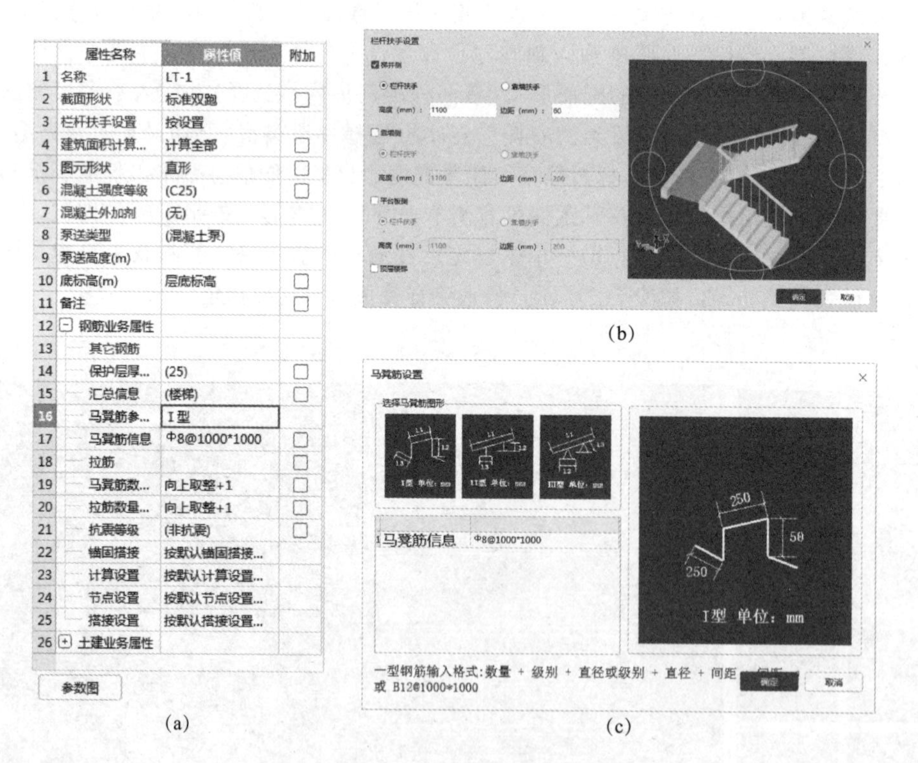


(a)　(b)　(c)

图 7-2　本工程楼梯属性设置

(a)本工程参数化楼梯属性列表；(b)楼梯栏杆扶手设置；(c)楼梯马凳筋(含梯板和平台板)设置

**小提示**

楼梯的属性值包括基本属性、钢筋业务属性、土建业务属性共28项，如图7-2(a)所示。

(1)基本属性包括名称、截面形状、栏杆扶手设置、建筑面积计算方式、图元形状、混凝土相关信息和底标高等。

1)单击“2 截面形状”右侧三点小框可打开图7-1所示的“选择参数化图形”对话框，可再次进行截面形状选择并编辑相关参数。

2)单击“3 栏杆扶手设置”右侧三点小框可打开如图7-2(b)所示栏杆扶手设置对话框，可根据图纸实际情况进行栏杆扶手设置。

3)“4 建筑面积计算方式”中软件提供了计算全部、计算一半、不计算三种选择。

4)其他几项属性一般保持默认，图纸与默认情况不相同时则按图纸修改。

(2)钢筋业务属性可输入除参数图中钢筋外的其他钢筋和马凳筋等，其中马凳筋设置与首层板及钢筋绘制中板内马凳筋设置相同，其他钢筋业务属性一般保持默认即可。

(3)土建业务属性一般保持默认即可。

(2)绘制参数化楼梯。用“点”配合使用“移动”“复制”等命令即可完成首层楼梯绘制，再用“复制到其他层”命令绘制上部各层楼梯即可。需要注意的是第11层的楼梯绘制后要注意修改其栏杆扶手设置，将图7-2(b)中对话框左下角“顶层楼梯”上勾选。完成绘制后本工程中间层和顶层楼梯如图7-3所示。

(a)

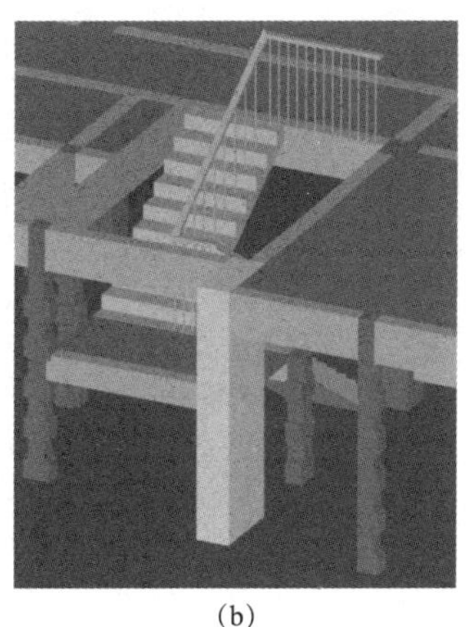

(b)

图7-3　本工程楼梯示意

(a)中间层楼梯；(b)顶层楼梯

**尝试应用**

请完成课堂项目3号楼的参数化楼梯绘制。

可以看到，楼梯在建筑中起着连通上下楼层的重要作用，虽然偏于一隅，但依然逐级向上进取。做人也要像楼梯一样，不断提升沟通交流能力，促进有效沟通；同时还要志存高远，一步一个脚印，认真做好每一件事，争取获得更大成功。

戚发轫：仰望星空脚踏实地(来源：学习强国中国宋庆龄基金会)

**方法二：绘制矩形楼梯**

实际工程中楼梯的定义与绘制一般新建楼梯后直接在楼梯间画矩形

(或随楼梯间平面布局画平面图形)，然后套楼梯混凝土做法，其余栏杆扶手手算工程量并列清单。以首层⑨～⑩轴间楼梯为例，其操作过程如下：

单击左侧导航栏中“楼梯”下“楼梯”→单击“构件列表”中“新建”→单击“新建楼梯”；在“属性列表”中将“建筑面积计算方式”改为“计算全部”，如图 7-4 所示。

楼梯的绘制，执行工具栏上“矩形”命令，用“Shift＋左键”的方式偏移绘制，以(⑨，Ⓕ)交点为参考点向右偏移 100、向下偏移 100 找到楼梯间左上角点，以(⑩，Ⓔ)交点为参考点向左偏移 100、向上偏移 100 找到楼梯间右下角点即完成绘制。

相比较第一种按参数化楼梯定义并绘制楼梯，第二种用矩形绘制楼梯在实际工程中运用得较为广泛。

| | 属性名称 | 属性值 | 附加 |
|---|---|---|---|
| 1 | 名称 | LT-1 | |
| 2 | 建筑面积计算... | 计算全部 | ☐ |
| 3 | 图元形状 | 直形 | ☐ |
| 4 | 混凝土强度等级 | (C25) | ☐ |
| 5 | 备注 | | ☐ |
| 6 | ⊟ 钢筋业务属性 | | |
| 7 | 其它钢筋 | | |
| 8 | 汇总信息 | (楼梯) | ☐ |
| 9 | ⊟ 土建业务属性 | | |
| 10 | 计算规则 | 按默认计算规则 | |
| 11 | 做法信息 | 按构件做法 | |
| 12 | ⊞ 显示样式 | | |

图 7-4　平面楼梯定义

5 号楼阶段工程文件：完成楼梯

楼梯绘制操作小结

# 任务8 装饰装修绘制

## 8.1 室内装修绘制

### 聚焦项目任务

**知识**：1. 掌握将建筑设计说明中装修做法表和工程做法明细与建筑平面图联系起来识读，掌握室内楼地面装饰及防水、墙柱面装饰及防水、天棚装饰的列项和工程量计算规则。

2. 掌握楼地面、踢脚、墙裙、内墙面、天棚、吊顶和首层房心回填的定义。

3. 掌握虚墙的绘制。

4. 掌握房间的定义、装饰构件组合及房间绘制。

5. 掌握通过识别装修做法表的方式创建房间并反建相应室内装修构件。

**能力**：1. 能根据图纸正确定义楼地面、踢脚、墙裙、内墙面、顶棚、吊顶和首层房心回填。

2. 能绘制虚墙使室内装修形成封闭空间。

3. 能定义房间并根据图纸将相应的装修构件组合到房间内，通过识别装修做法表的方式创建房间并反建相应室内装修构件，能准确根据图纸进行房间绘制。

4. 达到1+X工程造价数字化应用初、中级和全国高校BIM毕业设计创新大赛BIM全过程造价管理与应用赛项关于绘制室内装修的相关要求。

**素质**：自主查阅中华人民共和国成立以来家装的时代变迁相关资料，感受我国人民生活水平的不断提升和巨大变化，树立制度自信。

室内装修绘制导学单及激活旧知思维导图

微课1：首层室内装修绘制

微课2：第2层室内装修绘制

微课3：上部各层室内装修绘制及厨房与卫生间防水卷边设置

### 示证新知

#### 一、图纸分析

分析要点：房间的种类及每种房间对应的楼地面、墙面和顶棚做法等，哪些房间不封闭、哪些部位需设置虚墙。各层楼地面、墙面、踢脚、顶棚等的各类及构造做法，首层室内外高差及不同房间的房心回填土厚度等。

需查阅图纸：建施J01建筑设计说明、建施J03一层平面图、建施J04二-十一层平面图、

建施 J06 1～41 立面图、建施 J07 41～1 立面图、建施 J08 中 A～G 立面图及 G～A 立面图。

分析结果：

(1)本工程房间信息。

1)查阅建施 J03 一层平面图知首层只有戊类储藏间和楼梯、走道两种房间类型。

2)查阅建施 J04 二-十一层平面图知上部各楼层有楼梯、走道，客厅、起居室、卧室，厨房、卫生间，阳台四种房间类型。

3)以房间组合各种楼地面、墙面和顶棚装饰做法进行装修布置只能在封闭空间内进行，若空间不封闭或两个不同装修做法的空间之间没有墙体分隔时，需设置虚墙。本工程中三室两厅的户型餐厅与厨房之间没有墙体但两者的装修做法不同，需设置虚墙；南北两面非三面悬挑阳台外侧应设置虚墙；南面凸阳台的装饰柱 ZSZ1 属于独立柱装饰，南面凸阳台的装饰绘制放在室外装修绘制中阐述。

(2)本工程楼地面信息。

1)查阅建施 J01 第四条下第(六)条下第 1 条知：

①首层储藏间地面构造做法：20 厚 1∶2.5 水泥砂浆，压实抹光；素水泥浆一道(内掺建筑胶)；30 厚 C20 细石混凝土，随打随抹光；刷冷底子油两遍；70 厚 C10 素混凝土垫层；素土夯实。

②楼梯、走道地面为磨光花岗岩地面：20 厚磨光花岗岩面层，用素水泥浆或白水泥填缝；素水泥浆一道(内掺建筑胶)；30 厚 C20 细石混凝土，随打随抹光；刷冷底子油两遍；70 厚 C10 素混凝土垫层；素土夯实。

2)综合建施 J01、建施 J02 和标准图集赣 01 J301 知上部各楼层楼面做法如下：

①楼梯、走道楼面为磨光花岗岩楼面：20 厚磨光花岗岩面层，用素水泥浆或白水泥填缝；刷素水泥浆一道；30 厚 1∶2 水泥砂浆结合层；刷素水泥浆一道；15 厚 1∶3 水泥砂浆找平层；现浇钢筋混凝土楼板。

②客厅、起居室、卧室楼面为水泥砂浆楼面：20 厚 1∶2 水泥砂浆面层压实抹光；刷素水泥浆一道；15 厚 1∶3 水泥砂浆找平层；现浇钢筋混凝土楼板。

③厨房、卫生间楼面为防滑陶瓷锦砖(彩色马赛克)楼面：5 厚防滑陶瓷彩色马赛克锦砖面层铺实拍平，干水泥擦缝；刷素水泥浆一道；25 厚 1∶4 干硬性水泥砂浆结合层；刷素水泥浆一道；60 厚(最高处)C20 细石混凝土从门口处向有地漏方向泛水，最低处不小于 30；刷冷底子油两道，四周上翻高度为 150 mm；15 厚 1∶3 水泥砂浆找平层；现浇钢筋混凝土楼板。需注意的是，图集中隔离层为由单项设计确定选用隔离层材料，四周上翻至踢脚板上沿，本图中并未明确确定隔离层材料，因此，暂采用与地面防水材料及做法一致。

此外，南北两面阳台的楼面做法在图中未明确，考虑到其地面需防水，做法参照厨房卫生间楼面做法。

(3)本工程踢脚信息。查阅建施 J01 第四条下第(六)条下第 4 条知，只有楼梯、走道有踢脚，其他房间没有踢脚，结合标准图集赣 01 J301 知：

楼梯、走道踢脚高 150 mm，为釉面砖踢脚：8～10 厚彩色釉面砖，面层做法同楼、地面，干水泥擦缝；10 厚 1∶2 水泥砂浆结合层；15 厚 1∶2 水泥砂浆打底拉毛或划出纹道；将基体用水湿透。值得注意的是标准图集中第 3 层做法为 10～15 厚 1∶2 水泥砂浆打底拉毛或划出纹道，此处与楼地面采用相近做法，取 15 厚。

(4)本工程墙面装修信息。综合建施 J01 和标准图集赣 02 J802 知上部各楼层墙面做法如下：

1)楼梯、走道墙面为仿瓷涂料墙面：罩面涂料二遍(内墙乳胶漆)；喷主涂层涂料一遍(刮瓷涂料)；封底涂料一遍(刮瓷涂料)；粘贴玻璃丝网格布，墙面腻子嵌缝刮平；喷刷防水涂料一遍。

2)客厅、起居室、卧室墙面为仿瓷涂料墙面：砂子打磨平；刮 D951 仿瓷涂料 3 遍；6 厚 1∶2.5 水泥砂浆；12 厚 1∶3 水泥砂浆打底扫毛。需注意的是标准图集中第 2 层做法为刮 D951 仿瓷涂料 3～4 遍，此处取 3 遍。

3)厨房、卫生间墙面为瓷砖墙面：3 厚陶瓷墙地砖胶粘剂粘贴内墙 5 厚瓷砖，稀白水泥浆擦缝；6 厚 1∶0.1∶2.5 水泥石灰膏砂浆结合层；12 厚 1∶3 水泥砂浆打底扫毛。

储藏间墙面做法图中未明确，考虑其所处环境，做法参照楼梯、走道墙面做法。此外，南北两面阳台的墙面做法在图中未明确，考虑到其所处环境阳台墙面和栏板内外侧按外墙面做法考虑。

(5)本工程顶棚信息。综合建施 J01 和标准图集赣 02 J802 知上部各楼层顶棚做法如下：

1)楼梯、走道顶棚为复合涂料顶棚：现浇钢筋混凝土板；刷素水泥浆一遍；12 厚 1∶1∶6 水泥石灰膏砂浆打底扫毛；6 厚 1∶0.3∶2.5 水泥石灰膏砂浆找平；封底涂料一遍(刮瓷)；喷厚涂料一遍(刮瓷)；罩面涂料两遍(内墙乳胶漆)。

2)客厅、起居室、卧室、厨房、卫生间为仿瓷涂料顶棚(白色)：现浇钢筋混凝土板；刷素水泥浆一道；12 厚 1∶0.3∶3 水泥石灰膏砂浆打底扫毛；6 厚 1∶0.3∶2.5 水泥石灰膏砂浆找平；刮 D951 仿瓷涂料 3 遍；砂纸打磨平。需注意的是，标准图集中第 2 层做法为刮 D951 仿瓷涂料 3～4 遍，此处取 3 遍。

储藏间顶棚做法图中未明确，考虑其所处环境，做法参照楼梯、走道顶棚做法。此外，南北两面阳台的顶棚做法在图中未明确，考虑到其所处环境与厨房、卫生间相似，做法参照厨房卫生间顶棚做法。

(6)本工程首层房心回填信息。查阅建施 J03 或立面图知本工程室内外高差为 0.15 m。查阅建施 J01 知本工程首层储藏间和楼梯走道地面厚度均为 120 mm，因此，可得出房心回填厚度只有一种，其计算为室内外高差减去地面构造做法厚度＝150－120＝30(mm)。

综上，首层两类房间装修做法见表 8-1。第 2 层及以上各层室内装修做法见表 8-2。

**表 8-1　首层两类房间装修做法**

| 房间名称 | 楼地面 | 踢脚 | 墙面 | 顶棚 | 房心回填 |
| --- | --- | --- | --- | --- | --- |
| 楼梯、走道 | 磨光花岗岩地面 | 釉面砖<br>踢脚高 150 mm | 楼梯走道、储藏间—<br>仿瓷涂料墙面 | 复合涂料<br>顶棚 | 回填土<br>厚度 30 mm |
| 储藏间 | 储藏间—水泥砂浆<br>地面 | — | 楼梯走道、储藏间—<br>仿瓷涂料墙面 | 复合涂料<br>顶棚 | 回填土<br>厚度 30 mm |

**表 8-2　第 2 层及以上各层室内装修做法**

| 房间名称 | 楼面 | 墙面 | 墙裙 | 踢脚 | 顶棚 |
| --- | --- | --- | --- | --- | --- |
| 楼梯、走道 | 赣01J301 (20/39)<br>磨光花岗石楼面 | 赣02J802 (8d/29)<br>中级做法 | — | 赣01J301 (16/64)<br>轴面砖 | 赣02J802 (8b/55)<br>复合涂料顶棚 |
| 客厅、起居室、卧室 | 赣01J301 (1/36)<br>水泥砂浆 | 赣02J802 (7a/28)<br>仿瓷涂料 | — | — | 赣02J802 (6b/54)<br>仿瓷涂料顶棚<br>白色 |
| 住宅厨房、卫生间 | 赣01J301 (25/40)<br>防滑陶瓷锦砖 | 赣02J802 (14a/35)<br>瓷砖墙面 | — | — | 赣02J802 (6b/54)<br>仿瓷涂料顶棚 |

## 二、绘制首层室内装修

GTJ2021 对于室内装修的绘制思路是先定义各楼地面、踢脚、墙裙、墙面、顶棚、吊顶等装修构件，然后定义房间，并将各类装修构件作为依附构件添加到对应的房间，定义好房间后按“点”画法布置装饰装修构件。用房间“点”画法布置室内装修的前提是房间是由墙体围成的封闭空间，若不封闭可定义并绘制虚墙。

**步骤一：定义室内装修构件及房心回填**

将楼层切换至首层，单击左侧模块导航栏“装修”，按首层楼梯、走道和储藏间两类房间装修做法（表 8-1）按图 8-1 所示顺序依次单击楼地面、踢脚、墙面、顶棚定义相应构件，再切换到“土方”模块单击房心回填定义房心回填构件，定义好的相应构件如图 8-2 所示。其中，首层储藏间地面、楼梯走道磨光花岗岩地面均有刷冷底子油两遍的防水做法，将其属性列表中的“3 是否计算防水面积”改为“是”。

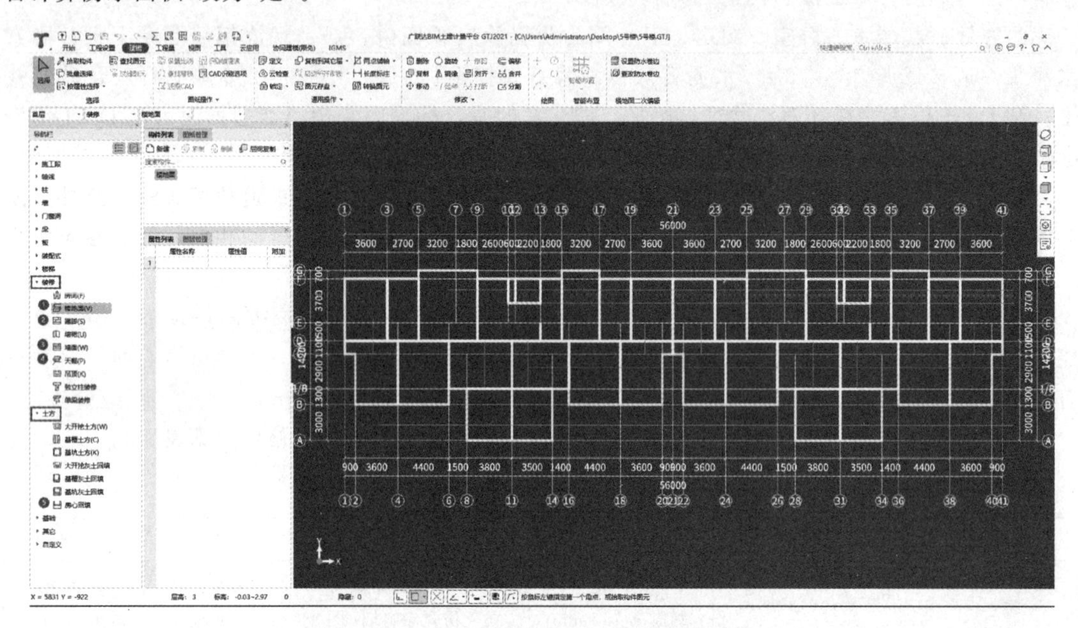

图 8-1　本工程首层室内装修构件定义顺序

| | 属性名称 | 属性值 | 附加 |
|---|---|---|---|
| 1 | 名称 | 磨光花岗岩地面 | |
| 2 | 块料厚度(mm) | 0 | ☐ |
| 3 | 是否计算防水面积 | 是 | ☐ |
| 4 | 顶标高(m) | 层底标高 | ☐ |
| 5 | 备注 | | ☐ |
| 6 | ⊞ 土建业务属性 | | |
| 10 | ⊞ 显示样式 | | |

(a)

| | 属性名称 | 属性值 | 附加 |
|---|---|---|---|
| 1 | 名称 | 储藏间-水泥砂浆地面 | |
| 2 | 块料厚度(mm) | 0 | ☐ |
| 3 | 是否计算防水面积 | 是 | ☐ |
| 4 | 顶标高(m) | 层底标高 | ☐ |
| 5 | 备注 | | ☐ |
| 6 | ⊞ 土建业务属性 | | |
| 10 | ⊞ 显示样式 | | |

(b)

图 8-2　首层室内装修构件及房心回填定义

(a)楼梯走道地面；(b)储藏间地面

| | 属性名称 | 属性值 | 附加 |
|---|---|---|---|
| 1 | 名称 | 釉面砖踢脚 | |
| 2 | 高度(mm) | 150 | ☐ |
| 3 | 块料厚度(mm) | 0 | ☐ |
| 4 | 起点底标高(m) | 墙底标高 | ☐ |
| 5 | 终点底标高(m) | 墙底标高 | ☐ |
| 6 | 备注 | | ☐ |
| 7 | ⊞ 土建业务属性 | | |
| 11 | ⊞ 显示样式 | | |

(c)

▾ 墙面

楼梯走道、储藏间-仿瓷涂料墙面[内墙面]

属性列表　图层管理

| | 属性名称 | 属性值 | 附加 |
|---|---|---|---|
| 1 | 名称 | 楼梯走道、储藏间-仿瓷涂料... | |
| 2 | 块料厚度(mm) | 0 | ☐ |
| 3 | 所附墙材质 | (程序自动判断) | ☐ |
| 4 | 内/外墙面标志 | 内墙面 | ☑ |
| 5 | 起点顶标高(m) | 墙顶标高 | ☐ |
| 6 | 终点顶标高(m) | 墙顶标高 | ☐ |
| 7 | 起点底标高(m) | 墙底标高 | ☐ |
| 8 | 终点底标高(m) | 墙底标高 | ☐ |
| 9 | 备注 | | ☐ |
| 10 | ⊞ 土建业务属性 | | |
| 14 | ⊞ 显示样式 | | |

(d)

| | 属性名称 | 属性值 | 附加 |
|---|---|---|---|
| 1 | 名称 | 复合涂料顶棚 | |
| 2 | 备注 | | ☐ |
| 3 | ⊞ 土建业务属性 | | |
| 7 | ⊞ 显示样式 | | |

(e)

| | 属性名称 | 属性值 | 附加 |
|---|---|---|---|
| 1 | 名称 | 房心回填 | |
| 2 | 厚度(mm) | 30 | ☐ |
| 3 | 回填方式 | 夯填 | ☐ |
| 4 | 顶标高(m) | 0 | ☐ |
| 5 | 备注 | | ☐ |
| 6 | ⊞ 土建业务属性 | | |
| 9 | ⊞ 显示样式 | | |

(f)

图 8-2　首层室内装修构件及房心回填定义(续)

(c)楼梯走道踢脚；(d)首层内墙面装修构件；(e)首层复合涂料顶棚；(f)首层房心回填构件

其中需要注意的是，踢脚的高度、墙面装修的顶标高和底标高、房心回填的厚度，及若有吊顶则吊顶离地高度这些信息会影响到工程量的计算，定义时务必要输入准确。

**步骤二：定义房间并添加依附构件**

单击左侧模块导航栏“装修”下“房间”，单击“构件列表”中“新建”下“新建房间”分别新建“楼梯、走道”和“储藏间”两个房间，然后单击“通用操作”功能分区中“定义”打开“定义”对话框，给房间按其装修做法添加相应的依附构件，操作流程如图 8-3(a)所示。房间定义顺序也可以直接单击“通用操作”功能分区中“定义”打开“定义”对话框，在对话框中新建房间构件并添加依附构件。“楼梯、走道”和“储藏间”两个房间添加好依附构件后如图 8-3(b)、(c)所示。

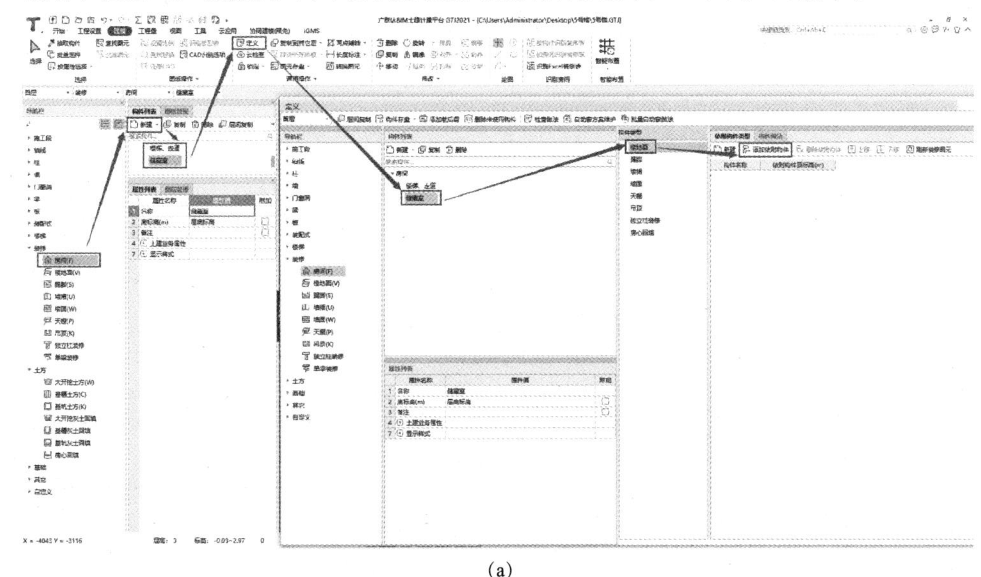

(a)

图 8-3　本工程首层房间定义

(a)房间定义顺序

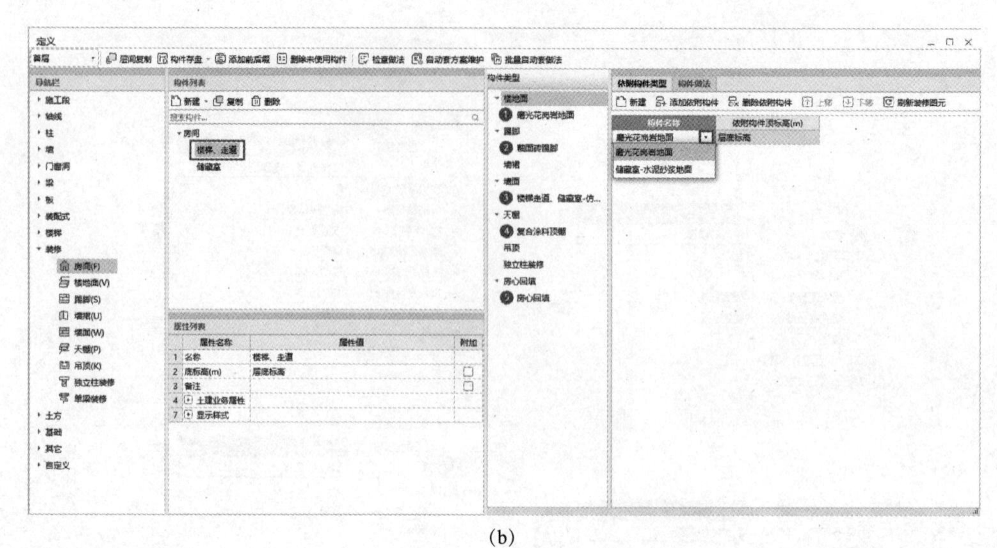

(b)

(c)

图 8-3　本工程首层房间定义(续)

(b)楼梯、走道房间定义；(c)储藏间房间定义

**步骤三：绘制房间**

房间的绘制方法有“点”和“智能布置>>拉框布置”两种方法，两种方法都只能在墙体封闭的空间内才能成功布置，一般推荐用“点”画法布置，其操作步骤为：选中要布置的房间单击房间空白处任一点即可完成布置。首层“楼梯、走道”(选中蓝色显示的房间)和“储藏间”两种房间装修布置好后如图 8-4 所示。

**尝试应用**

请完成课堂项目 3 号楼的首层室内装修构件绘制。

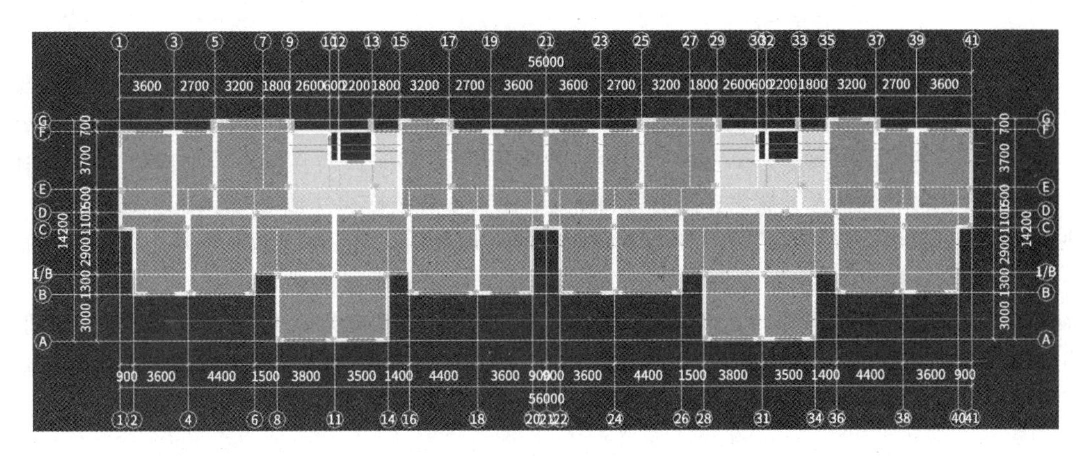


图 8-4　本工程首层房间布置

## 三、绘制第 2 层及以上各层室内装修

本工程第 2 层及以上各楼层三室两厅的户型餐厅与厨房之间没有墙体但两者的装修做法不同，南北两面非三面悬挑阳台外侧无墙体，楼梯与走道之间因相应装修构件计算规则不同，这三处应设置虚墙。整体绘制思路为：先在第 2 层完成装修构件绘制，然后复制到上部各层。第 2 层室内装修绘制分画虚墙→识别装修表→点画房间三步。将楼层切换到第 2 层。

**步骤一：定义并绘制虚墙形成封闭房间**

虚墙到砌体墙下定义并用直接线绘制即可，其定义与绘制和“首层砌体墙及钢筋、构造柱绘制”砌体墙相同。图 8-5(a)、(b)所示分别为本工程第 2 层虚墙属性列表和虚墙平面布置(选中部位即为虚墙)。

|  | 属性名称 | 属性值 | 附加 |
|---|---|---|---|
| 1 | 名称 | 虚墙100 |  |
| 2 | 厚度(mm) | 100 | ☐ |
| 3 | 轴线距左墙皮... | (50) | ☐ |
| 4 | 内/外墙标志 | (内墙) | ☑ |
| 5 | 类别 | 虚墙 | ☐ |
| 6 | 起点顶标高(m) | 层顶标高 | ☐ |
| 7 | 终点顶标高(m) | 层顶标高 | ☐ |
| 8 | 起点底标高(m) | 层底标高 | ☐ |
| 9 | 终点底标高(m) | 层底标高 | ☐ |
| 10 | 备注 |  | ☐ |
| 11 | ⊞ 钢筋业务属性 |  |  |
| 13 | ⊞ 显示样式 |  |  |

(a)

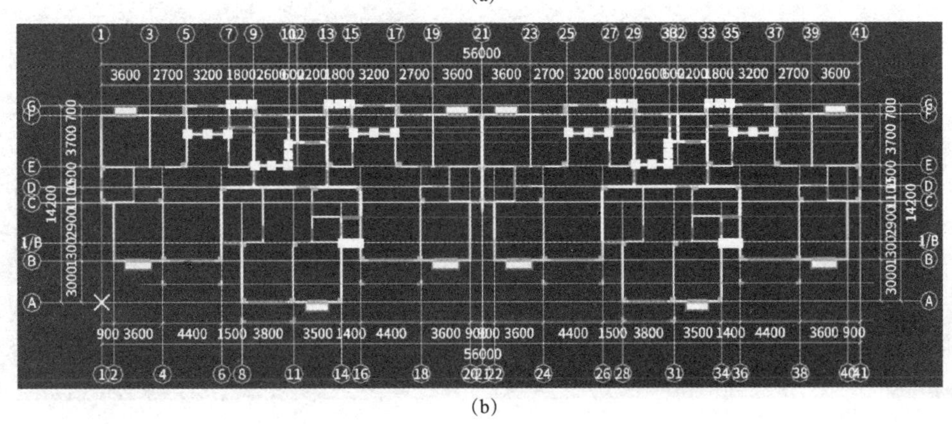


(b)

图 8-5　本工程虚墙定义与绘制

(a)本工程第 2 层虚墙属性列表；(b)本工程第 2 层虚墙平面布置

**步骤二：按房间识别装修表**

单击左侧模块导航栏“装修”下“房间”，在“图纸管理”中双击未对应到楼层的“5＃楼建筑施工图”进入图纸→单击“识别房间”功能分区中“按房间识别装修表”，找到建施 J01 中的内装修表，单击拉框选择内装修表，单击鼠标右键确认后弹出“按房间识别装修表”对话框，根据前述图纸分析表核对相应信息并删除多余的行和列，本工程中各装修构件做法均用图集表述，因此，按图纸分析结果手动修改对话框中各类装修构件的名称以便区分，如图 8-6 所示，单击对话框中“识别”按钮，弹出“按房间识别装修表”各类装修构件识别数量提示对话框，如图 8-7 所示，即完成了相应室内装修构件的定义和房间定义。因楼梯与走道相关装修构件计算规则不相同，因此，将楼梯、走道拆分为“楼梯”和“走道”两种不同的房间，同时“楼梯”房间的依附构件仅保留墙面构件，其他不保留，直接在后续套做法时套在楼梯构件上。

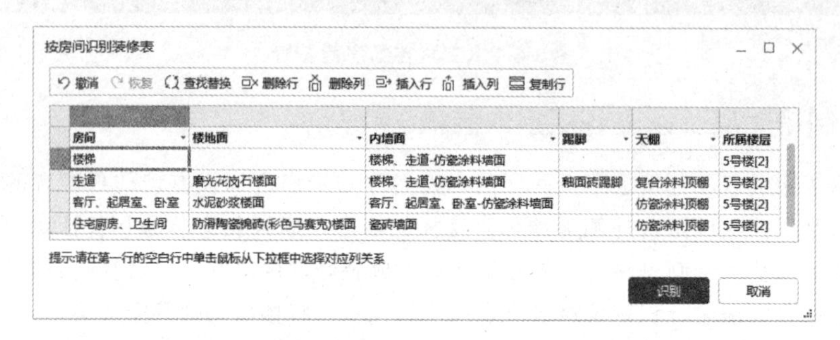


| 房间 | 楼地面 | 内墙面 | 踢脚 | 天棚 | 所属楼层 |
|---|---|---|---|---|---|
| 楼梯 | | 楼梯、走道-仿瓷涂料墙面 | | | 5号楼[2] |
| 走道 | 磨光花岗石楼面 | 楼梯、走道-仿瓷涂料墙面 | 釉面砖踢脚 | 复合涂料顶棚 | 5号楼[2] |
| 客厅、起居室、卧室 | 水泥砂浆楼面 | 客厅、起居室、卧室-仿瓷涂料墙面 | | 仿瓷涂料顶棚 | 5号楼[2] |
| 住宅厨房、卫生间 | 防滑陶瓷锦砖(彩色马赛克)楼面 | 瓷砖墙面 | | 仿瓷涂料顶棚 | 5号楼[2] |

图 8-6　本工程第 2 层按房间识别装修表对话框及信息

需要注意的是，软件通过识别创建的楼地面构件其属性列表“3 是否计算防水面积”默认为“否”，因此，需要将厨房、卫生间“防滑陶瓷锦砖（彩色马赛克）楼面”构件的该属性改为“是”。

**步骤三：绘制房间**

绘制房间与首层相同，此处不再赘述。第 2 层除阳台外室内装修布置示意，如图 8-8 所示。

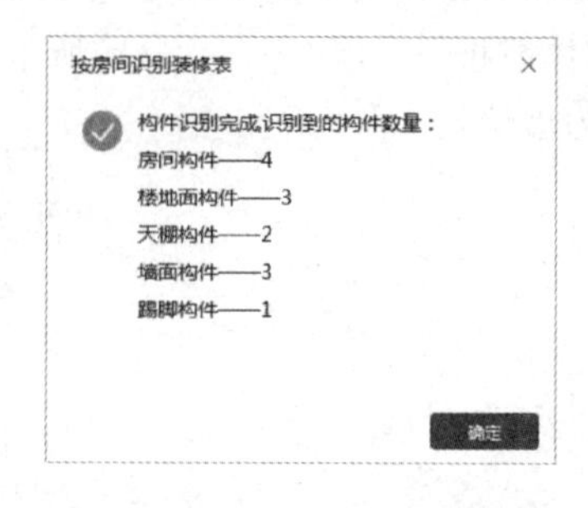


图 8-7　“按房间识别装修表”各类装修构件识别数量提示对话框

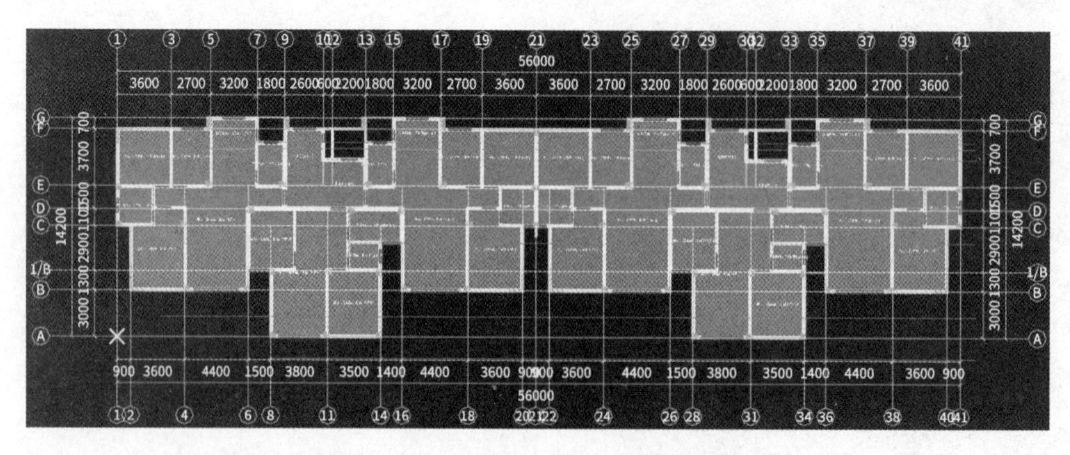


图 8-8　第 2 层除阳台外室内装修布置示意

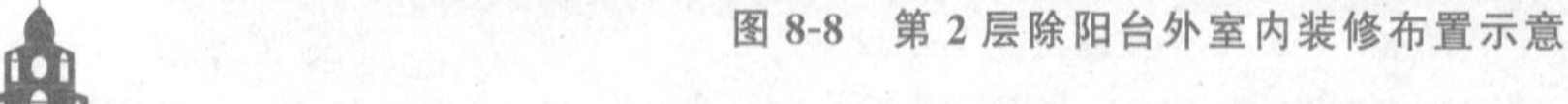

### 尝试应用

请完成课堂项目 3 号楼的上部各层室内装修绘制。

**步骤四：绘制南面凸阳台楼面和顶棚装饰**

阳台部位的墙面按外墙面布置，其绘制在下一节室外装修绘制阐述。但其楼面和顶棚仍要按厨房、卫生间的楼面和顶棚布置。

以楼面为例，其布置方法为：单击左侧模块导航栏“装修”下“楼地面”，选择“构件列表”中“防滑陶瓷锦砖(彩色马赛克)楼面”构件，单击“点”命令后在南北两面各阳台空白中单击即可完成绘制。

顶棚绘制：单击左侧模块导航栏“装修”下切换到“顶棚”，选择“构件列表”中“仿瓷涂料顶棚”构件，执行“点”命令后，在南北两面各阳台空白中单击即可完成绘制。

需要注意的是，南面 6 个凸阳台的楼面绘制需用“矩形”绘制，顶棚因梁围成了封闭空间可用“点”绘制。

将第 2 层室内装修绘制好以后，选中虚墙及房间和各类装修构件图元，用“复制到其他层”复制到第 3～11 层即完成上部各层室内装修绘制。

同时，需要将第 2 层的“楼梯”“走道”及其对应的装修构件复制到屋面层并绘制虚墙，然后通过“点”画法布置楼梯间的室内装修，并单独在楼梯间绘制顶棚。屋面层室内装修布置示意，如图 8-9 所示。

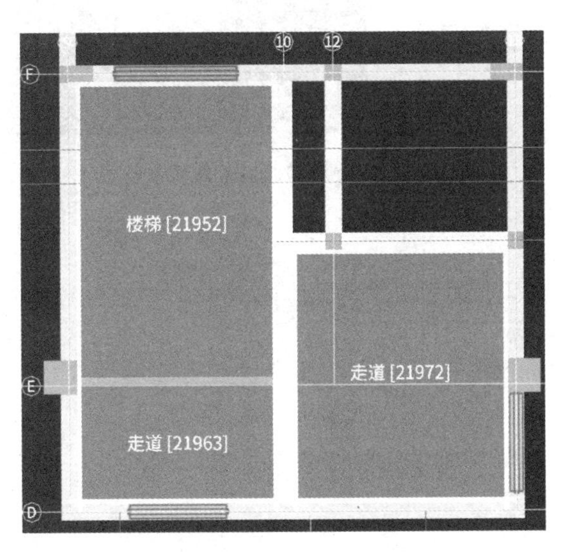


图 8-9　屋面层室内装修房间布置示意

### 尝试应用

请完成课堂项目 3 号楼的上部各层室内装修绘制。

**步骤五：设置厨房、卫生间防水上翻(刷冷底子油两道上翻高度为 150 mm)**

因楼面防水上翻部分无法通过后续套做法等方式提量，因此，针对厨房、卫生间要设置防水卷边。其设置方法有两种：

(1)在其中的某一层先设置后再选中该层的该类楼面图元用覆盖的方式复制到其他楼层。以

第 2 层为例，其操作过程为：按 F3 键批量选择该楼层全部“防滑陶瓷锦砖(彩色马赛克)楼面”→单击功能分区“设置防水卷边”，在弹出的对话框中设置防水高度为 150 后单击“确定”按钮即可，如图 8-10 所示。完成后再在第 2 层执行“复制到其他层”将该构件复制到第 3～11 层即可。

(2)按 F3 键批量选择全部楼层“防滑陶瓷锦砖(彩色马赛克)楼面”图元(图 8-11)，再单击功能分区“设置防水卷边”命令后单击鼠标右键确认，在弹出的对话框中设置防水高度为 150 后单击“确定”按钮即可，完成后可通过查看全楼三维图来进行检查。

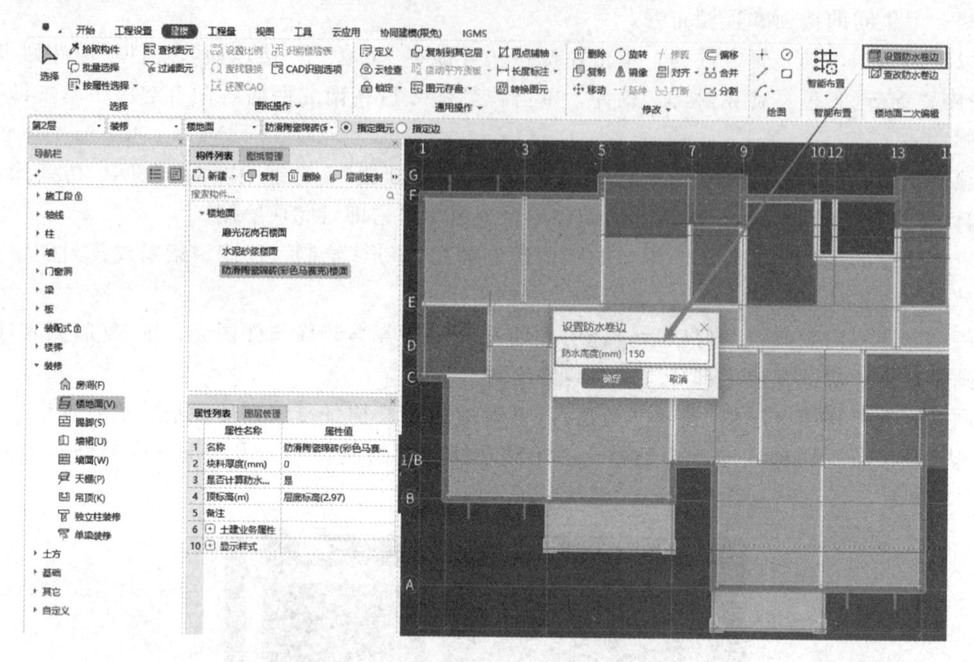


图 8-10　设置厨房、卫生间防水卷边

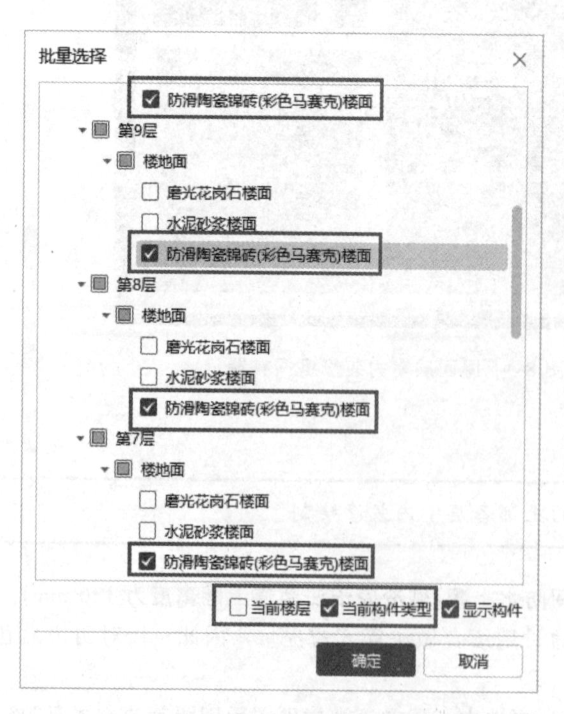


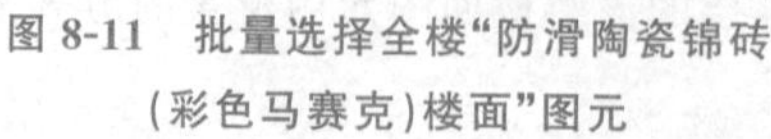

图 8-11　批量选择全楼“防滑陶瓷锦砖(彩色马赛克)楼面”图元

5 号楼阶段工程文件：完成室内装修

室内装修绘制操作小结

自中华人民共和国成立起，从贫困到温饱再到总体小康，中国人民的生活实现了历史性跨越。人民生活实现从温饱不足到迈向全面小康的历史性跨越，发生的巨大变化举世瞩目，人均住房面积质量大幅提高，家庭室内装修也从生存型向享受型转变，人民的获得感、幸福感显著增强。

388 本家庭档案背后的家国变迁（来源：央视网）

## 8.2　室外装修绘制

### 聚焦项目任务

**知识：** 1. 掌握将建筑设计说明中装修做法表和工程做法明细与建筑立面图联系起来识读，掌握室外装修、外墙保温的列项和工程量计算规则。

2. 掌握外墙装修构件和外墙保温的定义及绘制。

**能力：** 1. 能根据图纸正确定义外墙装修构件、外墙保温并绘制。

2. 达到 1+X 工程造价数字化应用初、中级和全国高校 BIM 毕业设计创新大赛 BIM 全过程造价管理与应用赛项关于绘制室外装修及外墙保温的相关要求。

**素质：** 从当前外墙外立面装饰逐渐用外墙涂料取代外墙面砖，树立起良好的安全意识。

室外装修绘制导学单及激活旧知思维导图

微课 1：绘制首层至第 11 层外墙面装修

微课 2：绘制屋面层外墙及女儿墙内侧装修、外墙保温及独立柱装修

### 示证新知

#### 一、图纸分析

分析要点：外墙装修做法种类，以及各类装修做法的布置范围等。

需查阅图纸：建施 J01 建筑设计说明、建施 J03 一层平面图、建施 J04 二-十一层平面图、建施 J06 1～41 立面图、建施 J07 41～1 立面图、建施 J08 中 A～G 立面图及 G～A 立面图。

分析结果：

综合建施 J01 第四条下第(四)条、立面图和标准图集赣 02 ZJ105 知外墙装饰为外墙漆，从下至上共有褐色仿石外墙漆(标高－0.150 m 至 3.600 m)、米黄色外墙漆(标高 3.600 m 至 26.600 m)、乳白色外墙漆(标高 26.600 m 至 27.600 m)和黄褐色外墙漆(标高 27.600 m 至屋顶)四种做法。

外墙面装饰构造做法：5 厚专用饰面砂浆与涂料；满刮柔性防水腻子；抗裂砂浆 4～6 厚压入一层普通型网格布(此处取 5 厚)；30 厚无机不燃保温砂浆；刷界面剂砂浆。

#### 二、绘制外墙面装修及保温

**(一)绘制外墙面装修**

根据图纸分析结果，本工程标高 6.600 m 以下为褐色仿石外墙漆，标高 6.600 m 以上均为

外墙漆，装饰做法仅颜色不同，在定义时全楼定义“褐色仿石外墙漆”和“外墙漆”两个外墙面构件即可，标高 6.600 m 以上均按外墙漆构件绘制不区分颜色定义不同构件。

外墙面装修的绘制思路：在首层定义并绘制褐色仿石外墙漆→将首层褐色仿石外墙漆构件复制到第 2～3 层并根据图纸修改相应底标高、顶标高属性后绘制→在第 3 层定义并绘制标高 6.600 m 以上的外墙漆装饰→将第 3 层外墙漆构件复制到第 4 层并修改底标高属性后绘制→将第 4 层外墙漆用“复制到其他层”复制到第 5～11 层→将第 4 层外墙漆构件复制到屋面层及冲顶层并在屋面层及冲顶层绘制外墙漆装饰。

首层外墙装修定义：将楼层切换至首层，单击左侧模块导航栏“装修”下“墙面”→单击“构件列表”中“新建”下“新建外墙面”，按首层外墙面布置范围设置其属性如图 8-12 所示。

| | 属性名称 | 属性值 | 附加 |
| --- | --- | --- | --- |
| 1 | 名称 | 褐色仿石外墙漆 | |
| 2 | 块料厚度(mm) | 0 | ☐ |
| 3 | 所附墙材质 | (程序自动判断) | ☐ |
| 4 | 内/外墙面标志 | 外墙面 | ☑ |
| 5 | 起点顶标高(m) | 墙顶标高 | ☐ |
| 6 | 终点顶标高(m) | 墙顶标高 | ☐ |
| 7 | 起点底标高(m) | 墙底标高-0.12 | ☐ |
| 8 | 终点底标高(m) | 墙底标高-0.12 | ☐ |
| 9 | 备注 | | ☐ |
| 10 | ⊞ 土建业务属性 | | |
| 14 | ⊞ 显示样式 | | |

**图 8-12　首层褐色仿石外墙漆属性列表**

## 小提示

(1)外墙装修标高为建筑标高，软件中首层底标高设置为结构底标高，为使外墙面布置范围更为准确合理，此处底标高采用相对标高(设计室外地坪－0.150 m 相对首层底标高－0.030 m 低 0.120 m)。

(2)若同一楼层在不同高度范围内有多种外墙装修，则定义多个外墙面构件，按图纸将其顶标高和底标高设置准确即可。

首层外墙装修绘制：外墙面绘制有“点”“直线”和“智能布置”三种方式，其中“点”“直线”适于外墙外立面装饰较复杂，围绕外墙一圈装饰做法有变化的情况；“智能布置”画法中有“外墙外边线”“房间”和“墙材质”三种参照，使用时可根据实际情况选用合适的参照。本工程首层外墙面绘制步骤为：选择已定义好的“褐色仿石外墙漆”外墙面构件，执行工具栏上“智能布置”下“外墙外边线”命令，在弹出的对话框中选择“首层”后单击“确定”按钮即完成布置。需要注意的是，北面⑬轴和㉝轴凸出墙部位需要手动“点”补画外墙装饰。图 8-13 所示为本工程首层外墙面装饰布置示意图。

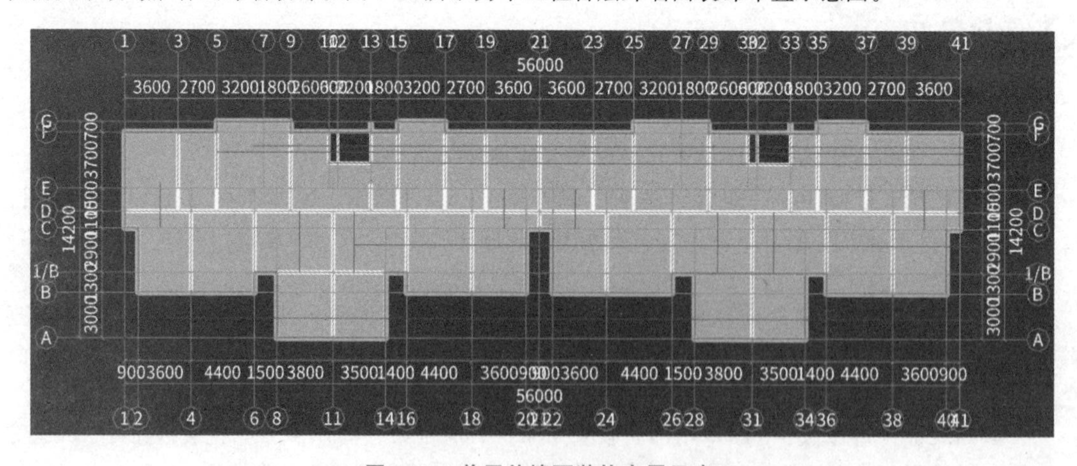


**图 8-13　首层外墙面装饰布置示意**

第 2 层外墙面装饰绘制同首层，但注意北面服务阳台等部位需进行延伸及补画等操作。第 3 层同时有褐色仿石外墙漆和米黄色外墙漆两种装修做法，需分别定义图 8-14 所示的两种构件。第 4 层外墙面绘制同首层绘制，上部第 5～11 层用“复制到其他层”即可。屋面层及冲顶

层可先将第4层“外墙漆”构件复制到屋面层及冲顶层，然后用“智能布置”下“外墙外边线”并配合使用“点”绘制。

| | 属性名称 | 属性值 | 附加 |
|---|---|---|---|
| 1 | 名称 | 褐色仿石外墙漆 | |
| 2 | 块料厚度(mm) | 0 | ☐ |
| 3 | 所附墙材质 | (程序自动判断) | ☐ |
| 4 | 内/外墙面标志 | 外墙面 | ☑ |
| 5 | 起点顶标高(m) | 墙底标高+0.6 | ☐ |
| 6 | 终点顶标高(m) | 墙底标高+0.6 | ☐ |
| 7 | 起点底标高(m) | 墙底标高 | ☐ |
| 8 | 终点底标高(m) | 墙底标高 | ☐ |
| 9 | 备注 | | ☐ |
| 10 | ⊞ 土建业务属性 | | |
| 14 | ⊞ 显示样式 | | |

| | 属性名称 | 属性值 | 附加 |
|---|---|---|---|
| 1 | 名称 | 外墙漆 | |
| 2 | 块料厚度(mm) | 0 | ☐ |
| 3 | 所附墙材质 | (程序自动判断) | ☐ |
| 4 | 内/外墙面标志 | 外墙面 | ☑ |
| 5 | 起点顶标高(m) | 墙顶标高 | ☐ |
| 6 | 终点顶标高(m) | 墙顶标高 | ☐ |
| 7 | 起点底标高(m) | 墙底标高+0.6 | ☐ |
| 8 | 终点底标高(m) | 墙底标高+0.6 | ☐ |
| 9 | 备注 | | ☐ |
| 10 | ⊞ 土建业务属性 | | |
| 14 | ⊞ 显示样式 | | |

图 8-14　第3层两种外墙面装饰构件属性列表

## 小提示

(1)在第3层画两种外墙面装修做法只能其中一种先用“智能布置”下“外墙外边线”绘制；另一种用“点”或“直线”绘制，若两种均用“智能布置”下“外墙外边线”绘制则后绘制的会覆盖前面绘制的。

(2)屋面层及冲顶层女儿墙部位外侧并入外墙面装修计算。

屋面层女儿墙外侧和出屋面楼梯间电梯间四周墙外立面均需布置外墙面装修，布置完成后如图8-15所示。

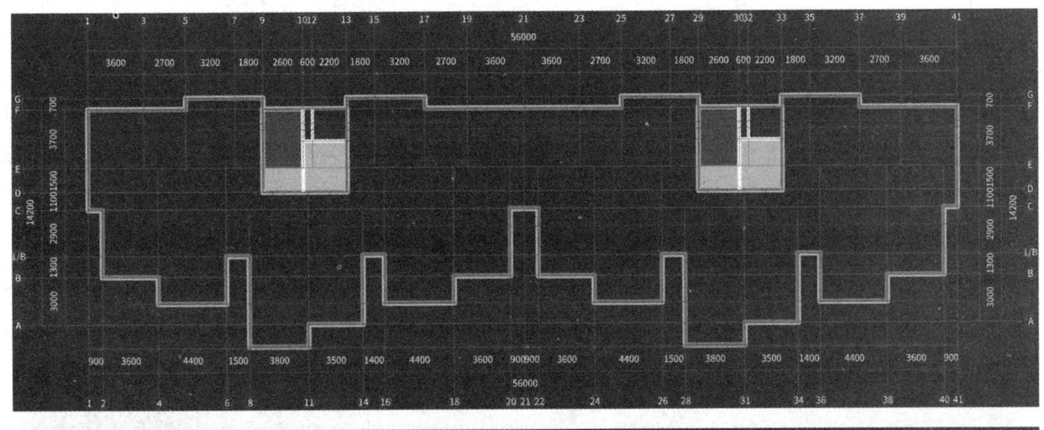

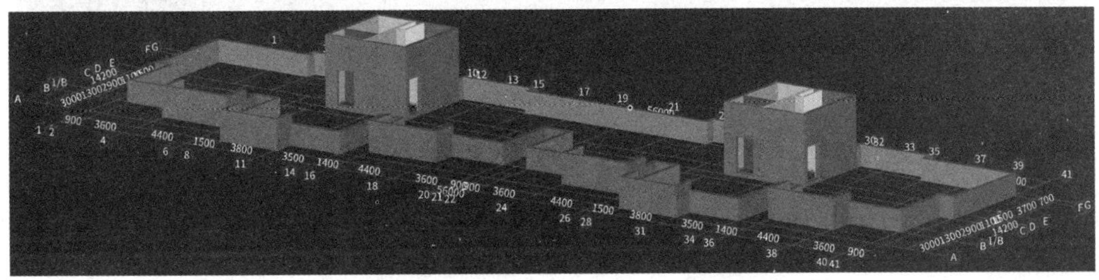

图 8-15　屋面层外墙漆外墙面装修布置示意

屋面屋及冲顶层女儿墙内侧装修单独计算，因此，其内侧需单独定义一个“女儿墙内侧墙面”装修构件，然后通过“点”或“直线”绘制，冲顶层女儿墙内侧装修用“点”绘制即可。如图8-16为屋面层女儿墙内侧墙面装修构件及布置示意。

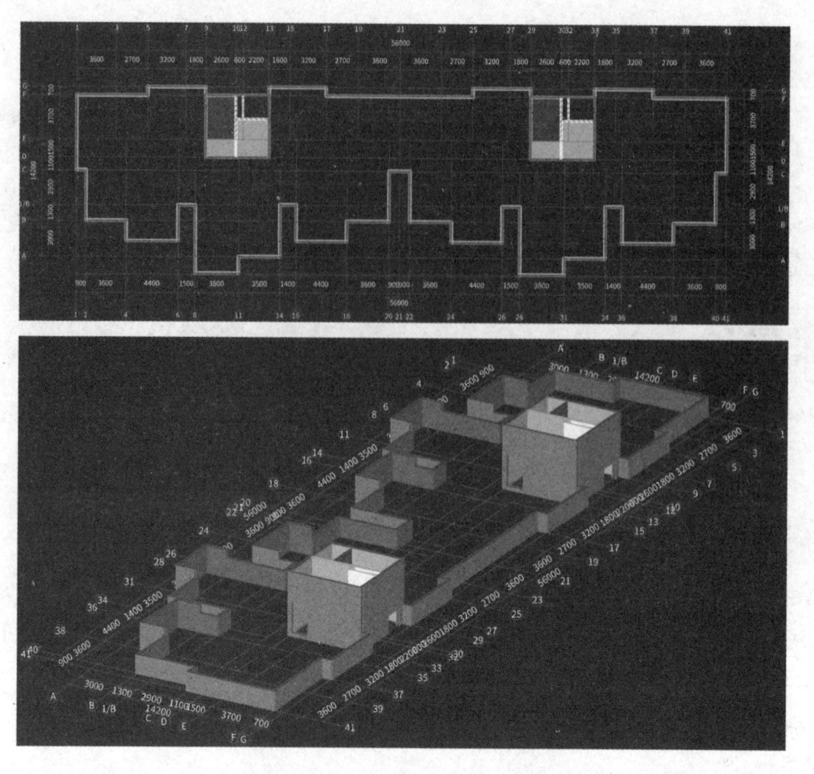

图 8-16 屋面层及冲顶层女儿墙内侧墙面装修构件及布置示意

近年来，外墙外立面装饰逐渐采用外墙涂料取代曾经风靡一时的外墙砖，其原因是外墙砖墙面装修容易脱落，给人民生命财产带来安全隐患，且脱落后会影响建筑节能保温效果，不易维修，影响了建筑物外观和城市形象。使用外墙涂料更为安全，且兼具经济和成本效益。对已经使用了外墙砖的建筑应加强检查，及时进行翻修、更新，排除安全隐患。

### (二)绘制外墙保温

外墙保温定义：将楼层切换至首层，单击左侧模块导航栏“其他”下“保温层”→单击“构件列表”中“新建”下“新建保温层”，按首层外墙保温层布置范围设置其属性如图 8-17 所示。

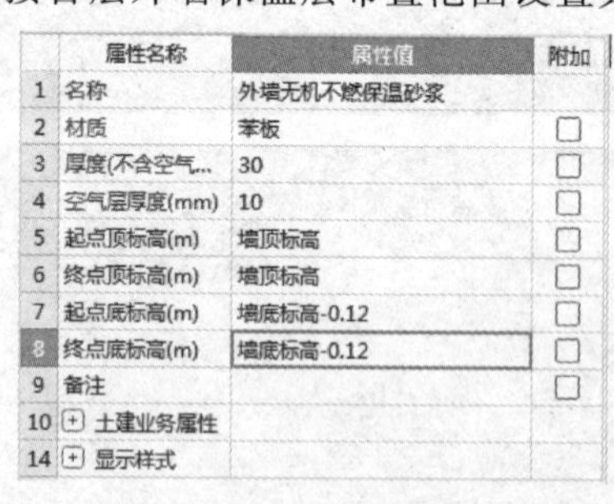

| | 属性名称 | 属性值 | 附加 |
|---|---|---|---|
| 1 | 名称 | 外墙无机不燃保温砂浆 | |
| 2 | 材质 | 苯板 | ☐ |
| 3 | 厚度(不含空气... | 30 | ☐ |
| 4 | 空气层厚度(mm) | 10 | ☐ |
| 5 | 起点顶标高(m) | 墙顶标高 | ☐ |
| 6 | 终点顶标高(m) | 墙顶标高 | ☐ |
| 7 | 起点底标高(m) | 墙底标高-0.12 | ☐ |
| 8 | 终点底标高(m) | 墙底标高-0.12 | ☐ |
| 9 | 备注 | | ☐ |
| 10 | + 土建业务属性 | | |
| 14 | + 显示样式 | | |

上海：5G+无人机智能巡检给高楼外墙做个 CT 体检

图 8-17 首层外墙保温层属性列表

**小提示**

保温层定义时空气层厚度为保温层与墙面间装饰层厚度之和。

外墙保温绘制：外墙保温层绘制与外墙面装饰绘制相似，此处不再赘述。本工程第 2 层、屋面层外墙保温布置示意，如图 8-18 所示。冲顶层女儿墙不布置保温。

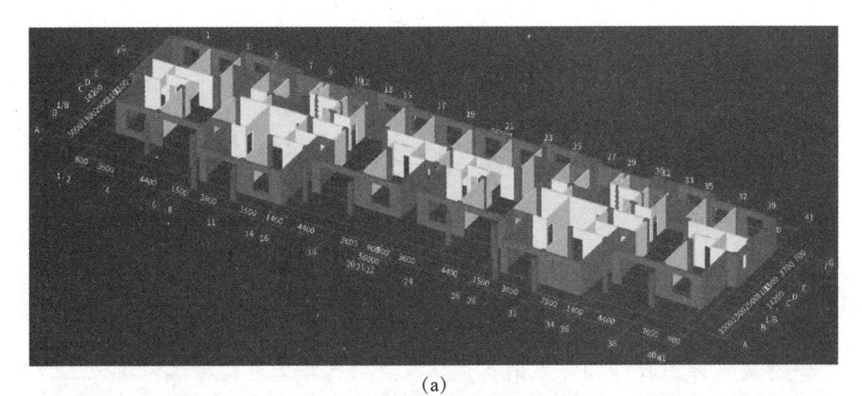

(a)

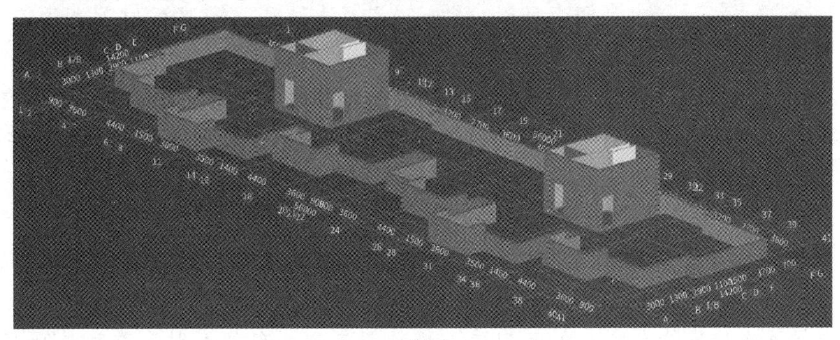

(b)

图 8-18　部分楼层外墙保温布置示意

(a)第 2 层外墙保温布置示意；(b)屋面层外墙保温布置示意

## 三、绘制独立柱 ZSZ1 装修

5 号楼阶段工程文件：完成室外装修

室外装修绘制操作小结

将楼层切换至首层，单击左侧模块导航栏“装修”下“独立柱装修”→单击“构件列表”中“新建”下“新建独立柱装修”，设置其属性如图 8-19 所示。其绘制用“智能布置”下“柱”命令，执行命令后按 F3 键批量选择全部 ZSZ1，核对无误后右击确认即完成绘制。完成首层绘制后用“复制到其他层”绘制第 2～11 层 ZSZ1 装修，需要注意的是第 3 层和第 11 层设置了栏板，应选中两个楼层的独立柱装修将其底标高属性改为栏板顶标高。

**尝试应用**

请完成课堂项目 3 号楼的室外装修绘制。

| | 属性名称 | 属性值 | 附加 |
|---|---|---|---|
| 1 | 名称 | ZSZ装修同外墙 | |
| 2 | 块料厚度(mm) | 0 | ☐ |
| 3 | 顶标高(m) | 柱顶标高 | ☐ |
| 4 | 底标高(m) | 柱底标高 | ☐ |
| 5 | 备注 | | ☐ |
| 6 | ⊕ 土建业务属性 | | |
| 10 | ⊕ 显示样式 | | |

(a)

| | 属性名称 | 属性值 |
|---|---|---|
| 1 | 名称 | ZSZ装修同外墙 |
| 2 | 块料厚度(mm) | 0 |
| 3 | 顶标高(m) | 柱顶标高(8.97) |
| 4 | 底标高(m) | 柱底标高+0.5(6.47) |
| 5 | 备注 | |
| 6 | ⊕ 土建业务属性 | |
| 10 | ⊕ 显示样式 | |

(b)

| | 属性名称 | 属性值 |
|---|---|---|
| 1 | 名称 | ZSZ装修同外墙 |
| 2 | 块料厚度(mm) | 0 |
| 3 | 顶标高(m) | 柱顶标高(32.97) |
| 4 | 底标高(m) | 柱底标高+0.8(30.77) |
| 5 | 备注 | |
| 6 | ⊕ 土建业务属性 | |
| 10 | ⊕ 显示样式 | |

(c)

图 8-19　ZSZ1 独立柱装修属性列表

(a)首层、第 2 层、第 4～10 层；(b)第 3 层；(c)第 11 层

# 任务9　雨篷等零星构件绘制

## 聚焦项目任务

**知识：** 1. 掌握建筑详图和结构详图的识读，以及雨篷等零星构件的列项和工程量计算规则。

2. 掌握雨篷、阳台、阳台栏板、栏杆、混凝土线条、第10～11层南面空调板、上下飘窗间墙、建筑面积、平整场地等的定义与绘制，掌握零星构件表格输入。

**能力：** 1. 能正确识读建筑详图和结构详图，从中梳理零星构件的种类及相关信息。

2. 能正确定义并绘制雨篷、阳台、第10～11层南面空调板、上下飘窗间墙、阳台栏板、栏杆、混凝土线条、建筑面积、平整场地等。

3. 达到1+X工程造价数字化应用初、中级和全国高校BIM毕业设计创新大赛BIM全过程造价管理与应用赛项关于绘制雨篷等零星构件及建筑面积和平整场地的相关要求。

**素质：** 雨篷等零星构件虽小，但其构造一般较为复杂，在建模时应准确呈现其精细尺寸，从而树立精益求精、追求卓越的工匠精神。

雨篷等零星构件绘制导学单及激活旧知思维导图

微课1：雨篷绘制

微课2：空调板绘制

微课3：飘窗间墙体绘制

微课4：阳台、栏板及栏杆绘制

微课5：阳台部位混凝土构件绘制

微课6：线脚绘制

微课7：建筑面积与平整场地绘制及散水与台阶拓展

## 示证新知

### 一、绘制雨篷

#### (一)图纸分析

分析要点：雨篷形式(有无反边、反梁等)及配筋、平面布置情况等。

需查阅图纸：建施J04二-十一层平面图、建施J09墙身大样、结施G10标准层板钢筋图、结施G13楼梯结构布置图及节点大样。

分析结果：查阅建施 J04 二-十一层平面图、建施 J09 墙身大样、结施 G10 标准层板钢筋图、结施 G13 楼梯结构布置图及节点大样知本工程仅在单元入口处设置雨篷，全楼共 2 处，其尺寸及配筋信息如图 9-1 所示，雨篷板外挑尺寸为 1 200 mm，雨篷宽度为 2 200 mm。受力筋 ⌀10@150 下部伸入框架梁长度为框架梁截面宽度减去保护层厚度[200－25＝175(mm)]、上部伸入框架梁横向长度为框架梁截面宽度减去保护层厚度[200－25＝175(mm)]、上部伸入框架梁向下弯折长度为框架梁截面高度减去两个保护层厚度[500－25×2＝450(mm)]。

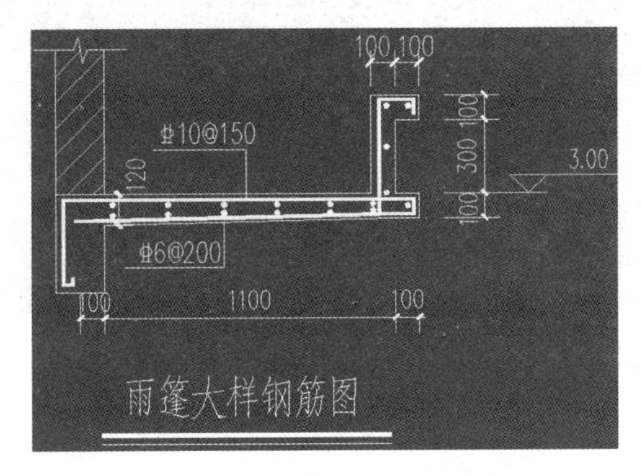


图 9-1　本工程雨篷剖面尺寸及配筋信息

## (二)定义与绘制

### 1. 雨篷底板定义与绘制

将楼层切换到首层。单击左侧模块导航栏“自定义”下“自定义线”，用异形自定义线定义雨篷底板。其定义过程与女儿墙上方异形挑檐和异形压顶相同，本工程雨篷的全部 CAD 图线未严格按同一种比例绘制，需在异形截面编辑器中使用“直线”手动绘制截面，如图 9-2 所示。

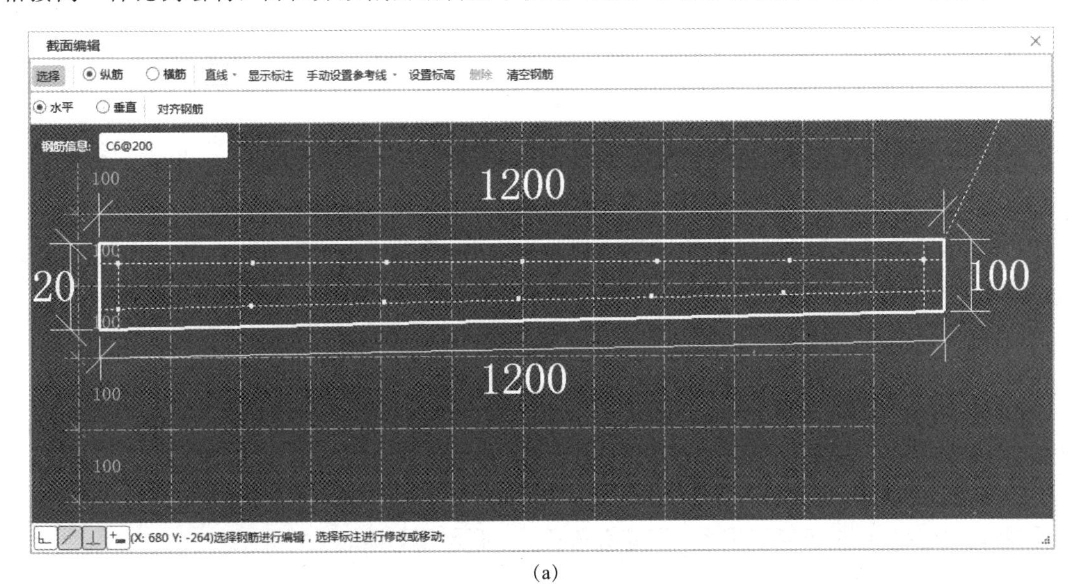


(a)

图 9-2　本工程雨篷底板定义

(a)自定义线雨篷底板分布筋 ⌀6@200 布置

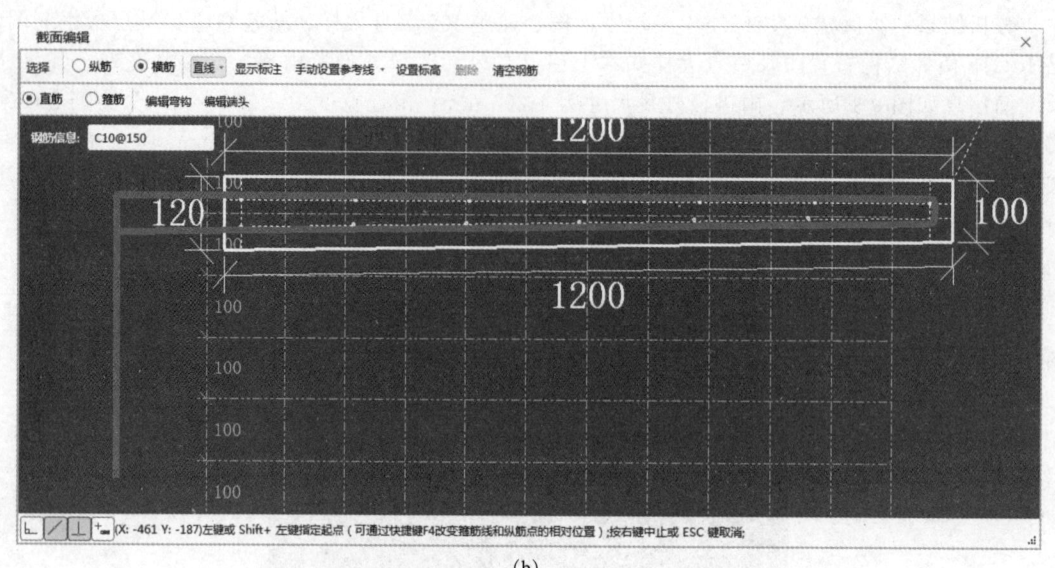


(b)

| | 属性名称 | 属性值 | 附加 |
|---|---|---|---|
| 1 | 名称 | 雨篷底板 | |
| 2 | 构件类型 | 自定义线 | |
| 3 | 截面形状 | 异形 | ☐ |
| 4 | 截面宽度(mm) | 1200 | ☐ |
| 5 | 截面高度(mm) | 120 | ☐ |
| 6 | 轴线距左边线... | (600) | ☐ |
| 7 | 混凝土强度等级 | (C25) | ☐ |
| 8 | 起点顶标高(m) | 层顶标高 | ☐ |
| 9 | 终点顶标高(m) | 层顶标高 | ☐ |
| 10 | 备注 | | ☐ |
| 11 | ⊕ 钢筋业务属性 | | |
| 21 | ⊕ 土建业务属性 | | |
| 25 | ⊕ 显示样式 | | |

(c)

图 9-2　本工程雨篷底板定义(续)

(b)自定义线雨篷底板受力筋 ⌀10@150 布置；(c)自定义线雨篷底板属性列表

用自定义线定义的雨篷其外伸部分尺寸已固定，因此，这时雨篷底板绘制用“直线”从右往左(若从左往右则厚度 120 mm 的根部在外侧，不对)绘制，同时配合使用 F4 键。

雨篷底板也可以用现浇板定义，底板内的受力筋 ⌀10@150 和分布筋 ⌀6@200 用其他钢筋录入，但针对变截面情况只能定义为平均厚度，即定义的板厚为(120＋100)/2＝110(mm)。

### 2. 雨篷翻边定义与绘制

雨篷翻边高度为 400 mm，按江西省 2017 版定额规定，其混凝土工程量以体积并入雨篷计算。雨篷翻边可用异形自定义线或异形栏板定义，用异形自定义线定义时其属性列表和钢筋信息如图 9-3 所示。需要注意的是其顶标高为层顶标高加翻边高度。

雨篷翻边的绘制用“直线＋F4 键”以雨篷底板的外侧边线为基准线按逆时针顺序绘制，然后执行“修剪”命令进行相应修改即可，完成绘制后本工程雨篷如图 9-4 所示。

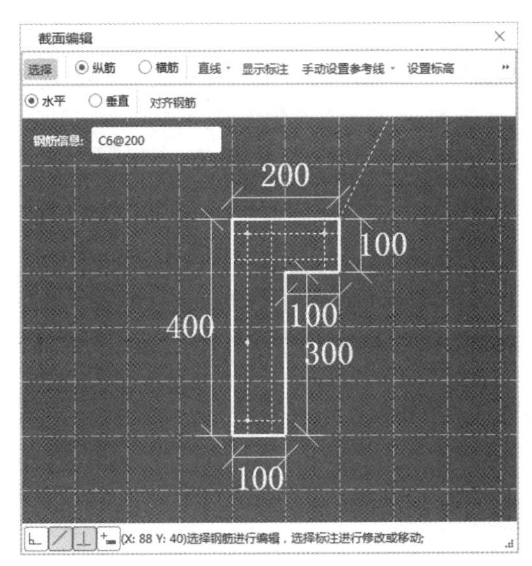


(a)

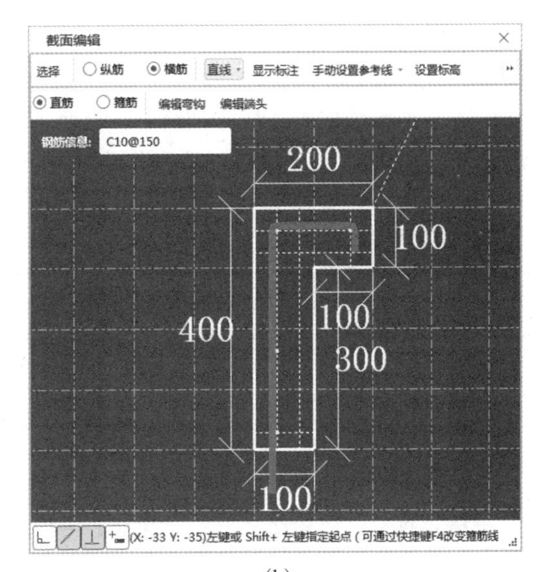


(b)

| | 属性名称 | 属性值 | 附加 |
|---|---|---|---|
| 1 | 名称 | 雨篷翻边 | |
| 2 | 构件类型 | 自定义线 | |
| 3 | 截面形状 | 异形 | ☐ |
| 4 | 截面宽度(mm) | 200 | ☐ |
| 5 | 截面高度(mm) | 400 | ☐ |
| 6 | 轴线距左边线... | (100) | ☐ |
| 7 | 混凝土强度等级 | (C25) | ☐ |
| 8 | 起点顶标高(m) | 层顶标高+0.4 | ☐ |
| 9 | 终点顶标高(m) | 层顶标高+0.4 | ☐ |
| 10 | 备注 | | ☐ |
| 11 | + 钢筋业务属性 | | |
| 21 | + 土建业务属性 | | |
| 25 | + 显示样式 | | |

(c)

**图 9-3　本工程雨篷翻边定义**

(a)自定义线雨篷翻边分布筋 Φ6@200 布置；(b)自定义线雨篷翻边受力筋 Φ10@150 布置；(c)自定义线雨篷翻边属性列表

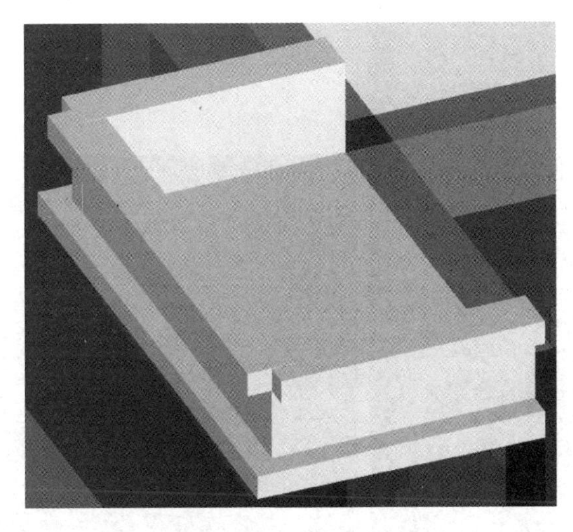

**图 9-4　本工程雨篷示意**

**3. 雨篷部位屋面绘制**

单击左侧模块导航栏“其他”下“屋面”按钮，新建一个屋面，因雨篷是用自定义线绘制的，因此该部位屋面绘制无法用“点”绘制，而要以雨篷底板的两个对角点作为参照点用“矩形”配合使用 Shift+左键绘制，绘制完成后设置雨篷翻边三侧防水卷边高度为 300 即可。

**尝试应用**

请完成课堂项目 3 号楼的雨篷绘制。

## 二、绘制首层、第 10～11 层南面空调板

### (一)图纸分析

分析要点：空调板截面形式及配筋、平面布置情况等。

需查阅图纸：建施 J04 二-十一层平面图、建施 J06 1～41 立面图、建施 J07 41～1 立面图、建施 J09 墙身大样、结施 G13 楼梯结构布置图及节点大样。

分析结果：

(1)查阅建施 J06 1～41 立面图、建施 J07 41～1 立面图、建施 J09 墙身大样、结施 G13 楼梯结构布置图及节点大样知首层上方有飘窗的位置飘窗正下方有空调板，其布置和配筋参考飘窗顶板。

(2)查阅建施 J04 二-十一层平面图、建施 J09 墙身大样、结施 G13 楼梯结构布置图及节点大样等知本工程在第 11 层南面 C1、C6 位置设置如图 9-5 所示空调板(命名为空调板 A)，空调板底板外挑长度均为 600 mm，因窗洞宽度不同共 2 100 mm(C6 外侧，共 4 处)和 1 800 mm(C1 外侧，共 2 处)两种不同宽度的空调板，其尺寸及配筋信息如图 9-5 所示，其顶标高相对于第 10 层为“层顶标高－0.2”。第 10 层位置空调板利用了第 9 层飘窗的顶板，因此只需要绘制翻边部分(命名为空调栏板 B)，且栏板内的钢筋在“飘窗绘制”中已通过其他钢筋的方式录入到飘窗顶板内，因此，此处绘制空调栏板 B 时不需再录入钢筋，其标高相对于第 10 层为“层底标高－0.2”。

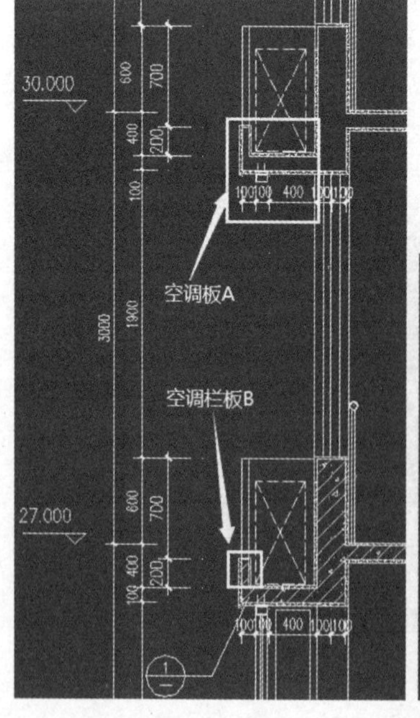


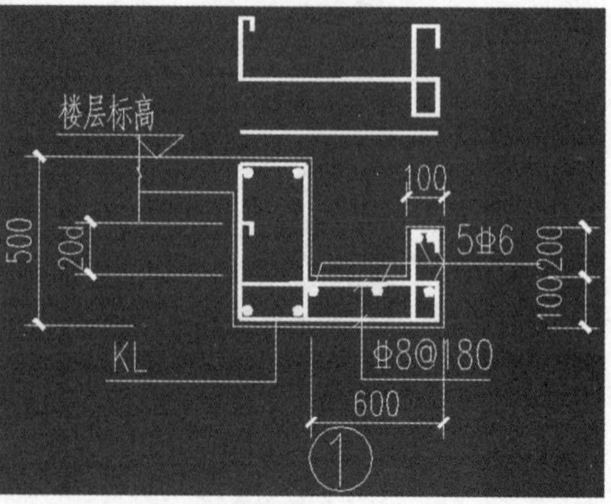


图 9-5　本工程空调板剖面尺寸及配筋信息

## (二)定义与绘制首层空调板

楼层切换到首层。按江西省 2017 版定额规定“凸出混凝土外墙面、梁外侧＞300 mm 的板，按伸出外墙的梁板体积合并计算，执行悬挑板项目”，该空调板按悬挑板计算，在“首层板及钢筋绘制”中也进行过相应分析。该空调板可以按现浇板定义，钢筋手动计算后在其他钢筋内录入，其属性列表和钢筋信息如图 9-6 所示。同样因为在其他钢筋内手算输入钢筋，因此，需根据不同的洞口宽度定义两种空调板。

其绘制用“矩形”配合使用 Shift＋左键即可。绘制完成一种后，其他可用“复制”命令绘制。

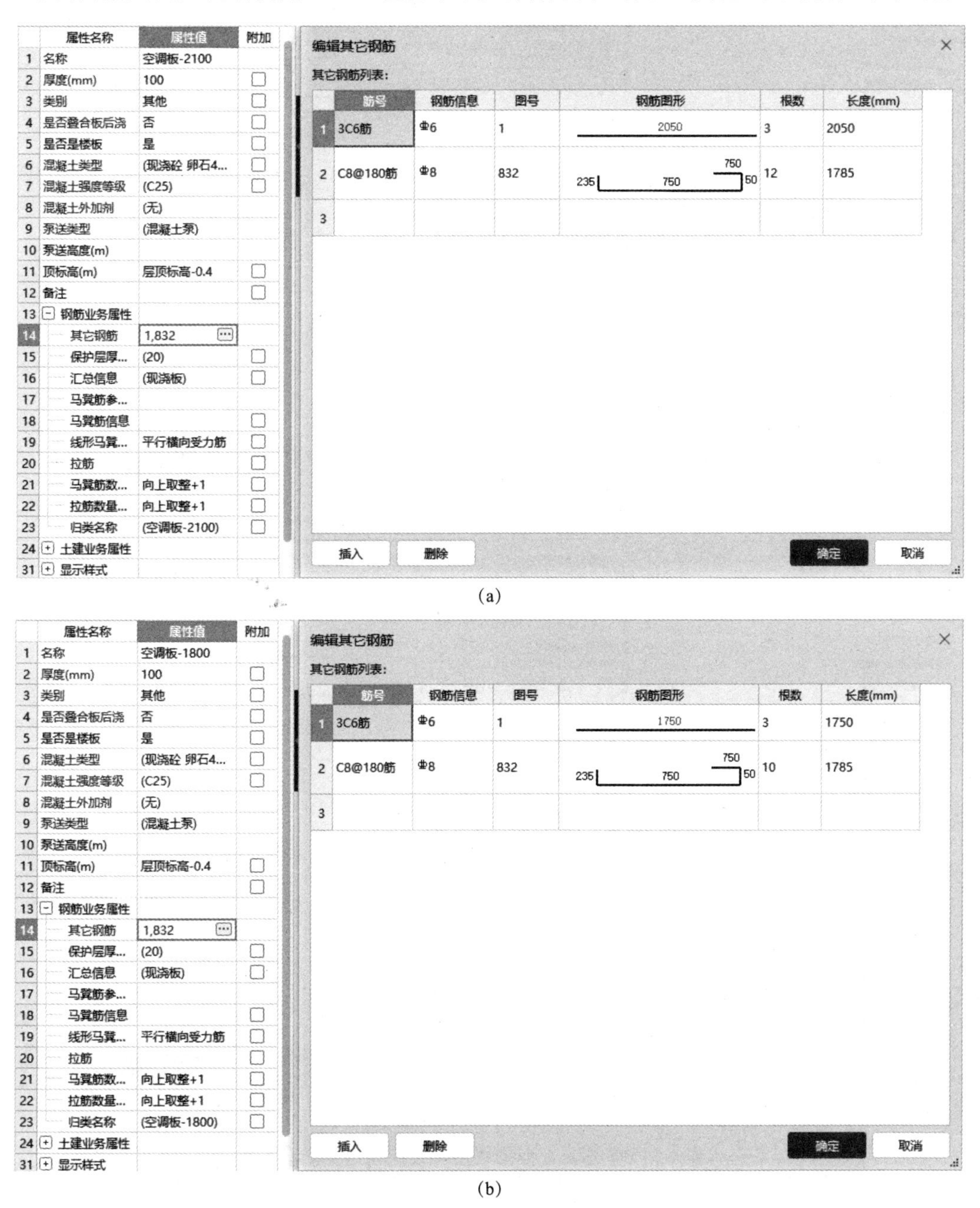


图 9-6　首层空调板定义

### (三)定义与绘制第 10～11 层空调板及空调栏板

楼层切换到第 10 层。根据本工程空调板 A 的定义可以和雨篷一样用异形自定义线定义绘制，按宽度为 2 100 和 1 800，其属性列表和钢筋信息如图 9-7 所示，其内的钢筋通过手算出单根长度和根数录入到其他钢筋内，两种空调板的区别在于 5C6 的纵筋长度和 C8@180 的钢筋根数不同。根据空调板 A 的形状及其所处的位置，整体按悬挑板规则计算其混凝土和模板工程量。

图 9-7 空调板 A 异形自定义线属性定义(续)

空调栏板 B 用矩形自定义线定义，其属性列表如图 9-8 所示。该栏板上翻高度为 200 mm，小于 400 mm，按江西省 2017 版定额规定应并入其下方的空调顶板一起按悬挑板计算其混凝土和模板工程量。

空调板A和空调栏板B的绘制用“直线”配合使用Shift＋左键和F4键绘制即可(异形空调板A要根据定义时其截面形状选择是从左往右绘制还是从右往左绘制)，相同宽度的绘制一处后用“复制”命令绘制其他位置。绘制完成后局部示意如图9-9所示。

| | 属性名称 | 属性值 | 附加 |
|---|---|---|---|
| 1 | 名称 | 空调栏板B | |
| 2 | 构件类型 | 自定义线 | |
| 3 | 截面宽度(mm) | 100 | ☐ |
| 4 | 截面高度(mm) | 200 | ☐ |
| 5 | 轴线距左边线... | (50) | ☐ |
| 6 | 混凝土强度等级 | (C25) | ☐ |
| 7 | 起点顶标高(m) | 层底标高-0.2 | ☐ |
| 8 | 终点顶标高(m) | 层底标高-0.2 | ☐ |
| 9 | 备注 | | ☐ |
| 10 | ⊞ 钢筋业务属性 | | |
| 20 | ⊞ 土建业务属性 | | |
| 24 | ⊞ 显示样式 | | |

图9-8　空调栏板B定义

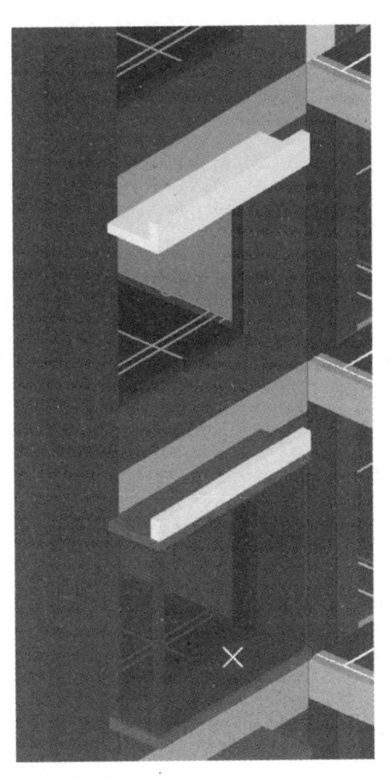

图9-9　空调板局部示意

## 三、绘制上下飘窗间墙

### (一)图纸分析

分析要点：飘窗间墙的厚度、底标高和顶标高等。

需查阅图纸：建施J04二-十一层平面图、建施J08 G～A立面图、建施J09墙身大样、结施G10标准层板钢筋图、结施G13楼梯结构布置图及节点大样。

分析结果：查阅建施J04二-十一层平面图、建施J08立面图、建施J09墙身大样、结施G10标准层板钢筋图知首层空调板到第2层飘窗底板间及各层飘窗间两侧设置了100厚的页岩多孔砖墙。

### (二)定义与绘制

先切换楼层到第2层。该构件的定义和绘制同首层墙的定义和绘制，飘窗下砌体墙属性定义如图9-10所示。

这些墙体的绘制可使用“直线”配合Shift＋左键、F4键绘制，相同宽度的绘制一处后用“复制”命令绘制其他位置。

可在完成第2层的基础上先将第2层飘窗下砌体墙复制到第3～10层。针对第10层南面不设飘窗位置空调板两侧砌体墙高度变化的位置可选中相应砌体墙图元后修改其顶标高为“层底标高＋0.6”。然后再将第10层的该类砌体墙复制到第11层，各层全部绘制完成后局部示意如图9-11所示。另需注意的是，第10层和第11层南面与下部楼层飘窗对应位置的除两侧有砌体墙外，正面也有100厚砌体墙，其底标高为“层底标高－0.2”、顶标高为“层底标高＋0.6”。

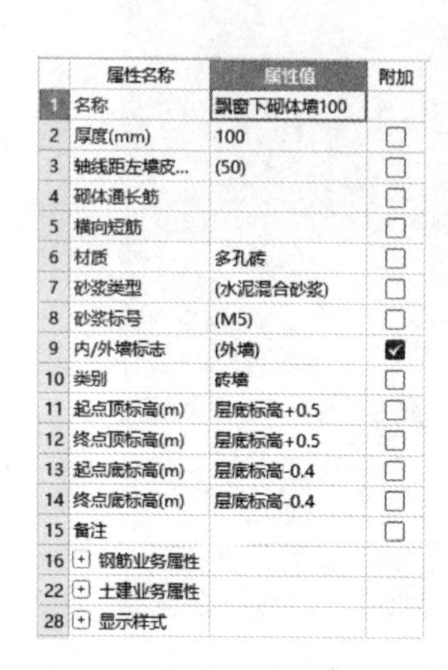

| | 属性名称 | 属性值 | 附加 |
|---|---|---|---|
| 1 | 名称 | 飘窗下砌体墙100 | |
| 2 | 厚度(mm) | 100 | ☐ |
| 3 | 轴线距左墙皮... | (50) | ☐ |
| 4 | 砌体通长筋 | | ☐ |
| 5 | 横向短筋 | | ☐ |
| 6 | 材质 | 多孔砖 | ☐ |
| 7 | 砂浆类型 | (水泥混合砂浆) | ☐ |
| 8 | 砂浆标号 | (M5) | ☐ |
| 9 | 内/外墙标志 | (外墙) | ☑ |
| 10 | 类别 | 砖墙 | ☐ |
| 11 | 起点顶标高(m) | 层底标高+0.5 | ☐ |
| 12 | 终点顶标高(m) | 层底标高+0.5 | ☐ |
| 13 | 起点底标高(m) | 层底标高-0.4 | ☐ |
| 14 | 终点底标高(m) | 层底标高-0.4 | ☐ |
| 15 | 备注 | | ☐ |
| 16 | + 钢筋业务属性 | | |
| 22 | + 土建业务属性 | | |
| 28 | + 显示样式 | | |

图 9-10　飘窗下砌体墙定义

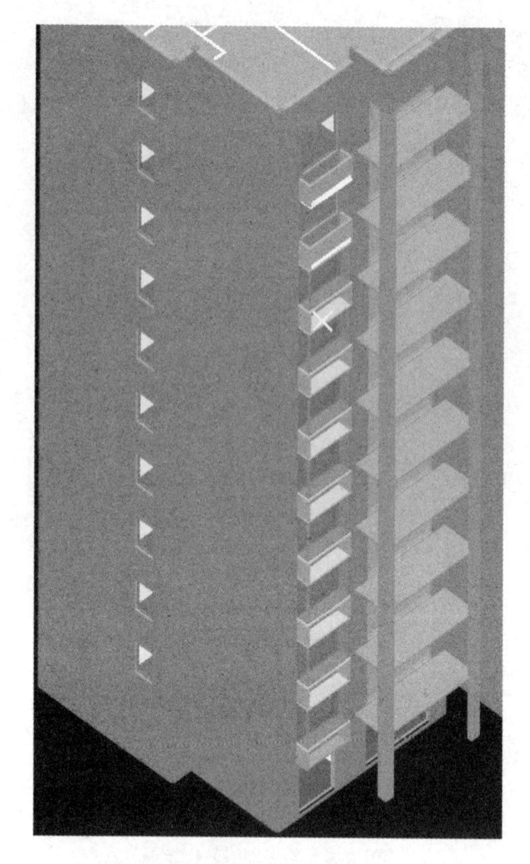

图 9-11　飘窗下砌体墙局部示意

## 四、绘制第 2～11 层南面阳台

### (一)图纸分析

分析要点：阳台的平面布置情况等。

需查阅图纸：建施 J04 二-十一层平面图。

分析结果：查阅建施 J04 二-十一层平面图知本工程南面共 6 个阳台。

### (二)定义与绘制

将楼层切换到第 2 层。单击左侧模块导航栏“其他”下“阳台”，新建面式阳台“南面挑阳台”，并用“矩形”画法在Ⓐ轴或Ⓑ轴处框架梁外侧边线起绘制 6 个阳台，完成第 2 层绘制后执行“复制到其他层”将阳台复制到第 3～11 层即可完成全楼阳台绘制。

**小提示**

此处单独定义并绘制阳台是为了方便后续套模板做法，也可以不单独定义绘制，汇总计算后以该部分建筑面积作为模板工程量。

**尝试应用**

请完成课堂项目 3 号楼的阳台绘制。

## 五、绘制阳台栏板、栏杆及阳台上下混凝土构件

### (一)图纸分析

分析要点：不同高度的栏板类型及分布位置、不同栏杆的高度及分布位置等。

需查阅图纸：建施 J01 建筑设计说明、建施 J06 1～41 立面图、建施 J07 41～1 立面图、建施 J08 G～A 立面图和 A～G 立面图、建施 J09 墙身大样、结施 G13 楼梯结构布置图及节点大样。

分析结果：查阅建施 J01 建筑设计说明、建施 J06 1～41 立面图、建施 J07 41～1 立面图、建施 J08 G～A 立面图和 A～G 立面图、建施 J09 墙身大样、结施 G13 楼梯结构布置图及节点大样知：

(1)从图 9-12 并结合各立面图可以看到，本工程第 2 层、第 4～10 层阳台均无栏板，所有阳台栏杆高度均为 1 000 mm，第 2 层、第 4～10 层全部阳台和第 11 层除南面挑阳台外其他阳台下部有 100×150 的混凝土构件，第 2～11 层南面挑阳台上部有 150×50 的混凝土构件且内配 Φ6@200 的钢筋，按江西省 2017 版定额规定“凸出混凝土柱、梁的线条，并入相应柱、梁构件内”规定，阳台上部 150×50 的混凝土构件并入相应梁内；而阳台下部 100×150 的混凝土构件一般是在阳台梁施工完成后浇筑的，其性质与圈梁相似。

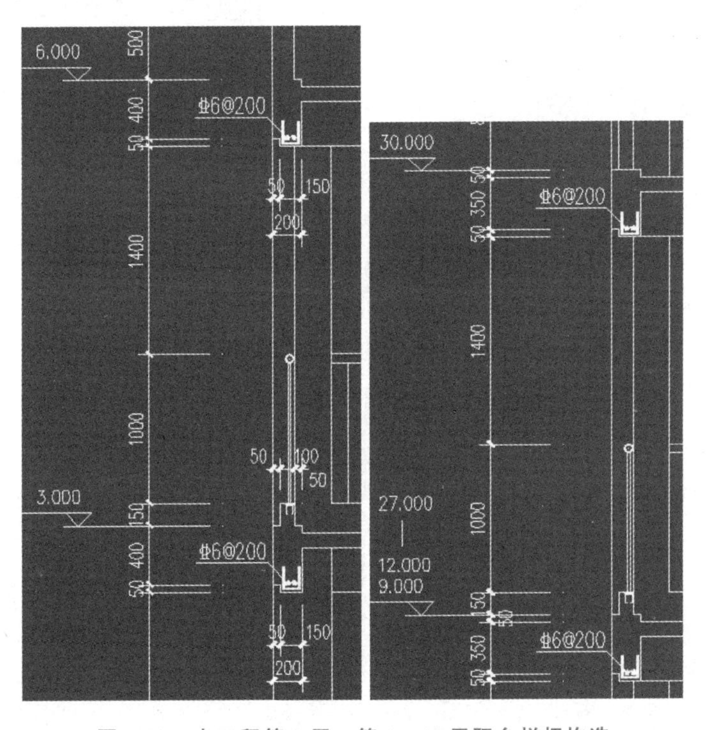


图 9-12　本工程第 2 层、第 4～10 层阳台栏杆构造

(2)从图 9-13 并结合各立面图可以看到，本工程第 3 层全部阳台下方有 500 mm 高的栏板，上方有 650 mm 高的栏杆，阳台上部有 150×50 的混凝土构件且内配 Φ6@200 的钢筋并入梁内计算。从建施 J07 41～1 立面图并配合查阅建施 J06 1～41 立面图和建施 J09 墙身大样，可以看到第 10 层北面服务阳台均有与第 3 层南面阳台相同的栏板和栏杆。

(3)从图 9-14 并结合各立面图可以看到，本工程第 11 层全部阳台下方有 800 mm 高的栏板，上方有 350 mm 高的栏杆，阳台梁下部有 150×50 的混凝土构件且内配 Φ6@200 的钢筋并入梁内计算。

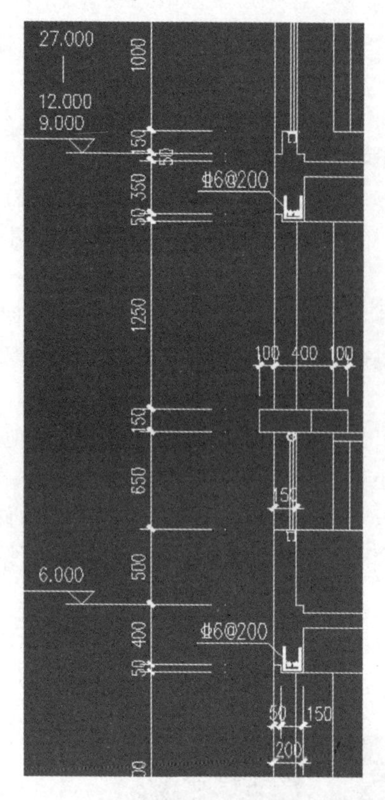


图 9-13　本工程第 3 层阳台栏板、栏杆构造

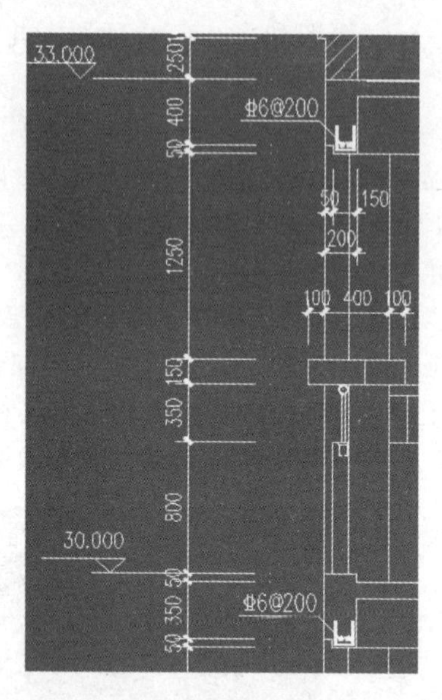


图 9-14　本工程第 11 层阳台栏板、栏杆构造

(4)如图 9-15 所示，从建施 J09 墙身大样中凸窗大样图可以看到所有飘窗位置均设置了 3 根直径为 40 的不锈钢横管，第 10～11 层南面 C6 离地高度为 600 mm，按建施 J01 建筑设计说明中第四条下(五)条中“C. 所有窗台高低于 900 的窗户均做护窗栏杆：护栏做法详 04 J402－50－5”知第 10～11 层南面 C6 位置全部要做 1 000 mm 高的栏杆。

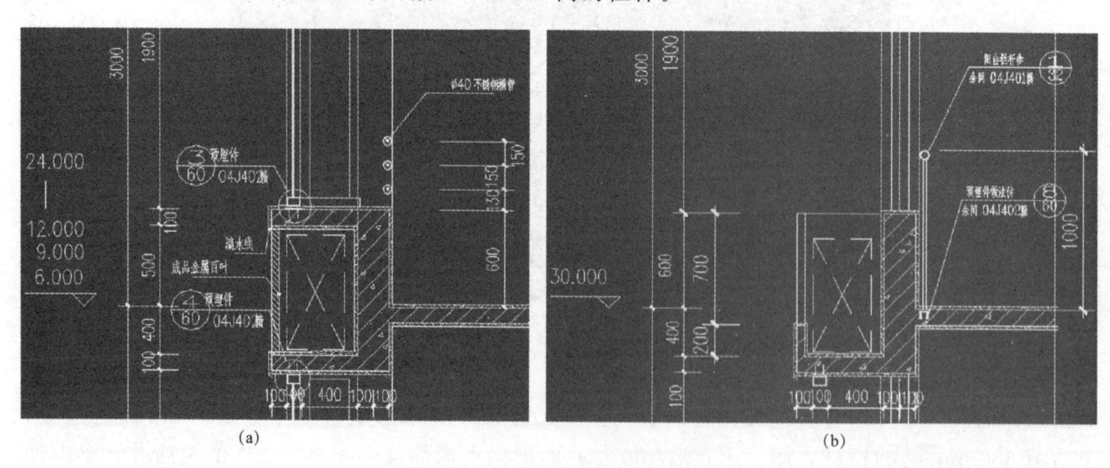


图 9-15　本工程飘窗位置栏杆示意

综上，本工程共有 500 mm 和 800 mm 高两种栏板，分别在第 3 层全部阳台、第 10 层北面服务阳台和第 11 层南面挑阳台；共有 1 000 mm、650 mm、350 mm 三种高度的栏杆和 1 种不锈钢横管。此外，阳台梁上下还有两种混凝土构件，其中阳台上部 150×50 的混凝土构件并入相

应梁内、阳台下部 100×150 的混凝土构件按圈梁定义。

### (二)定义与绘制

#### 1. 栏板定义与绘制

本工程仅第 3 层阳台、第 10 层北面阳台和第 11 层南面挑阳台有栏板，高度不同，其绘制思路为：先在第 3 层定义并绘制，然后分别复制到第 10、11 层再进行修改。

第 3 层栏板定义过程为：楼层切换到第 3 层，单击左侧模块导航栏“其他”下“栏板”→单击“构件列表”中“新建矩形栏板”在属性列表中根据图纸信息修改相应属性值(图 9-16)即完成定义。

栏板绘制用“直线”配合 Shift＋左键、F4 键及“复制”即可。第 3 层栏板绘制完成后局部示意如图 9-17 所示。

完成第 3 层栏板绘制后用“复制到其他层”将北面阳台栏板复制到第 10 层，将南面挑阳台栏板复制到第 11 层，然后切换到第 11 层，修改栏板名称为“800 高栏板”、截面高度为“800”，即完成第 11 层栏板绘制。

| | 属性名称 | 属性值 | 附加 |
|---|---|---|---|
| 1 | 名称 | 500高栏板 | |
| 2 | 截面宽度(mm) | 150 | ☐ |
| 3 | 截面高度(mm) | 500 | ☐ |
| 4 | 轴线距左边线... | (75) | ☐ |
| 5 | 水平钢筋 | | ☐ |
| 6 | 垂直钢筋 | | ☐ |
| 7 | 拉筋 | | ☐ |
| 8 | 材质 | 现浇混凝土 | ☐ |
| 9 | 混凝土类型 | (现浇砼 卵石40m... | ☐ |
| 10 | 混凝土强度等级 | (C25) | ☐ |
| 11 | 截面面积($m^2$) | 0.075 | ☐ |
| 12 | 起点底标高(m) | 层底标高 | ☐ |
| 13 | 终点底标高(m) | 层底标高 | ☐ |
| 14 | 备注 | | ☐ |
| 15 | ⊞ 钢筋业务属性 | | |
| 25 | ⊞ 土建业务属性 | | |
| 31 | ⊞ 显示样式 | | |

图 9-16 第 3 层 500 高栏板属性列表

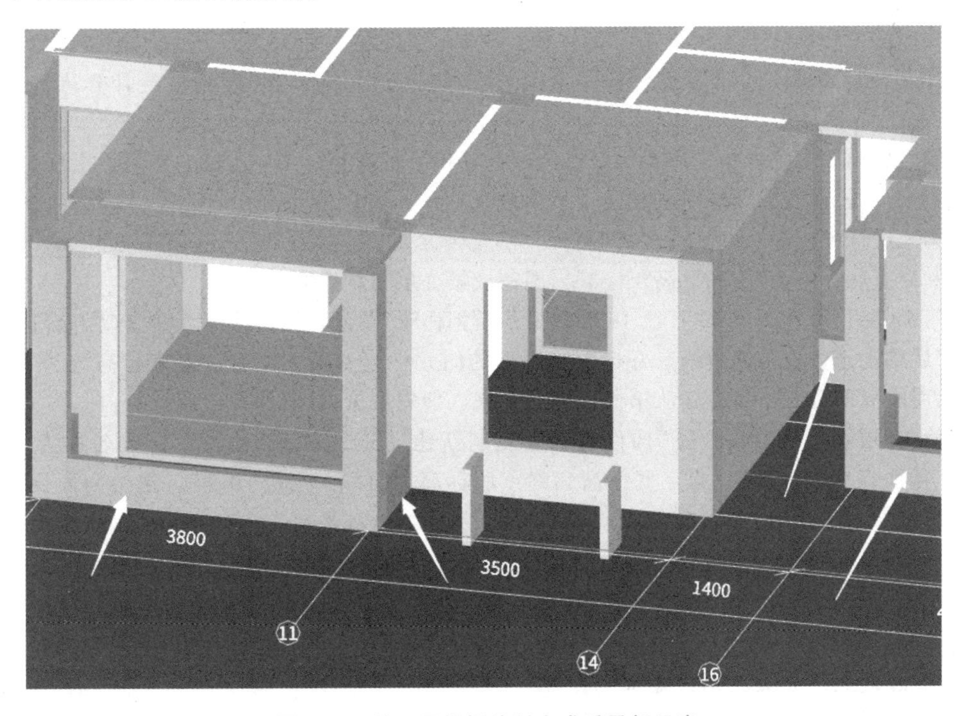


图 9-17 第 3 层栏板绘制完成后局部示意

#### 2. 栏杆定义与绘制

栏杆的绘制思路与栏板类似，可先在第 2 层定义绘制再复制到其他层作修改。第 2 层栏杆定义过程为：将楼层切换到第 2 层，单击左侧模块导航栏“其他”下“栏杆扶手”按钮→单击“构件列表”中“新建栏杆扶手”按钮，在属性列表中根据图纸信息修改相应属性值(图 9-18)即完成定义。飘窗部位直径 40 的不锈钢横管为靠墙扶手，单击“新建靠墙扶手”后其属性如图 9-19 所示。

| | 属性名称 | 属性值 | 附加 |
|---|---|---|---|
| 1 | 名称 | 1000高栏杆 | |
| 2 | 材质 | 金属 | ☐ |
| 3 | 类别 | 栏杆扶手 | ☐ |
| 4 | 扶手截面形状 | 圆形 | ☐ |
| 5 | 扶手半径(mm) | 30 | ☐ |
| 6 | 栏杆截面形状 | 圆形 | ☐ |
| 7 | 栏杆半径(mm) | 10 | ☐ |
| 8 | 高度(mm) | 1000 | ☐ |
| 9 | 间距(mm) | 130 | ☐ |
| 10 | 起点底标高(m) | 层底标高+0.15 | ☐ |
| 11 | 终点底标高(m) | 层底标高+0.15 | ☐ |
| 12 | 备注 | | ☐ |
| 13 | ⊞ 土建业务属性 | | |
| 16 | ⊞ 显示样式 | | |

图 9-18　1 000 高栏杆属性列表

| | 属性名称 | 属性值 | 附加 |
|---|---|---|---|
| 1 | 名称 | 直径40飘窗不锈钢横管 | |
| 2 | 材质 | 金属 | ☐ |
| 3 | 类别 | 靠墙扶手 | ☐ |
| 4 | 扶手截面形状 | 圆形 | ☐ |
| 5 | 扶手半径(mm) | 20 | ☐ |
| 6 | 高度(mm) | 450 | ☐ |
| 7 | 起点底标高(m) | 层底标高+0.6 | ☐ |
| 8 | 终点底标高(m) | 层底标高+0.6 | ☐ |
| 9 | 备注 | | ☐ |
| 10 | ⊞ 土建业务属性 | | |
| 13 | ⊞ 显示样式 | | |

图 9-19　飘窗部位直径 40 不锈钢横管属性列表

**小提示**

图 9-18 中定义的各项属性值是按图纸查询标准图集赣 04 J401 后的数值，实际工程中因为栏杆扶手是按长度计算的，只要将高度和底标高定义准确即可，其余参数可保持默认。

栏杆绘制与栏板绘制相同。其绘制位置只要保证长度正确即可，具体是靠阳台内侧多一些还是靠外侧多一些影响不大。绘制时将柱显示出来，只能在柱间绘制，遇柱不能连续绘制，否则栏杆长度会不准确，其原因是栏杆是金属材质可穿透混凝土，若绘制就会计算入柱部分的长度。

绘制完成第 2 层栏杆扶手后将第 2 层全部栏杆扶手复制到第 3～11 层，然后逐层修改。

第 4～9 层栏杆与第 2 层完全相同，不用修改。

在第 3 层选中全部“1 000 高栏杆”图元，修改名称为“650 高栏杆”、截面高度为“650”、起点底标高和终点底标高为“层底标高＋0.5”，即完成第 3 层栏杆绘制。

在第 10 层选中南面全部“直径 40 的飘窗不锈钢横管”图元，用转换图元命令改为绘制“1 000 高栏杆”后移动至窗户内侧边线，并选中绘制后的图元将起点底标高和终点底标高改为“层底标高”；北面服务阳台 650 高栏杆从第 3 层复制上来，即完成第 10 层栏杆绘制。

在第 11 层在“1 000 高栏杆”构件基础上复制新建“350 高栏杆”构件，修改名称为“350 高栏杆”、截面高度为“350”、起点底标高和终点底标高为“层底标高＋0.8”，选中南面挑阳台部位的“1 000 高栏杆”图元执行转换图元命令改为绘制“350 高栏杆”，转换图元后注意检查绘图区该栏杆的标高是否正确；选中南面全部“直径 40 的飘窗不锈钢横管”图元，用转换图元命令改为绘制“1 000 高栏杆”后移动至窗户内侧边线，并选中绘制后的图元将起点底标高和终点底标高改为“层底标高”(该部分栏杆也可从第 10 层复制上来)，即完成第 11 层栏杆绘制。

### 3. 阳台梁上下混凝土构件定义与绘制

阳台梁上下还有两种混凝土构件，其中阳台上部(阳台梁下方)150×50 的混凝土构件并入相应梁内，阳台下部(阳台梁上方)100×150 的混凝土构件按圈梁定义。

阳台上部(阳台梁下方)150×50 的混凝土构件内配 ⌀6@200 的钢筋(首层至第 11 层南面阳台相应梁下方有)并入相应梁计算的构件，除第 11 层阳台上方该构件为屋面框架梁根据所依附构件并入矩形梁或有梁板外，其他均按楼层框架梁定义并入阳台。该构件的定义绘制思路为：在首层上定义并绘制“阳台梁下方 150×50 混凝土构件-并入阳台”→通过“复制到其他层”复制到第 2～11 层→将楼层切换到第 11 层，将“阳台梁下方 150×50 混凝土构件-并入阳台”更名为“阳台梁下方 150×50 混凝土构件-并入矩形梁”并将其结构类别改为“屋面层框架梁”，在“阳台梁下方

150×50 混凝土构件-并入矩形梁”构件基础上复制 1 个构件，命名为“阳台梁下方 150×50 混凝土构件-并入有梁板”，将依附在南面阳台上方 L2 和 L3 下方的“阳台梁下方 150×50 混凝土构件-并入矩形梁”构件图元选中执行“转换图元”命令更换为“阳台梁下方 150×50 混凝土构件-并入有梁板”。

阳台下部(阳台梁上方)100×150 的混凝土构件按圈梁定义，其绘制思路为：先在第 2 层定义并绘制“阳台下部 100×150 混凝土构件”，复制到第 4～10 层，然后再单独选中除南面挑阳台外其他阳台该构件图元复制到第 11 层。将楼层切换至第 10 层，选中北面阳台的该构件删除(第 10 层北面阳台有栏板，无须再布置)。

上述两种构件的绘制用“直线”配合 Shift＋左键、F4 键及“复制”即可。两种构件的定义如图 9-20 所示。

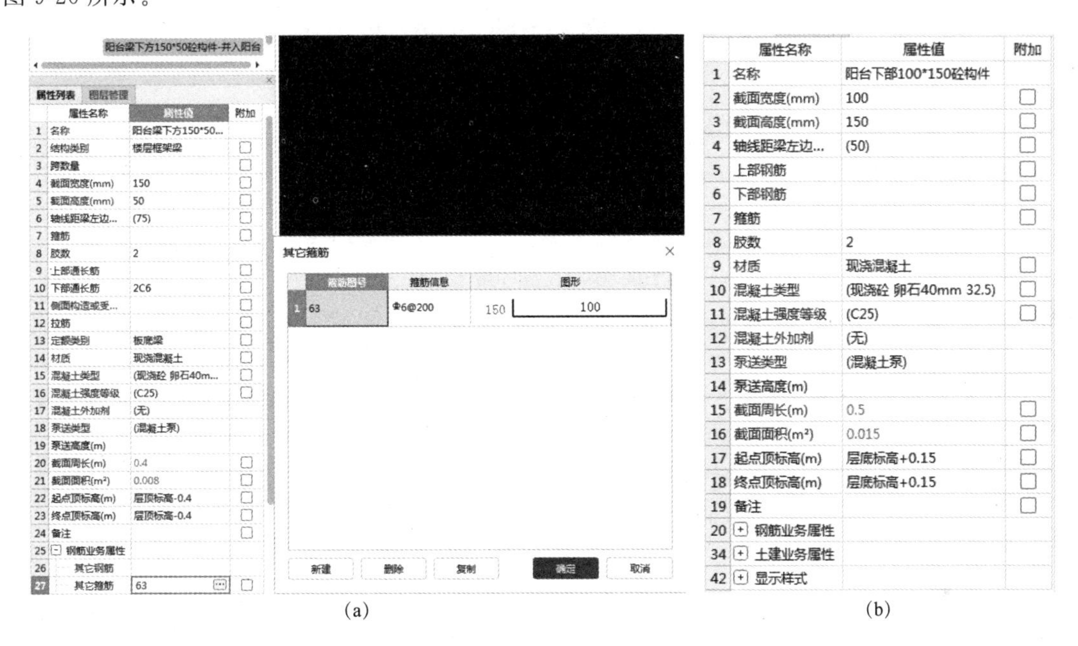


图 9-20 阳台上下混凝土构件属性列表

(a)阳台梁下方 150＊50 混凝土构件-并入阳台；(b)阳台下部 100＊150 的混凝土构件

## 小提示

(1)第 11 层南面阳台上部(阳台梁下方)150×50 的混凝土构件依附在屋面框架梁的按矩形梁计算，依附在非框架梁上的按有梁板计算。

(2)按梁定义的阳台位置混凝土构件在绘制完成后要对该构件进行原位标注使其颜色变为绿色才不会影响后续汇总计算结果。

完成栏板、栏杆和阳台上下部混凝土构件绘制局部示意如图 9-21 所示。

## 尝试应用

请完成课堂项目 3 号楼的栏杆等绘制。

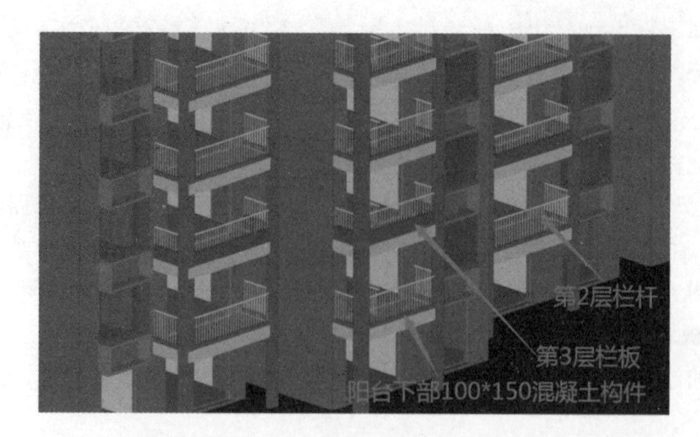


图 9-21　栏板、栏杆等局部示意图

## 六、绘制凸出外墙面的混凝土和砖砌体线脚

### (一)图纸分析

分析要点：凸出外墙面的线脚种类及部位等。

需查阅图纸：建施 J04 二-十一层平面图、建施 J06 1～41 立面图、建施 J07 41～1 立面图、建施 J08 G～A 立面图和 A～G 立面图、建施 J09 墙身大样、结施 G13 楼梯结构布置图及节点大样。

分析结果：查阅建施 J04 二-十一层平面图、建施 J06 1～41 立面图、建施 J07 41～1 立面图、建施 J08 G～A 立面图和 A～G 立面图、建施 J09 墙身大样、结施 G13 楼梯结构布置图及节点大样知本工程有混凝土线脚和砖砌体线脚两种。其中，标高 6.000 和 27.000 下部有 50×100 混凝土线脚，内配 1Φ6 纵筋和 Φ6@200 异形箍筋；标高 33.000 处倒 L 形混凝土线脚，内配 3Φ6 纵筋和 Φ6@200 异形箍筋，在南面阳台部位没有该线脚。标高 6.000 和 27.000 上部有一处砖砌体线脚、南面阳台上方标高 33.000 以上女儿墙外立面有两处砖砌体线脚，其截面均为 50×100。线脚详图如图 9-22 所示。

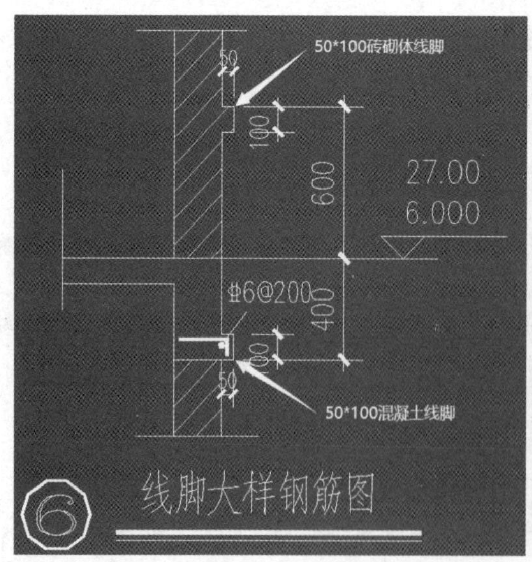


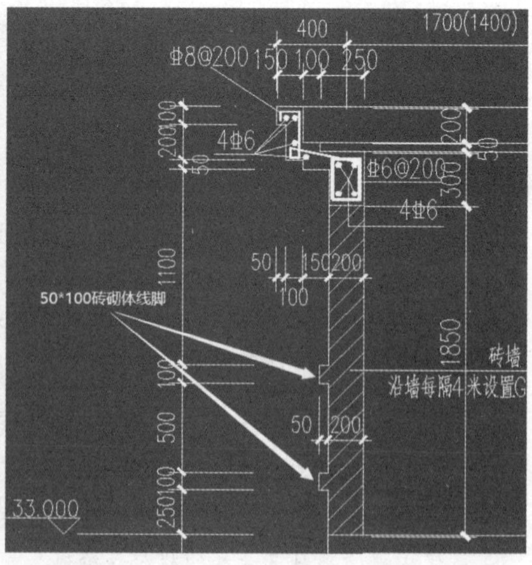


图 9-22　本工程线脚详图

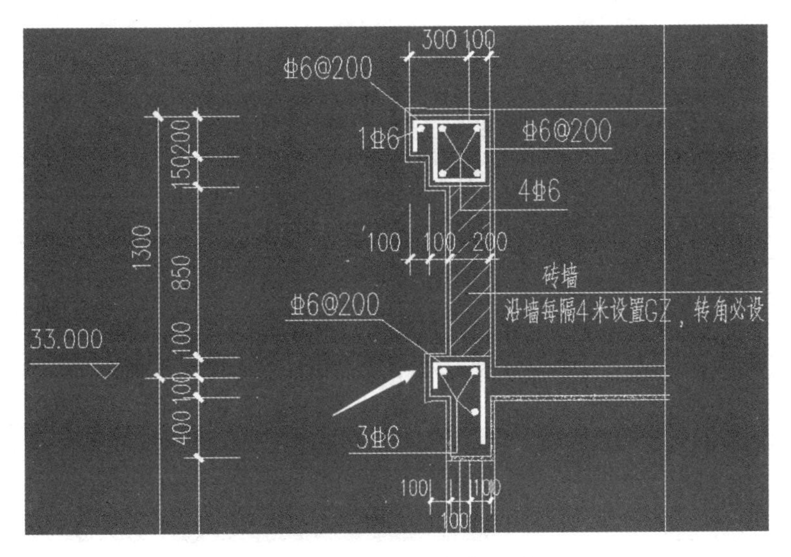


图 9-22　本工程线脚详图(续)

按江西省 2017 版定额规定“砖墙、砌块墙中凸墙面的腰线体积不增加”“凸出混凝土柱、梁的线条，并入相应柱、梁构件内”“装饰线条抹灰按设计图示尺寸以长度计算”。因此，混凝土线脚根据其所依附的梁的结构类别按楼层框架梁或屋面框架梁绘制，砖砌体线脚按自定义线绘制只计算其抹灰长度即可。

## (二)定义与绘制

### 1. 混凝土线脚定义与绘制

标高 6.000 和 27.000 下部 50＊100 混凝土线脚分别在第 2 层和第 9 层绘制，按楼层框架梁定义，其绘制思路为先在第 2 层绘制再复制到第 9 层；标高 33.000 处倒 L 形混凝土线脚按异形屋面框架梁定义，定义好之后用其属性列表及钢筋如图 9-23 所示。混凝土线脚的绘制使用“直线”配合 Shift＋左键、F4 键及“复制”即可。

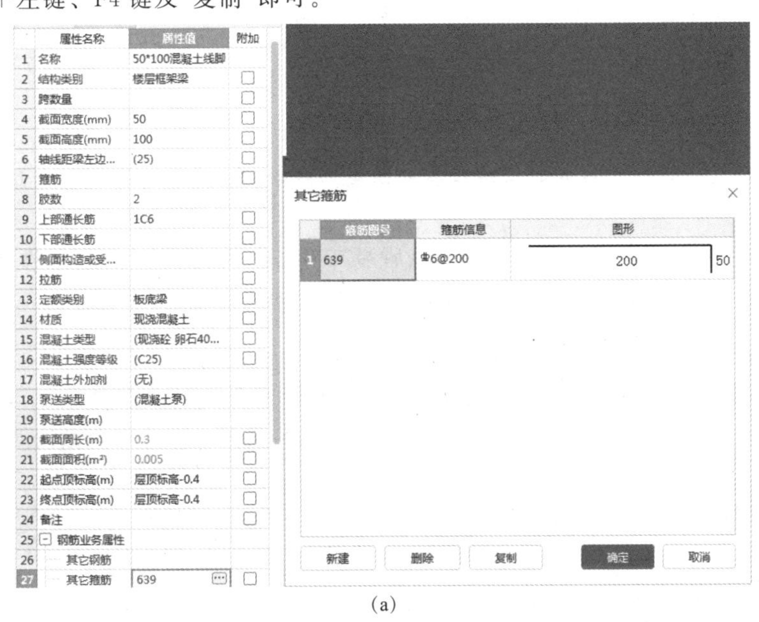


(a)

图 9-23　本工程混凝土线脚定义

(a)50＊100 混凝土线脚定义

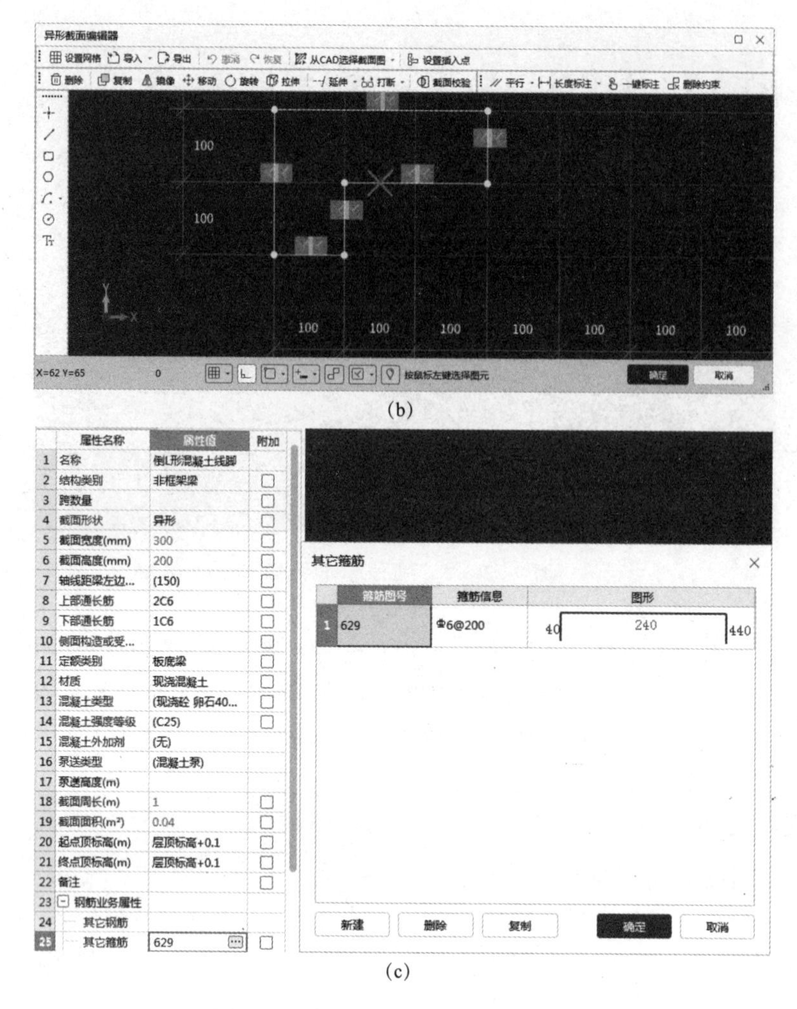

图 9-23　本工程混凝土线脚定义(续)

(b)标高 33.000 m 处倒 L 形混凝土线脚截面形状；(c)标高 33.000 m 处倒 L 形混凝土线脚定义

## 小提示

(1)绘制 50＊100 混凝土线脚时需对照各立面图进行绘制，并在完成绘制后进行原位标注使其变为绿色。

(2)绘制完标高 33.000 处倒 L 形混凝土线脚后可对整个模型进行“合法性检查”以检查线脚绘制是否正确，若报红则使用“镜像”命令进行修改。

### 2. 砖砌体线脚定义与绘制

本工程砖砌体线脚用矩形自定义线定义，使用“直线”配合 Shift＋左键、F4 键及“复制”绘制即可。屋面层南面挑阳台上方女儿墙位置砖砌体线脚也可只画一次，在套做法时工程量表达式乘以 2。

本工程全部线脚绘制完成后如图 9-24 所示。

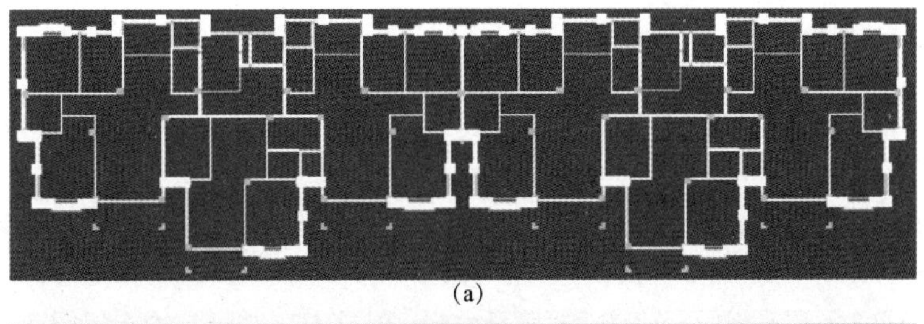

(a)

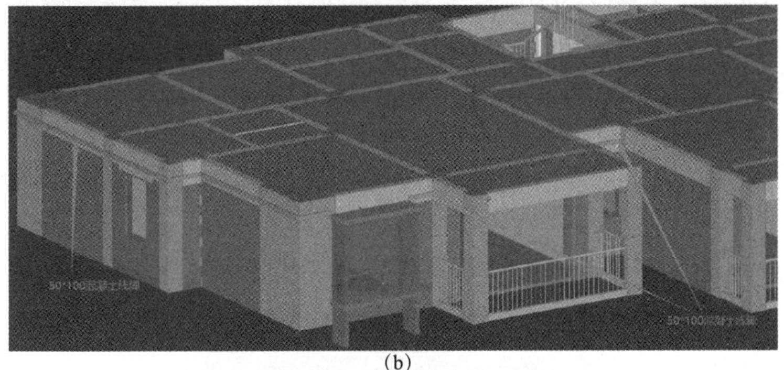

(b)

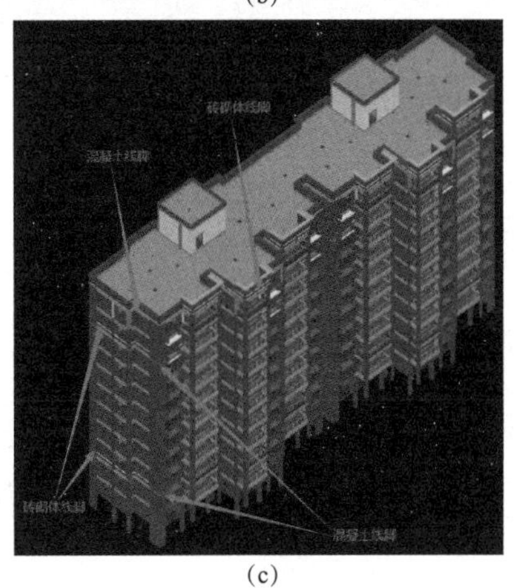


(c)

**图 9-24　本工程线脚示意**

(a)第 2 层混凝土线脚和砖砌体线脚平面布置示意；

(b)第 2 层混凝土线脚局部示意；(c)全楼线脚示意

**尝试应用**

请完成课堂项目 3 号楼的线脚绘制。

## 七、绘制建筑面积

### (一)图纸分析

分析要点：哪些部分计算一半面积，哪些部分不计算面积，有无外墙保温层。

需查阅图纸：建施 J03 一层平面图、建施 J04 二-十一层平面图、建施 J09 墙身大样、结施 G05～07、G09～10 和结施 G13 楼梯结构布置图及节点大样。

分析结果：

(1)查阅建施 J04 二-十一层平面图和结施 G05～07、G09～10 知本工程第 2～11 层南面挑阳台均为主体结构外阳台，计算一半面积；南面其他阳台和北面阳台均为主体结构内阳台，计算全面积。

(2)查阅建施 J09 墙身大样、结施 G13 楼梯结构布置图及节点大样知本工程飘窗底板距地高为 0.6 m，大于 0.45 m，不计算面积。

(3)查阅建施 J03 一层平面图、建施 J09 墙身大样、结施 G13 楼梯结构布置图及节点大样知本工程雨篷为无柱雨篷，且雨篷结构外边线距外墙外边线为 1.2 m<2.1 m，因此，雨篷不计算面积。

(4)查阅结施 G09～10 知电梯井部位有局部楼层，其层高为 34.57－32.97＝1.6(m)<2.2 m，该部分要计算一半建筑面积。

## (二)定义与绘制

### 1. 首层建筑面积定义与绘制

将楼层切换至首层。单击左侧导航栏中“其他”下“建筑面积”→单击“构件列表”中“新建”→单击“新建建筑面积”，其属性如图 9-25 所示。

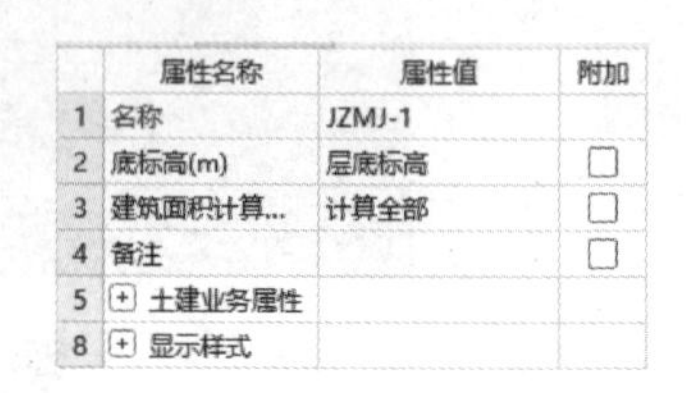

|  | 属性名称 | 属性值 | 附加 |
|---|---|---|---|
| 1 | 名称 | JZMJ-1 |  |
| 2 | 底标高(m) | 层底标高 | ☐ |
| 3 | 建筑面积计算... | 计算全部 | ☐ |
| 4 | 备注 |  | ☐ |
| 5 | ⊞ 土建业务属性 |  |  |
| 8 | ⊞ 显示样式 |  |  |

图 9-25　首层建筑面积属性列表

执行工具栏中的“点”命令，在任意房间内单击即完成首层建筑面积绘制。需要注意的是，采用“点”画法画建筑面积是基于封闭的墙体以墙体边线为界线来绘制的，外墙面保温要计算建筑面积但按“点”绘制的建筑面积并未包括该部分，需要选中建筑面积图元执行“偏移”命令向外偏移至外墙保温层外边线，同时墙柱凸出于墙体的部分因未包括需要用夹点编辑方法进行修改。本工程首层建筑面积示意如图 9-26 所示。其中，单元入口⑬～⑮轴与㉝～㉟轴处入口处Ⓕ～Ⓖ轴部分在首层不属于主体结构一部分，该部分无需计算建筑面积。

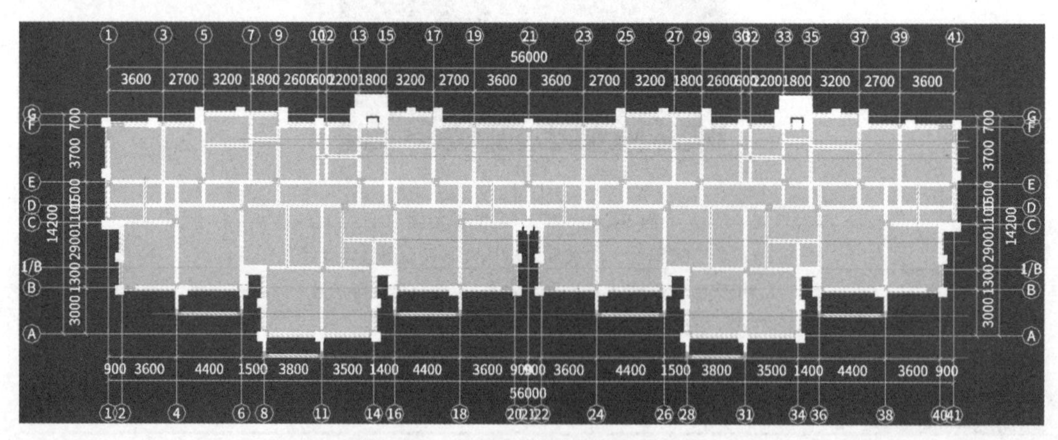


图 9-26　本工程首层建筑面积示意

### 2. 上部各层建筑面积定义与绘制

先在第 2 层绘制然后复制到其他层，将楼层切换至第 2 层。第 2 层建筑面积定义与首层相同。其区别在于绘制时需要补绘各无墙体封闭的阳台面积，并将计算全部面积的阳台建筑面积与点绘的主体建筑面积进行合并，将南面主体结构外的阳台建筑面积图元全部选中，将属性列表中“3 建筑面积计算方式”改为计算一半，即可完成第 2 层建筑面积绘制，然后用“复制到其他层”将第 2 层建筑面积复制到第 3～11 层即可。本工程中间层建筑面积示意如图 9-27 所示，其中选中的蓝色部分为计算一半建筑面积，其余部分计算全面积。

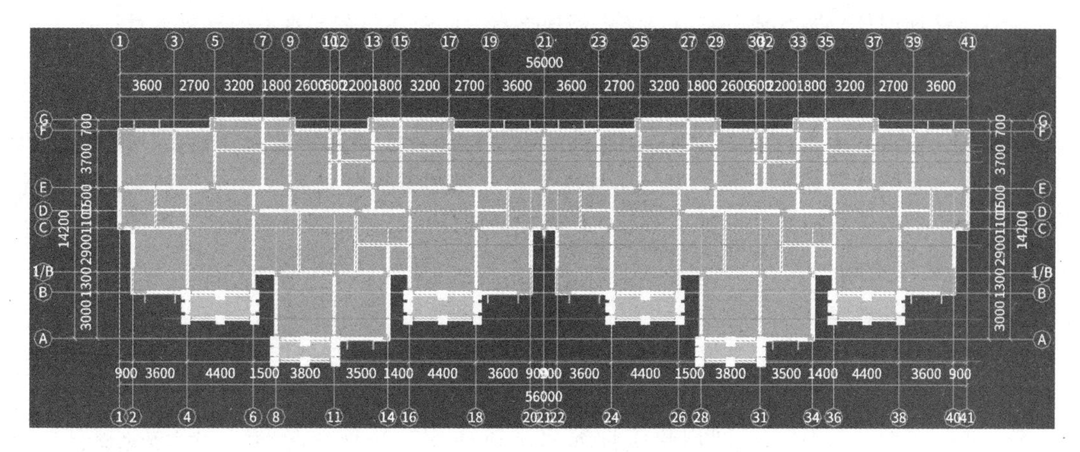


图 9-27　本工程中间层建筑面积示意

在屋面层定义同样的建筑面积构件，用“矩形”绘制出屋面楼梯间电梯间面积(含外墙保温层)；再定义一个底标高为“层底标高＋1.6”，计算一半的建筑面积构件如图 9-28 所示，定义后用“矩形”在电梯井位置绘制即完成局部楼层建筑面积，图 9-29 所示为屋面层建筑面积示意图，其中选中的蓝色部分为楼梯间电梯间全面积，未选紫色部分为电梯井局部楼层建筑面积。至此完成全楼建筑面积绘制。

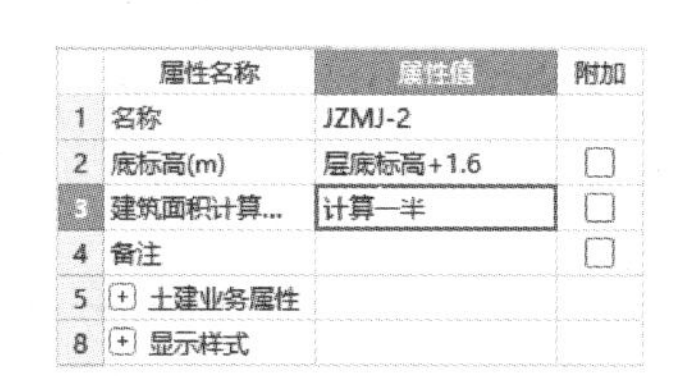

| | 属性名称 | 属性值 | 附加 |
|---|---|---|---|
| 1 | 名称 | JZMJ-2 | |
| 2 | 底标高(m) | 层底标高+1.6 | ☐ |
| 3 | 建筑面积计算... | 计算一半 | ☐ |
| 4 | 备注 | | ☐ |
| 5 | ⊕ 土建业务属性 | | |
| 8 | ⊕ 显示样式 | | |

图 9-28　电梯井局部楼层半面积构件属性列表

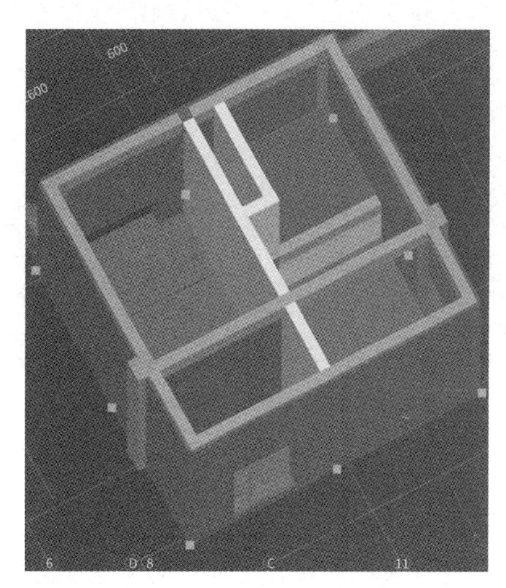

图 9-29　屋面层建筑面积示意

**尝试应用**

请完成课堂项目 3 号楼的建筑面积绘制。

## 八、绘制平整场地

### (一)图纸分析

分析要点：是否有地下室及地下室结构外边线是否突出首层结构外边线。平整场地按首层建筑面积计算，但地下室结构外边线突出首层结构外边线时突出部分建筑面积合并计算，因此

除查看首层平面图外，若有地下室时还需查阅地下室平面图并与首层平面图进行比对。

需查阅图纸：本工程无地下室，因此只需查阅建设 J03 一层平面图。

分析结果：查阅建施 J03 一层平面图及各工程图纸知本工程无地下室，以首层建筑面积计算平整场地，但需要注意的是：⑬轴至⑮轴与㉝轴至㉟轴处入口处Ⓕ轴至Ⓖ轴部分虽不属于主体结构一部分且不计算建筑面积，但从实施施工角度考虑该部分仍需要计算平整场地工程量；南面挑阳台下方在首层位置均设置了构造柱，因此该部分也需要计算平整场地工程量。

**(二)定义与绘制**

将楼层切换至首层。

单击左侧导航栏中“其他”下“平整场地”，单击“构件列表”中“新建”下“新建平整场地”。

拓展阅读：散水、台阶定义与绘制

执行“点”命令，在任意房间内单击即完成主体部分平整场地绘制(“点”画法绘制平整场地与绘制建筑面积一样，不包括墙柱突出墙面的部分，需要注意进行编辑)；再用“矩形”绘制⑬～⑮轴与㉝～㉟轴处入口处Ⓕ～Ⓖ轴部分和南面挑阳台下方，补绘完成后选中全部平整场地图元单击鼠标右键合并即完成绘制，如图 9-30 所示。

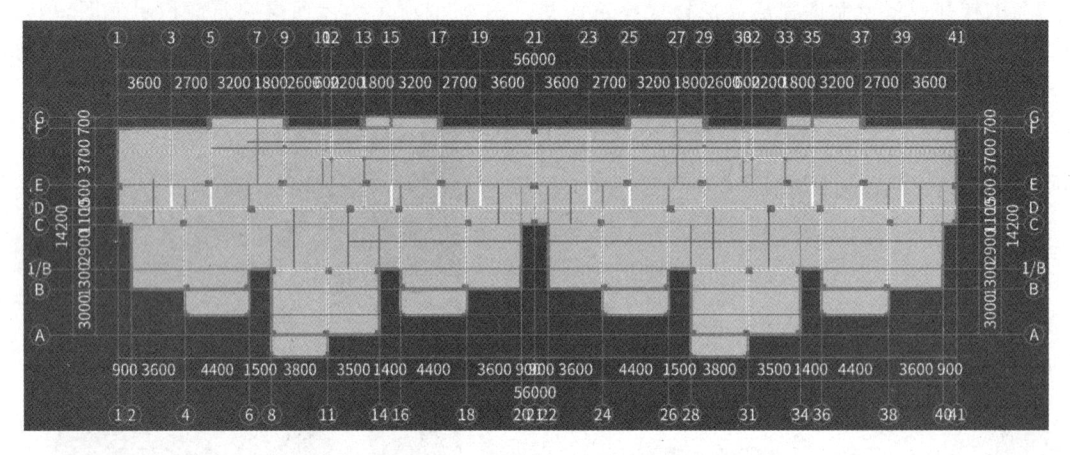


图 9-30　本工程平整场地示意

## 尝试应用

请完成课堂项目 3 号楼的平整场地和散水及台阶绘制。

从上述内容可以看到，雨篷等零星构件虽然小，但其构造往往比较复杂、尺寸相对主体构件来说更为精细，其内的钢筋布置也更为复杂。因此在进行零星构件建模时要务求形状尺寸和钢筋输入准确，养成精益求精的工作态度，在工作中弘扬严谨、坚持不懈、专注、追求卓越的工匠精神。

5 号楼阶段工程文件：完成雨篷等零星构件

雨篷等零星构件绘制操作小结

【人物 · 故事】揭开孔明锁的奥秘 · 诸葛文仓(来源：央视网)

# 任务 10　基础层构件绘制

## 10.1　基础层墙柱、框架梁绘制

### 聚焦项目任务

**知识：** 1. 掌握基础层墙柱、梁平法图识读及列项和工程量计算规则。

2. 掌握基础梁和框架梁的判断准则。

3. 掌握层间复制操作。

4. 掌握手动绘制梁的方法。

**能力：** 1. 能用"从其他层复制"的方法绘制基础层墙柱。

2. 能用 CAD 图纸识别或手动定义与绘制的方式绘制基础层梁。

**素质：** 从 5 号楼基础层 JKL17 采用识别方式建模时其跨数不正确，仍需要人工手动编辑支座，建模不能完全依赖识别，体悟靠自己才是正道。

基础层墙柱、框架梁绘制
导学单及激活旧知思维导图

微课：基础层墙柱、
框架梁绘制

### 示证新知

#### 一、图纸分析

分析要点：基础层墙柱与上部楼层墙柱是否相同，基础层的梁是属于基础梁还是框架梁，基础层梁的数量、配筋信息及布置情况等。

需查阅图纸：结施 G05 承台顶～5.970 墙柱网平面布置图、结施 G08 基础层梁平面布置图。

分析结果：

(1)查阅结施 G05 承台顶～5.970 墙柱网平面布置图知本工程基础层柱布置与首层柱布置相同。

(2)查看结施 G08 基础层梁平面布置图知本工程基础层梁截面高度最大的为 500 mm，其梁底标高为－0.03－0.5＝－0.53(m)，距离桩承台基础上表面标高－2.100 mm 还有一段高度，与基础没有重叠，因此，结施 G08 基础层梁平面布置图中全部梁均为基础层的楼层框架梁。还有一个比较简便的判断基础梁/框架梁的方法是通过查看梁支座负筋的标注位置，基础梁支座负筋标注在横梁下部或纵梁右侧两端，而框架梁支座负筋标注在横梁上部或纵梁左侧两端。具体情况如下：

1)基础框架梁：JKL1～JKL22，其中 JKL5、JKL7、JKL10、JKL19、JKL22 截面为 200×450，

JKL18、JKL20、JKL21截面为200×500，其余基础框架梁截面为200×400。顶标高都为－0.030 m。其中，Ⓓ轴上JKL17共11跨，其支座示意如图10-1所示。

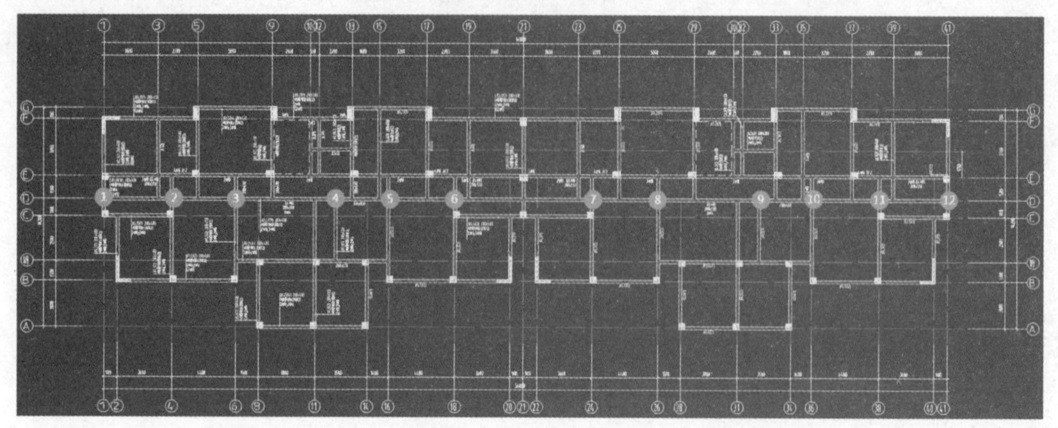

图 10-1　JKL17 支座示意

2）基础次梁：JL1～JL5，其中JL5截面为200×300，其余基础次梁截面为200×400。顶标高都为－0.030 m。

绘制时只需绘制㉑轴及左侧的基础梁，右侧部分可通过“复制”或“镜像”快速绘制。

## 二、绘制墙柱、基础层框架梁

将楼层切换到基础层，基础层墙柱可以用“从其他层复制”将首层墙柱（仅框架柱和剪力墙暗柱）直接复制下来，已在绘制第2层墙柱时完成该步操作。

基础层梁可以用CAD图纸识别或手动定义并绘制的方式绘制，两种方法均在“首层梁绘制”中有详细介绍，此处不再赘述。需要注意的是，在结施G08基础层梁平面布置图中有4处支座负筋标注为“4⌀16 2/.2”，这种标注软件无法识别，需要单击“图纸操作”功能分区中“查找替换”将其替换为“4C16 2/2”后再行识别。完成绘制后基础层墙柱、梁如图10-2所示。

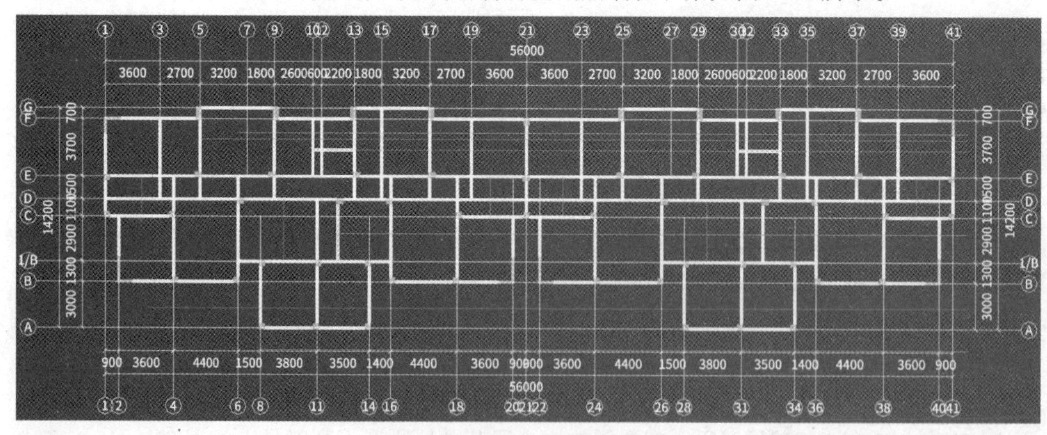


图 10-2　基础层墙柱、梁示意

**尝试应用**

请完成课堂项目3号楼的基础层、地下室（负一层）墙柱、梁及板绘制。

需要注意的是，采用识别方式绘制出来的JKL17的跨数与图纸并不吻合，还需要手动编辑支座，因此在建模时不能完全依赖软件识别。就像日常工作生活中，我们只有靠自己才是正道，于国家而言，只有核心技术自力更生、自主创新才不至于被“卡脖子”。

5号楼阶段工程文件：完成基础层墙柱、框架梁

基础层墙柱、框架梁绘制操作小结

自力更生：中国青年人的志气（来源：央视网）

## 10.2 桩承台、承台拉梁、桩、砖胎模绘制

### 聚焦项目任务

**知识：** 1. 掌握桩承台、基础梁(承台梁)、桩结构施工图识读，以及桩承台、基础梁等相关构件的列项和工程量计算规则。

2. 掌握桩承台及独立基础与条形基础的定义与绘制。
3. 掌握基础梁(承台梁)的定义与绘制。
4. 掌握桩的定义与绘制。
5. 掌握砖胎模的定义与绘制。

**能力：** 1. 能从基础层基础和基础梁结构施工图中明确工程基础中有哪些构件类型，并正确提取各类构件的信息。

2. 能正确定义桩承台、基础梁(承台梁)、桩基础，并通过图纸识别或手动绘制的方式绘制桩承台、基础梁(承台梁)、桩基础。能根据图纸要求正确定义并绘制其他类型基础，如独立基础、条形基础等。
3. 能正确定义并绘制基础层其他构件如砖胎模等。
4. 达到1+X工程造价数字化应用初、中级和全国高校BIM毕业设计创新大赛BIM全过程造价管理与应用赛项关于绘制桩承台、基础梁、桩等的相关要求。

**素质：** 通过了解基础在整个结构体系中承担着将上部荷载传导至下方地基的作用，基础承载力的大小直接影响到整个建筑的安全性，领悟“基础牢固，稳如泰山；基础不牢，地动山摇”，做到在校学习打牢基础，以便触类旁通，书写精彩人生。

桩承台、承台拉梁、桩、砖胎模绘制导学单及激活旧知思维导图

微课1：桩承台绘制

微课2：定义梁式承台和三桩承台拓展

微课3：定义多边形承台和板式承台及承台放坡等拓展

微课4：承台拉梁、桩、砖胎模绘制及独立基础与条形基础拓展

## 示证新知

### 一、绘制桩承台

#### (一)图纸分析

分析要点：桩承台类型及配筋。

需查阅图纸：结施 G03 挖孔桩基础平面布置图。

分析结果：查阅结施 G03 挖孔桩基础平面布置图知：

(1)本工程有四种桩承台，承台顶标高－2.100 m，具体情况如下：

1)CT1：底宽 1 100 mm、底长 1 100 mm、高 700 mm，其配筋形式属“环式配筋承台”，其纵向钢筋、横向钢筋、侧面钢筋配置全部为 ⌀12@200，共 53 个。

2)CT2：底宽 1 700 mm、底长 1 700 mm、高 700 mm，其配筋形式属“均不翻起二”，其横向底筋为①号 ⌀16@150，两端带 180°弯钩，上伸长度 6.25$d$；纵向底筋为②号 ⌀16@150，两端带 180°弯钩，上伸长度 6.25$d$；横向面筋为③号 ⌀16@150，下伸长度为 488 mm(700－100－40×2－16－16)；纵向面筋为④号 ⌀16@150，下伸长度为 488 mm；侧面筋为侧筋 ⌀16@150，共 2 个。

3)CT3：底宽 3 400 mm、底长 1 400 mm、高 700 mm，其配筋形式属“梁式配筋承台”，其下部筋为①号 ⌀18@150，折算成数量后是 9⌀18，两端带 180°弯钩；上部筋为③号 ⌀14@150，折算成数量后是 9⌀14，下伸长度为 488 mm(700－100－40×2－18－14)；侧面筋为腰筋 ⌀18@150；箍筋为②号 ⌀14@200(14)；拉筋为 ⌀14@400，共 2 个。

4)CT4：底宽 3 800 mm、底长 3 400 mm、高 700 mm，其配筋形式属“均不翻起二”，其横向底筋为 ⌀16@150，两端带 180°弯钩，上伸长度 6.25$d$；纵向底筋为 ⌀20@150，两端带 180°弯钩，上伸长度 6.25$d$，共 1 个。

动画：承台 CT1 动画解析

动画：承台 CT2 动画解析

动画：承台 CT3 动画解析

动画：承台 CT4 动画解析

(2)分析图纸发现①轴、②轴上桩承台与㊶轴、㊵轴上桩承台以㉑轴为对称轴，两边对称，可镜像。⑳轴至㉒轴间桩承台单独绘制，其余桩承台㉑轴左侧与右侧布置相同，可复制。因此，绘制时只需绘制㉒轴左侧桩承台即可，右侧部分可通过复制和镜像来快速绘制。

#### (二)定义与绘制

##### 1. 桩承台定义

单击左侧导航栏中“基础”下“桩承台”按钮。桩承台定义操作步骤为：单击“构件列表”中“新建”下“新建桩承台”→在属性列表中按图纸桩承台信息修改桩承台名称(注意：桩承台的名称要与承台平面布置图中保持完全一致)→然后选中新建好的桩承台，单击“构件列表”中“新建”下“新建桩承台单元”按钮，自动弹出图 10-3 所示的“选择参数化图形”对话框→在对话框中根据图纸信息选择承台截面类型、放坡形式、配筋形式并输入截面尺寸和配筋信息后单击“确定”按钮(图 10-3)→若需要录入其他钢筋则到桩承台单元属性列表“15 其他钢筋”中输入。本工程 CT1～CT4 定义过程及参数设置如图 10-4～图 10-7 所示。其中 CT3 定义时其箍筋为 14 肢，但软件最

多可以输入 10 肢，因此，仅设置最外侧 2 肢，剩余 12 肢小箍筋在其他钢筋内输入，并且要手算出其单根长和数量；其内的环形腰筋也需要手动计算并录入到其他钢筋内。

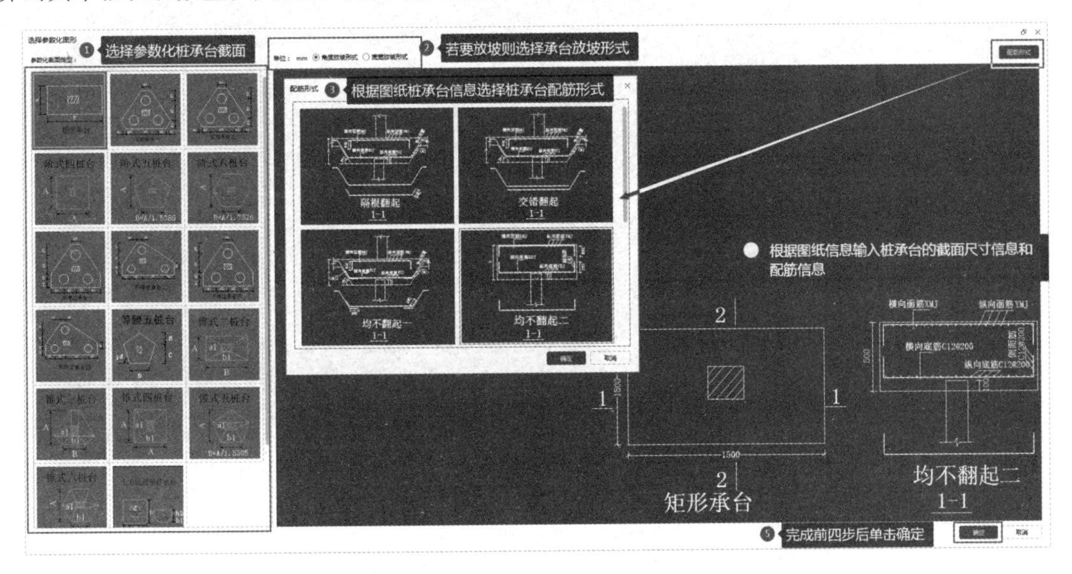


图 10-3　桩承台单元选择参数化图形对话框及其操作顺序

| | 属性名称 | 属性值 | 附加 |
|---|---|---|---|
| 1 | 名称 | CT1 | ☐ |
| 2 | 长度(mm) | 1100 | |
| 3 | 宽度(mm) | 1100 | |
| 4 | 高度(mm) | 700 | |
| 5 | 顶标高(m) | 层底标高+0.7 | ☐ |
| 6 | 底标高(m) | 层底标高 | ☐ |
| 7 | 备注 | | ☐ |
| 8 | ⊟ 钢筋业务属性 | | |
| 9 | 扣减板/筏... | 全部扣减 | ☐ |
| 10 | 扣减板/筏... | 全部扣减 | ☐ |
| 11 | 保护层厚... | (40) | ☐ |
| 12 | 汇总信息 | (桩承台) | ☐ |
| 13 | 计算设置 | 按默认计算设... | |
| 14 | 节点设置 | 按默认节点设... | |
| 15 | 搭接设置 | 按默认搭接设... | |
| 16 | ⊟ 土建业务属性 | | |
| 17 | 计算设置 | 按默认计算设置 | |
| 18 | 计算规则 | 按默认计算规则 | |
| 19 | 做法信息 | 按构件做法 | |
| 20 | ⊞ 显示样式 | | |

(a)

| | 属性名称 | 属性值 | 附加 |
|---|---|---|---|
| 1 | 名称 | CT1-1 | |
| 2 | 截面形状 | 矩形承台 | ☐ |
| 3 | 长度(mm) | 1100 | |
| 4 | 宽度(mm) | 1100 | |
| 5 | 高度(mm) | 700 | |
| 6 | 相对底标高(m) | (0) | |
| 7 | 材质 | 现浇混凝土 | ☐ |
| 8 | 混凝土类型 | (现浇砼 卵石40m... | ☐ |
| 9 | 混凝土强度等级 | (C30) | ☐ |
| 10 | 混凝土外加剂 | (无) | |
| 11 | 泵送类型 | (混凝土泵) | |
| 12 | 截面面积(m²) | 1.21 | ☐ |
| 13 | 备注 | | ☐ |
| 14 | ⊟ 钢筋业务属性 | | |
| 15 | 其它钢筋 | | |
| 16 | 承台单边... | | ☐ |
| 17 | 加强筋起... | 40 | ☐ |
| 18 | 抗震等级 | (非抗震) | ☐ |
| 19 | 锚固搭接 | 按默认锚固搭接... | |
| 20 | ⊞ 土建业务属性 | | |
| 22 | ⊞ 显示样式 | | |

(b)

图 10-4　CT1 定义

(a)CT1 属性列表；(b)CT1 桩承台单元属性列表

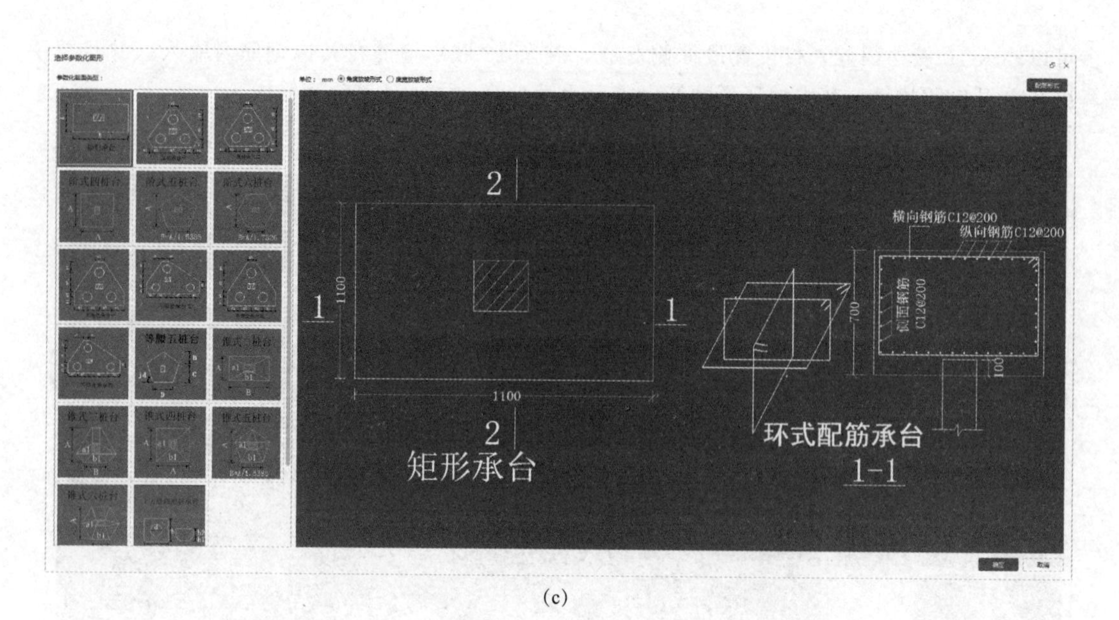


(c)

图 10-4　CT1 定义(续)

(c)CT1 桩承台单元“选择参数化图形”对话框参数设置

| | 属性名称 | 属性值 | 附加 |
|---|---|---|---|
| 1 | 名称 | CT2 | ☐ |
| 2 | 长度(mm) | 1700 | |
| 3 | 宽度(mm) | 1700 | |
| 4 | 高度(mm) | 700 | |
| 5 | 顶标高(m) | 层底标高+0.7 | ☐ |
| 6 | 底标高(m) | 层底标高 | ☐ |
| 7 | 备注 | | ☐ |
| 8 | ⊟ 钢筋业务属性 | | |
| 9 | 扣减板/筏... | 全部扣减 | ☐ |
| 10 | 扣减板/筏... | 全部扣减 | ☐ |
| 11 | 保护层厚... | (40) | ☐ |
| 12 | 汇总信息 | (桩承台) | ☐ |
| 13 | 计算设置 | 按默认计算设置... | |
| 14 | 节点设置 | 按默认节点设置... | |
| 15 | 搭接设置 | 按默认搭接设置... | |
| 16 | ⊟ 土建业务属性 | | |
| 17 | 计算设置 | 按默认计算设置 | |
| 18 | 计算规则 | 按默认计算规则 | |
| 19 | 做法信息 | 按构件做法 | |
| 20 | ⊞ 显示样式 | | |

(a)

| | 属性名称 | 属性值 | 附加 |
|---|---|---|---|
| 1 | 名称 | CT2-1 | |
| 2 | 截面形状 | 矩形承台 | ☐ |
| 3 | 长度(mm) | 1700 | |
| 4 | 宽度(mm) | 1700 | |
| 5 | 高度(mm) | 700 | |
| 6 | 相对底标高(m) | (0) | |
| 7 | 材质 | 现浇混凝土 | ☐ |
| 8 | 混凝土类型 | (现浇砼 卵石40m... | ☐ |
| 9 | 混凝土强度等级 | (C30) | ☐ |
| 10 | 混凝土外加剂 | (无) | |
| 11 | 泵送类型 | (混凝土泵) | |
| 12 | 截面面积(m²) | 2.89 | ☐ |
| 13 | 备注 | | ☐ |
| 14 | ⊟ 钢筋业务属性 | | |
| 15 | 其它钢筋 | | |
| 16 | 承台单边... | | ☐ |
| 17 | 加强筋起... | 40 | ☐ |
| 18 | 抗震等级 | (非抗震) | ☐ |
| 19 | 锚固搭接 | 按默认锚固搭接... | |
| 20 | ⊞ 土建业务属性 | | |
| 22 | ⊞ 显示样式 | | |

(b)

图 10-5　CT2 定义

(a)CT2 属性列表；(b)CT2 桩承台单元属性列表

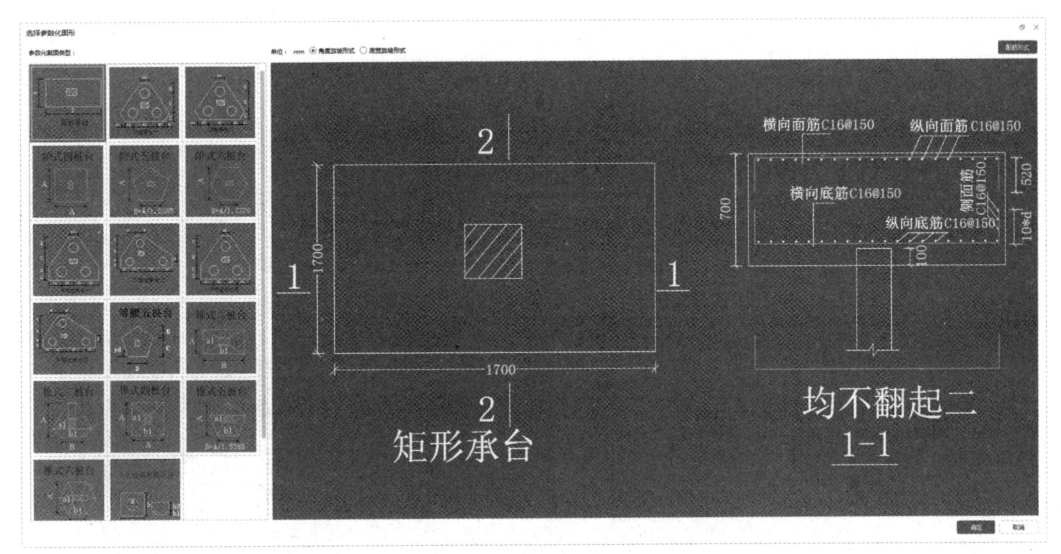


(c)

图 10-5 CT2 定义(续)

(c)CT2 桩承台单元“选择参数化图形”对话框参数设置

| | 属性名称 | 属性值 | 附加 |
|---|---|---|---|
| 1 | 名称 | CT3 | ☐ |
| 2 | 长度(mm) | 3400 | |
| 3 | 宽度(mm) | 1400 | |
| 4 | 高度(mm) | 700 | |
| 5 | 顶标高(m) | 层底标高+0.7 | ☐ |
| 6 | 底标高(m) | 层底标高 | ☐ |
| 7 | 备注 | | ☐ |
| 8 | ⊟ 钢筋业务属性 | | |
| 9 | 扣减板/筏... | 全部扣减 | ☐ |
| 10 | 扣减板/筏... | 全部扣减 | ☐ |
| 11 | 保护层厚... | (40) | ☐ |
| 12 | 汇总信息 | (桩承台) | ☐ |
| 13 | 计算设置 | 按默认计算设置... | |
| 14 | 节点设置 | 按默认节点设置... | |
| 15 | 搭接设置 | 按默认搭接设置... | |
| 16 | ⊟ 土建业务属性 | | |
| 17 | 计算设置 | 按默认计算设置 | |
| 18 | 计算规则 | 按默认计算规则 | |
| 19 | 做法信息 | 按构件做法 | |
| 20 | ⊞ 显示样式 | | |
| 23 | ⊞ CT3-1 | | |

(a)

| | 属性名称 | 属性值 | 附加 |
|---|---|---|---|
| 1 | 名称 | CT3-1 | |
| 2 | 截面形状 | 矩形承台 | ☐ |
| 3 | 长度(mm) | 3400 | |
| 4 | 宽度(mm) | 1400 | |
| 5 | 高度(mm) | 700 | |
| 6 | 相对底标高(m) | (0) | |
| 7 | 材质 | 现浇混凝土 | ☐ |
| 8 | 混凝土类型 | (现浇砼 卵石40m... | ☐ |
| 9 | 混凝土强度等级 | (C30) | ☐ |
| 10 | 混凝土外加剂 | (无) | |
| 11 | 泵送类型 | (混凝土泵) | |
| 12 | 截面面积(m²) | 4.76 | ☐ |
| 13 | 备注 | | ☐ |
| 14 | ⊟ 钢筋业务属性 | | |
| 15 | 其它钢筋 | 195,195 | |
| 16 | 承台单边... | | ☐ |
| 17 | 加强筋起... | 40 | ☐ |
| 18 | 抗震等级 | (非抗震) | ☐ |
| 19 | 锚固搭接 | 按默认锚固搭接... | |
| 20 | ⊞ 土建业务属性 | | |
| 22 | ⊞ 显示样式 | | |

(b)

图 10-6 CT3 定义

(a)CT3 属性列表;(b)CT3 桩承台单元属性列表

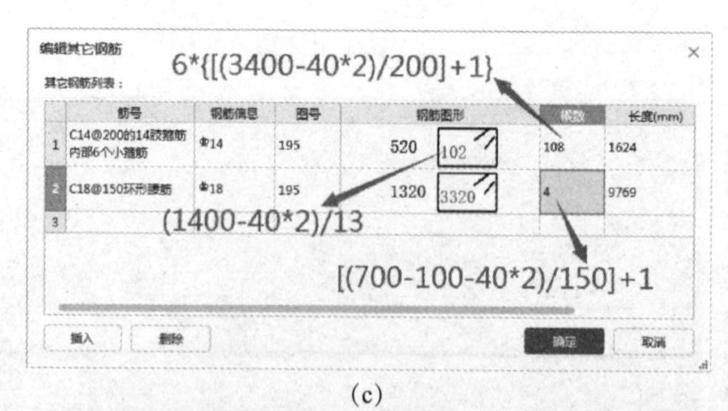


(c)

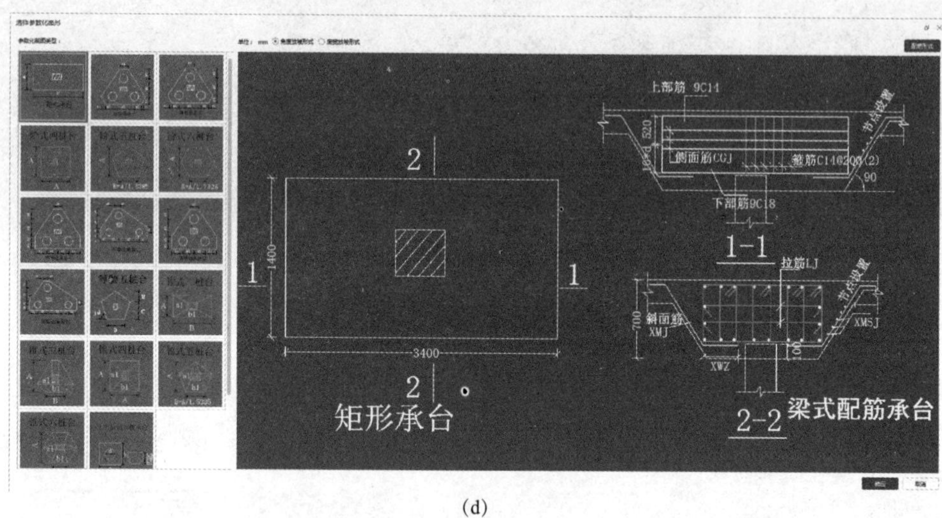


(d)

图 10-6 CT3 定义(续)

(c)其他钢筋处录入 CT3 内箍筋和环形腰筋；(d)CT3 桩承台单元"选择参数化图形"对话框参数设置

| | 属性名称 | 属性值 | 附加 |
|---|---|---|---|
| 1 | 名称 | CT4 | ☐ |
| 2 | 长度(mm) | 3800 | |
| 3 | 宽度(mm) | 3400 | |
| 4 | 高度(mm) | 700 | |
| 5 | 顶标高(m) | 层底标高+0.7 | ☐ |
| 6 | 底标高(m) | 层底标高 | ☐ |
| 7 | 备注 | | ☐ |
| 8 | ⊟ 钢筋业务属性 | | |
| 9 | 扣减板/筏... | 全部扣减 | ☐ |
| 10 | 扣减板/筏... | 全部扣减 | ☐ |
| 11 | 保护层厚... | (40) | ☐ |
| 12 | 汇总信息 | (桩承台) | ☐ |
| 13 | 计算设置 | 按默认计算设置... | |
| 14 | 节点设置 | 按默认节点设置... | |
| 15 | 搭接设置 | 按默认搭接设置... | |
| 16 | ⊟ 土建业务属性 | | |
| 17 | 计算设置 | 按默认计算设置 | |
| 18 | 计算规则 | 按默认计算规则 | |
| 19 | 做法信息 | 按构件做法 | |
| 20 | ⊞ 显示样式 | | |

(a)

| | 属性名称 | 属性值 | 附加 |
|---|---|---|---|
| 1 | 名称 | CT4-1 | |
| 2 | 截面形状 | 矩形承台 | ☐ |
| 3 | 长度(mm) | 3800 | |
| 4 | 宽度(mm) | 3400 | |
| 5 | 高度(mm) | 700 | |
| 6 | 相对底标高(m) | (0) | |
| 7 | 材质 | 现浇混凝土 | ☐ |
| 8 | 混凝土类型 | (现浇砼 卵石40m... | ☐ |
| 9 | 混凝土强度等级 | (C30) | ☐ |
| 10 | 混凝土外加剂 | (无) | |
| 11 | 泵送类型 | (混凝土泵) | |
| 12 | 截面面积(m²) | 12.92 | ☐ |
| 13 | 备注 | | ☐ |
| 14 | ⊟ 钢筋业务属性 | | |
| 15 | 其它钢筋 | | |
| 16 | 承台单边... | | ☐ |
| 17 | 加强筋起... | 40 | ☐ |
| 18 | 抗震等级 | (非抗震) | ☐ |
| 19 | 锚固搭接 | 按默认锚固搭接... | |
| 20 | ⊞ 土建业务属性 | | |
| 22 | ⊞ 显示样式 | | |

(b)

图 10-7 CT4 定义

(a)CT4 属性列表；(b)CT4 桩承台单元属性列表

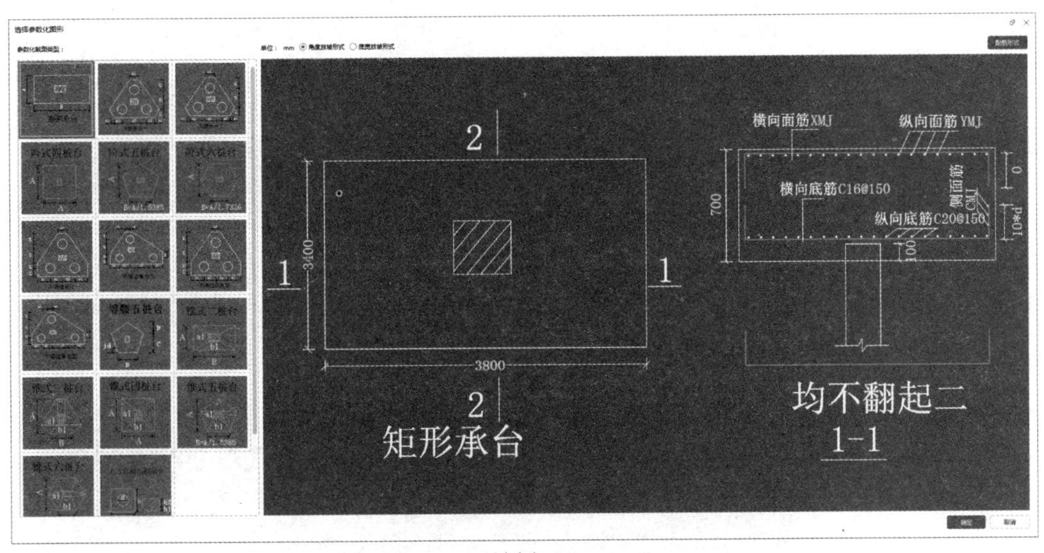


(c)

**图 10-7　CT4 定义(续)**

(c)CT4 桩承台单元“选择参数化图形”对话框参数设置

## 小提示

(1)桩承台属性包括承台属性和承台单元属性。

1)承台属性包括基本属性、钢筋业务属性、土建业务属性和显示样式 4 块共 22 项，如图 10-4(a)所示。基本属性包括承台名称和尺寸信息及标高信息；钢筋业务属性中包括扣减板/筏板面筋、扣减板/筏板底筋、保护层厚度、计算设置、节点设置、搭接设置等，一般保持默认即可，但若板或筏板与承台相交时上部钢筋连续贯通、下部钢筋锚入承台，则“9 扣减板/筏板面筋”设置为“不扣减”、“10 扣减板/筏板底筋”设置为“全部扣减”，其余情况视图纸具体设置；土建业务属性和显示样式保持默认即可。

桩承台钢筋输入格式

2)承台单元属性包括基本属性、钢筋业务属性、土建业务属性和显示样式 4 块共 24 项，如图 10-4(b)所示。基本属性包括承台单元名称和尺寸信息及混凝土信息，其中“6 相对底标高(m)”是指桩承台单元底相对于桩承台底标高的高度，底层单元的相对底标高一般为 0，上部的单元按下部单元的高度自动取值，也可以手动输入；钢筋业务属性中包括其他钢筋、承台单边加强筋、加强筋起步、抗震等级、锚固搭接等，其中在“16 承台单边加强筋”“17 加强筋起步(mm)”中设置加强筋则承台的每边均设置加强筋，若只有部分侧边设置加强筋则不在该属性中设置，而是绘制好后执行“桩承台二次编辑”功能分区中的“编辑承台加强筋”命令进行设置；土建业务属性和显示样式保持默认即可。

(2)当一个承台是多层配筋或者是由上、下两个部分形状组成的多阶承台时，软件提供的底单元和顶单元可以处理此类情况，即在一个承台下新建底单元和顶单元。若参数化图形中提供的桩承台单元可以直接达到图纸的要求时则只需要新建一个单元即可。

### 2. 桩承台绘制

**方法一：CAD 图纸识别方式**

执行功能分区上“识别桩承台”命令，如图 10-8 所示，则在绘图区出现识别桩承台界面，具

体包括三个步骤：提取承台边线→提取承台标注→点选识别，按从上向下的顺序依次执行命令即可。

(1)提取承台边线：执行“提取承台边线”命令，按图层选择承台图中柱边线(选中后轴线变成蓝色线)后单击鼠标右键确认，则选择的CAD图元自动消失，并存放在“已提取的CAD图层”中。

(2)提取承台标注：单击“提取承台标注”命令，按图层选择承台图中的配筋及尺寸、柱高度范围等标注信息(选中后标注变成蓝色)后单击鼠标右键确认，则选择的CAD图元自动消失，并存放在“已提取的CAD图层”中。

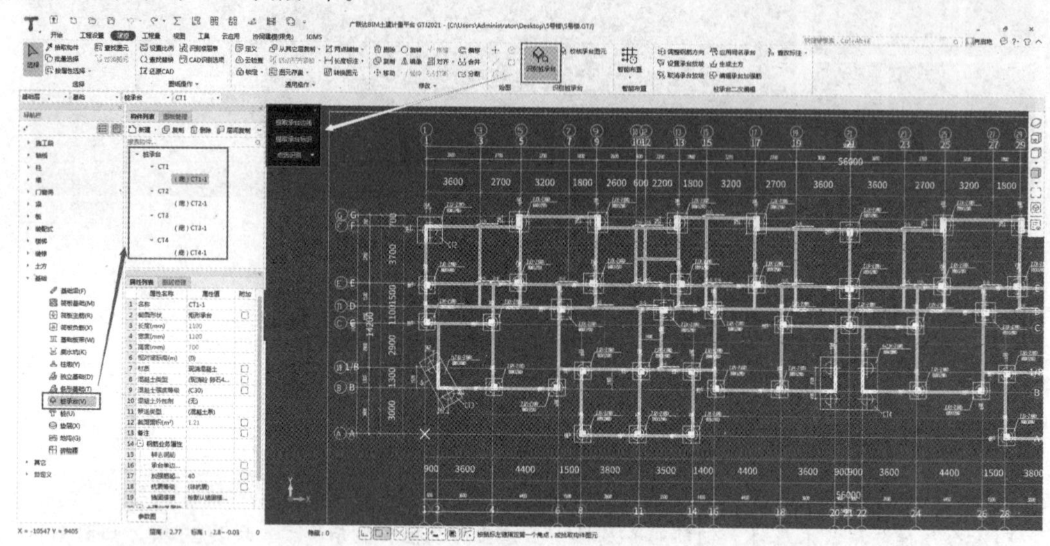

图 10-8　识别桩承台界面

(3)点选识别：单击“点选识别”按钮，弹出图10-9所示的“点选识别承台”对话框，在绘图区选择要识别的承台的标识则该承台信息自动填入“点选识别承台”对话框，核对相关信息无误后单击鼠标右键确认，选择要识别的承台的边线后单击确鼠标右键认即完成一个桩承台识别。继续重复上述步骤可完成其他承台的识别。

除“点选识别”外，软件还提供了“自动识别”和“框选识别”，其操作与柱的“自动识别”和“框选识别”相似。本工程因桩承台种类较少，推荐使用“自动识别”，然后将所有无标识承台图元选中右击执行“转换图元”命令，全部转换为CT1，再将软件自动识别出来的全部无标识承台构件删除即可。同时注意将桩承台详图位置识别到的承台删除。

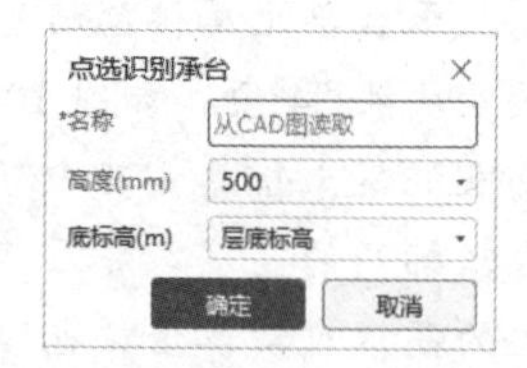


图 10-9　“点选识别承台”对话框

## 小提示

桩承台、独立基础等构件在GTJ2021软件中提供了识别绘制方法，但这种方法只能按CAD图线的最外围边线识别为一阶承台或独立基础且没办法自动识别基础内的钢筋，所以，采用CAD图纸识别的方法绘制桩承台、独立基础的步骤为：手动定义桩承台、独立基础→识别绘制桩承台、独立基础。有一点必须注意的是手动定义的桩承台、独立基础的名称一定要与桩承台、独立基础平面布置图中的名称完全一致才能被成功识别。

全部承台识别完毕后可执行功能分区中“识别柱”下“校核承台”命令进行自动校核。

**方法二："点"或"智能布置"手动绘制**

本工程 CT1～CT4 若采用手动绘制可用"点"配合使用 Shift＋左键、F4 键、"旋转点""复制""镜像""移动"等绘制。与柱绘制类似，此处不再赘述。

绘制好的桩承台示意如图 10-10 所示。桩承台的定义与绘制可参考图 1-6 单个构件建模思路。

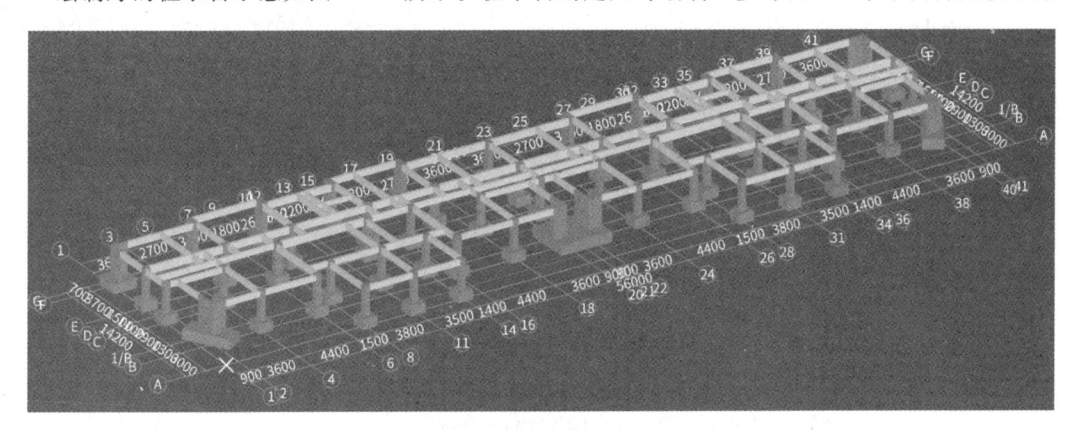

图 10-10　本工程桩承台示意

拓展阅读：梁式承台、三桩台、多边形承台和板式承台定义

复杂桩承台 CAD 图纸及基础工程下载

拓展阅读：设置承台放坡、取消承台放坡、应用同名承台

## 二、绘制基础梁(承台拉梁)

### (一)图纸分析

分析要点：基础梁(承台拉梁)的类型及配筋信息。

需查阅图纸：结施 G04 承台拉梁平面布置图。

分析结果：查看结施 G04 承台拉梁平面布置图知本工程有一种承台拉梁：截面 250×450，上部纵筋 2Φ16，下部纵筋 2Φ16，箍筋 Φ8@200(2)，梁面标高－2.100 m，即梁底标高为－2.550 m。

基础梁钢筋输入格式

### (二)定义与绘制

基础梁的定义只需注意基础梁的梁顶标高即可，其他属性定义与绘制和框架梁类似，此处不再赘述。斜的承台拉梁用"直线"＋F4 键＋"延伸"绘制，确保承台梁全部伸入承台，否则工程量会少比较多。绘制完成后对其进行原位标注，然后"应用到同名梁"。注意承台拉梁绘制完成后需检查其支座情况，以承台为支座。如图 10-11 为本工程承台拉梁的属性列表。

| | 属性名称 | 属性值 | 附加 |
|---|---|---|---|
| 1 | 名称 | 承台拉梁 | |
| 2 | 类别 | 基础主梁 | ☐ |
| 3 | 截面宽度(mm) | 250 | ☐ |
| 4 | 截面高度(mm) | 450 | ☐ |
| 5 | 轴线距梁左边... | (125) | ☐ |
| 6 | 跨数量 | | ☐ |
| 7 | 箍筋 | Φ8@200(2) | ☐ |
| 8 | 肢数 | 2 | |
| 9 | 下部通长筋 | 2Φ16 | ☐ |
| 10 | 上部通长筋 | 2Φ16 | ☐ |
| 11 | 侧面构造或受... | | ☐ |
| 12 | 拉筋 | | ☐ |
| 13 | 材质 | 现浇混凝土 | ☐ |
| 14 | 混凝土类型 | (现浇砼 卵石40m... | ☐ |
| 15 | 混凝土强度等级 | (C30) | ☐ |
| 16 | 混凝土外加剂 | (无) | |
| 17 | 泵送类型 | (混凝土泵) | |
| 18 | 截面周长(m) | 1.4 | ☐ |
| 19 | 截面面积(m²) | 0.113 | ☐ |
| 20 | 起点顶标高(m) | 层底标高+0.7 | ☐ |
| 21 | 终点顶标高(m) | 层底标高+0.7 | ☐ |
| 22 | 备注 | | ☐ |
| 23 | ⊕ 钢筋业务属性 | | |
| 34 | ⊕ 土建业务属性 | | |
| 39 | ⊕ 显示样式 | | |

图 10-11　本工程承台拉梁属性列表

**尝试应用**

请完成课堂项目3号楼的基础梁绘制。

## 三、绘制桩

### (一)图纸分析

分析要点：桩的类型及配筋信息。

需查阅图纸：结施G03挖孔桩础平面布置图。

分析结果：查阅结施G03挖孔桩础平面布置图知：

(1)本工程有三种桩，具体情况见表10-1。

(2)桩身及护壁的混凝土强度都是C25。

(3)分析图纸发现①轴、②轴上桩与㊶轴、㊵轴上桩以㉑轴为对称轴，两边对称，可镜像。⑳轴至㉒轴间桩单独绘制，其余桩㉑轴左侧与右侧布置相同，可复制。因此，绘制时只需绘制㉒轴左侧桩即可，右侧部分可通过复制和镜像来快速绘制。

表10-1　桩基本信息表

| 编号 | 桩直径 $d$ | 桩扩大头直径 $D$ | 主筋 | 箍筋 | 加劲筋 | 加密区长 | 钢筋笼长 | 桩长 $L$ | 承载力特征值 |
|---|---|---|---|---|---|---|---|---|---|
| ZJ1 | 800 | 1 200 | 12⌀12 | Φ8@150 | ⌀12@2 000 | 1 500 | 同桩长 | ≥6 000 | 1 600 |
| ZJ2 | 800 | 1 300 | 12⌀12 | Φ8@150 | ⌀12@2 000 | 1 500 | 同桩长 | ≥6 000 | 2 200 |
| ZJ3 | 800 | 1 400 | 12⌀12 | Φ8@150 | ⌀12@2 000 | 1 500 | 同桩长 | ≥6 000 | 2 800 |

### (二)定义与绘制

#### 1. 桩定义

在GTJ2021软件中可新建矩形桩、异形桩和参数化桩(可选择矩形桩、圆形桩、井桩、护壁桩和深层搅拌桩)，对于桩的类别有人工挖孔桩、机械钻孔桩、振动管灌注桩和预应力管桩四种，对于桩钢筋的计算是通过手动计算出各类钢筋的单根长和根数在“其他钢筋”中录入。实际工程中对于人工挖孔桩大部分是根据施工现场实际情况手算其土方、桩芯、护壁及钢筋工程量。因此，本工程在进行桩定义时其钢筋不输入。以ZJ1为例，其定义步骤为：单击左侧导航栏中“基础”下“桩”→单击“构件列表”中“新建”下“新建参数化桩”→结合图纸在弹出的“选择参数化图形”对话框中“图形”选择“护壁桩4”，再结合图纸在右侧区域内输入相应尺寸信息(其中扩大头以上直段长度暂取为6 000 mm)，单击“确定”按钮即完成定义，如图10-12所示。ZJ2、ZJ3的定义也类似。

#### 2. 桩绘制

GTJ2021软件提供了CAD图纸识别和手动绘制(“点”“智能布置”)两种方式绘制桩。CAD图纸识别方式与CAD图纸识别桩承台步骤相同。本工程因图纸中桩边线不是封闭边线，因此，不能用CAD图纸识别方式绘制。本工程中因各承台下方布置的桩没有固定，推荐使用“点”结合Shift＋左键来绘制。绘制完成的桩如图10-13所示。

若一种承台下方对应的桩相对比较固定时还可用“智能布置”下“桩承台”来绘制。

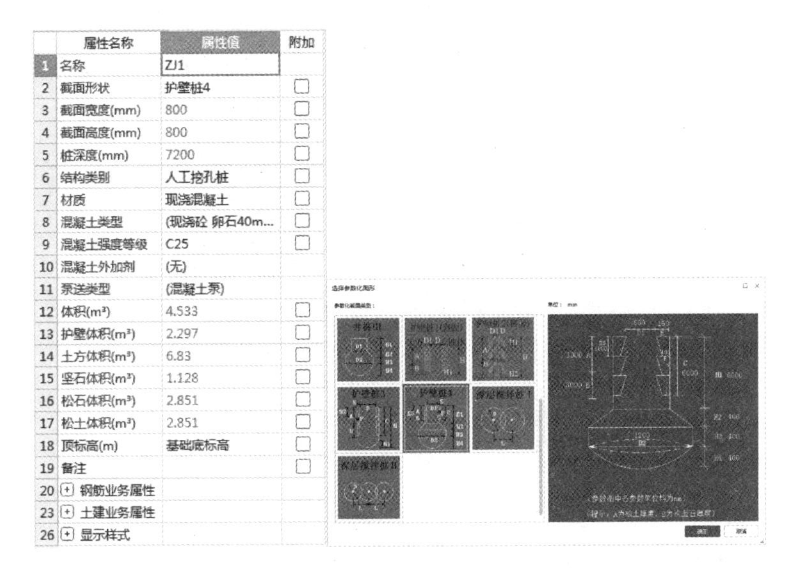

| | 属性名称 | 属性值 | 附加 |
|---|---|---|---|
| 1 | 名称 | ZJ1 | |
| 2 | 截面形状 | 护壁桩4 | ☐ |
| 3 | 截面宽度(mm) | 800 | ☐ |
| 4 | 截面高度(mm) | 800 | ☐ |
| 5 | 桩深度(mm) | 7200 | ☐ |
| 6 | 结构类别 | 人工挖孔桩 | ☐ |
| 7 | 材质 | 现浇混凝土 | ☐ |
| 8 | 混凝土类型 | (现浇砼 卵石40m... | ☐ |
| 9 | 混凝土强度等级 | C25 | ☐ |
| 10 | 混凝土外加剂 | (无) | |
| 11 | 泵送类型 | (混凝土泵) | |
| 12 | 体积(m³) | 4.533 | ☐ |
| 13 | 护壁体积(m³) | 2.297 | ☐ |
| 14 | 土方体积(m³) | 6.83 | ☐ |
| 15 | 坚石体积(m³) | 1.128 | ☐ |
| 16 | 松石体积(m³) | 2.851 | ☐ |
| 17 | 松土体积(m³) | 2.851 | ☐ |
| 18 | 顶标高(m) | 基础底标高 | ☐ |
| 19 | 备注 | | ☐ |
| 20 | ⊞ 钢筋业务属性 | | |
| 23 | ⊞ 土建业务属性 | | |
| 26 | ⊞ 显示样式 | | |

图 10-12　本工程 ZJ1 定义

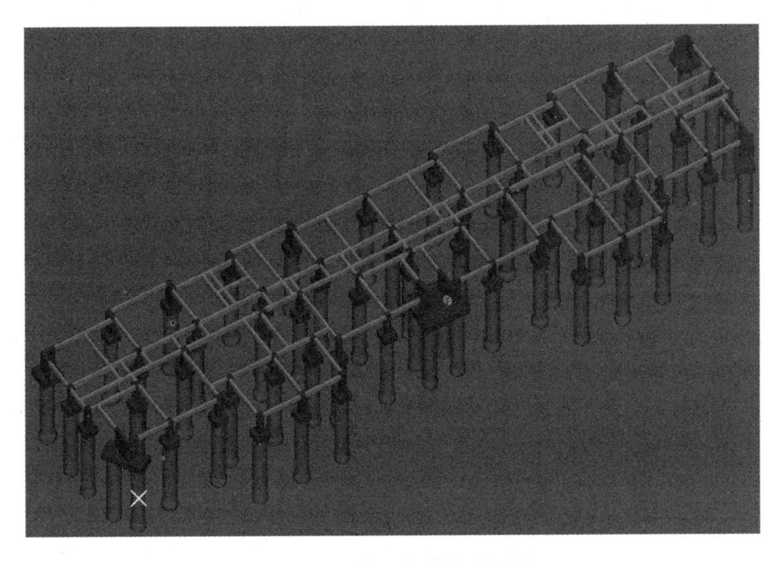

图 10-13　本工程桩布置示意

## 小提示

在桩基础进行施工的过程中，通常会因为地质因素的不确定性而降低桩基础预算的精确度，进而对工程施工的进度与资本耗费也产生一定的影响，因此在桩基础预算进行时，要根据具体施工地点的地质条件进行合理化的桩基础预算。实际工程中一般按实际情况进行结算。

## 尝试应用

请完成课堂项目 3 号楼的桩绘制。

基础形式的选择主要取决于地基承载力和上部结构形式，基础对于整个建筑结构稳定性有着极大的影响，直接影响到建筑物的安全性。正所谓“万丈高楼平地起，打牢基础是关键”，对于每个人来说，在学习阶段应认真加强基础知识的学习，打好基础是未来能否取得成功的前提。

《大国建造》第 4 集
稳如磐石(来源：
央视网)

杜金城：追求极致
成就非凡事业(来源：
学习强国 四川学习平台)

## 四、绘制砖胎模

### (一)图纸分析

分析要点：是否有砖胎模及砖胎模厚度及内侧是否抹灰。

需查阅图纸：结施 G01 结构设计总说明(一)。

分析结果：查阅结施 G01 结构设计总说明(一)第五条第 7 条 2)“除注明外，承台、基础梁侧面采用 200 厚实心砖模(砖 MU10、水泥砂浆 M5)，1∶2 水泥砂浆抹面。”知承台和承台拉梁侧面要设置砖胎模，其中未明确的 1∶2 水泥砂浆抹面厚度按常用的 15 mm 取。

### (二)定义与绘制

#### 1. 砖胎模定义

单击左侧模块导航栏“基础”下“砖胎膜”→单击“构件列表”中“新建”下“新建线式砖胎膜”，在属性列表中根据图纸信息输入相应属性值，重点是要保证其厚度和顶标高、底标高的准确性。本工程两种厚度砖胎模定义如图 10-14 所示。

| | 属性名称 | 属性值 | 附加 |
| --- | --- | --- | --- |
| 1 | 名称 | 200砖胎模 | |
| 2 | 厚度(mm) | 200 | ☐ |
| 3 | 轴线距砖胎膜... | (200) | ☐ |
| 4 | 材质 | 普通粘土砖 | ☐ |
| 5 | 砂浆类型 | 水泥砂浆 | ☐ |
| 6 | 砂浆标号 | (M5) | ☐ |
| 7 | 起点顶标高(m) | 层顶标高 | ☐ |
| 8 | 终点顶标高(m) | 层顶标高 | ☐ |
| 9 | 起点底标高(m) | 层底标高 | ☐ |
| 10 | 终点底标高(m) | 层底标高 | ☐ |
| 11 | 备注 | | ☐ |
| 12 | ⊕ 土建业务属性 | | |
| 16 | ⊕ 显示样式 | | |

图 10-14　本工程砖胎模定义

#### 2. 砖胎模绘制

GTJ2021 软件中提供了“直线”“矩形”及“三点画弧”等手动绘制方法和“智能布置”，一般推荐采用“智能布置”。

选中“200 砖胎模”构件，单击“智能布置”下“桩承台”，按 F3 键批量选中全部桩承台，单击鼠标右键确认即完成桩承台砖胎膜绘制。单击“智能布置”下“梁”，按 F3 键批量选中全部承台拉梁，右击确认即完成承台拉梁砖胎膜绘制。完成绘制的砖胎膜如图 10-15 所示。

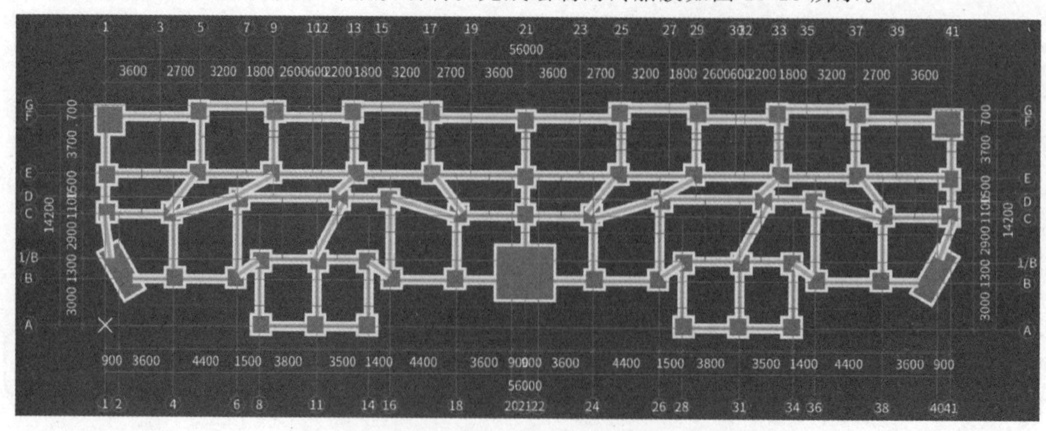


图 10-15　完成绘制的砖胎膜

拓展阅读：独立基础、条形基础定义与绘制

独立基础 CAD 图纸及基础工程下载

5 号楼阶段工程文件：完成桩承台、承台拉梁、桩、砖胎模

桩承台、承台拉梁、桩、砖胎模绘制操作小结

## 10.3 电梯间基坑底板及井壁绘制

### 聚焦项目任务

**知识：** 1. 掌握电梯基坑结构施工图识读，及电梯基坑底板、井壁的列项和工程量计算规则。

2. 掌握电梯间筏板基础的定义与绘制、基坑底板和井壁的定义与绘制。

**能力：** 1. 能用正确用筏板基础和剪力墙定义并绘制电梯间基坑底板及井壁。

2. 能根据图纸信息准确定义筏板及钢筋、集水坑，并正确绘制。

3. 达到 1+X 工程造价数字化应用初、中级和全国高校 BIM 毕业设计创新大赛 BIM 全过程造价管理与应用赛项关于绘制筏板基础及集水坑等的相关要求。

**素质：** 从电梯井施工时其孔洞预留等须与电梯安装单位保持沟通密切配合，体会工作中团结协作的重要性。

电梯间基坑底板及井壁绘制导学单及激活旧知思维导图

微课 1：电梯间基坑底板及井壁绘制

微课 2：筏板基础及集水坑绘制拓展

### 示证新知

#### 一、图纸分析

分析要点：电梯基坑构件类型及配筋。

需查阅图纸：结施 G01 结构设计总说明(一)、结施 G02 结构设计总说明(二)、结施 G04 承台拉梁平面布置图。

分析结果：

(1)查阅结施 G04 承台拉梁平面布置图中如图 10-16 所示电梯间基坑大样图，知本工程电梯基坑具体情况如下：

1)电梯间底部有 250 mm 厚的 C30 钢筋混凝土底板，底板内配筋为双网双向 ⌀12@200，顶标高－2.100 m。此部分可用筏板基础定义。

2)电梯间四周有 200 mm 厚的 C30 钢筋混凝土墙，水平方向和垂直方向的分布筋都为 Φ12@200，拉筋为 Φ8@400，底标高−2.100 m，顶标高−0.730 m。此部分可用剪力墙定义。

结施 G01 结构设计总说明(一)第七条明确地下室外墙剪力墙外侧保护层厚度为 50 mm。结施 G02 结构设计总说明(二)第八条第 3 条明确“当梁、柱和墙(含水箱水池池壁)纵向受力保护层厚度大于 40 时，在保护层中附加钢筋网 Φ4@200×200，附加钢筋网保护层厚度取 15，端部锚固长度统一取 250。”

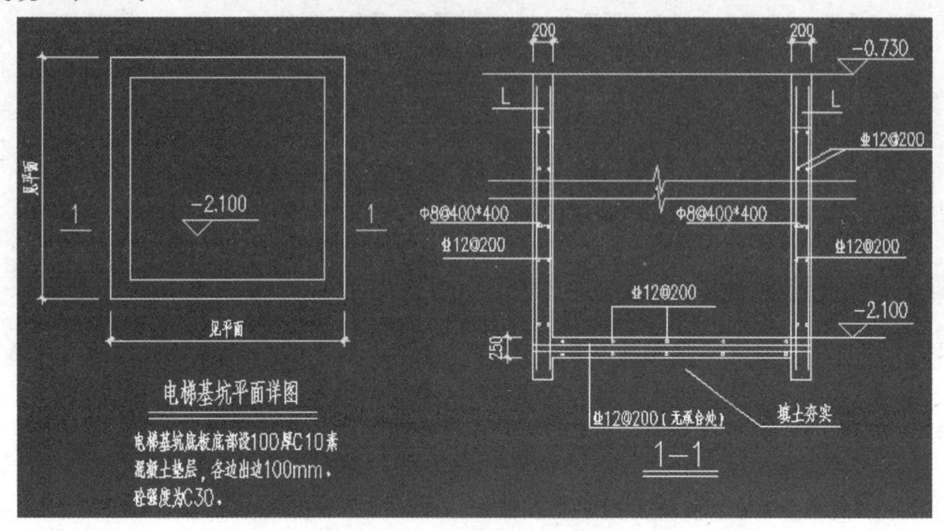


图 10-16　电梯间基坑大样图

(2)查阅结施 G02 结构设计总说明(二)第九条第 16 条，知电梯间基坑井壁上方至基础层梁底高度范围内为 200 mm 厚砖墙(砖 MU10，水泥砂浆 M5)。

## 二、绘制电梯间基坑底板

### 1. 定义电梯间基坑底板

单击左侧导航栏中“基础”下“筏板基础”按钮。筏板基础定义与板类似，其定义步骤为：单击“构件列表”中“新建”下“新建筏板基础”按钮，然后在属性列表中输入相应信息即可，注意其顶标高为−2.100 m，如图 10-17 所示。

| | 属性名称 | 属性值 | 附加 |
|---|---|---|---|
| 1 | 名称 | 电梯间基坑底板 | |
| 2 | 厚度(mm) | 250 | ☐ |
| 3 | 材质 | 现浇混凝土 | ☐ |
| 4 | 混凝土类型 | (现浇砼 卵石40mm 32.5) | ☐ |
| 5 | 混凝土强度等级 | (C30) | ☐ |
| 6 | 混凝土外加剂 | (无) | |
| 7 | 泵送类型 | (混凝土泵) | |
| 8 | 类别 | 有梁式 | ☐ |
| 9 | 顶标高(m) | 层底标高+0.7 | ☐ |
| 10 | 底标高(m) | 层底标高+0.45 | ☐ |
| 11 | 备注 | | ☐ |
| 12 | ⊟ 钢筋业务属性 | | |
| 13 | 其它钢筋 | | |
| 14 | 马凳筋参数图 | | |
| 15 | 马凳筋信息 | | ☐ |
| 16 | 线形马凳筋方向 | 平行横向受力筋 | ☐ |
| 17 | 拉筋 | | ☐ |
| 18 | 拉筋数量计算方式 | 向上取整+1 | ☐ |
| 19 | 马凳筋数量计算方式 | 向上取整+1 | ☐ |
| 20 | 筏板侧面纵筋 | | ☐ |
| 21 | U形构造封边钢筋 | | ☐ |
| 22 | U形构造封边钢筋弯折... | max(15*d,200) | |
| 23 | 归类名称 | (电梯间基坑底板) | ☐ |
| 24 | 保护层厚度(mm) | (40) | ☐ |
| 25 | 汇总信息 | (筏板基础) | ☐ |
| 26 | ⊞ 土建业务属性 | | |
| 31 | ⊞ 显示样式 | | |

图 10-17　电梯间基坑底板定义

## 小提示

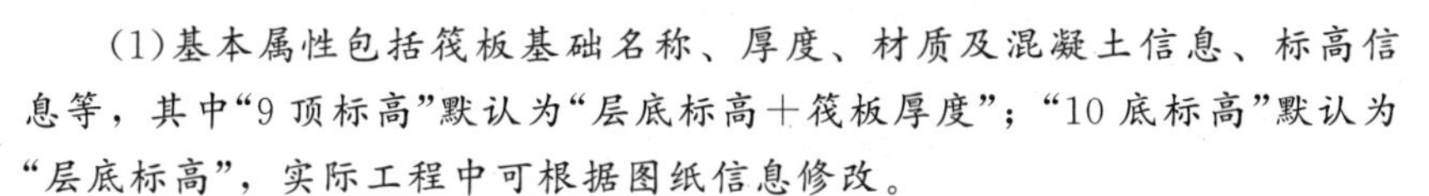

筏板主筋、负筋等钢筋输入格式

筏板的属性值包括基本属性、钢筋业务属性、土建业务属性和显示样式 4 块，共 33 项，如图 10—17 所示。

(1)基本属性包括筏板基础名称、厚度、材质及混凝土信息、标高信息等，其中“9 顶标高”默认为“层底标高＋筏板厚度”；“10 底标高”默认为“层底标高”，实际工程中可根据图纸信息修改。

(2)钢筋业务属性中包括其他钢筋、马凳筋信息、拉筋、筏板侧面纵筋、U 形构造封边钢筋及保护层厚度等。其中，马凳筋设置与现浇板内马凳筋设置相似。“16 线形马凳筋方向”对Ⅱ、Ⅲ型马凳筋起作用，设置马凳筋的布置方向，可选项为“平行横向受力筋”与“平行纵向受力筋”。“20 筏板侧面纵筋”用于计算筏板边缘侧面钢筋的计算，“21U 形构造封边钢筋”用于板边缘侧面封边采用 U 形封边钢筋时在此输入封边筋属性。其他的钢筋业务属性按默认即可。

(3)土建业务属性和显示样式与柱相应属性一样，一般保持为默认即可；显示样式也可根据个人喜好调整构件填充颜色及构件透明度。

### 2. 绘制电梯间基坑底板

电梯间基坑底板绘制步骤：以⑫～⑬轴处为例，选择定义好的底板构件；单击“矩形”；捕捉到⑬轴与Ⓕ轴交点，按住 Shift 键后单击，在弹出的对话框中 X 方向偏移值输入 100，Y 方向偏移值输入 100，单击“确定”按钮；再捕捉到⑬轴与Ⓕ轴交点，按住 Shift 键后单击，在弹出的对话框中 X 方向偏移值输入－2 300，Y 方向偏移值输入－2 100，单击“确定”按钮完成底板绘制。

### 3. 电梯间基坑底板钢筋录入

电梯间基坑底板钢筋录入：单击左侧导航栏中“基础”下“筏板主筋”；单击“单板”和“XY 方向”；在弹出的“智能布置”对话框中选择“双网双向布置”，输入钢筋信息 C12@200，单击“确定”按钮完成布置。

电梯井施工时其坑底缓冲设备基础、检修爬梯、门洞预留等均须与电梯安装单位保持沟通并密切配合，总包单位需为电梯的安装提供必要的基础条件和施工面，通过各方的团结协作使后期电梯安装顺利进行。在实际工作中，个人的力量是有限的，我们应注重提升自身的团结协作能力，齐心协力办大事。

拓展阅读：筏板基础、集水坑、地沟绘制

筏板基础及集水坑 CAD 图纸及基础工程下载

MV《团结就是力量》(来源：学习强国)

## 三、绘制电梯间井壁

### 1. 定义电梯间井壁

单击左侧导航栏中“墙”下“剪力墙”按钮。电梯间基坑四周墙定义步骤：单击左侧导航栏中“墙”下“剪力墙”→单击“构件列表”中“新建”下“新建剪力墙”，然后在属性列表中输入相应信息即可，注意其底标高为－2.100 m，顶标高为－0.73 m，均用相对标高输入，外侧多有一层 Φ4@200×200 钢筋网，如图 10-18 所示。

| | 属性名称 | 属性值 | 附加 |
|---|---|---|---|
| 1 | 名称 | 电梯基坑井壁 | |
| 2 | 厚度(mm) | 200 | ☐ |
| 3 | 轴线距左墙皮... | (100) | ☐ |
| 4 | 水平分布钢筋 | (2)Φ12@200+(1)Φ4@200 | ☐ |
| 5 | 垂直分布钢筋 | (2)Φ12@200+(1)Φ4@200 | ☐ |
| 6 | 拉筋 | Φ8@400*400 | ☐ |
| 7 | 材质 | 现浇毛石混凝土 | ☐ |
| 8 | 混凝土类型 | (现浇砼 卵石40mm 32.5) | ☐ |
| 9 | 混凝土强度等级 | (C30) | ☐ |
| 10 | 混凝土外加剂 | (无) | |
| 11 | 泵送类型 | (混凝土泵) | |
| 12 | 泵送高度(m) | | |
| 13 | 内/外墙标志 | (外墙) | ☑ |
| 14 | 类别 | 混凝土墙 | ☐ |
| 15 | 起点顶标高(m) | 层顶标高-0.7 | ☐ |
| 16 | 终点顶标高(m) | 层顶标高-0.7 | ☐ |
| 17 | 起点底标高(m) | 层底标高+0.7 | ☐ |
| 18 | 终点底标高(m) | 层底标高+0.7 | ☐ |
| 19 | 备注 | | ☐ |
| 20 | ⊞ 钢筋业务属性 | | |
| 34 | ⊞ 土建业务属性 | | |
| 43 | ⊞ 显示样式 | | |

图 10-18　电梯间基坑井壁定义

**2. 绘制电梯间井壁**

电梯间基坑四周墙绘制使用“直线”配合使用 F4 键即可。

## 四、绘制电梯间井壁上方砌体墙

单击左侧导航栏中“墙”下“砌体墙”按钮，定义该墙如图 10-19 所示，其绘制与电梯间井壁一样使用“直线”即可。

电梯间基坑各构件绘制完成如图 10-20 所示。

| | 属性名称 | 属性值 | 附加 |
|---|---|---|---|
| 1 | 名称 | 电梯间井壁上方砖墙 | |
| 2 | 厚度(mm) | 200 | ☐ |
| 3 | 轴线距左墙皮... | (100) | ☐ |
| 4 | 砌体通长筋 | | ☐ |
| 5 | 横向短筋 | | ☐ |
| 6 | 材质 | 实心砖 | ☐ |
| 7 | 砂浆类型 | (水泥混合砂浆) | ☐ |
| 8 | 砂浆标号 | (M5) | ☐ |
| 9 | 内/外墙标志 | (外墙) | ☑ |
| 10 | 类别 | 砖墙 | ☐ |
| 11 | 起点顶标高(m) | 层顶标高 | ☐ |
| 12 | 终点顶标高(m) | 层顶标高 | ☐ |
| 13 | 起点底标高(m) | 层顶标高-0.7 | ☐ |
| 14 | 终点底标高(m) | 层顶标高-0.7 | ☐ |
| 15 | 备注 | | ☐ |
| 16 | ⊞ 钢筋业务属性 | | |
| 22 | ⊞ 土建业务属性 | | |
| 28 | ⊞ 显示样式 | | |

图 10-19　电梯间基坑井壁上方砌体墙属性定义

图 10-20　电梯间基坑示意

5号楼阶段工程文件：
完成电梯间基坑
底板及井壁

电梯间基坑底板
及井壁绘制操作小结

# 10.4　垫层、土方绘制

## 聚焦项目任务

**知识：** 1. 掌握基础层结构施工图识读，及垫层、土方的列项和工程量计算规则。
2. 掌握垫层的定义与绘制。
3. 掌握土方绘制。

**能力：** 1. 能根据图纸垫层形式正确定义垫层类型并绘制。
2. 能正确设置自动生成土方相应参数绘制土方。
3. 达到1＋X工程造价数字化应用初、中级和全国高校BIM毕业设计创新大赛BIM全过程造价管理与应用赛项关于绘制垫层及土方的相关要求。

**素质：** 从土方的开挖方式需结合工程图纸和现场踏勘来综合确定，充分认识到"没有调查就没有发言权；没有实践就没有认识"，做到知行合一。

垫层、土方绘制导学单及
激活旧知思维导图

微课：垫层、土方绘制

## 示证新知

### 一、绘制垫层

#### (一)图纸分析

分析要点：垫层的类型(主要有适于独基垫层、桩承台下垫层等的点式垫层，适于条基垫层、基础梁下垫层等的线式垫层、适于独基垫层、桩承台垫层、筏基垫层等的面式垫层)，垫层的材料、尺寸，如混凝土等级、厚度及出边尺寸等。

需查阅图纸：结施G01结构设计总说明(一)、结施G03挖孔桩基础平面布置图、结施G04承台拉梁平面布置图、结施G08基础层梁钢筋平面布置图。

分析结果：

结施G01结构设计总说明(一)第五条下第7条中第2)条表明：除注明外，基础(含承台、基

础梁)底部垫层厚度100厚，每边扩出基础边缘100。

(1)查阅结施G03挖孔桩基础平面布置图知：桩承台下方有C10素混凝土垫层、厚度100 mm、每边出边100 mm。该垫层为面式垫层。

(2)查阅结施G04承台拉梁平面布置图和结施G01结构设计总说明(一)第五条下第7条中第2)条知：承台梁下方有C10素混凝土垫层、厚度100 mm、每边出边100 mm。该垫层为线式垫层。

(3)查阅结施G03挖孔桩基础平面布置图和结施G01结构设计总说明(一)第五条下第7条中第2)条知：电梯基坑底板底部设100 mm厚C10素混凝土垫层、各边出边100 mm。该垫层为面式垫层。

(4)查阅结施G08基础层梁钢筋平面布置图知：基础梁底部设70 mm厚C10素混凝土垫层、每边出边100 mm。该垫层为线式垫层。

综上所述，本工程共有100 mm厚的面式垫层、100 mm厚的线式垫层、70 mm厚的线式垫层三种垫层，三种垫层出边均为100。

## (二)定义与绘制

### 1. 垫层定义

单击左侧导航栏中“基础”下“垫层”→单击“构件列表”中“新建”下“新建面式垫层”定义100 mm厚的面式垫层、“新建线式矩形垫层”定义100 mm厚的线式垫层和70 mm厚的线式垫层，其属性值如图10-21所示。若工程中只有一种独立基础或桩承台垫层时，也可用点式垫层，这种垫层需将垫层的平面尺寸和厚度固定下来，绘制时与点式构件绘制相同。

| | 属性名称 | 属性值 | 附加 |
|---|---|---|---|
| 1 | 名称 | 100厚面式垫层 | |
| 2 | 形状 | 面型 | ☐ |
| 3 | 厚度(mm) | 100 | ☐ |
| 4 | 材质 | 现浇混凝土 | ☐ |
| 5 | 混凝土类型 | (现浇砼 卵石40m... | ☐ |
| 6 | 混凝土强度等级 | (C10) | ☐ |
| 7 | 混凝土外加剂 | (无) | |
| 8 | 泵送类型 | (混凝土泵) | |
| 9 | 顶标高(m) | 基础底标高 | ☐ |
| 10 | 备注 | | ☐ |
| 11 | + 钢筋业务属性 | | |
| 14 | + 土建业务属性 | | |
| 20 | + 显示样式 | | |

| | 属性名称 | 属性值 | 附加 |
|---|---|---|---|
| 1 | 名称 | 100厚线式垫层 | |
| 2 | 形状 | 线型 | ☐ |
| 3 | 宽度(mm) | | ☐ |
| 4 | 厚度(mm) | 100 | ☐ |
| 5 | 轴线距左边线... | (0) | ☐ |
| 6 | 材质 | 现浇混凝土 | ☐ |
| 7 | 混凝土类型 | (现浇砼 卵石40m... | ☐ |
| 8 | 混凝土强度等级 | (C10) | ☐ |
| 9 | 混凝土外加剂 | (无) | |
| 10 | 泵送类型 | (混凝土泵) | |
| 11 | 截面面积(m²) | 0 | ☐ |
| 12 | 起点顶标高(m) | 基础底标高 | ☐ |
| 13 | 终点顶标高(m) | 基础底标高 | ☐ |
| 14 | 备注 | | ☐ |
| 15 | + 钢筋业务属性 | | |
| 18 | + 土建业务属性 | | |
| 24 | + 显示样式 | | |

| | 属性名称 | 属性值 | 附加 |
|---|---|---|---|
| 1 | 名称 | 70厚线式垫层 | |
| 2 | 形状 | 线型 | ☐ |
| 3 | 宽度(mm) | | ☐ |
| 4 | 厚度(mm) | 70 | ☐ |
| 5 | 轴线距左边线... | (0) | ☐ |
| 6 | 材质 | 现浇混凝土 | ☐ |
| 7 | 混凝土类型 | (现浇砼 卵石40m... | ☐ |
| 8 | 混凝土强度等级 | (C10) | ☐ |
| 9 | 混凝土外加剂 | (无) | |
| 10 | 泵送类型 | (混凝土泵) | |
| 11 | 截面面积(m²) | 0 | ☐ |
| 12 | 起点顶标高(m) | 基础底标高 | ☐ |
| 13 | 终点顶标高(m) | 基础底标高 | ☐ |
| 14 | 备注 | | ☐ |
| 15 | + 钢筋业务属性 | | |
| 18 | + 土建业务属性 | | |
| 24 | + 显示样式 | | |

图10-21 本工程三种垫层定义

### 2. 垫层绘制

垫层一般和基础在一起，因此，其绘制一般用“智能布置”，以承台下垫层绘制为例，其操作步骤为：选择构件列表中“100厚面式垫层”构件，单击“智能布置”下“桩承台”命令，按F3键批量选择全部桩承台后确定，在弹出的“设置出边距离”对话框中输入100后单击“确定”按钮即完成绘制。其余部位的垫层绘制相同，不再赘述。本工程垫层如图10-22所示。

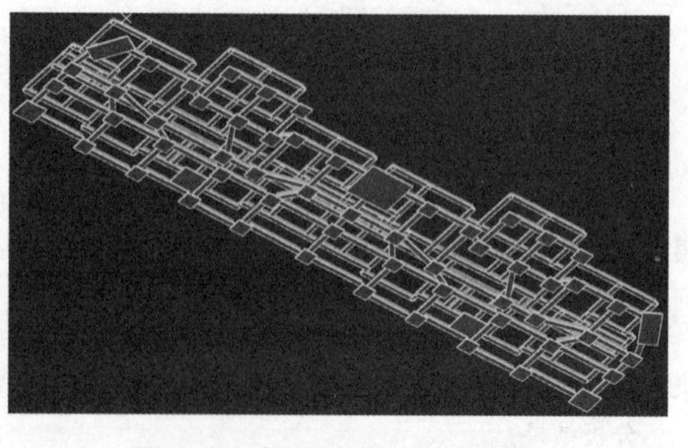

图10-22 本工程垫层(从下向上看)

请完成课堂项目3号楼的垫层绘制。

## 二、绘制土方

### (一)图纸分析

分析要点：土方类型(大开挖土方、挖基坑土方或是挖沟槽土方)，土方开挖深度、开挖范围等。

需查阅图纸：建施J03一层平面图、结施G03挖孔桩基础平面布置图、结施G04承台拉梁平面布置图、结施G08基础层梁钢筋平面布置图。

分析结果：

从建施J03一层平面图知设计室外地坪标高为−0.150 m，从结施G03挖孔桩基础平面布置图和结施G04承台拉梁平面布置图知承台及承台拉梁和电梯间底板顶标高为−2.100 m、承台垫层底标高为−2.900 m、承台拉梁垫层底标高为−2.650 m、电梯间底板垫层底标高为−2.450 m，从结施G08基础层梁钢筋平面布置图知基础层梁垫层底标高为−0.550 m或−0.500 m。根据挖基坑、沟槽和一般土方的概念可知，桩承台和电梯间底板对应位置为挖基坑土方，承台拉梁、基础层梁对应位置为挖沟槽土方。

### (二)土方绘制

#### 1. 生成基坑土方

生成基坑方的操作步骤为：在垫层模块下，单击“垫层二次编辑”下“生成土方”按钮，弹出“生成土方”对话框，在对话框内选择“垫层底”放坡、“手动生成”、勾选“基坑土方”，按机械挖三类土一基坑上作业设置参数，如图10-23所示→按F3键批量选择所有100厚面式垫层图元后单击鼠标右键确认即完成基坑土方绘制，如图10-24所示。

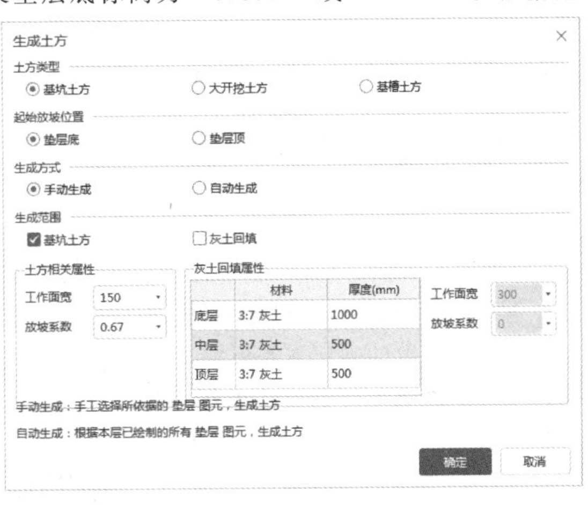


图10-23 本工程生成基坑土方设置

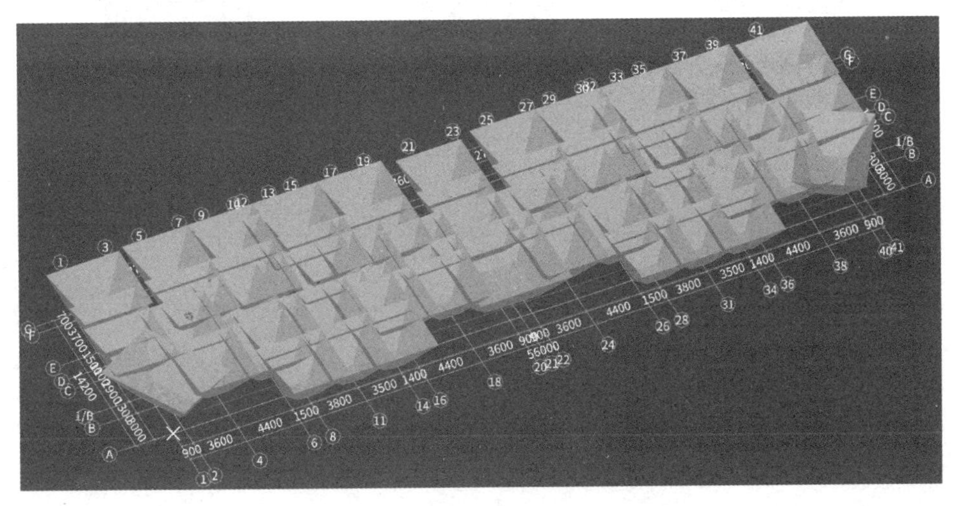

图10-24 本工程基坑土方示意

### 2. 挖沟槽土方绘制

沟槽土方生成与基坑土方生成步骤一样，此处不再详述。本工程承台拉梁位置沟槽土方设置如图 10-25(a)所示，基础梁位置沟槽土方设置如图 10-25(b)所示。

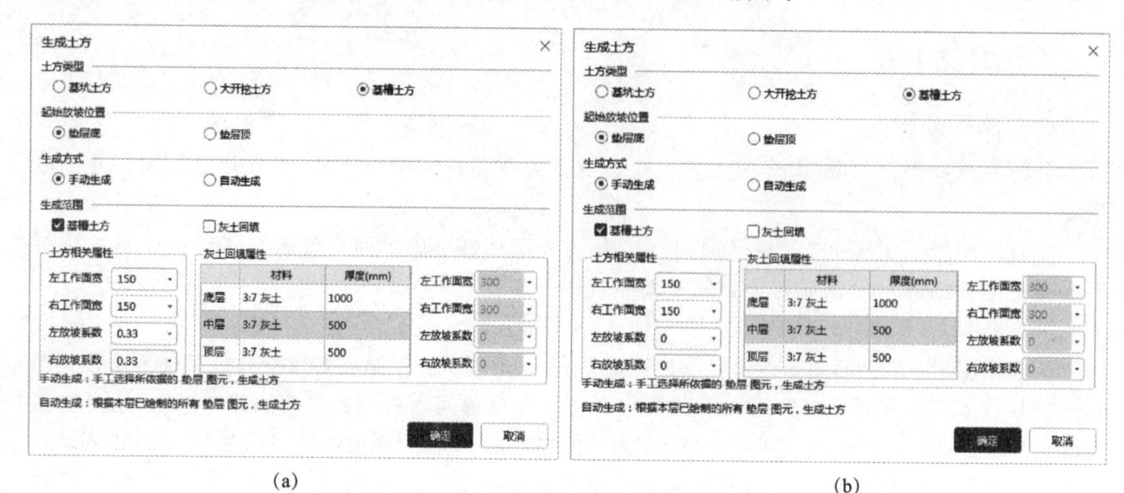


(a) (b)

图 10-25 沟槽土方设置

(a)承台拉梁位置沟槽土方设置；(b)基础层梁位置沟槽土方设置

**尝试应用**

请完成课堂项目 3 号楼的土方绘制。

在进行土方绘制时，根据垫层生成土方在设置生成土方参数时，起始放坡位置、工作面的宽度、和放坡系数的确定需要根据工程图纸和现场的实际情况来综合确定，其中现场实际情况要通过实地踏勘调查得到，不可凭空想象确定。做任何事情都一样，要事先进行充分的调查，了解基本情况后再做决策，实际工作生活中要做到知行合一。

5 号楼阶段工程
文件：完成垫层、土方

垫层、土方绘制操作小结

寻乌调查唯实求
真精神永放光芒
（来源：学习强国）

# 任务11　套做法、汇总计算与查量、报表、云应用

## 聚焦项目任务

**知识：** 1. 掌握建筑施工图和结构施工图的识读。

2. 掌握各类构件套清单做法、套定额做法和做法刷操作，掌握外部清单的使用。

3. 掌握用表格算量方法计算不能通过绘图输入方式建模的构件工程量。

4. 掌握汇总查量，钢筋工程量和土建工程量报表的查看与导出。

5. 掌握 GTJ2021 的云应用各功能操作方法。

**能力：** 1. 能正确识读建筑施工图和结构施工图。

2. 能正确给各类构件套清单和定额做法。

3. 能灵活用做法刷操作提升套做法的效率。

4. 能根据实际工程要求查看并导出钢筋工程量和土建工程量报表，能根据报表工程量提取脚手架等相关单价措施项目的工程量。

5. 能根据需要运用 GTJ2021 的云应用相关功能进行模型检查、工程指标数据查看和云对比等操作。

6. 达到 1+X 工程造价数字化应用初、中级和全国高校 BIM 毕业设计创新大赛 BIM 全过程造价管理与应用赛项关于套做法提量、表格算量、报表预览与导出等操作，高级关于工程量指标分析等操作的相关要求。

**素质：** 从套做法提量时项目名称和项目特征描述的准确性要求及不能漏项等要求，养成严谨细致、精益求精的良好工作作风，遵守造价人员职业道德。

套做法、汇总计算与查量、报表、云应用导学单及激活旧知思维导图

微课1：套做法及做法刷

微课2：梁跨分类及检查做法

微课3：表格算量

微课4：汇总计算与查看计算结果

微课5：报表预览与导出

微课6：云检查、云指标与云对比

## 示证新知

### 一、模型展示

本工程全楼模型建好后如图 11-1 所示。

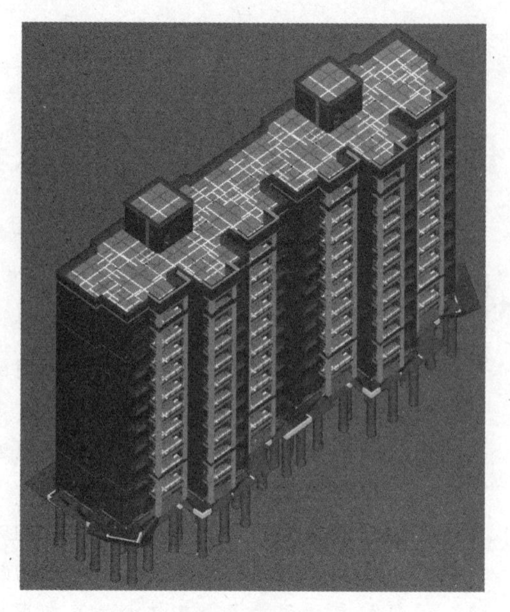

图 11-1　全楼模型展示

### 二、套做法

#### (一)图纸分析

分析要点：各类构件分属哪种类型，是否要区分列项。

需查阅图纸：全部建施图和结施图。

分析结果：

按构件绘制顺序总结起来大致如下：

(1)矩形柱有两大类：基础层至第 4 层 KZ1、KZ2、KZ3 全部为 C30 矩形柱，第 5 层及以上 KZ1、KZ3 全部为 C25 矩形柱。

(2)剪力墙墙柱 YBZ1(三层及以下)、YBZ2(三层及以下)、GBZ1(四层及以上)、GBZ2(四层及以上)，标高 11.970 以下混凝土强度为 C30，以上为 C25，其中 YBZ1 和 GBZ1 为短肢剪力墙，YBZ2 和 GBZ2 为剪力墙直形墙。

(3)本工程梁有矩形梁、有梁板梁和阳台梁，均为矩形截面、混凝土强度为 C25。飘窗下卧梁和卫生间的混凝土墙基均按圈梁套做法。

(4)本工程板有有梁板、平板、阳台板和悬挑板，混凝土强度均为 C25。

(5)本工程−0.030 m 以上砌体墙都是页岩多孔砖墙，外墙和分户墙厚 200 mm，内墙厚 100 mm；−0.030 m 以下为实心砖墙。

(6)门窗情况详门窗表。

(7)构造柱和过梁混凝土强度都为 C25，其中为挂板的部分并入上方矩形梁。

(8)女儿墙并入外墙计算按多孔砖墙套做法，女儿墙外侧装饰并入外墙面装饰，但女儿墙内侧抹灰按外墙面抹灰相应做法套取且人工和机械要乘以系数 1.10；女儿墙上方的异形压顶按压顶套做法；南面阳台较高女儿墙上方异形挑檐分别按圈梁和挑檐套做法，其装饰按全部展开尺寸乘以长度套零星做法。

(9)屋面门槛按圈梁套做法。屋面根据其做法应套屋面防水和保温隔热做法，包括屋面、出屋面楼梯间屋面和雨篷处的屋面。

(10)飘窗底板和顶板需套悬挑板、底板下表面装饰、顶板上表面装饰等做法，楼梯需套混凝土、模板、楼梯面层装饰、栏杆等做法。

(11)室内外装修按其做法层次套面层及相关做法。

(12)雨篷及翻边按雨篷套混凝土和模板做法，还需套屋面做法和底面顶棚做法、雨篷翻边及侧面装饰按零星项目套做法；南面阳台仅套模板做法；首层空调板、第 10 层空调栏板并入其所依附的飘窗板、第 11 层空调板 A 均按悬挑板套做法，并按外墙面装饰套相应做法；飘窗间砌体墙按相应砌体墙套做法，其装饰按外墙面装饰套相应做法；栏杆按不同的高度以长度计算套相应做法；高度 400 mm 以内的栏板并入其所依附的构件，超过 400 mm 的混凝土栏板按栏板套做法；阳台梁上方的混凝土构件按圈梁套做法，阳台梁下方的构件按其所依附的构件类型并入计算套相应做法；混凝土线脚并入其所依附的构件内计算，砖砌线脚不计砌筑工程量，两类线脚按装饰线条计算抹灰工程量；建筑面积要套综合脚手架和垂直运输及建筑超高增加费做法；平整场地根据平整方式套相应做法。

(13)基础层梁套矩形梁做法；承台拉梁为矩形截面，混凝土强度C30，套基础梁做法；桩承台都为矩形承台，混凝土强度为C30，套独立基础做法；桩是人工挖孔桩、混凝土护壁，桩身和护壁混凝土强度为C25，需套桩芯混凝土、混凝土护壁、人工挖孔桩土方等做法；电梯间基坑底板(筏板基础)和四周混凝土墙(剪力墙)混凝土强度为C30，其中底板套筏板基础做法，井壁套电梯间井壁做法；电梯间井壁上方的砌体墙及砖胎模都套砖基础做法，砖胎模内的抹灰分别按楼地面找平层和墙面一般抹灰套做法。

(14)所有垫层均按垫层套做法，土方分别按基坑和沟槽套做法。

### (二)套做法

套做法之前先执行“构件列表”右侧“删除未使用构件”命令，将新建了构件但在绘图区没有图元的构件全部删除，执行命令后在弹出的“删除未使用构件”对话框中勾选“全楼”后单击“确定”按钮，如图11-2所示。

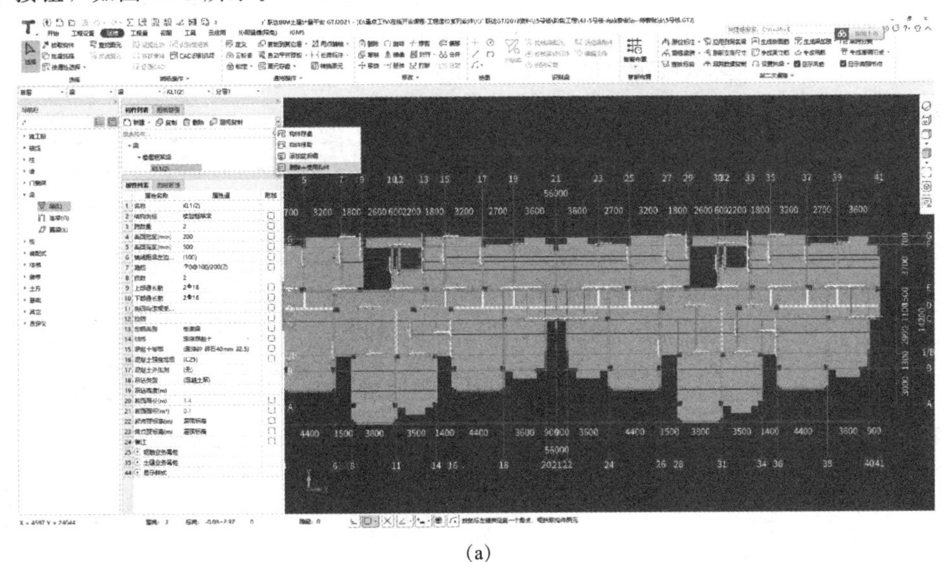

(a)

(b)

图 11-2　删除未使用构件

实际工程中对在 GTJ2021 中建模并得出相应清单或定额工程有以下两种做法：

(1)给绘制的每个构件套做法(根据需要可选择套清单做法、套定额做法或同时套清单和定额做法)并汇总计算，可以根据需要导出相应的报表，后续会有详细介绍。

(2)不套做法从“绘图输入工程量汇总表”中手动提量并编制相应的施工图预算或工程量清单。

套做法：单击“通用操作”功能分区下“定义”或按快捷键 F2 键打开定义界面→选中要套做法的构件，切换到“构件做法”页签，根据业务场景要求套取清单做法和定额做法或单独套取定额做法，套取相应做法时先查询匹配清单或定额，若没有匹配清单或定额则从清单库或定额库中套取做法→套好做法后需要根据图纸信息修改项目名称、描述项目特征，从清单库或定额库中套取的做法还需手动添加工程量表达式确保表达式不为空，这样就完成了一个构件套做法。图 11-3 所示为框架柱套做法操作流程。

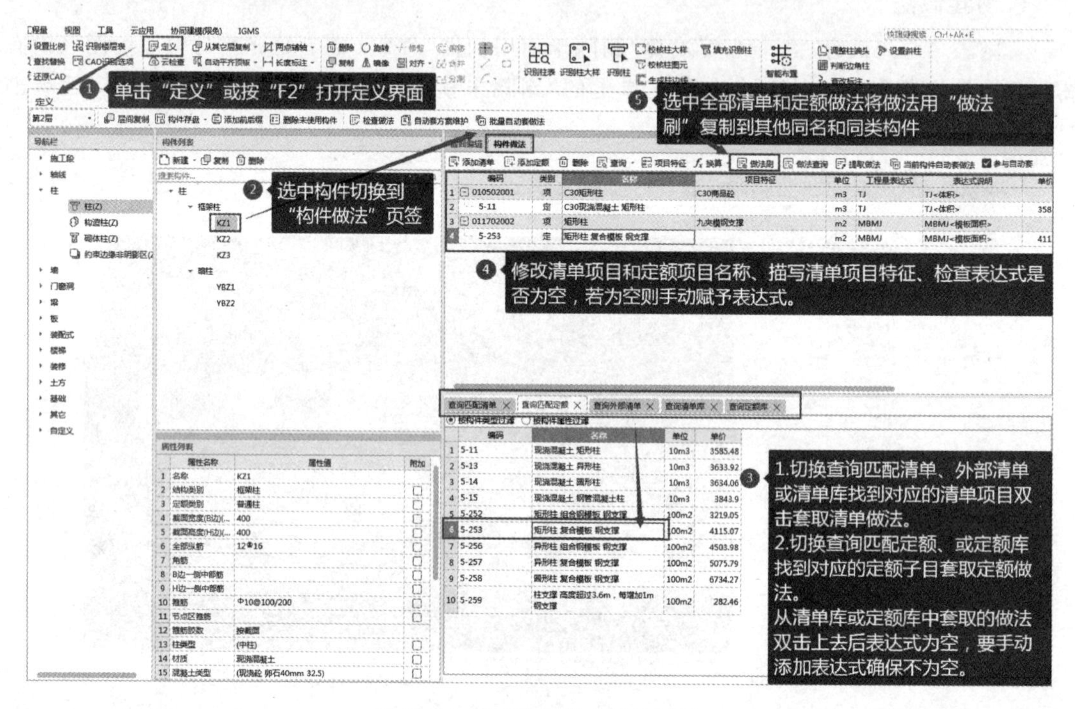


图 11-3　框架柱套做法操作流程

## 小提示

(1)套取的清单做法或定额做法的项目名称要注意根据图纸将该构件与其他同类型但不同的构件区分开来，以免最后汇总出来的工程量不对。

(2)查询清单库或定额库套取的做法其表达式为空，一定要注意手动添加上去，软件汇总计算不统计表达式为空的相应做法的工程量。

(3)当所做的工程项目比较大，如一个小区内有多栋楼做法相同，在套完一栋楼时可导出清单 Excel 表，然后作为外部清单导入到同小区其他楼栋的工程文件中，通过查询外部清单快速套取清单做法。

做法刷：当同名称或同类构件和已套做法构件的做法完全相同时，可用做法刷将该做法快速套到其他构件上去，做法刷的按钮如图 11-3 第 5 步所示。其操作流程为：选中需要复制到其

他构件上的全部做法，单击定义界面“构件做法”页签下“做法刷”按钮，做法刷弹出图 11-4 所示的“做法刷”对话框→根据业务场景需求选择“覆盖”或“追加”后根据要复制做法的目标构件选择“过滤条件”，一般建议同名称构件或同类型构件，可快速选择目标构件→选择好“过滤条件”后勾选要复制做法的目标构件，然后单击对话框“确定”按钮即可完成做法刷操作。各类构件按上述两个步骤即可完成套做法。

## 小提示

首次用做法刷时“覆盖”和“追加”两种选择任选一种均可，无区别。以框架柱为例，若第一次做法刷只复制了混凝土做法而没有复制模板做法，在选中已套好全部做法的情况下应选择“覆盖”；若只选中已套好构件的模板做法则应选择“追加”。若该框架柱套好做法并执行做法刷命令后发现所套做法有误或项目特征描述有问题，则在修改正确后选中该框架柱全部做法，重新执行“做法刷”命令时选择“覆盖”。

检查做法：执行定义界面中检查做法命令或按快捷键 F8 键可检查还有哪些构件没有套做法，在弹出的对话框中双击相应的提示信息可追踪到未套做法的构件。

批量自动套做法及自动套方案维护：除上述手动套做法外，软件还提供了“批量自动套做法”，该功能需要各类构件定义类型与工程所在地区定额匹配度高，且需要把自动套方案按当地定额规则和建模时的构件相关信息挂钩，自己手动设定好自动套方案才能批量自动套用做法。在执行“批量自动套做法”前需设置好“自动套方案维护”方能成功套做法，但在“批量自动套做法”后需要逐项检查所套做法是否正确，由于该功能需大数据支撑，故实际工程中仍以手动套做法居多。

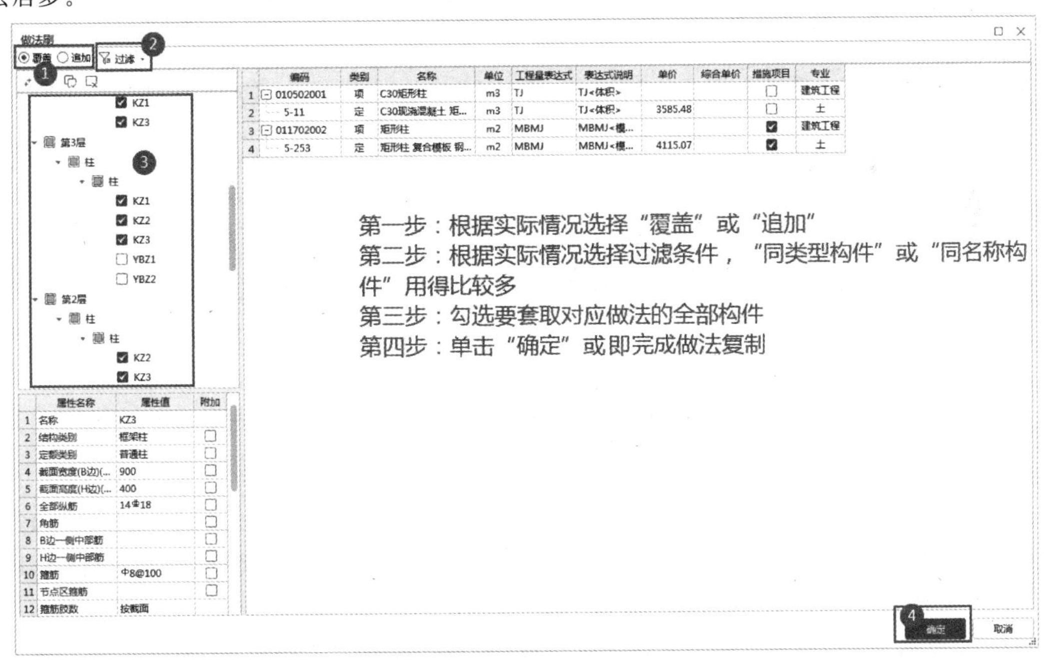


图 11-4　做法刷操作流程

各类构件套做法如下。需要说明的是：运距等增减换算和相关系数换算的内容在后续套做法中未予以考虑，主要是通过套取相应的定额做法方便后续提量，具体涉及影响计价的部分在计价模块中予以考虑。

**1. 柱**

(1)框架柱。基础层至第 4 层的 KZ1、KZ2、KZ3 为 C30 矩形柱，其做法如图 11-5(a)所示。其中，模板做法可以按图中所示做法套取，也可在柱混凝土清单做法项目特征中描述模板项目特征，然后将模板的定额做法套在混凝土做法下，如图 11-5(b)所示，此处采用图 11-5(a)所示做法。注意不能给一个构件重复套两遍做法，否则汇总出来的做法工程量会重算。

| | 编码 | 类别 | 名称 | 项目特征 | 单位 | 工程量表达式 | 表达式说明 | 单价 | 综合单价 | 措施项目 | 专业 | 自动套 |
|---|---|---|---|---|---|---|---|---|---|---|---|---|
| 1 | ⊟ 010502001 | 项 | C30矩形柱 | C30商品混凝土 泵送 | m3 | TJ | TJ<体积> | | | ☐ | 建筑工程 | ☐ |
| 2 | 5-11 | 定 | C30现浇混凝土 矩形柱 | | m3 | TJ | TJ<体积> | 3585.48 | | ☐ | 土 | ☐ |
| 3 | ⊟ 011702002 | 项 | 矩形柱 | 复合模板钢支撑 | m2 | MBMJ | MBMJ<模板面积> | | | ☑ | 建筑工程 | ☐ |
| 4 | 5-253 | 定 | 矩形柱 复合模板 钢支撑 | | m2 | MBMJ | MBMJ<模板面积> | 4115.07 | | ☑ | 土 | ☐ |

(a)

| | 编码 | 类别 | 名称 | 项目特征 | 单位 | 工程量表达式 | 表达式说明 | 单价 | 综合单价 | 措施项目 | 专业 | 自动套 |
|---|---|---|---|---|---|---|---|---|---|---|---|---|
| 1 | ⊟ 010502001 | 项 | C30矩形柱 | C30商品混凝土 泵送<br>复合模板钢支撑 | m3 | TJ | TJ<体积> | | | ☐ | 建筑工程 | ☐ |
| 2 | 5-11 | 定 | C30现浇混凝土 矩形柱 | | m3 | TJ | TJ<体积> | 3585.48 | | ☐ | 土 | ☐ |
| 3 | 5-253 | 定 | 矩形柱 复合模板 钢支撑 | | m2 | MBMJ | MBMJ<模板面积> | 4115.07 | | ☐ | 土 | ☐ |

(b)

**图 11-5　基础层至第 4 层的 KZ1、KZ2、KZ3 做法**

(a)模板做法分开套取；(b)模板做法合并在混凝土内套取

第 5 层及以上各层的 KZ1、KZ3 和屋面层的 Z2 与 LZ 为 C25 矩形柱，其做法如图 11-6(a)所示。但屋面层层高为 4.3 m，其中 KZ1 和 Z2 存在超高，江西省 2017 版定额规定“现浇混凝土柱(不含构造柱)、墙、梁(不含圈、过梁)、板是按高度(板面或地面、垫层面至上层板面的高度)3.6 m 综合考虑的”，超过 3.6 m 需要考虑模板超高，还需套超高定额子目，如图 11-6(b)所示。特别要注意无地下室时首层柱是否存在超高，本工程仅屋面层 KZ1 和 Z2 存在超高，其他位置柱不存在超高。

| | 编码 | 类别 | 名称 | 项目特征 | 单位 | 工程量表达式 | 表达式说明 | 单价 | 综合单价 | 措施项目 | 专业 | 自动套 |
|---|---|---|---|---|---|---|---|---|---|---|---|---|
| 1 | ⊟ 010502001 | 项 | C25矩形柱 | C25商品混凝土 泵送 | m3 | TJ | TJ<体积> | | | ☐ | 建筑工程 | ☐ |
| 2 | 5-11 | 定 | C25现浇混凝土 矩形柱 | | m3 | TJ | TJ<体积> | 3585.48 | | ☐ | 土 | ☐ |
| 3 | ⊟ 011702002 | 项 | 矩形柱 | 复合模板钢支撑 | m2 | MBMJ | MBMJ<模板面积> | | | ☑ | 建筑工程 | ☐ |
| 4 | 5-253 | 定 | 矩形柱 复合模板 钢支撑 | | m2 | MBMJ | MBMJ<模板面积> | 4115.07 | | ☑ | 土 | ☐ |

(a)

| | 编码 | 类别 | 名称 | 项目特征 | 单位 | 工程量表达式 | 表达式说明 | 单价 | 综合单价 | 措施项目 | 专业 | 自动套 |
|---|---|---|---|---|---|---|---|---|---|---|---|---|
| 1 | ⊟ 010502001 | 项 | C25矩形柱 | C25商品混凝土 泵送 | m3 | TJ | TJ<体积> | | | ☐ | 建筑工程 | ☐ |
| 2 | 5-11 | 定 | C25现浇混凝土 矩形柱 | | m3 | TJ | TJ<体积> | 3585.48 | | ☐ | 土 | ☐ |
| 3 | ⊟ 011702002 | 项 | 矩形柱 | 复合模板钢支撑，实际高度4.3m | m2 | MBMJ | MBMJ<模板面积> | | | ☑ | 建筑工程 | ☐ |
| 4 | 5-253 | 定 | 矩形柱 复合模板 钢支撑 | | m2 | MBMJ | MBMJ<模板面积> | 4115.07 | | ☑ | 土 | ☐ |
| 5 | 5-259 | 定 | 柱支撑 高度超过3.6m，每增加1m 钢支撑 | | m2 | CGMBMJ | CGMBMJ<超高模板面积> | 282.46 | | ☑ | 土 | ☐ |

(b)

**图 11-6　第 5 层及以上的 KZ1、KZ3 及屋面层的 Z2 和 LZ 做法**

(a)第 5 层及以上各层的 KZ1、KZ3 及屋面层 LZ 做法；(b)屋面层 KZ1 和 Z2 做法

(2)剪力墙墙柱。基础层至第 4 层的 YBZ1、GBZ1 为 C30 短肢剪力墙，上部各层为 C25 短肢剪力墙。基础层至第 4 层的 YBZ2、GBZ2 为 C30 剪力墙直形墙，上部各层为 C25 剪力墙直形墙。本工程剪力墙墙柱做法如图 11-7 所示。

| | 编码 | 类别 | 名称 | 项目特征 | 单位 | 工程量表达式 | 表达式说明 | 单价 | 综合单价 | 措施项目 | 专业 | 自动套 |
|---|---|---|---|---|---|---|---|---|---|---|---|---|
| 1 | ⊟ 010504003 | 项 | C30短肢剪力墙 | C30商品混凝土 泵送 | m3 | TJ | TJ<体积> | | | ☐ | 建筑工程 | ☐ |
| 2 | 5-26 | 定 | C30现浇混凝土 短肢剪力墙 | | m3 | TJ | TJ<体积> | 3360.76 | | ☐ | 土 | ☐ |
| 3 | ⊟ 011702013 | 项 | 短肢剪力墙 | YBZ1、GBZ1复合模板钢支撑 | m2 | MBMJ | MBMJ<模板面积> | | | ☑ | 建筑工程 | ☐ |
| 4 | 5-280 | 定 | 短肢剪力墙 复合模板 钢支撑 | | m2 | MBMJ | MBMJ<模板面积> | 4385.69 | | ☑ | 土 | ☐ |

(a)

**图 11-7　本工程剪力墙墙柱做法**

(a)基础层至第 4 层 YBZ1、GBZ1 做法

| | 编码 | 类别 | 名称 | 项目特征 | 单位 | 工程量表达式 | 表达式说明 | 单价 | 综合单价 | 措施项目 | 专业 | 自动套 |
|---|---|---|---|---|---|---|---|---|---|---|---|---|
| 1 | 010504003 | 项 | C25短肢剪力墙 | C25商品混凝土 泵送 | m3 | TJ | TJ<体积> | | | ☐ | 建筑工程 | ☐ |
| 2 | 5-26 | 定 | C25现浇混凝土 短肢剪力墙 | | m3 | TJ | TJ<体积> | 3360.76 | | ☐ | 土 | ☐ |
| 3 | 011702013 | 项 | 短肢剪力墙 | YBZ1、GBZ1复合模板钢支撑 | m2 | MBMJ | MBMJ<模板面积> | | | ☑ | 建筑工程 | ☐ |
| 4 | 5-280 | 定 | 短肢剪力墙 复合模板 钢支撑 | | m2 | MBMJ | MBMJ<模板面积> | 4385.69 | | ☑ | 土 | ☐ |

(b)

| | 编码 | 类别 | 名称 | 项目特征 | 单位 | 工程量表达式 | 表达式说明 | 单价 | 综合单价 | 措施项目 | 专业 | 自动套 |
|---|---|---|---|---|---|---|---|---|---|---|---|---|
| 1 | 010504001 | 项 | C30直形墙 | C30商品混凝土 泵送 | m3 | TJ | TJ<体积> | | | ☐ | 建筑工程 | ☐ |
| 2 | 5-24 | 定 | C30现浇混凝土 直形墙 混凝土 | | m3 | TJ | TJ<体积> | 3314.74 | | ☐ | 土 | ☐ |
| 3 | 011702011 | 项 | 直形墙 | 复合模板钢支撑 | m2 | MBMJ | MBMJ<模板面积> | | | ☑ | 建筑工程 | ☐ |
| 4 | 5-277 | 定 | 直形墙 复合模板 钢支撑 | | m2 | MBMJ | MBMJ<模板面积> | 4081.07 | | ☑ | 土 | ☐ |

(c)

| | 编码 | 类别 | 名称 | 项目特征 | 单位 | 工程量表达式 | 表达式说明 | 单价 | 综合单价 | 措施项目 | 专业 | 自动套 |
|---|---|---|---|---|---|---|---|---|---|---|---|---|
| 1 | 010504001 | 项 | C25直形墙 | C25商品混凝土 泵送 | m3 | TJ | TJ<体积> | | | ☐ | 建筑工程 | ☐ |
| 2 | 5-24 | 定 | C25现浇混凝土 直形墙 混凝土 | | m3 | TJ | TJ<体积> | 3314.74 | | ☐ | 土 | ☐ |
| 3 | 011702011 | 项 | 直形墙 | 复合模板钢支撑 | m2 | MBMJ | MBMJ<模板面积> | | | ☑ | 建筑工程 | ☐ |
| 4 | 5-277 | 定 | 直形墙 复合模板 钢支撑 | | m2 | MBMJ | MBMJ<模板面积> | 4081.07 | | ☑ | 土 | ☐ |

(d)

图 11-7　本工程剪力墙墙柱做法(续)

(b)第 5 层及以上各层 GBZ1 做法；(c)基础层至第 4 层 YBZ2、GBZ2 做法；(d)第 5 层及以上各层 GBZ2 做法

(3)构造柱。本工程构造柱做法如图 11-8 所示。

| | 编码 | 类别 | 名称 | 项目特征 | 单位 | 工程量表达式 | 表达式说明 | 单价 | 综合单价 | 措施项目 | 专业 | 自动套 |
|---|---|---|---|---|---|---|---|---|---|---|---|---|
| 1 | 010502002 | 项 | C25构造柱 | C25商品混凝土 泵送 | m3 | TJ | TJ<体积> | | | ☐ | 建筑工程 | ☐ |
| 2 | 5-12 | 定 | C25现浇混凝土 构造柱 | | m3 | TJ | TJ<体积> | 4002.43 | | ☐ | 土 | ☐ |
| 3 | 011702003 | 项 | 构造柱 | 复合模板钢支撑 | m2 | MBMJ | MBMJ<模板面积> | | | ☑ | 建筑工程 | ☐ |
| 4 | 5-255 | 定 | 构造柱 复合模板 钢支撑 | | m2 | MBMJ | MBMJ<模板面积> | 3130.19 | | ☑ | 土 | ☐ |

图 11-8　构造柱做法

## 2. 梁

(1)梁。本工程基础层全部梁(承台梁除外)、标准层楼层框架梁(南面阳台 KL4、KL6、KL8、KL10 的悬挑跨除外)及第 11 层屋面框架梁均为 C25 矩形梁，标准层非框架梁(L7、L8 除外)及第 11 层非框架梁和屋面层冲顶梁、机房层梁均为有梁板。如图 11-9(a)为 C25 矩形梁的做法，图 11-9(b)为 C25 有梁板的做法。全楼门窗洞口上方与楼层框架梁在一起的挂板、第 11 层并入矩形梁的阳台梁下方 150×50 混凝土构件均按图 11-9(a)所示套 C25 矩形梁做法；全部混凝土线脚也套 C25 矩形梁做法，但其模板需多套一个装饰线条增加费子目，同时还需套其装饰做法，如图 11-9(c)、(d)、(e)所示；第 11 层并入有梁板的阳台梁下方 150×50 混凝土构件按图 11-9(b)套 C25 有梁板做法。

| | 编码 | 类别 | 名称 | 项目特征 | 单位 | 工程量表达式 | 表达式说明 | 单价 | 综合单价 | 措施项目 | 专业 | 自动套 |
|---|---|---|---|---|---|---|---|---|---|---|---|---|
| 1 | 010503002 | 项 | C25矩形梁 | C25商品混凝土 泵送 | m3 | TJ | TJ<体积> | | | ☐ | 建筑工程 | ☐ |
| 2 | 5-17 | 定 | C25现浇混凝土 矩形梁 | | m3 | TJ | TJ<体积> | 3181.97 | | ☐ | 土 | ☐ |
| 3 | 011702006 | 项 | 矩形梁 | 复合模板钢支撑 | m2 | MBMJ | MBMJ<模板面积> | | | ☑ | 建筑工程 | ☐ |
| 4 | 5-265 | 定 | 矩形梁 复合模板 钢支撑 | | m2 | MBMJ | MBMJ<模板面积> | 3570.69 | | ☑ | 土 | ☐ |

(a)

| | 编码 | 类别 | 名称 | 项目特征 | 单位 | 工程量表达式 | 表达式说明 | 单价 | 综合单价 | 措施项目 | 专业 | 自动套 |
|---|---|---|---|---|---|---|---|---|---|---|---|---|
| 1 | 010505001 | 项 | C25有梁板 | C25商品混凝土 泵送 | m3 | TJ | TJ<体积> | | | ☐ | 建筑工程 | ☐ |
| 2 | 5-30 | 定 | C25现浇混凝土 有梁板 | | m3 | TJ | TJ<体积> | 3208.36 | | ☐ | 土 | ☐ |
| 3 | 011702014 | 项 | 有梁板 | 复合模板钢支撑 | m2 | MBMJ | MBMJ<模板面积> | | | ☑ | 建筑工程 | ☐ |
| 4 | 5-289 | 定 | 有梁板 复合模板 钢支撑 | | m2 | MBMJ | MBMJ<模板面积> | 3808.41 | | ☑ | 土 | ☐ |

(b)

| | 编码 | 类别 | 名称 | 项目特征 | 单位 | 工程量表达式 | 表达式说明 | 单价 | 综合单价 | 措施项目 | 专业 | 自动套 |
|---|---|---|---|---|---|---|---|---|---|---|---|---|
| 1 | 010503002 | 项 | C25矩形梁 | C25商品混凝土 泵送 | m3 | TJ | TJ<体积> | | | ☐ | 建筑工程 | ☐ |
| 2 | 5-17 | 定 | C25现浇混凝土 矩形梁 | | m3 | TJ | TJ<体积> | 3181.97 | | ☐ | 土 | ☐ |
| 3 | 011702006 | 项 | 矩形梁 | 复合模板钢支撑 | m2 | MBMJ | MBMJ<模板面积> | | | ☑ | 建筑工程 | ☐ |
| 4 | 5-265 | 定 | 矩形梁 复合模板 钢支撑 | | m2 | MBMJ | MBMJ<模板面积> | 3570.69 | | ☑ | 土 | ☐ |
| 5 | 011701005 | 项 | 混凝土装饰线条模板增加费 | 装饰线条增加费 三道以内 | m | LJC | LJC<梁净长> | | | ☑ | 建筑工程 | ☐ |
| 6 | 5-320 | 定 | 装饰线条增加费 三道以内 | | m | LJC | LJC<梁净长> | 718.24 | | ☑ | 土 | ☐ |
| 7 | 011407001 | 项 | 墙面喷刷涂料-褐色仿石外墙漆 | 1) 5厚专用饰面砂浆与涂料，褐色仿石外墙漆；<br>2) 满刮柔性防水腻子。 | m2 | (JMZC-0.1)*LJC | (JMZC<截面周长>-0.1)*LJC<梁净长> | | | ☐ | 建筑工程 | ☐ |
| 8 | 14-191 | 定 | 真石漆 墙面 | | m2 | (JMZC-0.1)*LJC | (JMZC<截面周长>-0.1)*LJC<梁净长> | 6559.17 | | ☐ | 饰 | ☐ |

(c)

图 11-9　本工程绝大部分梁的做法

(a)C25 矩形梁做法；(b)C25 有梁板做法；(c)第 2 层混凝土线脚做法

| | 编码 | 类别 | 名称 | 项目特征 | 单位 | 工程量表达式 | 表达式说明 | 单价 | 综合单价 | 措施项目 | 专业 | 自动套 |
|---|---|---|---|---|---|---|---|---|---|---|---|---|
| 1 | ⊟ 010503002 | 项 | C25矩形梁 | C25商品混凝土 泵送 | m3 | TJ | TJ<体积> | | | ☐ | 建筑工程 | ☐ |
| 2 | 5-17 | 定 | C25现浇混凝土 矩形梁 | | m3 | TJ | TJ<体积> | 3181.97 | | ☐ | 土 | ☐ |
| 3 | ⊟ 011702006 | 项 | 矩形梁 | 复合模板钢支撑 | m2 | MBMJ | MBMJ<模板面积> | | | ☑ | 建筑工程 | ☐ |
| 4 | 5-265 | 定 | 矩形梁 复合模板 钢支撑 | | m2 | MBMJ | MBMJ<模板面积> | 3570.69 | | ☑ | 土 | ☐ |
| 5 | ⊟ 011701005 | 项 | 混凝土装饰线条模板增加费 | 装饰线条增加费 三道以内 | m | LJC | LJC<梁净长> | | | ☑ | 建筑工程 | ☐ |
| 6 | 5-320 | 定 | 装饰线条增加费 三道以内 | | m | LJC | LJC<梁净长> | 718.24 | | ☑ | 土 | ☐ |
| 7 | ⊟ 011407001 | 项 | 墙面喷刷涂料-外墙漆 | 1) 5厚专用饰面砂浆与涂料;<br>2) 满刮柔性防水腻子。 | m2 | (JMZC-0.1)*LJC | (JMZC<截面周长>-0.1)*LJC<梁净长> | | | ☐ | 建筑工程 | ☐ |
| 8 | 14-222 | 定 | 外墙丙烯酸酯涂料 墙面 二遍 | | m2 | (JMZC-0.1)*LJC | (JMZC<截面周长>-0.1)*LJC<梁净长> | 2175.25 | | ☐ | 饰 | ☐ |

(d)

| | 编码 | 类别 | 名称 | 项目特征 | 单位 | 工程量表达式 | 表达式说明 | 单价 | 综合单价 | 措施项目 | 专业 | 自动套 |
|---|---|---|---|---|---|---|---|---|---|---|---|---|
| 1 | ⊟ 010503002 | 项 | C25矩形梁 | C25商品混凝土 泵送 | m3 | TJ | TJ<体积> | | | ☐ | 建筑工程 | ☐ |
| 2 | 5-17 | 定 | C25现浇混凝土 矩形梁 | | m3 | TJ | TJ<体积> | 3181.97 | | ☐ | 土 | ☐ |
| 3 | ⊟ 011702006 | 项 | 矩形梁 | 复合模板钢支撑 | m2 | MBMJ | MBMJ<模板面积> | | | ☑ | 建筑工程 | ☐ |
| 4 | 5-265 | 定 | 矩形梁 复合模板 钢支撑 | | m2 | MBMJ | MBMJ<模板面积> | 3570.69 | | ☑ | 土 | ☐ |
| 5 | ⊟ 011701005 | 项 | 混凝土装饰线条模板增加费 | 装饰线条增加费 三道以内 | m | LJC | LJC<梁净长> | | | ☑ | 建筑工程 | ☐ |
| 6 | 5-320 | 定 | 装饰线条增加费 三道以内 | | m | LJC | LJC<梁净长> | 718.24 | | ☑ | 土 | ☐ |
| 7 | ⊟ 011407001 | 项 | 墙面喷刷涂料-外墙漆 | 1) 5厚专用饰面砂浆与涂料;<br>2) 满刮柔性防水腻子。 | m2 | LJC*0.4 | LJC<梁净长>*0.4 | | | ☐ | 建筑工程 | ☐ |
| 8 | 14-222 | 定 | 外墙丙烯酸酯涂料 墙面 二遍 | | m2 | LJC*0.4 | LJC<梁净长>*0.4 | 2175.25 | | ☐ | 饰 | ☐ |
| 9 | ⊟ 011001003 | 项 | 保温隔热墙面 | 1) 抗裂砂浆5厚压入一层普通型网格布;<br>2) 30厚无机不燃保温砂浆;<br>3) 刷界面剂砂浆。 | m2 | LJC*0.4 | LJC<梁净长>*0.4 | | | ☐ | 建筑工程 | ☐ |
| 10 | 10-73 | 定 | 墙、柱面 抗裂保护层 耐碱网格布 抗裂砂浆 厚度(mm) 4 | | m2 | LJC*0.4 | LJC<梁净长>*0.4 | 2303.02 | | ☐ | 土 | ☐ |
| 11 | 10-54 | 定 | 墙、柱面 无机轻集料保温砂浆 厚度(mm) 25 | | m2 | LJC*0.4 | LJC<梁净长>*0.4 | 3251.11 | | ☐ | 土 | ☐ |
| 12 | 12-22 | 定 | 墙面界面剂 | | m2 | LJC*0.4 | LJC<梁净长>*0.4 | 173.83 | | ☐ | 饰 | ☐ |

(e)

图 11-9　本工程绝大部分梁的做法(续)

(d)第 9 层混凝土线脚做法；(e)第 11 层倒 L 形混凝土线脚做法

标准层 L7、L8 和南面阳台并入阳台的阳台梁下部 150×50 混凝土构件套阳台混凝土做法，如图 11-10 所示。

| | 编码 | 类别 | 名称 | 项目特征 | 单位 | 工程量表达式 | 表达式说明 | 单价 | 综合单价 | 措施项目 | 专业 | 自动套 |
|---|---|---|---|---|---|---|---|---|---|---|---|---|
| 1 | ⊟ 010505008 | 项 | C25阳台 | C25商品混凝土 泵送 | m3 | TJ | TJ<体积> | | | ☐ | 建筑工程 | ☐ |
| 2 | 5-44 | 定 | C25阳台 | | m3 | TJ | TJ<体积> | 3977.35 | | ☐ | 土 | ☐ |

图 11-10　阳台部分混凝土构件做法

标准层(首层至第 10 层)南面阳台 KL4、KL6、KL8、KL10 的悬挑跨要按阳台梁套做法，但南面阳台 KL4、KL6、KL8、KL10 的悬挑跨与其他跨是作为一个整体绘制的，像这样同一根梁的不同跨要分开套不同的做法时要用到“梁二次编辑”功能分区下“梁跨分类”功能，该功能适用于工程中梁部分为矩形梁或有梁板，另一部分为阳台梁等情况，需要对阳台梁等单独出量、单独套做法时用该功能将梁跨进行分类。其操作步骤为：执行“梁二次编辑”功能分区下“梁跨分类”命令 梁跨分类→选择要修改属性的梁跨单击鼠标右键确认→在弹出的“属性列表”对话框中修改“4 土建汇总类别”为“阳台梁”→单击“属性列表”对话框中“5 做法信息”右侧三点小框打开做法对话框，将原构件做法删除，重新套取阳台混凝土清单做法和定额做法，套好后单击“确定”按钮即完成设置。整个过程如图 11-11(a)所示，完成梁跨分类操作后梁跨显示如图 11-11(b)所示。可以先在首层上逐根将 KL4、KL6、KL8、KL10 悬挑跨进行梁跨分类设置，然后再选中首层全部的 KL4、KL6、KL8、KL10，用“复制到其他层”复制到第 2～10 层。

## 小提示

梁跨分类只能逐根梁一跨一跨地设置，且只能针对已进行过原位标注、重提梁跨、刷新支座尺寸等操作绿色的梁段执行该命令。

上述套阳台做法的构件均只套混凝土做法，相应的阳台模板做法套在阳台构件上。

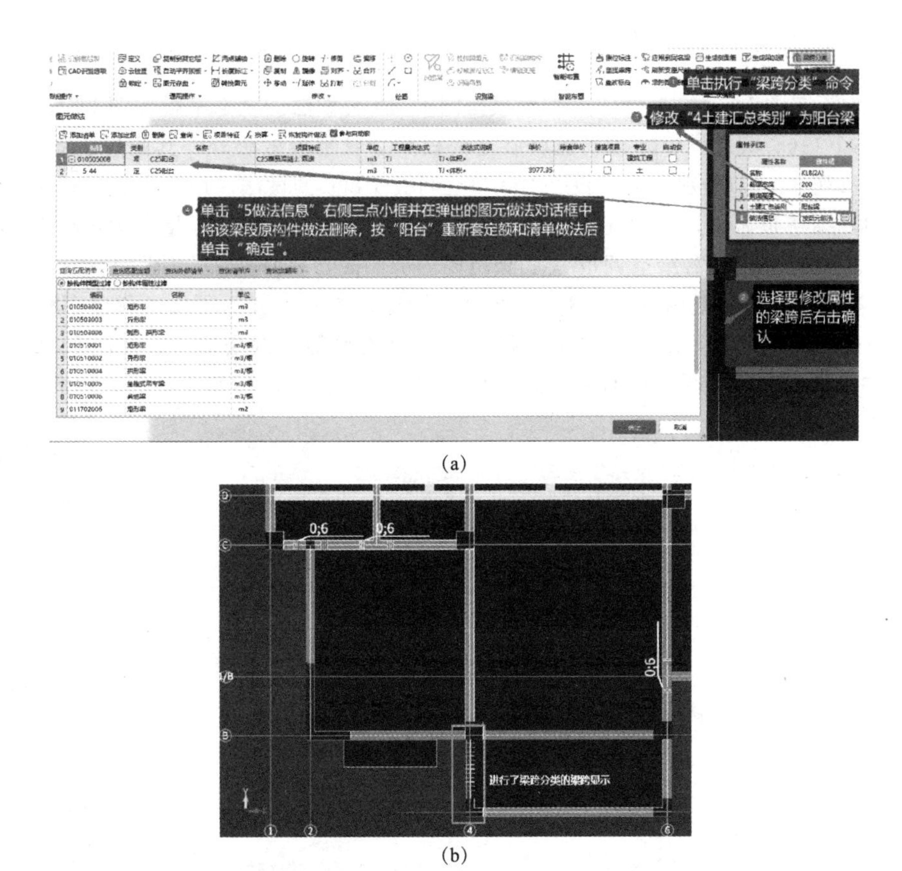


(a)

(b)

图 11-11　标准层南面阳台 KL4、KL6、KL8、KL10 的悬挑跨梁跨分类

(a)梁跨分类操作流程；(b)完成梁跨分类操作后梁跨显示

(2)圈梁。本工程标准层全部阳台梁上方“阳台下部 100 * 150 混凝土构件”、飘窗下卧梁、卫生间混凝土墙基和屋面门槛均按图 11-12(a)所示套圈梁做法。南面挑阳台女儿墙上方圈梁除套圈梁做法外还需考虑其内外侧面的装饰做法，如图 11-12(b)所示。

| | 编码 | 类别 | 名称 | 项目特征 | 单位 | 工程量表达式 | 表达式说明 | 单价 | 综合单价 | 措施项目 | 专业 | 自动套 |
|---|---|---|---|---|---|---|---|---|---|---|---|---|
| 1 | 010503004 | 项 | C25圈梁 | C25商品混凝土 泵送 | m3 | TJ | TJ<体积> | | | ☐ | 建筑工程 | ☐ |
| 2 | 5-19 | 定 | C25现浇混凝土 圈梁 | | m3 | TJ | TJ<体积> | 3688.05 | | ☐ | 土 | ☐ |
| 3 | 011702008 | 项 | 圈梁 | 复合模板钢支撑 | m2 | MBMJ | MBMJ<模板面积> | | | ☑ | 建筑工程 | ☐ |
| 4 | 5-268 | 定 | 圈梁 直形 复合模板 钢支撑 | | m2 | MBMJ | MBMJ<模板面积> | 3588.07 | | ☑ | 土 | ☐ |

(a)

| | 编码 | 类别 | 名称 | 项目特征 | 单位 | 工程量表达式 | 表达式说明 | 单价 | 综合单价 | 措施项目 | 专业 | 自动套 |
|---|---|---|---|---|---|---|---|---|---|---|---|---|
| 1 | 010503004 | 项 | C25圈梁 | C25商品混凝土 泵送 | m3 | TJ | TJ<体积> | | | ☐ | 建筑工程 | ☐ |
| 2 | 5-19 | 定 | C25现浇混凝土 圈梁 | | m3 | TJ | TJ<体积> | 3688.05 | | ☐ | 土 | ☐ |
| 3 | 011702008 | 项 | 圈梁 | 复合模板钢支撑 | m2 | MBMJ | MBMJ<模板面积> | | | ☑ | 建筑工程 | ☐ |
| 4 | 5-268 | 定 | 圈梁 直形 复合模板 钢支撑 | | m2 | MBMJ | MBMJ<模板面积> | 3588.07 | | ☑ | 土 | ☐ |
| 5 | 011407001 | 项 | 墙面喷刷涂料-外墙漆 | 1) 5厚专用饰面砂浆与涂料；<br>2) 满刮柔性防水腻子。 | m2 | LJC*0.2 | LJC<梁净长>*0.2 | | | ☐ | 建筑工程 | ☐ |
| 6 | 14-222 | 定 | 外墙丙烯酸酯涂料 墙面 二遍 | | m2 | LJC*0.2 | LJC<梁净长>*0.2 | 2175.25 | | ☐ | 饰 | ☐ |
| 7 | 011001003 | 项 | 保温隔热墙面 | 1) 抗裂砂浆5厚压入一层普通型网格布；<br>2) 30厚无机不燃保温砂浆；<br>3) 刷界面剂砂浆。 | m2 | LJC*0.2 | LJC<梁净长>*0.2 | | | ☐ | 建筑工程 | ☐ |
| 8 | 10-73 | 定 | 墙、柱面 抗裂保护层 耐碱网格布 抗裂砂浆 厚度(mm) 4 | | m2 | LJC*0.2 | LJC<梁净长>*0.2 | 2303.02 | | ☐ | 土 | ☐ |
| 9 | 10-54 | 定 | 墙、柱面 无机轻集料保温砂浆 厚度(mm) 25 | | m2 | LJC*0.2 | LJC<梁净长>*0.2 | 3251.11 | | ☐ | 土 | ☐ |
| 10 | 12-22 | 定 | 墙面界面剂 | | m2 | LJC*0.2 | LJC<梁净长>*0.2 | 173.83 | | ☐ | 饰 | ☐ |
| 11 | 011407001 | 项 | 墙面喷刷涂料-女儿墙内侧装修 | 1) 5厚专用饰面砂浆与涂料；<br>2) 满刮柔性防水腻子；<br>3) 抗裂砂浆5厚压入一层普通型网格布；<br>4) 刷界面剂砂浆。 | m2 | LJC*0.5 | LJC<梁净长>*0.5 | | | ☐ | 建筑工程 | ☐ |
| 12 | 14-222 | 定 | 外墙丙烯酸酯涂料 墙面 二遍 | | m2 | LJC*0.5 | LJC<梁净长>*0.5 | 2175.25 | | ☐ | 饰 | ☐ |
| 13 | 10-73 | 定 | 墙、柱面 抗裂保护层 耐碱网格布 抗裂砂浆 厚度(mm) 4 | | m2 | LJC*0.5 | LJC<梁净长>*0.5 | 2303.02 | | ☐ | 土 | ☐ |
| 14 | 12-22 | 定 | 墙面界面剂 | | m2 | LJC*0.5 | LJC<梁净长>*0.5 | 173.83 | | ☐ | 饰 | ☐ |

(b)

图 11-12　圈梁做法

(a)圈梁做法；(b)南面挑阳台女儿墙上方圈梁做法

## 3. 板

全部有梁板按图 11-9(b)套做法，阳台板按图 11-10 套做法。全部平板按图 11-13(a)套做法，悬挑板按图 11-13(b)套悬挑板做法，但首层空调板除套悬挑板做法外，其侧边还需要套装修做法，如图 11-13(c)、(d)分别为空调板-2 100 和空调板-1 800 的做法。用自定义线画在第 10 层的空调板 A 也套悬挑板做法，但因其是用自定义线绘制的，其模板的工程量表达式改为“长度　空调板宽度 0.6”。此外，还需给空调板 A 底板范围内的侧面套装修做法，如图 11-13(e)、(f)所示分别为空调板 A-2 100 和空调板 A-1 800 的做法。因空调栏板 B 并入下方的飘窗顶板一并计算，模板按水平投影面积计算，因此，空调栏板 B 套悬挑板混凝土做法即可，如图 11-13(g)所示。空调板 A 的上翻部分和空调栏板 B 的外侧面装饰在上下飘窗间砌体墙中计算。因此，此处不重复提量计算。

| | 编码 | 类别 | 名称 | 项目特征 | 单位 | 工程量表达式 | 表达式说明 | 单价 | 综合单价 | 措施项目 | 专业 | 自动套 |
|---|---|---|---|---|---|---|---|---|---|---|---|---|
| 1 | 010505003 | 项 | C25平板 | C25商品混凝土 泵送 | m3 | TJ | TJ<体积> | | | ☐ | 建筑工程 | ☐ |
| 2 | 5-32 | 定 | C25现浇混凝土 平板 | | m3 | TJ | TJ<体积> | 3277.93 | | ☐ | 土 | ☐ |
| 3 | 011702016 | 项 | 平板 | 复合模板钢支撑 | m2 | MBMJ | MBMJ<底面模板面积> | | | ☑ | 建筑工程 | ☐ |
| 4 | 5-293 | 定 | 平板 复合模板 钢支撑 | | m2 | MBMJ | MBMJ<底面模板面积> | 3655.39 | | ☑ | 土 | ☐ |

(a)

| | 编码 | 类别 | 名称 | 项目特征 | 单位 | 工程量表达式 | 表达式说明 | 单价 | 综合单价 | 措施项目 | 专业 | 自动套 |
|---|---|---|---|---|---|---|---|---|---|---|---|---|
| 1 | 010505008 | 项 | C25悬挑板 | C25商品混凝土 泵送 | m3 | TJ | TJ<体积> | | | ☐ | 建筑工程 | ☐ |
| 2 | 5-43 | 定 | C25现浇混凝土 悬挑板 | | m3 | TJ | TJ<体积> | 3823.47 | | ☐ | 土 | ☐ |
| 3 | 011702023 | 项 | 悬挑板 | 复合模板钢支撑 | m2 | MBMJ | MBMJ<底面模板面积> | | | ☑ | 建筑工程 | ☐ |
| 4 | 5-306 | 定 | 悬挑板 直形 复合模板钢支撑 | | m2水平投影面积 | MBMJ | MBMJ<底面模板面积> | 4938.92 | | ☑ | 土 | ☐ |

(b)

| | 编码 | 类别 | 名称 | 项目特征 | 单位 | 工程量表达式 | 表达式说明 | 单价 | 综合单价 | 措施项目 | 专业 | 自动套 |
|---|---|---|---|---|---|---|---|---|---|---|---|---|
| 1 | 010505008 | 项 | C25悬挑板 | C25商品混凝土 泵送 | m3 | TJ | TJ<体积> | | | ☐ | 建筑工程 | ☐ |
| 2 | 5-43 | 定 | C25现浇混凝土 悬挑板 | | m3 | TJ | TJ<体积> | 3823.47 | | ☐ | 土 | ☐ |
| 3 | 011702023 | 项 | 悬挑板 | 复合模板钢支撑 | m2 | MBMJ | MBMJ<底面模板面积> | | | ☑ | 建筑工程 | ☐ |
| 4 | 5-306 | 定 | 悬挑板 直形 复合模板钢支撑 | | m2水平投影面积 | MBMJ | MBMJ<底面模板面积> | 4938.92 | | ☑ | 土 | ☐ |
| 5 | 011407001 | 项 | 墙面喷刷涂料-褐色仿石外墙漆 | 1) 5厚专用饰面砂浆与涂料，褐色仿石外墙漆；<br>2) 满刮柔性防水腻子。 | m2 | ((0.12+0.1)*1.2/2)*2+0.1*2.1 | 0.474 | | | ☐ | 建筑工程 | ☐ |
| 6 | 14-191 | 定 | 真石漆 墙面 | | m2 | ((0.12+0.1)*1.2/2)*2+0.1*2.1 | 0.474 | 6559.17 | | ☐ | 饰 | ☐ |

(c)

| | 编码 | 类别 | 名称 | 项目特征 | 单位 | 工程量表达式 | 表达式说明 | 单价 | 综合单价 | 措施项目 | 专业 | 自动套 |
|---|---|---|---|---|---|---|---|---|---|---|---|---|
| 1 | 010505008 | 项 | C25悬挑板 | C25商品混凝土 泵送 | m3 | TJ | TJ<体积> | | | ☐ | 建筑工程 | ☐ |
| 2 | 5-43 | 定 | C25现浇混凝土 悬挑板 | | m3 | TJ | TJ<体积> | 3823.47 | | ☐ | 土 | ☐ |
| 3 | 011702023 | 项 | 悬挑板 | 复合模板钢支撑 | m2 | MBMJ | MBMJ<底面模板面积> | | | ☑ | 建筑工程 | ☐ |
| 4 | 5-306 | 定 | 悬挑板 直形 复合模板钢支撑 | | m2水平投影面积 | MBMJ | MBMJ<底面模板面积> | 4938.92 | | ☑ | 土 | ☐ |
| 5 | 011407001 | 项 | 墙面喷刷涂料-褐色仿石外墙漆 | 1) 5厚专用饰面砂浆与涂料，褐色仿石外墙漆；<br>2) 满刮柔性防水腻子。 | m2 | ((0.12+0.1)*1.2/2)*2+0.1*1.8 | 0.444 | | | ☐ | 建筑工程 | ☐ |
| 6 | 14-191 | 定 | 真石漆 墙面 | | m2 | ((0.12+0.1)*1.2/2)*2+0.1*1.8 | 0.444 | 6559.17 | | ☐ | 饰 | ☐ |

(d)

| | 编码 | 类别 | 名称 | 项目特征 | 单位 | 工程量表达式 | 表达式说明 | 单价 | 综合单价 | 措施项目 | 专业 | 自动套 |
|---|---|---|---|---|---|---|---|---|---|---|---|---|
| 1 | 010505008 | 项 | C25悬挑板 | C25商品混凝土 泵送 | m3 | TJ | TJ<体积> | | | ☐ | 建筑工程 | ☐ |
| 2 | 5-43 | 定 | C25现浇混凝土 悬挑板 | | m3 | TJ | TJ<体积> | 3823.47 | | ☐ | 土 | ☐ |
| 3 | 011702023 | 项 | 悬挑板 | 复合模板钢支撑 | m2 | CD*0.6 | CD<长度>*0.6 | | | ☑ | 建筑工程 | ☐ |
| 4 | 5-306 | 定 | 悬挑板 直形 复合模板钢支撑 | | m2水平投影面积 | CD*0.6 | CD<长度>*0.6 | 4938.92 | | ☑ | 土 | ☐ |
| 5 | 011407001 | 项 | 墙面喷刷涂料-外墙漆 | 1) 5厚专用饰面砂浆与涂料；<br>2) 满刮柔性防水腻子。 | m2 | (0.6*2+2.1)*0.1 | 0.33 | | | ☐ | 建筑工程 | ☐ |
| 6 | 14-222 | 定 | 外墙丙烯酸酯涂料 墙面 二遍 | | m2 | (0.6*2+2.1)*0.1 | 0.33 | 2175.25 | | ☐ | 饰 | ☐ |

(e)

**图 11-13　平板和悬挑板做法**

(a)平板做法；(b)悬挑板做法；(c)空调板-2 100 做法；(d)空调板-1 800 做法；
(e)用自定义线绘制在第 10 层的空调板 A-2 100 做法

| | 编码 | 类别 | 名称 | 项目特征 | 单位 | 工程量表达式 | 表达式说明 | 单价 | 综合单价 | 措施项目 | 专业 | 自动套 |
|---|---|---|---|---|---|---|---|---|---|---|---|---|
| 1 | ⊟ 010505008 | 项 | C25悬挑板 | C25商品混凝土 泵送 | m3 | TJ | TJ<体积> | | | ☐ | 建筑工程 | ☐ |
| 2 | 5-43 | 定 | C25现浇混凝土 悬挑板 | | m3 | TJ | TJ<体积> | 3823.47 | | ☐ | 土 | ☐ |
| 3 | ⊟ 011702023 | 项 | 悬挑板 | 复合模板钢支撑 | m2 | CD*0.6 | CD<长度>*0.6 | | | ☑ | 建筑工程 | ☐ |
| 4 | 5-306 | 定 | 悬挑板 直形 复合模板钢支撑 | | m2水平投影面积 | CD*0.6 | CD<长度>*0.6 | 4938.92 | | ☑ | 土 | ☐ |
| 5 | ⊟ 011407001 | 项 | 墙面喷刷涂料-外墙漆 | 1) 5厚专用饰面砂浆与涂料;<br>2) 满刮柔性防水腻子。 | m2 | (0.6*2+1.8)*0.1 | 0.3 | | | ☐ | 建筑工程 | ☐ |
| 6 | 14-222 | 定 | 外墙丙烯酸酯涂料 墙面 二遍 | | m2 | (0.6*2+1.8)*0.1 | 0.3 | 2175.25 | | ☐ | 饰 | ☐ |

(f)

| | 编码 | 类别 | 名称 | 项目特征 | 单位 | 工程量表达式 | 表达式说明 | 单价 | 综合单价 | 措施项目 | 专业 | 自动套 |
|---|---|---|---|---|---|---|---|---|---|---|---|---|
| 1 | ⊟ 010505008 | 项 | C25悬挑板 | C25商品混凝土 泵送 | m3 | TJ | TJ<体积> | | | ☐ | 建筑工程 | ☐ |
| 2 | 5-43 | 定 | C25现浇混凝土 悬挑板 | | m3 | TJ | TJ<体积> | 3823.47 | | ☐ | 土 | ☐ |

(g)

图 11-13 平板和悬挑板做法(续)

(f)用自定义线绘制在第 10 层的空调板 A-1 800 做法；(g)用自定义线绘制在第 10 层的空调栏板 B 做法

### 4. 墙

(1)砌体墙。本工程共有 100 mm 和 200 mm 两种厚度的页岩多孔砖墙，按厚度的不同分别套做法，需注意出屋面楼梯间墙体高度超过 3.6 m，需将高度 3.6 m 以下和 3.6 m 以上的部分分开套做法，如图 11-14 所示。100 mm 厚的上下飘窗间墙与 100 mm 厚多孔砖墙套同样的做法，但注意其外侧面还需参照外墙装饰套装修做法。基础层中绘制在砌体墙下的“电梯间井壁上方砖墙”按砖基础套做法，如图 11-15 所示。冲顶层异形女儿墙套图 11-14(c)所示的多孔砖墙做法，但因其为异形多孔砖墙，厚度与下部各层墙体不同，因此，分开单独套做法。

| | 编码 | 类别 | 名称 | 项目特征 | 单位 | 工程量表达式 | 表达式说明 | 单价 | 综合单价 | 措施项目 | 专业 | 自动套 |
|---|---|---|---|---|---|---|---|---|---|---|---|---|
| 1 | ⊟ 010401004 | 项 | 100厚多孔砖墙 | 墙体厚度100mm<br>页岩多孔砖MU10<br>M5混合砂浆 | m3 | TJ | TJ<体积> | | | ☐ | 建筑工程 | ☐ |
| 2 | 4-17 | 定 | 100厚页岩多孔砖墙-多孔砖墙 厚度 90 | | m3 | TJ | TJ<体积> | 4445.31 | | ☐ | 土 | ☐ |

(a)

| | 编码 | 类别 | 名称 | 项目特征 | 单位 | 工程量表达式 | 表达式说明 | 单价 | 综合单价 | 措施项目 | 专业 | 自动套 |
|---|---|---|---|---|---|---|---|---|---|---|---|---|
| 1 | ⊟ 010401004 | 项 | 200厚多孔砖墙 | 墙体厚度200mm<br>页岩多孔砖MU10<br>M5混合砂浆 | m3 | TJ | TJ<体积> | | | ☐ | 建筑工程 | ☐ |
| 2 | 4-18 | 定 | 200厚页岩多孔砖墙-多孔砖墙 厚度 190 | | m3 | TJ | TJ<体积> | 3485.82 | | ☐ | 土 | ☐ |

(b)

| | 编码 | 类别 | 名称 | 项目特征 | 单位 | 工程量表达式 | 表达式说明 | 单价 | 综合单价 | 措施项目 | 专业 | 自动套 |
|---|---|---|---|---|---|---|---|---|---|---|---|---|
| 1 | ⊟ 010401004 | 项 | 200厚多孔砖墙 | 墙体厚度200mm<br>页岩多孔砖MU10<br>M5混合砂浆 | m3 | TJ3.6X | TJ3.6X<体积（高度3.6米以下）> | | | ☐ | 建筑工程 | ☐ |
| 2 | 4-18 | 定 | 200厚页岩多孔砖墙-多孔砖墙 厚度 190 | | m3 | TJ3.6X | TJ3.6X<体积（高度3.6米以下）> | 3485.82 | | ☐ | 土 | ☐ |
| 3 | ⊟ 010401004 | 项 | 200厚多孔砖墙 | 墙体厚度200mm<br>页岩多孔砖MU10<br>M5混合砂浆<br>墙体砌筑层高超过3.6m，超过部分工程量 人工*1.3 | m3 | TJ3.6S | TJ3.6S<体积（高度3.6米以上）> | | | ☐ | 建筑工程 | ☐ |
| 4 | 4-18 | 定 | 200厚页岩多孔砖墙-多孔砖墙 厚度 190 | | m3 | TJ3.6S | TJ3.6S<体积（高度3.6米以上）> | 3485.82 | | ☐ | 土 | ☐ |

(c)

| | 编码 | 类别 | 名称 | 项目特征 | 单位 | 工程量表达式 | 表达式说明 | 单价 | 综合单价 | 措施项目 | 专业 | 自动套 |
|---|---|---|---|---|---|---|---|---|---|---|---|---|
| 1 | ⊟ 010401004 | 项 | 冲顶层异形女儿墙-多孔砖墙 | 页岩多孔砖MU10<br>M5混合砂浆<br>墙体平均厚度362.5mm | m3 | TJ | TJ<体积> | | | ☐ | 建筑工程 | ☐ |
| 2 | 4-18 | 定 | 多孔砖墙 厚度 190 | | m3 | TJ | TJ<体积> | 3485.82 | | ☐ | 土 | ☐ |

(d)

图 11-14 砌体墙做法

(a)100 mm 厚的砌体墙做法；(b)200 mm 厚的砌体墙做法；

(c)屋面层 200 mm 厚的砌体墙做法；(d)电梯冲顶层异形女儿墙做法

| | 编码 | 类别 | 名称 | 项目特征 | 单位 | 工程量表达式 | 表达式说明 | 单价 | 综合单价 | 措施项目 | 专业 | 自动套 |
|---|---|---|---|---|---|---|---|---|---|---|---|---|
| 1 | ⊟ 010401004 | 项 | 100厚多孔砖墙 | 墙体厚度100mm<br>页岩多孔砖MU10<br>M5混合砂浆 | m3 | TJ | TJ<体积> | | | ☐ | 建筑工程 | ☐ |
| 2 | 4-17 | 定 | 100厚页岩多孔砖墙-多孔砖墙 厚度90 | | m3 | TJ | TJ<体积> | 4445.31 | | ☐ | 土 | ☐ |
| 3 | ⊟ 011407001 | 项 | 墙面喷刷涂料-褐色仿石外墙漆 | 1）5厚专用饰面砂浆与涂料，褐色仿石外墙漆；<br>2）满刮柔性防水腻子。 | m2 | YSCD*0.9 | YSCD<长度>*0.9 | | | ☐ | 建筑工程 | ☐ |
| 4 | 14-191 | 定 | 真石漆 墙面 | | m2 | YSCD*0.9 | YSCD<长度>*0.9 | 6559.17 | | ☐ | 饰 | ☐ |

(e)

| | 编码 | 类别 | 名称 | 项目特征 | 单位 | 工程量表达式 | 表达式说明 | 单价 | 综合单价 | 措施项目 | 专业 | 自动套 |
|---|---|---|---|---|---|---|---|---|---|---|---|---|
| 1 | ⊟ 010401004 | 项 | 100厚多孔砖墙 | 墙体厚度100mm<br>页岩多孔砖MU10<br>M5混合砂浆 | m3 | TJ | TJ<体积> | | | ☐ | 建筑工程 | ☐ |
| 2 | 4-17 | 定 | 100厚页岩多孔砖墙-多孔砖墙 厚度90 | | m3 | TJ | TJ<体积> | 4445.31 | | ☐ | 土 | ☐ |
| 3 | ⊟ 011407001 | 项 | 墙面喷刷涂料-外墙漆 | 1）5厚专用饰面砂浆与涂料；<br>2）满刮柔性防水腻子。 | m2 | YSCD*0.9 | YSCD<长度>*0.9 | | | ☐ | 建筑工程 | ☐ |
| 4 | 14-222 | 定 | 外墙丙烯酸酯涂料 墙面 二遍 | | m2 | YSCD*0.9 | YSCD<长度>*0.9 | 2175.25 | | ☐ | 饰 | ☐ |

(f)

图 11-14　砌体墙做法(续)

(e)第 2～3 层上下飘窗间 100 mm 厚的砌体墙做法；(f)第 4～11 层上下飘窗间 100 mm 厚的砌体墙做法

| | 编码 | 类别 | 名称 | 项目特征 | 单位 | 工程量表达式 | 表达式说明 | 单价 | 综合单价 | 措施项目 | 专业 | 自动套 |
|---|---|---|---|---|---|---|---|---|---|---|---|---|
| 1 | ⊟ 010401001 | 项 | 砖基础-电梯井壁上方砖墙 | 页岩多孔砖MU10<br>M5水泥砂浆 | m3 | TJ | TJ<体积> | | | ☐ | 建筑工程 | ☐ |
| 2 | 4-1 | 定 | 砖基础-电梯井壁上方砖墙 | | m3 | TJ | TJ<体积> | 4396.23 | | ☐ | 土 | ☐ |

图 11-15　电梯基坑井壁上方砖墙套砖基础做法

## 小提示

对于首层砌体墙若在墙体中室内地面以下设置了防潮层的话，则砌体墙的清单项目特征中要对防潮层做法进行描述，相应的砌体墙要套防潮层定额做法。

(2)剪力墙-电梯基坑井壁。本工程电梯基坑井壁混凝土按直形墙套做法、模板按电梯井壁模板套做法，如图 11-16 所示。

| | 编码 | 类别 | 名称 | 项目特征 | 单位 | 工程量表达式 | 表达式说明 | 单价 | 综合单价 | 措施项目 | 专业 | 自动套 |
|---|---|---|---|---|---|---|---|---|---|---|---|---|
| 1 | ⊟ 010504001 | 项 | C30电梯井壁直形墙 | C30商品混凝土 泵送<br>电梯井壁 | m3 | JLQTJQD | JLQTJQD<剪力墙体积(清单)> | | | ☐ | 建筑工程 | ☐ |
| 2 | 5-28 | 定 | 现浇混凝土 电梯井壁直形墙 | | m3 | TJ | TJ<体积> | 3327.84 | | ☐ | 土 | ☐ |
| 3 | ⊟ 011702013 | 项 | 电梯井壁 | 复合模板钢支撑 | m2 | MBMJ | MBMJ<模板面积> | | | ☑ | 建筑工程 | ☐ |
| 4 | 5-283 | 定 | 电梯井壁 复合模板 钢支撑 | | m2 | MBMJ | MBMJ<模板面积> | 4356.3 | | ☑ | 土 | ☐ |

图 11-16　电梯基坑井壁做法

### 5. 门窗洞及过梁

本工程有门、窗、门连窗、墙洞、飘窗几种不同类型的门窗洞构件及过梁。

(1)门。门有电子门、不锈钢卷帘门、平开门(丙级防火门)、钢制安全门(乙级防火门)、塑钢平开门、推拉门几种类型；其中 DM1 为电子门且图纸中未对其信息进行详细描述，因此，按照当前住宅单元门比较常见的电子门来编制项目特征；M2、M3 为用户自理的，不套做法；M5 按管道井比较常见的木质防火门来编制项目特征。相应的门做法如图 11-17 所示。

| | 编码 | 类别 | 名称 | 项目特征 | 单位 | 工程量表达式 | 表达式说明 | 单价 | 综合单价 | 措施项目 | 专业 | 自动套 |
|---|---|---|---|---|---|---|---|---|---|---|---|---|
| 1 | ⊟ 010805001 | 项 | 电子感应门DM1 | DM1-洞口尺寸1600×2100<br>全玻璃无框门扇（点夹）<br>电子锁2个 | m2 | DKMJ | DKMJ<洞口面积> | | | ☐ | 建筑工程 | ☐ |
| 2 | 8-56 | 定 | 全玻璃门扇安装 无框(点夹)门扇 | | m2 | DKMJ | DKMJ<洞口面积> | 9381.21 | | ☐ | 饰 | ☐ |
| 3 | 8-123 | 定 | 电子锁(磁下锁) | | 个 | SL | SL<数量> | 1953.36 | | ☐ | 饰 | ☐ |

(a)

图 11-17　门做法

(a)电子门 DM1 做法

| | 编码 | 类别 | 名称 | 项目特征 | 单位 | 工程量表达式 | 表达式说明 | 单价 | 综合单价 | 措施项目 | 专业 | 自动套 |
|---|---|---|---|---|---|---|---|---|---|---|---|---|
| 1 | 010801004 | 项 | 木质防火门M5 | 600×1100平开木质丙级防火门 | m2 | DKMJ | DKMJ<洞口面积> | | | ☐ | 建筑工程 | ☐ |
| 2 | 8-6 | 定 | 木质防火门安装 | | m2 | DKMJ | DKMJ<洞口面积> | 86988.56 | | ☐ | 饰 | ☐ |

(b)

| | 编码 | 类别 | 名称 | 项目特征 | 单位 | 工程量表达式 | 表达式说明 | 单价 | 综合单价 | 措施项目 | 专业 | 自动套 |
|---|---|---|---|---|---|---|---|---|---|---|---|---|
| 1 | 010803001 | 项 | 不锈钢卷帘门 | 不锈钢卷帘门 | m2 | DKMJ | DKMJ<洞口面积> | | | ☐ | 建筑工程 | ☐ |
| 2 | 8-18 | 定 | 卷帘(闸) 不锈钢 | | m2 | DKMJ | DKMJ<洞口面积> | 27707.47 | | ☐ | 饰 | ☐ |

(c)

| | 编码 | 类别 | 名称 | 项目特征 | 单位 | 工程量表达式 | 表达式说明 | 单价 | 综合单价 | 措施项目 | 专业 | 自动套 |
|---|---|---|---|---|---|---|---|---|---|---|---|---|
| 1 | 010802003 | 项 | 钢制安全门(乙级防火门)M1 | 钢制安全门(乙级防火门)1000×2100 | m2 | DKMJ | DKMJ<洞口面积> | | | ☐ | 建筑工程 | ☐ |
| 2 | 8-13 | 定 | 钢质防火门安装 | | m2 | DKMJ | DKMJ<洞口面积> | 88845.79 | | ☐ | 饰 | ☐ |

(d)

| | 编码 | 类别 | 名称 | 项目特征 | 单位 | 工程量表达式 | 表达式说明 | 单价 | 综合单价 | 措施项目 | 专业 | 自动套 |
|---|---|---|---|---|---|---|---|---|---|---|---|---|
| 1 | 010802001 | 项 | 塑钢平开门 | 塑钢平开门 | m2 | DKMJ | DKMJ<洞口面积> | | | ☐ | 建筑工程 | ☐ |
| 2 | 8-10 | 定 | 塑钢成品门安装 平开 | | m2 | DKMJ | DKMJ<洞口面积> | 28347.87 | | ☐ | 饰 | ☐ |

(e)

| | 编码 | 类别 | 名称 | 项目特征 | 单位 | 工程量表达式 | 表达式说明 | 单价 | 综合单价 | 措施项目 | 专业 | 自动套 |
|---|---|---|---|---|---|---|---|---|---|---|---|---|
| 1 | 010802001 | 项 | 塑钢推拉门 | 塑钢推拉门 | m2 | DKMJ | DKMJ<洞口面积> | | | ☐ | 建筑工程 | ☐ |
| 2 | 8-9 | 定 | 塑钢成品门安装 推拉 | | m2 | DKMJ | DKMJ<洞口面积> | 24601.2 | | ☐ | 饰 | ☐ |

(f)

图 11-17　门做法(续)

(b)木质平开防火门 M5 做法；(c)首层储藏间全部不锈钢卷帘门做法；

(d)钢制安全门(乙级防火门)M1 做法；(e)塑钢平开门 M4、M6 做法；(f)塑钢推拉门 TM1、TM2 做法

(2)窗。窗有塑钢窗(推拉窗)和塑钢平开窗两种类型，其中 C4 为塑钢平开窗，其他窗均为塑钢窗(推拉窗)。窗做法如图 11-18 所示。

| | 编码 | 类别 | 名称 | 项目特征 | 单位 | 工程量表达式 | 表达式说明 | 单价 | 综合单价 | 措施项目 | 专业 | 自动套 |
|---|---|---|---|---|---|---|---|---|---|---|---|---|
| 1 | 010807001 | 项 | 塑钢窗 | 塑钢推拉窗 | m2 | DKMJ | DKMJ<洞口面积> | | | ☐ | 建筑工程 | ☐ |
| 2 | 8-73 | 定 | 塑钢成品窗安装 推拉 | | m2 | DKMJ | DKMJ<洞口面积> | 25761.65 | | ☐ | 饰 | ☐ |

(a)

| | 编码 | 类别 | 名称 | 项目特征 | 单位 | 工程量表达式 | 表达式说明 | 单价 | 综合单价 | 措施项目 | 专业 | 自动套 |
|---|---|---|---|---|---|---|---|---|---|---|---|---|
| 1 | 010807001 | 项 | 塑钢平开窗 | 塑钢平开窗 | m2 | DKMJ | DKMJ<洞口面积> | | | ☐ | 建筑工程 | ☐ |
| 2 | 8-74 | 定 | 塑钢成品窗安装 平开 | | m2 | DKMJ | DKMJ<洞口面积> | 27894.98 | | ☐ | 饰 | ☐ |

(b)

图 11-18　窗做法

(a)塑钢平开窗 C4 做法；(b)塑钢推拉窗做法

(3)门连窗。按江西省 2017 版定额规定“金属门连窗，门、窗应分别执行相应项目”，因此，门连窗 MLC1 应分别参照塑钢平开门和塑钢推拉窗套门和窗的做法。门连窗具体做法如图 11-19 所示。

| | 编码 | 类别 | 名称 | 项目特征 | 单位 | 工程量表达式 | 表达式说明 | 单价 | 综合单价 | 措施项目 | 专业 | 自动套 |
|---|---|---|---|---|---|---|---|---|---|---|---|---|
| 1 | 010802001 | 项 | 塑钢平开门 | 塑钢平开门 | m2 | MDKMJ | MDKMJ<门洞口面积> | | | ☐ | 建筑工程 | ☐ |
| 2 | 8-10 | 定 | 塑钢成品门安装 平开 | | m2 | MDKMJ | MDKMJ<门洞口面积> | 28347.87 | | ☐ | 饰 | ☐ |
| 3 | 010807001 | 项 | 塑钢窗 | 塑钢推拉窗 | m2 | CDKMJ | CDKMJ<窗洞口面积> | | | ☐ | 建筑工程 | ☐ |
| 4 | 8-73 | 定 | 塑钢成品窗安装 推拉 | | m2 | CDKMJ | CDKMJ<窗洞口面积> | 25761.65 | | ☐ | 饰 | ☐ |

图 11-19　门连窗做法

## 小提示

套取的门或窗清单做法需特别检查其单位与表达式是否匹配，一般按洞口面积计算。

(4)墙洞。本工程墙洞“电梯间门洞”主要是绘制上去以便计算电梯间墙体工程量，电梯门安装包含在电梯安装里面，属于安装工程的一部分，因此，此处“电梯间门洞”不套做法。

(5)飘窗。一般飘窗需套取的做法有窗、底板和顶板的混凝土和模板、底板底面和侧面装饰、底板窗内顶面装饰、顶板侧面和顶面装饰、顶板窗内底面装饰。但本工程中上下层飘窗间有成品金属百叶和两侧 100 mm 厚砌体墙围成封闭空间，因此，不需套取飘窗底板底面和顶板顶面装饰做法。

本工程飘窗底板和顶板侧面装饰做法因未明确做法，按常见做法即油漆面层和水泥砂浆考虑，油漆面层参照外墙面做法，具体做法为：5 厚专用饰面砂浆与涂料；满刮柔性防水腻子；15 厚 1∶3 水泥砂浆。其中水泥砂浆抹灰按装饰线条计算；标高 6.600 m 以下为褐色仿石外墙漆，以上为外墙漆。因此，第 2 层和第 3 层飘窗做法与第 4 层及以上稍有不同。

本工程飘窗底板顶面装饰参考卧室楼面做法：20 厚 1∶2 水泥砂浆面层压实抹光；刷素水泥浆一道；15 厚 1∶3 水泥砂浆找平层；现浇钢筋混凝土楼板。

本工程飘窗顶板底面装饰参考卧室顶棚做法：现浇钢筋混凝土板；刷素水泥浆一道；12 厚 1∶0.3∶3 水泥石灰膏砂浆打底扫毛；6 厚 1∶0.3∶2.5 水泥石灰膏砂浆找平；刮 D951 仿瓷涂料 3 遍；砂纸打磨平。

本工程飘窗具体做法如图 11-20 所示，TC2 做法仅第 1、2 两行表达式改为 TC2 展开面积 2.7×1.9＝5.13。

| | 编码 | 类别 | 名称 | 项目特征 | 单位 | 工程量表达式 | 表达式说明 | 单价 | 综合单价 | 措施项目 | 专业 | 自动套 |
|---|---|---|---|---|---|---|---|---|---|---|---|---|
| 1 | 010807007 | 项 | 塑钢凸窗 | 塑钢推拉窗 | m2 | 3*1.9 | 5.7 | | | ☐ | 建筑工程 | ☐ |
| 2 | 8-73 | 定 | 塑钢成品窗安装 推拉 | | m2 | 3*1.9 | 5.7 | 25761.65 | | ☐ | 饰 | ☐ |
| 3 | 010505008 | 项 | C25飘窗板 | 飘窗板，C25商品混凝土 泵送 | m3 | TTJ | TTJ<砼体积> | | | ☐ | 建筑工程 | ☐ |
| 4 | 5-39 | 定 | 现浇混凝土 飘窗板 | | m3 | TTJ | TTJ<砼体积> | 3952.33 | | ☐ | 土 | ☐ |
| 5 | 011702023 | 项 | 悬挑板 | 复合模板钢支撑 | m2 | DDBDMMJ+DGBDMMJ | DDBDMMJ<底板底面面积>+DGBDMMJ<顶板顶面面积> | | | ☑ | 建筑工程 | ☐ |
| 6 | 5-306 | 定 | 悬挑板 直形 复合模板钢支撑 | | m2水平投影面积 | DDBDMMJ+DGBDMMJ | DDBDMMJ<底板底面面积>+DGBDMMJ<顶板顶面面积> | 4938.92 | | ☑ | 土 | ☐ |
| 7 | 011101001 | 项 | 水泥砂浆楼地面 | 1）20厚1：2水泥砂浆面层压实抹光；<br>2）刷素水泥浆一道；<br>3）15厚1：3水泥砂浆找平层。 | m2 | CNDDBDMZHXMJ | CNDDBDMZHXMJ<窗内底板顶面装修面积> | | | ☐ | 建筑工程 | ☐ |
| 8 | 11-6 | 定 | 水泥砂浆楼地面 混凝土或硬基层上 20mm | | m2 | CNDDBDMZHXMJ | CNDDBDMZHXMJ<窗内底板顶面装修面积> | 1827.61 | | ☐ | 饰 | ☐ |
| 9 | 11-1 | 定 | 平面砂浆找平层 混凝土或硬基层上 20mm | | m2 | CNDDBDMZHXMJ | CNDDBDMZHXMJ<窗内底板顶面装修面积> | 1589.59 | | ☐ | 饰 | ☐ |
| 10 | 011407002 | 项 | 仿瓷涂料顶棚 | 1）刷素水泥浆一道；<br>2）12厚1：0.3：3水泥石灰膏砂浆打底扫毛；<br>3）6厚1：0.3：2.5水泥石灰膏砂浆找平；<br>4）刮D951仿瓷涂料3遍；<br>5）砂纸打磨平。 | m2 | CNDGBDMZHXMJ | CNDGBDMZHXMJ<窗内顶板底面装修面积> | | | ☐ | 建筑工程 | ☐ |
| 11 | 12-23 | 定 | 素水泥浆界面剂 | | m2 | CNDGBDMZHXMJ | CNDGBDMZHXMJ<窗内顶板底面装修面积> | 194.96 | | ☐ | 饰 | ☐ |
| 12 | 13-1 | 定 | 混凝土天棚一次抹灰（10mm） | | m2 | CNDGBDMZHXMJ | CNDGBDMZHXMJ<窗内顶板底面装修面积> | 1599.07 | | ☐ | 饰 | ☐ |
| 13 | 14-218 | 定 | 仿瓷涂料 天棚面 三遍 | | m2 | CNDGBDMZHXMJ | CNDGBDMZHXMJ<窗内顶板底面装修面积> | 1897.73 | | ☐ | 饰 | ☐ |
| 14 | 011407001 | 项 | 墙面喷刷涂料-外墙漆 | 1）5厚专用饰面砂浆与涂料；<br>2）满刮柔性防水腻子。 | m2 | DDBCMMJ+DGBCMMJ | DDBCMMJ<底板侧面面积>+DGBCMMJ<顶板侧面面积> | | | ☐ | 建筑工程 | ☐ |
| 15 | 14-222 | 定 | 外墙丙烯酸酯涂料 墙面 二遍 | | m2 | DDBCMMJ+DGBCMMJ | DDBCMMJ<底板侧面面积>+DGBCMMJ<顶板侧面面积> | 2175.25 | | ☐ | 饰 | ☐ |
| 16 | 011502008 | 项 | 抹灰装饰线条 | 15厚1：3水泥砂浆 | m | (DDBCMMJ+DGBCMMJ)/0.1 | (DDBCMMJ<底板侧面面积>+DGBCMMJ<顶板侧面面积>)/0.1 | | | ☐ | 建筑工程 | ☐ |
| 17 | 12-8 | 定 | 装饰线条 | | m | (DDBCMMJ+DGBCMMJ)/0.1 | (DDBCMMJ<底板侧面面积>+DGBCMMJ<顶板侧面面积>)/0.1 | 1609.62 | | ☐ | 饰 | ☐ |

(a)

| | 编码 | 类别 | 名称 | 项目特征 | 单位 | 工程量表达式 | 表达式说明 | 单价 | 综合单价 | 措施项目 | 专业 | 自动套 |
|---|---|---|---|---|---|---|---|---|---|---|---|---|
| 14 | 011407001 | 项 | 墙面喷刷涂料-褐色仿石外墙漆 | 1）5厚专用饰面砂浆与涂料，褐色仿石外墙漆；<br>2）满刮柔性防水腻子。 | m2 | DDBCMMJ+DGBCMMJ | DDBCMMJ<底板侧面面积>+DGBCMMJ<顶板侧面面积> | | | ☐ | 建筑工程 | ☐ |
| 15 | 14-191 | 定 | 真石漆 墙面 | | m2 | DDBCMMJ+DGBCMMJ | DDBCMMJ<底板侧面面积>+DGBCMMJ<顶板侧面面积> | 6559.17 | | ☐ | 饰 | ☐ |

(b)

**图 11-20　TC1 做法**

(a)第 4 层及以上 TC1 做法；(b)第 2 层飘窗与第 4 层及以上飘窗仅框内做法不同

| | 编码 | 类别 | 名称 | 项目特征 | 单位 | 工程量表达式 | 表达式说明 | 单价 | 综合单价 | 措施项目 | 专业 | 自动套 |
|---|---|---|---|---|---|---|---|---|---|---|---|---|
| 14 | ⊟ 011407001 | 项 | 墙面喷刷涂料-褐色仿石外墙漆 | 1) 5厚专用饰面砂浆与涂料，褐色仿石外墙漆；<br>2) 满刮柔性防水腻子。 | m2 | DDBCMMJ | DDBCMMJ<底板侧面面积> | | | ☐ | 建筑工程 | ☐ |
| 15 | 14-191 | 定 | 真石漆 墙面 | | m2 | DDBCMMJ | DDBCMMJ<底板侧面面积> | 6559.17 | | ☐ | 饰 | ☐ |
| 16 | ⊟ 011407001 | 项 | 墙面喷刷涂料-外墙漆 | 1) 5厚专用饰面砂浆与涂料；<br>2) 满刮柔性防水腻子。 | m2 | DGBCMMJ | DGBCMMJ<顶板侧面面积> | | | ☐ | 建筑工程 | ☐ |
| 17 | 14-222 | 定 | 外墙丙烯酸酯涂料 墙面 二遍 | | m2 | DGBCMMJ | DGBCMMJ<顶板侧面面积> | 2175.25 | | ☐ | 饰 | ☐ |

(c)

图 11-20　TC1 做法(续)

(c)第 3 层飘窗与第 4 层及以上飘窗仅框内做法不同

(6)过梁。全部过梁混凝土强度都为 C25，其做法如图 11-21 所示。

| | 编码 | 类别 | 名称 | 项目特征 | 单位 | 工程量表达式 | 表达式说明 | 单价 | 综合单价 | 措施项目 | 专业 | 自动套 |
|---|---|---|---|---|---|---|---|---|---|---|---|---|
| 1 | ⊟ 010503005 | 项 | C25过梁 | C25商品混凝土 泵送 | m3 | TJ | TJ<体积> | | | ☐ | 建筑工程 | ☐ |
| 2 | 5-20 | 定 | C25现浇混凝土 过梁 | | m3 | TJ | TJ<体积> | 3862.12 | | ☐ | 土 | ☐ |
| 3 | ⊟ 011702009 | 项 | 过梁 | 复合模板钢支撑 | m2 | MBMJ | MBMJ<模板面积> | | | ☑ | 建筑工程 | ☐ |
| 4 | 5-271 | 定 | 过梁 复合模板 钢支撑 | | m2 | MBMJ | MBMJ<模板面积> | 4751.67 | | ☑ | 土 | ☐ |

图 11-21　过梁做法

## 6. 楼梯

楼梯需要套的做法有楼梯混凝土、楼梯模板、楼梯面层装饰、楼梯底板顶棚装饰、楼梯踢脚、楼梯栏杆扶手、防滑条、梯段侧面零星抹灰等内容。梯段侧面装修做法在图纸中没有明确，参照墙面做法中的水泥砂浆抹灰，即：6 厚 1：2.5 水泥砂浆；12 厚 1：3 水泥砂浆打底扫毛，江西省 2017 版定额规定按零星项目计算，实际工程也有按装饰线条计算的。本工程楼梯做法如图 11-22 所示。其中，栏杆长度需加上楼梯靠电梯间一侧的靠墙栏杆长度，根据图纸中尺寸计算为：$(2.23^2+1.5^2)^{0.5}/2=1.34(\mathrm{m})$。

| | 编码 | 类别 | 名称 | 项目特征 | 单位 | 工程量表达式 | 表达式说明 | 单价 | 综合单价 | 措施项目 | 专业 | 自动套 |
|---|---|---|---|---|---|---|---|---|---|---|---|---|
| 1 | ⊟ 010506001 | 项 | C25直形楼梯 | C25商品混凝土 泵送 | m2 | TYMJ | TYMJ<水平投影面积> | | | ☐ | 建筑工程 | ☐ |
| 2 | 5-46 | 定 | C25现浇混凝土 楼梯 直形 | | m2水平投影面积 | TYMJ | TYMJ<水平投影面积> | 980.79 | | ☐ | 土 | ☐ |
| 3 | ⊟ 011702024 | 项 | 楼梯 | 复合模板钢支撑 | m2 | TYMJ | TYMJ<水平投影面积> | | | ☑ | 建筑工程 | ☐ |
| 4 | 5-312 | 定 | 楼梯 直形 复合模板钢支撑 | | m2水平投影面积 | TYMJ | TYMJ<水平投影面积> | 8883.97 | | ☑ | 土 | ☐ |
| 5 | ⊟ 011106001 | 项 | 石材楼梯面层 | 1) 20厚磨光花岗岩面层，用素水泥浆或白水泥填缝；<br>2) 刷素水泥浆一道；<br>3) 30厚1：2水泥砂浆结合层；<br>4) 刷素水泥浆一道；<br>5) 15厚1：3水泥砂浆找平层。 | m2 | TYMJ | TYMJ<水平投影面积> | | | ☐ | 建筑工程 | ☐ |
| 6 | 11-68 | 定 | 楼梯面层 石材 | | m2 | TYMJ | TYMJ<水平投影面积> | 46958.58 | | ☐ | 饰 | ☐ |
| 7 | 11-1 | 定 | 平面砂浆找平层 混凝土或硬基层上 20mm | | m2 | TYMJ | TYMJ<水平投影面积> | 1589.59 | | ☐ | 饰 | ☐ |
| 8 | ⊟ 011407002 | 项 | 楼梯复合涂料顶棚 | 1) 刷素水泥浆一遍；<br>2) 12厚1：1：6水泥石灰膏砂浆打底扫毛；<br>3) 6厚1：0.3：2.5水泥石灰膏砂浆找平；<br>4) 封底涂料一遍（刮瓷）；<br>5) 喷厚涂料一遍（刮瓷）；<br>6) 罩面涂料二遍（内墙乳胶漆）。 | m2 | TYMJ*1.15 | TYMJ<水平投影面积>*1.15 | | | ☐ | 建筑工程 | ☐ |
| 9 | 12-23 | 定 | 素水泥浆界面剂 | | m2 | TYMJ*1.15 | TYMJ<水平投影面积>*1.15 | 194.96 | | ☐ | 饰 | ☐ |
| 10 | 13-1 | 定 | 混凝土天棚一次抹灰（10mm） | | m2 | TYMJ*1.15 | TYMJ<水平投影面积>*1.15 | 1599.07 | | ☐ | 饰 | ☐ |
| 11 | 14-200 | 定 | 乳胶漆 室内 天棚面 二遍 | | m2 | TYMJ*1.15 | TYMJ<水平投影面积>*1.15 | 2271.22 | | ☐ | 饰 | ☐ |
| 12 | ⊟ 011503001 | 项 | 1100高不锈钢楼梯栏杆 | 1100高不锈钢楼梯栏杆 | m | LGCD+1.34 | LGCD<栏杆扶手长度>+1.34 | | | ☐ | 建筑工程 | ☐ |
| 13 | 15-80 | 定 | 不锈钢栏杆 不锈钢扶手 | | m | LGCD+1.34 | LGCD<栏杆扶手长度>+1.34 | 3134.23 | | ☐ | 饰 | ☐ |
| 14 | ⊟ 011105003 | 项 | 楼梯釉面砖踢脚线 | 1) 8-10厚彩色釉面砖，面层做法同楼、地面，干水泥擦缝；<br>2) 10厚1：2水泥砂浆结合层；<br>3) 15厚1：2水泥砂浆打底拉毛或划出纹道；<br>4) 将基体用水湿透。 | m2 | TJXCD+TJXCDX | TJXCD<踢脚线长度（直）>+TJXCDX<踢脚线长度（斜）> | | | ☐ | 建筑工程 | ☐ |
| 15 | 11-58 | 定 | 踢脚线 陶瓷地面砖 | | m2 | TJXCD+TJXCDX | TJXCD<踢脚线长度（直）>+TJXCDX<踢脚线长度（斜）> | 8686.58 | | ☐ | 饰 | ☐ |
| 16 | ⊟ BB001 | 补项 | 1：1水泥金刚砂防滑条 | 1：1水泥金刚砂防滑条宽度20mm，厚度3mm | m | FHTCD | FHTCD<防滑条长度> | | | ☐ | | ☐ |
| 17 | 11-93 | 定 | 楼梯、台阶踏步防滑条 金刚砂 | | m | FHTCD | FHTCD<防滑条长度> | 340.35 | | ☐ | 饰 | ☐ |
| 18 | ⊟ 011203001 | 项 | 零星项目一般抹灰 | 1) 6厚1：2.5水泥砂浆；<br>2) 12厚1：3水泥砂浆打底扫毛。 | m2 | TDCMMJ | TDCMMJ<梯段侧面面积> | | | ☐ | 建筑工程 | ☐ |
| 19 | 12-29 | 定 | 零星抹灰 | | m2 | TDCMMJ | TDCMMJ<梯段侧面面积> | 5267.4 | | ☐ | 饰 | ☐ |

图 11-22　楼梯做法

## 小提示

在实际工程中，平面砂浆找平层和刷素水泥浆界面剂子目用于楼梯面层装饰时，通常会参照江西省2004版的定额乘以系数1.37。

### 7. 装修

(1)楼地面。本工程共有磨光花岗岩地面、首层储藏间水泥砂浆地面、磨光花岗岩楼面、水泥砂浆楼面、防滑陶瓷锦砖(彩色马赛克)楼面五种楼面，具体做法如图11-23所示。其中，刷素水泥浆在找平层子目或整体面层子目中按100 $m^2$ 增加素水泥浆0.102 $m^3$，人工1工日换算即可，不需要单独套子目。

| | 编码 | 类别 | 名称 | 项目特征 | 单位 | 工程量表达式 | 表达式说明 | 单价 | 综合单价 | 措施项目 | 专业 | 自动套 |
|---|---|---|---|---|---|---|---|---|---|---|---|---|
| 1 | ⊟ 011101001 | 项 | 储藏间-水泥砂浆地面 | 1) 20厚1：2.5水泥砂浆，压实抹光；<br>2) 素水泥浆一道（内掺建筑胶）；<br>3) 30厚C20细石混凝土，随打随抹光；<br>4) 刷冷底子油二遍；<br>5) 70厚C10素砼垫层。 | m2 | DMJ | DMJ<地面积> | | | ☐ | 建筑工程 | ☐ |
| 2 | 11-6 | 定 | 水泥砂浆楼地面 混凝土或硬基层上 20mm | | m2 | DMJ | DMJ<地面积> | 1827.61 | | ☐ | 饰 | ☐ |
| 3 | 11-4 | 定 | 细石混凝土地面找平层 30mm | | m2 | DMJ | DMJ<地面积> | 1742.41 | | ☐ | 饰 | ☐ |
| 4 | 9-83 | 定 | 冷底子油 第一遍 | | m2 | SPFSMJ | SPFSMJ<水平防水面积> | 448.94 | | ☐ | 土 | ☐ |
| 5 | 9-84 | 定 | 冷底子油 第二遍 | | m2 | SPFSMJ | SPFSMJ<水平防水面积> | 346.31 | | ☐ | 土 | ☐ |
| 6 | 5-1 | 定 | 现浇混凝土 垫层 | | m3 | DMJ*0.07 | DMJ<地面积>*0.07 | 3088.41 | | ☐ | 土 | ☐ |

(a)

| | 编码 | 类别 | 名称 | 项目特征 | 单位 | 工程量表达式 | 表达式说明 | 单价 | 综合单价 | 措施项目 | 专业 | 自动套 |
|---|---|---|---|---|---|---|---|---|---|---|---|---|
| 1 | ⊟ 011102001 | 项 | 磨光花岗岩地面 | 1) 20厚磨光花岗岩面层，用素水泥浆或白水泥填缝；<br>2) 素水泥浆一道（内掺建筑胶）；<br>3) 30厚C20细石混凝土，随打随抹光；<br>4) 刷冷底子油二遍；<br>5) 70厚C10素砼垫层。 | m2 | KLDMJ | KLDMJ<块料地面积> | | | ☐ | 建筑工程 | ☐ |
| 2 | 11-17 | 定 | 磨光花岗岩地面地面(每块面积) 0.64m2以内 | | m2 | KLDMJ | KLDMJ<块料地面积> | 22919.31 | | ☐ | 饰 | ☐ |
| 3 | 11-4 | 定 | 细石混凝土地面找平层 30mm | | m2 | DMJ | DMJ<地面积> | 1742.41 | | ☐ | 饰 | ☐ |
| 4 | 9-83 | 定 | 冷底子油 第一遍 | | m2 | SPFSMJ | SPFSMJ<水平防水面积> | 448.94 | | ☐ | 土 | ☐ |
| 5 | 9-84 | 定 | 冷底子油 第二遍 | | m2 | SPFSMJ | SPFSMJ<水平防水面积> | 346.31 | | ☐ | 土 | ☐ |
| 6 | 5-1 | 定 | 现浇混凝土 垫层 | | m3 | DMJ*0.07 | DMJ<地面积>*0.07 | 3088.41 | | ☐ | 土 | ☐ |

(b)

| | 编码 | 类别 | 名称 | 项目特征 | 单位 | 工程量表达式 | 表达式说明 | 单价 | 综合单价 | 措施项目 | 专业 | 自动套 |
|---|---|---|---|---|---|---|---|---|---|---|---|---|
| 1 | ⊟ 011102001 | 项 | 磨光花岗岩楼面 | 1) 20厚磨光花岗岩面层，用素水泥浆或白水泥填缝；<br>2) 刷素水泥浆一道；<br>3) 30厚1：2水泥砂浆结合层；<br>4) 刷素水泥浆一道；<br>5) 15厚1：3水泥砂浆找平层。 | m2 | KLDMJ | KLDMJ<块料地面积> | | | ☐ | 建筑工程 | ☐ |
| 2 | 11-17 | 定 | 块料面层 石材楼地面(每块面积) 0.64m2以内 | | m2 | KLDMJ | KLDMJ<块料地面积> | 22919.31 | | ☐ | 饰 | ☐ |
| 3 | 11-1 | 定 | 平面砂浆找平层 混凝土或硬基层上 20mm | | m2 | DMJ | DMJ<地面积> | 1589.59 | | ☐ | 饰 | ☐ |

(c)

| | 编码 | 类别 | 名称 | 项目特征 | 单位 | 工程量表达式 | 表达式说明 | 单价 | 综合单价 | 措施项目 | 专业 | 自动套 |
|---|---|---|---|---|---|---|---|---|---|---|---|---|
| 1 | ⊟ 011101001 | 项 | 水泥砂浆楼地面 | 1) 20厚1：2水泥砂浆面层压实抹光；<br>2) 刷素水泥浆一道；<br>3) 15厚1：3水泥砂浆找平层。 | m2 | DMJ | DMJ<地面积> | | | ☐ | 建筑工程 | ☐ |
| 2 | 11-6 | 定 | 水泥砂浆楼地面 混凝土或硬基层上 20mm | | m2 | DMJ | DMJ<地面积> | 1827.61 | | ☐ | 饰 | ☐ |
| 3 | 11-1 | 定 | 平面砂浆找平层 混凝土或硬基层上 20mm | | m2 | DMJ | DMJ<地面积> | 1589.59 | | ☐ | 饰 | ☐ |

(d)

图11-23 楼地面做法

(a)首层储藏间水泥砂浆地面做法；(b)首层楼梯、走道磨光花岗岩地面做法；
(c)上部楼层楼梯、走道磨光花岗岩楼面做法；(d)上部楼层客厅、起居室、卧室水泥砂浆楼面做法

| | 编码 | 类别 | 名称 | 项目特征 | 单位 | 工程量表达式 | 表达式说明 | 单价 | 综合单价 | 措施项目 | 专业 | 自动套 |
|---|---|---|---|---|---|---|---|---|---|---|---|---|
| 1 | 011102003 | 项 | 防滑陶瓷锦砖(彩色马赛克)楼面 | 1) 5厚防滑陶瓷彩色马赛克锦砖面层铺实拍平，干水泥擦缝；2) 刷素水泥浆一道；3) 25厚1：4干硬性水泥砂浆结合层；4) 刷素水泥浆一道；5) 60厚（最高处）C20细石混凝土从门口处向有地漏方向泛水，最低处不小于30；6) 刷冷底子油两道，四周上翻高度为150mm，防水面积1949.025m2；7) 15厚1：3水泥砂浆找平层。 | m2 | KLDMJ | KLDMJ<块料地面积> | | | ☐ | 建筑工程 | ☐ |
| 2 | 11-39 | 定 | 块料面层 陶瓷锦砖 不拼花 | | m2 | KLDMJ | KLDMJ<块料地面积> | 13167.78 | | ☐ | 饰 | ☐ |
| 3 | 11-4 | 定 | 细石混凝土地面找平层 30mm | | m2 | DMJ | DMJ<地面积> | 1742.41 | | ☐ | 饰 | ☐ |
| 4 | 9-83 | 定 | 冷底子油 第一遍 | | m2 | SPFSMJ+LMFSMJSP | SPFSMJ<水平防水面积>+LMFSMJSP<立面防水面积(小于最低立面防水高度)> | 448.94 | | ☐ | 土 | ☐ |
| 5 | 9-84 | 定 | 冷底子油 第二遍 | | m2 | SPFSMJ+LMFSMJSP | SPFSMJ<水平防水面积>+LMFSMJSP<立面防水面积(小于最低立面防水高度)> | 346.31 | | ☐ | 土 | ☐ |
| 6 | 11-1 | 定 | 平面砂浆找平层 混凝土或硬基层上 20mm | | m2 | DMJ | DMJ<地面积> | 1589.59 | | ☐ | 饰 | ☐ |

(e)

图 11-23 楼地面做法(续)

(e)上部楼层厨房、卫生间防滑陶瓷锦砖(彩色马赛克)楼面做法

(2)踢脚。本工程仅楼梯走道房间有釉面砖踢脚，其做法如图 11-24 所示。其中 15 厚 1：2 水泥砂浆打的扫毛在墙面抹灰中已计算，不用套做法。

| | 编码 | 类别 | 名称 | 项目特征 | 单位 | 工程量表达式 | 表达式说明 | 单价 | 综合单价 | 措施项目 | 专业 | 自动套 |
|---|---|---|---|---|---|---|---|---|---|---|---|---|
| 1 | 011105003 | 项 | 釉面砖踢脚 | 1) 8-10厚彩色釉面砖，面层做法同楼、地面，干水泥擦缝；2) 10厚1：2水泥砂浆结合层。 | m2 | TJKLMJ | TJKLMJ<踢脚块料面积> | | | ☐ | 建筑工程 | ☐ |
| 2 | 11-58 | 定 | 踢脚线 陶瓷地面砖 | | m2 | TJKLMJ | TJKLMJ<踢脚块料面积> | 8686.58 | | ☐ | 饰 | ☐ |

图 11-24 踢脚做法

(3)墙面。本工程共有楼梯、走道仿瓷涂料墙面，客厅、起居室、卧室仿瓷涂料墙面，厨房、卫生间瓷砖墙面三种内墙面，及褐色仿石外墙漆和外墙漆两种外墙面；女儿墙内侧墙面因图纸未明确其装修做法，参照外墙面做但不做保温，墙面装修具体做法如图 11-25 所示。其中，外墙面 30 厚无机不燃保温砂浆由于绘制了保温构件，因此，图 11-25(d)、(e)中没有套该做法。

| | 编码 | 类别 | 名称 | 项目特征 | 单位 | 工程量表达式 | 表达式说明 | 单价 | 综合单价 | 措施项目 | 专业 | 自动套 |
|---|---|---|---|---|---|---|---|---|---|---|---|---|
| 1 | 011407001 | 项 | 楼梯、走道仿瓷涂料墙面 | 1) 罩面涂料二遍（内墙乳胶漆）；2) 喷主涂层涂料一遍（刮瓷涂料）；3) 封底涂料一遍（刮瓷涂料）；4) 粘贴玻璃丝网格布，墙面腻子嵌缝刮平；5) 喷刷防水涂料一遍。 | m2 | QMKLMJ | QMKLMJ<墙面块料面积> | | | ☐ | 建筑工程 | ☐ |
| 2 | 14-199 | 定 | 乳胶漆 室内 墙面 二遍 | | m2 | QMKLMJ | QMKLMJ<墙面块料面积> | 2074.23 | | ☐ | 饰 | ☐ |
| 3 | 12-9 | 定 | 贴玻纤网格布 | | m2 | QMMHMJ | QMMHMJ<墙面抹灰面积> | 1217.96 | | ☐ | 饰 | ☐ |
| 4 | 9-76 | 定 | 聚合物水泥防水涂料 1.0mm厚 立面 | | m2 | QMKLMJ | QMKLMJ<墙面块料面积> | 2909.9 | | ☐ | 土 | ☐ |

(a)

| | 编码 | 类别 | 名称 | 项目特征 | 单位 | 工程量表达式 | 表达式说明 | 单价 | 综合单价 | 措施项目 | 专业 | 自动套 |
|---|---|---|---|---|---|---|---|---|---|---|---|---|
| 1 | 011407001 | 项 | 客厅、起居室、卧室仿瓷涂料墙面 | 1) 砂子打磨平；2) 刮D951仿瓷涂料3遍；3) 6厚1：2.5水泥砂浆；4) 12厚1：3水泥砂浆打底扫毛。 | m2 | QMKLMJ | QMKLMJ<墙面块料面积> | | | ☐ | 建筑工程 | ☐ |
| 2 | 14-217 | 定 | 仿瓷涂料 墙面 三遍 | | m2 | QMKLMJ | QMKLMJ<墙面块料面积> | 1669.73 | | ☐ | 饰 | ☐ |
| 3 | 12-1 | 定 | 内墙 (14+6)mm | | m2 | QMMHMJ | QMMHMJ<墙面抹灰面积> | 2372.86 | | ☐ | 饰 | ☐ |

(b)

图 11-25 墙面做法

(a)楼梯、走道仿瓷涂料墙面做法；(b)客厅、起居室、卧室仿瓷涂料墙面做法

| | 编码 | 类别 | 名称 | 项目特征 | 单位 | 工程量表达式 | 表达式说明 | 单价 | 综合单价 | 措施项目 | 专业 | 自动套 |
|---|---|---|---|---|---|---|---|---|---|---|---|---|
| 1 | ⊟ 011204003 | 项 | 厨房、卫生间瓷砖墙面 | 1) 3厚陶瓷墙地砖胶粘剂粘贴内墙5厚瓷砖，稀白水泥浆擦缝；<br>2) 6厚1：0.1：2.5水泥石灰膏砂浆结合层；<br>3) 12厚1：3水泥砂浆打底扫毛。 | m2 | QMKLMJ | QMKLMJ<墙面块料面积> | | | ☐ | 建筑工程 | ☐ |
| 2 | 12-62 | 定 | 面砖 预拌砂浆(干混) 每块面积≤0.20m2 | | m2 | QMKLMJ | QMKLMJ<墙面块料面积> | 7981.62 | | ☐ | 饰 | ☐ |
| 3 | 12-21 | 定 | 打底找平 15mm厚 | | m2 | QMMHMJ | QMMHMJ<墙面抹灰面积> | 1935.46 | | ☐ | 饰 | ☐ |

(c)

| | 编码 | 类别 | 名称 | 项目特征 | 单位 | 工程量表达式 | 表达式说明 | 单价 | 综合单价 | 措施项目 | 专业 | 自动套 |
|---|---|---|---|---|---|---|---|---|---|---|---|---|
| 1 | ⊟ 011407001 | 项 | 墙面喷刷涂料-褐色仿石外墙漆 | 1) 5厚专用饰面砂浆与涂料，褐色仿石外墙漆；<br>2) 满刮柔性防水腻子。 | m2 | QMKLMJ | QMKLMJ<墙面块料面积> | | | ☐ | 建筑工程 | ☐ |
| 2 | 14-191 | 定 | 真石漆 墙面 | | m2 | QMKLMJ | QMKLMJ<墙面块料面积> | 6559.17 | | ☐ | 饰 | ☐ |

(d)

| | 编码 | 类别 | 名称 | 项目特征 | 单位 | 工程量表达式 | 表达式说明 | 单价 | 综合单价 | 措施项目 | 专业 | 自动套 |
|---|---|---|---|---|---|---|---|---|---|---|---|---|
| 1 | ⊟ 011407001 | 项 | 墙面喷刷涂料-外墙漆 | 1) 5厚专用饰面砂浆与涂料；<br>2) 满刮柔性防水腻子。 | m2 | QMKLMJ | QMKLMJ<墙面块料面积> | | | ☐ | 建筑工程 | ☐ |
| 2 | 14-222 | 定 | 外墙丙烯酸酯涂料 墙面 二遍 | | m2 | QMKLMJ | QMKLMJ<墙面块料面积> | 2175.25 | | ☐ | 饰 | ☐ |

(e)

| | 编码 | 类别 | 名称 | 项目特征 | 单位 | 工程量表达式 | 表达式说明 | 单价 | 综合单价 | 措施项目 | 专业 | 自动套 |
|---|---|---|---|---|---|---|---|---|---|---|---|---|
| 1 | ⊟ 011407001 | 项 | 墙面喷刷涂料-女儿墙内侧装修 | 1) 5厚专用饰面砂浆与涂料；<br>2) 满刮柔性防水腻子；<br>3) 抗裂砂浆5厚压入一层普通型网格布；<br>4) 刷界面剂砂浆。 | m2 | QMMHMJ | QMMHMJ<墙面抹灰面积> | | | ☐ | 建筑工程 | ☐ |
| 2 | 14-222 | 定 | 外墙丙烯酸酯涂料 墙面 二遍 | | m2 | QMKLMJ | QMKLMJ<墙面块料面积> | 2175.25 | | ☐ | 饰 | ☐ |
| 3 | 10-73 | 定 | 墙、柱面 抗裂保护层 耐碱网格布 抗裂砂浆 厚度(mm) 4 | | m2 | QMMHMJ | QMMHMJ<墙面抹灰面积> | 2303.02 | | ☐ | 土 | ☐ |
| 4 | 12-22 | 定 | 墙面界面剂 | | m2 | QMMHMJ | QMMHMJ<墙面抹灰面积> | 173.83 | | ☐ | 饰 | ☐ |

(f)

**图 11-25　墙面做法(续)**

(c)厨房、卫生间瓷砖墙面做法；(d)褐色仿石外墙漆外墙面做法；(e)外墙漆外墙面做法；(f)女儿墙内侧墙面做法

(4)顶棚。本工程共有楼梯、走道复合涂料顶棚和客厅、起居室、卧室、厨房、卫生间白色仿瓷涂料顶棚两种顶棚，具体做法如图 11-26 所示。

| | 编码 | 类别 | 名称 | 项目特征 | 单位 | 工程量表达式 | 表达式说明 | 单价 | 综合单价 | 措施项目 | 专业 | 自动套 |
|---|---|---|---|---|---|---|---|---|---|---|---|---|
| 1 | ⊟ 011407002 | 项 | 复合涂料顶棚 | 1) 刷素水泥浆一遍；<br>2) 12厚1：1：6水泥石灰膏砂浆打底扫毛；<br>3) 6厚1：0.3：2.5水泥石灰膏砂浆找平；<br>4) 封底涂料一遍（刮瓷）；<br>5) 喷厚涂料一遍（刮瓷）；<br>6) 罩面涂料二遍（乳胶漆）。 | m2 | TPMHMJ | TPMHMJ<天棚抹灰面积> | | | ☐ | 建筑工程 | ☐ |
| 2 | 12-23 | 定 | 素水泥浆界面剂 | | m2 | TPMHMJ | TPMHMJ<天棚抹灰面积> | 194.96 | | ☐ | 饰 | ☐ |
| 3 | 13-1 | 定 | 混凝土天棚一次抹灰（10mm） | | m2 | TPMHMJ | TPMHMJ<天棚抹灰面积> | 1599.07 | | ☐ | 饰 | ☐ |
| 4 | 14-200 | 定 | 乳胶漆 室内 天棚面 二遍 | | m2 | TPMHMJ | TPMHMJ<天棚抹灰面积> | 2271.22 | | ☐ | 饰 | ☐ |

(a)

| | 编码 | 类别 | 名称 | 项目特征 | 单位 | 工程量表达式 | 表达式说明 | 单价 | 综合单价 | 措施项目 | 专业 | 自动套 |
|---|---|---|---|---|---|---|---|---|---|---|---|---|
| 1 | ⊟ 011407002 | 项 | 仿瓷涂料顶棚 | 1) 刷素水泥浆一道；<br>2) 12厚1：0.3：3水泥石灰膏砂浆打底扫毛；<br>3) 6厚1：0.3：2.5水泥石灰膏砂浆找平；<br>4) 刮D951仿瓷涂料3遍；<br>5) 砂纸打磨平。 | m2 | TPMHMJ | TPMHMJ<天棚抹灰面积> | | | ☐ | 建筑工程 | ☐ |
| 2 | 12-23 | 定 | 素水泥浆界面剂 | | m2 | TPMHMJ | TPMHMJ<天棚抹灰面积> | 194.96 | | ☐ | 饰 | ☐ |
| 3 | 13-1 | 定 | 混凝土天棚一次抹灰（10mm） | | m2 | TPMHMJ | TPMHMJ<天棚抹灰面积> | 1599.07 | | ☐ | 饰 | ☐ |
| 4 | 14-218 | 定 | 仿瓷涂料 天棚面 三遍 | | m2 | TPMHMJ | TPMHMJ<天棚抹灰面积> | 1897.73 | | ☐ | 饰 | ☐ |

(b)

**图 11-26　顶棚做法**

(a)楼梯、走道复合涂料顶棚做法；

(b)客厅、起居室、卧室、厨房、卫生间白色仿瓷涂料顶棚做法

(5)独立柱装修。江西省 2017 版定额规定“独立柱抹灰面喷刷油漆、涂料、裱糊，按墙面相应项目执行，其中人工乘以系数 1.2”，因此，本工程独立柱装修按外墙面相应装修做法，但独立柱不做保温，所以，保温层和抗裂砂浆均不做，其做法套取如图 11-27 所示。

|  | 编码 | 类别 | 名称 | 项目特征 | 单位 | 工程量表达式 | 表达式说明 | 单价 | 综合单价 | 措施项目 | 专业 | 自动套 |
|---|---|---|---|---|---|---|---|---|---|---|---|---|
| 1 | ⊟ 011406001 | 项 | 独立柱装饰-褐色仿石外墙漆 | 1) 5厚专用饰面砂浆与涂料，褐色仿石外墙漆；<br>2) 满刮柔性防水腻子；<br>3) 刷界面剂砂浆。 | m2 | DLZKLMJ | DLZKLMJ<独立柱块料面积> |  |  | ☐ | 建筑工程 | ☐ |
| 2 | 14-191 | 定 | 真石漆 墙面 |  | m2 | DLZKLMJ | DLZKLMJ<独立柱块料面积> | 6559.17 |  | ☐ | 饰 | ☐ |
| 3 | 12-22 | 定 | 墙面界面剂 |  | m2 | DLZMHMJ | DLZMHMJ<独立柱抹灰面积> | 173.83 |  | ☐ | 饰 | ☐ |

(a)

|  | 编码 | 类别 | 名称 | 项目特征 | 单位 | 工程量表达式 | 表达式说明 | 单价 | 综合单价 | 措施项目 | 专业 | 自动套 |
|---|---|---|---|---|---|---|---|---|---|---|---|---|
| 1 | ⊟ 011406001 | 项 | 独立柱装饰-外墙漆 | 1) 5厚专用饰面砂浆与涂料；<br>2) 满刮柔性防水腻子；<br>3) 刷界面剂砂浆。 | m2 | DLZKLMJ | DLZKLMJ<独立柱块料面积> |  |  | ☐ | 建筑工程 | ☐ |
| 2 | 14-222 | 定 | 外墙丙烯酸酯涂料 墙面 二遍 |  | m2 | DLZKLMJ | DLZKLMJ<独立柱块料面积> | 2175.25 |  | ☐ | 饰 | ☐ |
| 3 | 12-22 | 定 | 墙面界面剂 |  | m2 | DLZMHMJ | DLZMHMJ<独立柱抹灰面积> | 173.83 |  | ☐ | 饰 | ☐ |

(b)

图 11-27　独立柱装修做法

(a)首层、第 2 层独立柱装修做法；(b)第 3 层及以上独立柱装修做法

### 8. 土方

假定本工程现场没有堆放土方的地方，所有土方挖出来后用自卸汽车运至 1 km 外堆放。

(1)基槽土方。本工程有承台梁下基槽和基础层梁下基槽。基槽土方具体做法如图 11-28 所示。

|  | 编码 | 类别 | 名称 | 项目特征 | 单位 | 工程量表达式 | 表达式说明 | 单价 | 综合单价 | 措施项目 | 专业 | 自动套 |
|---|---|---|---|---|---|---|---|---|---|---|---|---|
| 1 | ⊟ 010101003 | 项 | 挖沟槽土方 | 三类土<br>挖土深度2.4m | m3 | TFTJ | TFTJ<土方体积> |  |  | ☐ | 建筑工程 | ☐ |
| 2 | 1-51 | 定 | 挖掘机挖装槽坑土方 三类土 |  | m3 | TFTJ | TFTJ<土方体积> | 116.95 |  | ☐ | 土 | ☐ |
| 3 | ⊟ 010103002 | 项 | 余方弃置 | 自卸汽车运土方 运距≤1km | m3 | TFTJ | TFTJ<土方体积> |  |  | ☐ | 建筑工程 | ☐ |
| 4 | 1-63 | 定 | 自卸汽车运土方 运距≤1km |  | m3 | TFTJ | TFTJ<土方体积> | 66.4 |  | ☐ | 土 | ☐ |
| 5 | ⊟ 010103001 | 项 | 回填方 | 夯填土 机械 槽坑 | m3 | STHTTJ | STHTTJ<素土回填体积> |  |  | ☐ | 建筑工程 | ☐ |
| 6 | 1-143 | 定 | 夯填土 机械 槽坑 |  | m3 | STHTTJ | STHTTJ<素土回填体积> | 103.77 |  | ☐ | 土 | ☐ |

(a)

|  | 编码 | 类别 | 名称 | 项目特征 | 单位 | 工程量表达式 | 表达式说明 | 单价 | 综合单价 | 措施项目 | 专业 | 自动套 |
|---|---|---|---|---|---|---|---|---|---|---|---|---|
| 1 | ⊟ 010101003 | 项 | 挖沟槽土方 | 三类土<br>挖土深度0.65m | m3 | TFTJ | TFTJ<土方体积> |  |  | ☐ | 建筑工程 | ☐ |
| 2 | 1-51 | 定 | 挖掘机挖装槽坑土方 三类土 |  | m3 | TFTJ | TFTJ<土方体积> | 116.95 |  | ☐ | 土 | ☐ |
| 3 | ⊟ 010103002 | 项 | 余方弃置 | 自卸汽车运土方 运距≤1km | m3 | TFTJ | TFTJ<土方体积> |  |  | ☐ | 建筑工程 | ☐ |
| 4 | 1-63 | 定 | 自卸汽车运土方 运距≤1km |  | m3 | TFTJ | TFTJ<土方体积> | 66.4 |  | ☐ | 土 | ☐ |
| 5 | ⊟ 010103001 | 项 | 回填方 | 夯填土 机械 槽坑 | m3 | STHTTJ | STHTTJ<素土回填体积> |  |  | ☐ | 建筑工程 | ☐ |
| 6 | 1-143 | 定 | 夯填土 机械 槽坑 |  | m3 | STHTTJ | STHTTJ<素土回填体积> | 103.77 |  | ☐ | 土 | ☐ |

(b)

图 11-28　基槽土方做法

(a)承台梁下基槽土方做法；(b)基础层梁下基槽土方做法

(2)基坑土方。本工程共有承台下基坑和电梯基坑位置处两种基坑土方，挖土深度均超过 2 m，其具体做法如图 11-29 所示。

|  | 编码 | 类别 | 名称 | 项目特征 | 单位 | 工程量表达式 | 表达式说明 | 单价 | 综合单价 | 措施项目 | 专业 | 自动套 |
|---|---|---|---|---|---|---|---|---|---|---|---|---|
| 1 | ⊟ 010101004 | 项 | 挖基坑土方 | 三类土<br>挖土深度2.65m | m3 | TFTJ | TFTJ<土方体积> |  |  | ☐ | 建筑工程 | ☐ |
| 2 | 1-51 | 定 | 挖掘机挖装槽坑土方 三类土 |  | m3 | TFTJ | TFTJ<土方体积> | 116.95 |  | ☐ | 土 | ☐ |
| 3 | ⊟ 010103002 | 项 | 余方弃置 | 自卸汽车运土方 运距≤1km | m3 | TFTJ | TFTJ<土方体积> |  |  | ☐ | 建筑工程 | ☐ |
| 4 | 1-63 | 定 | 自卸汽车运土方 运距≤1km |  | m3 | TFTJ | TFTJ<土方体积> | 66.4 |  | ☐ | 土 | ☐ |
| 5 | ⊟ 010103001 | 项 | 回填方 | 夯填土 机械 槽坑 | m3 | STHTTJ | STHTTJ<素土回填体积> |  |  | ☐ | 建筑工程 | ☐ |
| 6 | 1-143 | 定 | 夯填土 机械 槽坑 |  | m3 | STHTTJ | STHTTJ<素土回填体积> | 103.77 |  | ☐ | 土 | ☐ |

图 11-29　基坑土方做法

(3)房心回填。房心回填做法如图 11-30 所示。

|  | 编码 | 类别 | 名称 | 项目特征 | 单位 | 工程量表达式 | 表达式说明 | 单价 | 综合单价 | 措施项目 | 专业 | 自动套 |
|---|---|---|---|---|---|---|---|---|---|---|---|---|
| 1 | ⊟ 010103001 | 项 | 回填方 | 夯填土 机械 槽坑 | m3 | FXHTTJ | FXHTTJ<房心回填体积> |  |  | ☐ | 建筑工程 | ☐ |
| 2 | 1-143 | 定 | 夯填土 机械 槽坑 |  | m3 | FXHTTJ | FXHTTJ<房心回填体积> | 103.77 |  | ☐ | 土 | ☐ |

图 11-30　房心回填做法

## 9. 基础

(1)基础梁。本工程承台拉梁为基础梁，混凝土强度为C30，其做法如图11-31所示。

| | 编码 | 类别 | 名称 | 项目特征 | 单位 | 工程量表达式 | 表达式说明 | 单价 | 综合单价 | 措施项目 | 专业 | 自动套 |
|---|---|---|---|---|---|---|---|---|---|---|---|---|
| 1 | 010503001 | 项 | C30基础梁 | C30商品混凝土 泵送 | m3 | TJ | TJ<体积> | | | ☐ | 建筑工程 | ☐ |
| 2 | 5-16 | 定 | C30现浇混凝土 基础梁 | | m3 | TJ | TJ<体积> | 3176.96 | | ☐ | 土 | ☐ |
| 3 | 011702005 | 项 | 基础梁 | 复合模板钢支撑 | m2 | MBMJ | MBMJ<模板面积> | | | ☑ | 建筑工程 | ☐ |
| 4 | 5-262 | 定 | 基础梁 复合模板 钢支撑 | | m2 | MBMJ | MBMJ<模板面积> | 3427.43 | | ☑ | 土 | ☐ |

图 11-31　承台拉梁做法

(2)桩承台。本工程承台为独立承台，混凝土强度为C30，江西省2017版定额规定独立承台按独立基础计算，其做法如图11-32所示。

| | 编码 | 类别 | 名称 | 项目特征 | 单位 | 工程量表达式 | 表达式说明 | 单价 | 综合单价 | 措施项目 | 专业 | 自动套 |
|---|---|---|---|---|---|---|---|---|---|---|---|---|
| 1 | 010501005 | 项 | C30桩承台基础 | C30商品混凝土 泵送 | m3 | TJ | TJ<体积> | | | ☐ | 建筑工程 | ☐ |
| 2 | 5-5 | 定 | C30现浇混凝土 独立基础 混凝土 | | m3 | TJ | TJ<体积> | 3129.9 | | ☐ | 土 | ☐ |
| 3 | 011702001 | 项 | 独立桩承台模板 | 复合模板木支撑 | m2 | MBMJ | MBMJ<模板面积> | | | ☑ | 建筑工程 | ☐ |
| 4 | 5-222 | 定 | 独立基础 复合模板 木支撑 | | m2 | MBMJ | MBMJ<模板面积> | 3521.17 | | ☑ | 土 | ☐ |

图 11-32　桩承台做法

## 小提示

如桩承台、独立基础及条形基础等先新建基础再新建基础单元的构件，其做法要套在基础单元上，只有在基础单元上才有匹配的工程量表达式。

(3)桩。本工程人工挖孔桩ZJ1、ZJ2、ZJ3反深度不同，但孔深均在10 m以内，因此套取相同做法，如图11-33所示。其中ZJ2、ZJ3仅深度与ZJ1不同，但孔深均在10 m以内，因此，套取相同做法。

| | 编码 | 类别 | 名称 | 项目特征 | 单位 | 工程量表达式 | 表达式说明 | 单价 | 综合单价 | 措施项目 | 专业 | 自动套 |
|---|---|---|---|---|---|---|---|---|---|---|---|---|
| 1 | 010302004 | 项 | 挖孔桩土方 | 人工挖三类土<br>挖孔深度7.2m | m3 | TFTJ | TFTJ<土方体积> | | | ☐ | 建筑工程 | ☐ |
| 2 | 3-89 | 定 | 人工挖孔桩土方 桩径≤1000mm 孔深≤10m | | m3 | TFTJ | TFTJ<土方体积> | 1097.35 | | ☐ | 土 | ☐ |
| 3 | 010103002 | 项 | 余方弃置 | 自卸汽车运土方，运距≤1km | m3 | TFTJ | TFTJ<土方体积> | | | ☐ | 建筑工程 | ☐ |
| 4 | 1-63 | 定 | 自卸汽车运土方 运距≤1km | | m3 | TFTJ | TFTJ<土方体积> | 66.4 | | ☐ | 土 | ☐ |
| 5 | 010302005 | 项 | 人工挖孔灌注桩 | 桩芯长度7.2m<br>桩芯直径0.8m，扩底直径1.2m<br>桩芯混凝土为C25商品混凝土 泵送 | m3 | TJ<br>+3.14*0.4*0.4*0.25 | TJ<体积><br>+3.14*0.4*0.4*0.25 | | | ☐ | 建筑工程 | ☐ |
| 6 | 3-101 | 定 | 人工挖孔灌注混凝土桩 桩芯 混凝土 | | m3 | TJ<br>+3.14*0.4*0.4*0.25 | TJ<体积><br>+3.14*0.4*0.4*0.25 | 3792.31 | | ☐ | 土 | ☐ |
| 7 | 010401002 | 项 | 人工挖孔桩护壁 | 护壁外径1000mm，平均厚度100mm，单节护壁长度1m，总长6m<br>护壁混凝土为C25商品混凝土 泵送 | m3 | HBTJ<br>+3.14*0.9*0.1*0.25 | HBTJ<护壁体积><br>+3.14*0.9*0.1*0.25 | | | ☐ | 建筑工程 | ☐ |
| 8 | 3-99 | 定 | 人工挖孔灌注混凝土桩 桩壁 现浇混凝土 | | m3 | HBTJ<br>+3.14*0.9*0.1*0.25 | HBTJ<护壁体积><br>+3.14*0.9*0.1*0.25 | 3425.3 | | ☐ | 土 | ☐ |
| 9 | 011702001 | 项 | 护壁模板 | 复合模板 | m2 | HBTJ/<br>0.1+3.14*0.8*0.25+3.14*1*0.25 | HBTJ<护壁体积>/<br>0.1+3.14*0.8*0.25+3.14*1*0.25 | | | ☑ | 建筑工程 | ☐ |
| 10 | 3-98 | 定 | 人工挖孔灌注混凝土桩 桩壁 模板 | | m2 | HBTJ/<br>0.1+3.14*0.8*0.25+3.14*1*0.25 | HBTJ<护壁体积>/<br>0.1+3.14*0.8*0.25+3.14*1*0.25 | 448.42 | | ☑ | 土 | ☐ |

图 11-33　人工挖孔桩做法

(4)电梯基坑底板。本工程电梯基坑底板混凝土强度为C30，按无梁式满堂基础套做法如图11-34所示。

| | 编码 | 类别 | 名称 | 项目特征 | 单位 | 工程量表达式 | 表达式说明 | 单价 | 综合单价 | 措施项目 | 专业 | 自动套 |
|---|---|---|---|---|---|---|---|---|---|---|---|---|
| 1 | 010501004 | 项 | C30无梁式满堂基础 | C30商品混凝土 泵送 | m3 | TJ | TJ<体积> | | | ☐ | 建筑工程 | ☐ |
| 2 | 5-8 | 定 | C30现浇混凝土 满堂基础 无梁式 | | m3 | TJ | TJ<体积> | 3111.92 | | ☐ | 土 | ☐ |
| 3 | 011702001 | 项 | 电梯基坑底板无梁式满堂基础模板 | 复合模板木支撑 | m2 | MBMJ | MBMJ<模板面积> | | | ☑ | 建筑工程 | ☐ |
| 4 | 5-228 | 定 | 满堂基础 无梁式 复合模板 木支撑 | | m2 | MBMJ | MBMJ<模板面积> | 2808.59 | | ☑ | 土 | ☐ |

图 11-34　电梯基坑底板做法

(5)垫层。本工程垫层均为C10素混凝土垫层，其做法如图11-35所示。

| | 编码 | 类别 | 名称 | 项目特征 | 单位 | 工程量表达式 | 表达式说明 | 单价 | 综合单价 | 措施项目 | 专业 | 自动套 |
|---|---|---|---|---|---|---|---|---|---|---|---|---|
| 1 | 010501001 | 项 | C10素混凝土垫层 | C10商品混凝土 泵送 | m3 | TJ | TJ<体积> | | | ☐ | 建筑工程 | ☐ |
| 2 | 5-1 | 定 | C10现浇混凝土 垫层 | | m3 | TJ | TJ<体积> | 3088.41 | | ☐ | 土 | ☐ |
| 3 | 011702001 | 项 | 基础垫层模板 | 复合模板 | m2 | MBMJ | MBMJ<模板面积> | | | ☑ | 建筑工程 | ☐ |
| 4 | 5-204 | 定 | 基础垫层 复合模板 | | m2 | MBMJ | MBMJ<模板面积> | 2957.77 | | ☑ | 土 | ☐ |

图 11-35　垫层做法

(6)砖胎模。本工程承台、基础梁侧面采用200厚实心砖模(砖MU10、水泥砂浆M5)，1∶2水泥砂浆抹面，其做法如图11-36所示。

| | 编码 | 类别 | 名称 | 项目特征 | 单位 | 工程量表达式 | 表达式说明 | 单价 | 综合单价 | 措施项目 | 专业 | 自动套 |
|---|---|---|---|---|---|---|---|---|---|---|---|---|
| 1 | 010401001 | 项 | 砖基础 | 200厚实心砖模（砖MU10、水泥砂浆M5） | m3 | TJ | TJ<体积> | | | ☐ | 建筑工程 | ☐ |
| 2 | 4-1 | 定 | 砖基础 | | m3 | TJ | TJ<体积> | 4396.23 | | ☐ | 土 | ☐ |
| 3 | 011201001 | 项 | 砖胎模内侧抹灰 | 砖胎模内侧1：2水泥砂浆抹面15mm厚 | m2 | MHMJ | MHMJ<抹灰面积> | | | ☐ | 建筑工程 | ☐ |
| 4 | 12-21 | 定 | 打底找平 15mm厚 | | m2 | MHMJ | MHMJ<抹灰面积> | 1935.46 | | ☐ | 饰 | ☐ |

图 11-36　砖胎模做法

## 10. 其他

(1)建筑面积。本工程共11层，需要考虑超高增加费，其做法如图11-37所示。

| | 编码 | 类别 | 名称 | 项目特征 | 单位 | 工程量表达式 | 表达式说明 | 单价 | 综合单价 | 措施项目 | 专业 | 自动套 |
|---|---|---|---|---|---|---|---|---|---|---|---|---|
| 1 | 011701001 | 项 | 综合脚手架 | 框架-剪力墙结构，檐高33.15m | m2 | ZHJSJMJ | ZHJSJMJ<综合脚手架面积> | | | ☑ | 建筑工程 | ☐ |
| 2 | 17-24 | 定 | 多层建筑综合脚手架 全现浇结构(檐高m以内) 50 | | m2 | ZHJSJMJ | ZHJSJMJ<综合脚手架面积> | 4591.34 | | ☑ | 土 | ☐ |
| 3 | 011703001 | 项 | 垂直运输 | 框架-剪力墙住宅楼，檐高33.15m，无地下室共11层 | m2 | MJ | MJ<面积> | | | ☑ | 建筑工程 | ☐ |
| 4 | 17-93 | 定 | 全现浇结构 檐高(m以内) 40 | | m2 | MJ | MJ<面积> | 2149.61 | | ☑ | 土 | ☐ |

(a)

| | 编码 | 类别 | 名称 | 项目特征 | 单位 | 工程量表达式 | 表达式说明 | 单价 | 综合单价 | 措施项目 | 专业 | 自动套 |
|---|---|---|---|---|---|---|---|---|---|---|---|---|
| 1 | 011701001 | 项 | 综合脚手架 | 框架-剪力墙结构，檐高33.15m | m2 | ZHJSJMJ | ZHJSJMJ<综合脚手架面积> | | | ☑ | 建筑工程 | ☐ |
| 2 | 17-24 | 定 | 多层建筑综合脚手架 全现浇结构(檐高m以内) 50 | | m2 | ZHJSJMJ | ZHJSJMJ<综合脚手架面积> | 4591.34 | | ☑ | 土 | ☐ |
| 3 | 011703001 | 项 | 垂直运输 | 框架-剪力墙住宅楼，檐高33.15m，无地下室共11层 | m2 | MJ | MJ<面积> | | | ☑ | 建筑工程 | ☐ |
| 4 | 17-93 | 定 | 全现浇结构 檐高(m以内) 40 | | m2 | MJ | MJ<面积> | 2149.61 | | ☑ | 土 | ☐ |
| 5 | 011704001 | 项 | 超高施工增加 | 框架-剪力墙住宅楼，檐高33.15m，共11层 | m2 | MJ | MJ<面积> | | | ☑ | 建筑工程 | ☐ |
| 6 | 17-137 | 定 | 建筑物檐高(m以内) 40 | | m2 | MJ | MJ<面积> | 1470.24 | | ☑ | 土 | ☐ |

(b)

图 11-37　建筑面积做法

(a)首层至第6层建筑面积做法；(b)第7层及以上建筑面积做法

(2)平整场地。本工程平整场地做法如图11-38所示。

| | 编码 | 类别 | 名称 | 项目特征 | 单位 | 工程量表达式 | 表达式说明 | 单价 | 综合单价 | 措施项目 | 专业 | 自动套 |
|---|---|---|---|---|---|---|---|---|---|---|---|---|
| 1 | 010101001 | 项 | 平整场地 | 三类土、机械平整场地 | m2 | MJ | MJ<面积> | | | ☐ | 建筑工程 | ☐ |
| 2 | 1-134 | 定 | 机械平整场地 | | m2 | MJ | MJ<面积> | 128.51 | | ☐ | 土 | ☐ |

图 11-38　平整场地做法

(3)挑檐。本工程南面挑阳台上方异形挑檐高度为350 mm，小于400 mm，按挑檐计算其混凝土和模板；其装饰展开宽度为1 200 mm，按零星项目计算，其做法如图11-39所示。

| | 编码 | 类别 | 名称 | 项目特征 | 单位 | 工程量表达式 | 表达式说明 | 单价 | 综合单价 | 措施项目 | 专业 | 自动套 |
|---|---|---|---|---|---|---|---|---|---|---|---|---|
| 1 | 010505007 | 项 | C25挑檐板 | C25商品混凝土 泵送 | m3 | TJ | TJ<体积> | | | ☐ | 建筑工程 | ☐ |
| 2 | 5-41 | 定 | C25现浇混凝土 挑檐板 | | m3 | TJ | TJ<体积> | 3933.92 | | ☐ | 土 | ☐ |
| 3 | 011702022 | 项 | 挑檐 | 复合模板钢支撑 | m2 | MBMJ | MBMJ<模板面积> | | | ☑ | 建筑工程 | ☐ |
| 4 | 5-310 | 定 | 天沟挑檐 复合模板钢支撑 | | m2 | MBMJ | MBMJ<模板面积> | 4962.19 | | ☑ | 土 | ☐ |
| 5 | 011407001 | 项 | 墙面喷刷涂料-外墙漆 | 1）5厚专用饰面砂浆与涂料；2）满刮柔性防水腻子。 | m2 | TYYSCD*(0.3*2+0.35+0.25) | TYYSCD<挑檐原始长度>*(0.3*2+0.35+0.25) | | | ☐ | 建筑工程 | ☐ |
| 6 | 14-222 | 定 | 外墙丙烯酸酯涂料 墙面 二遍 | | m2 | TYYSCD*(0.3*2+0.35+0.25) | TYYSCD<挑檐原始长度>*(0.3*2+0.35+0.25) | 2175.25 | | ☐ | 饰 | ☐ |

图 11-39　南面挑阳台上方异形挑檐做法

(4)阳台。本工程阳台仅套模板做法如图 11-40 所示。

| | 编码 | 类别 | 名称 | 项目特征 | 单位 | 工程量表达式 | 表达式说明 | 单价 | 综合单价 | 措施项目 | 专业 | 自动套 |
|---|---|---|---|---|---|---|---|---|---|---|---|---|
| 1 | ⊟ 011702023 | 项 | 阳台板模板 | 复合模板钢支撑 | m2 | SJHZTYMJ | SJHZTYMJ<实际绘制投影面积> | | | ☑ | 建筑工程 | ☐ |
| 2 | 5-308 | 定 | 阳台板 直形 复合模板钢支撑 | | m2水平投影面积 | SJHZTYMJ | SJHZTYMJ<实际绘制投影面积> | 7344.37 | | ☑ | 土 | ☐ |

图 11-40 阳台模板做法

(5)屋面。本工程屋面做法为：40 厚 C25 细石混凝土(内铺钢丝网)；20 厚 1∶3 水泥砂浆；35 厚岩棉板(A1 级防火性能)；高聚物改性沥青防水卷材二道；20 厚 1∶3 水泥砂浆；80 厚水泥膨胀珍珠岩。其中有刚性防水层、卷材防水层和两种保温层，其做法如图 11-41 所示。

| | 编码 | 类别 | 名称 | 项目特征 | 单位 | 工程量表达式 | 表达式说明 | 单价 | 综合单价 | 措施项目 | 专业 | 自动套 |
|---|---|---|---|---|---|---|---|---|---|---|---|---|
| 1 | ⊟ 010902003 | 项 | 屋面刚性层 | 1) 40厚C25细石混凝土（内铺钢丝网）；<br>2) 20厚1：3水泥砂浆；<br>3) 35厚岩棉板（A1级防火性能）；<br>4) 高聚物改性沥青防水卷材二道；<br>5) 20厚1：3水泥砂浆；<br>6) 80厚水泥膨胀珍珠岩。 | m2 | MJ | MJ<面积> | | | ☐ | 建筑工程 | ☐ |
| 2 | 9-89 | 定 | 细石混凝土 厚40mm | | m2 | MJ | MJ<面积> | 2273.65 | | ☐ | 土 | ☐ |
| 3 | 11-2 | 定 | 平面砂浆找平层 填充材料上 20mm | | m2 | MJ | MJ<面积> | 1949.12 | | ☐ | 饰 | ☐ |
| 4 | 10-14 | 定 | 屋面 干铺岩棉板 厚度(mm) ≤50 | | m2 | MJ | MJ<面积> | 1680.88 | | ☐ | 土 | ☐ |
| 5 | 9-42 | 定 | 高聚物改性沥青自粘卷材 自粘法一层平面 | | m2 | MJ+JBMJ | MJ<面积>+JBMJ<卷边面积> | 2724.52 | | ☐ | 土 | ☐ |
| 6 | 11-2 | 定 | 平面砂浆找平层 填充材料上 20mm | | m2 | MJ | MJ<面积> | 1949.12 | | ☐ | 饰 | ☐ |
| 7 | 10-7 | 定 | 屋面 水泥珍珠岩 | | m3 | MJ*0.08 | MJ<面积>*0.08 | 1987.97 | | ☐ | 土 | ☐ |

图 11-41 屋面做法

(6)保温层。本工程外墙面无机不燃保温砂浆做法如图 11-42 所示。

| | 编码 | 类别 | 名称 | 项目特征 | 单位 | 工程量表达式 | 表达式说明 | 单价 | 综合单价 | 措施项目 | 专业 | 自动套 |
|---|---|---|---|---|---|---|---|---|---|---|---|---|
| 1 | ⊟ 011001003 | 项 | 保温隔热墙面 | 1) 抗裂砂浆5厚压入一层普通型网格布；<br>2) 30厚无机不燃保温砂浆；<br>3) 刷界面剂砂浆。 | m2 | MJ | MJ<面积> | | | ☐ | 建筑工程 | ☐ |
| 2 | 10-73 | 定 | 墙、柱面 抗裂保护层 耐碱网格布 抗裂砂浆 厚度(mm) 4 | | m2 | MJ | MJ<面积> | 2303.02 | | ☐ | 土 | ☐ |
| 3 | 10-54 | 定 | 墙、柱面 无机轻集料保温砂浆 厚度(mm) 25 | | m2 | MJ | MJ<面积> | 3251.11 | | ☐ | 土 | ☐ |
| 4 | 12-22 | 定 | 墙面界面剂 | | m2 | MJ | MJ<面积> | 173.83 | | ☐ | 饰 | ☐ |

图 11-42 外墙保温做法

(7)栏板。本工程有 500 mm 和 800 mm 高两种栏板，其做法如图 11-43 所示。

| | 编码 | 类别 | 名称 | 项目特征 | 单位 | 工程量表达式 | 表达式说明 | 单价 | 综合单价 | 措施项目 | 专业 | 自动套 |
|---|---|---|---|---|---|---|---|---|---|---|---|---|
| 1 | ⊟ 010505006 | 项 | C25栏板 | C25商品混凝土 泵送 | m3 | TJ | TJ<体积> | | | ☐ | 建筑工程 | ☐ |
| 2 | 5-38 | 定 | C25现浇混凝土 栏板 | | m3 | TJ | TJ<体积> | 3891.3 | | ☐ | 土 | ☐ |
| 3 | ⊟ 011702021 | 项 | 栏板 | 复合模板钢支撑 | m2 | MBMJ | MBMJ<模板面积> | | | ☑ | 建筑工程 | ☐ |
| 4 | 5-302 | 定 | 栏板 复合模板钢支撑 | | m2 | MBMJ | MBMJ<模板面积> | 4343.81 | | ☑ | 土 | ☐ |
| 5 | ⊟ 011407001 | 项 | 墙面喷刷涂料-外墙漆 | 1) 5厚专用饰面砂浆与涂料；<br>2) 满刮柔性防水腻子。 | m2 | (WBXCD+NBXCD)*0.5 | (WBXCD<外边线长度>+NBXCD<内边线长度>)*0.5 | | | ☐ | 建筑工程 | ☐ |
| 6 | 14-222 | 定 | 外墙丙烯酸酯涂料 墙面 二遍 | | m2 | (WBXCD+NBXCD)*0.5 | (WBXCD<外边线长度>+NBXCD<内边线长度>)*0.5 | 2175.25 | | ☐ | 饰 | ☐ |

图 11-43 栏板做法

(8)压顶。本工程女儿墙压顶混凝土强度为 C25，需套混凝土、模板、压顶外侧及顶面装修(并入外墙面)、压顶内侧装修(并入女儿墙内侧)等做法，如图 11-44 所示。

(9)栏杆扶手。本工程有多种不同高度的不锈钢栏杆扶手，按不同高度套栏杆扶手做法即可，需要注意的是直径 40 mm 的飘窗不锈钢横管每个飘窗位置是 3 根，建模只画 1 根，需在套做法时考虑。以第 2 层栏杆扶手为例，其做法如图 11-45 所示。

| | 编码 | 类别 | 名称 | 项目特征 | 单位 | 工程量表达式 | 表达式说明 | 单价 | 综合单价 | 措施项目 | 专业 | 自动套 |
|---|---|---|---|---|---|---|---|---|---|---|---|---|
| 1 | ⊟ 010507005 | 项 | C25压顶 | C25商品混凝土 泵送 | m3 | TJ | TJ<体积> | | | ☐ | 建筑工程 | ☐ |
| 2 | 5-53 | 定 | C25现浇混凝土 扶手、压顶 | | m3 | TJ | TJ<体积> | 4225.51 | | ☐ | 土 | ☐ |
| 3 | ⊟ 011702028 | 项 | 压顶模板 | 复合模板木支撑 | m2 | MBMJ | MBMJ<模板面积> | | | ☑ | 建筑工程 | ☐ |
| 4 | 5-322 | 定 | 扶手压顶 复合模板木支撑 | | m2 | MBMJ | MBMJ<模板面积> | 3107.42 | | ☑ | 土 | ☐ |
| 5 | ⊟ 011407001 | 项 | 墙面喷刷涂料-外墙漆 | 1) 5厚专用饰面砂浆与涂料;<br>2) 满刮柔性防水腻子。 | m2 | CD*0.95 | CD<长度>*0.95 | | | ☐ | 建筑工程 | ☐ |
| 6 | 14-222 | 定 | 外墙丙烯酸酯涂料 墙面 二遍 | | m2 | CD*0.95 | CD<长度>*0.95 | 2175.25 | | ☐ | 饰 | ☐ |
| 7 | ⊟ 011407001 | 项 | 墙面喷刷涂料-女儿墙内侧装修 | 1) 5厚专用饰面砂浆与涂料;<br>2) 满刮柔性防水腻子;<br>3) 抗裂砂浆5厚压入一层普通型网格布;<br>4) 刷界面剂砂浆。 | m2 | CD*0.35 | CD<长度>*0.35 | | | ☐ | 建筑工程 | ☐ |
| 8 | 14-222 | 定 | 外墙丙烯酸酯涂料 墙面 二遍 | | m2 | CD*0.35 | CD<长度>*0.35 | 2175.25 | | ☐ | 饰 | ☐ |
| 9 | 10-73 | 定 | 墙、柱面 抗裂保护层 耐碱网格布 抗裂砂浆 厚度(mm) 4 | | m2 | CD*0.35 | CD<长度>*0.35 | 2303.02 | | ☐ | 土 | ☐ |
| 10 | 12-22 | 定 | 墙面界面剂 | | m2 | CD*0.35 | CD<长度>*0.35 | 173.83 | | ☐ | 饰 | ☐ |

图 11-44　女儿墙压顶做法

| | 编码 | 类别 | 名称 | 项目特征 | 单位 | 工程量表达式 | 表达式说明 | 单价 | 综合单价 | 措施项目 | 专业 | 自动套 |
|---|---|---|---|---|---|---|---|---|---|---|---|---|
| 1 | ⊟ 011503001 | 项 | 1000mm高不锈钢栏杆扶手 | 1000mm高不锈钢栏杆扶手 | m | CD | CD<长度（含弯头）> | | | ☐ | 建筑工程 | ☐ |
| 2 | 15-80 | 定 | 不锈钢栏杆 不锈钢扶手 | | m | CD | CD<长度（含弯头）> | 3134.23 | | ☐ | 饰 | ☐ |

(a)

| | 编码 | 类别 | 名称 | 项目特征 | 单位 | 工程量表达式 | 表达式说明 | 单价 | 综合单价 | 措施项目 | 专业 | 自动套 |
|---|---|---|---|---|---|---|---|---|---|---|---|---|
| 1 | ⊟ 011503001 | 项 | 直径40飘窗不锈钢横管 | 直径40飘窗不锈钢横管 | m | CD*3 | CD<长度（含弯头）>*3 | | | ☐ | 建筑工程 | ☐ |
| 2 | B-1 | 补 | 直径40飘窗不锈钢横管 | | m | CD*3 | CD<长度（含弯头）>*3 | | | ☐ | | ☐ |

(b)

图 11-45　栏杆扶手做法

(a)1 000 mm 高栏杆扶手做法；(b)直径 40 mm 的飘窗不锈钢横管做法

### 11. 自定义线

(1)雨篷。本工程雨篷混凝土强度为 C25，雨篷翻边高度为 400 mm，并入雨篷计算。雨篷底板需套混凝土、模板、底板底面复合涂料顶棚装饰、底板侧面装饰(同外墙面褪色仿石外墙漆)等做法；雨篷翻边需套混凝土、翻边外侧面装饰(同外墙面褪色仿石外墙漆)、翻边内侧装饰(同上部外墙面做法，其性质等同女儿墙内侧)，其做法如图 11-46 所示。

| | 编码 | 类别 | 名称 | 项目特征 | 单位 | 工程量表达式 | 表达式说明 | 单价 | 综合单价 | 措施项目 | 专业 | 自动套 |
|---|---|---|---|---|---|---|---|---|---|---|---|---|
| 1 | ⊟ 010505008 | 项 | C25雨篷板 | C25商品混凝土 泵送 | m3 | TJ | TJ<体积> | | | ☐ | 建筑工程 | ☐ |
| 2 | 5-42 | 定 | 现浇混凝土 雨篷板 | | m3 | TJ | TJ<体积> | 3867.88 | | ☐ | 土 | ☐ |
| 3 | ⊟ 011702023 | 项 | 雨篷板 | 复合模板钢支撑 | m2 | CD*1.2 | CD<长度>*1.2 | | | ☑ | 建筑工程 | ☐ |
| 4 | 5-304 | 定 | 雨篷板 直形 复合模板钢支撑 | | m2水平投影面积 | CD*1.2 | CD<长度>*1.2 | 6002.44 | | ☑ | 土 | ☐ |
| 5 | ⊟ 011407002 | 项 | 复合涂料顶棚 | 1) 刷素水泥浆一遍;<br>2) 12厚1：1：6水泥石灰膏砂浆打底扫毛;<br>3) 6厚1：0.3：2.5水泥石灰膏砂浆找平;<br>4) 封底涂料一遍（刮鉴）；<br>5) 喷厚涂料一遍（刮鉴）；<br>6) 罩面涂料二遍（乳胶漆）。 | m2 | CD*1.2 | CD<长度>*1.2 | | | ☐ | 建筑工程 | ☐ |
| 6 | 12-23 | 定 | 素水泥浆界面剂 | | m2 | CD*1.2 | CD<长度>*1.2 | 194.96 | | ☐ | 饰 | ☐ |
| 7 | 13-1 | 定 | 混凝土天棚一次抹灰（10mm） | | m2 | CD*1.2 | CD<长度>*1.2 | 1599.07 | | ☐ | 饰 | ☐ |
| 8 | 14-200 | 定 | 乳胶漆 室内 天棚面 二遍 | | m2 | CD*1.2 | CD<长度>*1.2 | 2271.22 | | ☐ | 饰 | ☐ |
| 9 | ⊟ 011407001 | 项 | 墙面喷刷涂料-褐色仿石外墙漆 | 1) 5厚专用饰面砂浆与涂料，褐色仿石外墙漆;<br>2) 满刮柔性防水腻子。 | m2 | 0.1*4.6 | 0.46 | | | ☐ | 建筑工程 | ☐ |
| 10 | 14-191 | 定 | 真石漆 墙面 | | m2 | 0.1*4.6 | 0.46 | 6559.17 | | ☐ | 饰 | ☐ |

(a)

| | 编码 | 类别 | 名称 | 项目特征 | 单位 | 工程量表达式 | 表达式说明 | 单价 | 综合单价 | 措施项目 | 专业 | 自动套 |
|---|---|---|---|---|---|---|---|---|---|---|---|---|
| 1 | ⊟ 010505008 | 项 | C25雨篷板 | C25商品混凝土 泵送 | m3 | TJ | TJ<体积> | | | ☐ | 建筑工程 | ☐ |
| 2 | 5-42 | 定 | 现浇混凝土 雨篷板 | | m3 | TJ | TJ<体积> | 3867.88 | | ☐ | 土 | ☐ |
| 3 | ⊟ 011407001 | 项 | 墙面喷刷涂料-褐色仿石外墙漆 | 1) 5厚专用饰面砂浆与涂料，褐色仿石外墙漆;<br>2) 满刮柔性防水腻子。 | m2 | CD*0.7 | CD<长度>*0.7 | | | ☐ | 建筑工程 | ☐ |
| 4 | 14-191 | 定 | 真石漆 墙面 | | m2 | CD*0.7 | CD<长度>*0.7 | 6559.17 | | ☐ | 饰 | ☐ |
| 5 | ⊟ 011407001 | 项 | 墙面喷刷涂料-女儿墙内侧装修 | 1) 5厚专用饰面砂浆与涂料;<br>2) 满刮柔性防水腻子;<br>3) 抗裂砂浆5厚压入一层普通型网格布;<br>4) 刷界面剂砂浆。 | m2 | CD*0.4 | CD<长度>*0.4 | | | ☐ | 建筑工程 | ☐ |
| 6 | 14-222 | 定 | 外墙丙烯酸酯涂料 墙面 二遍 | | m2 | CD*0.4 | CD<长度>*0.4 | 2175.25 | | ☐ | 饰 | ☐ |
| 7 | 10-73 | 定 | 墙、柱面 抗裂保护层 耐碱网格布 抗裂砂浆 厚度(mm) 4 | | m2 | CD*0.4 | CD<长度>*0.4 | 2303.02 | | ☐ | 土 | ☐ |
| 8 | 12-22 | 定 | 墙面界面剂 | | m2 | CD*0.4 | CD<长度>*0.4 | 173.83 | | ☐ | 饰 | ☐ |

(b)

图 11-46　雨篷做法

(a)雨篷底板做法；(b)雨篷翻边做法

(2)砖砌体线脚。砖砌体线脚仅套装饰做法即可，如图 11-47 所示。

| | 编码 | 类别 | 名称 | 项目特征 | 单位 | 工程量表达式 | 表达式说明 | 单价 | 综合单价 | 措施项目 | 专业 | 自动套 |
|---|---|---|---|---|---|---|---|---|---|---|---|---|
| 1 | 011407001 | 项 | 墙面喷刷涂料-褐色仿石外墙漆 | 1) 5厚专用饰面砂浆与涂料，褐色仿石外墙漆；<br>2) 满刮柔性防水腻子。 | m2 | CD*0.2 | CD<长度>*0.2 | | | ☐ | 建筑工程 | ☐ |
| 2 | 14-191 | 定 | 真石漆 墙面 | | m2 | CD*0.2 | CD<长度>*0.2 | 6559.17 | | ☐ | 饰 | ☐ |

(a)

| | 编码 | 类别 | 名称 | 项目特征 | 单位 | 工程量表达式 | 表达式说明 | 单价 | 综合单价 | 措施项目 | 专业 | 自动套 |
|---|---|---|---|---|---|---|---|---|---|---|---|---|
| 1 | 011407001 | 项 | 墙面喷刷涂料-外墙漆 | 1) 5厚专用饰面砂浆与涂料；<br>2) 满刮柔性防水腻子。 | m2 | CD*0.2 | CD<长度>*0.2 | | | ☐ | 建筑工程 | ☐ |
| 2 | 14-222 | 定 | 外墙丙烯酸酯涂料 墙面 二遍 | | m2 | CD*0.2 | CD<长度>*0.2 | 2175.25 | | ☐ | 饰 | ☐ |

(b)

图 11-47　砖砌体线脚做法

(a)第 2 层砖砌体线脚做法；(b)第 9 层及屋面层砖砌体线脚做法

**尝试应用**

请完成课堂项目 3 号楼的套做法与提量。

## 三、表格算量

### (一)图纸分析

分析要点：各图纸中哪些构件在前述建模、套做法时是没有考虑到的，需要手动算量并通过表格算量来输入的。

需查阅图纸：全部建施图和结施图。

分析结果：经分析，本工程中尚有以下内容没有建模或建模了但不能通过套做法体现的内容：屋面刚性层中的钢丝网、挖孔桩钢筋；屋面雨水管；电梯吊钩、电梯铁爬梯、电梯吊钩梁；飘窗及栏杆位置三种预埋件、上下飘窗间成品金属百叶；阳台下沉 0.05 m 时梁内侧面、顶面及阳台梁上面混凝土构件装饰；南面挑阳台阳台梁侧面装修及栏板高度范围内独立柱装修；信报箱。其中屋面刚性层中的钢丝网因无详细参数、电梯吊钩梁因只有详图而无布置图，在此处不考虑；飘窗下下预埋件和栏杆下方预埋件在实际工程中因栏杆等一般采用估价项目，包含相应预埋件，因此预埋件不单独计算。

### (二)表格算量

#### 1. 钢筋表格算量

本工程 ZJ1、ZJ2、ZJ3 需通过表格算量来计算其钢筋工程量，其总体思路是先建好 ZJ1 并输入相关参数和尺寸，然后在 ZJ1 基础上复制粘贴来完成 ZJ2 和 ZJ3 的钢筋表格算量输入。表格算量输入 ZJ1 钢筋的具体操作为：在随便哪一层上单击“工程量”菜单最右侧“表格算量”按钮，打开表格算量界面如图 11-48 所示→在“钢筋”页签下单击“构件”并根据图纸信息输入构件名称→在属性列表中输入数量→单击右侧中部“参数输入”，然后在图集列表中选择对应构件参数图→在右侧“图形显示”即黑色区域内根据图纸输入构件尺寸及配筋信息等参数后，单击“计算保存”按钮即完成该构件钢筋表格算量创建。

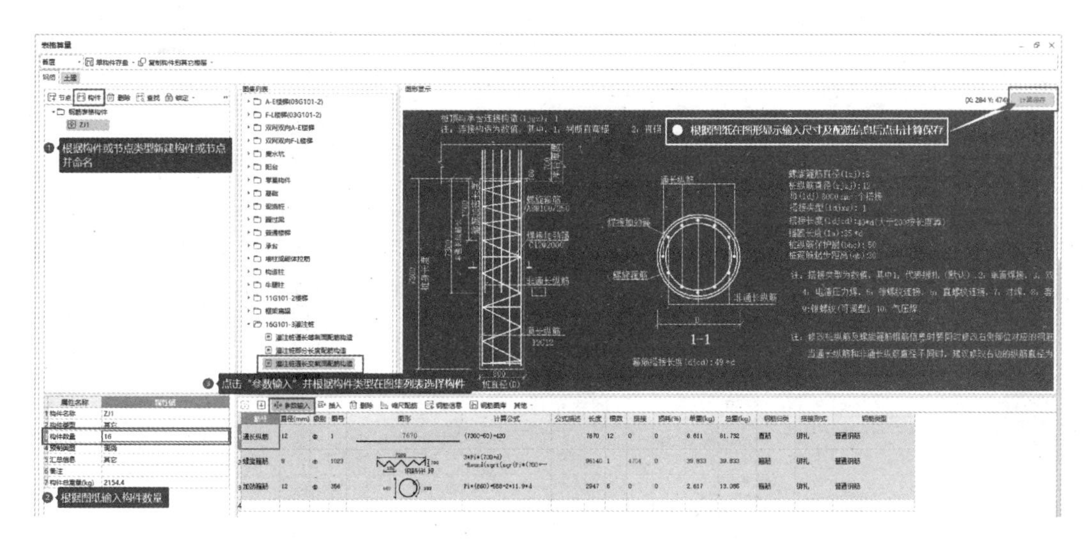


图 11-48　钢筋表格算量步骤及本工程 ZJ1 参数

护壁钢筋量直接手算，护壁总长按 6 m，护壁外径为 1 100 mm，其内配置 Φ8@200 的圆箍筋和分段直筋(钢筋级别为 HPB300、直径为 8 mm)，按护壁钢筋居中考虑即取钢筋保护层厚度为50 mm。其中直筋长度＝(6 000－50×2＋250×4)×[π×(1 100－50×2)/200]×63＝6 955 200(mm)＝6 955.2 m，化成质量为 2.746 t；箍筋长度＝[π×(1 100－50×2)＋1.9×8×2＋75×2]×(1 000/200－1)×6×63＝5 020 444.8(mm)＝5 020.444 8 m，化成质量为 1.982 t。此部分工程量后续要手动加入相应的清单及定额项目中。

### 2. 土建表格算量

以屋面排水管为例，土建表格算量具体操作为：在任意一层上单击“工程量”菜单最右侧“表格算量”按钮，打开表格算量界面如图 11-49 所示→在“土建”页签下单击“构件”并根据图纸信息输入构件名称→在属性列表中输入数量→单击右侧中部“查询清单库”，根据图纸查询添加清单，再“查询定额库”添加定额子目，并根据图纸计算出清单工程量和定额工程量输入到工程量表达式中，即完成操作。本工程土建表格算量如图 11-50～图 11-57 所示。

电梯吊钩近伸入梁 200 mm、横向弯折长度未标明时按一般情况下取 300 mm，如图 11-51 所示，其长度为 2×450＋2×300＋π×250/4＋2×6.25×22＝1 971(mm)。

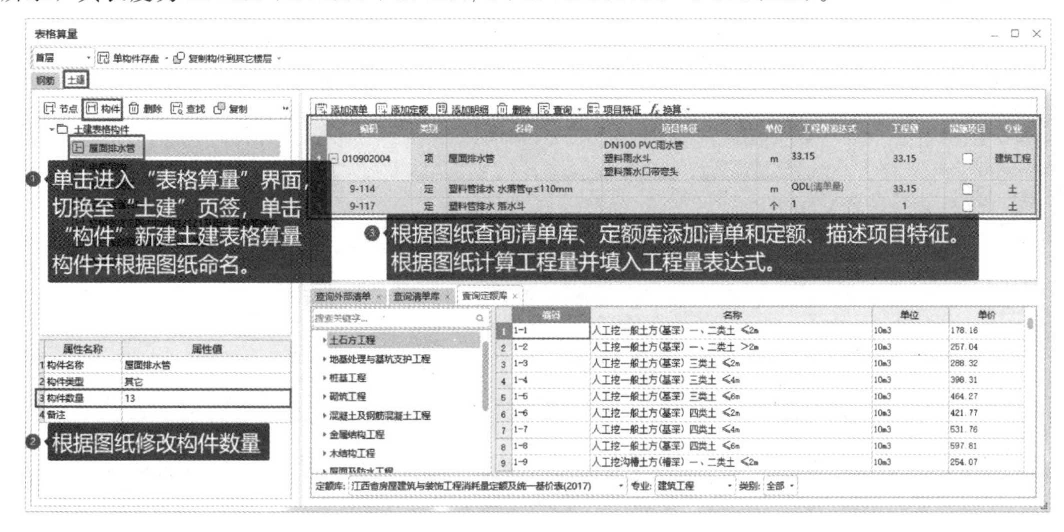


图 11-49　土建表格算量操作流程

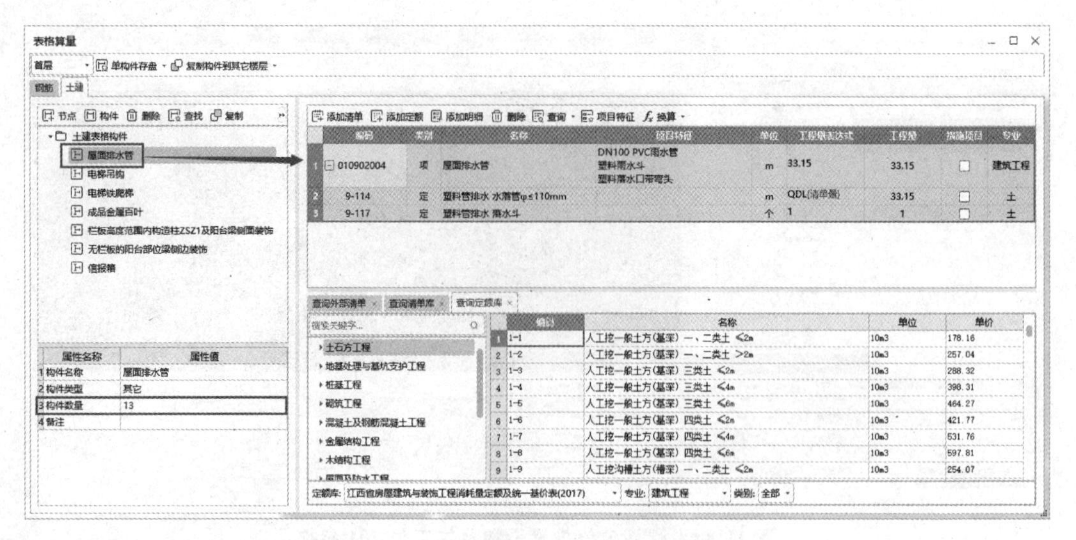


图 11-50　屋面排水管表格算量

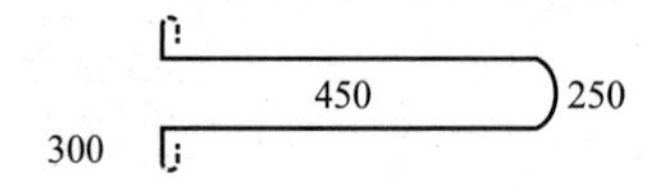


图 11-51　电梯吊钩详图

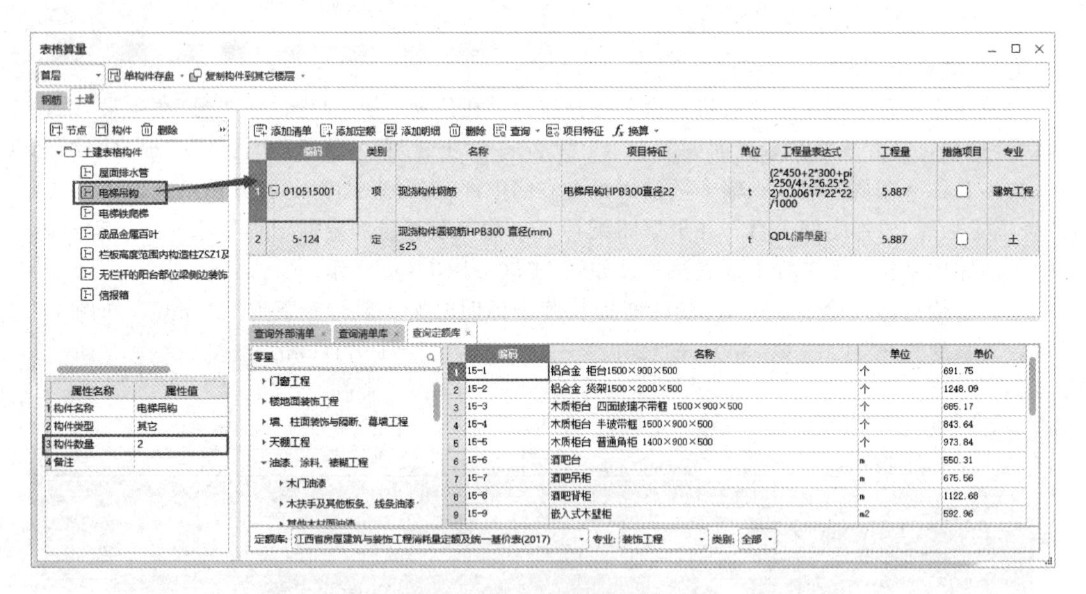


图 11-52　电梯吊钩表格算量

电梯铁爬梯参照建施 J09 墙身大样电梯剖面按 350 mm 宽计算，参照图纸结合 02J401T106（注意：现行图集为 15J401），共设置[(2 100－250)/300]＋1＝8(个)$\phi$20 踏步；两侧梯梁为 L75×50×5 不等边角钢，其长度为 7＊300＝2 100(mm)；上部扶手为 $\phi$50×2.5 钢管，高度为 1 050 mm。运距假定为 5 km，表面按常用做法刷红丹防锈漆一遍。

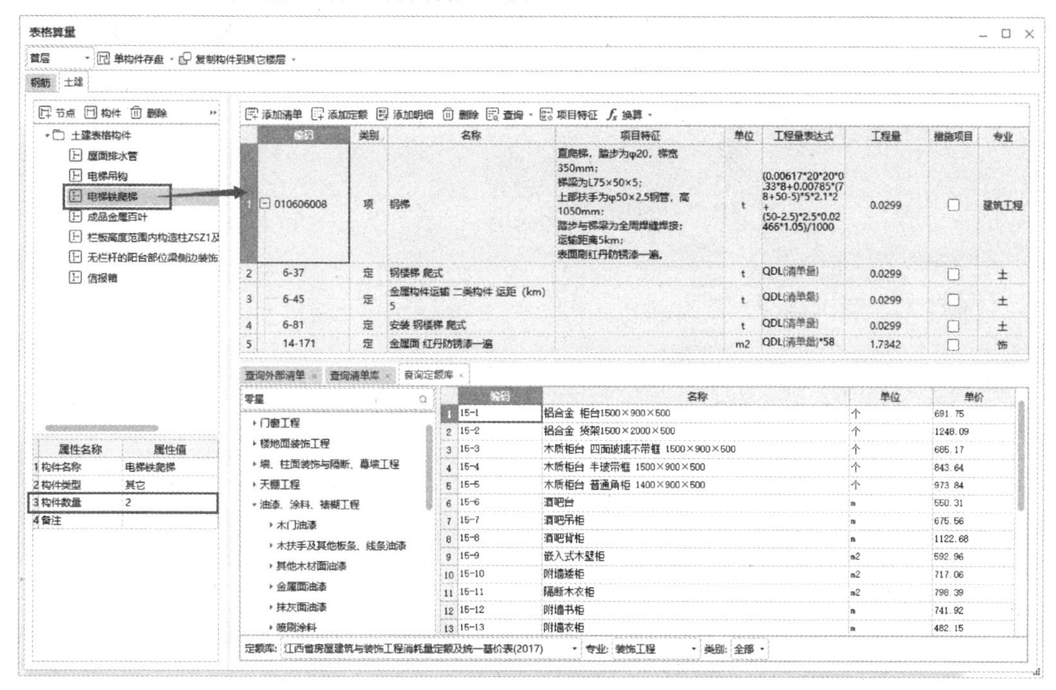


图 11-53　电梯铁爬梯表格算量

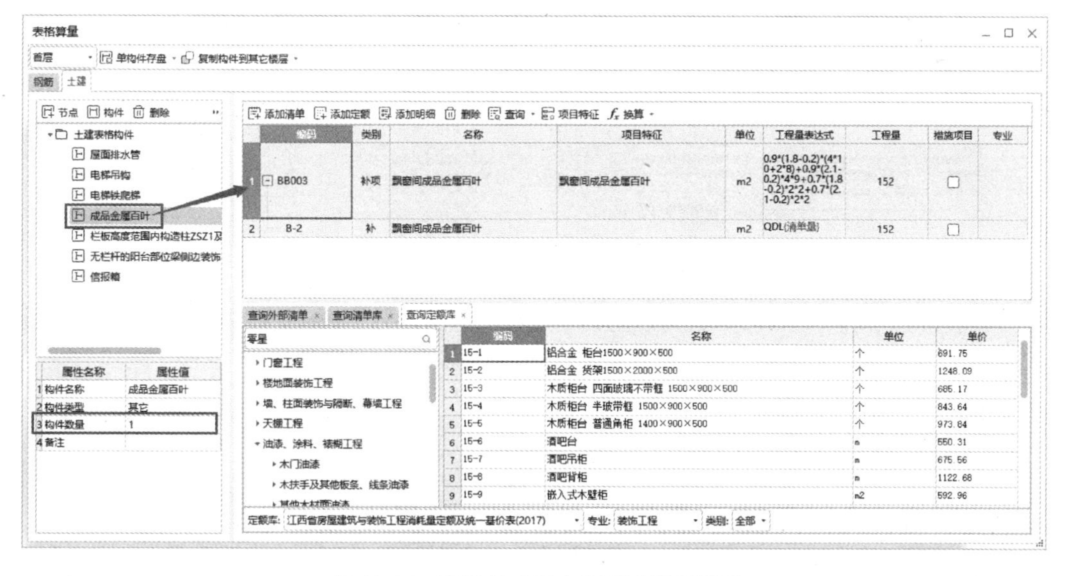


图 11-54　飘窗间成品金属百叶表格算量

阳台位置设置有栏板时，栏板高度范围内 ZSZ1 外露侧面和阳台梁内外侧面及底面装修均并入栏板计算，根据前述内容，这部分要计算的内容包括：第 3 层和第 11 层栏板范围内的 ZSZ1 装修，第 3 层全部阳台梁(对应结构第 2 层)、第 10 层(对应结构第 9 层)梁 KL22 在北面服务阳

台范围内的部分和第 11 层(对应结构第 10 层)南面挑阳台梁的外侧面、底面和内侧面，其表格算量如图 11-55 所示。

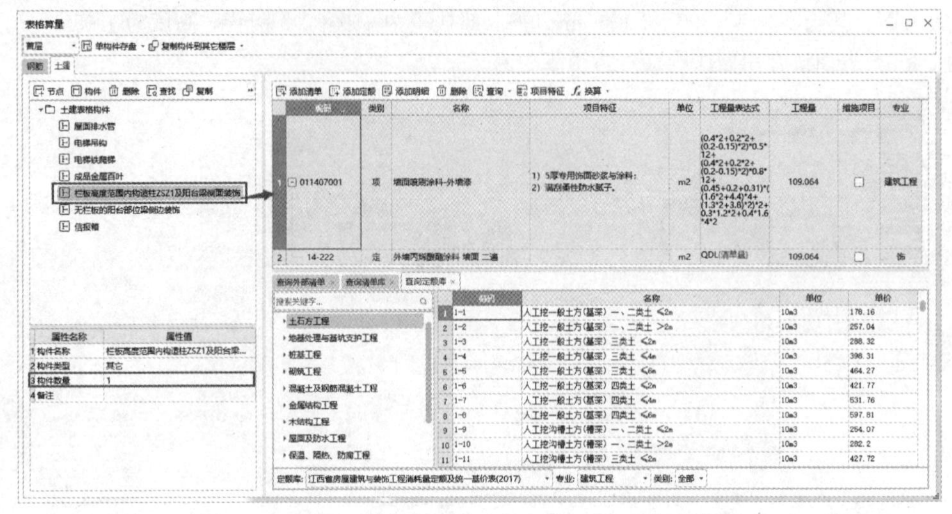

图 11-55　栏板高度范围内 ZSZ1 和有栏板楼层阳台部位梁侧面装修表格算量

第 2 层、第 4～9 层全部阳台、第 10 层南面阳台及第 11 层阳台上方梁侧面装修展开宽度均超过 500 mm，抹灰按零星项目、其余装饰按相应做法，其表格算量如图 11-56 所示。

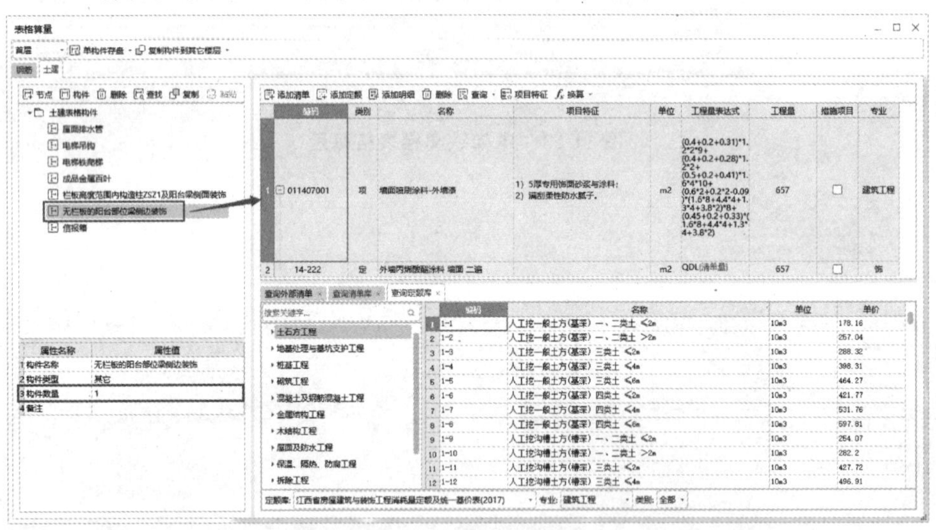

图 11-56　无栏板阳台部位梁侧边装修表格算量

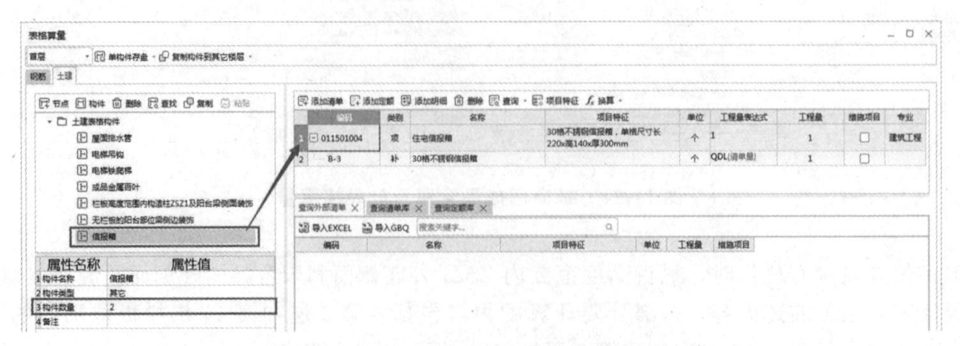

图 11-57　信报箱表格算量

## 尝试应用

请尝试完成 3 号楼表格算量输入。

## 四、汇总计算与查量

### (一)汇总计算

汇总计算要切换到“工程量”菜单栏单击“汇总”功能分区中“汇总计算”或“汇总选中图元”或按 F9 快捷键(图 11-58)，可根据需要在弹出的对话框中选择要汇总计算的范围。汇总计算前软件会自动进行合法性检查，也可按 F5 键进行检查，若报错误则需调整正确后方可继续进行汇总计算。

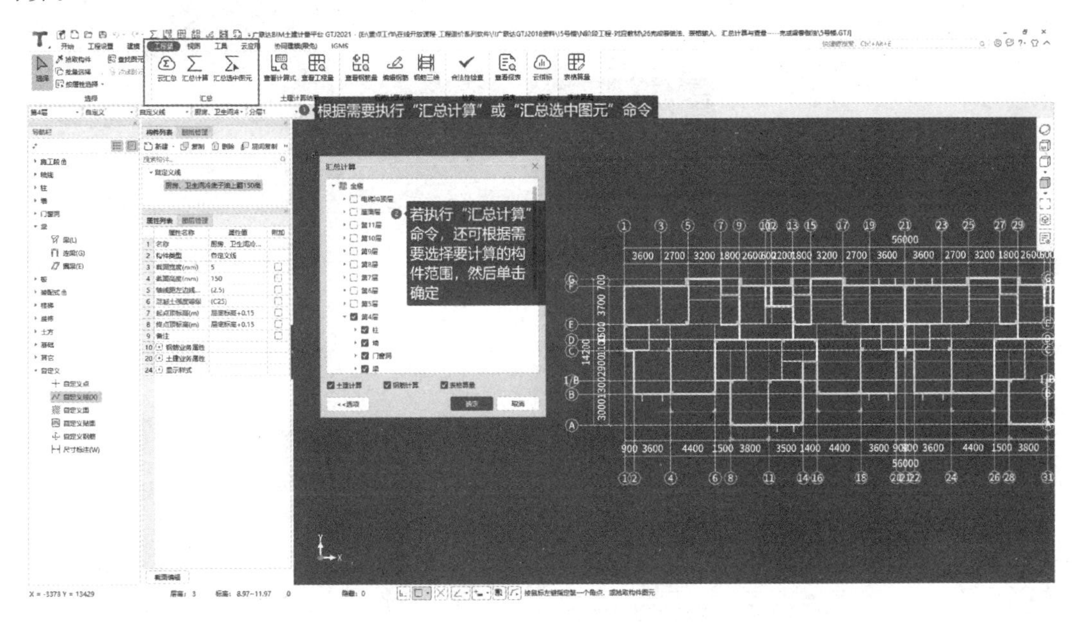


图 11-58　汇总计算与查量

软件提供了“云汇总”“汇总计算”和“汇总选中图元”三种选择。“汇总计算”适用于完成工程模型，需要查看构件工程量；修改了某个构件属性/图元信息，需查看修改后的图元工程量；以及只需要汇总构件的部分工程量或只汇总做法工程量三种情况。当只需要汇总某个构件的部分图元时，可以使用“汇总选中图元”功能，其操作步骤为：执行“汇总选中图元”命令→在绘图区选择需要汇总计算的图元后单击鼠标右键确认即可，两个步骤的顺序可以调换。

### (二)查看工程量

汇总计算后可在相应的构件下查看土建计算结果或钢筋计算结果。

#### 1. 土建计算结果

“土建计算结果”中“查看计算式”可查看选中构件的三维扣减关系和工程量计算过程以进行计算过程及结果正确性的检查核对，“查看工程量”则可查看选中构件的构件工程量和做法工程量(前提是选中构件已套取做法)。以首层 YBZ1 为例，其“查看计算式”和“查看工程量”如图 11-59 所示。其他构件操作步骤相同。其中，“查看计算式”命令适用于只能一次选择一个构件，“查看工程量”命令可同时选择一类构件的多个构件。

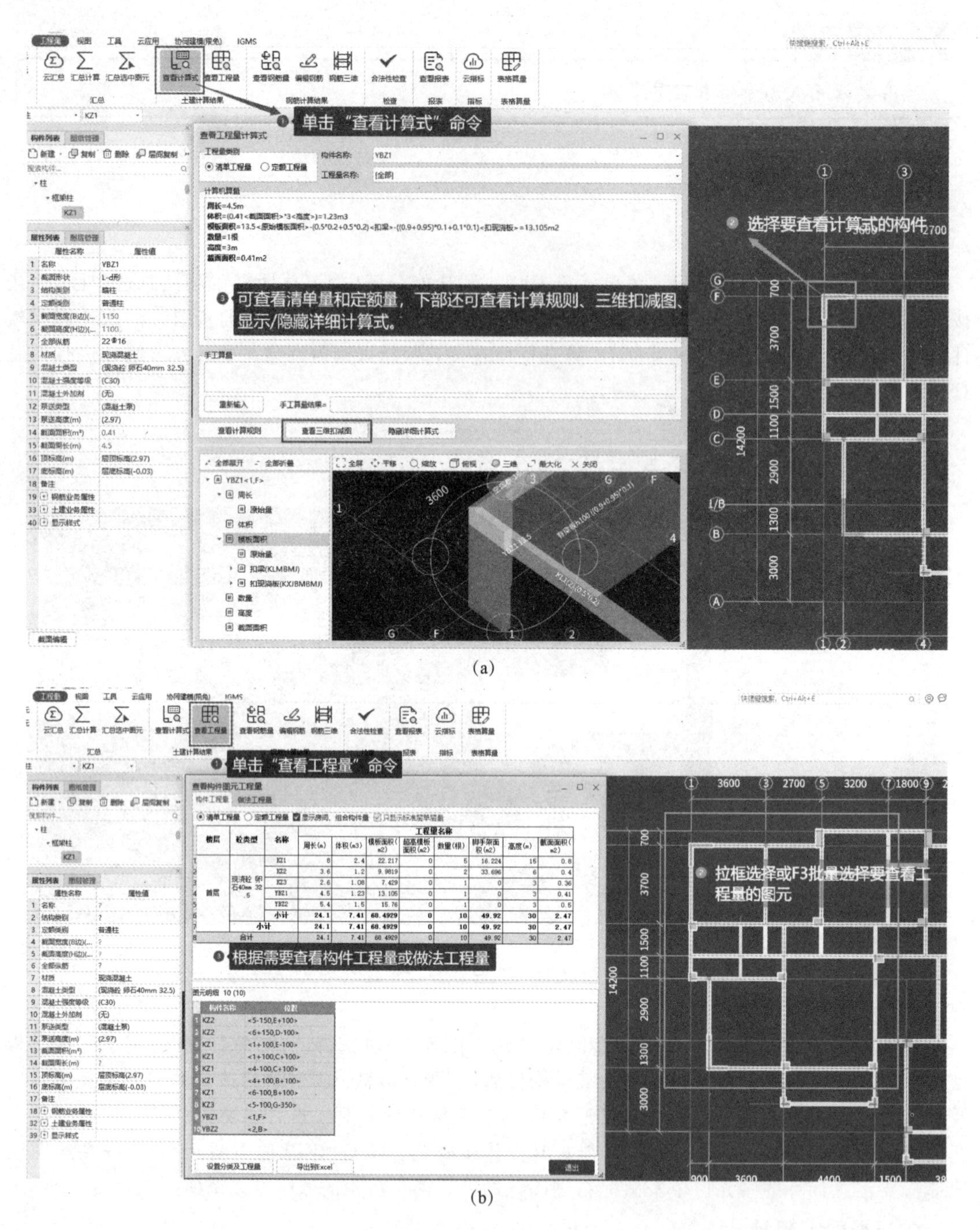


**图 11-59　查看土建计算结果**

(a)查看计算式；(b)查看工程量

## 2. 钢筋计算结果

“钢筋计算结果”中“查看钢筋量”可查看同类构件的一个或多个构件的钢筋质量，如图 11-60(a)所示。“编辑钢筋”主要是针对已经完成计算的构件中根据图纸有个别类型钢筋计算与软件计算结果不同时，可使用该命令对相应钢筋进行计算公式修改，具体操作过程在定义梁式承台和三桩承台拓展微课视频中介绍过；需特别注意的是，编辑后的构件要注意进行锁定操作，否则下

次汇总计算后会还原为“编辑钢筋”操作前的计算结果。“钢筋三维”可查看选中构件的钢筋三维分布，当前软件支持查看以下构件的钢筋三维：柱、暗柱、端柱、剪力墙、梁、板受力筋、板负筋、螺旋板、柱帽、楼层板带、集水坑、柱墩、筏板主筋、筏板负筋、基础板带、独立基础、条形基础、桩承台，暂不支持基础梁、连梁、暗梁；如图 11-60(b)为首层 YBZ1 钢筋三维查看。

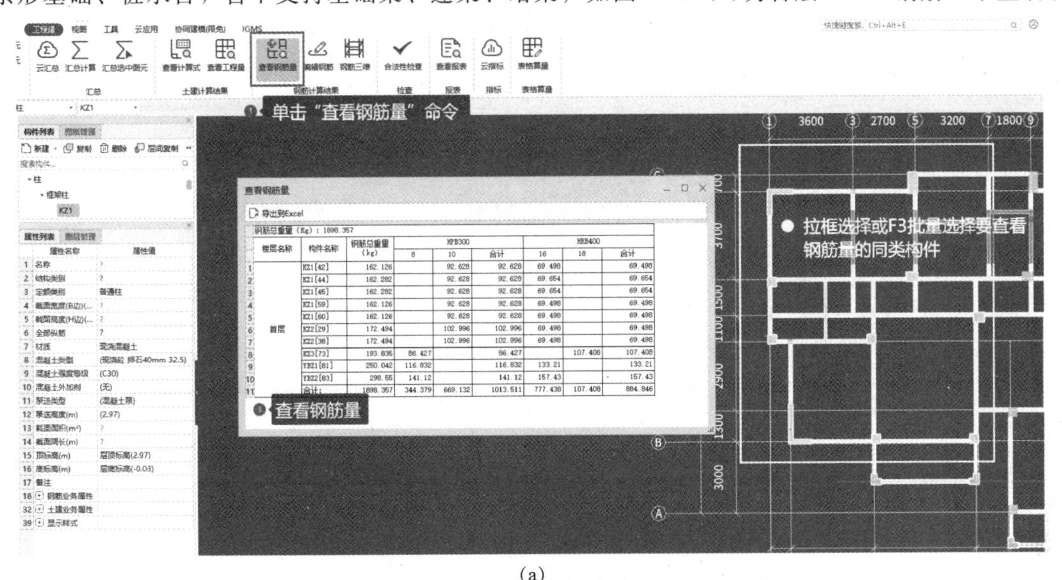


(a)

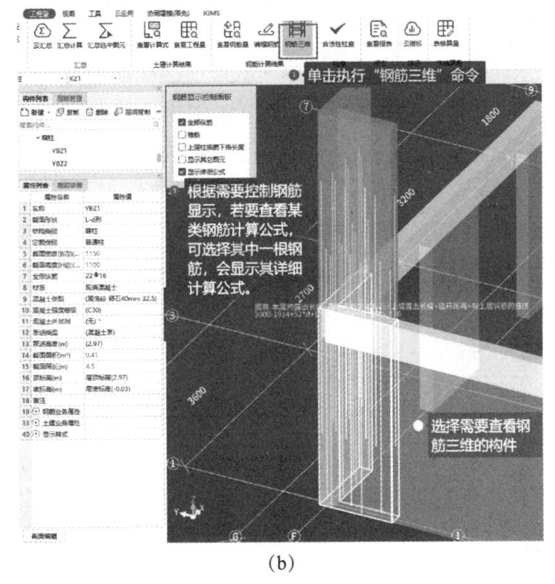


(b)

**图 11-60 查看钢筋计算结果**

(a)查看钢筋量；(b)首层 YBZ1 钢筋三维

## 小提示

建议初学者在完成相关构件建模后执行“汇总选中图元”对构件进行汇总计算，并查看土建计算式和钢筋三维来检查建模是否准确，同时可帮助理解土建和钢筋工程量计算规则。

## 五、报表

报表查看如图 11-61 所示。单击进去后，可查看钢筋报表和土建报表。

| | 楼层名称 | 构件类型 | 钢筋总重 kg | HPB300 | | | | HRB400 | | | | | | | | | |
|---|---|---|---|---|---|---|---|---|---|---|---|---|---|---|---|---|---|
| | | | | 4 | 6 | 8 | 10 | 6 | 8 | 10 | 12 | 14 | 16 | 18 | 20 | 22 | 25 |
| 1 | 基础层 | 柱 | 8219.923 | | | 478.632 | 2721.569 | | | | | | 4016.202 | 1003.52 | | | |
| 2 | | 暗柱/端柱 | 1436.46 | | | 441.9 | | | | | | | 994.56 | | | | |
| 3 | | 剪力墙 | 831.728 | 38.88 | | 27.82 | | | | | 765.028 | | | | | | |
| 4 | | 梁 | 5347.952 | | 112.886 | 1394.025 | 92.428 | | | | 290.06 | 65.868 | 2915.813 | 394.344 | | 73.904 | 8.624 |
| 5 | | 基础梁 | 4003.902 | | | 1140.042 | | | | | | | 2863.86 | | | | |
| 6 | | 筏板基础 | 194.74 | | | | | | | | 194.74 | | | | | | |
| 7 | | 桩承台 | 4337.566 | | | | | | | | 2525.132 | 699.732 | 570.916 | 302.896 | 238.888 | | |
| 8 | | 合计 | 24372.271 | 38.88 | 112.886 | 3482.419 | 2813.997 | | | | 3774.96 | 765.6 | 11361.353 | 1700.76 | 238.888 | 73.904 | 8.624 |
| 9 | 首层 | 柱 | 9001.898 | | | 691.416 | 4313.412 | | | | | | 3126.606 | 870.464 | | | |
| 10 | | 暗柱/端柱 | 1694.284 | | | 798.144 | | | | | | | 896.14 | | | | |
| 11 | | 构造柱 | 587.668 | | 157.956 | | | | | 377.36 | | 52.352 | | | | | |
| 12 | | 砌体墙 | 927.182 | | 927.182 | | | | | | | | | | | | |
| 13 | | 过梁 | 32.09 | | 8.366 | | 9.02 | | | | 5.436 | 9.268 | | | | | |
| 14 | | 梁 | 6490.345 | | 221.032 | 1557.186 | | 40.614 | | | 603.984 | 491.218 | 1938.939 | 1613.096 | | | 24.276 |
| 15 | | 现浇板 | 5433.303 | | 590.616 | 228.444 | | 14.586 | 4332.149 | 267.508 | | | | | | | |
| 16 | | 楼梯 | 213.514 | | 6.072 | 19.27 | | 28.6 | 110.312 | | 19.832 | 11.544 | 17.884 | | | | |
| 17 | | 自定义线 | 111.502 | | | | | 23.978 | | 87.524 | | | | | | | |
| 18 | | 其它 | 8567.844 | | | 2522.817 | | | | | 6045.027 | | | | | | |
| 19 | | 合计 | 33059.63 | | 1911.224 | 5817.277 | 4322.432 | 107.778 | 4442.461 | 732.392 | 6674.279 | 564.382 | 5979.569 | 2483.56 | | | 24.276 |
| 20 | 第2层 | 柱 | 9052.916 | | | 691.416 | 4313.412 | | | | | | 3166.424 | 881.664 | | | |
| 21 | | 暗柱/端柱 | 1694.284 | | | 798.144 | | | | | | | 896.14 | | | | |
| 22 | | 构造柱 | 623.082 | | 166.398 | | | | | 404.332 | | 52.352 | | | | | |
| 23 | | 砌体墙 | 996.44 | | 996.44 | | | | | | | | | | | | |
| 24 | | 飘窗 | 190.072 | | | | | 30.732 | 159.34 | | | | | | | | |
| 25 | | 过梁 | 205.415 | | 53.001 | 47.386 | 88.1 | | | | 16.928 | | | | | | |
| 26 | | 梁 | 6625.37 | | 221.032 | 1572.67 | | 104.603 | | | 603.984 | 491.218 | 1994.491 | 1613.096 | | | 24.276 |
| 27 | | 圈梁 | 227.44 | | | 80.496 | | | | | 146.944 | | | | | | |
| 28 | | 现浇板 | 5266.493 | | 590.616 | 225.004 | | | 4183.365 | 267.508 | | | | | | | |
| 29 | | 楼梯 | 213.514 | | 6.072 | 19.27 | | 28.6 | 110.312 | | 19.832 | 11.544 | 17.884 | | | | |
| 30 | | 自定义线 | 180.268 | | | 180.268 | | | | | | | | | | | |
| 31 | | 合计 | 26275.294 | | 2033.559 | 3614.654 | 4401.512 | 163.936 | 4453.017 | 671.84 | 787.688 | 555.114 | 6074.939 | 2494.76 | | | 24.276 |
| 32 | | 柱 | 8799.799 | | | 691.416 | 4178.628 | | | | | | 3048.091 | 881.664 | | | |
| 33 | | 暗柱/端柱 | 1669.864 | | | 798.144 | | | | | | | 871.72 | | | | |

图 11-61　查看报表

钢筋报表有定额指标、明细表、汇总表、施工段汇总表(前提是施工段下有构件，若无，则没有此分类)四大类。单击相应的报表则在右侧呈现相应钢筋量，也可根据需要查看其他的钢筋报表，可根据需要打印预览报表或导出报表，如图 11-62 所示。钢筋报表一般查看“钢筋直径级别汇总表”，可根据工程场景设置报表范围。本工程查看“钢筋直径级别汇总表”时，通过设置报表范围将不含砌体构件和灌注桩的构件直筋和措施筋导出一个表，箍筋另导出一个表，砌体加强筋导出一个表，挖孔灌注桩直筋和箍筋各导出一个表，相应的报表范围设置如图 11-63 所示，注意设置好相应范围后单击“导出”下“导出到 Excel 文件”保存即可。



图 11-62　钢筋报表查看

| 级别 | 合计(t) | 4 | 6 | 8 | 10 | 12 | 14 | 16 | 18 | 20 | 22 | 25 |
|---|---|---|---|---|---|---|---|---|---|---|---|---|
| HPB300 | 10.525 | 0.039 | 5.906 | 3.584 | 0.996 | | | | | | | |
| HRB400 | 173.7 | | 1.311 | 51.074 | 7.931 | 9.244 | 12.724 | 62.563 | 28.271 | 0.239 | 0.074 | 0.269 |
| 合计(t) | 184.225 | 0.039 | 7.217 | 54.658 | 8.927 | 9.244 | 12.724 | 62.563 | 28.271 | 0.239 | 0.074 | 0.269 |



(a)

| 级别 | 合计(t) | 6 | 8 | 10 | 12 | 14 |
|---|---|---|---|---|---|---|
| HPB300 | 73.637 | 5.074 | 53.036 | 15.527 | | |
| HRB400 | 3.643 | 0.824 | 0.114 | | 2.525 | 0.18 |
| 合计(t) | 77.28 | 5.898 | 53.15 | 15.527 | 2.525 | 0.18 |



(b)

图 11-63　5 号楼钢筋报表导出设置

(a)除砌体墙和灌注桩外其他构件直筋和措施筋导出设置；(b)除砌体墙和灌注桩外其他构件箍筋导出设置

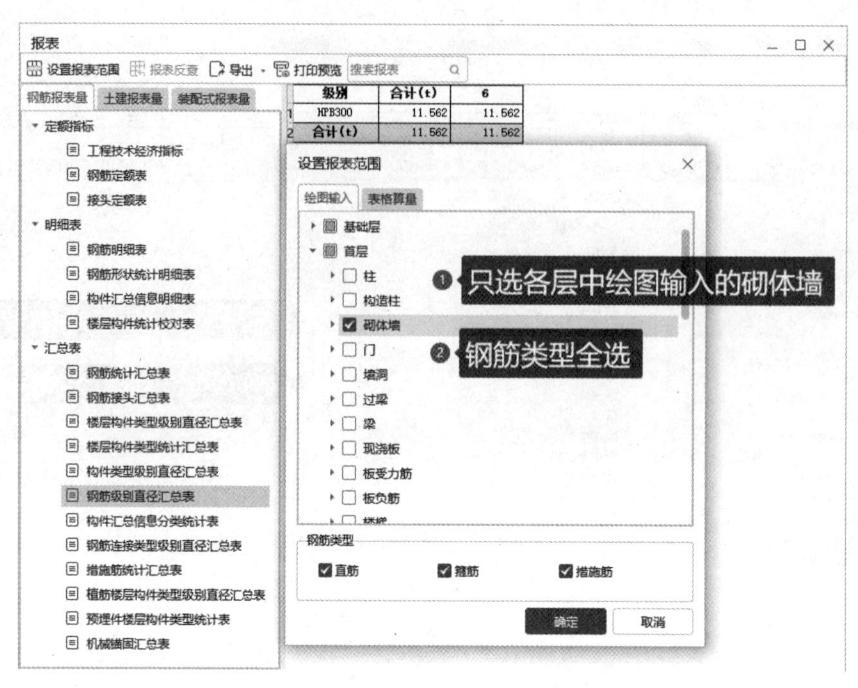


(c)

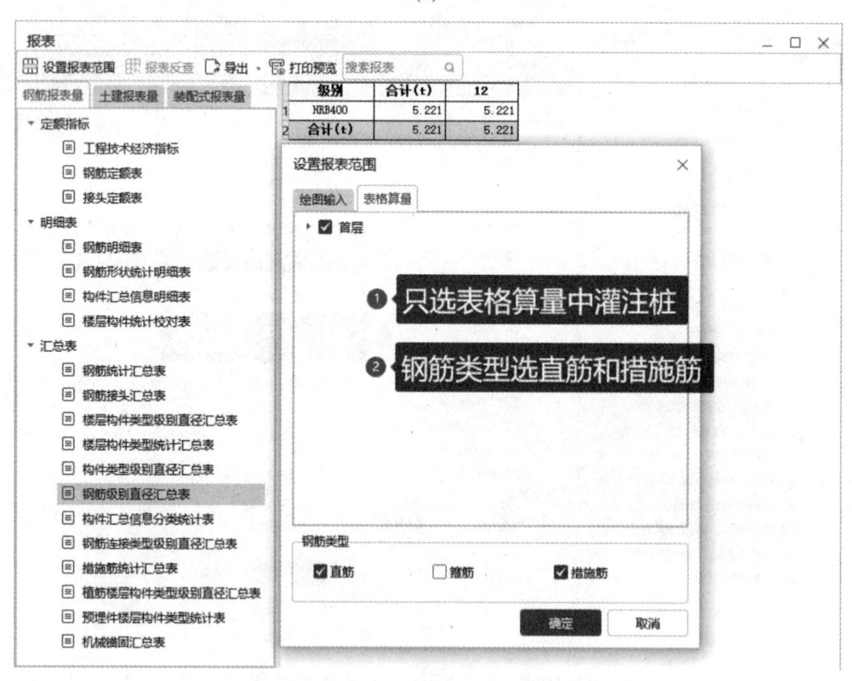


(d)

图 11-63　5 号楼钢筋报表导出设置(续)

(c)砌体墙加强筋导出设置；(d)灌注桩直筋和措施筋导出设置

(e)

图 11-63　5 号楼钢筋报表导出设置(续)

(e)灌注桩箍筋导出设置

土建报表有做法汇总分析(前提是已套做法才会有内容显示)、构件汇总分析、施工段汇总分析(前提是施工段下有构件；若无，则没有此分类)。若套了做法，一般查阅清单汇总表、清单定额汇总表；若没套做法而是自行编制工程量清单，一般查阅绘图输入工程量汇总表。同样，可根据需要打印或导出相应报表，如图 11-64 所示。

报表

设置报表范围　报表反查　导出　打印预览　搜索报表　项目特征添加位置

钢筋报表量　土建报表量

- 做法汇总分析
  - 清单汇总表
  - 清单部位计算书
  - 清单定额汇总表
  - 清单定额部位计算书
  - 构件做法汇总表
- 构件汇总分析
  - 绘图输入工程量汇总表
  - 绘图输入构件工程量计算书
  - 节点混凝土工程量汇总表
  - 表格算量工程量计算书

全部项目　按清单编码排序　全部折叠　显示费用项　分部整理

| | 序号 | 编码 | 项目名称 | 项目特征 | 单位 | 工程量 |
|---|---|---|---|---|---|---|
| 1 | 实体项目 | | | | | |
| 2 | 1 | 010101001001 | 平整场地 | 三类土、机械平整场地 | m2 | 686.3224 |
| 13 | 2 | 010101003001 | 挖沟槽土方 | 三类土<br>挖土深度0.65m | m3 | 3.8626 |
| 108 | 3 | 010101003002 | 挖沟槽土方 | 三类土<br>挖土深度2.4m | m3 | 202.9015 |
| 183 | 4 | 010101004001 | 挖基坑土方 | 三类土<br>挖土深度2.65m | m3 | 2225.9272 |
| 252 | 5 | 010103001001 | 回填方 | 夯填土 机械 槽坑 | m3 | 2150.3763 |
| 517 | 6 | 010103002001 | 余方弃置 | 自卸汽车运土方 运距≤1km | m3 | 2881.613 |
| 816 | 7 | 010302004001 | 挖孔桩土方 | 人工挖三类土<br>挖孔深度7.2m | m3 | 448.9217 |
| 885 | 8 | 010302005001 | 人工挖孔灌注桩 | 桩芯长度7.2m<br>桩芯直径0.8m，扩底直径1.2m<br>桩芯混凝土为C25商品混凝土 泵送 | m3 | 312.1046 |
| 954 | 9 | 010302005002 | 人工挖孔灌注桩护壁 | 护壁外径1000mm，平均厚度100mm，<br>单节护壁长度1m，总长6m<br>护壁混凝土为C25商品混凝土 泵送 | m3 | 149.164 |
| 1023 | 10 | 010401001001 | 砖基础 | 200厚实心砖模(砖MU10、水泥砂浆M5) | m3 | 64.4776 |
| 1401 | 11 | 010401001002 | 砖基础-电梯井壁上方砖墙 | 页岩多孔砖MU10<br>M5水泥砂浆 | m3 | 0.7312 |
| 1413 | 12 | 010401004001 | 冲顶层异形女儿墙-多孔砖墙 | 页岩多孔砖MU10<br>M5混合砂浆<br>墙体平均厚度362.5mm | m3 | 6.3424 |
| 1425 | 13 | 010401004002 | 200厚多孔砖墙 | 墙体厚度200mm<br>页岩多孔砖MU10<br>M5混合砂浆 | m3 | 939.1375 |
| 2309 | 14 | 010401004003 | 200厚多孔砖墙 | 墙体厚度200mm<br>页岩多孔砖MU10<br>M5混合砂浆<br>墙体砌筑层高超过3.6m，超过部分工程量 人工*1.3 | m3 | 3.7052 |
| 2389 | 15 | 010401004004 | 100厚多孔砖墙 | 墙体厚度100mm<br>页岩多孔砖MU10<br>M5混合砂浆 | m3 | 325.7749 |
| 3185 | 16 | 010501001001 | C10素混凝土垫层 | C10商品混凝土 泵送 | m3 | 33.5038 |
| 3413 | 17 | 010501004001 | C30无梁式满堂基础 | C30商品混凝土 泵送 | m3 | 2.64 |
| 3419 | 18 | 010501005001 | C30桩承台基础 | C30商品混凝土 泵送 | m3 | 64.5326 |
| 3484 | 19 | 010502001001 | C25矩形柱 | C25商品混凝土 泵送 | m3 | 216.192 |
| 3896 | 20 | 010502001002 | C30矩形柱 | C30商品混凝土 泵送 | m3 | 145.5562 |

(a)

图 11-64　土建报表查看

(a)查阅清单汇总表

| | 楼层 | 砼类型 | 名称 | 周长(m) | 体积(m3) | 模板面积(m2) | 超高模板面积(m2) | 数量(根) | 脚手架面积(m2) | 高度(m) | 截面面积(m2) |
|---|---|---|---|---|---|---|---|---|---|---|---|
| 1 | 基础层 | 现浇砼 卵石40mm 32.5 | KZ1 | 49.6 | 9.8654 | 91.9358 | 0 | 31 | 446.524 | 85.87 | 4.96 |
| 2 | | | KZ2 | 25.2 | 5.5148 | 45.2942 | 0 | 14 | 209.412 | 38.78 | 2.8 |
| 3 | | | KZ3 | 20.8 | 5.736 | 38.372 | 0 | 8 | 137.392 | 22.16 | 2.88 |
| 4 | | | YBZ1 | 9 | 1.632 | 17.58 | 0 | 2 | 0 | 5.54 | 0.82 |
| 5 | | | YBZ2 | 21.6 | 4 | 42.56 | 0 | 4 | 0 | 11.08 | 2 |
| 6 | | | 小计 | 126.2 | 26.7482 | 235.742 | 0 | 59 | 793.328 | 163.43 | 13.46 |
| 7 | | 小计 | | 126.2 | 26.7482 | 235.742 | 0 | 59 | 793.328 | 163.43 | 13.46 |
| 8 | 首层 | 现浇砼 卵石40mm 32.5 | KZ1 | 49.6 | 14.88 | 137.276 | 0 | 31 | 113.568 | 93 | 4.96 |
| 9 | | | KZ2 | 25.2 | 8.4 | 69.7568 | 0 | 14 | 219.024 | 42 | 2.8 |
| 10 | | | KZ3 | 20.8 | 8.64 | 59.064 | 0 | 8 | 0 | 24 | 2.88 |
| 11 | | | YBZ1 | 9 | 2.46 | 26.21 | 0 | 2 | 0 | 6 | 0.82 |
| 12 | | | YBZ2 | 21.6 | 6 | 63.04 | 0 | 4 | 0 | 12 | 2 |
| 13 | | | 小计 | 126.2 | 40.38 | 355.3468 | 0 | 59 | 332.592 | 177 | 13.46 |
| 14 | | 小计 | | 126.2 | 40.38 | 355.3468 | 0 | 59 | 332.592 | 177 | 13.46 |
| 15 | 第2层 | 现浇砼 卵石40mm 32.5 | KZ1 | 49.6 | 14.88 | 136.806 | 0 | 31 | 124.8 | 93 | 4.96 |
| 16 | | | KZ2 | 25.2 | 8.4 | 69.7168 | 0 | 14 | 210.6 | 42 | 2.8 |
| 17 | | | KZ3 | 20.8 | 8.64 | 58.384 | 0 | 8 | 0 | 24 | 2.88 |
| 18 | | | YBZ1 | 9 | 2.46 | 25.75 | 0 | 2 | 0 | 6 | 0.82 |
| 19 | | | YBZ2 | 21.6 | 6 | 61.94 | 0 | 4 | 0 | 12 | 2 |
| 20 | | | 小计 | 126.2 | 40.38 | 352.5968 | 0 | 59 | 335.4 | 177 | 13.46 |
| 21 | | 小计 | | 126.2 | 40.38 | 352.5968 | 0 | 59 | 335.4 | 177 | 13.46 |
| 22 | 第3层 | 现浇砼 卵石40mm 32.5 | KZ1 | 70.4 | 21.12 | 194.536 | 0 | 44 | 312 | 132 | 7.04 |
| 23 | | | KZ2 | 1.8 | 0.6 | 4.947 | 0 | 1 | 16.2 | 3 | 0.2 |
| 24 | | | KZ3 | 20.8 | 8.64 | 59.264 | 0 | 8 | 0 | 24 | 2.88 |
| 25 | | | YBZ1 | 9 | 2.46 | 26.17 | 0 | 2 | 0 | 6 | 0.82 |
| 26 | | | YBZ2 | 21.6 | 6 | 62.96 | 0 | 4 | 0 | 12 | 2 |
| 27 | | | 小计 | 123.6 | 38.82 | 347.877 | 0 | 59 | 328.2 | 177 | 12.94 |
| 28 | | 小计 | | 123.6 | 38.82 | 347.877 | 0 | 59 | 328.2 | 177 | 12.94 |
| 29 | 第4层 | 现浇砼 卵石40mm 32.5 | GBZ1 | 9 | 2.46 | 26.17 | 0 | 2 | 0 | 6 | 0.82 |
| 30 | | | GBZ2 | 21.6 | 6 | 62.96 | 0 | 4 | 0 | 12 | 2 |
| 31 | | | KZ1 | 72 | 21.6 | 198.902 | 0 | 45 | 327.6 | 136 | 7.2 |
| 32 | | | KZ3 | 20.8 | 8.64 | 59.264 | 0 | 8 | 0 | 24 | 2.88 |
| 33 | | | 小计 | 123.4 | 38.7 | 347.296 | 0 | 59 | 327.6 | 177 | 12.9 |
| 34 | | 小计 | | 123.4 | 38.7 | 347.296 | 0 | 59 | 327.6 | 177 | 12.9 |
| 35 | | | GBZ1 | 9 | 2.46 | 26.17 | 0 | 2 | 0 | 6 | 0.82 |

(b)

图 11-64　土建报表查看(续)

(b)查阅绘图输入工程量汇总表

**尝试应用**

请完成课堂项目 3 号楼的汇总计算、查量与报表预览导出等操作。

大国工匠龙建军：打造"猎鹰"教练机的攻关能手（来源：央视网）

从各构件所套做法和土建报表所呈现结果来看，在套做法时清单项目名称、项目特征、定额子目及名称有一项不同，则软件认为是两条不同的清单项目，因此在套做法提量时，若要套相同的做法，一定要精确到每一个标点符号都相同，这样软件才会汇总至同一条目。同时，我们看到飘窗、楼梯、雨篷及装饰线条等构件所套的做法相对较复杂，在套做法前一定要深入地分析构件需要套取哪些做法，不可漏项或重复计算，更不允许主观地出现上述错误。从事造价行业需要从业人员在遵纪守法的前提下遵守"诚信、公正、精业、进取"的原则，主动学习、勤奋工作，独立、客观、公正、正确地出具工程造价成果文件。

## 六、云应用

### (一)云检查

针对投标时工程检查量大且算量时间紧张、没有时间详细检查的情况，在进行汇总计算前，可使用"云检查"功能对模型进行检查，从而快速检查修正模型存在的问题，以保证算量结果的正确性。

其操作流程为：完成了单个楼层或整个工程三维算量模型创建后，执行"建模"菜单下"通用操作"功能分区中"云检查"命令→在弹出的"云模型检查"对话框中根据实际情况选择/设置检查

范围即开始检查，如图 11-65(a)所示。软件提供了“整楼检查”“当前层检查”和“自定义检查”三种检查范围，选择“自定义检查”时软件会弹出“自定义检查”对话框，如图 11-65(b)所示。根据需要勾选检查范围后，单击“确定”按钮即开始检查。以“整楼检查”为例，单击后软件即执行检查，如图 11-65(c)所示。

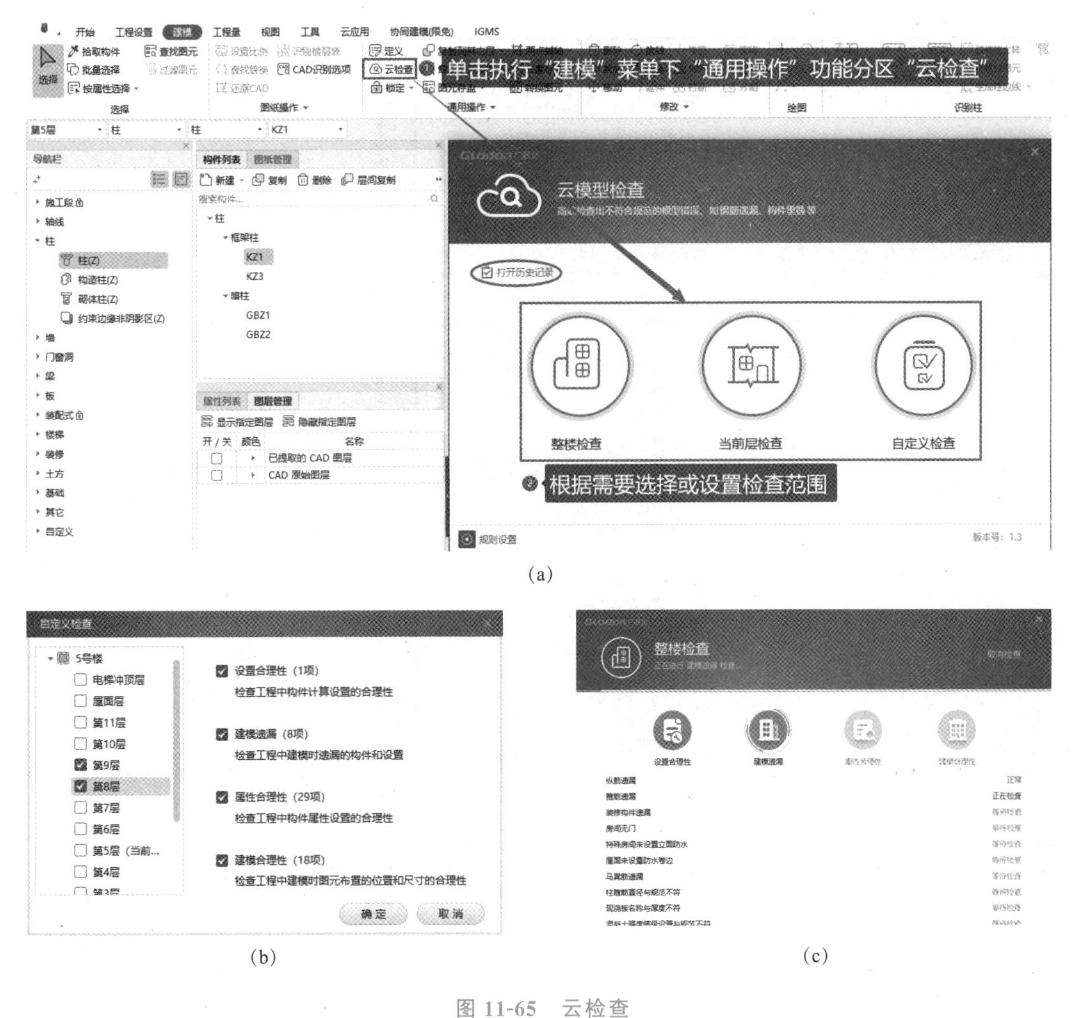


图 11-65　云检查

(a)云模型检查；(b)自定义检查范围设置；(c)执行整楼云检查示意

完成检查后软件弹出图 11-66 所示的“云检查结果”对话框，在该对话框中可以对检查的问题单击右侧的“定位”按钮进行逐条定位到模型来进行检查，检查后没有问题的条目可以单击右侧的“忽略”按钮忽略该问题(需登录软件平台后才可操作)。在对检查结果进行了排查并已经修复了很多问题后，可以通过单击“云检查结果”对话框中的“刷新”或“重新检查”来刷新当前检查问题或查看最新检查结果。如果想要查看软件给出了确定错误、疑似错误、提醒等内容对应的检查规则，可以单击“云检查结果”对话框中的“依据”来查看。软件在“云检查结果”对话框中，提供了结果列表、忽略列表和恢复列表三种列表。后两种列表需要登录后才可查看，在忽略列表中，可针对前期误判为没有问题的条目进行“还原”至结果列表。

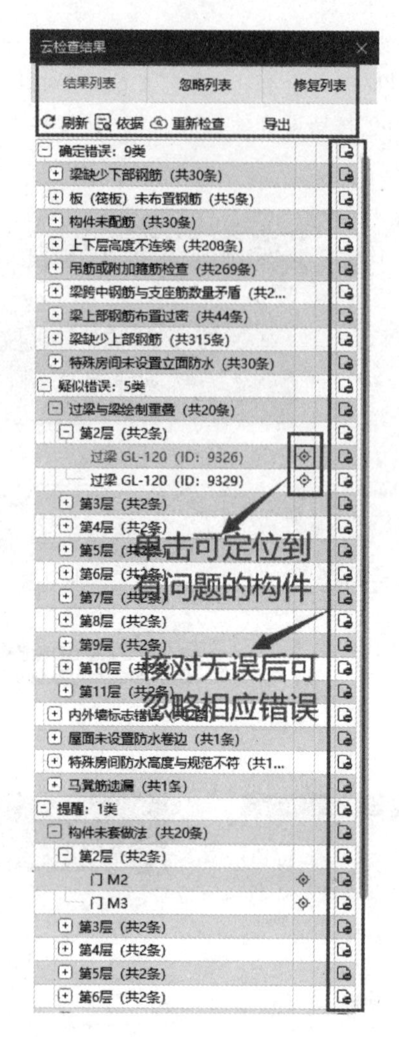


图 11-66　5 号楼整楼云检查部分结果显示

## 小提示

(1)在执行“云检查”前，可以根据需要单击图 11-65(a)“云模型检查”对话框左下角“规则设置”按钮设置检查规则。

(2)工程在进行云检查时，因各种原因导致当前工作中断且未完成所有问题的修改就关闭了软件，再次打开软件后可以单击图 11-65(a)“云模型检查”对话框，“打开历史记录”调出上次检查的结果继续进行修改。

### (二)云汇总

针对体量比较大的工程，单击“汇总计算”所耗费的时间可能比较长，这时可以使用“云汇总”功能利用云端多台服务器同时计算以提升汇总计算效率。该功能可在登录软件平台后单击“工程量”菜单下“汇总”功能分区中“云汇总”按钮使用，如图 11-67 所示。

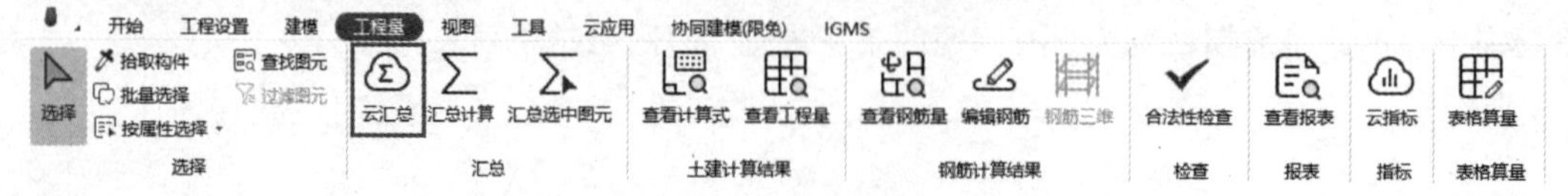


图 11-67　云汇总

## (三)云指标

“云指标”的适用情况如下：

(1)在设计阶段，建设方为了控制工程造价，会对设计院提出工程量指标最大值的要求，即限额设计。设计人员要保证最终设计方案的工程量指标不能超过建设方的规定要求时，可根据指标分析结果来优化设计方案。

(2)施工方可将自身积累所做工程的工程量指标和造价指标与当前工程指标进行对比分析，以便在建设方招标图纸不细致的情况下，仍可以准确投标。

(3)咨询单位可将自身积累所参与工程的工程量指标和造价指标与当前工程指标进行对比分析，以便在项目设计阶段为建设方提供更好的服务。如审核设计院图纸，帮助建设方找出最经济、合理的设计方案等。

查看指标：完成汇总计算后，可通过“云指标”功能查看并分析整个建设工程的钢筋、混凝土、模板、装修等指标数据，从而判断该工程的工程量计算结果是否合理。单击“工程量”菜单下“指标”功能分区中“云指标”按钮，软件会自动进行工程指标计算并弹出“云指标”对话框，如图 11-68 所示，软件中提供了汇总表、钢筋、混凝土、模板、装修和其他六大类指标。汇总表中，“工程指标汇总表”可以直观地查看大的分部工程清单量和单位面积指标；在查看“工程指标汇总表”发现钢筋、混凝土和模板指标不合理时，可在钢筋、混凝土和模板三个大类指标下根据需要查看“部位楼层指标表”和“构件类型楼层指标表”两种详细的指标，“部位楼层指标表”中可深入查看地上、地上部分各个楼层的钢筋、混凝土等指标值，查看“构件类型楼层指标表”可进一步定位到具体不合理的构件类型(如具体确定柱、梁、墙等的哪个构件的指标数据不合理，具体在哪个楼层出现了不合理)；在查看“工程指标汇总表”发现装修指标不合理时，可查看装修下“装修指标表”的“单方建筑面积指标($m^2/m^2$)”数据进一步分析装修指标数据，定位问题出现的具体构件、楼层；在查看“工程指标汇总表”发现砌体指标不合理时，可查看其他下“砌体指标表”的“单位建筑面积指标($m^3/m^2$)”数据，深入分析内墙、外墙各个楼层的砌体指标值。

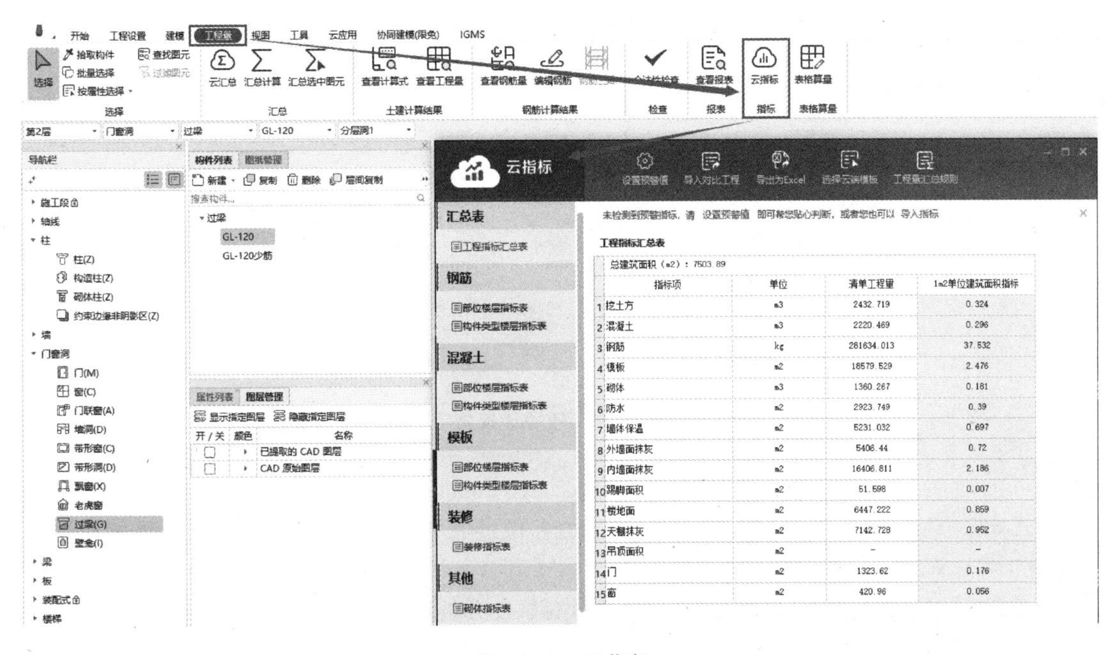


图 11-68　云指标

"云指标"对话框功能-设置预警值：汇总计算后工程指标合理与否通常是通过与工程的指标经验数据进行比对来判断的，软件中可设置指标预警值，在设置地上、地下不同部位、不同楼层、不同构件类型的工程指标数据后，软件会自动比对当前工程指标数据是否超出了预警数据，将会对超出预警值的数据给出颜色标记，以便进一步跟进分析，如图 11-69 所示。软件支持"单工程指标预警"及"多工程指标预警"，分别针对只有一个工程指标数据及同时存在多个工程指标对比情况下的指标数据预警。

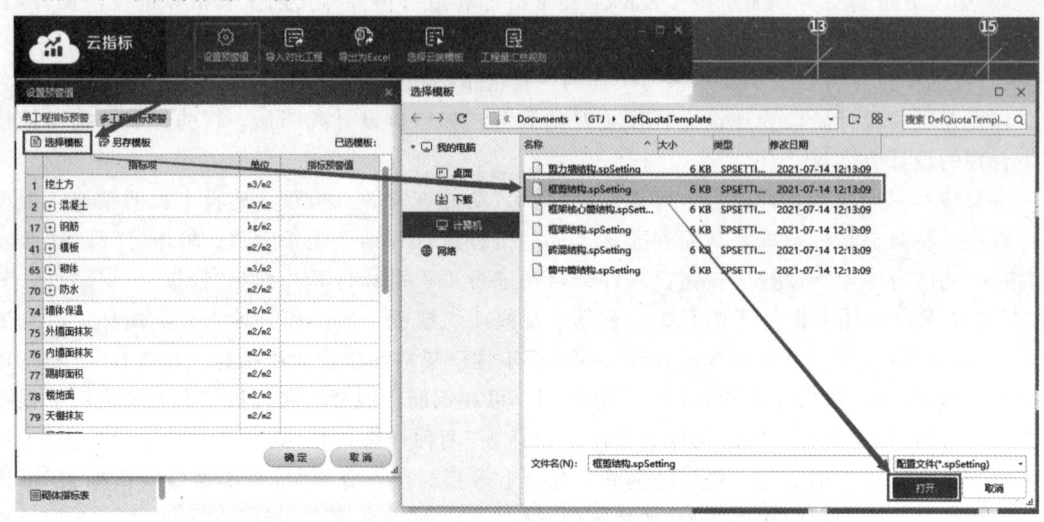


(a)

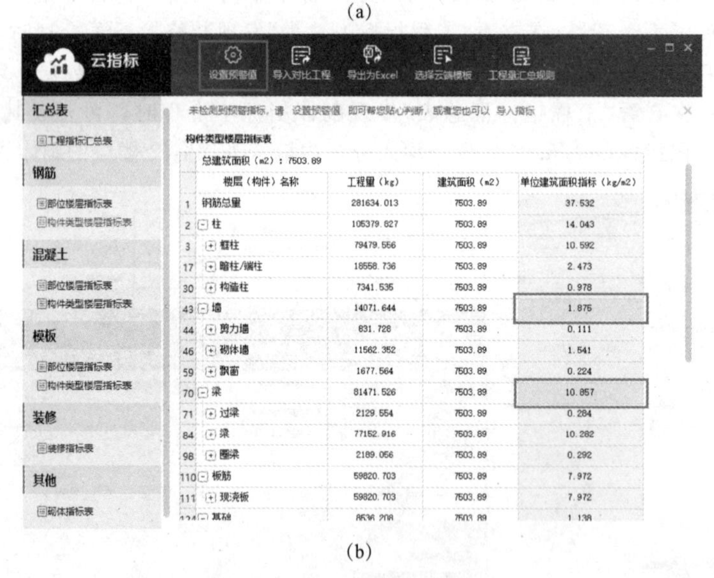


(b)

**图 11-69　预警值设置**

(a)设置预警值；(b)设置预警值后对不在预警值范围内的指标用不同底色标记

"云指标"对话框功能-导入对比工程：导入之前做过的相似工程进行指标对比，以便检查当前建设工程计算的指标数据是否合理。

"云指标"对话框功能-导出为 Excel：主要针对软件分析计算出的指标数据导出到 Excel 表格中进行归档等，如图 11-70 所示。软件提供的所有表格都支持导出到 Excel。

"云指标"对话框功能-选择云端模板：该功能可根据需要自由选择需要查看的指标模板，如图 11-71 所示。

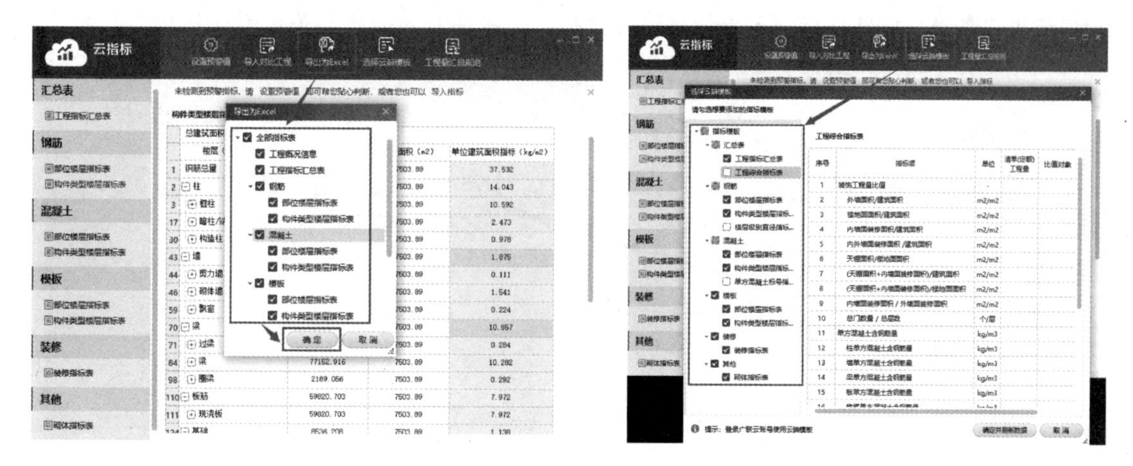


图 11-70　导出为 Excel　　　　图 11-71　选择云端模板

“云指标”对话框功能-工程量汇总规则：该功能可根据需要，查看指标数据的汇总归属设置情况，如图 11-72 所示。



| 构件类型 | 钢筋量指标分组 | 混凝土量指标分组 | 模板量指标分组 |
|---|---|---|---|
| ⊟ 柱 | | | |
| 框架柱 | 柱 | 柱 | 柱 |
| 转换柱 | 柱 | 柱 | 柱 |
| 暗柱 | 柱 | 墙 | 墙 |
| 端柱 | 柱 | 墙 | 墙 |
| 构造柱 | 柱 | 柱 | 柱 |
| 砌体柱 | 柱 | — | — |
| ⊟ 墙 | | | |
| 剪力墙 | 墙 | 墙 | 墙 |
| 人防门框墙 | 墙 | 墙 | 墙 |
| 砌体墙 | 墙 | — | — |
| 砌体加筋 | 墙 | — | — |
| 保温墙 | 墙 | 墙 | 墙 |
| 暗梁 | 墙 | — | — |

图 11-72　查看工程量汇总规则

“云指标”对话框功能-导入指标：该功能可通过导入指标数据与工程指标数据进行对比，从而直观地判断了工程指标数据是否合理。

### (四)云对比

在工程项目完工后，甲、乙双方需要对工程量进行竣工结算，确定的工程量作为工程款结算的重要依据，这时可以使用“云对比”快速、多维度的对比两个工程文件的工程量差异，并分析工程量差异原因，帮助双方对比、分析、消除工程量差异，快速、精准地确定竣工结算工程量。

其操作流程为：登录软件平台后在新建界面“应用中心”中单击“云对比”，如图 11-73(a)所示，则在网页上弹出“云对比”界面→在网页上通过“本地文件”“云空间文件”或“工程码文件”上传主审文件和送审文件后单击“开始对比”按钮，如图 11-73(b)所示→在弹出的选择对比范围对话框中勾选要对比的范围后单击“确定”按钮，如图 11-73(c)所示，则软件自动开始对比→对比

完成后可查看差异信息总览、工程设置差异分析、工程量差异分析和模型对比四种对比结果，并可根据需要导出对比报表，如图 11-73(d)～(g)所示。

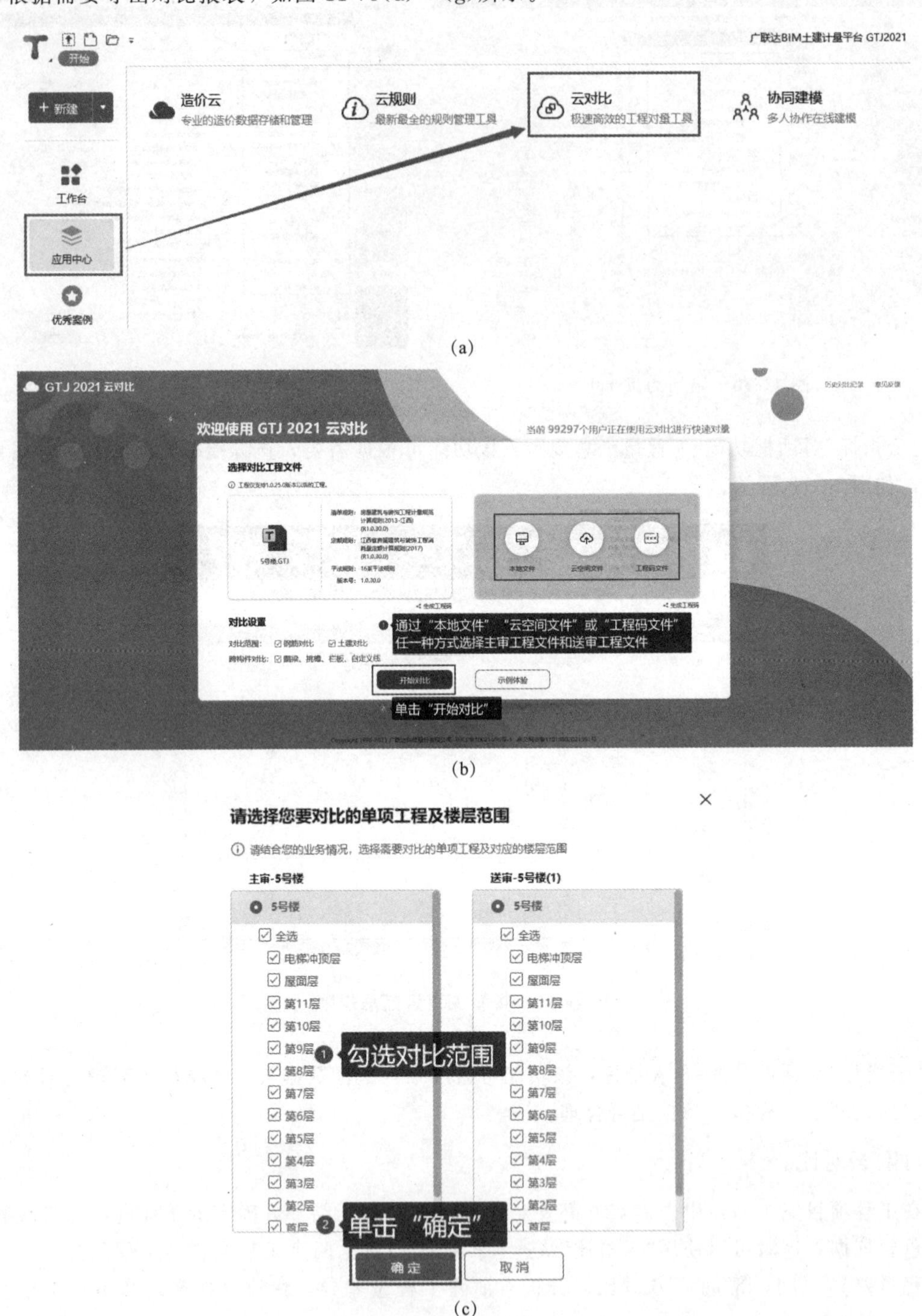


(a)

(b)

(c)

图 11-73　云对比

(a)云对比命令；(b)添加对比工程文件；(c)设置对比范围

(d)

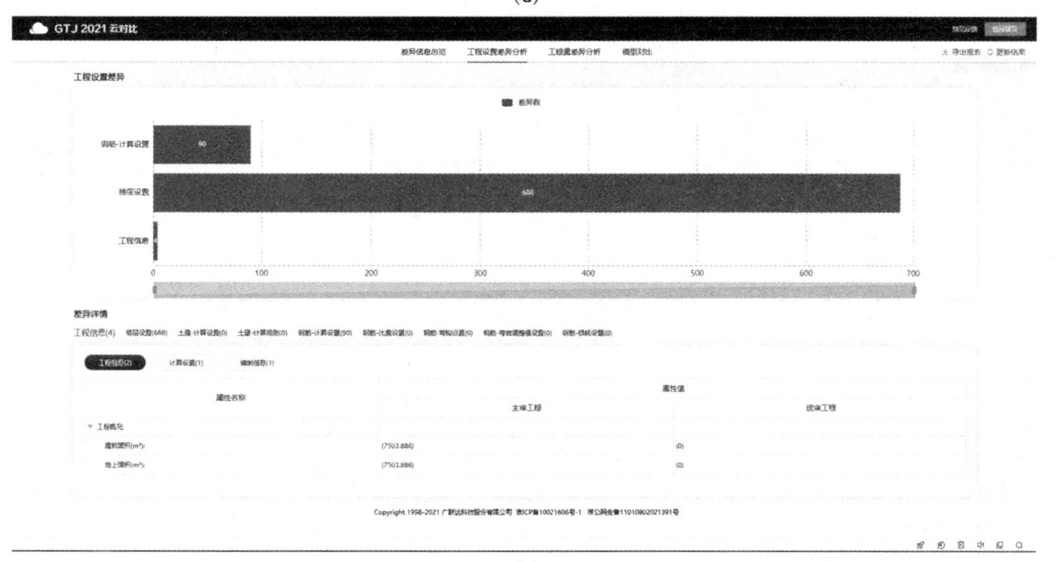

(e)

图 11-73　云对比(续)

(d)差异分析总览；(e)工程设置差异分析结果

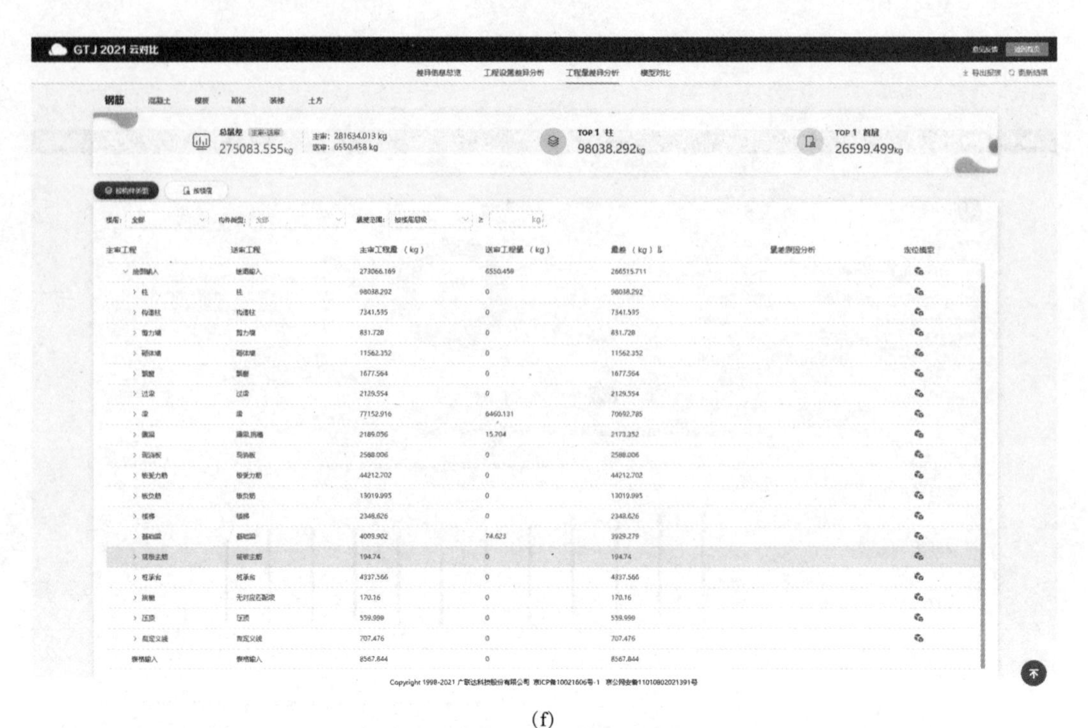


(f)

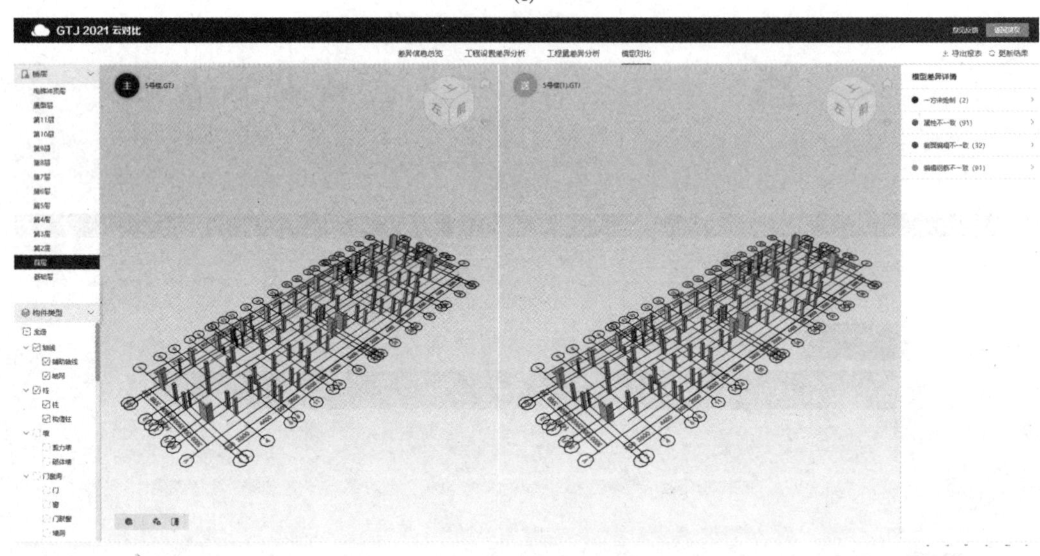


(g)

图 11-73　云对比(续)

(f)工程量差异分析结果；(g)模型对比结果

**(五)云报表**

“云报表”需登录造价云管理平台后使用，该功能可方便使用者在 Web 端更便捷地查看工程量，同时可以多人共同查看企业空间内工程文件的工程量，实现企业内信息共享。其操作为：登录造价云管理平台后选择个人空间或企业空间的工程文件，通过单击工程名称文本链接或右击工程名称后单击“查看模型”或单击“工程浏览”按钮进入模型浏览功能。

**(六)协同建模**

协同建模功能适用于建模任务量大、时间紧、需要多人分工协作完成的项目或线上办公需

要增强进度、质量管控的情况，可在登录软件平台后通过GTJ2021新建界面应用中心“协同建模”或进入软件后“协同建模”菜单进入，如图11-74所示。该功能为企业功能，此处不详细阐述，有兴趣者可查阅GTJ2021帮助文档。

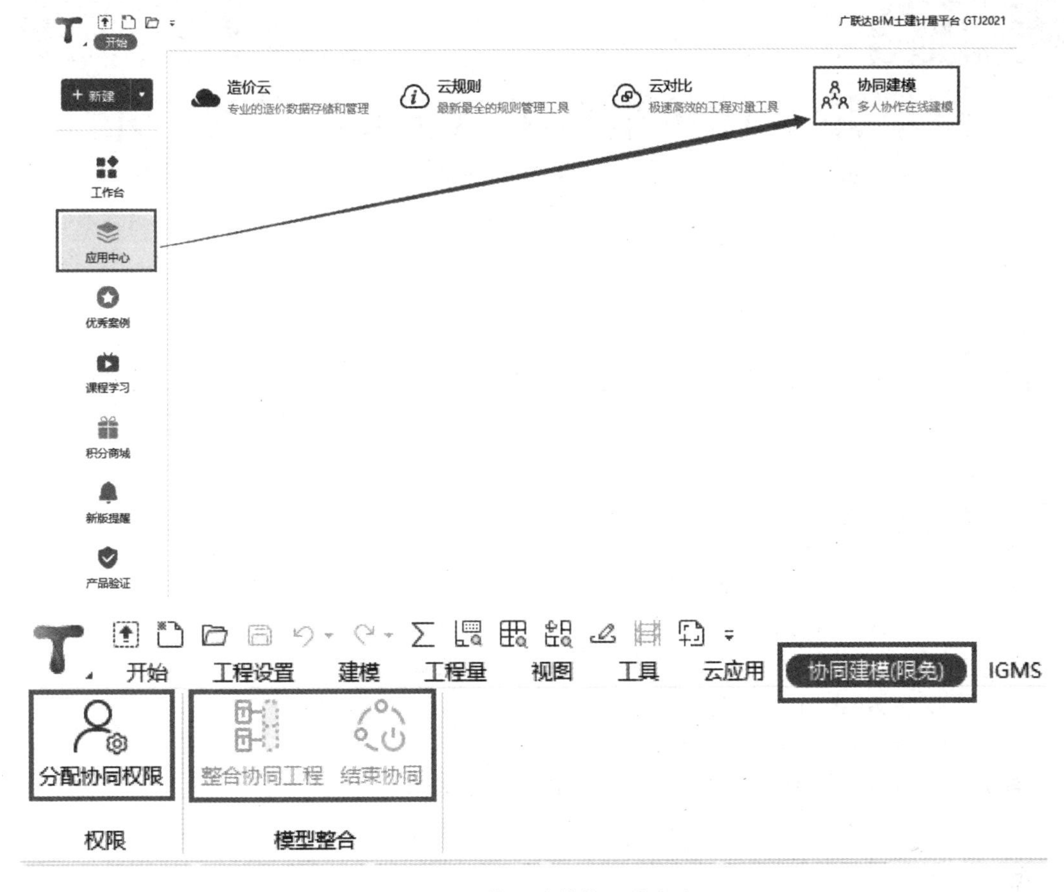


图11-74　协同建模的两种方式

## (七)造价云和云规则

图11-74所示“造价云”是软件平台为每个登录账户提供的工程云空间，可以将工程文件存储在云空间内；“云规则”则提供了全国各省市规则供使用者下载添加。

5号楼阶段工程文件：完成套做法、表格输入、汇总计算与查量

套做法、表格输入、汇总计算与查量、云应用操作小结

# 下篇 广联达云计价平台 GCCP6.0 实例应用

## 任务 12 了解广联达云计价平台 GCCP6.0

### 聚焦项目任务

**知识：** 1. 了解广联达计价软件的发展历程。
2. 了解 GCCP6.0 在各个工程建设阶段的应用。
3. 掌握运用 GCCP6.0 编制各类造价文件的基本流程。
4. 熟悉 GCCP6.0 的软件界面。
5. 熟悉 GCCP6.0 常用的快捷键。

**能力：** 1. 针对不同业务场景能正确选择 GCCP6.0 模块。
2. 能够准确在软件界面中找到相应的命令按钮。
3. 能正确运用相应命令快捷键。

**素质：** 1. 从广联达计价软件的发展历程体会科技的发展，树立积极进取的人生态度。
2. 从 GCCP6.0 的人性化操作界面设计体悟以人为本的发展理念。

GCCP6.0 基础知识导学单及激活旧知思维导图

微课：GCCP6.0 基础知识

### 示证新知

#### 一、GCCP6.0 基本情况

广联达计价软件先后经历了 DOS 版计价软件、Windows 版计价软件 GBG99、GBG8.0，清单计价软件 GBQ2.0，广联达计价软件 GBQ3.0、GBQ4.0，广联达云计价平台 GCCP5.0、GCCP6.0 等版本，广联达计价软件一直随着计算机硬件升级、清单规范更新、各地定额更新和

营改增等的变化而不断地升级，每一次升级都是飞跃、重新定义。一如人应当不断地学习，不断提升自己的认知和应用能力，知行合一、积极进取，适应社会变化，不断迎接挑战。

水下机器专家封锡盛、中国碳十四年代学始创者仇士华：敢于试错、进取超越（来源：学习强国 中国科协科技传播中心）

目前，最新的计价软件版本为广联达云计价平台 GCCP6.0，它可以满足国标清单及市场清单两种业务模式，覆盖了民建工程造价全专业、全岗位、全过程的计价业务场景，具有全面、智能、简单、专业的特点，即软件可支持概算、预算、结算和审核全流程造价文件编制，同时可实现各阶段工程数据的互通和无缝切换，支持多人多专业协作并实现工程编制和数据高效、快捷流转；基于互联网、云技术和大数据，可实现智能组价、智能提量、在线报表等，提升工作效率；支持单位工程快速新建，全费用与非全费用一键转换、定额换算一目了然，界面操作便捷易上手；支持全国所有地区计价规范和各业务阶段专业费用的计算，针对新计价文件、新定额等能做出专业快速的响应。确切来说，GCCP6.0 是一个集成多种应用功能的平台，可进行文件管理，并能支持用户与用户之间、用户与产品研发之间进行沟通。包含个人模式和协作模式；并对业务进行整合，支持概算、预算、结算、审核业务，建立统一入口，各阶段的数据自由流转；它主要通过端·云·大数据产品形态，致力于解决造价作业效率低、企业数据应用难等问题，以实现作业高效化、数据标准化、应用智能化，从而实现造价数字化管理的目标。

## 二、GCCP6.0 在工程建设各阶段中的应用及基本流程

GCCP6.0 可支持编制设计概算、招标工程量清单、招标控制价、投标报价、验工计价（即进度计量，下同）、竣工结算、预算审核、结算审核等造价文件，如图 12-1 所示。

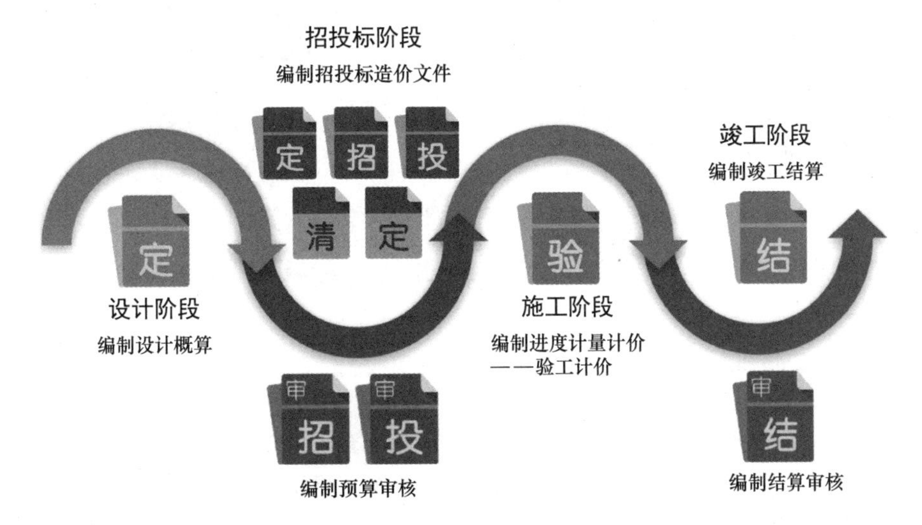


图 12-1　GCCP6.0 在工程建设各阶段的应用

在设计阶段可用 GCCP6.0 编制设计概算，其基本流程为：新建概算项目→编制建安费→编制设备购置费→编制建设其他费→概算调整→报表预览导出。其中，编制建安费详细流程为：新建单项工程、单位工程→取费设置→编制单位工程预算书即添加定额及换算等→人材机汇总调价。

在招投标阶段，根据计价方式的不同，可用 GCCP6.0 编制定额计价施工图预算，或编制清单计价模式下的招标工程量清单、招标控制价和投标报价。可以选择新建项目或新建单位工程。

(1)编制招标工程量清单的基本流程：根据业务场景新建招标项目或清单计价单位工程→选择工程所在地区，设置取费→通过导入 Excel 表或导入算量文件或查询录入的方式编制分部分项工程量清单→编制措施项目清单→编制其他项目清单→查看规费税金清单→查看报表→生成电子招标书。

(2)编制招标控制价或投标报价的基本流程：新建招标项目/投标项目(或新建清单计价/定额计价单位工程)→分部分项组价、措施项目组价、其他项目组价→人材机费用调整→费用汇总及调整→校验→查看报表→生成电子投标书(此步仅投标报价有)。

在施工阶段，可用 GCCP6.0 来编制验工计价，主要工作是根据合同文件统计出每个月完成的工程量清单，累计完成的工程量，截至目前每期完成多少，是否超出合同约定，还有多少没有报，其基本流程为：新建验工计价→设置进度期→分部分项工程进度计量(手动输入、导入外部数据、提取未完成工程量)→措施项目、其他项目进度计量→人材机调差→每期要申报的量和价计算完毕后，进入报表界面查量报量。验工计价操作流程如图 12-2 所示。

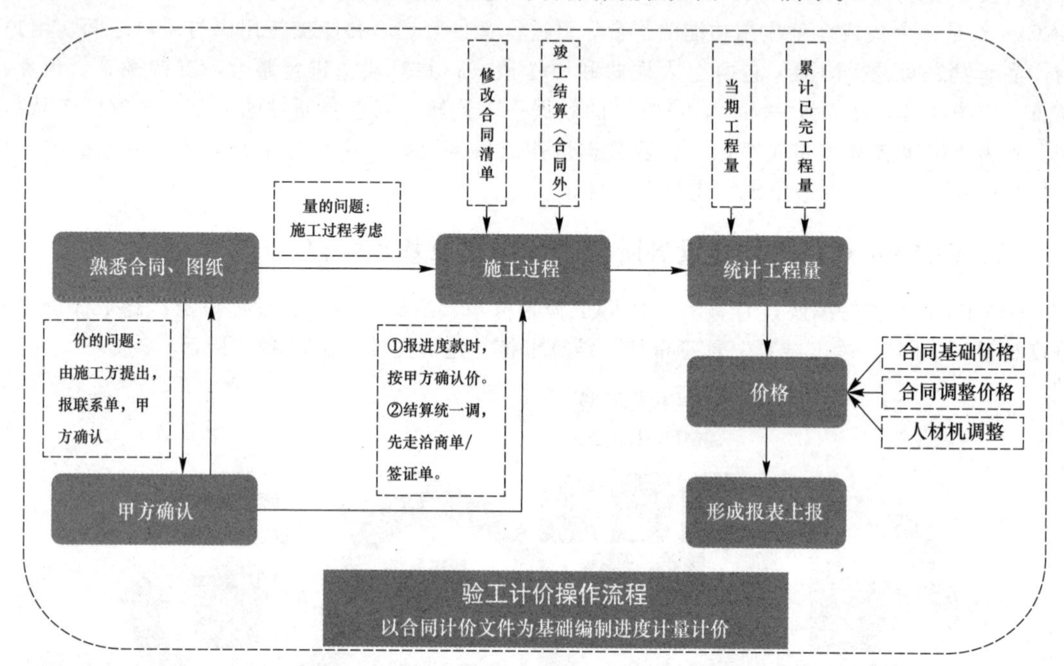


图 12-2　验工计价操作流程

在竣工阶段，可用 GCCP6.0 来编制竣工结算。根据竣工结算的方式，分为分期计量结算和一次性计量结算两种方式。其中，一次性计量结算又分为合同内造价和合同外造价。合同内量、价的竣工结算编制基本流程为：新建结算工程→合同内量差确定(输入结算工程量→15%以上量差处理)→措施项目结算编制→合同内价差处理→报表预览导出。合同外量、价的竣工结算包括变更、签证、索赔等。

除上述造价文件外，GCCP6.0 还支持针对招投标阶段的预算审核、针对竣工阶段的结算审核的编制。其中，预算审核有单审审核(逐项审核)和对比审核两种模式，单审审核基本流程为：新建预算审核(将送审工程导入软件)→根据工程情况在软件中修改送审工程的清单项、工程量、价、材料及相关取费→自动生成对比报表和审核报告→将最终的审定文件生成最终的送审文件；对比审核基本流程为：新建预算审核(将送审工程导入软件)→软件自动匹配双方数据，确保对比时数据的一致性→在软件中修改审定数据→自动生成对比报表和审核报告→将最终的审定文

件生成最终的送审文件。具体如图 12-3 所示。结算审核与预算审核的思路基本相同。

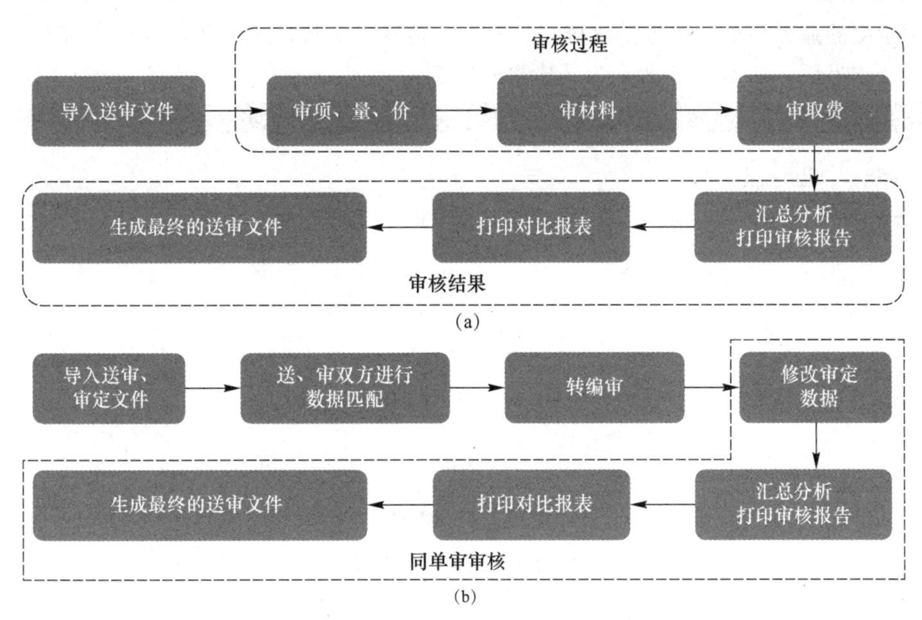


图 12-3　预算审核编制基本流程

(a)单审审核基本流程；(b)对比审核基本流程

## 三、GCCP6.0 软件界面

### (一)GCCP6.0 平台界面

GCCP6.0 内可以根据业务场景需要，编制概算、预算、结算和进行审核。双击桌面软件图标进入软件，平台界面大致可分为左侧 3 个和右侧 1 个共 4 个区域，如图 12-4 所示。在 6.4100.16.102 版本软件中，第一个区域将图 12-4 中“新建结算”拆分成了“进度计量”和“新建结算”两个模块。

图 12-4　GCCP6.0 平台界面

**1. 新建项目**

根据承接的业务场景，选择新建概算、预算、结算或审核，单击相应的按钮后右侧会显示出不同的新建界面，如图 12-5 所示为新建预算界面。

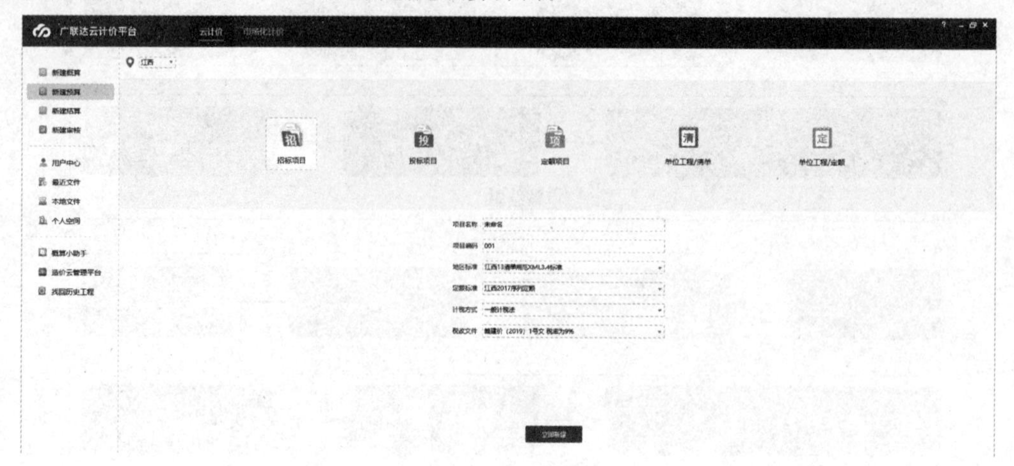

图 12-5　新建预算界面

**2. 用户中心等按钮**

(1)用户中心：该区域包括软件相关的课程学习资源、用户登录及地区选择地区、对应地区政策解读、常见问题展示、对应地区招标公告展示。

(2)最近文件：近期打开的文件展示。

(3)本地文件：用于打开本地的概算、预算、结算或审核工程文件。

(4)个人空间：登录后可打开存储于个人空间的概算、预算、结算或审核工程文件。

**3. 概算小助手等相关链接**

(1)概算小助手：登录后单击该按钮会显示对应地区概算定额依据及发布的相关政策文件，如图 12-6 所示为江西对应的概算计价依据。

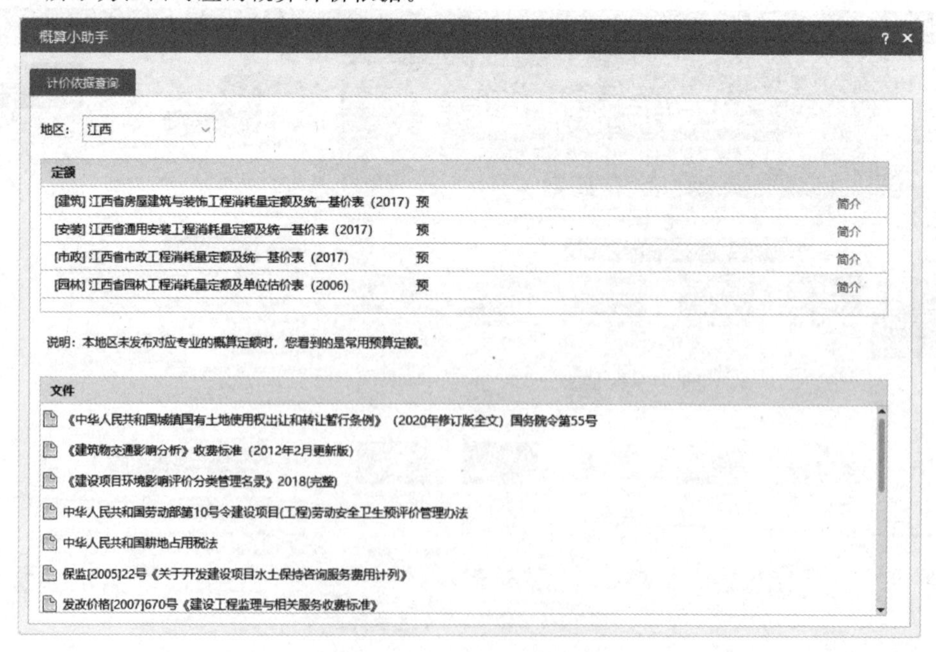


图 12-6　概算小助手(江西)

(2)造价云管理平台：登录后单击该按钮可进入个人造价云平台进行个人工程和数据的管理与维护。

(3)找回历史工程：单击该按钮软件在计算机上呈现打开的历史工程。

#### 4. 右侧区域

根据单击右侧不同的按钮，右侧区域对应显示不同内容。如图 12-4 所示 GCCP6.0 平台界面右侧所展示的为用户中心对应的内容。

### (二)各模块界面

新建不同阶段的造价文件进入不同的模块，其界面分布格局大体相同，但具体内容不同，图 12-7 为预算编制界面介绍。概算编制、验工计价、结算计价的编制界面与预算编制界面较为相似，此处不一一截图说明。

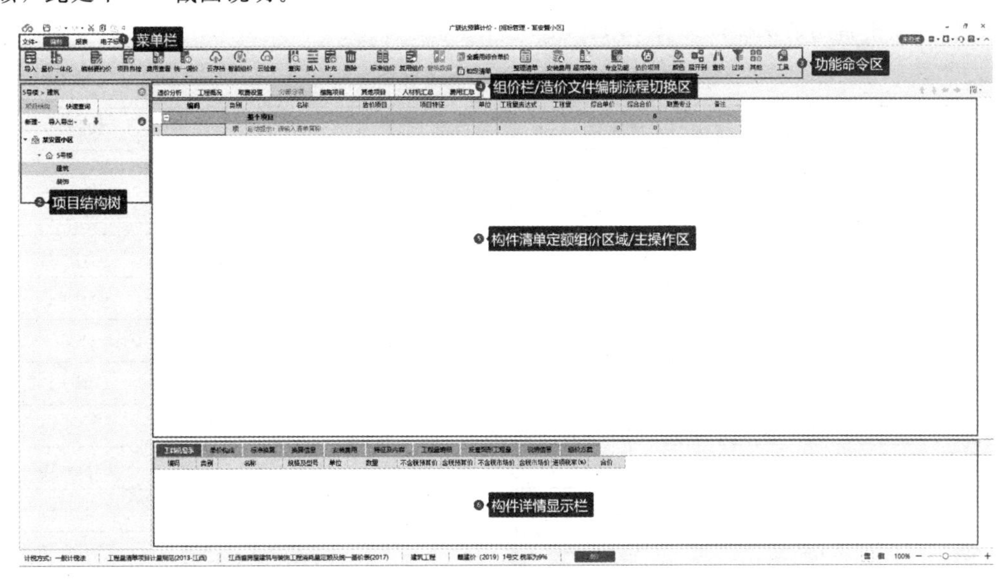


图 12-7 预算编制界面

预算编制界面的分区主要有六块，分别如下：

(1)菜单栏：在该部位可根据预算编制的总体流程切换到文件、编制、报表、电子标菜单。若登录了账号，还会显示指标菜单。

(2)项目结构树：该部位罗列了项目下辖单项工程及相应的单位工程，各单项工程及单位工程按新建的先后顺序排列。

(3)功能命令区：该部位主要提供当前菜单的各种功能命令。随着界面的切换，功能命令区包含的内容不同。

(4)组价栏/造价文件编制流程切换区：该部位主要是与单位工程造价构成的有关信息，包括造价分析、工程概况、取费设置、分部分项、措施项目、其他项目、人材机汇总、费用汇总。在编制过程中需要切换页签完成工作。

(5)构件清单定额组价区域/主操作区：该部位是组价或人材机调整的主操作区。切换到每个界面，都会有特有的数据编辑界面，供用户操作。

(6)构件详情显示栏：该部位显示清单及定额项目的工料机显示、单价构成、标准换算、换算信息、安装费用、特征及内容、工程量明细、反查图形工程量、说明信息及组价方案等，或

在人材机汇总页面时显示相应的信息价、市场价等。

(7)同时在界面的最下方还有状态栏，呈现所选的计税方式、清单、定额、专业等信息。

软件的界面设计及命令设计主要是按照编制相关造价文件的流程从左往右按顺序呈现，充分体现了以人为本的人机交互界面设计。当前，建筑产业正在向工业化、智能化、数字化转型升级，提出的绿色建造、低碳发展理念，以及大力发展装配式建筑、绿色建筑等，是以人为本的发展理念在建筑领域的集中体现。

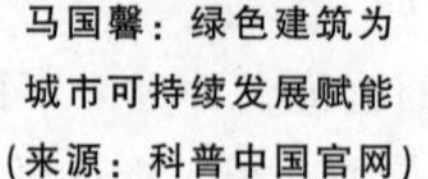

马国馨：绿色建筑为城市可持续发展赋能（来源：科普中国官网）

GCCP6.0 基础知识小结

## 四、GCCP6.0 快捷键

GCCP6.0 中常用的快捷键见表 12-1。

表 12-1　GCCP6.0 快捷键列表

| 界面 | 功能 | 快捷键 | 界面 | 功能 | 快捷键 |
| --- | --- | --- | --- | --- | --- |
| 全局 | 打开 | Ctrl+O | 分部分项 | 插入 | Ins |
| | 新建 | Ctrl+N | | 替换数据 | F10(如有) |
| | 保存 | Ctrl+S | | 锁定清单/解锁清单 | Ctrl+L |
| | 保存所有工程 | Ctrl+Shift+S | | 查找 | Ctrl+F |
| | 撤销 | Ctrl+Z | | 颜色 | Ctrl+Shift+A |
| | 恢复 | Ctrl+Y | | 插入分部 | Ctrl+B |
| | 取消 | Esc | | 插入清单 | Ctrl+Q |
| | 退出 | Alt+F4 | | 插入子目 | Ctrl+W |
| | 新增工程文件 | Ctrl+N | | 拷贝 | Ctrl+C |
| | 展开工具栏 | Alt+G | | 粘贴 | Ctrl+V |
| | 切换页签 | Ctrl+鼠标滚轮（鼠标焦点在页签） | | 剪切 | Ctrl+X |
| | 放大/缩小 | Ctrl+鼠标滚轮 | | 删除 | Del |
| | 上一页 | PgUp | | 临时删除 | Ctrl+Del |
| | 下一页 | PgDn | | 插入批注 | Ctrl+P |
| | 上移 | Ctrl+↑ | | 唤出查询窗口 | F3 |
| | 下移 | Ctrl+↓ | | 按定额名称生成主材 | F5(如有) |
| | 计算器 | Alt+I | | 按清单名称生成主材 | F6(如有) |
| | 打开选项 | Alt+F | | 展开到一级分部 | Alt+1 |
| | 帮助 | F1 | | 展开到二级分部 | Alt+2 |
| | 配色方案 | F12 | | 展开到三级分部 | Alt+3 |
| 项目信息 | 删除 | Del | | 展开到四级分部 | Alt+4 |
| | 复制格子内容 | Ctrl+Shift+C | | 展开到清单 | Alt+Q |
| 工程信息 | 插入 | Ins | | 展开到子目 | Alt+D |
| | 删除 | Del | | 展开到主材设备 | Alt+S |
| | 复制格子内容 | Ctrl+Shift+C | | 强制调整编码 | Ctrl+T |

**续表**

| 界面 | 功能 | 快捷键 |
|---|---|---|
| 工程特征 | 插入特征项 | Ins |
| | 删除 | Del |
| | 复制格子内容 | Ctrl+Shift+C |
| 清单编制说明 | 全选 | Ctrl+A |
| | 拷贝 | Ctrl+C |
| | 粘贴 | Ctrl+V |
| | 剪切 | Ctrl+X |
| | 撤销 | Ctrl+Z |
| | 恢复 | Ctrl+Y |
| 取费设置 | 复制格子内容 | Ctrl+Shift+C |
| 工料机显示 | 拷贝 | Ctrl+C |
| | 粘贴 | Ctrl+V |
| | 剪切 | Ctrl+X |
| | 删除 | Del |
| | 复制格子内容 | Ctrl+Shift+C |
| 特征及内容 | 拷贝 | Ctrl+C |
| | 粘贴 | Ctrl+V |
| | 剪切 | Ctrl+X |
| | 删除 | Del |
| | 复制格子内容 | Ctrl+Shift+C |
| 工程量明细 | 拷贝 | Ctrl+C |
| | 粘贴 | Ctrl+V |
| | 剪切 | Ctrl+X |
| | 删除 | Del |
| | 复制格子内容 | Ctrl+Shift+C |
| | 插入行 | Ins |
| 其他项目 | 删除 | Del |
| | 复制格子内容 | Ctrl+Shift+C |
| 人材机汇总 | 替换材料 | Ctrl+B |
| | 查找 | Ctrl+F |
| | 颜色 | Ctrl+Shift+A |
| | 插入批注 | Ctrl+P |
| | 复制格子内容 | Ctrl+Shift+C |
| 费用汇总 | 插入 | Ins |
| | 删除 | Del |
| | 复制格子内容 | Ctrl+Shift+C |

| 界面 | 功能 | 快捷键 |
|---|---|---|
| 措施项目 | 插入 | Ins |
| | 插入标题 | Ctrl+B |
| | 插入清单 | Ctrl+Q |
| | 插入子目 | Ctrl+W |
| | 拷贝 | Ctrl+C |
| | 粘贴 | Ctrl+V |
| | 剪切 | Ctrl+X |
| | 删除 | Del |
| | 锁定清单/解锁清单 | Ctrl+L |
| | 查找 | Ctrl+F |
| | 颜色 | Ctrl+Shift+A |
| | 临时删除 | Ctrl+Del |
| | 插入批注 | Ctrl+P |
| | 唤出查询窗口 | F3 |
| | 按定额名称生成主材 | F5(如有) |
| | 按清单名称生成主材 | F6(如有) |
| | 展开到一级标题 | Alt+1 |
| | 展开到二级标题 | Alt+2 |
| | 展开到子目 | Alt+D |
| 快速查询—定额 | 插入子目 | Alt+I |
| | 替换子目 | Alt+R |
| 快速查询—人材机 | 插入人材机 | Alt+I |
| | 替换人材机 | Alt+R |
| 查询—清单指引 | 插入清单 | Alt+I |
| | 替换清单 | Alt+R |
| 查询—定额 | 插入子目 | Alt+I |
| | 替换子目 | Alt+R |
| 查询—人材机 | 插入人材机 | Alt+I |
| | 替换人材机 | Alt+R |
| 查询—我的数据 | 插入 | Alt+I |
| | 替换 | Alt+R |
| 报表 | 复制一个报表 | Ctrl+C |
| | 粘贴一个报表 | Ctrl+V |
| 快速查询—清单指引 | 插入清单 | Alt+I |
| | 替换清单 | Alt+R |
| | | |

注：各地区版本可能存在细微差异。

# 任务13　工程概算编制

## 聚焦项目任务

**知识：** 1. 了解概算的基本知识。

2. 熟悉设计概算编制与审查的主要内容。

3. 掌握运用 GCCP6.0 编制工程概算的操作流程。

**能力：** 1. 能够根据工程情况，正确新建工程概算。

2. 能够根据工程情况，进行取费设置、定额子目的添加与换算、人材机价差调整，完成单位工程建安工程费概算编制。

3. 能正确编制设置购置费和建设其他费。

4. 能够根据业务需要，进行报表导出与预览。

**素质：** 1. 从工程概算是工程建设投资的最高限额，树立成本控制意识。

2. 根据实际情况选择最恰当的定额子目的添加方式，体会创新性地选择工作方法对工作效率的提升作用，牢固树立干事创业要胸中“有思路”、手中“有办法”的工作理念。

工程概算编制导学单及激活旧知思维导图

微课1：新建概算项目与取费设置

微课2：概算定额子目添加、整理与换算

微课3：价差调整与查看建安工程费用汇总

微课4：编制设备购置费、建设其他费及概算调整与报表等

## 示证新知

### 一、项目背景导入

江西省某房地产开发公司投资建设的“5号楼”项目，包括建筑与装饰工程、给水排水工程和电气工程。现公司委托具有相应资质的江西某建筑设计单位进行工程设计，并委托具有相应资质的工程咨询公司编制该项目的设计概算文件。本书后续内容主要针对建筑与装饰工程进行介绍。

目前，给出及确定的内容如下(其余内容参考建设单位和设计单位的交底资料，以及初步设计图纸和国家有关设计规范)：

(1)“5号楼”项目位于江西省某市市区，其性质为多层住宅，总建筑面积为7 242.18 $m^2$，地上11层，无地下室，檐口距地高度为33.15 m。建筑物设计标高±0.000，相当于绝对标高41.500 m。

(2)工程咨询公司接到该工程概算的编制任务时，为 2022 年 4 月。根据调查，江西省最新一期的全省各设区市建设工程常用材料价格信息为 2022 年第 3 期。根据本工程需要，决定概算执行 2022 年第 3 期全省各设区市建设工程常用材料价格信息汇总表中相应信息价。

各种钢筋价格均按照 4 700 元/t 计算，页岩多孔砖按照 750 元/千块计算，钢制防火门按照 900 元/$m^2$ 计算，陶瓷锦砖按照 100 元/$m^2$ 计算，塑钢门窗按照 250 元/$m^2$ 计算。上述价格均为含税价格。

软件未自行调整的各种商品类的混凝土价格(按普通混凝土考虑)和抹灰砂浆，需要手动选择当期相应品种指导价格(抹灰砂浆均按"干混抹灰砂浆 DPM5"考虑，砂浆按照 1.72 t/$m^3$ 进行调整)；其余材料价格由 GCCP6.0 软件按照 2022 年第 3 期信息价进行自动调价，不再另行调整。

本工程中机械台班预算单价，除履带式单斗液压挖掘机按照 1 120 元/台班计算外，其余均按相应机械的定额基价执行，不再另行调整。

(3)根据该类型建筑物在某市地区施工的常规施工方案，结合工程所在地的具体情况并根据工程的实际情况，建筑与装饰工程的技术措施费计算脚手架和垂直运输费两项费用。

(4)本工程无设备采购，不考虑工器具及生产家具购置费。

(5)经过造价人员计算，本项目需要价差预备费 4 万元，建设期利息需要支出 10.5 万元，不计取铺底流动资金。

(6)工程建设其他费用取费说明：假设本项目不考虑支出建设用地费和与生产经营相关的其他费用；工程前期费用考虑支出可行性研究费、勘察费、设计费，按照 10 万元计算；与建设项目有关的费用考虑支出建设单位管理费、招标代理服务费、工程监理费、保险费和全过程造价咨询服务费。

## 二、工程概算编制

### (一)新建概算项目

在云计价平台界面单击"新建概算"，根据工程项目所在地选择地区，根据项目信息修改项目名称为"5 号楼"，选择定额标准为"江西 2017 序列定额"，计税方式为"一般计税法"等；接着，单击"立即新建"，操作流程如图 13-1 所示。然后，进入图 13-2 所示的概算项目管理界面。

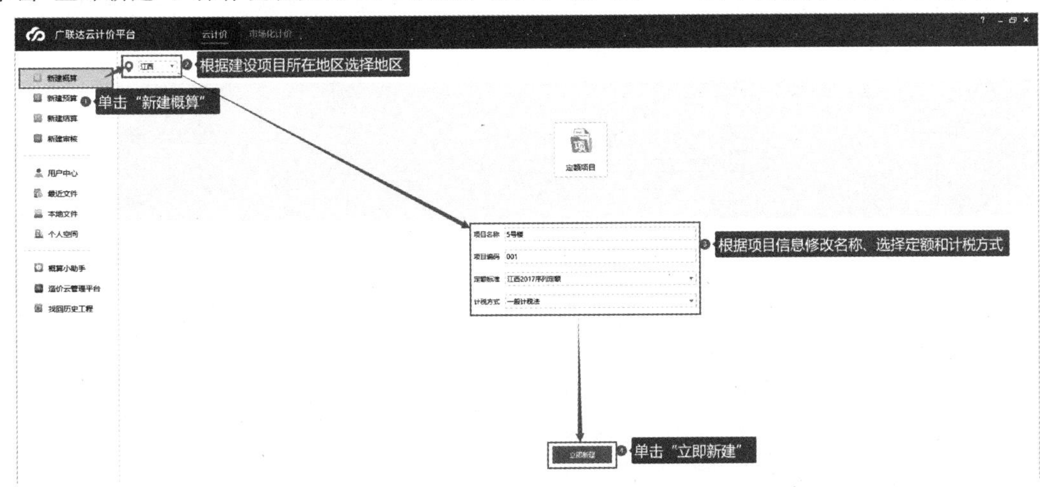


图 13-1　新建概算项目

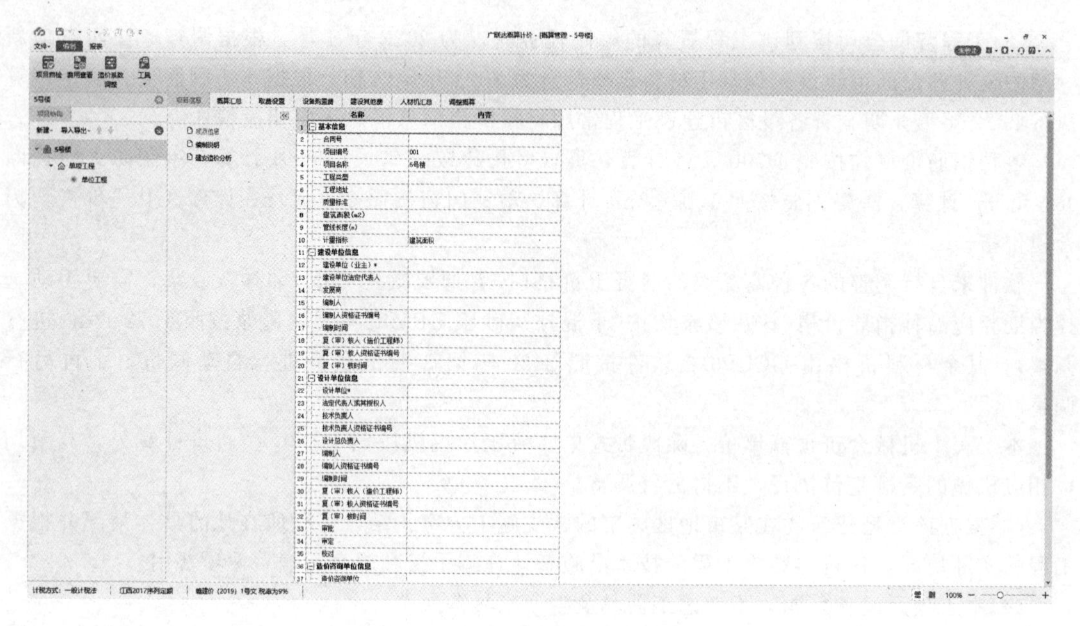

图 13-2　新建概算项目后软件界面

## 小提示

当工程所在地区没有发布相应概算定额时，可选择相应预算定额。计税方式选择一般计税法。

在图 13-2 所示的界面左侧三级概算管理目录位置可单击鼠标右键修改单项工程名称，新建单位工程：第 1 个单位工程直接单击图 13-2 所示单位工程可快速新建，第 2 个及之后的若干个可右击快速新建，修改项目基本信息后即完成概算项目新建，如图 13-3 所示。若项目下有多个单项工程、单项工程下有多个单位工程，可在概算项目结构树位置进行多个单项工程及单位工程新建。也可将建筑和装饰放在同一个单位工程内。

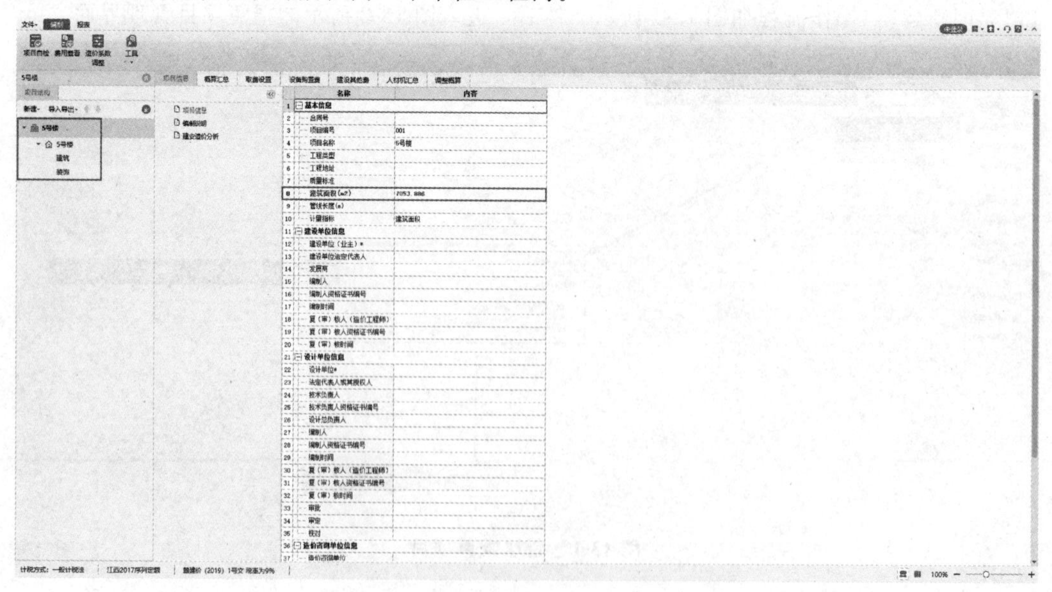

图 13-3　完成新建概算项目界面展示

## (二)编制建安费

### 1. 取费设置

在概算项目中进行取费设置有两种方式，一种是在建设项目中进行统一取费设置，然后针对各单位工程与项目不同的取费设置分别进行修改；另一种是单击各个单位工程分别进行取费设置。由于往往一个项目下有多个单项工程，一个单项工程下又有多个单位工程，且它们之间大部分情况下取费设置相同，因此，推荐采用第一种在建设项目中统一设置取费再修改个别单位工程取费的方法。

在建设项目中进行统一取费设置的操作流程为：单击左侧三级概算管理界面“5 号楼”建设项目→在右侧概算编制流程切换区切换到“取费设置”→根据工程信息选择工程所在地为“市区”(选用江西地区时一般默认即为“市区”)→根据实际情况修改右侧相关费用取费费率(若修改了相应费率则软件会以红色字体显示提示发生了改动)→在右侧下方勾选执行与工程建设时间相对应的综合工日单价调整政策文件→单击左侧三级概算管理界面任一个单位工程，软件会弹出“取费设置数据有修改，是否应用?”提示对话框，单击“是”按钮，软件会弹出“应用成功”提示对话框，单击“确定”按钮即可完成对建筑与装饰工程、安装工程的取费设置。具体操作如图 13-4 所示。本工程中各项费用费率按定额规定取值，且单位工程取费与建设项目界面统一设置的取费一致，无须单独修改。

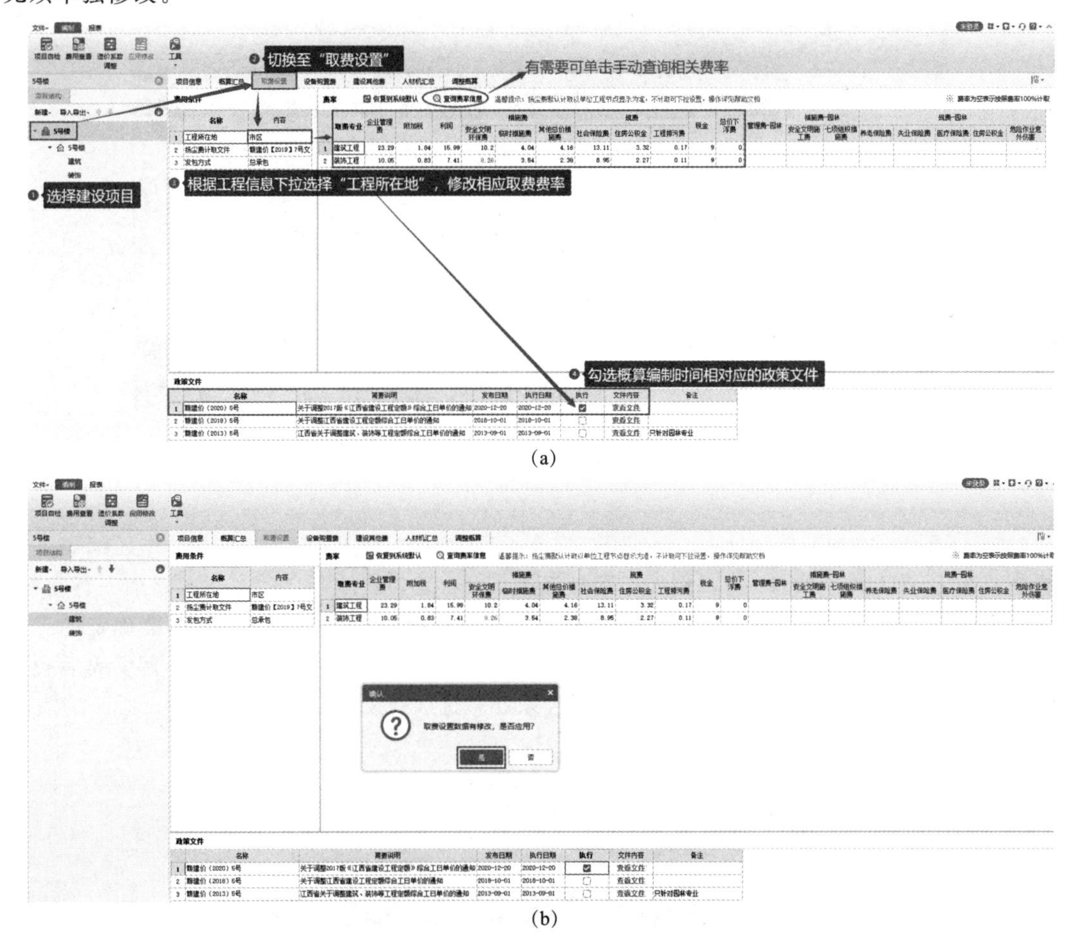


图 13-4　工程概算取费设置

(a)建设项目取费设置；(b)取费设置应用提示对话框

在取费设置页签下，软件还可控制暂不需要查看的费用列的隐藏和显示，如图 13-5 所示。

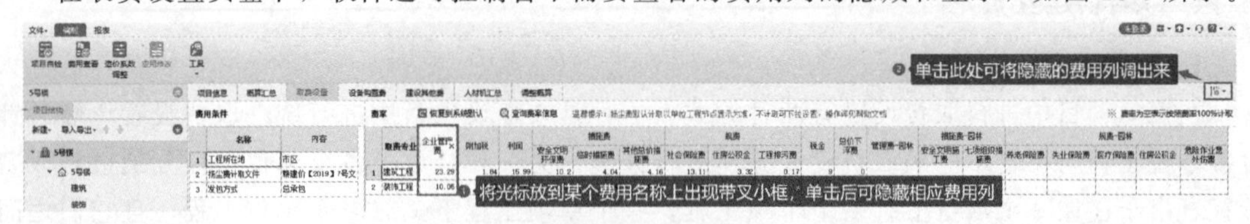


图 13-5　费用列的隐藏与显示控制

## 2. 编制建安工程费和措施项目费概算(预算书)

在这一步骤主要要完成的工作有定额子目的添加与换算。其中，分部分期定额项目和单价措施项目均在预算书的主操作区添加，总价措施项目在取费设置步骤设置相应费率计取。

(1)定额子目的添加：有查询、插入子目、导入 Excel 文件、导入外部工程、导入算量文件五种方式。

1)查询：单击功能命令区“查询”下“查询定额”或双击预算书主操作区编码下空白格，可打开“查询”对话框，根据工程信息选定定额，找到对应章节及分部下的相应子目，单击“插入”或双击子目即可完成定额子目添加，如图 13-6 所示。添加完子目后，要在工程量位置输入该子目的概算工程量。

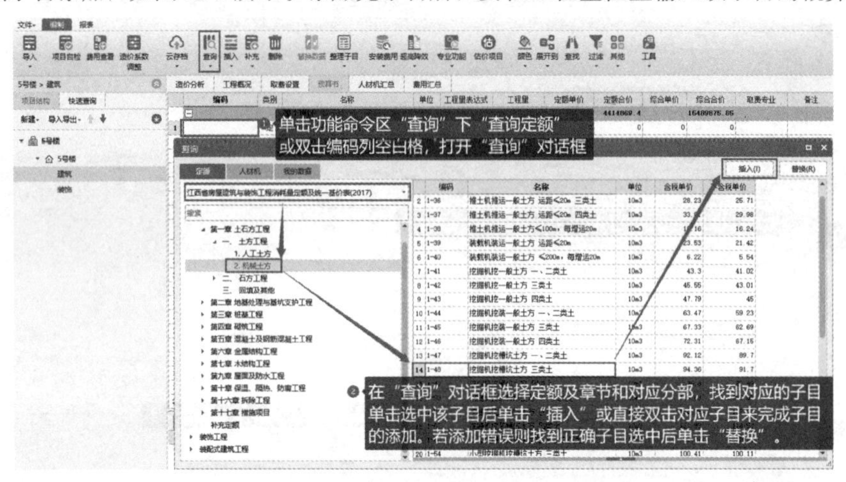


图 13-6　查询方式添加定额子目

2)插入子目：执行功能命令区“插入”下“插入子目”命令，然后在预算书主操作区编码下空白格直接输入子目编码(图 13-7)，输入工程量后按 Enter 键，软件会自动在下方添加一行空行，继续按上述方式可完成整个概算工程的子目添加。在概算阶段经常会遇到暂时不能确定的工程内容，对于这些不能确定具体列项信息时，可按此种方法补充子目，输入补充子目编码后直接输入工程量，给定一个高于市场的估价(材料费)来计算这项费用。

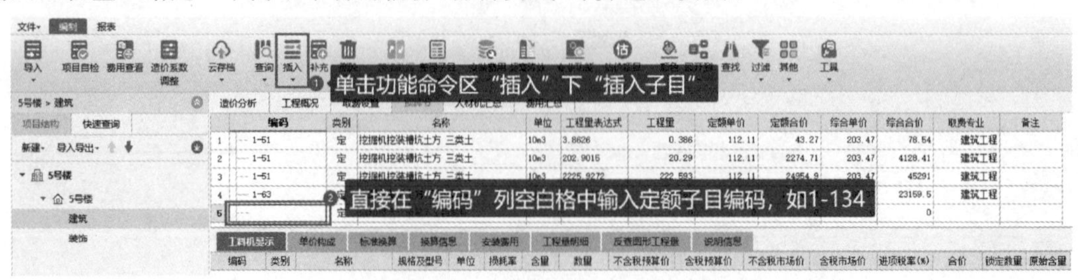


图 13-7　插入方式添加定额子目

3)导入 Excel 文件：指将已经完成的概算工程量汇总表(Excel 文件)中的工程量数据导入 GCCP6.0 软件中，通过软件自动识别并辅助人工手动识别表中数据的方式，完成相应单位工程的概算分部分项及措施项目工程量的输入。具体做法：单击“导入”→“导入 Excel 文件”→在弹出的“导入 Excel 招标文件”对话框中，选择需要导入的 Excel 概算工程量汇总表(5 号楼-概算定额汇总表)并单击“打开”按钮→在弹出的“导入 Excel 招标文件”中确定数据导入来源及目标位置后核对列标题，单击“识别行”并在工作区中将不需要识别的内容取消，将软件未能自动识别的内容手动识别→单击“导入”按钮即可完成 Excel 概算工程量汇总表的导入，如图 13-8 所示。

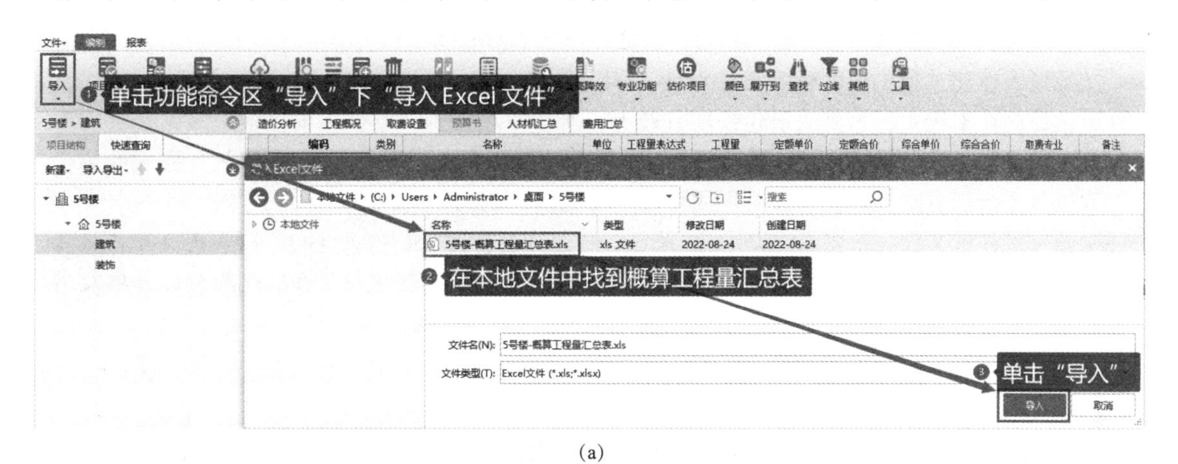


(a)

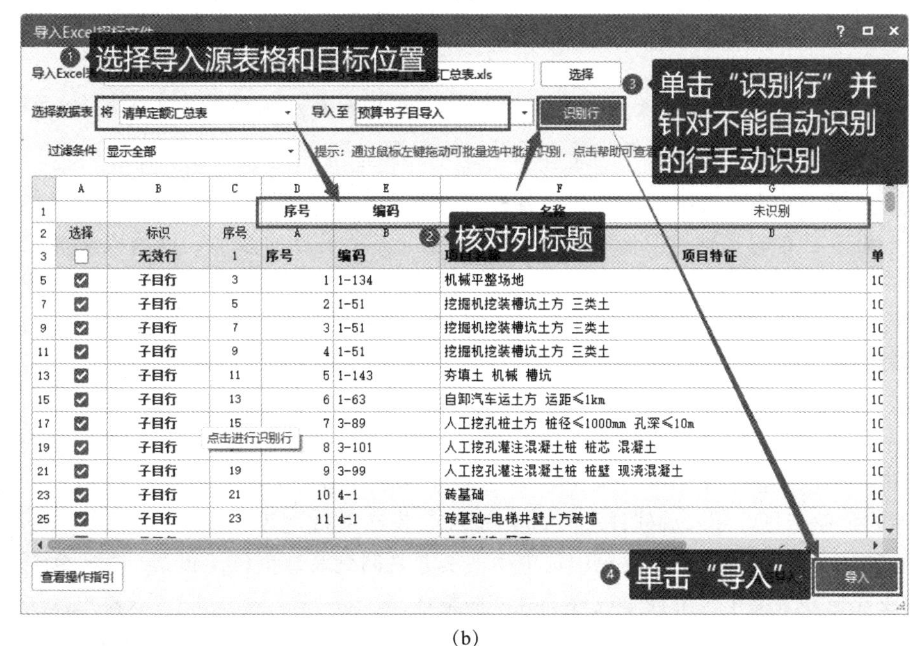


(b)

图 13-8 导入 Excel 文件方式添加定额子目

(a)导入 Excel 文件操作流程；(b)导入 Excel 招标文件操作流程

## 小提示

(1)软件需要导入的内容主要包括项目的定额编码、项目名称、单位和工程量，对于“无效行”内容，软件一般默认不选择，即软件不会导入该行数据；对于“未识别的列”，软件一般默认不导入该列数据，若需要则需要手动指定该列名称。

(2)目前单位工程在进行概算造价时，建筑安装工程费计价采用的是定额计价模式，因此所导入的Excel概算工程量汇总表中的各项目定额必须与GCCP6.0软件所选择概算定额一致。否则，软件将无法识别Excel概算工程量汇总表中相应项目的编码和名称，进而将无法识别的项目新建为补充定额子目。

(3)采用这种方式导入的定额子目软件不会自动将建筑和装饰两个单位工程相应的定额子目进行区分导入；若需要区分，则需手动区分。如在导入前将建筑和装饰的项目工程量分别放置在两个不同的概算工程量汇总表中，或者导入后通过复制、粘贴的方式手动区分。

4)导入外部工程：指将利用GCCP6.0软件做好的单位工程概算导入新的基于GCCP6.0软件所做的概算工程中。主要适于建设项目较大，所含单项工程、单位工程较多，多人分块协作完成相应单位工程概算时，用该导入方法可将不同编制人员各自利用GCCP6.0软件完成的单位工程概算进行汇总整合。其导入操作过程与导入Excel文件操作类似。

5)导入算量文件：指将GCCP6.0软件与广联达算量软件(如GTJ、GQI等)实现交互，将算量软件中的定额项目工程量直接导入GCCP6.0软件中，完成相应单位工程的概算分部分项及措施项目工程量的输入。其导入操作过程与导入Excel文件操作类似。

## 小提示

(1)GCCP6.0软件目前支持导入的算量文件有广联达GCL土建算量文件、广联达GTJ土建算量文件、广联达GQI安装算量文件、广联达GDQ精装算量文件、广联达GMA市政算量文件。

(2)所导入的算量文件必须采用定额计价模式，且其专业及所用定额必须与GCCP6.0软件保持一致，必须经过汇总计算并且保存；否则，软件无法导入算量文件。

定额子目的添加有5种不同的方式，各种方式有其不同的适用情况，在实际单位工程概算编制时，应结合已有的基础情况选择恰当的方式进行定额子目的添加，以达成最优工作效率。日常工作中要“勤于学、善于思、敏于行”，加强业务、科技前沿、史书和社会文章等的学习，用先进理论武装头脑，从“有字书”中找到解决疑难杂症的“好法子”；在遵纪守法的前提下充分激发创新思维、打破“惯性思维”，主动思考探索新招数；脚踏实地，勤做每一件琐事，狠做每一件难事，甘做每一件苦事，真正做到干事创业胸中“有思路”，手中“有办法”。

完成子目添加后，可通过整理子目的方式来对预算书定额子目进行分部整理或排序，以使整个子目有序排列。本工程中采用的是“导入Excel文件”添加的定额子目，导入后软件没有区分建筑与装饰项目，其总体流程为：子目排序→将装饰项目从建筑中选中后剪切并复制到装饰单位工程中→分别在建筑和装饰单位工程下进行子目分部整理。

大国工匠刘云清：从维修工到高铁技能专家（来源：央视网）

子目排序操作流程：执行功能命令区“整理子目”下“子目排序”命令→在弹出的“子目排序”对话框中勾选“子目排序”后，单击“确定”按钮即完成子目排序，如图13-9所示。

子目剪切复制操作流程：在建筑单位工程预算书中，选中全部装饰子目，右击执行“剪切”命令(或Ctrl+X)→切换到装饰单位工程预算书中，右击执行“粘贴”命令(或Ctrl+V)。

分部整理操作流程：单击功能命令区“整理子目”下“分部整理”→在弹出的“分部整理”对话框中，勾选分部整理条件后单击“确定”按钮，即完成分部整理，如图13-10所示。

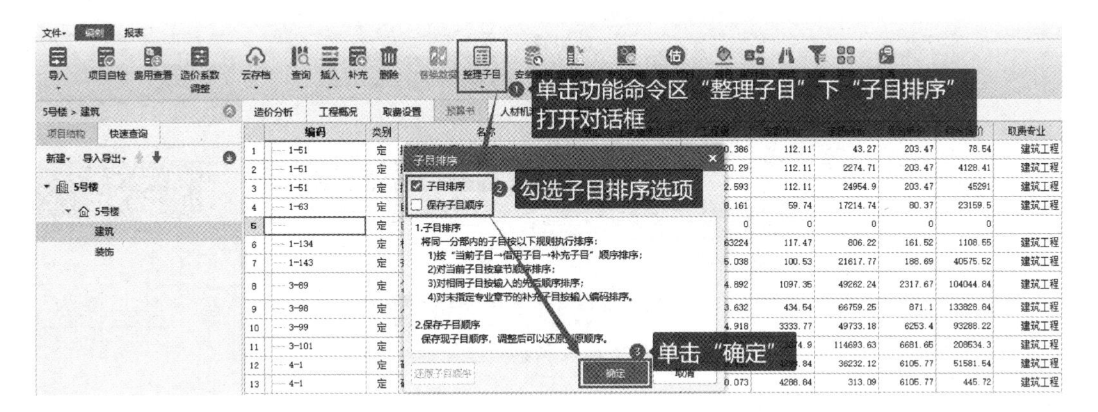


图 13-9　子目排序基本操作

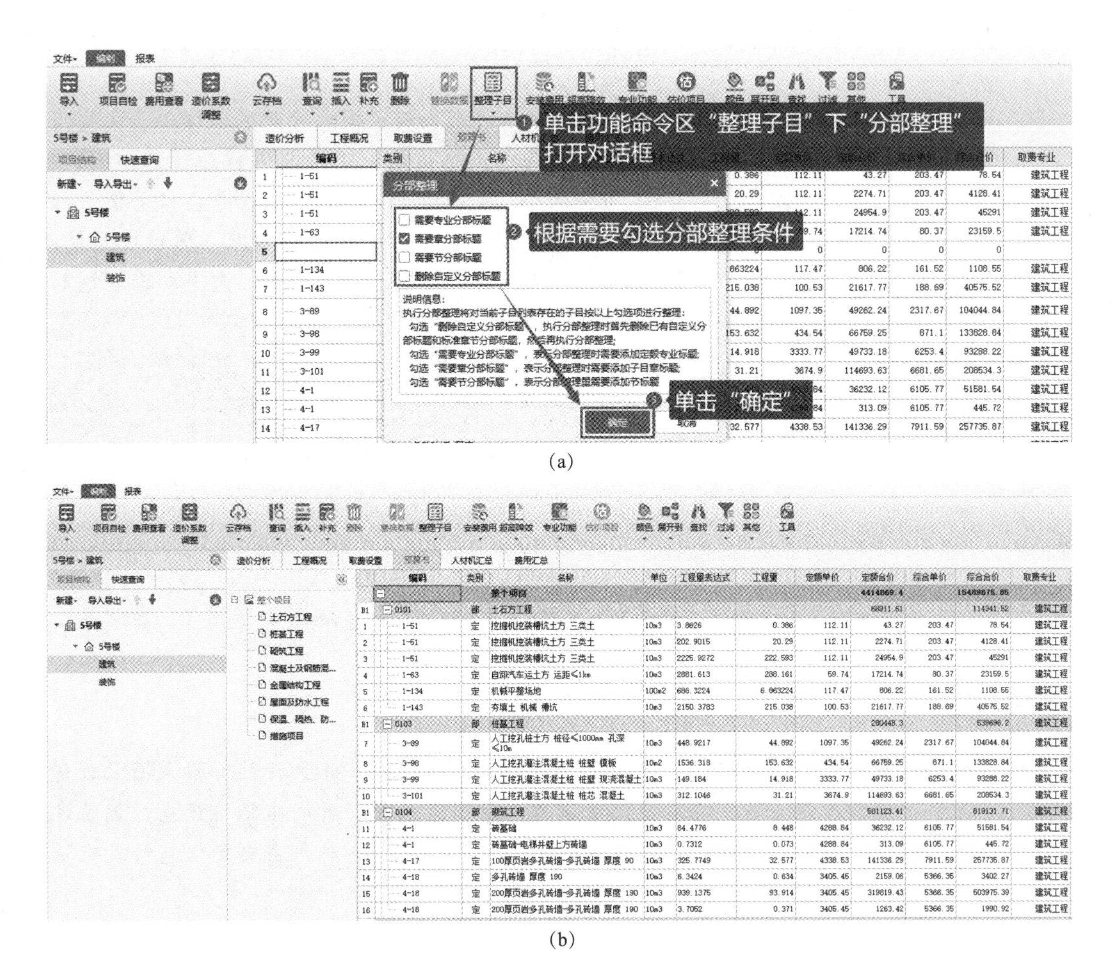


(a)

(b)

图 13-10　分部整理基本操作

(a)分部整理操作流程；(b)分部整理后子目显示效果

(2)定额子目的换算：完成定额项目的添加后，再对定额进行换算，主要有乘系数换算、人材机换算、标准换算等。如图 13-11 所示为标准换算和系数换算大致操作，具体操作方法将在后续招投标阶段工程预算编制时详细阐述。

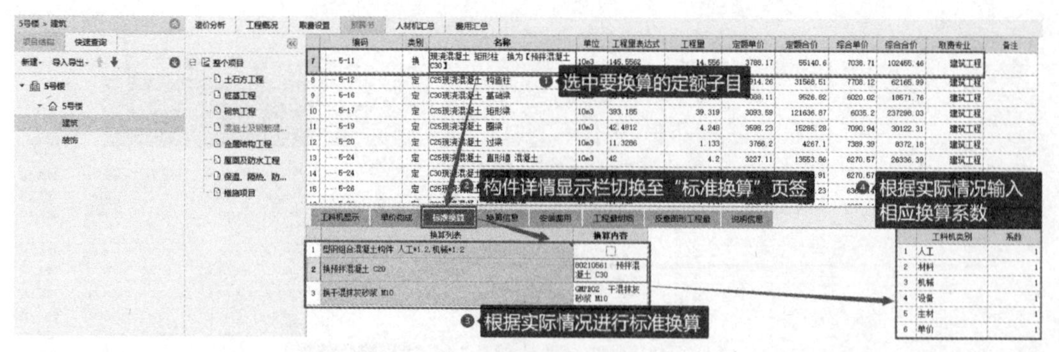


图 13-11　标准换算和系数换算基本操作

### 3. 单位工程概算人材机汇总及价差调整

所有的定额编制完成之后，软件可以直接切换到项目界面，在人材机汇总菜单下对人材机的价格进行统一调整。可以批量载价，也可以手动输入市场价信息价。完成以上操作之后，建安工程费就编制完成了。

(1)手动直接输入市场价：选中需要调整价差的人、材、机，根据给定的市场价含税与否在“含税市场价”或“不含税市场价”栏中直接输入相应的市场价格，软件即可自动计算该人、材、机的市场价合计、价差及价差合计，并在“价格来源”栏注明“自行询价”。软件会自动将含税价格换算为不含税价格，且“不含税市场价”栏中该项数据会变为红色，提醒该项单价已经修改，与预算价不一致，实际计算价差时采用不含税价格计算。如图 13-12 所示，为手动输入钢筋市场价信息价调价操作，其他材料价格也可按照这种方式调价。

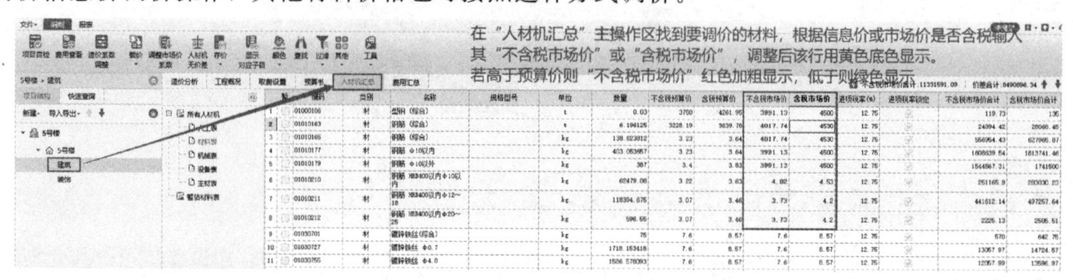


图 13-12　手动输入钢筋市场价/信息价调价操作

## 小提示

手动直接输入市场价需要对相应材料的市场价逐个进行调整，并且材料价格来源需自行确定。因此，此种方法需在调价操作前花费大量精力与时间做相应材料的市场价调查，调整过程也比较烦琐、枯燥，容易漏项。因此，这种调整方法主要适用于个别无法确定信息价或市场指导价的主要材料的价差调整。

## 尝试应用

1. 请按照前述步骤完成 5 号楼概算项目新建、取费设置、定额子目添加及整理，并对照第一部分项目背景导入完成 5 号楼的其他材料价格的调整。

2. 请结合课堂项目 3 号楼实际情况，自拟项目背景完成其概算项目新建、取费设置、定额子目添加及整理，参照编制文件时你所在地市当期信息价进行价差调整。

(2)批量载价：执行功能命令区中“载价”下“批量载价”命令→在弹出的“批量载价”对话框中选择建设项目对应的信息价期数(在购买了广材数据的情况下还可使用专业测定价和市场价)→单击“下一步”按钮，并在下一步对话框中勾选需要导入的材料价格后，继续单击“下一步”按钮→软件弹出调价前后对比提示对话框，单击“完成”即可，如图13-13所示。也可通过载入Excel市场价文件来批量载入市场价，其操作与批量载价类似。

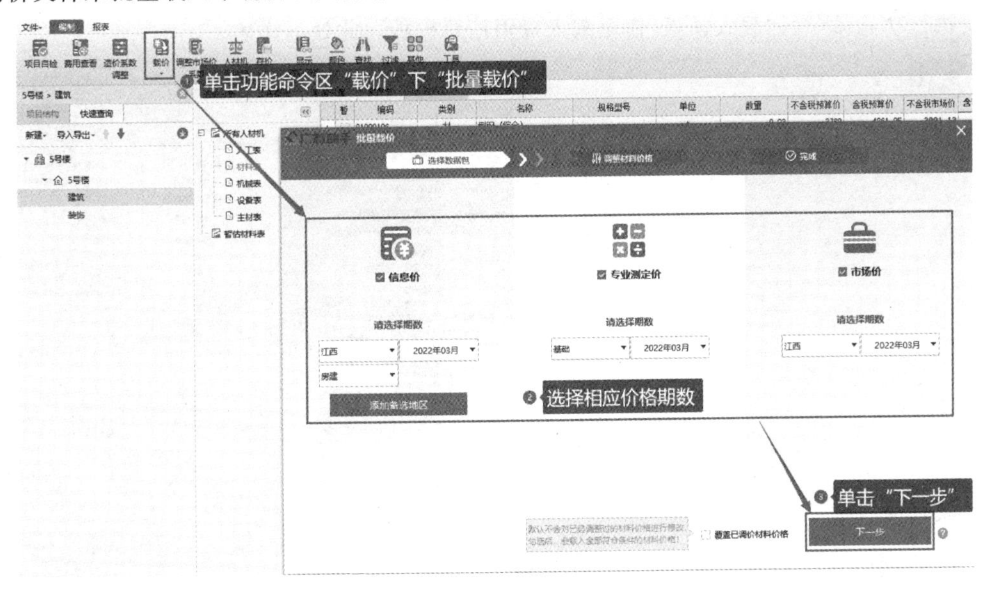


图 13-13　批量载价

(3)调整市场价系数：对于二类辅助材料，在进行价差调整时往往采用系数法调差，即在材料定额基价的基础上乘以造价主管部门发布的调整系数进行价差调整。这种系数法调差可以通过执行GCCP6.0软件功能命令区中“调整市场价系数”，其操作流程为：选择需要进行系数法调差的二类辅助材料(可多选)→执行功能命令区中“调整市场价系数”命令→在弹出的“调整市场价系数”对话框中输入市场价系数→单击“确定”即完成对所选材料的调差。

(4)人材机无价差：该功能可用于还原操作有误的人材机价差。其操作流程为：执行GCCP6.0软件功能命令区中“人材机无价差”命令→在软件弹出的“人材机无价差”对话框中选择还原范围(选定范围或所有工料机)后，单击“确定”按钮即完成操作。

(5)显示对应子目：选中某种材料执行功能命令区中该命令，可查看有哪些子目用到该材料。双击相应的子目可定位到对应定额子目，以便审查修改，如图13-14所示。

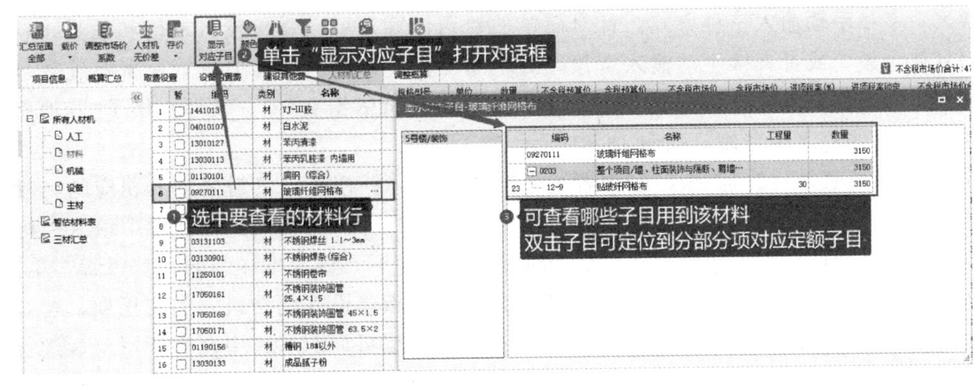


图 13-14　显示对应子目

**4. 单位工程概算费用汇总**

按照概算定额计价的流程，完成人、材、机价差调整之后，软件会根据新建单位工程时选择的该单位工程的专业自动显示该专业单位工程建筑安装工程费的计算模板，并按取费设置时设置的费率自动计算相关费用并汇总，如图 13-15 所示。一般情况下，不应擅自修改单位工程建筑安装工程费计算模板中的其他费用的名称、计算基数和费率等信息。若模板有误，还可根据需要执行功能命令区“载入模板”命令载入费用汇总模板，此处不详述。

| | 序号 | 费用代号 | 名称 | 计算基数 | 基数说明 | 费率(%) | 金额 | 费用类别 | 备注 | 输出 |
|---|---|---|---|---|---|---|---|---|---|---|
| 1 | 一 | A | 分部分项工程费 | ZJF-JSCSZJF-GJXM_ZJF | 直接费-技术措施直接费-估价项目直接费 | | 2,431,232.88 | 分部分项工程费 | Σ（工程量×消耗量定额基价） | ☑ |
| 4 | 二 | B | 单价措施费 | JSCSZJF | 技术措施直接费 | | 0.00 | 技术措施费 | Σ(工程量×消耗量定额基价) | ☑ |
| 7 | 三 | C | 未计价材料 | SBF+ZCF-GJXM_ZCF-GJXM_SBF | 设备费+主材费-估价项目主材费-估价项目设备费 | | 0.00 | 未计价材料费 | | ☑ |
| 8 | 四 | D | 其他项目费 | D1+D2+D3+D4+D5 | 暂列金额+专业工程暂估价+计日工+总承包服务费+招标代理费 | | 0.00 | 其他项目费 | Σ其他项目费 | ☑ |
| 14 | 五 | E | 总价措施费 | E1+E2 | 安全文明施工措施费+其他总价措施费 | | 124,011.96 | 组织措施费 | (5.1)+(5.2) | ☑ |
| 19 | 六 | F | 管理费 | F1+F2 | 企业管理费+附加税 | | 95,151.63 | 管理费 | (6.1)+(6.2) | ☑ |
| 22 | 七 | G | 利润 | A1+B1 | 其中：定额人工费+其中：定额人工费 | 7.41 | 64,804.56 | 利润 | [(1.1)+(2.1)]×费率 | ☑ |
| 23 | 八 | H | 人材机价差 | RCJJC | 人材机价差 | | 416,013.61 | 价差 | Σ(数量×价差) | ☑ |
| 24 | 九 | I | 规费 | I1+I2+I3 | 社会保险费+住房公积金+工程排污费 | | 102,063.88 | 规费 | (9.1)+(9.2)+(9.3) | ☑ |
| 28 | 十 | J | 估价项目 | GJXM_ZJF+GJXM_SBF+GJXM_ZCF | 估价项目直接费+估价项目设备费+估价项目主材费 | | 0.00 | 估价项目 | | ☑ |
| 29 | 十一 | K | 税金 | A+B+C+D+E+F+G+H+I+J-FBF_ZJF | 分部分项工程费+单价措施费+未计价材料+其他项目费+总价措施费+管理费+利润+人材机价差+规费+估价项目-分包费_直接费 | 9 | 290,995.07 | 税金 | [(一)+(二)+(三)+(四)+(五)+(六)+(七)+(八)+(九)+(十)]×费率 | ☑ |
| 30 | 十二 | L | 总价下浮费 | A+B+C+D+E+F+G+H+I+J+K | 分部分项工程费+单价措施费+未计价材料+其他项目费+总价措施费+管理费+利润+人材机价差+规费+估价项目+税金 | 0 | 0.00 | 总价下浮费 | | ☐ |
| 31 | 十三 | M | 工程总造价 | A+B+C+D+E+F+G+H+I+J+K-L | 分部分项工程费+单价措施费+未计价材料+其他项目费+总价措施费+管理费+利润+人材机价差+规费+估价项目+税金-总价下浮费 | | 3,524,273.59 | 工程造价 | (一)+(二)+(三)+(四)+(五)+(六)+(七)+(八)+(九)+(十)+(十一)-(十二) | ☑ |

图 13-15　单位工程概算费用汇总

## (三)编制设备购置费

本工程无设备购置费和工器具及生产家具购置费。实际建设项目中若有设备购置费，则在左侧三级概算管理目录中切换到建设项目，在编制流程切换区切换至“设备购置费”页签，根据实际采购的设备是国内的还是国外的输入相应信息，软件会自动计算出市场价及市场价合计。对于国内采购设备，输入需要计算价钱的设备名称、规格型号、计量单位、数量及出厂价和运杂费等基本信息，如图 13-16(a)所示的国内设备购置费编制样例；对于国外采购设备，软件内置了“进口设备单价计算器”，执行该命令后按要求输入离岸价和汇率及相关的其他费用计算费率后单击“计算”按钮即可算出设备单价，如图 13-16(b)所示的国外设备价格信息输入样例。按照规定，工器具、生产家具购置费均以设备购置费(包括国内采购设备购置费和国外采购设备购置费)为基数，乘以相应的费率计算，按照实际情况在设备购置费汇总页面输入相应费率即可，如图 13-16(c)所示。

## (四)编制建设其他费

切换到建设项目“建设其他费”页签，软件将工程建设其他费中包含的所有费用项都清晰地列了出来，在计算时可以详细对照，防止丢项漏项。建设其他费的计算方式有单价×数量、计算基数×费率和手动输入三种方式。针对简单的费用计算，可以直接输入单价和数量，软件会计算出具体金额，或者直接手动输入金额。对于如工程设计费、建设单位管理费等计算，需参照国家相应的文件要求进行计算(软件中可查询相关的计价依据文件)。软件提供了“其他费用计算器”用于计算这些复杂费用，如图 13-17 所示。

软件在“其他费用计算器”中已经内置了各项费用的计算模板，只需要输入相应的工程信息就自动计算结果，如工程监理费，不同的中标金额相应的费率值不同，在软件中填入中标金额后，软件就会自动计算出工程监理费数额。同时，还会在下方显示出详细的计算过程。单击“应用”按钮，该费用就被快速填入工程招标费的费用项。对于建设其他费繁多的费用项，若有做好的 Excel 模板，软件可以通过导入 Excel 文件直接导入；也可以对软件中现有费用模板进行修改调整，再单击“保存模板”，下个工程可以单击“载入模板”直接调用。

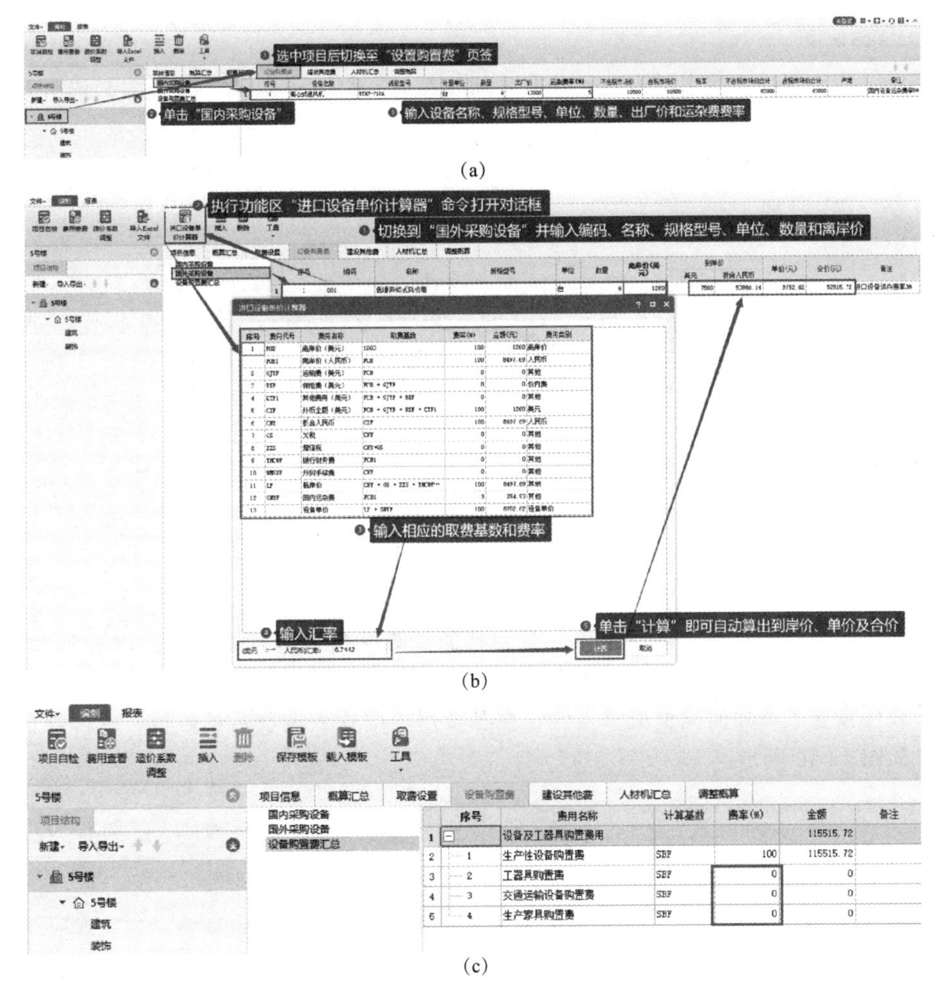


(a)

(b)

(c)

图 13-16 设备购置费编制样例

(a)国内设备购置费编制样例；(b)国外设备购置费编制样例；(c)工器具、生产家具购置费编制

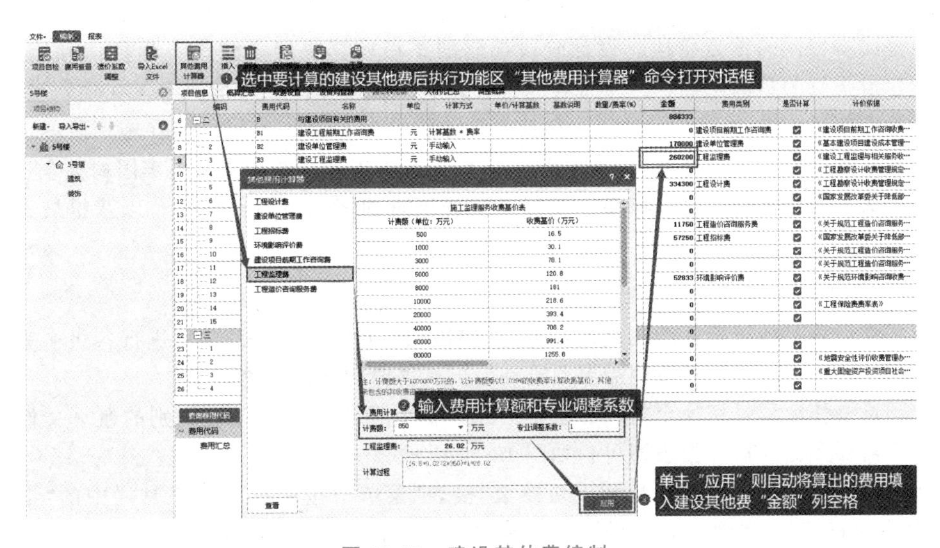


图 13-17 建设其他费编制

## (五)编制说明

在完成上述步骤后，单击进入建设项目，切换至“项目信息”页签，单击编制说明并在右侧空白处进行编制说明撰写，如图 13-18 所示。

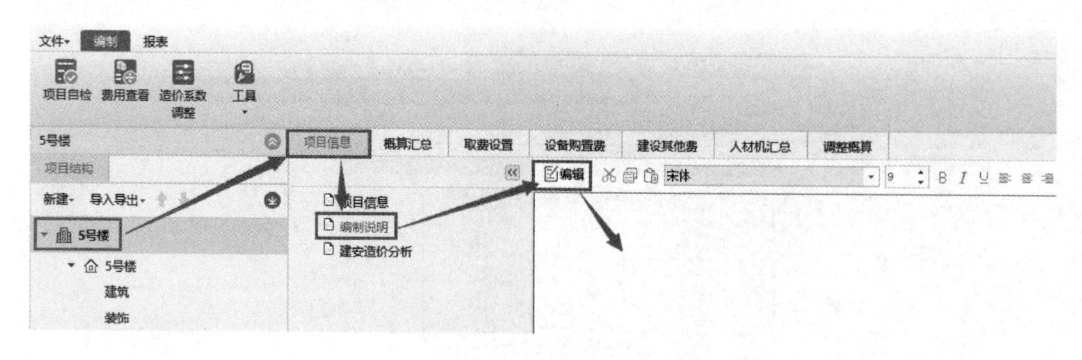


图 13-18　编制说明

## (六)概算调整

按照前述四个步骤，基本可以做出一份完整的概算文件。但若原设计范围有重大变更时，应由原设计单位核实编制调整概算，所调整的内容逐项与原概算对比并分析主要原因。针对这种情况，软件设置了单独的调整概算页签。在各费用项中输入调整后的数值，软件会自动计算出差额，如图 13-19 所示。

| | 序号 | 工程项目或费用名称 | 原批准概算 | | | | | | | | 调整概算 | | | | | | | | 差额（调整概算-原批准概算） |
|---|---|---|---|---|---|---|---|---|---|---|---|---|---|---|---|---|---|---|---|
| | | | 建筑工程费 | 安装工程费 | 市政工程费 | 园林工程费 | 园林养护工程费 | 设备购置费 | 其他费用 | 合计 | 建筑工程费 | 安装工程费 | 市政工程费 | 园林工程费 | 园林养护工程费 | 设备购置费 | 其他费用 | 合计 | |
| 1 | 1 | 工程费用 | 19017164··· | 0 | 0 | 0 | 0 | 115516.72 | | 19132680 | 18524273.59 | 0 | 0 | 0 | 0 | 115516.72 | | 18639789.31 | -492890.69 |
| 2 | 1.1 | 5号楼 | 19017164··· | 0 | 0 | 0 | 0 | | | 19017164.28 | 18524273.59 | 0 | 0 | 0 | 0 | | | 18524273.59 | -492890.69 |
| 3 | 1.1.1 | 建筑 | 15492890··· | | | | | | | 15492890.69 | 15000000 | | | | | | | 15000000 | -492890.69 |
| 4 | 1.1.2 | 装饰 | 3524273.59 | | | | | | | 3524273.59 | 3524273.59 | | | | | | | 3524273.59 | 0 |
| 5 | 1.2 | 设备购置费 | | | | | | 115516.72 | | 115516.72 | | | | | | 115516.72 | | 115516.72 | 0 |
| 6 | 2 | 工程建设其他费用 | | | | | | | 9336333 | 9336333 | | | | | | | 9336333 | 9336333 | 0 |
| 7 | 3 | 预备费 | | | | | | | | 0 | | | | | | | | 0 | 0 |
| 8 | 3.1 | 基本预备费 | | | | | | | | 0 | | | | | | | | 0 | 0 |
| 9 | 3.2 | 价差预备费 | | | | | | | | 0 | | | | | | | | 0 | 0 |
| 10 | 4 | 建设期贷款利息 | | | | | | | | 0 | | | | | | | | 0 | 0 |
| 11 | 5 | 建设项目概算总投资 | | | | | | | | 28469013 | | | | | | | | 27976122.31 | -492890.69 |

图 13-19　概算调整

值得注意的是，决策及设计阶段是影响工程成本最重要的阶段，是节约成本可能性最大的阶段，也是成本控制的重点阶段。设计阶段编制的工程概算决定了建设工程价值和使用价值，它是工程建设投资的最高限额，一个工程只允许调整一次概算。一般情况下，在规划设计阶段，影响项目投资的可能性为 75%～95%；在技术设计阶段为 35%～75%；而在施工阶段，通过技术经济措施节约投资的可能性只有 5%～10%。作为造价咨询从业人员，要牢固树立全过程造价控制理念和成本控制意识，注重细节，在保证工程质量的情况下节约成本，以获得最大化的经济效益。

## (七)报表预览与导出

完成了建设项目各级概算编制之后，可进入 GCCP6.0 软件“报表”菜单进行各级概算报表的预览和输出(导出、打印)，可按照需要预览和输出所需要的概算报表。

报表预览操作流程：切换至“报表”菜单→选择需要预览的相应工程级别的概算文件→选择该级别概算需要预览的概算报表即可，如图 13-20 所示。

报表输出(导出、打印)操作流程：切换至“报表”菜单→按需要单击工具栏中的“批量导出 Excel”或“批量打印”→在弹出的对话框中选择需要“导出”或“打印”的报表→单击“导出选择表”或“打印”按钮即可，如图 13-21 所示。

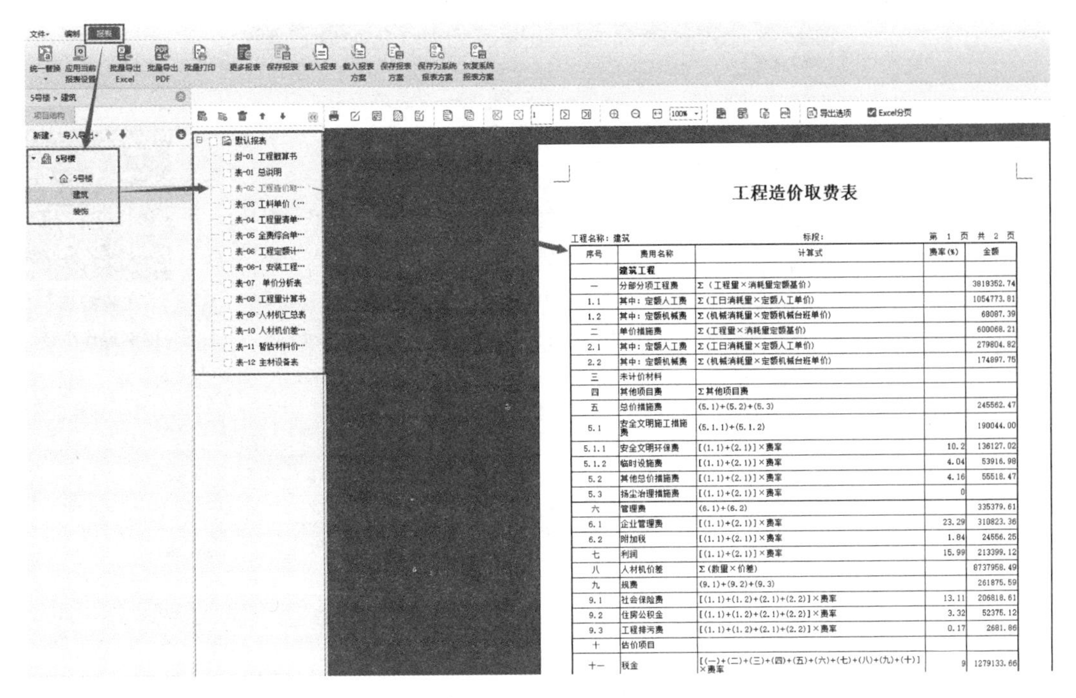

图 13-20　报表预览

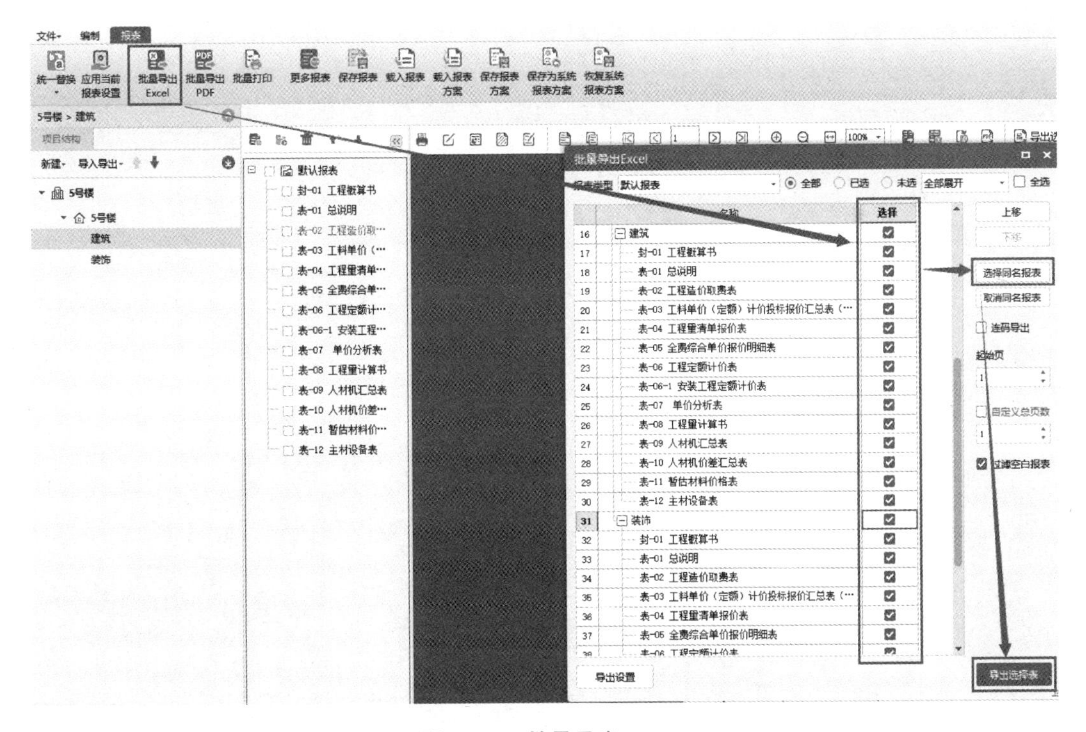

图 13-21　批量导出 Excel

一般建议先导出报表，检查报表的完整性和准确性后再打印，同时也完成了概算报表的备份工作。导出报表前，可对导出的 Excel 报表进行导出设置，如图 13-22 所示。

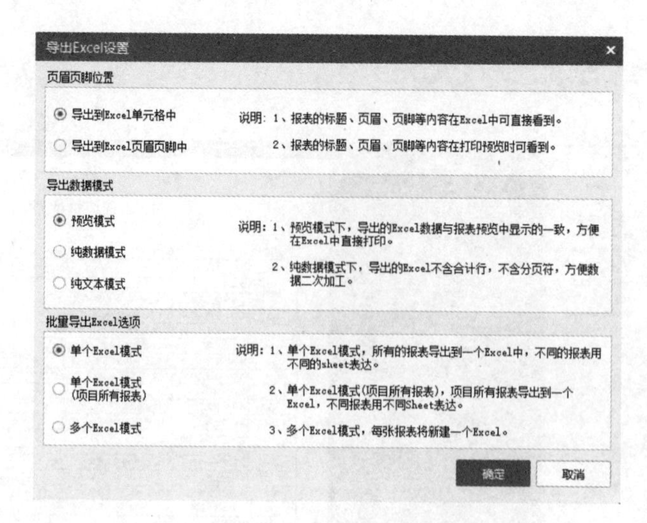


图 13-22　报表导出设置

工程概算
编制操作小结

## 尝试应用

请按照前述步骤和项目背景导入中的相关描述，完成 5 号楼概算设备购置费、建设其他费编制和报表预览打印。

# 任务14　工程预算编制

目前，工程建设项目一般通过招标投标确定施工单位，在招投标阶段涉及招标方和投标方两个相应造价文件编制主体。它们在该阶段需完成的工作各有不同，招标方编制招标工程量清单和招标控制价，投标方响应招标文件编制投标报价参与评标，中标后甲乙双方签订中标合同，招投标阶段业务流程如图14-1所示。

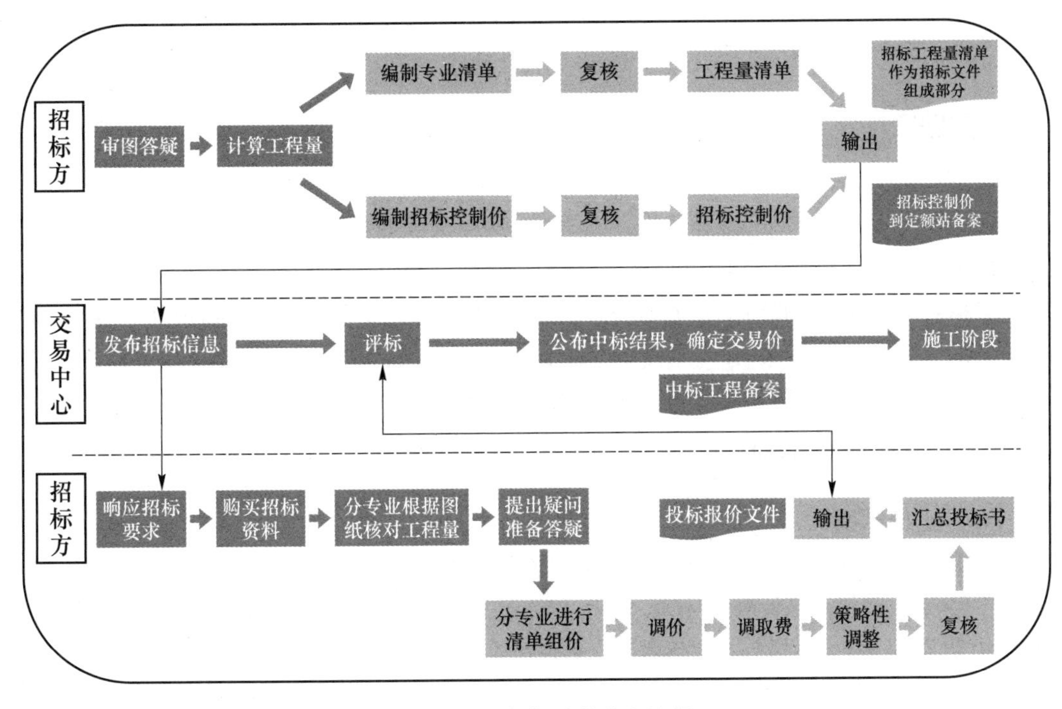


图14-1　招投标阶段业务流程

## 14.1　工程量清单编制

### 聚焦项目任务

**知识：**1. 了解工程量清单的基本知识。

2. 熟悉工程量清单的编制内容和注意事项。

3. 掌握运用GCCP6.0编制工程量清单的操作流程。

**能力：**1. 能够根据工程情况正确新建招标项目。

2. 能够根据工程情况进行分部分项项目清单、措施项目清单、其他项目清单的编制，完成给定建设项目的工程量清单编制。

3. 能够根据业务需要进行报表导出与预览。

4. 达到 1+X 工程造价数字化应用中级和全国高校 BIM 毕业设计创新大赛 BIM 全过程造价管理与应用赛项关于编制工程量清单和清单自检等操作的相关要求。

**素质：** 有良好的职业道德，在四统一基础上遵循客观、公正、科学、合理的原则编制工程量清单。

工程量清单编制导学单及激活旧知思维导图

微课 1：新建招标预算项目、导入与整理清单

微课 2：输入现浇构件钢筋清单及补充清单

微课 3：编制措施项目清单和其他项目清单

微课 4：项目自检、报表及生成招标书

## 示证新知

## 一、项目背景导入

上篇各任务已对 5 号楼工程图纸进行了详细的分析，此处不再赘述。

本工程假定建筑工程暂列金额为 20 万元；计日工分别需要木工、泥工和钢筋工各 5 工日。若你的单位受甲方委托编制招标工程量清单，你作为土建工程负责人，请完成本工程建筑与装饰工程的招标工程量清单编制。

## 二、工程量清单编制

### (一)新建招标项目

在云计价平台界面单击“新建预算”，根据工程项目所在地选择地区，根据项目信息修改项目名称为“5 号楼”，选择地区标准为“江西 13 清单规范 XML3.4 标准”、定额标准为“江西 2017 序列定额”、计税方式为“一般计税法”、税改文件选择与工程项目建设时间匹配的税改文件，然后单击“立即新建”按钮，操作流程如图 14-2 所示。然后，进入图 14-3 所示的预算项目管理界面。

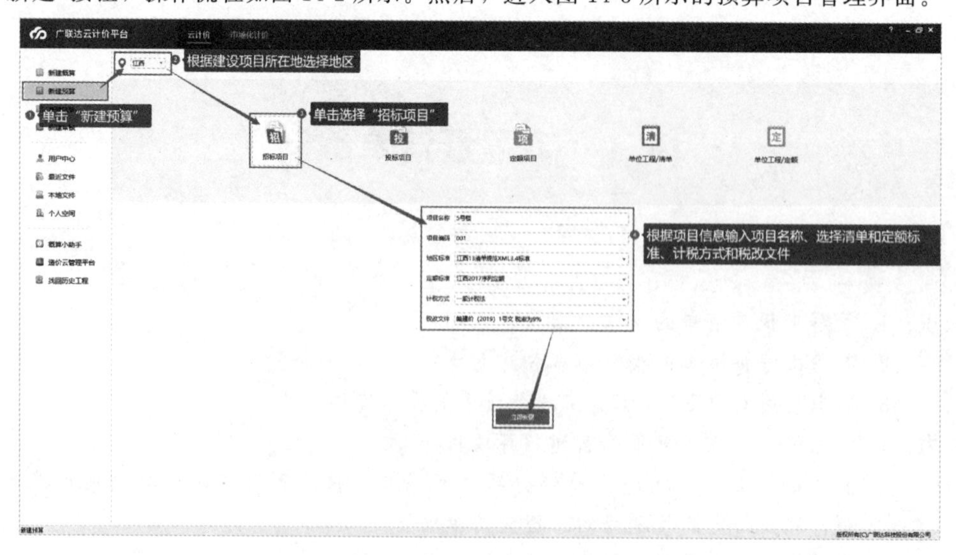


图 14-2 新建预算项目

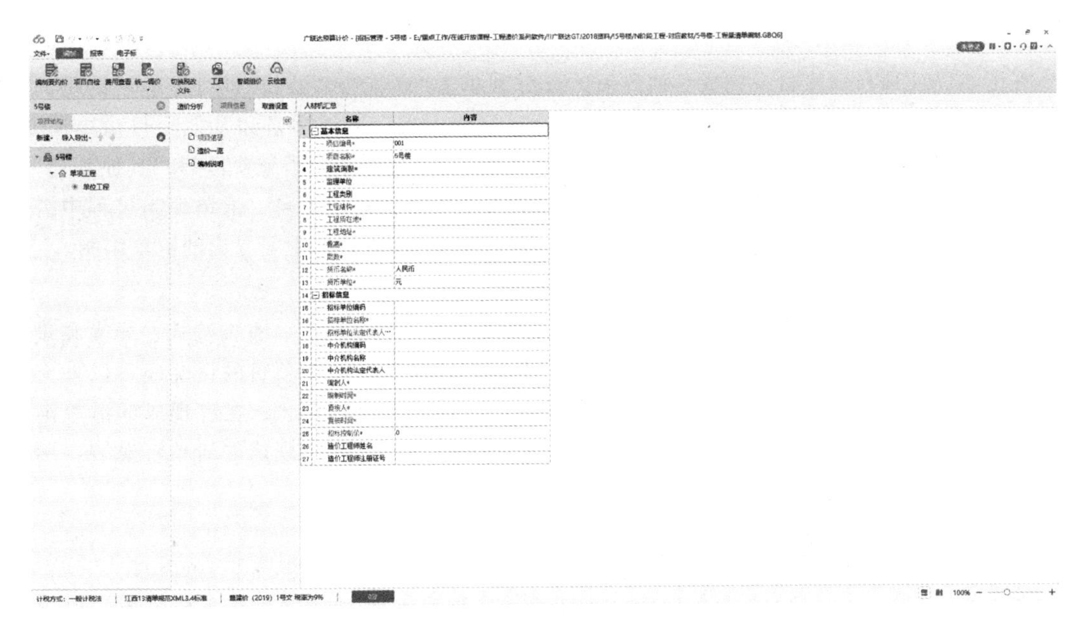

图 14-3 新建预算项目后软件界面

在图 14-3 所示的界面左侧项目结构树位置按实际情况新建单项工程和单位工程，其操作与三级概算项目新建类似。完成项目结构新建即完成招标项目新建，如图 14-4 所示。

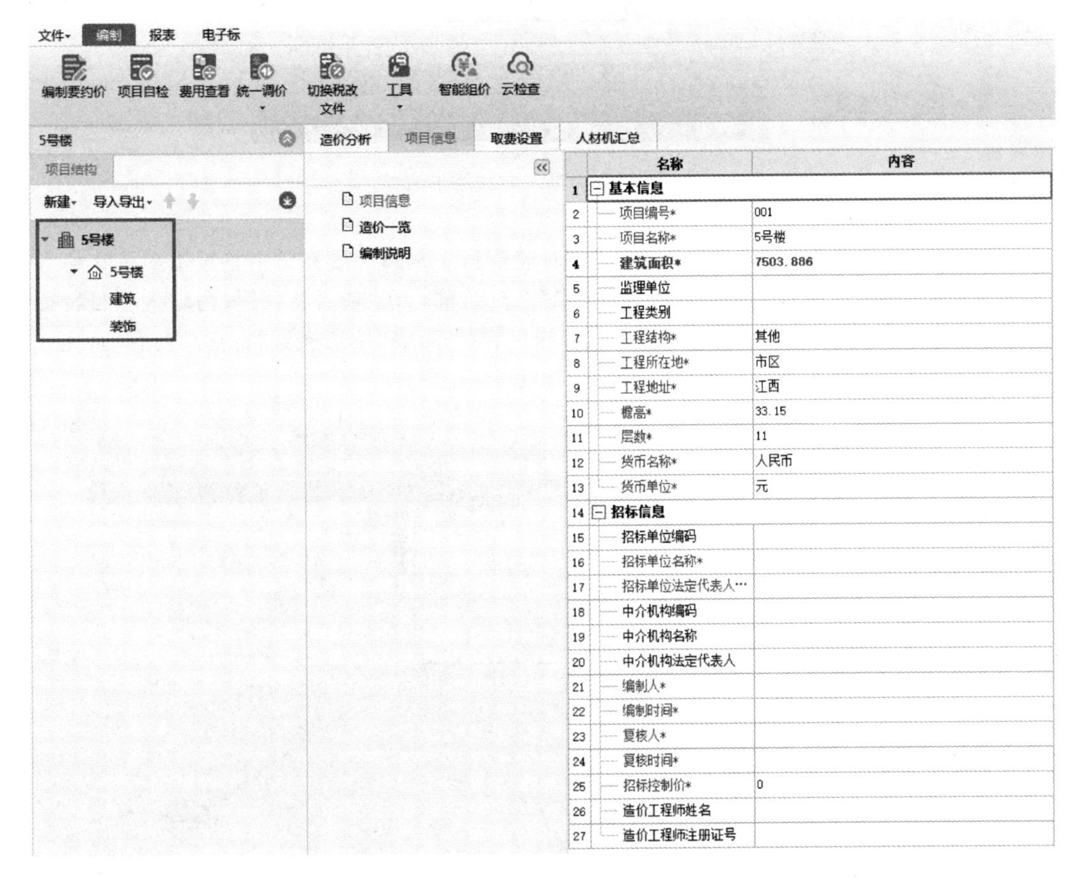


图 14-4 完成新建预算项目界面展示

## (二)编制工程量清单

在上述新建项目三级目录完成后的界面，可分别单击“建筑”和“装饰”进行工程量清单的编制，编制工程量清单主要针对各单位工程进行分部分项项目、措施项目和其他项目清单编制，在GCCP6.0中的总体操作流程为：切换到各单位工程的“分部分期”“措施项目”和“其他项目”三个页签进行相应清单编制操作，然后再根据需要预览导出清单报表即可。清单编制过程中需要注意项目特征描述必须依据图纸内容及设计要求进行编制，此处参照上篇导出的清单编制。

### 1. 分部分项项目清单编制

(1)清单项目输入。工程量清单的编制方式有直接输入、关联输入、查询输入、导入和量价一体化几种方式，针对采用新工艺或新材料而找不到相同或相近清单项目的情况还可以补充清单项。对于初学者来说，在没有现成的清单汇总表时，推荐用查询输入；在有现成的清单汇总表时，推荐用导入方式。本工程在上篇中完成了清单套做法，已导出现成的清单汇总表，用导入Excel文件方式；也可采用量价一体化下导入算量文件方式。

**方法一：直接输入清单**

该方法适用于对清单比较熟悉的情况，通过完整输入清单编码直接带出清单内容。

其操作流程为：在“编制”菜单下左侧项目结构树切换至要编制清单的单位工程，再切换至“分部分项”页签→在主操作区空行“编码”列空格中直接输入完整的清单编码(如平整场地010 101001001)，软件自动带出清单名称、单位，再编辑项目特征、工程量，如图14-5所示。

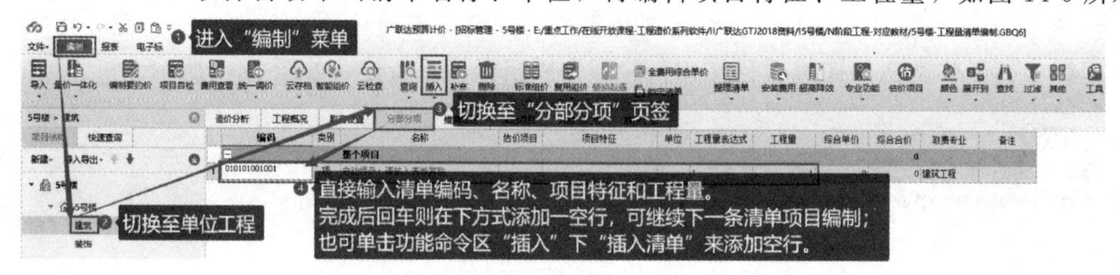


图14-5 直接输入方式添加清单

项目特征的编辑可以直接在“项目特征”列对应空格中编辑；或在该空格单击显示空格右侧三点小框，单击三点按钮打开“查询项目特征方案”对话框，在“项目特征”框内输入项目特征描述后单击“确定”按钮，如图14-6(a)所示；或在构件详情显示栏中切换到“特征及内容”页签，在特征值列对应行输入相应特征描述，如图14-6(b)所示。

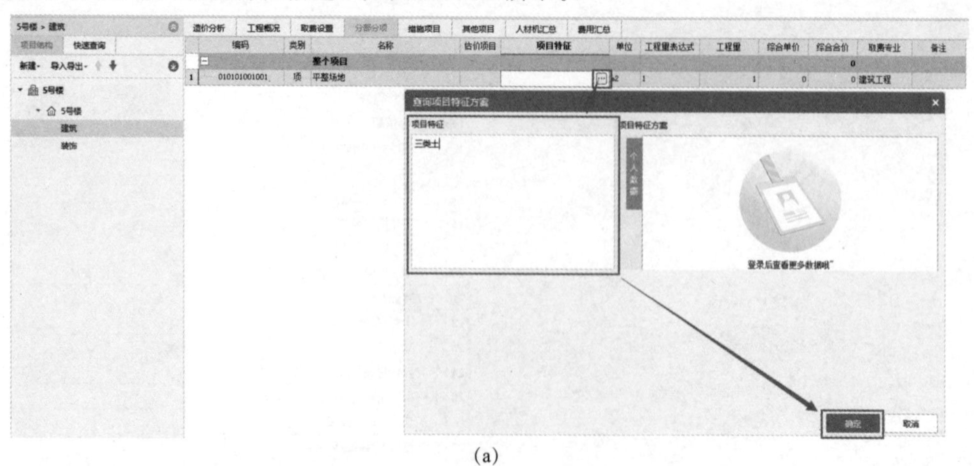


(a)

图14-6 项目特征输入

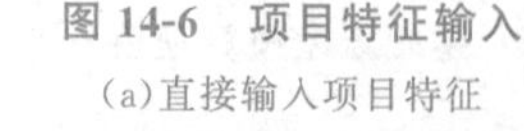

(a)直接输入项目特征

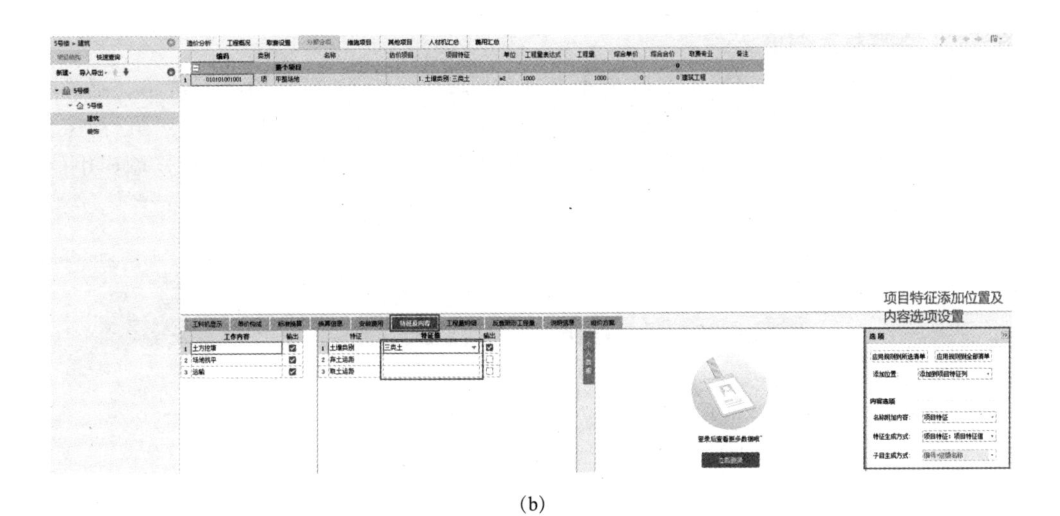

(b)

图 14-6　项目特征输入(续)

(b)“特征及内容”位置输入项目特征

工程量输入可以在“工程量表达式”或“工程量”列对应空格中直接输入工程量计算结果。或者在实际工作中提量需要将多个部位的工程量加在一起，并将计算过程作为底稿保留在清单项中时，也可在“工程量表达式”列对应空格中输入详细工程量计算过程表达式。或者在通过构件详情显示栏中切换到“工程量明细”页签，在计算式中将计算过程依次列出，软件自动计算出结果，如图 14-7 所示。

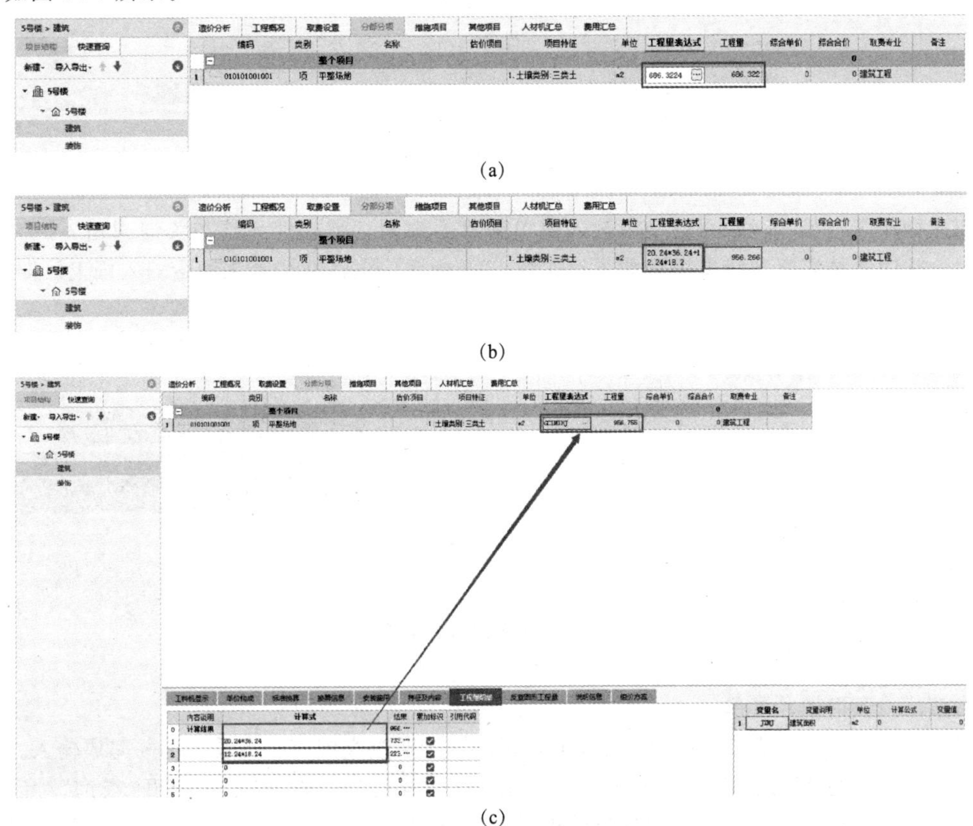

(a)

(b)

(c)

图 14-7　工程量输入

(a)直接输入工程量；(b)“工程量表达式”输入工程量；(c)“工程量明细”位置输入项目特征

**方法二：关联输入清单**

该方法适于知道清单或定额的名称但不知道编码的情况，在名称列输入清单、定额名称，实时检索显示包含输入内容的清单或定额子目。在操作前要先进行“选项”设置：执行“文件”菜单下“选项”命令，打开“选项”对话框→在“输入”下勾选“输入名称时可查询当前定额库中的子目或清单”选项，如图 14-8 所示。

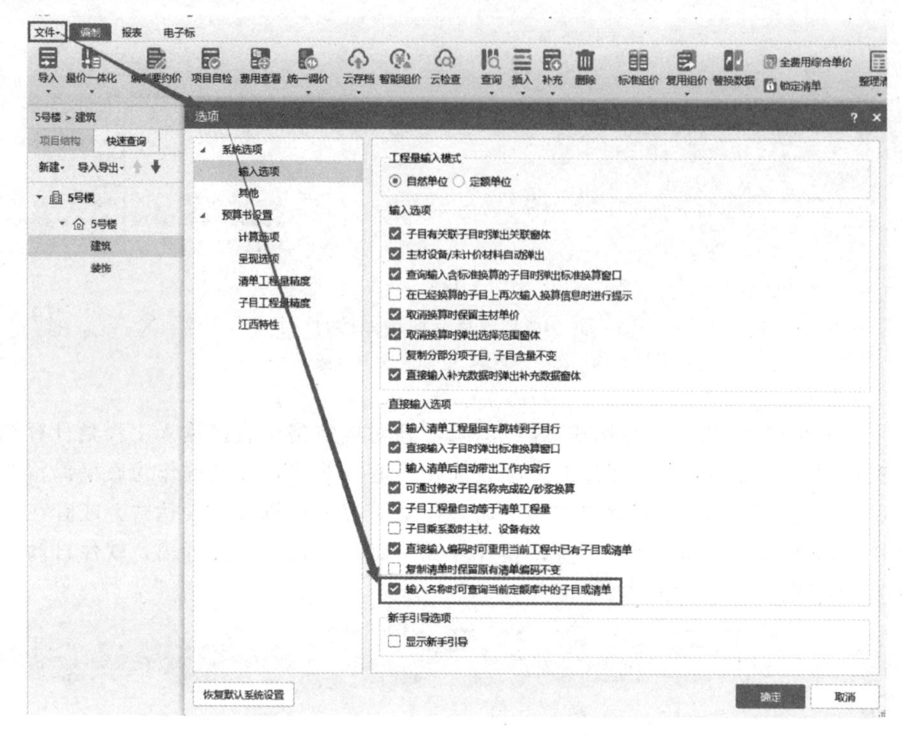


图 14-8 “选项”设置

在主操作区空行“名称”列空格中输入清单项目关键词，则软件弹出与关键词相关的关联清单项目，从中选择需要的清单项目即可，如图 14-9 所示。项目特征和工程量输入同上。

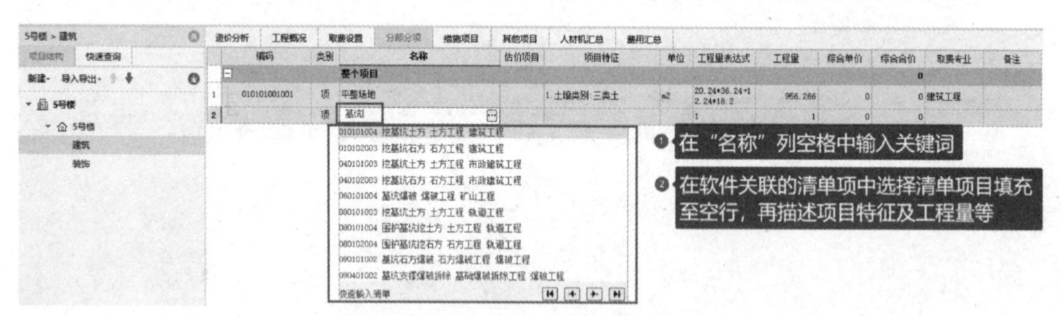


图 14-9 关联输入清单项目

**方法三：查询输入清单**

对于初学者，在对清单或定额不熟悉时，可以直接通过查询窗口查看清单并完成输入。其操作流程为：双击主操作区“编码”列空白格或单击执行“查询”下“查询清单”打开“查询”对话框→选好相应的清单规范和专业→选中相应清单项目双击插入或单击对话框右上角“插入”按钮即可完成清单项的插入，如图 14-10 所示。项目特征和工程量输入同上。

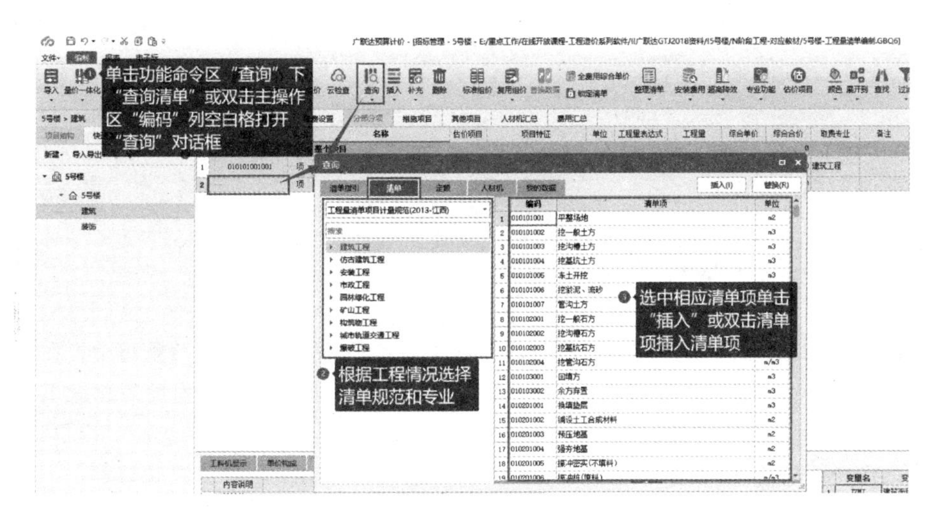


图 14-10　查询方式输入清单项目

**方法四：导入方式输入清单**

在编制招标文件时，若当前工程和以前的工程相似，且之前工程通过其他方式编制的保存有含清单的 Excel 报表时，可以通过把含清单的 Excel 报表导入软件后进行简单修改，完成当前工程招标工程量清单的编制。

本工程已在上篇中通过套做法形成了工程量清单汇总表"5 号楼-清单汇总表"，因此，采用此种方法编制招标工程量清单，其导入过程与任务 13 工程概算编制中"导入 Excel 文件"操作过程类似，此处不再赘述，如图 14-11 所示。此处先将全部分部分项清单项导入到"建筑"单位工程，后续再区分装饰清单项目。补充的两个清单项目软件默认识别为建筑工程，需单击其"取费专业"，在下拉箭头中选择修改为装饰装修工程，如图 14-12 所示。

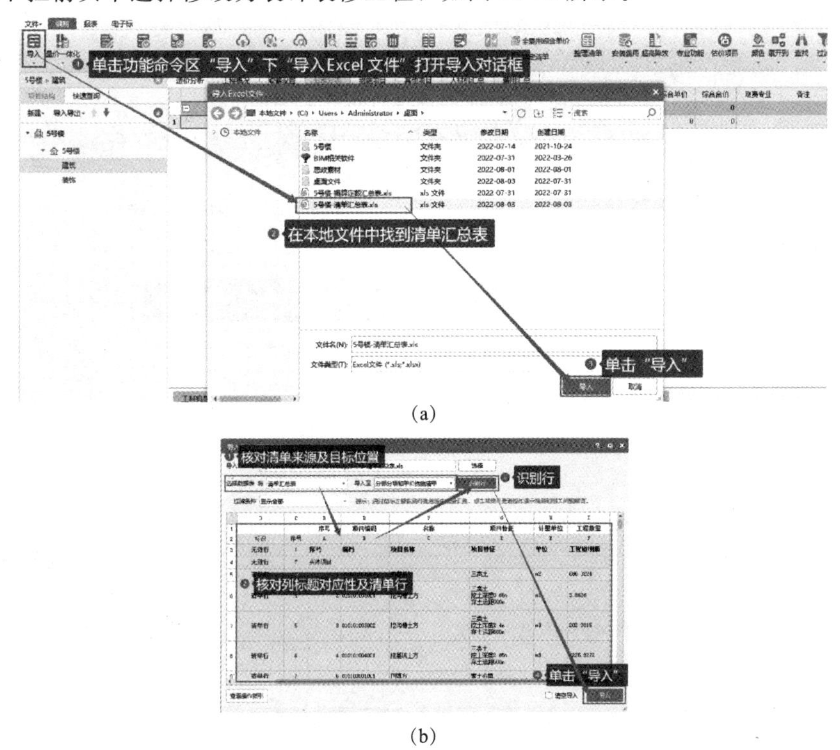


图 14-11　导入 Excel 清单表格

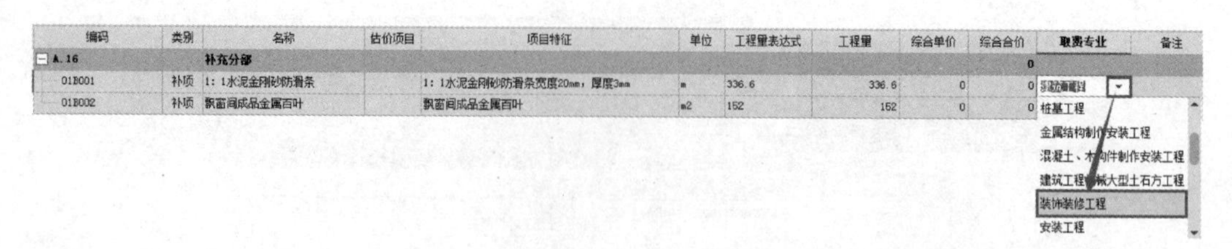

编码
类别
名称
估价项目
项目特征
单位
工程量表达式
工程量
综合单价
综合合价
取费专业
备注
A.16
补充分部
01B001
补项
1：1水泥金刚砂防滑条
1：1水泥金刚砂防滑条宽度20mm，厚度3mm
m
336.6
01B002
补项
飘窗间成品金属百叶
m2
152
桩基工程
金属结构制作安装工程
混凝土、木构件制作安装工程
建筑工程机械大型土石方工程
装饰装修工程
安装工程


图 14-12　修改补充清单项的取费专业为装饰装修工程

需注意的是，GTJ2021 中相同的清单项目会因套的定额做法而区分成两条清单，在 GCCP6.0 中可将相同的清单工程量进行合并。运土清单项目需要手动添加，其工程量为总挖土工程量减去回填工程量。

另外，软件还提供了“导入单位工程”命令，指将利用 GCCP6.0 软件做好的单位工程工程量清单(也可以是招标控制价或投标报价)导入新的基于 GCCP6.0 软件所做的工程中。该导入方法主要适用于建设项目较大，所含单项工程、单位工程较多，多人分块协作完成相应单位工程预算的情况。使用该导入方法可将不同编制人员各自利用 GCCP6.0 软件完成的单位工程预算进行汇总整合。其导入操作过程与导入 EXCEL 文件操作类似。

**方法五：量价一体化**

若在算量软件完成了建模并套取清单做法，可执行功能命令区“量价一体化”下“导入算量文件”来快速完成清单项目导入，其操作流程为：执行功能命令区“量价一体化”下“导入算量文件”命令→在弹出的“导入算量文件”对话框中找到已套做法的本地算量文件并单击导入→在弹出的“选择导入算量区域”对话框中选择要导入的工程，选择是否“导入做法”，下拉选择导入全部或地上结构或地下结构后单击“确定”按钮→在弹出的“算量工程文件导入”对话框中根据需要勾选需要导入的做法项后单击“导入”按钮即完成操作，如图 14-13 所示。

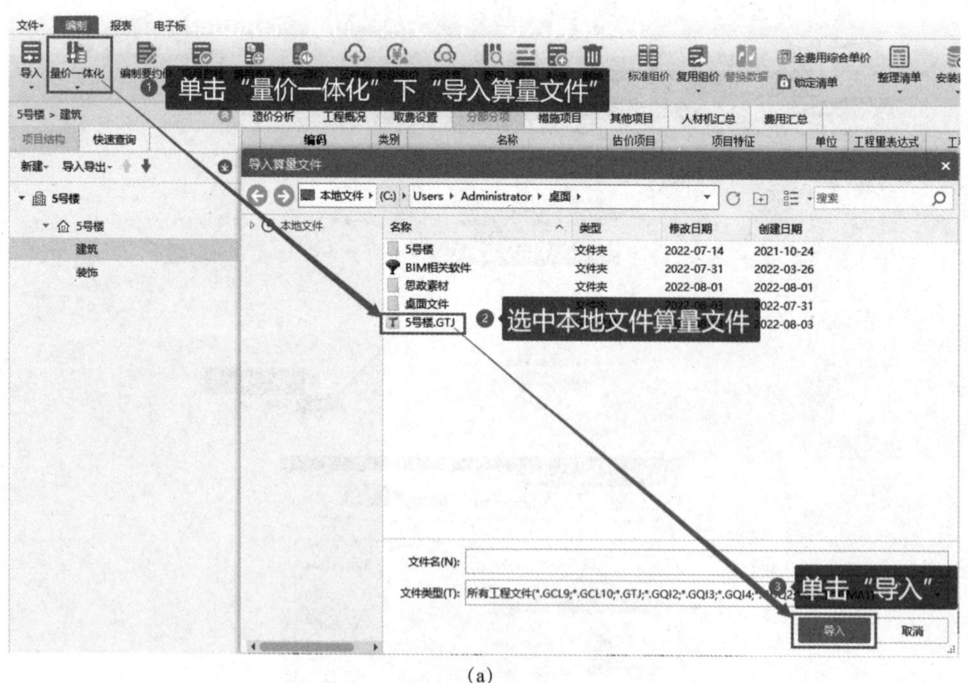


(a)

图 14-13　量价一体化——导入算量文件

选择导入算量区域

算量工程结构

5号楼

5号楼

☑ 导入做法　导入结构：全部　确定　取消

(b)

算量工程文件导入

清单项目　措施项目

全部选择　全部取消

根据需要勾选要导入的内容

|  | 导入 |  |  |  | 单位 | 工程量 |
|---|---|---|---|---|---|---|
| 1 | ☑ | 010101001001 | 项 | 平整场地 | m2 | 686.3224 |
| 2 | ☑ | 1-134 | 定 | 机械平整场地 | 100m2 | 6.8632 |
| 3 | ☑ | 010101003001 | 项 | 挖沟槽土方 | m3 | 3.8626 |
| 4 | ☑ | 1-51 | 定 | 挖掘机挖装槽坑土方 三类土 | 10m3 | 0.3863 |
| 5 | ☑ | 010101003002 | 项 | 挖沟槽土方 | m3 | 202.9015 |
| 6 | ☑ | 1-51 | 定 | 挖掘机挖装槽坑土方 三类土 | 10m3 | 20.2902 |
| 7 | ☑ | 010101004001 | 项 | 挖基坑土方 | m3 | 2225.9272 |
| 8 | ☑ | 1-51 | 定 | 挖掘机挖装槽坑土方 三类土 | 10m3 | 222.5927 |
| 9 | ☑ | 010103001001 | 项 | 回填方 | m3 | 2150.3783 |
| 10 | ☑ | 1-143 | 定 | 夯填土 机械 槽坑 | 10m3 | 215.0378 |
| 11 | ☑ | 010103002001 | 项 | 余方弃置 | m3 | 2881.613 |
| 12 | ☑ | 1-63 | 定 | 自卸汽车运土方 运距≤1km | 10m3 | 288.1613 |
| 13 | ☑ | 010302004001 | 项 | 挖孔桩土方 | m3 | 448.9217 |
| 14 | ☑ | 3-89 | 定 | 人工挖孔桩土方 桩径≤1000mm 孔深≤10m | 10m3 | 44.8922 |
| 15 | ☑ | 010302005001 | 项 | 人工挖孔灌注桩 | m3 | 312.1046 |
| 16 | ☑ | 3-101 | 定 | 人工挖孔灌注混凝土桩 桩芯 混凝土 | 10m3 | 31.2105 |
| 17 | ☑ | 010302005002 | 项 | 人工挖孔灌注桩护壁 | m3 | 149.184 |
| 18 | ☑ | 3-99 | 定 | 人工挖孔灌注混凝土桩 桩壁 现浇混凝土 | 10m3 | 14.9184 |
| 19 |  | 010401001001 |  |  | m3 | 84.4776 |

导入　关闭　单击“导入”　☐ 清空导入

(c)

图 14-13　量价一体化——导入算量文件(续)

直接输入清单项目

关联输入清单项目

查询输入清单项目

## 尝试应用

请按照前述步骤完成课堂项目 3 号楼分部分项工程量清单编制。

(2)补充清单项。对于一些工程中采用的新工艺在清单中找不到相同或相近子目的情况，需要自行补充清单；或使用的新材料也需要自行补充时，可使用“补充清单”命令。其操作流程为：执行“补充”下“补充清单”命令→在弹出的“补充清单”对话框中输入清单名称、单位和项目特征后单击“确定”按钮即完成补充清单插入，再输入其工程量即可，如图 14-14 所示。

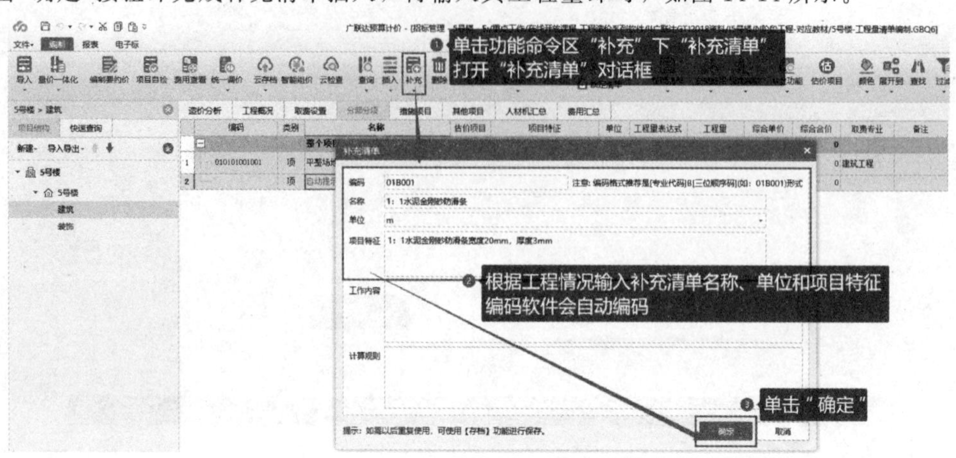


图 14-14 补充清单

(3)解除清单锁定、清除空行。在使用方法四导入 Excel 清单汇总表后，全部的清单项目均被锁定，且每个清单项目下有一个定额子目空行；但因在上篇导出清单汇总表时未将建筑和装饰项目区分开来，因而装饰项目也被导入到了建筑单位工程中。若新建单位工程时将建筑和装饰合并则无需区分，实际工程多采用此种做法。此处分别新建了建筑和装饰两个单位工程，因此，需手动区分装饰项目，在区分之前先要解除清单锁定，且为保持工程整洁先清除空行。解除清单锁定：在区分前，先要解除清单锁定，执行功能命令区“解除清单锁定”命令，在弹出的确认对话框中单击“是”按钮即可。清除空行：针对多余的空行执行功能命令区“其他”下“清除空行”命令，在弹出的对话框中根据需要选择清除空行的范围后单击“是”按钮即可，如图 14-15 所示。

图 14-15 解除清单锁定和清除空行

(4)整理清单、区分装饰清单项目。将清单项目解锁后，再进行清单排序以便更好地区分建筑清单项目和装饰清单项目。

1)清单排序：执行功能命令区“整理清单”下“清单排序”命令，在弹出的“清单排序”对话框中单击“确定”按钮即可完成清单排序，如图 14-16 所示。

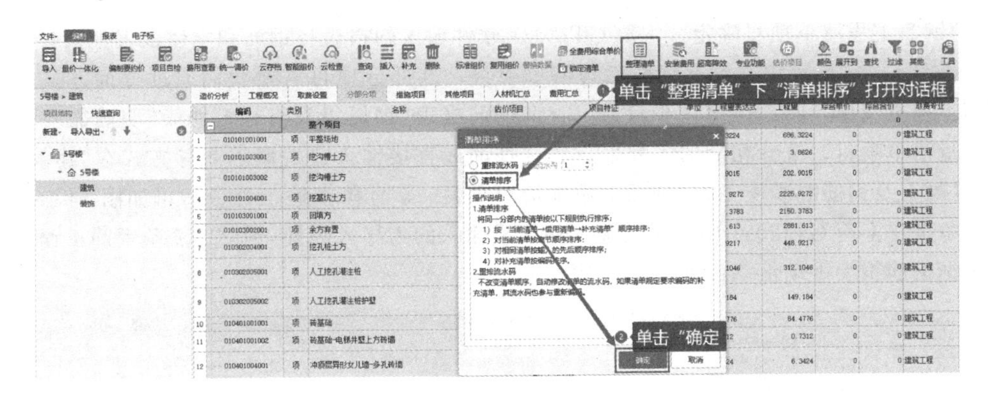


图 14-16　清单排序

2)区分装饰清单项目：在"建筑"单位工程"分部分项"页签将取费专业为"装饰装修工程"的全部清单行选中(选择方法与 Office 表格中选择一样，按 Ctrl 键或 Shift 键拖拽可选多行)后按 Ctrl＋X 键剪切，切换到"装饰"单位工程"分部分项"页签按 Ctrl＋V 键粘贴即完成装饰清单项目区分。

3)分部整理：以"建筑"单位工程为例，在"分部分项"页签下执行功能命令区"整理清单"下"分部整理"命令，在弹出的"分部整理"对话框中根据需要勾选分部整理条件后单击"确定"按钮即可完成分部整理，如图 14-17(a)所示。分部整理后清单项按不同分部工程进行归类，并在主操作区与项目结构树之间出现项目分部结构导航，如图 14-17(b)所示。

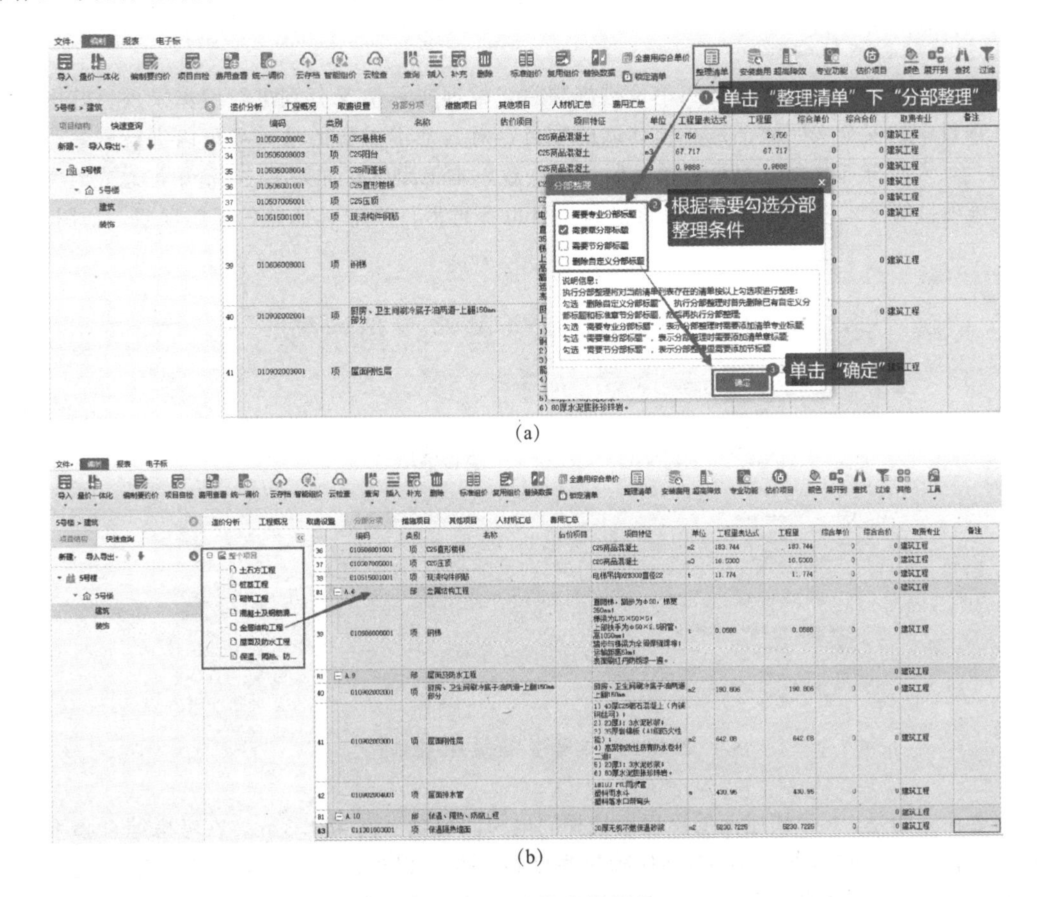


(a)

(b)

图 14-17　清单分部整理

(a)分部整理操作流程；(b)分部整理效果

（5）钢筋工程清单项目确定。上篇 GTJ2021 软件输入的报表将钢筋和土建报表分别导出，在前述导入 Excel 清单表中并没有钢筋工程清单项目，这部分项目需要我们通过查询方式手动录入钢筋工程量清单，其总体操作步骤为：查询钢筋报表“钢筋级别直径汇总表”明确需要列的钢筋工程量清单项目，统计相应的工程量→通过查询或直接输入或关联输入等方式在“建筑”单位工程“混凝土及钢筋混凝土工程”分部下添加清单项目。5 号楼钢筋工程量清单如图 14-18 所示，除第 1 条是在上篇 GTJ2021 中通过土建表格算量输入的为导入的外，其余 12 条钢筋工程量清单均为根据钢筋报表手动汇总添加。

| | 编码 | 类别 | 名称 | 估价项目 | 项目特征 | 单位 | 工程量表达式 | 工程量 | 综合单价 | 综合合价 | 取费专业 |
|---|---|---|---|---|---|---|---|---|---|---|---|
| 25 | 010515001001 | 项 | 现浇构件钢筋-电梯吊钩HPB300直径22 | | 电梯吊钩HPB300直径22 | t | 0.011774 | 0.012 | 0 | 0 | 建筑工程 |
| 26 | 010515001002 | 项 | 现浇构件钢筋-HPB300箍筋 直径≤10 | | HPB300箍筋 直径≤10 | t | 73.637+1.982 | 75.619 | 0 | 0 | 建筑工程 |
| 27 | 010515001003 | 项 | 现浇构件钢筋-HRB400箍筋 直径≤10 | | HRB400箍筋 直径≤10 | t | 0.938 | 0.938 | 0 | 0 | 建筑工程 |
| 28 | 010515001004 | 项 | 现浇构件钢筋-HRB400箍筋 直径>10 | | HRB400箍筋 直径>10 | t | 2.705 | 2.705 | 0 | 0 | 建筑工程 |
| 29 | 010515001005 | 项 | 现浇构件钢筋-HPB300直筋 直径≤10 | | HPB300直筋 直径≤10 | t | 10.525+2.746 | 13.271 | 0 | 0 | 建筑工程 |
| 30 | 010515001006 | 项 | 现浇构件钢筋-HRB400直筋 直径≤10 | | HRB400直筋 直径≤10 | t | 60.316 | 60.316 | 0 | 0 | 建筑工程 |
| 31 | 010515001007 | 项 | 现浇构件钢筋-HRB400直筋 直径≤18 | | HRB400直筋 直径≤18 | t | 112.802 | 112.802 | 0 | 0 | 建筑工程 |
| 32 | 010515001008 | 项 | 现浇构件钢筋-HRB400直筋 直径≤25 | | HRB400直筋 直径≤25 | t | 0.582 | 0.582 | 0 | 0 | 建筑工程 |
| 33 | 010515001009 | 项 | 现浇构件钢筋-HPB300砌体内加强筋 直径6 | | HPB300砌体内加强筋 直径6 | t | 11.562 | 11.562 | 0 | 0 | 建筑工程 |
| 34 | 010515001010 | 项 | 现浇构件钢筋-HPB300灌注桩螺旋箍筋直径8 | | HPB300灌注桩螺旋箍筋直径8 | t | 2.523 | 2.523 | 0 | 0 | 建筑工程 |
| 35 | 010515001011 | 项 | 现浇构件钢筋-HRB400灌注桩钢筋直径12 | | HRB400灌注桩钢筋直径12 | t | 6.045 | 6.045 | 0 | 0 | 建筑工程 |

图 14-18　5 号楼钢筋工程量清单

**尝试应用**

请按照前述步骤完成课堂项目 3 号楼分部分项工程量清单整理和钢筋工程量清单编制。

## 2. 措施项目清单编制

措施项目分为总价措施项目和单价措施项目，根据实际情况分别进行编辑录入。其中，总价措施项目中的安全文明施工是必须计取的项目，对其他不需要的清单项可以进行删除。单价措施项目录入与分部分项工程量清单编制方法一致，本工程已在导入 Excel 清单汇总表时完成了单价措施项目的导入，不删除现有总价措施项目也不再另行增加其他总价措施项目，如图 14-19 所示。

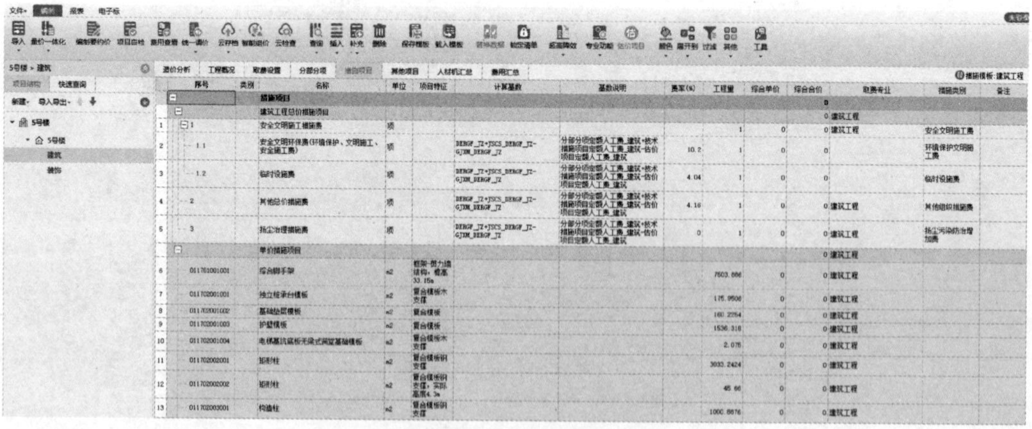

| | 序号 | 类别 | 名称 | 单位 | 项目特征 | 计算基数 | 基数说明 | 费率(%) | 工程量 | 综合单价 | 综合合价 | 取费专业 | 措施类别 | 备注 |
|---|---|---|---|---|---|---|---|---|---|---|---|---|---|---|
| | | | 措施项目 | | | | | | | | 0 | | | |
| | | | 建筑工程总价措施项目 | | | | | | | | 0 | 建筑工程 | | |
| 1 | 1 | | 安全文明施工措施费 | 项 | | | | | 1 | 0 | 0 | 建筑工程 | 安全文明施工费 | |
| 2 | 1.1 | | 安全文明环保费(环境保护、文明施工、安全施工费) | 项 | | DERGF_JZ+JSCS_DERGF_JZ-GJXM_DERGF_JZ | 分部分项定额人工费_建筑+技术措施项目定额人工费_建筑-估价项目定额人工费_建筑 | 10.2 | 1 | 0 | 0 | | 环境保护文明施工费 | |
| 3 | 1.2 | | 临时设施费 | 项 | | DERGF_JZ+JSCS_DERGF_JZ-GJXM_DERGF_JZ | 分部分项定额人工费_建筑+技术措施项目定额人工费_建筑-估价项目定额人工费_建筑 | 4.04 | 1 | 0 | 0 | | 临时设施费 | |
| 4 | 2 | | 其他总价措施费 | 项 | | DERGF_JZ+JSCS_DERGF_JZ-GJXM_DERGF_JZ | 分部分项定额人工费_建筑+技术措施项目定额人工费_建筑-估价项目定额人工费_建筑 | 4.16 | 1 | 0 | 0 | 建筑工程 | 其他组织措施费 | |
| 5 | 3 | | 扬尘治理措施费 | 项 | | DERGF_JZ+JSCS_DERGF_JZ-GJXM_DERGF_JZ | 分部分项定额人工费_建筑+技术措施项目定额人工费_建筑-估价项目定额人工费_建筑 | 0 | 1 | 0 | 0 | 建筑工程 | 扬尘污染防治增加费 | |
| | | | 单价措施项目 | | | | | | | | 0 | 建筑工程 | | |
| 6 | 011701001001 | | 综合脚手架 | m2 | 框架-剪力墙结构，檐高33.15m | | | | 7603.666 | 0 | 0 | 建筑工程 | | |
| 7 | 011702001001 | | 独立桩承台模板 | m2 | 复合模板木支撑 | | | | 175.9506 | 0 | 0 | 建筑工程 | | |
| 8 | 011702001002 | | 基础垫层模板 | m2 | 复合模板 | | | | 160.2254 | 0 | 0 | 建筑工程 | | |
| 9 | 011702001003 | | 护壁模板 | m2 | 复合模板 | | | | 1536.316 | 0 | 0 | 建筑工程 | | |
| 10 | 011702001004 | | 电梯基坑底板无梁式满堂基础模板 | m2 | 复合模板木支撑 | | | | 2.076 | 0 | 0 | 建筑工程 | | |
| 11 | 011702002001 | | 矩形柱 | m2 | 复合模板钢支撑 | | | | 3033.2424 | 0 | 0 | 建筑工程 | | |
| 12 | 011702002002 | | 矩形柱 | m2 | 复合模板钢支撑，实际高度4.3m | | | | 45.66 | 0 | 0 | 建筑工程 | | |
| 13 | 011702003001 | | 构造柱 | m2 | 复合模板钢支撑 | | | | 1000.8876 | 0 | 0 | 建筑工程 | | |

图 14-19　5 号楼“建筑”措施项目

需要注意的是，5 号楼屋面层出屋面楼梯间电梯间位置层高为 4.3 m，在考虑综合脚手架的基础上，按江西 2017 版定额规定“墙体砌筑高度在 3.6 m 以外的砖内墙，按单排脚手架定额乘以系数 0.3；墙面粉饰高度在 3.6 m 以外的执行内墙面粉饰脚手架项目”，因此，还需在“建筑”

单位工程“措施项目”页签增加单排脚手架和内墙粉饰脚手架单价措施项目，如图 14-20 所示。其中墙体砌筑高度在 3.6 m 以外的砖内墙按单排脚手架工程量＝墙体外边线长度×墙体高度＝(5.4＋5.6)×2×4.3×2＝189.2(m$^2$)，墙面粉饰高度在 3.6 m 以外内墙面粉饰脚手架工程量＝[(5.2＋5.4)×2×2－2×2－2.8]×4.3×2＝306.16(m$^2$)。

同时，还需在“建筑”单位工程“措施项目”页签增加塔式起重机和施工电梯进出场安拆项目，如图 14-20 所示。

| | 序号 | 类别 | 名称 | 单位 | 项目特征 | 计算基数 | 基数说明 | 费率(%) | 工程量 | 综合单价 | 综合合价 | 取费专业 | 措施类别 |
|---|---|---|---|---|---|---|---|---|---|---|---|---|---|
| | ⊟ | | 措施项目 | | | | | | | | 0 | | |
| | ⊟ | | 建筑工程总价措施项目 | | | | | | | | 0 | 建筑工程 | |
| 1 | ⊟ 1 | | 安全文明施工措施费 | 项 | | | | | 1 | 0 | 0 | 建筑工程 | 安全文明施工费 |
| 2 | 1.1 | | 安全文明环保费(环境保护、文明施工、安全施工费) | 项 | | DERGF_JZ+JSCS_DERGF_JZ-GJXM_DERGF_JZ | 分部分项定额人工费_建筑+技术措施项目定额人工费_建筑-估价项目定额人工费_建筑 | 10.2 | 1 | 0 | 0 | | 环境保护文明施工费 |
| 3 | 1.2 | | 临时设施费 | 项 | | DERGF_JZ+JSCS_DERGF_JZ-GJXM_DERGF_JZ | 分部分项定额人工费_建筑+技术措施项目定额人工费_建筑-估价项目定额人工费_建筑 | 4.04 | 1 | 0 | 0 | | 临时设施费 |
| 4 | 2 | | 其他总价措施费 | 项 | | DERGF_JZ+JSCS_DERGF_JZ-GJXM_DERGF_JZ | 分部分项定额人工费_建筑+技术措施项目定额人工费_建筑-估价项目定额人工费_建筑 | 4.16 | 1 | 0 | 0 | 建筑工程 | 其他组织措施费 |
| 5 | 3 | | 扬尘治理措施费 | 项 | | DERGF_JZ+JSCS_DERGF_JZ-GJXM_DERGF_JZ | 分部分项定额人工费_建筑+技术措施项目定额人工费_建筑-估价项目定额人工费_建筑 | 0 | 1 | 0 | 0 | 建筑工程 | 扬尘污染防治增加费 |
| | ⊟ | | 单价措施项目 | | | | | | | | 0 | 建筑工程 | |
| 6 | 011701001001 | | 综合脚手架 | m2 | 框架-剪力墙结构，檐高33.15m | | | | 7503.886 | 0 | 0 | 建筑工程 | |
| 7 | 011701002001 | | 外脚手架 | m2 | 单排脚手架砌筑高度在3.6m以外的砖内墙，按单排脚手架定额乘以系数0.3 | | | | 189.2 | 0 | 0 | 建筑工程 | |
| 8 | 011701002002 | | 外脚手架 | m2 | 内墙粉饰架：1、内墙面粉饰脚手架3.6m～6m | | | | 306.16 | 0 | 0 | 建筑工程 | |

(a)

| | 序号 | 类别 | 名称 | 单位 | 项目特征 | 计算基数 | 基数说明 | 费率(%) | 工程量 | 综合单价 | 综合合价 | 取费专业 | 措施类别 |
|---|---|---|---|---|---|---|---|---|---|---|---|---|---|
| 40 | 011705001001 | | 大型机械设备进出场及安拆 | 台·次 | 1、塔式起重机 固定式基础(带配重)<br>2、自升式塔式起重机安拆费<br>3、自升式塔式起重机进出场费 | | | | 1 | 0 | 0 | 建筑工程 | |
| 41 | 011705001002 | | 大型机械设备进出场及安拆 | 台·次 | 1、施工电梯固定式基础<br>2、施工电梯安拆费 75m以内<br>3、施工电梯进出场费75m以内 | | | | 1 | 0 | 0 | 建筑工程 | |

(b)

图 14-20　5 号楼增加四项单价措施项目

(a)增加两项单项脚手架措施项目；(b)增加两项大型机械进出场及安拆措施项目

实际工程中若因施工方案或组织不同需要增加其他总价措施项目时(该内容为 1＋X 工程造价数字化应用职业技能等级中级要求)，其操作流程为：单击选中最后一行总价措施项目→执行功能命令区“插入”下“插入措施项”命令在下方增加一个总价措施项目空行→在空行中输入要添加的总价措施项目的序号、名称、计算基础和费率，如图 14-21 所示。

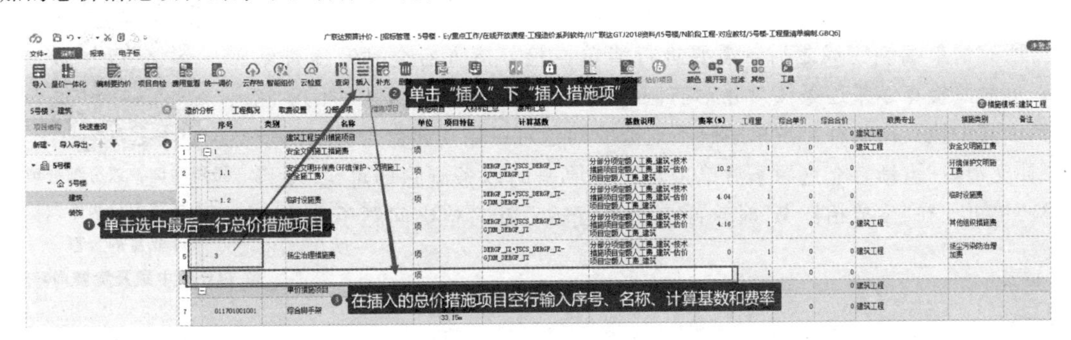


图 14-21　添加总价措施项目

**3. 其他项目清单编制**

其他项目清单包括暂列金额、专业工程暂估价、计日工费用、总承包服务费、其他(招标代理费)五部分内容。在编制工程预算时可能涉及的是前四种，可根据实际工程需要分别在空白行中输入内容编制。根据项目背景导入中的条件，本工程其他项目清单编制如图 14-22 所示。

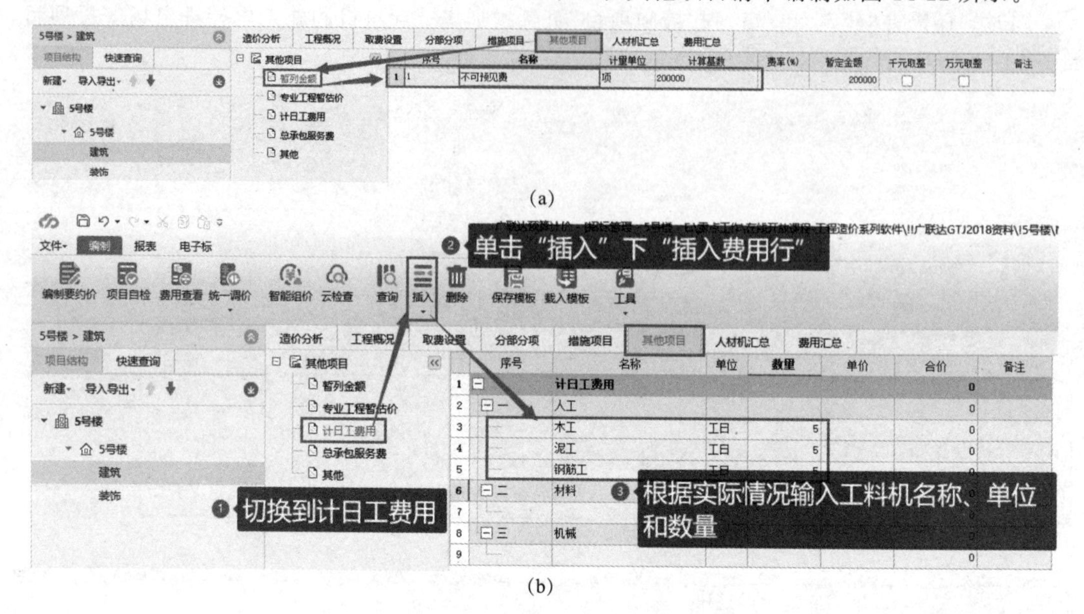


图 14-22　5 号楼其他项目清单编制

(a)暂列金额输入；(b)计日工输入

## 小提示

其他项目清单并非必须内容，若没有则可以不编制。同一类型其他项目下有多条项目时可单击“插入费用行”(或“插入”下“插入费用行”)添加空行后再输入。

## 尝试应用

请按照前述步骤完成课堂项目 3 号楼措施项目和其他项目清单编制。

**4. 清单自检**

所有清单编制完成之后，需要进行清单自检，检查后会显示检查结果，可对照检查结果逐条核对并对有问题项进行修改和完善，如图 14-23 所示。其中检查出的补充清单编码不规范的问题可以用功能命令区“补充”下“补充清单”重新补充这两条清单项，再将原来的两条删除即可。“项目自检”也可放在“生成招标书”时软件自动执行然后针对检出问题手动修改完善。

**拓展阅读：以分部分项工程费为计算基数计取暂列金额**

**(1+X 中级及竞赛内容)**

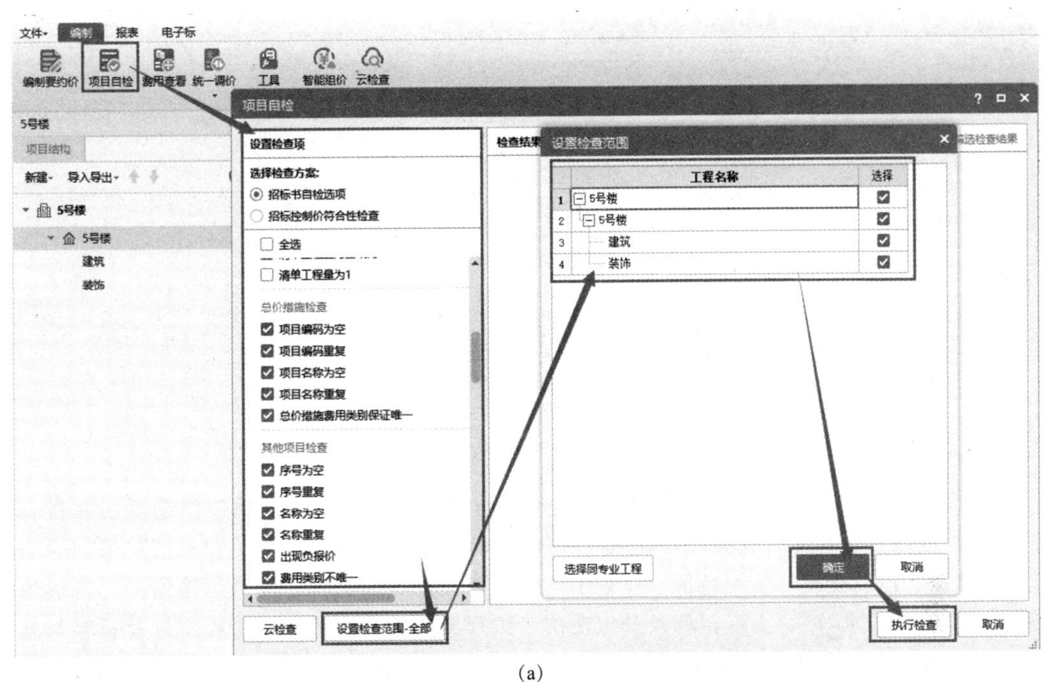

(a)

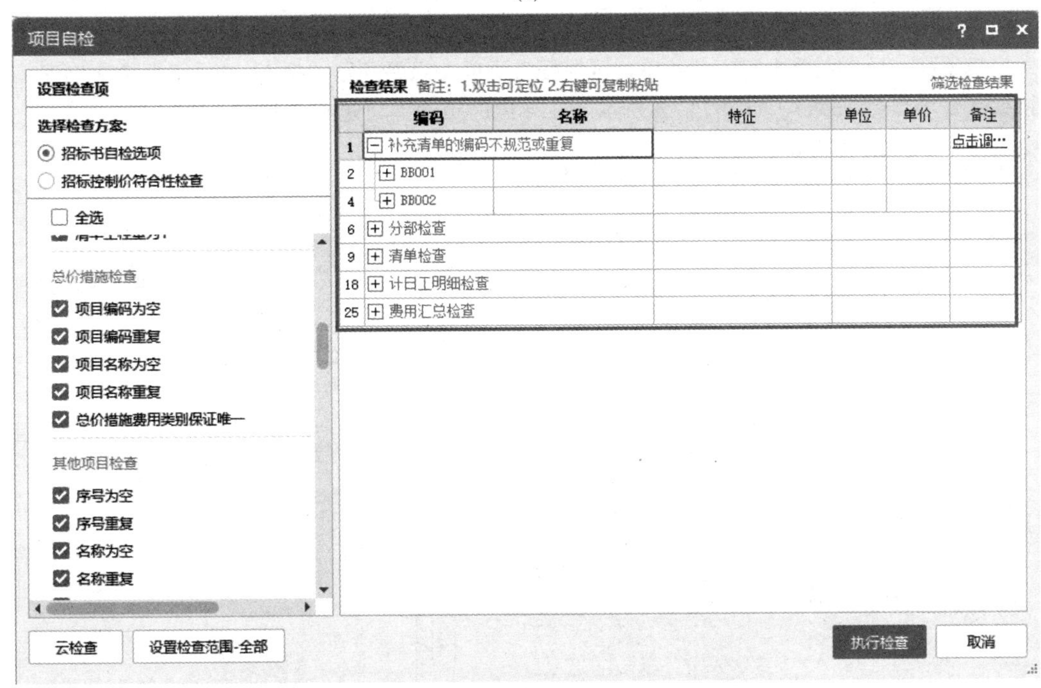

(b)

图 14-23 项目自检

(a)项目自检操作流程；(b)5 号楼项目自检结果

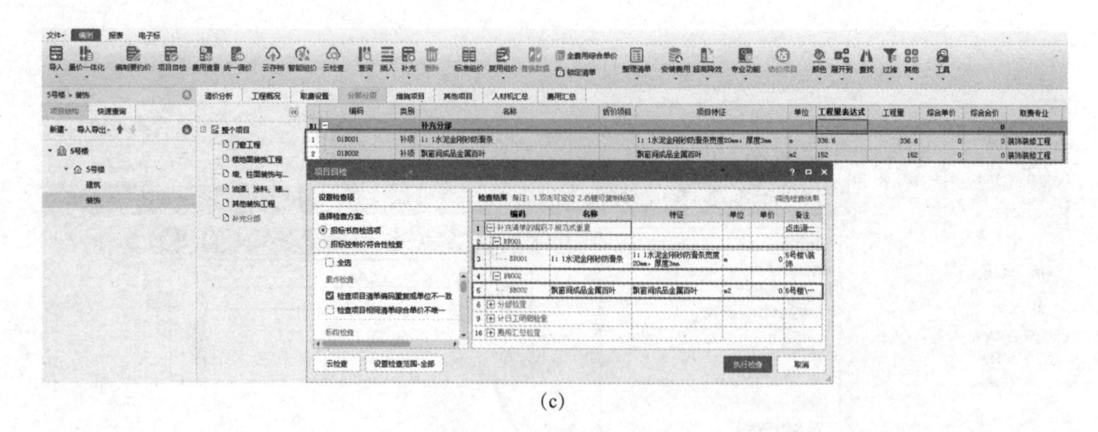

(c)

图 14-23　项目自检(续)

(c)部分有问题项目修改前后对比

## 5. 编制说明

在完成上述步骤后，单击进入建设项目，切换至“项目信息”页签，单击编制说明并在右侧空白处进行编制说明撰写，其操作与任务 13 工程概算编制中相同。招标工程量清单编制说明应包括工程概况(建设规模、工程特征、计划工期、施工现场实际情况、交通运输情况、自然地理条件、环境保护要求等)、工程招标及分包范围、工程量清单编制依据、工程质量及材料与施工等特殊要求及其他需要说明的事项。

## 6. 报表导出、生成招标书

报表预览与导出：单击“报表”菜单，可根据需要单击想要预览的报表。执行“批量导出 Excel”可根据需要导出到 Excel，如图 14-24 所示。在导出的报表上可进行复核。

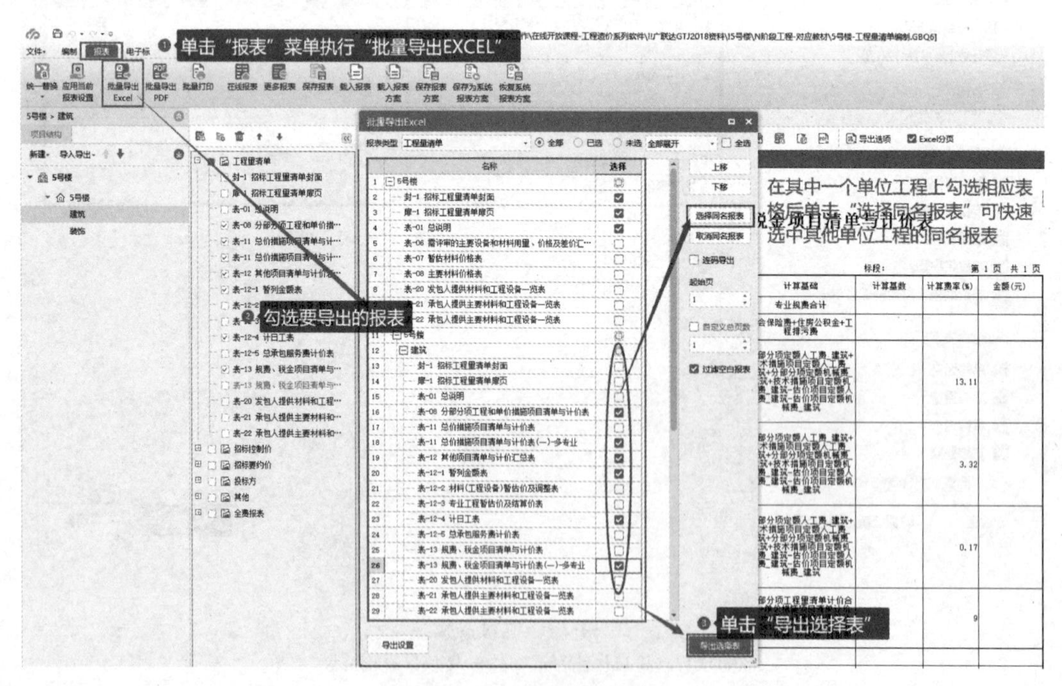


图 14-24　报表预览与导出

复核合完成后根据需要生成招标书：单击“电子标”菜单→执行功能命令区“生成招标书”命令→系统提示需要进行自检，将存在问题的地方全部处理好了之后再选择导出位置及需要导出的标书类型，单击“确定”按钮即可生成电子招标书．xml格式文件，如图14-25所示。

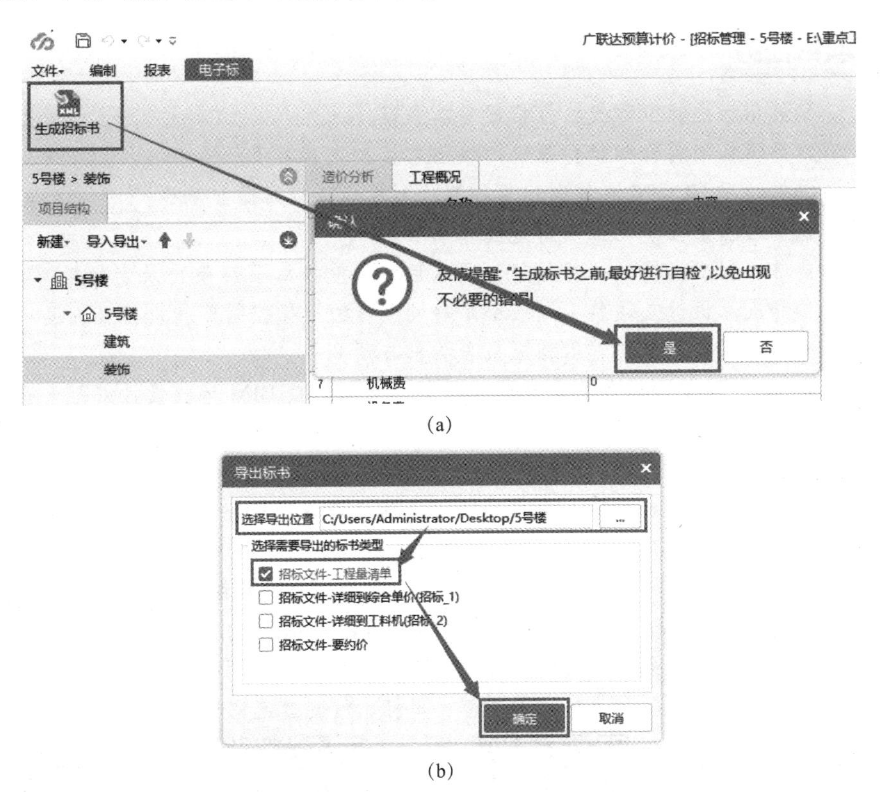


(a)

(b)

图 14-25　生成招标书

(a)生成招标书命令；(b)选择招标书位置及导出标书类型

## 尝试应用

请按照前述步骤完成课堂项目3号楼清单自检及问题处理、报表预览与导出、生成招标书。

在编制工程量清单时，要按统一项目编码、统一项目名称、统一计量单位、统一工程量计算规则进行，同时应遵循客观、公正、科学、合理的原则，站在客观公正的立场上兼顾建设单位和施工单位双方的利益，严格依据设计图纸和资料、现行的定额和有关文件及国家制定的建筑工程技术规程和规范编制工程量清单，避免多算、漏算或重复算，避免人为地提高或压低工程量，以保证清单的客观公正性。并确保清单内容全面符合实际，科学合理。

5号楼招标工程量清单参考工程文件

工程量清单编制操作小结

MV《公正歌》(来源：学习强国 山东学习平台)

## 14.2 招标控制价/投标报价编制

### 聚焦项目任务

**知识：** 1. 了解招标控制价和投标报价的基本知识。

2. 熟悉招标控制价和投标报价的编制内容和注意事项。

3. 掌握运用GCCP6.0编制招标控制价和投标报价的操作流程。

**能力：** 1. 能够根据工程情况正确新建投标项目。

2. 能够根据工程情况进行分部分项项目和单价措施项目组价及定额换算，能进行询价和人材机价差调整，完成给定建设项目的招标控制价和投标报价编制。

3. 能够根据业务需要进行相应报表导出与预览。

4. 达到1+X工程造价数字化应用中级和全国高校BIM毕业设计创新大赛BIM全过程造价管理与应用赛项关于清单组价、人材机费用调整、数据校验和计价文件编制等操作，1+X工程造价数字化应用高级和全国高校BIM毕业设计创新大赛BIM全过程造价管理与应用赛项关于项目价格指标分析等操作的相关要求。

**素质：** 1. 牢记投标报价不得高于招标控制价且不得低于工程成本，在坚守底线的基础上，根据图纸和工程实际情况认真考虑可能出现的风险，做到心中有数，并在投标报价中充分考虑需承包人承担的相关的风险费用，努力争取中标，树立良好的底线思维。

2. 工程造价咨询企业不得同时接受招标人和投标人或两个以上投标人对同一工程项目的工程造价咨询业务，不围标、串标，做到遵纪守法。

招标控制价投标报价编制导学单及激活旧知思维导图

微课1：清单组价

微课2：预拌混凝土转现拌混凝土、干混砂浆转现拌或湿拌砂浆、单价构成拓展

微课3：快速组价技巧及其他功能拓展

微课4：措施项目与其他项目组价

微课5：人材机汇总调价差与统一调价

微课6：投标报价指标对比分析(含报表及生成电子标)

### 示证新知

### 一、项目背景导入

上篇各任务已对5号楼工程图纸进行了详细的分析，此处不再赘述。

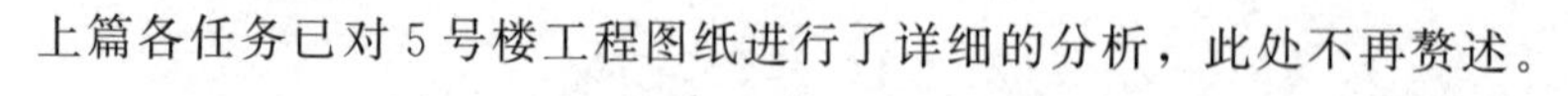

本工程假定建筑工程暂列金额为 20 万元；计日工分别需要木工、泥工和钢筋工各 5 工日。

若你单位受甲方委托编制招标控制价，你作为土建工程负责人，请完成本工程建筑与装饰工程的招标控制价编制。

若你单位受某意向投标单位委托编制投标报价，你作为土建工程负责人，请完成本工程建筑与装饰工程的投标报价编制。

## 二、招标控制价/投标报价编制

编制招标控制价/投标报价的基本流程已在前述广联达云计价平台 GCCP6.0 基础知识中介绍过，都是根据给定的工程相关文件如算量文件、已编制好的工程量清单等进行编制，在编制前都需要深入分析相应专业的图纸、算量文件和工程量清单从中找出计价的主要控制要点和注意事项，然后对招标工程量清单进行定额套取。不同之处在于，编制投标报价时，工程造价咨询企业和人员更应具有良好的底线思维，在确保投标报价不高于招标控制价且不低于工程成本的前提下，正确预判承包人应承担的可能存在的风险和工程变更等，根据项目情况及施工企业自身技术与管理水平，合理运用投标报价技巧对可竞争的费用进行报价调整，编制出合理的投标报价，以求中标。

严查重点领域腐败问题：围标腐败反面案例（来源：央视网）

需要特别注意的是，住建部《工程造价咨询企业管理办法》第二十七条规定工程造价咨询企业不得同时接受招标人和投标人或两个以上投标人对同一工程项目的工程造价咨询业务。围标、串标是违法行为，《中华人民共和国刑法》《中华人民共和国招标投标法》《中华人民共和国反不正当竞争法》《最高人民检察院、公安部关于印发〈经济犯罪案件追诉标准的规定〉的通知》等法律法规对围标、串标相关内容及处罚有明文规定。

招标项目新建和工程量清单的编制已在前一节中详细介绍过，这里面不再赘述。若编制投标报价，则需要新建投标项目，其操作与新建招标项目相似，不同之处在于新建时要导入“电子招标书”，如图 14-26 所示。

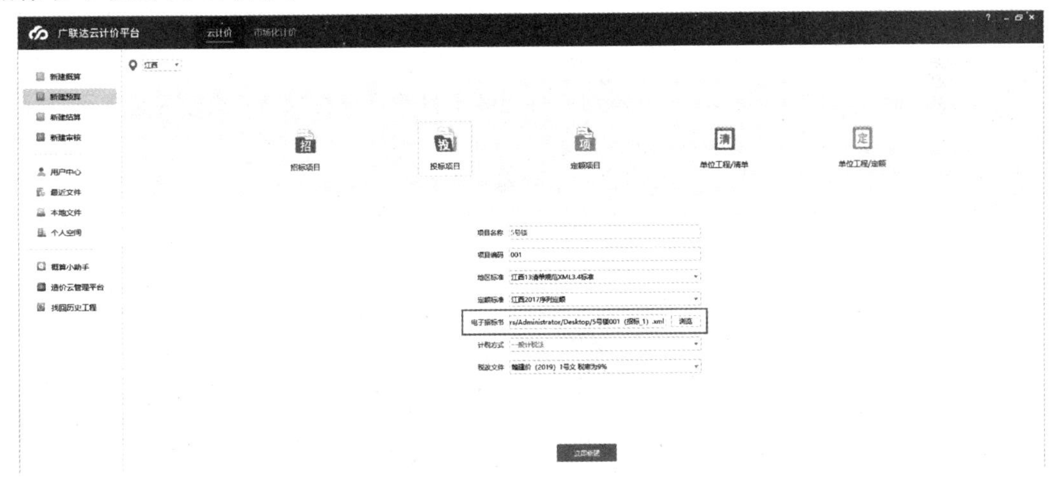


图 14-26　新建投标项目

下面的操作均以已完成招标项目新建及清单导入与整理的 5 号楼招标控制价编制为例进行阐述。

### （一）取费设置

依据《江西省建筑与装饰、通用安装、市政工程费用定额（试行）（2017 年版）以下简称“江西 2017 版费用定额”》规定结合工程实际情况针对工程项目进行取费设置，其操作与任务 13 工程概

算编制中取费设置相同，此处不再赘述。需要特别注意的是，根据《关于明确建筑工地扬尘治理相关费用计取事项的通知》(赣建价〔2019〕7号)规定"建筑施工项目由于开展扬尘治理而导致按现行工程定额计价时出现的安全文明施工措施费用不足的，可以分专业调增安全文明施工措施费费率：房屋建筑工程增加费率为0.77%"，软件中"建筑"单位工程"安全文明环保费"已在原取费基础上考虑0.77%的扬尘治理增加费率，如图14-27所示。若编制投标报价，其中其他总价措施费、企业管理费和利润可根据企业技术水平和管理水平自主确定。若为EPC、PPP、BT项目，一般按"江西2017版费用定额"规定费率取费，然后再在图14-27最后一列总价下浮费中输入总价下浮比率。

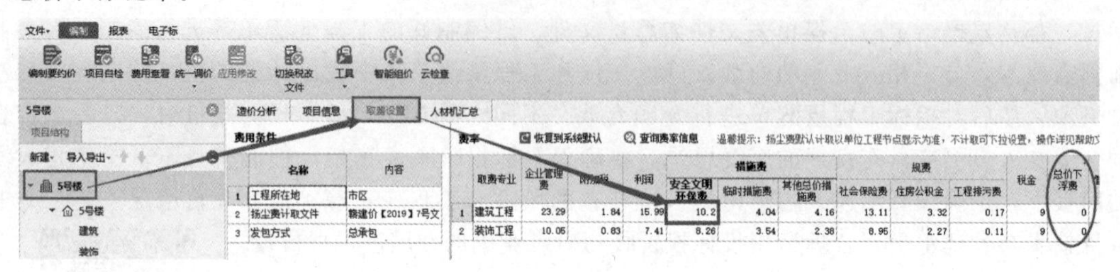

图14-27　在"建筑"单位工程"安全文明环保费"费率中考虑扬尘治理

## (二)分部分项清单组价

切换到要组价的单位工程的"分部分项"页签。

(1)定额子目添加与补充。定额子目的添加与清单项目的添加一样，有直接输入、查询清单指引、关联输入、查询输入几种方式，若在上篇GTJ2021套做法时同时套取了清单做法和定额做法，还可以在和工程量清单一起通过导入Excel清单定额汇总表或量价一体化下导入算量文件的方式导入到GCCP6.0中。定额的直接输入、关联输入、查询输入与清单项目的对应输入方式操作相同。本工程因在工程量清单编制时仅导入了清单，参照上篇导出的Excel清单定额汇总表结合工程实际情况采用直接输入或查询清单指引输入的方式添加定额子目。

1)直接输入：选中要添加定额子目的清单行→执行功能命令区"插入"下"插入子目"命令或单击鼠标右键后"插入子目"在清单项目下添加一行定额子目空行→在"编码"列输入定额子目编码即可。

2)查询清单指引输入：双击清单项目的"清单编码"或单击"查询"下"查询清单指引"打开"查询"对话框→软件会根据清单项目推荐可能的组价定额子目→根据实际情况选取定额子目双击子目或选中后单击该对话框的"插入子目"按钮添加定额子目，如图14-28所示。

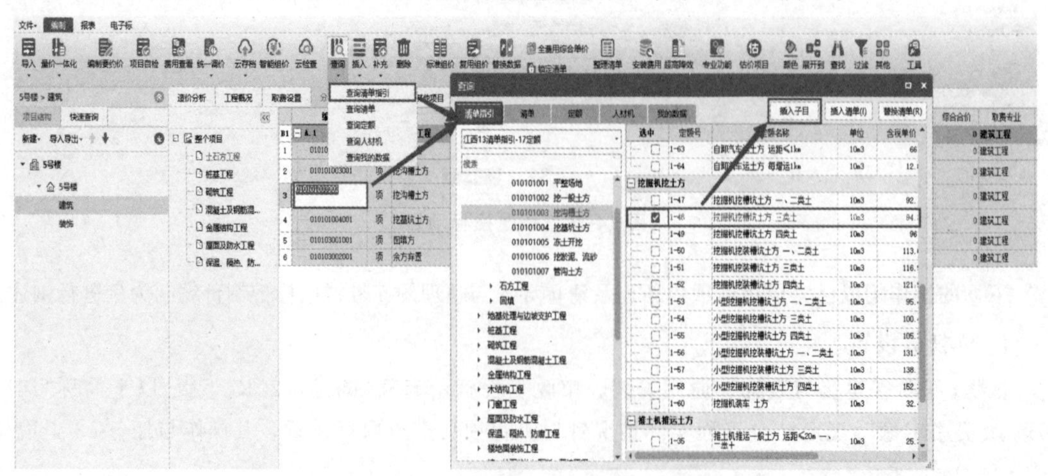

图14-28　查询清单指引输入定额子目

3)输入定额子目工程量：定额子目添加后根据工程实际情况输入相应定额子目的工程量，若与清单项目工程量相同则保持工程量表达式中“QDL”不变即可。本工程可根据上篇导出的清单定额汇总表中相应工程量输入。

4)补充子目：当工程中出现一些新项目或新材料时，在定额库中没有对应的，这时就需要根据招标文件及工程实际来补充定额或材料，补充子目操作流程为：选中要补充定额子目的清单行，执行功能命令区“补充”下“补充子目”命令打开“补充子目”对话框→在对话框中输入补充子目的名称、单位、工程量和人材机费用，选择计费方式后单击“确定”按钮即可，如图14-29所示。软件对于补充子目的计费方式有“正常取费”“估价项目”和“分包费”三种，其中“估价项目”针对甲乙双方会协商补充定额子目总价的情况，这时不再计算管理费和利润，只记取税金；“分包费”针对实际工程中如铝合金塑钢门窗、外墙涂料等一些专业由甲方直接分包，总承包方投标时不计取任何费用的情况。“补充子目”对话框中对于人工、材料和机械费的确定还可通过在“计费方式”下方表格添加相应的人工、材料和机械项目的方式进行，有两种不同的方式：一种是直接在编码中输入相应的人材机编码，如“r：001”“c：001”“j：001”，然后再改右侧名称、单位、含量和价格，软件自动计算出相应的人材机费用填入上方相应格；另一种是输入001后按Enter键，在弹出的“确认材料费用类别”对话框中选择费用类别后确定，再修改右侧名称等相关信息。

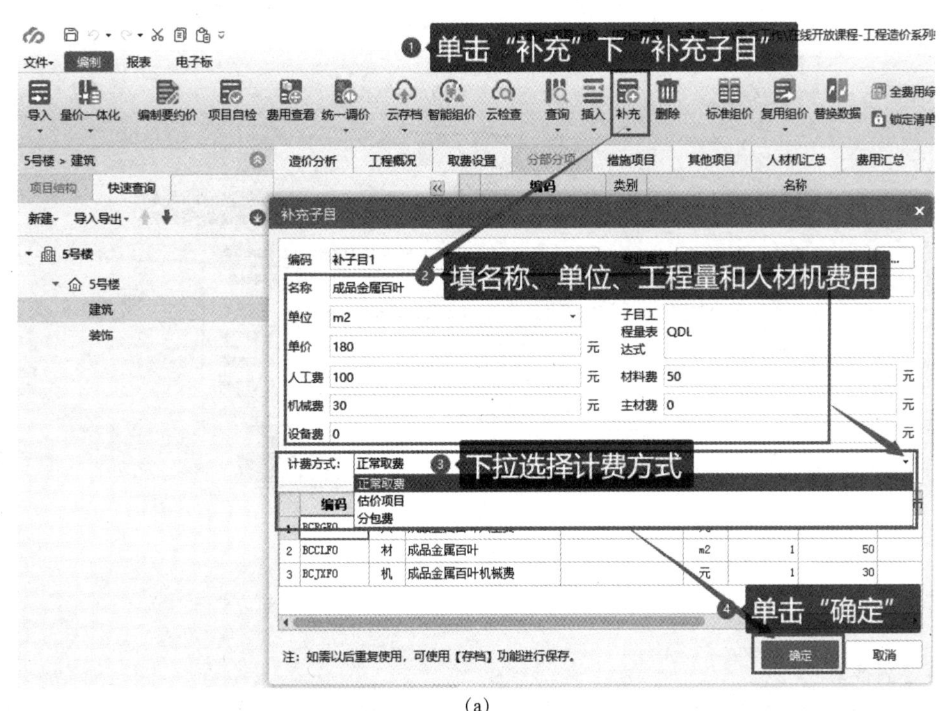


(a)

图14-29 补充子目

(a)补充子目操作流程

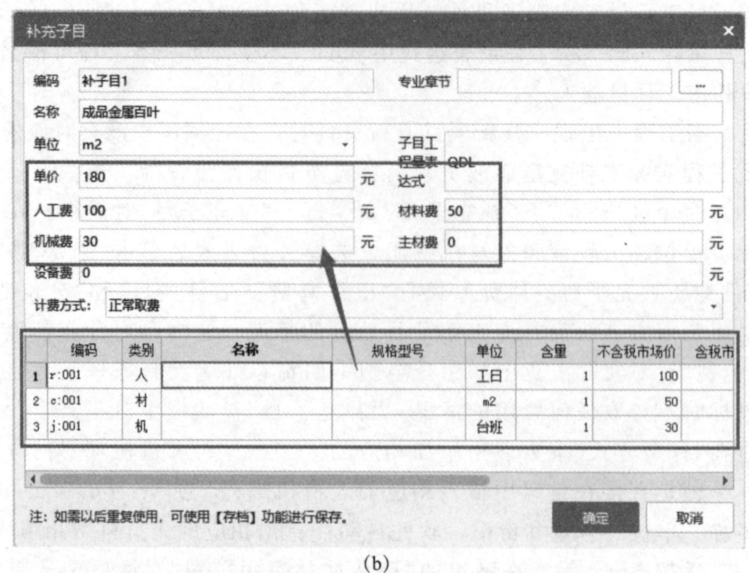


(b)

(c)

**图 14-29　补充子目(续)**

(b)补充子目添加人材机方式二；(c)补充子目添加人材机方式三

(2)定额换算。

1)标准换算。软件对标准换算有输入子目同时在自动弹出的标准换算对话框中换算和输入子目后再在构件详情显示栏中做标准换算两种操作方式。

一般情况下用输入子目同时做换算的方式，即在输入子目后软件针对含标准换算的子目会自动弹出标准换算窗口，根据实际情况勾选或输入相应换算信息即可直接换算，如图 14-30 所示为机动翻斗车运土方的标准换算对话框，按实际运距输入 500 m。软件在“文件”菜单“选项”命令中默认勾选了“查询输入含标准换算子目时弹出标准换算窗口”和“直接输入子目时弹出标准换算窗口”，如图 14-31 所示。

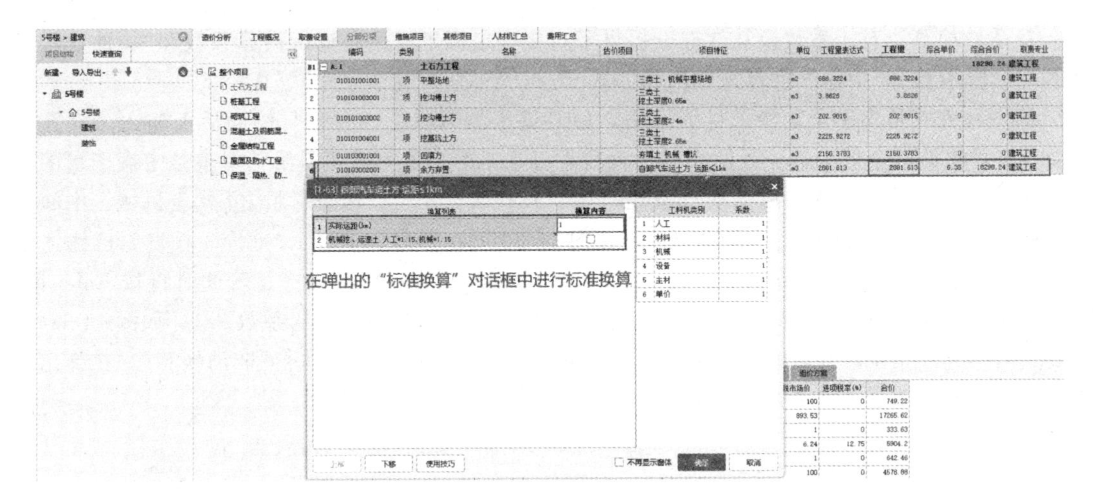


图 14-30　机动翻斗车运土方标准换算对话框

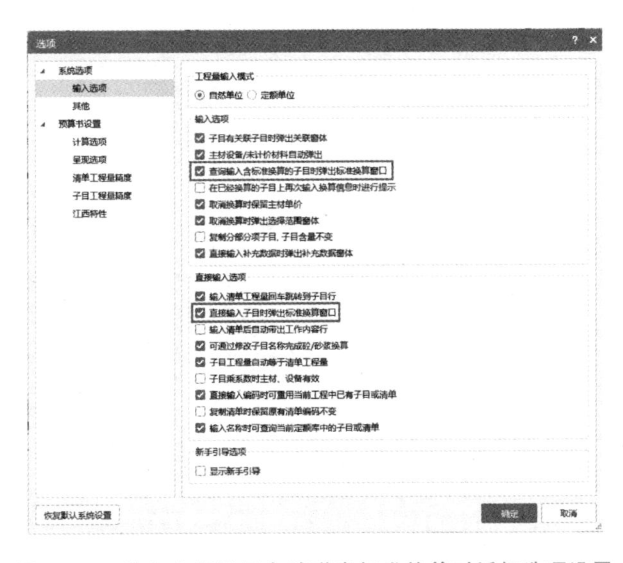


图 14-31　输入定额子目自动弹出标准换算对话框选项设置

若由于操作不熟练没有在自动弹出的标准换算窗口进行标准换算或在该步标准换算有问题时，还可选中定额子目在"构件详情显示栏"中切换至"标准换算"页签进行换算或修改，如图 14-32 所示。

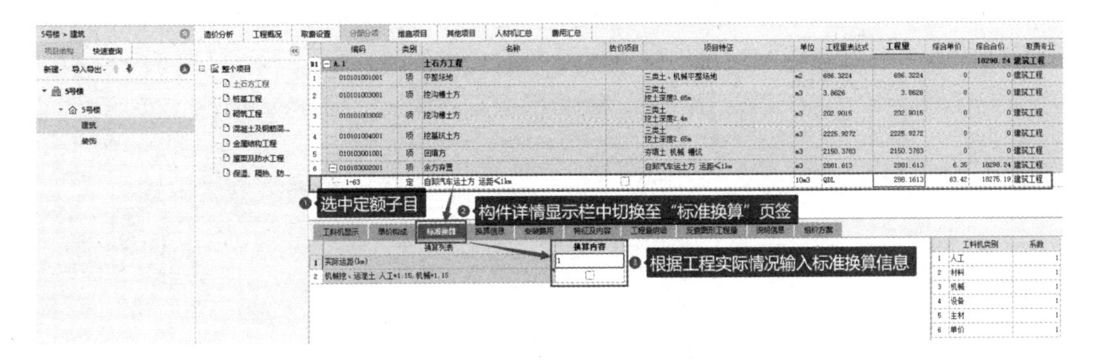


图 14-32　"构件详情显示栏"中"标准换算"操作

2)系数换算。对于系数换算软件也提供了直接在定额子目代码输入换算系数和“构件详情显示栏”中“标准换算”中输入换算系数两种方式。

第一种方式是先单击定额子目编码格，使其处于编辑状态，在子目编码后面输入＊换算系数如1.1，软件就会把这条子目的人材机含量乘以1.1的系数。或不需要针对整条定额子目的人材机换算时，可分别输入对应的换算系数，其中R代表人工、C代表材料、J代表机械，中间用“,”隔开，如图14-33所示。需要说明的是，图14-33中在名称列中显示“单价＊1.1”是已输入了一遍编码＊1.1，在子目编码格中再输入“＊1.1”是为方便展示输入方式，若此时再按Enter键，则在名称列中会显示两个“单价＊1.1”，相应的人材机含量也会乘以两次系数1.1，如图14-33(b)所示。针对这种情况若换算错误，可选中该定额子目，单击鼠标右键执行“取消换算”，在弹出的对话框中根据需要选择取消换算范围即可。

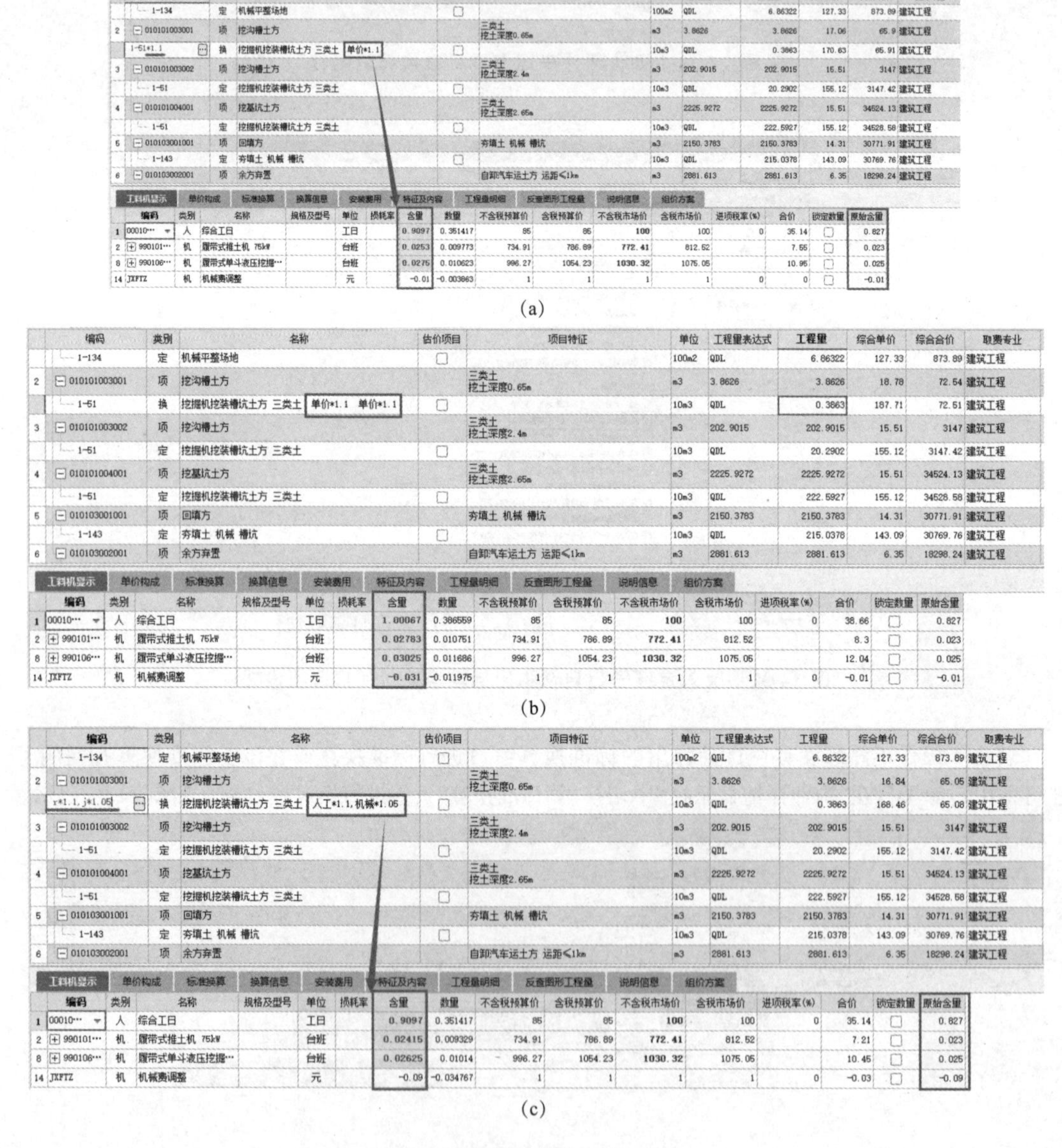

图14-33　直接输入系数换算

(a)整个定额子目乘以系数；(b)输入两遍“＊1.1”的效果展示；(c)只换算人工和机械的系数换算示例

第二种方式是在“构件详情显示栏”中“标准换算”中输入换算系数，其操作是选定要进行系数换算的子目，在“构件详情显示栏”切换至“标准换算”页签，在右下角相应工料机类别中输入换算系数即可，若为定额规定的系数换算则在标准换算位置换算内容处打钩即可，如图 14-34 所示。这种方式也可在输入定额子目后软件自动弹出的标准换算对话框中操作。

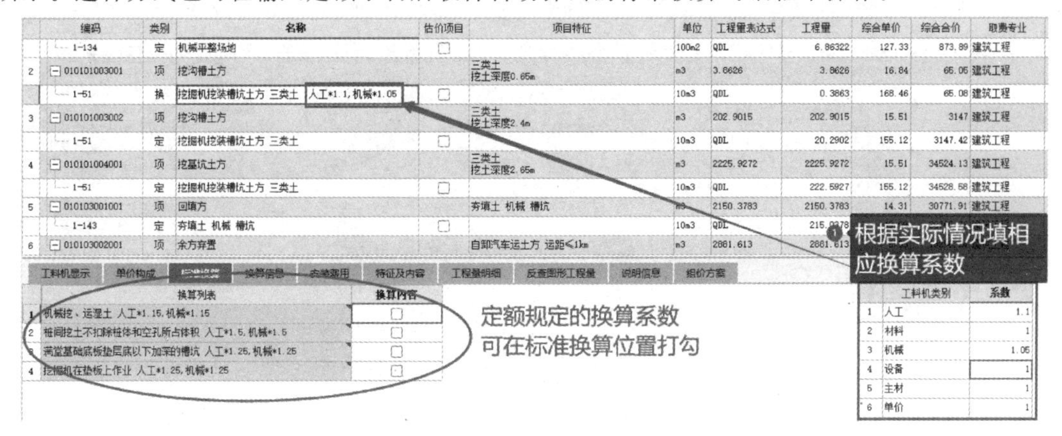


图 14-34　在“构件详情显示栏”中“标准换算”中输入换算系数

3)混凝土及砂浆换算。江西 2017 版房屋建筑与装饰工程定额中用的砂浆均按干混预拌砂浆编制、混凝土按预拌混凝土编制，因此，涉及混凝土及砂浆的换算大致分为两大类：第一类是采用预拌混凝土、干混预拌砂浆但强度等级与定额强度等级不同即强度换算；第二类是实际工程采用现场搅拌混凝土或现拌砂浆或湿拌预拌砂浆即预拌混凝土转现拌混凝土、干混砂浆转现拌或湿拌砂浆。

混凝土及砂浆强度等级换算：这种换算与标准换算相同，可在软件自动弹出的标准换算对话框或“构件详情显示栏”中“标准换算”页签换算，如图 14-35 所示。需要特别注意的是，软件中未提供 C10 预拌混凝土，对于本工程中垫层采用 C10 商品混凝土，其换算方法是先按定额子目默认的采用 C15 预拌混凝土，然后选中定额子目将“构件详情显示栏”切换至“工料机显示”页签，将商品混凝土名称由“预拌混凝土 C15”改为“预拌混凝土 C10”，后续在人材机汇总页签中调整材料单价即可，如图 14-36 所示。

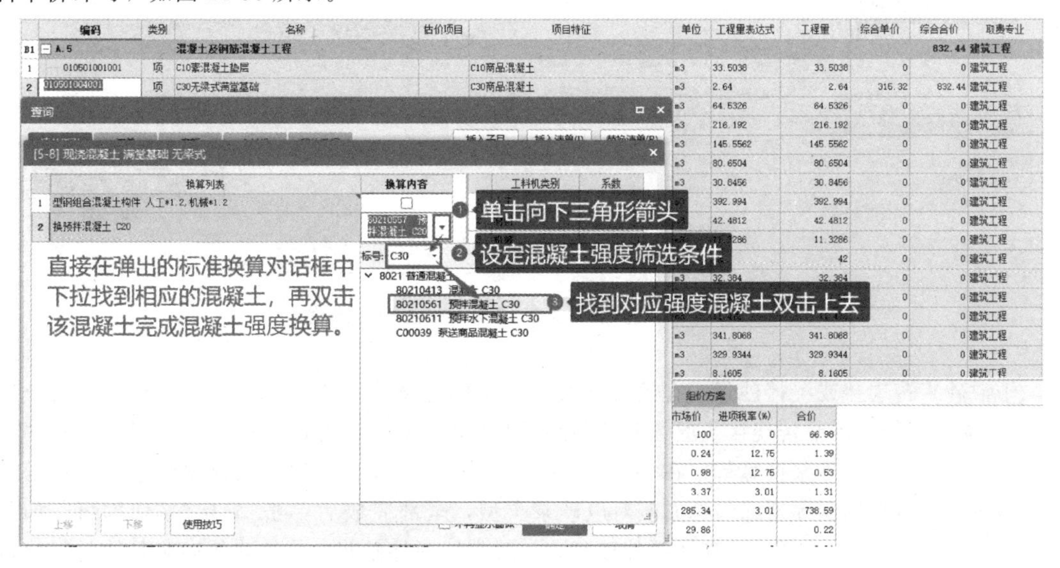


图 14-35　混凝土强度等级换算

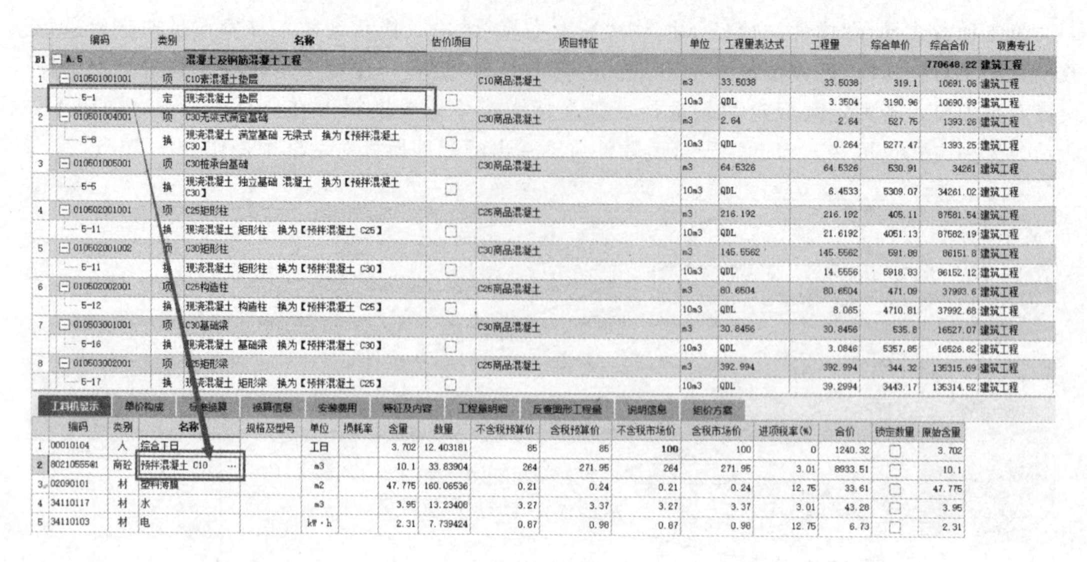

| | 编码 | 类别 | 名称 | 估价项目 | 项目特征 | 单位 | 工程量表达式 | 工程量 | 综合单价 | 综合合价 | 取费专业 |
|---|---|---|---|---|---|---|---|---|---|---|---|
| B1 | A.5 | | 混凝土及钢筋混凝土工程 | | | | | | | 770648.22 | 建筑工程 |
| 1 | 010501001001 | 项 | C10素混凝土垫层 | | C10商品混凝土 | m3 | 33.5038 | 33.5038 | 319.1 | 10691.06 | 建筑工程 |
| | 5-1 | 定 | 现浇混凝土 垫层 | ☐ | | 10m3 | QDL | 3.3504 | 3190.96 | 10690.99 | 建筑工程 |
| 2 | 010501004001 | 项 | C30无梁式满堂基础 | | C30商品混凝土 | m3 | 2.64 | 2.64 | 527.75 | 1393.26 | 建筑工程 |
| | 5-6 | 换 | 现浇混凝土 满堂基础 无梁式 换为【预拌混凝土 C30】 | ☐ | | 10m3 | QDL | 0.264 | 5277.47 | 1393.25 | 建筑工程 |
| 3 | 010501005001 | 项 | C30桩承台基础 | | C30商品混凝土 | m3 | 64.5326 | 64.5326 | 530.91 | 34261 | 建筑工程 |
| | 5-5 | 换 | 现浇混凝土 独立基础 混凝土 换为【预拌混凝土 C30】 | ☐ | | 10m3 | QDL | 6.4533 | 5309.07 | 34261.02 | 建筑工程 |
| 4 | 010502001001 | 项 | C25矩形柱 | | C25商品混凝土 | m3 | 216.192 | 216.192 | 405.11 | 87581.54 | 建筑工程 |
| | 5-11 | 换 | 现浇混凝土 矩形柱 换为【预拌混凝土 C25】 | ☐ | | 10m3 | QDL | 21.6192 | 4051.13 | 87582.19 | 建筑工程 |
| 5 | 010502001002 | 项 | C30矩形柱 | | C30商品混凝土 | m3 | 145.5562 | 145.5562 | 591.88 | 86151.8 | 建筑工程 |
| | 5-11 | 换 | 现浇混凝土 矩形柱 换为【预拌混凝土 C30】 | ☐ | | 10m3 | QDL | 14.5556 | 5918.83 | 86152.12 | 建筑工程 |
| 6 | 010502002001 | 项 | C25构造柱 | | C25商品混凝土 | m3 | 80.6504 | 80.6504 | 471.09 | 37993.6 | 建筑工程 |
| | 5-12 | 换 | 现浇混凝土 构造柱 换为【预拌混凝土 C25】 | ☐ | | 10m3 | QDL | 8.065 | 4710.81 | 37992.68 | 建筑工程 |
| 7 | 010503001001 | 项 | C30基础梁 | | C30商品混凝土 | m3 | 30.8456 | 30.8456 | 535.8 | 16527.07 | 建筑工程 |
| | 5-16 | 换 | 现浇混凝土 基础梁 换为【预拌混凝土 C30】 | ☐ | | 10m3 | QDL | 3.0846 | 5357.85 | 16526.82 | 建筑工程 |
| 8 | 010503002001 | 项 | C25矩形梁 | | C25商品混凝土 | m3 | 392.994 | 392.994 | 344.32 | 135315.69 | 建筑工程 |
| | 5-17 | 换 | 现浇混凝土 矩形梁 换为【预拌混凝土 C25】 | ☐ | | 10m3 | QDL | 39.2994 | 3443.17 | 135314.52 | 建筑工程 |

工料机显示 单价构成 标准换算 换算信息 安装费用 特征及内容 工程量明细 反查图形工程量 说明信息 组价方案

| | 编码 | 类别 | 名称 | 规格及型号 | 单位 | 损耗率 | 含量 | 数量 | 不含税预算价 | 含税预算价 | 不含税市场价 | 含税市场价 | 进项税率(%) | 合价 | 锁定数量 | 原始含量 |
|---|---|---|---|---|---|---|---|---|---|---|---|---|---|---|---|---|
| 1 | 00010104 | 人 | 综合工日 | | 工日 | | 3.702 | 12.403181 | 85 | 85 | 100 | 100 | 0 | 1240.32 | ☐ | 3.702 |
| 2 | 80210555@1 | 商砼 | 预拌混凝土 C10 | | m3 | | 10.1 | 33.83904 | 264 | 271.95 | 264 | 271.95 | 3.01 | 8933.51 | ☐ | 10.1 |
| 3 | 02090101 | 材 | 塑料薄膜 | | m2 | | 47.775 | 160.06536 | 0.21 | 0.24 | 0.21 | 0.24 | 12.75 | 33.61 | ☐ | 47.775 |
| 4 | 34110117 | 材 | 水 | | m3 | | 3.95 | 13.23408 | 3.27 | 3.37 | 3.27 | 3.37 | 3.01 | 43.28 | ☐ | 3.95 |
| 5 | 34110103 | 材 | 电 | | kW·h | | 2.31 | 7.739424 | 0.87 | 0.98 | 0.87 | 0.98 | 12.75 | 6.73 | ☐ | 2.31 |

图 14-36　C10 商品混凝土换算

预拌混凝土转现拌混凝土操作流程：给各混凝土清单项目添加定额子目后先不进行混凝土强度等级换算，待全部混凝土清单项目全部添加完定额子目后，执行功能命令区“专业功能”下“预拌混凝土转现拌混凝土”命令，在弹出的“预拌混凝土转现拌混凝土”对话框中进行换算，如图 14-37 所示。需要说明的是图 14-37 仅为该操作流程的演示，本工程中全部为商品混凝土，无须进行预拌混凝土转现拌混凝土，只需按图 14-35 进行混凝土强度等级换算即可。

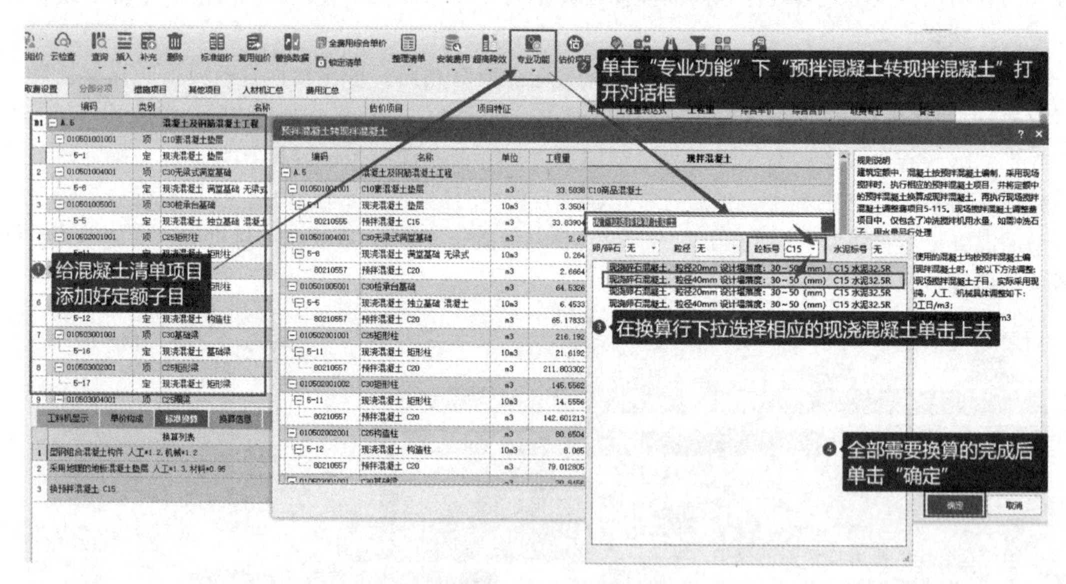


图 14-37　预拌混凝土转现拌混凝土操作流程

干混砂浆转现拌或湿拌砂浆：在给各涉及用砂浆的定额子目添加完成后，执行功能命令区“专业功能”下“干混砂浆转现拌或湿拌砂浆”命令打开对话框，该对话框中每一条用了砂浆的定额子目下会出现一行砂浆换算行，在“实际使用的砂浆”列对应格单击，在弹出的选项中单击对应的砂浆，然后根据实际情况勾选右侧对应砂浆类型，全部完成后单击“确定”按钮即可，如图 14-38 所示。但江西省城区禁止现场搅拌砂浆，一般都用预拌砂浆，传统建筑砂浆是按材料比例

设计的，而预拌砂浆是按抗压强度等级划分，表 14-1 为预拌砂浆与传统砂浆对照表，以便作为计价换算参考。图 14-38 仅为干混砂浆转现拌或湿拌砂浆的操作演示，本工程参照表 14-1 进行相应的砂浆换算，全部采用干混砂浆。

**表 14-1　预拌砂浆与传统砂浆对照表**

| 品种 | 预拌砂浆 | 传统砂浆 |
|---|---|---|
| 砌筑砂浆 | DM M5、WM5 | M2.5、M5 混合砂浆；M2.5、M5 水泥砂浆 |
| | DM M7.5、WM7.5 | M7.5 混合砂浆；M7.5 水泥砂浆 |
| | DM M10、WM10 | M10 混合砂浆；M10 水泥砂浆 |
| | DM M15、WM15 | M15 水泥砂浆 |
| | DM M20、WM20 | M20 水泥砂浆 |
| 抹灰砂浆 | DP M5、WP5 | 1∶1∶6、1∶1∶5、1∶2∶1、1∶2∶3、1∶2∶6、1∶3∶9 混合砂浆 |
| | DP M10、WP10 | 1∶1∶4 混合砂浆 |
| | DP M15、WP15 | 1∶1∶3 混合砂浆；1∶3、1∶4 水泥砂浆 |
| | DP M20、WP20 | 1∶1∶2、1∶1∶1、1∶0.5∶5、1∶0.5∶4、1∶0.5∶3、1∶0.5∶2、1∶0.5∶1、1∶0.3∶3、1∶0.2∶2 混合砂浆；1∶1、1∶1.5、1∶2、1∶2.5 水泥砂浆 |
| 地面砂浆 | DS M15、WS15 | 1∶1∶3 混合砂浆；1∶3、1∶4 水泥砂浆 |
| | DS M20、WS20 | 1∶1∶2、1∶1∶1、1∶0.5∶5、1∶0.5∶4、1∶0.5∶3、1∶0.5∶2、1∶0.5∶1、1∶0.3∶3、1∶0.2∶2 混合砂浆；1∶1、1∶1.5、1∶2、1∶2.5 水泥砂浆 |
| 备注：其他砂浆可根据强度和性能要求，选择相应的预拌砂浆。其中 D 代表干拌、W 代表湿拌。 | | |

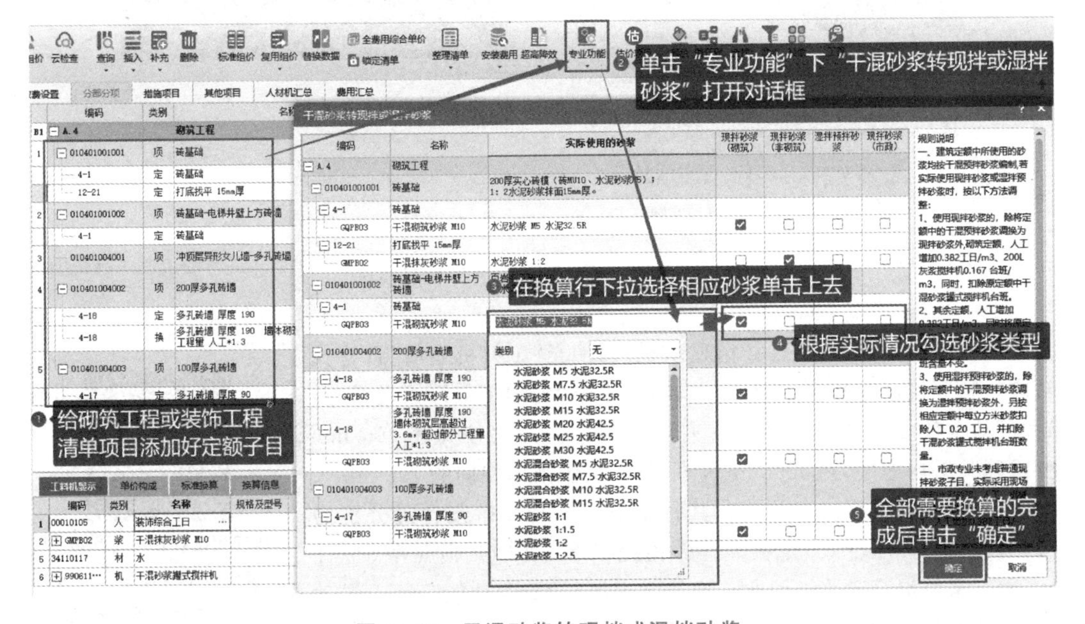


图 14-38　干混砂浆转现拌或湿拌砂浆

## 小提示

预拌混凝土转现拌混凝土、干混砂浆转现拌或湿拌砂浆必须执行“专业功能”下“预拌混凝土转现拌混凝土”“干混砂浆转现拌或湿拌砂浆”命令才能达成江西 2017 版房屋建筑与装饰工程定额说明中关于预拌混凝土转现拌混凝土、干混砂浆转现拌或湿拌砂浆的换算目的。若在“构件详情显示栏”中“工料机显示”页签下找到对应混凝土或砂浆材料通过查询替换的方式进行换算，则只能是将混凝土、砂浆类型换算成对应的现浇混凝土、现拌或湿拌砂浆，不会考虑现场搅拌混凝土调整费项目或对机械和人工进行调整，这一点需要特别注意。

4)材料及含量换算。除去上述换算以外，有时还会涉及材料的换算或材料含量的换算，如江西 2017 版房屋建筑与装饰工程定额砌筑工程说明规定“定额中砖、砌块和石料按标准或常用规格编制，设计规格与定额不同时，砌体材料和砌筑(粘结)材料用量应作调整换算”。

材料含量不变，只进行类型换算时，其操作流程为：选中要换算的定额子目后将“构件详情显示栏”切换至“工料机显示”页签，找到要换算的材料单击其右侧三点按钮打开“查询”对话框，在对话框中输入搜索条件找到对应材料单击“替换”按钮即可，如图 14-39 所示。

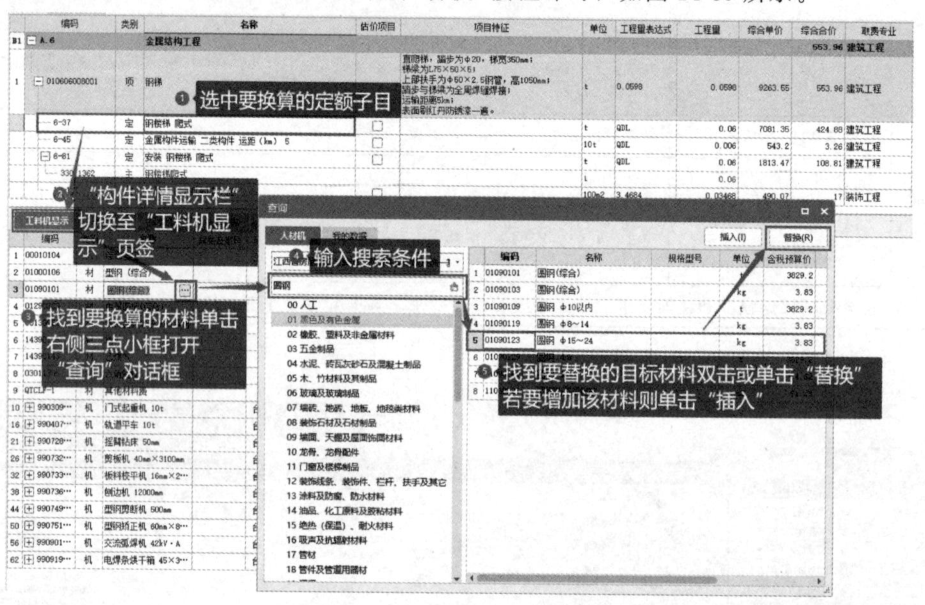


图 14-39　工料机显示中进行材料换算

材料含量换算则在“构件详情显示栏”切换至“工料机显示”页签找到对应材料直接修改其含量即可。以本工程中“冲顶层异形女儿墙-多孔砖墙”清单项目中冲顶层异形女儿墙为例，为简化按高度 400 mm 不变折算其平均厚度为 362.5 mm，采用与主体结构相同的 190 mm×190 mm×90 mm 的页岩多孔砖，其每 10 $m^3$ 的砖和砂浆含量分别为 2.674 千块、1.564 $m^3$(按定额多孔砖损耗率 2%、砂浆损耗率 5%计算)，因其采用混合砂浆，因此，换算需先执行“专业功能”下“干混砂浆转现拌或湿拌砂浆”进行砂浆类型换算，然后在“构件详情显示栏”中“工料机显示”页签下找到相应的多孔砖和砂浆进行含量换算，换算后如图 14-40 所示。

拓展阅读：在单价构成中调整企业管理费、利润及风险费计算基数及费率(1+X 中级及竞赛内容)

| | 编码 | 类别 | 名称 | 估价项目 | 项目特征 | 单位 | 工程量表达式 | 工程量 | 综合单价 | 综合合价 | 取费专业 |
|---|---|---|---|---|---|---|---|---|---|---|---|
| B1 | A.4 | | 砌筑工程 | | | | | | | 561046.29 | 建筑工程 |
| 1 | 010401001001 | 项 | 砖基础 | | 200厚实心砖模（砖MU10、水泥砂浆M5） | m3 | 84.4776 | 84.4776 | 470.57 | 39752.62 | 建筑工程 |
| | 4-1 | 换 | 砖基础 换为【干混砌筑砂浆 M5】 | ☐ | | 10m3 | QDL | 8.4478 | 4705.61 | 39752.05 | 建筑工程 |
| 2 | 010401001002 | 项 | 砖基础-电梯井壁上方砖墙 | | 页岩多孔砖MU10<br>M5水泥砂浆 | m3 | 0.7312 | 0.7312 | 470.45 | 343.99 | 建筑工程 |
| | 4-1 | 换 | 砖基础 换为【干混砌筑砂浆 M5】 | ☐ | | 10m3 | QDL | 0.0731 | 4705.61 | 343.98 | 建筑工程 |
| 3 | 010401004001 | 项 | 冲顶层异形女儿墙-多孔砖墙 | | 页岩多孔砖MU10<br>M5混合砂浆<br>墙体平均厚度362.5mm | m3 | 6.3424 | 6.3424 | 385.09 | 2442.39 | 建筑工程 |
| | 4-18 | 换 | 多孔砖墙 厚度 190 换为【干混砌筑砂浆 M5】 | ☐ | | 10m3 | QDL | 0.6342 | 3851.16 | 2442.41 | 建筑工程 |
| 4 | 010401004002 | 项 | 200厚多孔砖墙 | | | m3 | 939.1375 | 939.1375 | 383.76 | 360403.41 | 建筑工程 |
| | 4-18 | 换 | 多孔砖墙 厚度 190 换为【干混砌筑砂浆 M5】 | ☐ | | 10m3 | QDL | 93.9138 | 3837.55 | 360398.9 | 建筑工程 |
| 5 | 010401004003 | 项 | 200厚多孔砖墙 | | 墙体厚度200mm<br>页岩多孔砖MU10<br>M5混合砂浆<br>墙体砌筑层高超过3.6m，超过部分工程量 人工*1.3 | m3 | 3.7052 | 3.7052 | 422.59 | 1565.78 | 建筑工程 |
| | 4-18 | 换 | 多孔砖墙 厚度 190 墙体砌筑层高超过3.6m，超过部分工程量 人工*1.3 换为【干混砌筑砂浆 M5】 | ☐ | | 10m3 | QDL | 0.3705 | 4226.05 | 1565.75 | 建筑工程 |
| 6 | 010401004004 | 项 | 100厚多孔砖墙 | | 墙体厚度100mm<br>页岩多孔砖MU10<br>M5混合砂浆 | m3 | 325.7749 | 325.7749 | 480.51 | 156538.1 | 建筑工程 |
| | 4-17 | 换 | 多孔砖墙 厚度 90 换为【干混砌筑砂浆 M5】 | ☐ | | 10m3 | QDL | 32.5775 | 4805.15 | 156539.77 | 建筑工程 |

❶ 标准换算换砂浆强度

工料机显示 | 单价构成 | 标准换算 | 换算信息 | 安装费用 | 特征及内容 | 工程量明细 | 反查图形工程量 | 说明信息 | 组价方案

| | 编码 | 类别 | 名称 | 规格及型号 | 单位 | 损耗率 | 含量 | 数量 | 不含税预算价 | 含税预算价 | 不含税市场价 | 含税市场价 | 进项税率(%) | 合价 | 锁定数量 | 原始含量 |
|---|---|---|---|---|---|---|---|---|---|---|---|---|---|---|---|---|
| 1 | 00010104 | 人 | 综合工日 | | 工日 | | 9.596 | 6.085783 | 85 | 85 | 100 | 100 | 0 | 608.58 | ☐ | 9.596 |
| 2 | BC0117 | 材 | 烧结多孔砖 190×19… | | 千块 | | 2.674 | [illegible] | [illegible] | [illegible] | [illegible] | 679.8 | 3.01 | 1119.16 | ☐ | 2.684 |
| 3 | GQPB01 | 浆 | 干混砌筑砂浆 M5 | | m3 | | 1.564 | 0.9918[illegible] | [illegible] | [illegible] | [illegible] | 497.78 | | 477.29 | ☐ | 1.522 |
| 6 | 34110117 | 材 | 水 | | m3 | | 1.21 | 0.767382 | 3.27 | 3.37 | 3.27 | 3.37 | 3.01 | 2.51 | ☐ | 1.21 |
| 7 | QTCLF-1 | 材 | 其他材料费 | | 元 | | 3.07 | 1.946994 | 1 | 1 | 1 | 1 | 0 | 1.95 | ☐ | 3.07 |
| 8 | 990611… | 机 | 干混砂浆罐式搅拌机 | | 台班 | | 0.152 | 0.096398 | 188.83 | 193.11 | 209.68 | 212.82 | | 20.21 | ☐ | 0.152 |

❷ 工料机显示砖和砂浆含量

图 14-40　5 号楼冲顶层异形女儿墙定额子目换算

5)换算信息。每一条定额子目经换算后都会在定额子目行对应“类别”列中显示为“换”，并在“名称”列对换算信息进行显示，详细的换算信息可以在“构件详情显示栏”下“换算信息”页签进行查看，如图 14-41 所示。

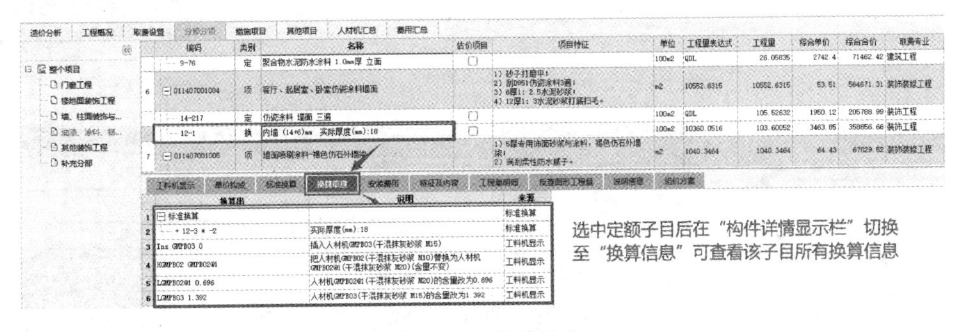


| | 换算串 | 说明 | 来源 |
|---|---|---|---|
| 1 | 标准换算 | | 标准换算 |
| 2 | + 12-3 * -2 | 实际厚度(mm):18 | 标准换算 |
| 3 | Ins GMPB03 0 | 插入人材机GMPB03(干混抹灰砂浆 M15) | 工料机显示 |
| 4 | HGMPB02 GMPB02@1 | 把人材机GMPB02(干混抹灰砂浆 M10)替换为人材机GMPB02@1(干混抹灰砂浆 M20)(含量不变) | 工料机显示 |
| 5 | LGMPB02@1 0.696 | 人材机GMPB02@1(干混抹灰砂浆 M20)的含量改为0.696 | 工料机显示 |
| 6 | LGMPB03 1.392 | 人材机GMPB03(干混抹灰砂浆 M15)的含量改为1.392 | 工料机显示 |

图 14-41　换算信息

(3)标准组价、复用组价、替换数据。

1)标准组价：适用于招标投标方在进行群体工程大型项目编制(如同一住宅小区项目内有多栋，且各栋做法完全相同)时，由于时间紧、任务重，需要快速编制群楼的清单报价，并保障相同清单的组价一致时，在其中一个单位工程“分部分项”页签下执行“标准组价”命令，选择同专业单位工程中所有清单合并显示在标准组价窗口中，组价应用后即可把标准组价中的内容同步回项目中，完成快速组价工作。如图 14-42 所示为标准组价对话框设置。

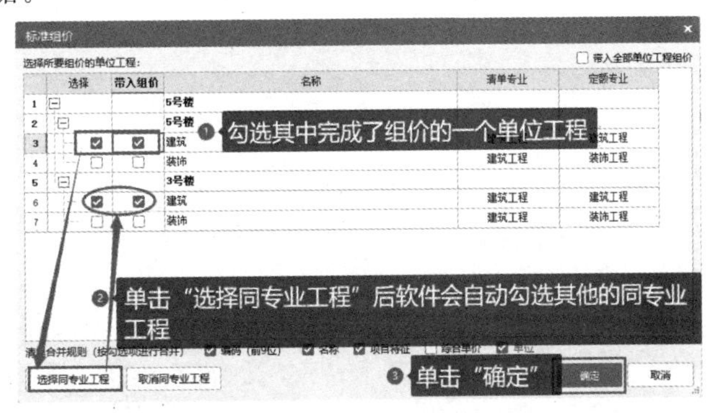


图 14-42　标准组价对话框设置

2)复用组价：适用于招标工程量清单中存在相似清单，在组完其中部分清单后，快速复用至其他清单；或招标工程量清单与历史工程相似，可复用历史工程，快速完成组价。该命令在单位工程“分部分项”页签功能命令区“复用组价”下有“自动复用组价”和“提取已有组价”两种操作，如图 14-43 所示。

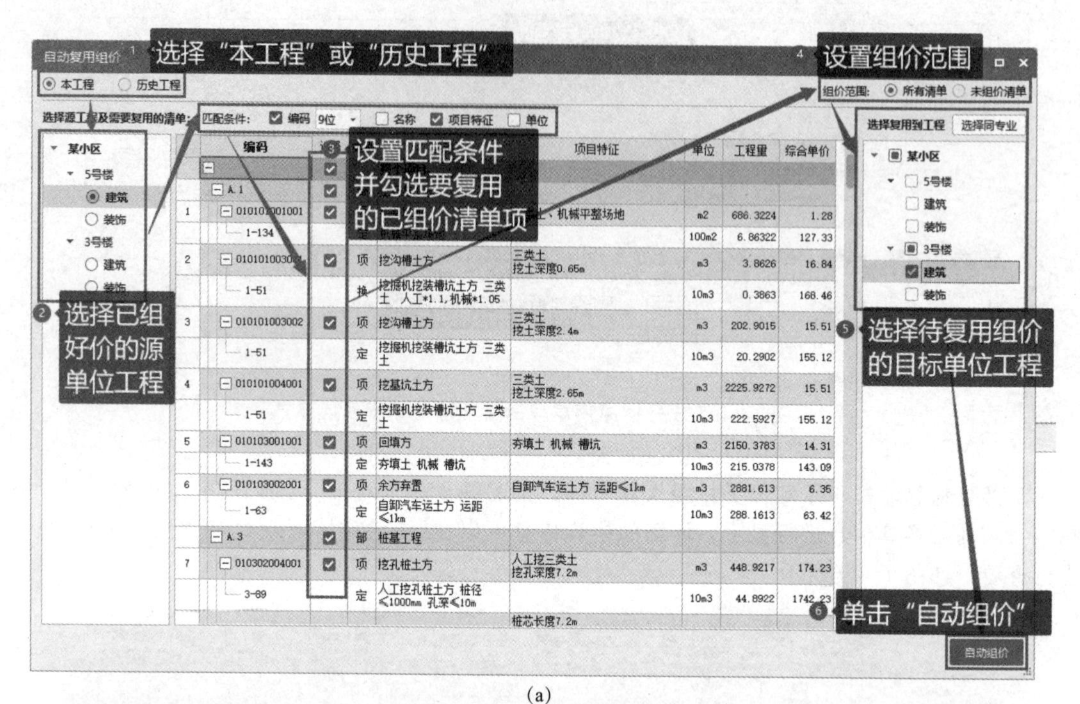


(a)



(b)

**图 14-43　复用组价**

(a)自动复用组价；(b)提取已有组价

## 小提示

若选择历史工程，则需要导入已完成组价的历史工程。

3)替换数据：适用于完成组价后，检查发现问题需更改组价且相同的清单项目不止一条时，可在更改某一条清单组价后，选中已更改的清单项目或定额子目，使用该命令把其他相同清单的组价或定额子目都替换，如图 14-44 所示。替换子目时勾选要替换的子目时也可勾选其他不同编号的子目，这种情况适用于原组价时套错子目的情况，一般来说不推荐勾选其他子目。

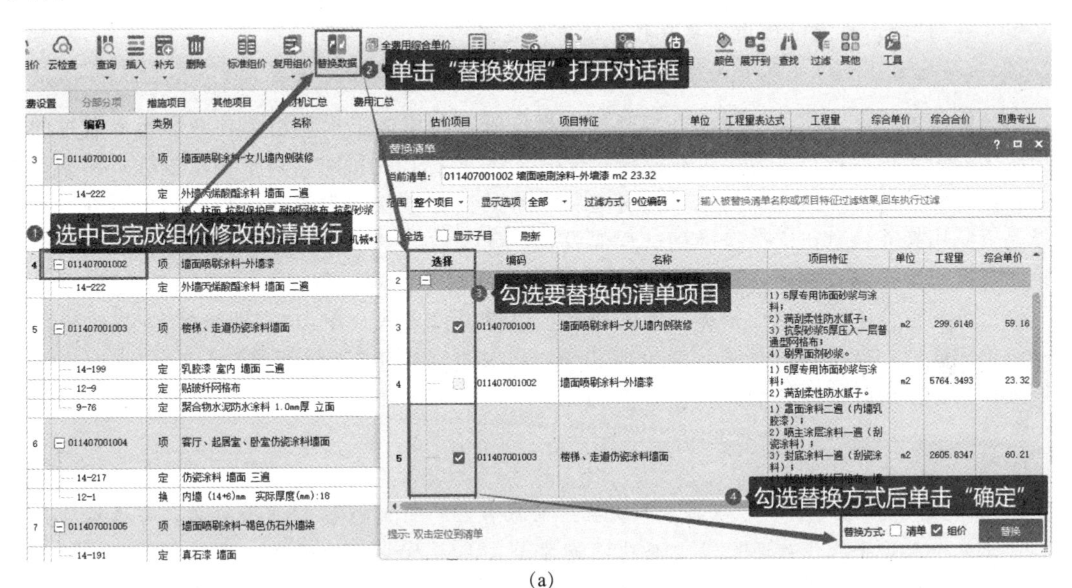


(a)

替换子目

当前子目：14-199 乳胶漆 室内 墙面 二遍 100m2 1917.41

范围 整个项目　显示选项 全部　输入被替换子目编码过滤结果,回车执行过滤

全选　刷新

| | 选择 | 编码 | 名称 | 单位 | 单价 |
|---|---|---|---|---|---|
| 181 | | | 整个项目\油漆、涂料、裱糊工程\ | | |
| 182 | ☐ | 14-222 | 外墙丙烯酸酯涂料 墙面 二遍　独立柱抹灰面喷刷油漆、涂料、裱糊 人工*1.2 | 100m2 | 2380.57 |
| 183 | ☐ | 12-22 | 墙面界面剂 | 100m2 | 240.23 |
| 184 | ☐ | | 、裱糊 人工*1.2 | 100m2 | 6624.04 |
| 185 | ☐ | 12-22 | | 100m2 | 240.23 |
| 186 | ☑ | 14-222 | 外墙丙烯酸酯涂料 墙面 二遍 | 100m2 | 2189.49 |
| 187 | ☐ | 10-73 | 墙、柱面 抗裂保护层 耐碱网格布 抗裂砂浆 厚度(mm) 4　实际厚度(mm):5 | 100m2 | 2919.33 |
| 188 | ☐ | 12-22 | 墙面界面剂　无泛水挑砖者 人工*1.1,机械*1.1 | 100m2 | 253.28 |
| 189 | ☐ | 14-222 | 外墙丙烯酸酯涂料 墙面 二遍 | 100m2 | 2189.49 |
| 190 | | 14-199 | 乳胶漆 室内 墙面 二遍 | 100m2 | 1917.41 |
| 191 | ☐ | 12-9 | 贴玻纤网格布 | 100m2 | 1172.59 |
| 192 | ☐ | 9-76 | 聚合物水泥防水涂料 1.0mm厚 立面 | | |

勾选要替换的定额子目

单击“替换”

替换

提示：双击定位到子目

(b)

图 14-44　替换数据

(a)替换清单；(b)替换子目

(4)组价方案、智能组价。

拓展阅读：全费用综合单价与综合单价

1)组价方案：当同一个项目中存在多条清单套取的定额子目相同(如本工程中“墙面喷刷涂料-女儿墙内侧装修”和“墙面喷刷涂料-外墙漆”都是套14—222、10—73、12—22)时，不减少重复性工作提高效率，可选中已套好定额子目的清单项单击功能命令区“云存档”下“组价方案”，软件会自动将组价方案进行存档。存档的组价方案，本工程或下个工程遇到清单编码和特征关键字能和存档信息匹配上的会在下方“组价方案”中显示出来，可双击调用。

**小提示**

(1)“存档”时，应同时选中需要存档的清单和定额。

(2)该功能需在登录了账号的情况下才能显示出已存档的组价方案。

2)智能组价：该功能适于投标方编制投标报价时，对招标工程量清单参考本企业做过的相似历史工程组价内容进行批量组价；或编制投标报价/招标控制价时，对于初次投标不熟悉类型的工程，需要从外部寻找相应的组价参考进行组价的情况。软件为了提高组价的多样性，可以选择是否应用换算信息，支持按准确、近似设置匹配条件，可以选择对已有清单组价或空清单组价。智能组价操作流程为：在“分部分项”或“措施项目”页签执行功能区“智能组价”命令→选择需要组价的单位工程，组价依据，匹配条件，设置组价方式→单击“立即组价”，显示组价进度→组价完成后，显示组价条数，组价成功率，以及可以单击“查看详情”→单击“查看详情”，按照准、似、空进行修改核准。

**小提示**

(1)在进行清单组价时，可以将个人数据、企业数据、行业数据都选择勾选，勾选后软件优先顺序是先个人，个人没有再企业，企业没有才会去参考行业，这样可以最大参考自积累或广联达推荐的组价，然后再对未能实现组价的内容进行手动组价。

(2)组价完成后，可以选择重新调整组价范围后，进行重新组价。

(5)其他功能。

1)临时删除：组价过程需要对套取的定额子目进行时，选择对应的子目右击“临时删除”，删除之后，在该项清单项的综合单价里面不包含该子目的所有费用→通过比对之后，确定保留此项子目时，单击鼠标右键“取消临时删除”，确定删除此项子目时单击鼠标右键选择“删除”即可。

2)颜色标记、批注、过滤。在实际组价过程中，对于某些清单项目存有疑虑想进行标注时，可选中存疑的清单项目或定额子目行，单击功能命令区“颜色”下拉选择一种颜色进行颜色标记，核实调整后不存在问题地再单击功能命令区“颜色”下拉选择“无色”即可。

若还需要对标记的内容进行文字批注提醒时，可选中需要批注的清单项目或定额子目，单击鼠标右键选择“插入批注”在批注框输入批注信息即可，问题处理后可单击鼠标右键选择“删除所有批注”来删除相应的批注信息。

后续操作中若想把添加了批注或作为颜色标记的项目单独拎出来查看时，可执行功能命令区“过滤”命令并根据要求勾选相应的过滤条件。

**尝试应用**

1. 请按照前述步骤完成5号楼分部分项清单组价。
2. 请以你所在地现行定额为依据完成课堂项目3号楼分部分项清单组价。

## (三)措施项目清单组价

总价措施项目是按一定的计算基数乘以费率计算，招标控制价编制取费设置一般按规定参照当地费用定额或取费文件计取相应费率。编制投标报价时，安全文明施工费为不可竞争费用，其费率不可调整；其他总价措施项目可参照费用定额规定费率计取，也可根据工程实际情况、工期等相关因素进行计取。单价措施项目组价与分部分项清单项目组价相同，需要进行定额套取，此处不再赘述。

其中模板对应的子目可在相应的混凝土工程项目套好定额子目后执行功能命令区的“专业功能”下“提取模板项目”命令进行快速套子目，其操作流程为：完成“建筑”单位工程分部分项清单项目定额子目添加后切换至“措施项目”页签→执行功能命令区“专业功能”下“提取模板项目”命令打开“提取模板项目”对话框→在弹出的对话框中选择提取位置，确定每一条混凝土定额子目对应的模板类别、工程量和关联位置→全部完成后单击“确定”按钮即可，如图 14-45 所示。其中关联位置的确定可单击对应三点按钮，打开“措施项目具体位置提取”对话框，根据实际情况勾选相应清单项单击“确定”按钮即可。

**5 号楼分部分项与单价措施清单项目组价与换算参考表**

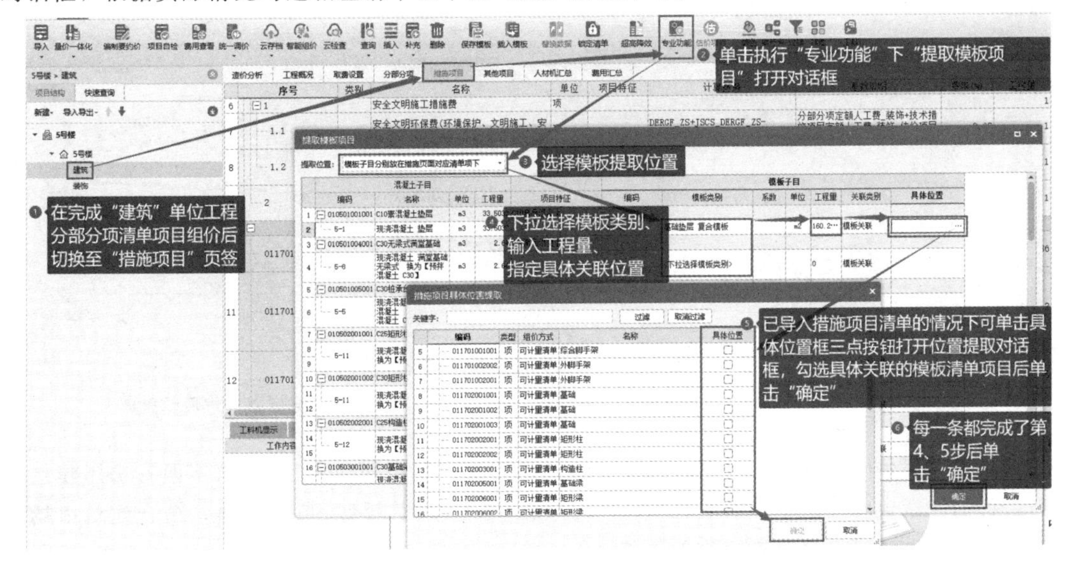


图 14-45　提取模板项目

完成所有项目组价后，要切换至“装饰”单位工程下“措施项目”页签，执行功能命令区“超高降效”下“记取超高降效”命令完成装饰超高降效记取，如图 14-46 所示。

## (四)其他项目清单组价

按 14.1 工程量清单编制中设置的项目背景：建筑工程暂列金额为 20 万元；计日工分别需要木工、泥工和钢筋工各 5 工日，无专业工程暂估价和总承包费。参照 14.1 工程量清单编制中其他项目清单编制步骤录入进去即可，此处不再赘述。其中编制招标控制价直接抄录即可，编制投标报价抄录暂列金额，对计日工的单价可自主报价。

## (五)人材机汇总

清单计价工程造价由分部分项合计、措施项目合计、其他项目合计、规费、税金五部分组成，规费和税金是不可竞争费，软件已经按照国家或者相关政府部门发布的内容内置其中，前三部分编辑完后基本就完成了编制。接下来要进入单位工程“人材机汇总”页签对分部分项工程和措施项目中人、材、机的价差进行调整。

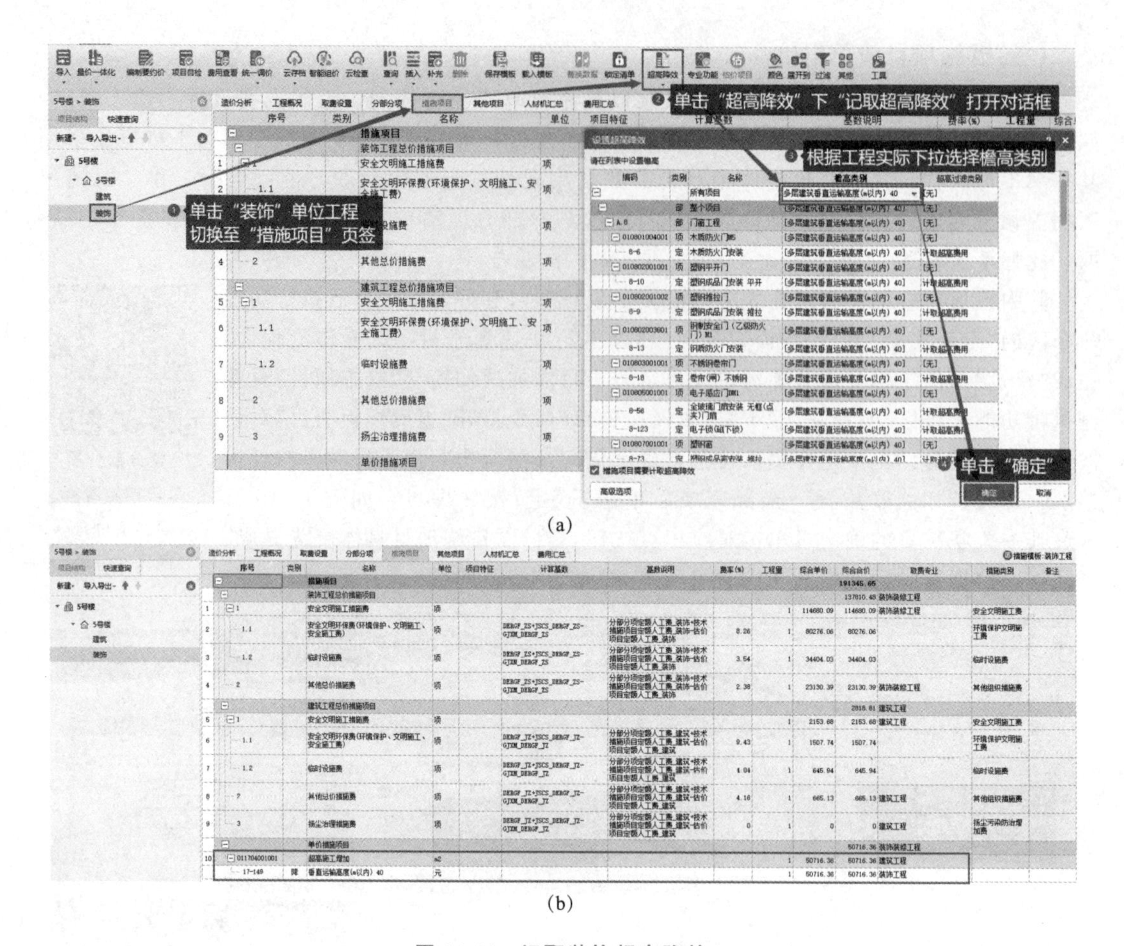


(a)

(b)

**图 14-46　记取装饰超高降效**

(a)记取超高降效操作流程；(b)记取超高降效后装饰措施项目增加一条超高降效单价措施项目

编制投标报价时，施工单位可采用本企业的施工消耗量定额或参照现行《江西省房屋建筑与装饰工程消耗量定额及统一基价表(2017 年版)》及"江西 2017 版费用定额"等，结合建筑市场人工、材料和机械台班价格等进行价差调整。

软件在"人材机汇总"页签主操作区自动将相应单位工程的分部分项工程和措施项目所消耗的定额人、材、机相关信息进行分类汇总，方便查询人、材、机消耗量信息及价差调整；在主操作区下方提供了广材信息服务(该服务需单独购买)，里面提供了各类材料的信息价、专业测定价、广材网市场价等不同类型的价格信息。

单击"所有人材机"，软件会显示工程消耗的所有人、材、机信息，还可分别单击"人工表""材料表"等，软件会自动分类汇总相应信息。另外，软件还提供了是否评审材料、主要材料、暂估材料可供选择，及材料的供货方式、产地、厂家等相关信息的标识，可以根据需要输入相应材料信息，如图 14-47 所示。

(1)调价差。软件提供调价方式有手动输入市场价和载价(批量载价、载入 Excel 市场价文件)几种方式，其操作与任务 13 工程概算编制中相应内容步骤相同，此处不再赘述。不同之处在于编制预算时要进入单位工程下的"人材机汇总"页签操作。

批量载价：假定本工程采用批量载价方式进行调价差，选择 2022 年 7 月的信息价、专业测定价和市场价导入，如图 14-48 所示为本工程"建筑"单位工程批量载价，再按相同步骤完成"装

饰”单位工程批量载价即可。需要覆盖已调价材料的价格，则在图 14-48(a)右下角勾选“覆盖已调价材料价格”，反之不勾选。

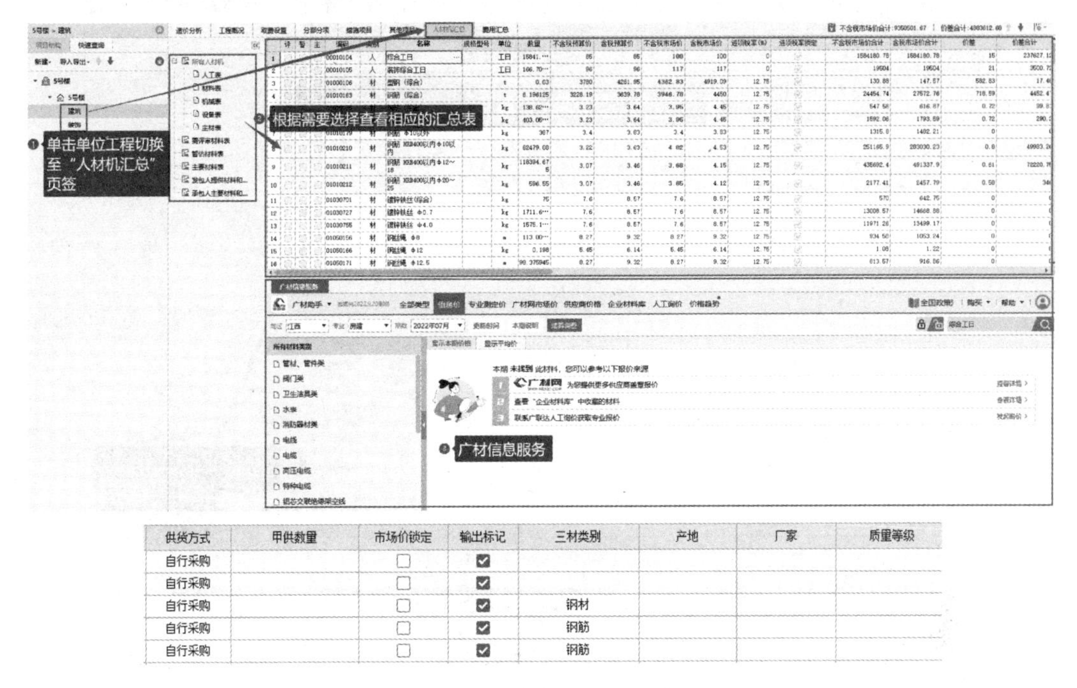


图 14-47　人材机汇总页签

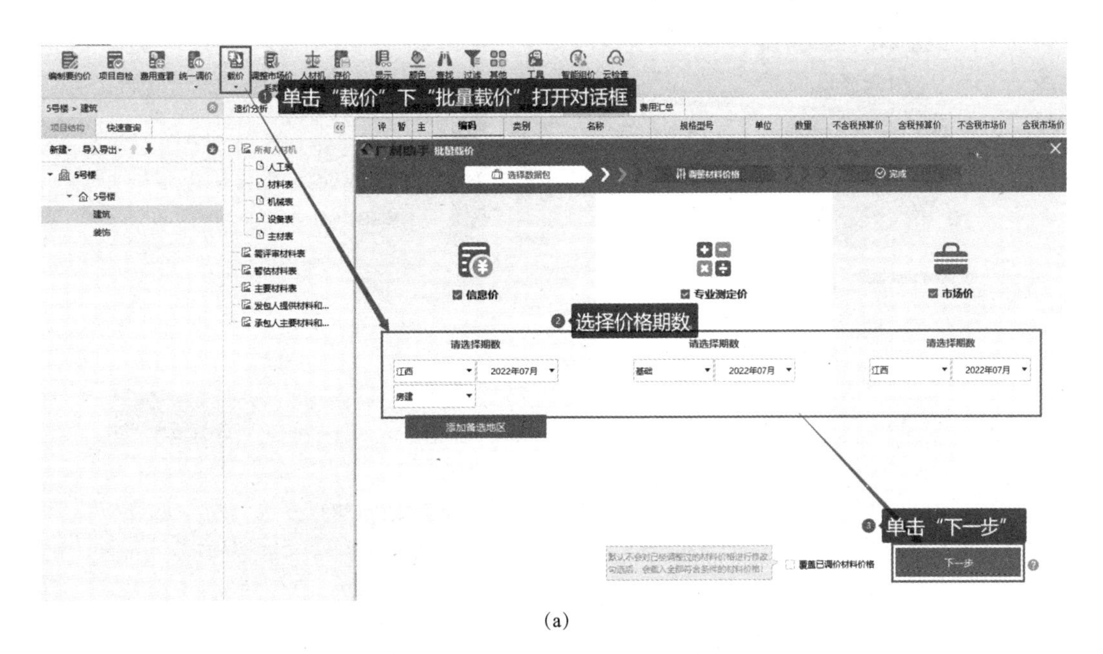


(a)

图 14-48　5 号楼“建筑”单位工程批量载价

(a)批量载价价格期数选择

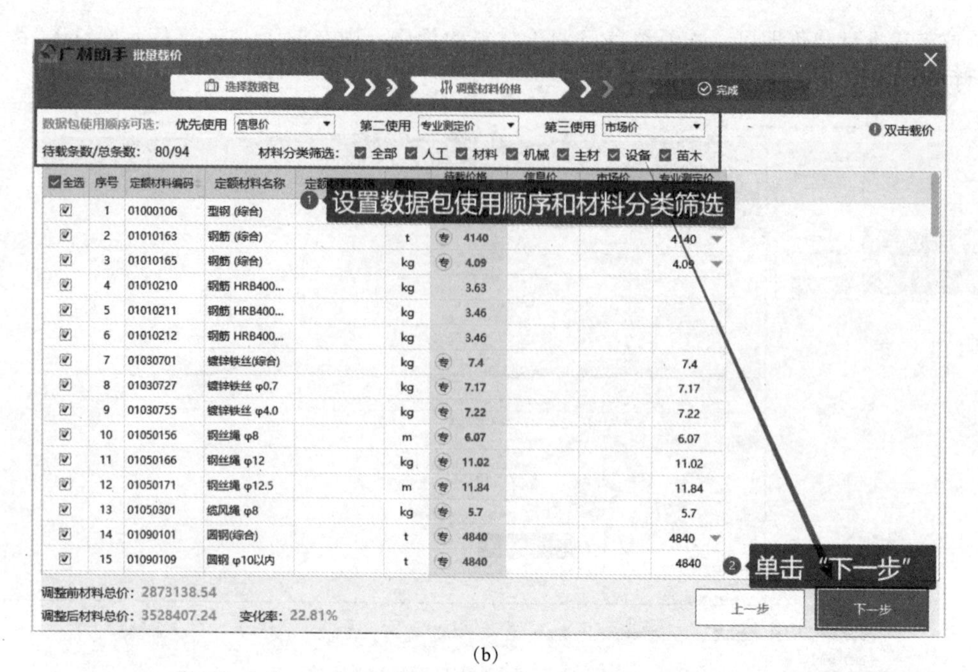


(b)

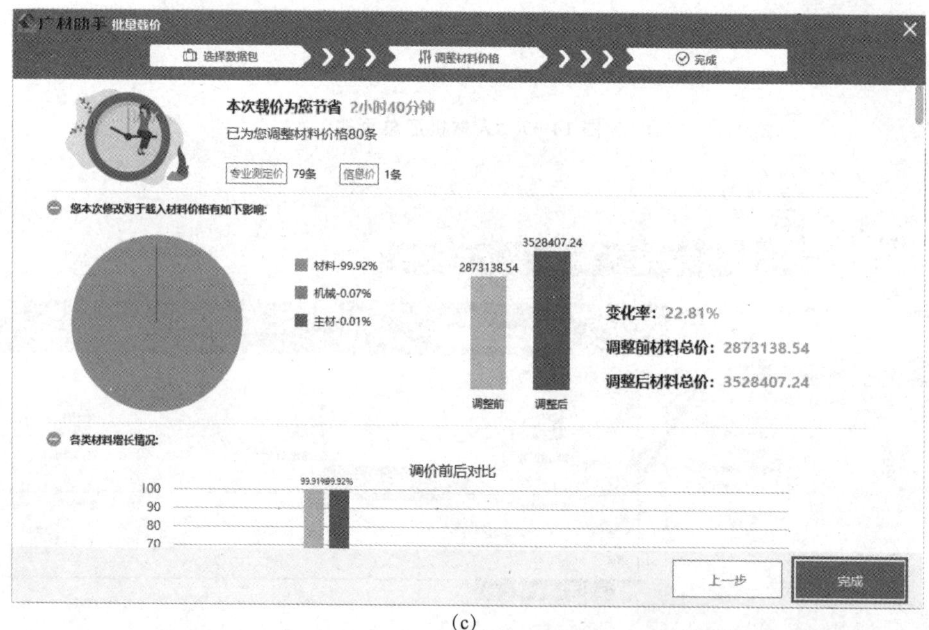


(c)

图 14-48　5 号楼“建筑”单位工程批量载价(续)

(b)批量载价数据包使用顺序确定；(c)5 号楼“建筑”单位工程批量载价结果显示

本工程提供的工程文件参考是依据江西省城镇发展中心在江西省住房和城乡建设厅官网发布的“江西省材料价格参考信息 2022 年第 7 期”进行手动输入调价的。

## 小提示

(1)手动直接输入市场价根据价格信息是否含税直接在该材料行的“不含税市场价”或“含税市场价”列修改价格即可。

(2)江西省造价站发布的信息价是含税价格。

(3)只有购买了广材数据包的，在“批量载价”对话框才可以使用“专业测定价”和“市场价”。

(2)设置需评审材料、主要材料、暂估材料、甲供材料。当需要指定某些材料为需评审材料、主要材料时，可以手动从“人材料机汇总”页签下找到相应材料行，在相应列位置打钩即可，如图 14-49 所示。设置了需评审材料和主要材料后，在左侧切换到“需评审材料表”“主要材料表”中可查看到设置后的材料显示。

图 14-49　设置需评审材料、主要材料、暂估材料

暂估价由招标方提供暂估价材料种类和相应的暂估单价，投标方在报价时对给出的暂估价材料须按照招标方提供的暂估单价进行组价。当投标人进行投标报价时，根据招标方给的暂估材料及价格在“人材机汇总”页签找到相应材料，根据暂估价是否含税手动修改“不含税市场价”或“含税市场价”，再在该材料行左侧第二列“暂”对应方框中打钩即可。设置暂估材料后可单击左侧“暂估材料表”查看核对暂估价材料与招标文件中是否一致。

拓展阅读：设置甲供材料
(1+X 中级及竞赛内容)

(3)显示对应子目：选中相应材料行执行该命令可反向查看哪些子目用到了该材料，以便复核，其操作与任务 13 工程概算编制中对应内容相同，此处不再赘述。

**尝试应用**

(1)请按照前述步骤完成 5 号楼措施项目和其他项目清单组价及人材机价差调整。

(2)请完成课堂项目 3 号楼措施项目和其他项目清单组价，并参照编制文件时你所在地市当期信息价为依据完成课堂项目 3 号楼人材机价差调整。

### (六)费用汇总与调整

完成上述步骤后，编制招标控制价基本完成了，可切换至“费用汇总”页签查看单位工程、单项工程或项目的各项费用汇总，其中单项工程或项目的“费用汇总”页签下可查看各单位工程占总造价的比例；也可输入建筑面积，软件会自动计算单方造价以便查看造价指标是否在合理区间内。

若编制投标报价，还需根据投标策略进行策略调价，软件提供了强制修改综合单价、统一调价下指定造价调整和造价系数调整三种策略调价方式。

(1)强制修改综合单价：切换到单位工程“分部分项”页签，选中要强制修改综合单价的清单行单击鼠标右键选择“强制修改综合单价”命令，在弹出的对话框中输入调整综合单价、进行分摊设置后单击“确定”按钮即可，如图 14-50 所示。强制修改综合单价后会在清单名称后出现一列“锁定综合单价”并将该行打钩锁定。

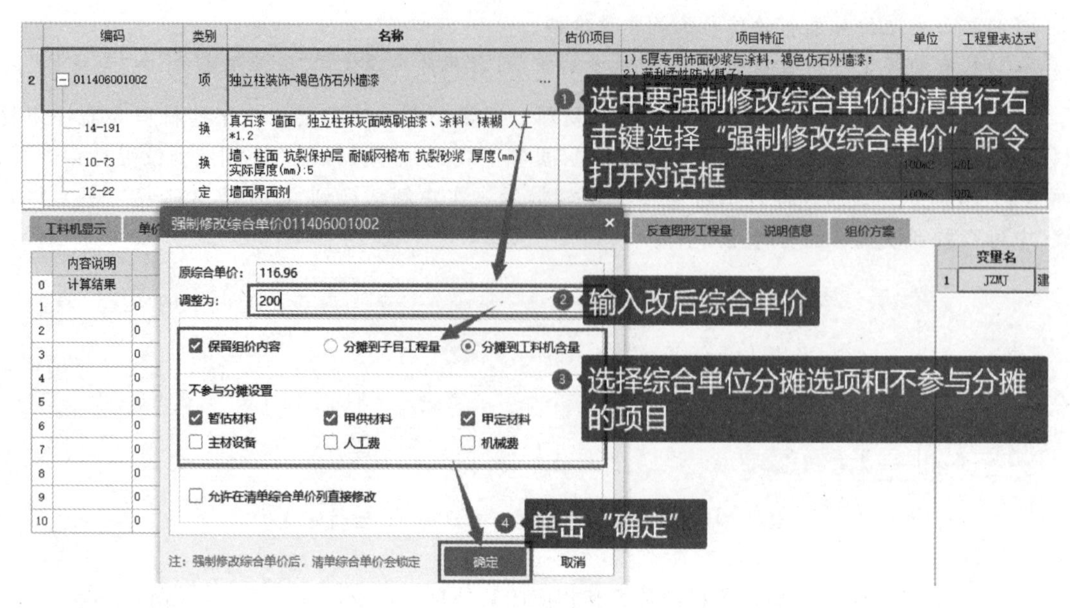


图 14-50　强制修改综合单价

(2)统一调价。统一调价下有“指定造价调整”和“造价系数调整”两种调整方式：“指定造价调整”是先设定目标造价，根据目标造价去调整人材机单价或含量；“造价系数调整”则是根据输入的人材机单价或人材机含量统一调整系数来调整总造价，具体操作如图 14-51 所示。

拓展阅读：甲供材料费只计取税金不计入总造价(1+X 中级及竞赛内容)

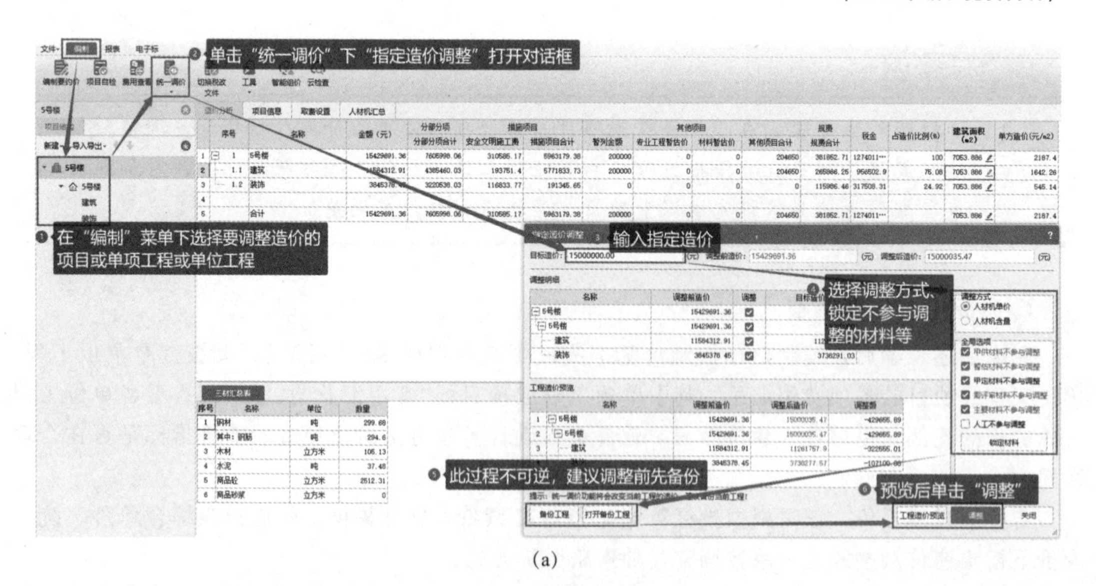


(a)

图 14-51　统一调价

(a)指定造价调整

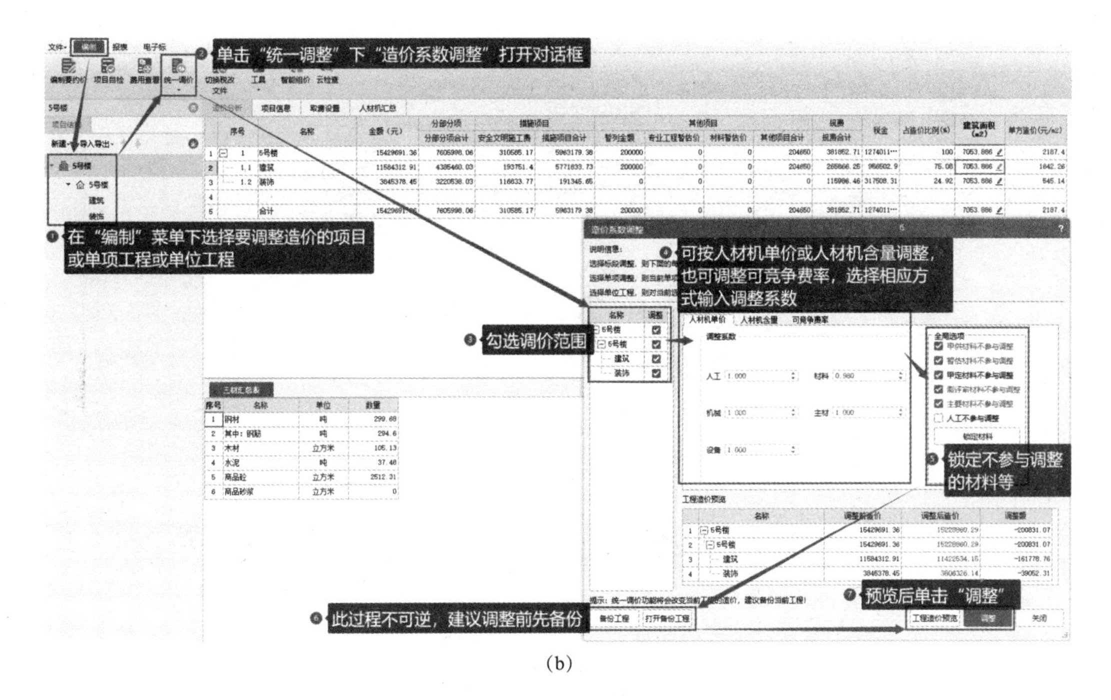


(b)

图 14-51　统一调价(续)

(b)造价系数调整

## 尝试应用

1. 请按照前述步骤完成 5 号楼任意一条清单项目强制修改综合单价。
2. 按目标造价 1 500 万元按人材机单价调整 5 号楼总造价。
3. 按人材机含量乘以 0.99 的系数统一调整 5 号楼总造价。

完成造价调整后进行项目自检，自检时选择检查方案为“招标控制价符合性检查”，其余操作步骤与 14.1 工程量清单编制中项目自检操作相同，此处不再赘述。

### (七)造价分析、报表预览与导出、指标、电子标

完成组价、调差、造价调整后，可根据需要查看各单位工程、单项工程和工程项目的造价分析，通过三材用量分析、单方造价、各专业单位工程占造价比例来校核报价是否科学合理，如图 14-52 所示。

报表预览与导出和生成电子标的操作步骤与 14.1 工程量清单编制中相应操作相同，此处不再赘述。

工程造价指标主要是反映每平方米建筑面积造价，包括总造价指标、费用构成指标，是对建筑、装饰各分部分项工程及措施项目费用组成的分析，同时也包含了各专业人工费、材料费、施工机具使用费、企业管理费、利润等费用的构成及占工程造价的比例。完成招标控制价编制后，为了确保其编制的合理性，可以利用广联达云计价平台“广联达指标神器”进行造价指标的合理性分析。“广联达指标神器”需购买了相关服务才可用，其基本操作流程为：打开“广联达指标神器”后登录账号→导入要检查的工程文件→指标计算(从左往右依次完成各页签下工程基础信息填报、进行指标计算)→质控(基础检查和造价费用与人材机费用分析的指标检查)→导出报告，如图 14-53 所示。

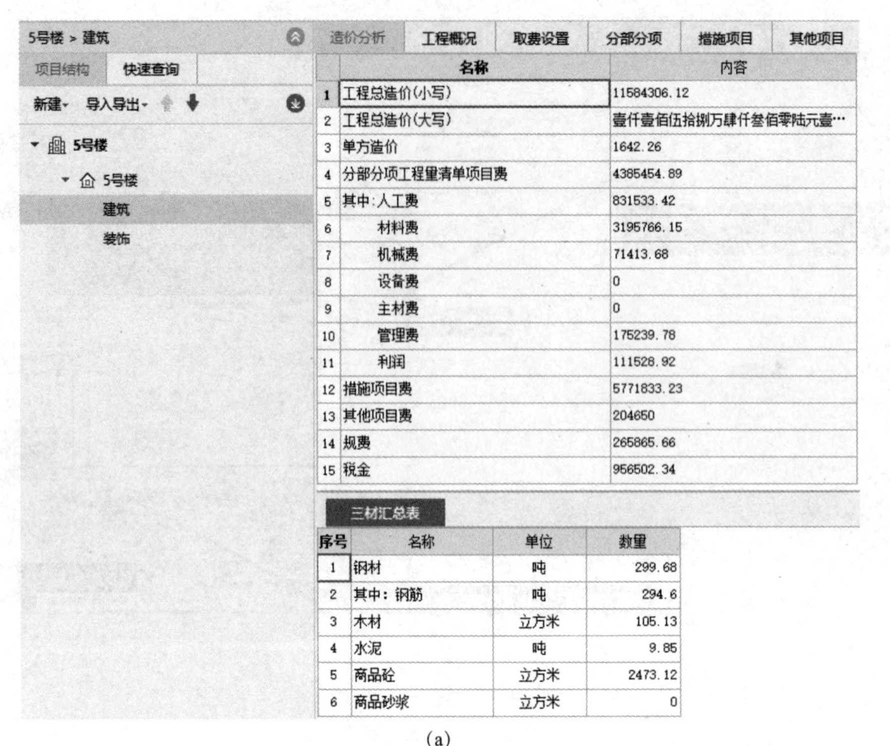

5号楼 > 建筑

| | 名称 | 内容 |
|---|---|---|
| 1 | 工程总造价(小写) | 11584306.12 |
| 2 | 工程总造价(大写) | 壹仟壹佰伍拾捌万肆仟叁佰零陆元壹… |
| 3 | 单方造价 | 1642.26 |
| 4 | 分部分项工程量清单项目费 | 4385454.89 |
| 5 | 其中:人工费 | 831533.42 |
| 6 | 材料费 | 3195766.15 |
| 7 | 机械费 | 71413.68 |
| 8 | 设备费 | 0 |
| 9 | 主材费 | 0 |
| 10 | 管理费 | 175239.78 |
| 11 | 利润 | 111528.92 |
| 12 | 措施项目费 | 5771833.23 |
| 13 | 其他项目费 | 204650 |
| 14 | 规费 | 265865.66 |
| 15 | 税金 | 956502.34 |

三材汇总表

| 序号 | 名称 | 单位 | 数量 |
|---|---|---|---|
| 1 | 钢材 | 吨 | 299.68 |
| 2 | 其中：钢筋 | 吨 | 294.6 |
| 3 | 木材 | 立方米 | 105.13 |
| 4 | 水泥 | 吨 | 9.85 |
| 5 | 商品砼 | 立方米 | 2473.12 |
| 6 | 商品砂浆 | 立方米 | 0 |

(a)

| | 序号 | 名称 | 金额(元) | 分部分项 | 措施项目 | | 其他项目 | | | | 规费 | 税金 | 占造价比例(%) | 建筑面积(m2) | 单方造价(元/m2) |
|---|---|---|---|---|---|---|---|---|---|---|---|---|---|---|---|
| | | | | 分部分项合计 | 安全文明施工费 | 措施项目合计 | 暂列金额 | 专业工程暂估价 | 材料暂估价 | 其他项目合计 | 规费合计 | | | | |
| 1 | 1 | 建筑 | 11584306.12 | 4385454.89 | 193751.01 | 5771833.23 | 200000 | 0 | 0 | 204650 | 265865.66 | 956502.34 | 75.08 | 7053.886 | 1642.26 |
| 2 | 2 | 装饰 | 3845378.45 | 3220538.03 | 116833.77 | 191345.65 | 0 | 0 | 0 | 0 | 115986.46 | 317508.31 | 24.92 | 7053.886 | 545.14 |
| 3 | | | | | | | | | | | | | | | |
| 4 | | 合计 | 15429684.57 | 7605992.92 | 310584.78 | 5963178.88 | 200000 | 0 | 0 | 204650 | 381852.12 | 1274010… | | 7053.886 | 2187.4 |

三材汇总表

| 序号 | 名称 | 单位 | 数量 |
|---|---|---|---|
| 1 | 钢材 | 吨 | 299.68 |
| 2 | 其中：钢筋 | 吨 | 294.6 |
| 3 | 木材 | 立方米 | 105.13 |
| 4 | 水泥 | 吨 | 37.48 |
| 5 | 商品砼 | 立方米 | 2512.31 |
| 6 | 商品砂浆 | 立方米 | 0 |

(b)

| | 序号 | 名称 | 金额(元) | 分部分项 | 措施项目 | | 其他项目 | | | | 规费 | 税金 | 占造价比例(%) | 建筑面积(m2) | 单方造价(元/m2) |
|---|---|---|---|---|---|---|---|---|---|---|---|---|---|---|---|
| | | | | 分部分项合计 | 安全文明施工费 | 措施项目合计 | 暂列金额 | 专业工程暂估价 | 材料暂估价 | 其他项目合计 | 规费合计 | | | | |
| 1 | 1 | 5号楼 | 15429684.57 | 7605992.92 | 310584.78 | 5963178.88 | 200000 | 0 | 0 | 204650 | 381852.12 | 1274010… | 100 | 7053.886 | 2187.4 |
| 2 | 1.1 | 建筑 | 11584306.12 | 4385454.89 | 193751.01 | 5771833.23 | 200000 | 0 | 0 | 204650 | 265865.66 | 956502.34 | 75.08 | 7053.886 | 1642.26 |
| 3 | 1.2 | 装饰 | 3845378.45 | 3220538.03 | 116833.77 | 191345.65 | 0 | 0 | 0 | 0 | 115986.46 | 317508.31 | 24.92 | 7053.886 | 545.14 |
| 4 | | | | | | | | | | | | | | | |
| 5 | | 合计 | 15429684.57 | 7605992.92 | 310584.78 | 5963178.88 | 200000 | 0 | 0 | 204650 | 381852.12 | 1274010… | | 7053.886 | 2187.4 |

三材汇总表

| 序号 | 名称 | 单位 | 数量 |
|---|---|---|---|
| 1 | 钢材 | 吨 | 299.68 |
| 2 | 其中：钢筋 | 吨 | 294.6 |
| 3 | 木材 | 立方米 | 105.13 |
| 4 | 水泥 | 吨 | 37.48 |
| 5 | 商品砼 | 立方米 | 2512.31 |
| 6 | 商品砂浆 | 立方米 | 0 |

(c)

图 14-52　查看造价分析

(a)单位工程造价分析；(b)单项工程造价分析；(c)项目级造价分析

质控环节主要是根据检查结果，找出存在的问题，并按照合理性原则，结合成本控制特点及工程具体情况对招标控制价做进一步的修改和完善，其中主要包括分部分项工程的综合单价调整、单方造价指标、主要工程量指标及消耗量指标等。

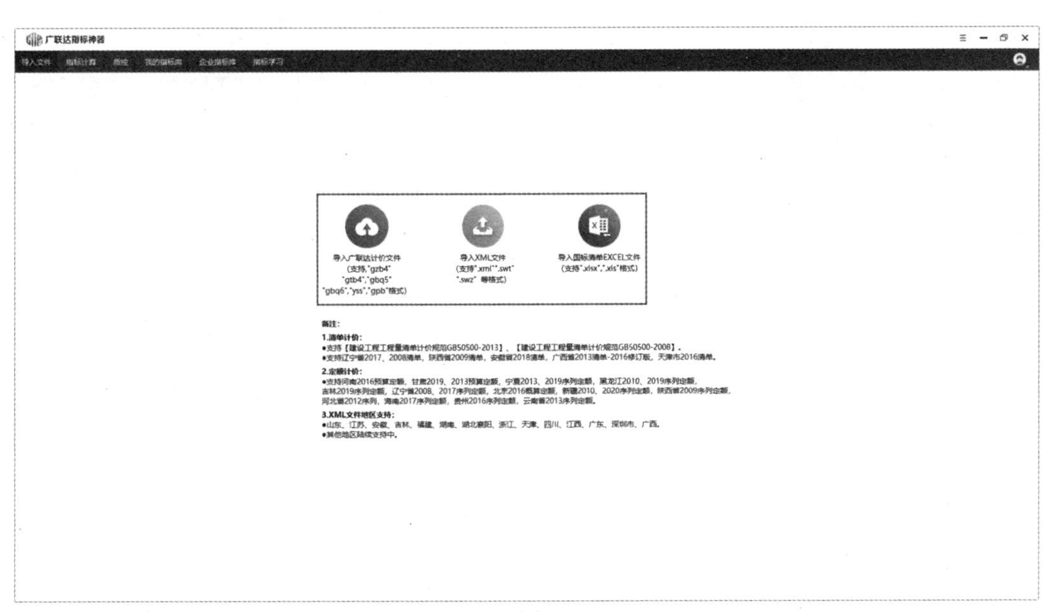


(a)

广联达指标神器

导入文件　指标计算　清控　我的指标库　企业指标库　指标学习

完善信息　指标查看　指标检查

项目结构调整　项目工程信息　计算口径填写　单项工程信息

| | 名称 | 内容 | 单位 |
|---|---|---|---|
| 1 | 工程名称 * | 2-9 5号楼-招标控制价编制 | |
| 2 | 造价类型 * | 招标控制价 | |
| 3 | 工程规模 * | 7503.89 | m2 |
| 4 | 工程地点 * | 江西-九江-庐山区 | |
| 5 | 工程分类 * | 居住建筑 | |
| 6 | 清单编制依据 | 工程量清单项目计量规范(2013-江西) | |

工程分类

| | 名称 | 工程分类 | 部位 | 专业 | 成本指标模板 | 含量指标模板 | 主要工料指标模板 | 分部分项指标模板 |
|---|---|---|---|---|---|---|---|---|
| 1 | 5号楼 * | 小高层洋房(≤11F) | | | 居住建筑成本指标模板 | 含量指标(业态) | 主要工料指标 | 分部分项指标 |
| 2 | 建筑 * | 小高层洋房(≤11F) | 主体 | 土建工程 | 居住建筑成本指标模板 | 含量指标(业态) | 主要工料指标 | 分部分项指标 |
| 3 | 装饰 * | 小高层洋房(≤11F) | 主体 | 装饰工程 | 居住建筑成本指标模板 | 含量指标(业态) | 主要工料指标 | 分部分项指标 |

(b)

图 14-53　广联达指标神器基本操作流程

(a)导入待进行指标分析的工程文件；(b)工程信息完善与指标计算

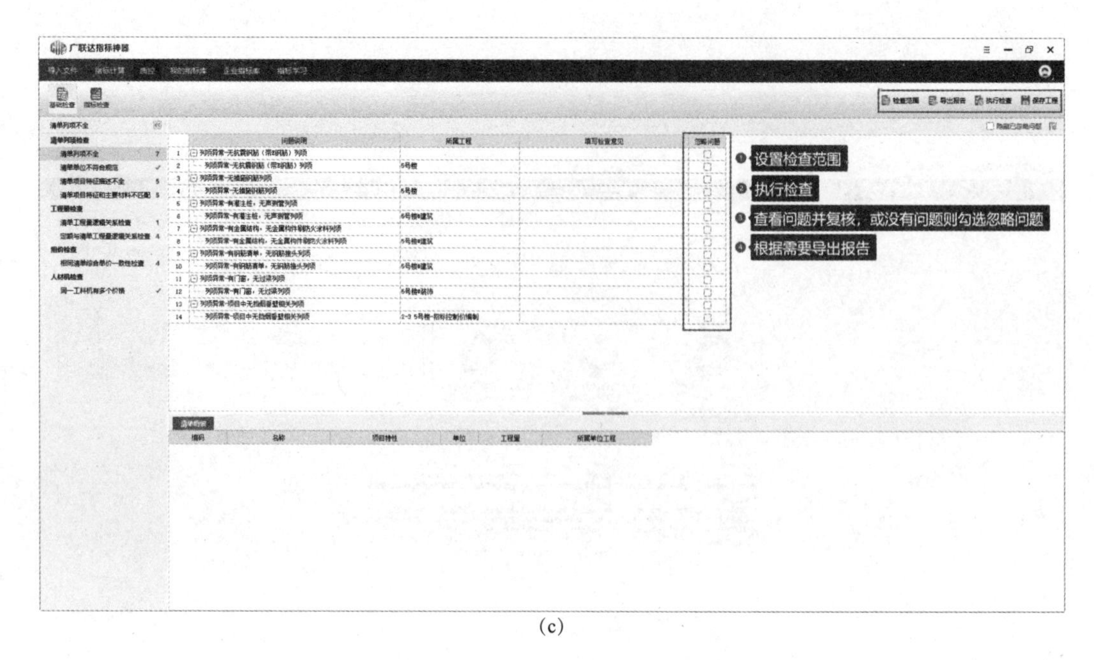


(c)

图 14-53　广联达指标神器基本操作流程(续)

(c)质控

**尝试应用**

请按照前述步骤完成课堂项目 3 号楼指标分析。

## 三、定额计价预算编制、新建单位工程预算

定额计价预算编制的项目新建按工程实际输入项目名称、选择定额和计税方式与税改文件，进入页面后新建单项工程、单位工程，取费设置、预算书、人材机汇总、费用汇总操作与任务 13 工程概算编制相同，此处不再赘述。

若在实际中负责的内容只有一个单位工程预算则可在新建时选择新建单位工程，根据计价方式选择清单计价或定额计价即可。

5 号楼招标控制价
参考工程文件

招标控制价投标报价
编制操作小结

# 任务 15　工程结算编制

投标人中标与甲方签订施工合同之后，工程就进入到实施阶段，在该阶段施工单位要对工程进行施工过程成本管理和中间结算，即对每个进度期进行工程量和价的计算；工程竣工后还需进行竣工结算，即对项目实施过程发生的一切费用进行清算，要考虑的有施工所有实体工程量，材料及价差的调整。GCCP6.0 中工程结算模块针对这两项工作划分为了验工计价（6.4100.16.102 版本软件中叫“进度计量”，且单独列为一个新建模块）和结算计价两个部分。

## 15.1　验工计价编制

### 聚焦项目任务

**知识：** 1. 了解工程验工计价的基本知识。

2. 熟悉验工计价的编制内容和注意事项。

3. 掌握运用 GCCP6.0 编制验工计价的操作流程。

**能力：** 1. 能够根据工程情况正确新建验工计价。

2. 能够根据工程情况进行分部分项项目、措施项目和其他项目进度计量，能进行人材机调差。

3. 能够根据业务需要进行相应报表输出。

4. 达到 1+X 工程造价数字化应用高级和全国高校 BIM 毕业设计创新大赛 BIM 全过程造价管理与应用赛项关于施工进度款、签证、变更、索赔等施工过程成本管理相关操作及相应造价报告编制的要求。

**素质：** 按照“先验工，后计价”，依据合同约定定期或分段计价的要求编制验工计价，养成守法公正、诚信廉洁、求真务实的良好职业道德，树立良好的契约精神。

验工计价编制导学单及激活旧知思维导图

微课 1：新建验工计价与分部分项工程进度计量

微课 2：措施项目与其他项目进度计量、人材机调整、单期上报及报表

### 示证新知

### 一、项目背景导入

某房地产开发有限公司与某建筑施工单位签订了 5 号楼的施工总承包合同，合同约定总工期为 121 天，其中开工日期为 2022 年 8 月 20 日，竣工日期为 2022 年 12 月 19 日。你所在的工

程造价咨询企业受该建筑施工单位委托编制验工计价，你负责其中的建筑与装饰工程验工计价任务。假定各施工阶段资源在各时间段内连续均衡投放，编制验工计价按每月 30 天简化计算，合同要求承包人于每月 25 日向监理人报送上月 20 日至当月 19 日已完成的工程量报告，并附具进度付款申请单、已完工程量报表和有关资料。

## 二、编制验工计价

编制验工计价需特别注意的是，只能针对由施工单位、监理单位等联合验收合格的工程量进行计价，对存在质量问题的工程应待修复至联合验收合格后方可计价，这就要求工程造价咨询人员坚守公正立场，诚实守信，廉洁自律，根据工程进度以求真务实的态度严格按照工程技术部门联合签发的“已完合格工程数量表”依托合同规定进行验工计价活动。

廉洁颂一精准监督为冬奥工程建设保驾护航
（来源：学习强国 北京学习平台）

廉洁小故事：五代清郎
（来源：学习强国广安学习平台）

### （一）新建验工计价

在 GCCP6.0 平台中，验工计价的编制是基于甲乙双方的合同预算工程文件进行的，软件提供了两种方法新建验工计价项目，一种是用 GCCP6.0 打开合同预算工程文件，单击“文件”菜单下“转为验工计价”；另一种是在 GCCP6.0 平台“新建结算”模块新建验工计价文件，新建时可从本地文件中浏览或从最近文件中选择文件来新建验工计价文件，如图 15-1 所示。此处基于 14.2 招标控制价/投标报价编制的结果工程文件“5 号楼招标控制价”来新建验工计价文件，用第一种或第二种方式都可以。

### （二）分部分项工程进度计量

#### 1. 设置进度期

根据工程实际中可能是按形象进度或定期进行进度计量与计价，软件有按形象进度设置进度期和按报量周期设置进度期两种设置进度期的方式。

（1）按报量周期设置进度期。按本节项目背景导入，承包人于每月 25 日向监理人报送上月 20 日至当月 19 日已完成的工程量报告，并附具进度付款申请单、已完工程量报表和有关资料，这种报量属于按报量周期设置进度期。按报量周期设置进度期的操作：因每月 25 号提交的工程量都要对应具体的清单工作项，按合同要求修改软件默认存在的第 1 期的起始时间→单击选择单位工程→完成相应单位工程的当期各项工程量上报和人材机调整→单击“单项上报”完成当期上报→单击“添加分期”添加新的一期（在第一期设置好时间后，后续添加的各期时间软件会按一个月为周期自动设置起始时间）再按上述步骤操作，如图 15-2 所示。

（2）按形象进度设置进度期。假定合同约定 5 号楼工程做完地下部分报一次量，地上部分每完成三层报一次量，这种按形象进度设置进度期的操作流程为：选中工程项目后单击“编制”菜单→切换至“形象进度”页签→根据合同要求输入“形象进度描述”内容。完成第一期验工计价后要上报下一期时单击“添加分期”继续添加新一期，按合同要求输入新一期“形象进度描述”内容，如图 15-3 所示。

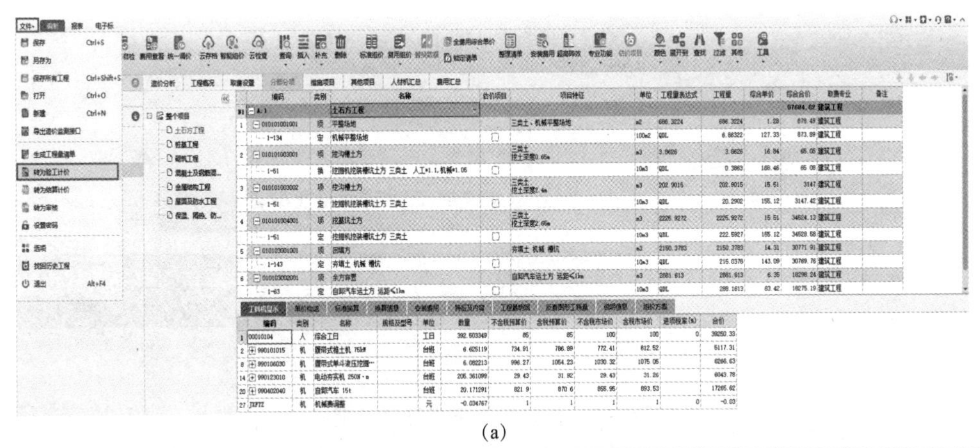

(a)

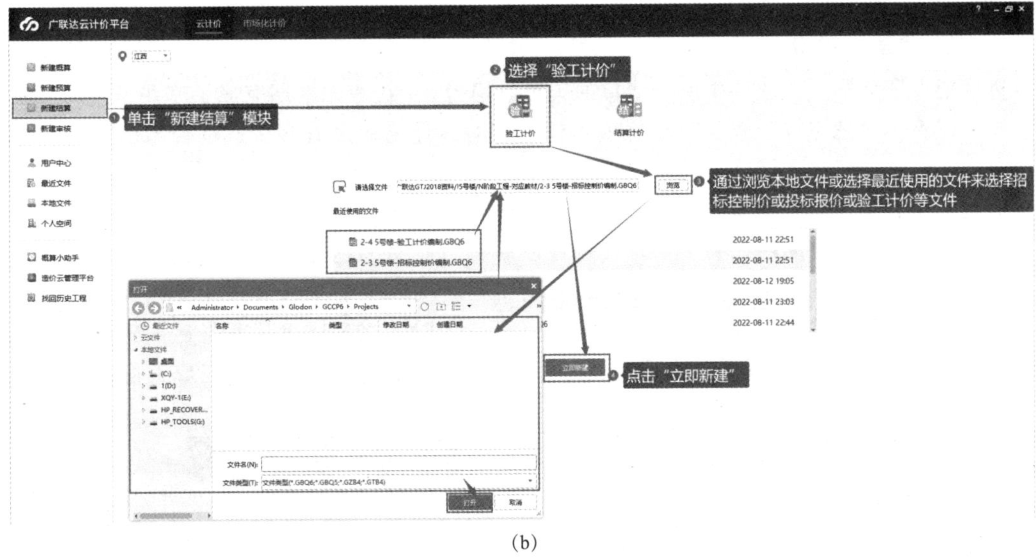


(b)

图 15-1　新建验工计价

(a)将合同预算文件转为验工计价文件；(b)在 GCCP6.0 平台新建验工计价文件

文件 编制 报表

导入 分期数据 | 量价一体化 | 当前第1期 | 起：2022-08-20 | 至：2022-09-19 | 添加分期 | 查看多期 | 单期上报 | 颜色 | 展开到 | 查找 | 过滤 | 工具

5号楼 > 建筑

分部分项 | 措施项目 | 其他项目 | 人材机调整 | 费用汇总

5号楼 / 5号楼 / 建筑 / 装饰 / 变更 / 签证 / 漏项 / 索赔 / 其他

整个项目 / 土石方工程 / 桩基工程 / 砌筑工程 / 混凝土及钢筋混... / 金属结构工程 / 屋面及防水工程 / 保温、隔热、防...

| | 编码 | 类别 | 名称 | 单位 | 合同 工程量 | 合同 单价 | 第1期上报（当前期） 工程量 | 合价 | 比例(%) | 第1期审定（当前期） 工程量 | 合价 | 比例(%) | 累计完成 工程量 | 比例(%) | 合价 | 未完成 工程量 |
|---|---|---|---|---|---|---|---|---|---|---|---|---|---|---|---|---|
| | | | 整个项目 | | | | | 0 | | | 0 | | | | 0 | |
| B1 | A.1 | 部 | 土石方工程 | | | | | 0 | | | 0 | | | | 0 | |
| 1 | 010101001001 | 项 | 平整场地 | m2 | 686.3224 | 1.26 | 0.0000 | 0 | 0 | 0.0000 | 0 | 0 | 0 | 0 | 0 | 686.3224 |
| 2 | 010101003001 | 项 | 挖沟槽土方 | m3 | 3.8626 | 16.84 | 0.0000 | 0 | 0 | 0.0000 | 0 | 0 | 0 | 0 | 0 | 3.8626 |
| 3 | 010101003002 | 项 | 挖沟槽土方 | m3 | 202.9015 | 15.51 | 0.0000 | 0 | 0 | 0.0000 | 0 | 0 | 0 | 0 | 0 | 202.9015 |
| 4 | 010101004001 | 项 | 挖基坑土方 | m3 | 2225.9272 | 15.51 | 0.0000 | 0 | 0 | 0.0000 | 0 | 0 | 0 | 0 | 0 | 2225.9272 |
| 5 | 010103001001 | 项 | 回填方 | m3 | 2150.3783 | 14.31 | 0.0000 | 0 | 0 | 0.0000 | 0 | 0 | 0 | 0 | 0 | 2150.3783 |
| 6 | 010103002001 | 项 | 余方弃置 | m3 | 2881.613 | 6.35 | 0.000 | 0 | 0 | 0.000 | 0 | 0 | 0 | 0 | 0 | 2881.613 |
| B1 | A.3 | 部 | 桩基工程 | | | | | 0 | | | 0 | | | | 0 | |
| 7 | 010302004001 | 项 | 挖孔桩土方 | m3 | 448.9217 | 174.23 | 0.0000 | 0 | 0 | 0.0000 | 0 | 0 | 0 | 0 | 0 | 448.9217 |
| 8 | 010302005001 | 项 | 人工挖孔灌注桩 | m3 | 312.1046 | 588.33 | 0.0000 | 0 | 0 | 0.0000 | 0 | 0 | 0 | 0 | 0 | 312.1046 |
| 9 | 010302005002 | 项 | 人工挖孔灌注桩护壁 | m3 | 149.184 | 642.64 | 0.000 | 0 | 0 | 0.000 | 0 | 0 | 0 | 0 | 0 | 149.184 |
| B1 | A.4 | 部 | 砌筑工程 | | | | | 0 | | | 0 | | | | 0 | |
| 10 | 010401001001 | 项 | 砖基础 | m3 | 84.4776 | 555.76 | 0.0000 | 0 | 0 | 0.0000 | 0 | 0 | 0 | 0 | 0 | 84.4776 |
| 11 | 010401001002 | 项 | 砖基础-电梯井壁上方砖墙 | m3 | 0.7312 | 555.62 | 0.0000 | 0 | 0 | 0.0000 | 0 | 0 | 0 | 0 | 0 | 0.7312 |
| 12 | 010401004001 | 项 | 冲筋层异形女儿墙-多孔砖墙 | m3 | 6.3424 | 494.06 | 0.0000 | 0 | 0 | 0.0000 | 0 | 0 | 0 | 0 | 0 | 6.3424 |
| 13 | 010401004002 | 项 | 200厚多孔砖墙 | m3 | 939.1375 | 491.23 | 0.0000 | 0 | 0 | 0.0000 | 0 | 0 | 0 | 0 | 0 | 939.1375 |
| 14 | 010401004003 | 项 | 200厚多孔砖墙 | m3 | 3.7052 | 530.06 | 0.0000 | 0 | 0 | 0.0000 | 0 | 0 | 0 | 0 | 0 | 3.7052 |
| 15 | 010401004004 | 项 | 100厚多孔砖墙 | m3 | 325.7749 | 736.72 | 0.0000 | 0 | 0 | 0.0000 | 0 | 0 | 0 | 0 | 0 | 325.7749 |
| B1 | A.5 | 部 | 混凝土及钢筋混凝土工程 | | | | | 0 | | | 0 | | | | 0 | |

工料机显示 | 查看图元工程量

| | 编码 | 类别 | 名称 | 规格及型号 | 单位 | 合同数量 | 合同不含税预算价 | 合同含税预算价 | 合同不含税市场价 | 合同含税市场价 | 合同进项税率(%) | 第1期量 | 第1期合价 |
|---|---|---|---|---|---|---|---|---|---|---|---|---|---|
| 1 | 00010104 | 人 | 综合工日 | | 工日 | 8117.506449 | 85 | 85 | 100 | 100 | 0 | 0 | 0 |
| 2 | 00010105 | 人 | 装饰综合工日 | | 工日 | 111.905758 | 96 | 96 | 117 | 117 | 0 | 0 | 0 |
| 3 | 01000106 | 材 | 型钢（综合） | | t | 0.03 | 3780 | 4261.95 | 4362.83 | 4919.09 | 12.75 | 0 | 0 |
| 4 | 01010163 | 材 | 钢筋（综合） | | t | 6.196125 | 3228.19 | 3639.78 | 3946.78 | 4450 | 12.75 | 0 | 0 |
| 5 | 01010210 | 材 | 钢筋 HRB400以内 Φ1… | | kg | 62479.08 | 3.22 | 3.63 | 4.02 | 4.53 | 12.75 | 0 | 0 |
| 6 | 01010211 | 材 | 钢筋 HRB400以内 Φ1… | | kg | 118394.675 | 3.07 | 3.46 | 3.68 | 4.15 | 12.75 | 0 | 0 |
| 7 | 01010212 | 材 | 钢筋 HRB400以内 Φ2… | | kg | 596.55 | 3.07 | 3.46 | 3.65 | 4.12 | 12.75 | 0 | 0 |
| 8 | 01030727 | 材 | 镀锌铁丝 Φ0.7 | | kg | 1696.604515 | 7.6 | 8.57 | 7.6 | 8.57 | 12.75 | 0 | 0 |
| 9 | 01030755 | 材 | 镀锌铁丝 Φ4.0 | | kg | 0.0126 | 7.6 | 8.57 | 7.6 | 8.57 | 12.75 | 0 | 0 |
| 10 | 01050166 | 材 | 钢丝绳 Φ12 | | kg | 0.198 | 5.45 | 6.14 | 5.45 | 6.14 | 12.75 | 0 | 0 |
| 11 | 01090101 | 材 | 圆钢（综合） | | t | 2.59155 | 3396.19 | 3829.2 | 3946.78 | 4450 | 12.75 | 0 | 0 |
| 12 | 01090109 | 材 | 圆钢 Φ10以内 | | t | 11.79324 | 3396.19 | 3829.2 | 3946.78 | 4450 | 12.75 | 0 | 0 |

❶根据合同修改软件默认存在的第1期起始时间

❷选中要进行进度计量的单位工程并切换至“分部分项”页签

❸进行当期分部分项等工程量上报，完成后进行“单期上报”

❹完成第1期后到进度计量期限后单击“添加分期”添加新的一期，继续第2、3步操作

图 15-2　按报量周期设置进度期

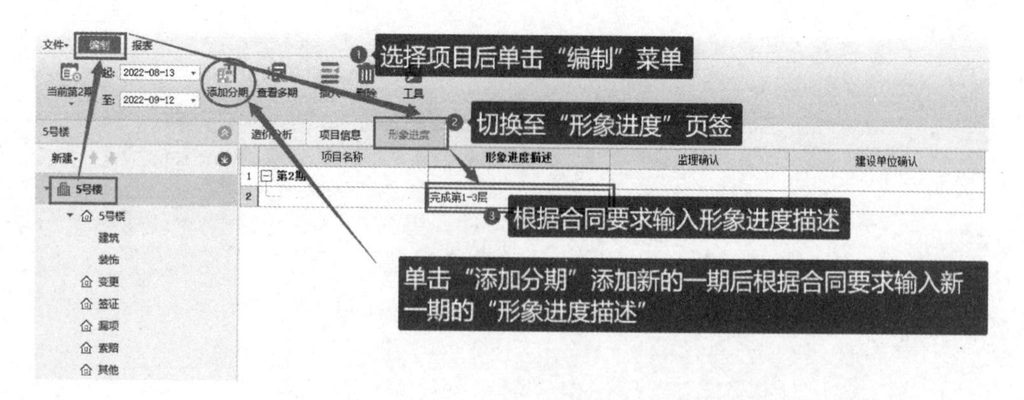


图 15-3　按形象进度设置进度期

## 2. 输入清单工程量

进度期设置完毕后，软件中所有清单的工程量均为 0，在考虑本期完成了哪些工作、工程量有多少、还有多少没完成、截至现在这项工作完成的累计工程量有多少、是否超出合同工程量等情况的基础上，根据实际已完成工程需要输入每期包含的所有清单工程量。

假定本工程施工单位进场后第 1 个计量周期中实际完成工作为全部地下部分工程。整体操作过程为：确认工程进度期在第 1 期，若否可以单击当前期次进行切换→在整个项目清单中找到所有涉及地下部分的清单项，按实际已完合格工程量输入工程量或者按完成比例输入即可完成分部分项工程当期进度工程量输入，如图 15-4 所示。输入当期进度工程量后，软件会自动统计出截至当前“累计完成工程量”“累积完成比例(%)”“累计完成合价”及“未完成工程量”。

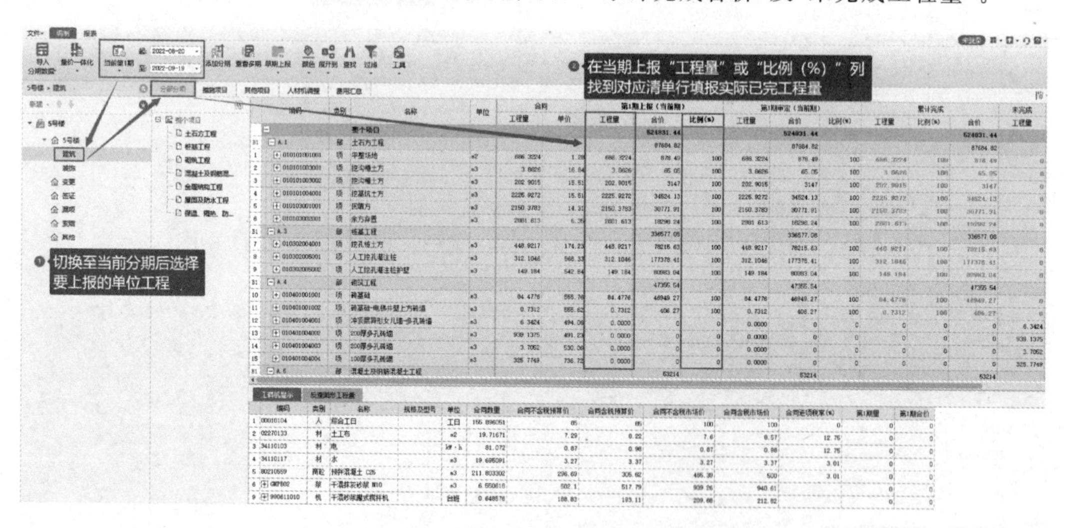


图 15-4　手动输入进行分部分项工程进度计量

除手动输入的方法外，软件还提供了 3 种批量导入外部分期数据的方法，即导入验工计价历史文件(GPV5、GPV6 文件)、导入预算历史文件(电子招标书文件 GZB4、电子投标工程文件 GTB4、GBQ4、GBQ5、GBQ6 文件)及导入 Excel(Excel 文件)，如图 15-5 所示。其中，“导入验工计价历史文件”适用于总包方的预算人员利用软件编制本期的上报量后，提交给甲方或监理审核，甲方或监理审核并修改后再返给乙方工程造价咨询人员，乙方工程造价咨询人员可以将此工程文件利用“导入验工计价历史文件”功能导入软件，实现当期工程量的及时更新。

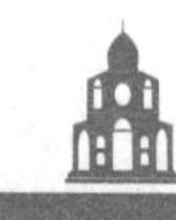

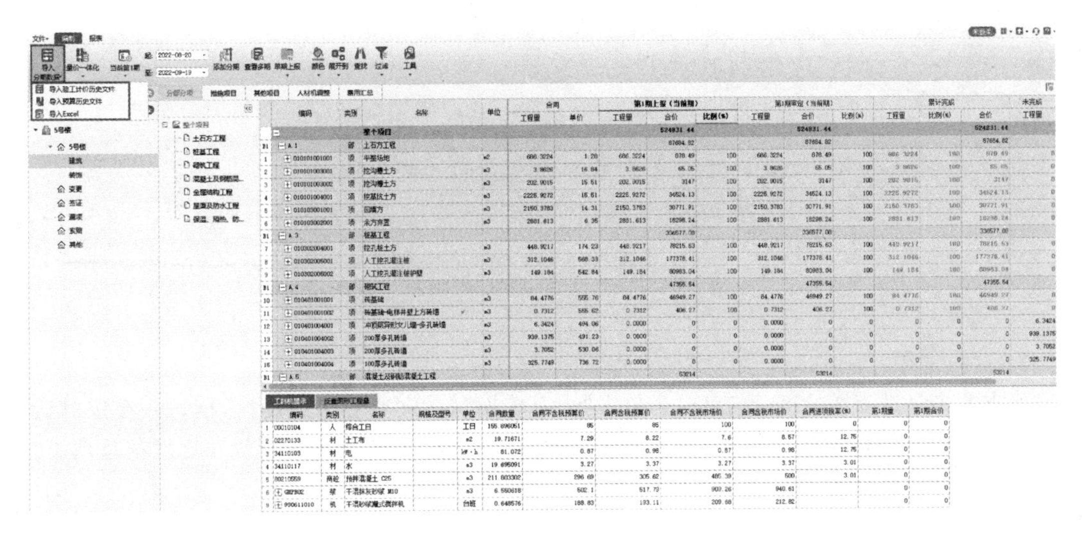

| 序号 | 编码 | 类别 | 名称 | 单位 | 合同 工程量 | 合同 单价 | 第1期上报（当前期） 工程量 | 合价 | 比例(%) | 第1期审定（当前期） 工程量 | 合价 | 比例(%) | 累计完成 工程量 | 比例(%) | 合价 | 未完成 工程量 |
|---|---|---|---|---|---|---|---|---|---|---|---|---|---|---|---|---|
|  |  |  | 整个项目 |  |  |  |  | 524831.44 |  |  | 524831.44 |  |  |  | 524831.44 |  |
| B1 | A.1 | 部 | 土石方工程 |  |  |  |  | 87684.82 |  |  | 87684.82 |  |  |  | 87684.82 |  |
| 1 | 010101001001 | 项 | 平整场地 | m2 | 686.3224 | 1.28 | 686.3224 | 878.49 | 100 | 686.3224 | 878.49 | 100 | 686.3224 | 100 | 878.49 | 0 |
| 2 | 010101003001 | 项 | 挖沟槽土方 | m3 | 3.8626 | 16.84 | 3.8626 | 65.05 | 100 | 3.8626 | 65.05 | 100 | 3.8626 | 100 | 65.05 | 0 |
| 3 | 010101003002 | 项 | 挖沟槽土方 | m3 | 202.9015 | 15.51 | 202.9015 | 3147 | 100 | 202.9015 | 3147 | 100 | 202.9015 | 100 | 3147 | 0 |
| 4 | 010101004001 | 项 | 挖基坑土方 | m3 | 2226.9272 | 15.51 | 2226.9272 | 34524.13 | 100 | 2226.9272 | 34524.13 | 100 | 2226.9272 | 100 | 34524.13 | 0 |
| 5 | 010103001001 | 项 | 回填方 | m3 | 2150.3783 | 14.31 | 2150.3783 | 30771.91 | 100 | 2150.3783 | 30771.91 | 100 | 2150.3783 | 100 | 30771.91 | 0 |
| 6 | 010103002001 | 项 | 余方弃置 | m3 | 2881.613 | 6.35 | 2881.613 | 18298.24 | 100 | 2881.613 | 18298.24 | 100 | 2881.613 | 100 | 18298.24 | 0 |
| B1 | A.3 | 部 | 桩基工程 |  |  |  |  | 336577.08 |  |  | 336577.08 |  |  |  | 336577.08 |  |
| 7 | 010302004001 | 项 | 挖孔桩土方 | m3 | 448.9217 | 174.23 | 448.9217 | 78215.63 | 100 | 448.9217 | 78215.63 | 100 | 448.9217 | 100 | 78215.63 | 0 |
| 8 | 010302005001 | 项 | 人工挖孔灌注桩 | m3 | 312.1046 | 568.33 | 312.1046 | 177378.41 | 100 | 312.1046 | 177378.41 | 100 | 312.1046 | 100 | 177378.41 | 0 |
| 9 | 010302006002 | 项 | 人工挖孔灌注桩护壁 | m3 | 149.184 | 542.84 | 149.184 | 80983.04 | 100 | 149.184 | 80983.04 | 100 | 149.184 | 100 | 80983.04 | 0 |
| B1 | A.4 | 部 | 砌筑工程 |  |  |  |  | 47355.54 |  |  | 47355.54 |  |  |  | 47355.54 |  |
| 10 | 010401001001 | 项 | 砖基础 | m3 | 84.4776 | 555.76 | 84.4776 | 46949.27 | 100 | 84.4776 | 46949.27 | 100 | 84.4776 | 100 | 46949.27 | 0 |
| 11 | 010401001002 | 项 | 砖基础-电梯井壁上方砖墙 | m3 | 0.7312 | 555.62 | 0.7312 | 406.27 | 100 | 0.7312 | 406.27 | 100 | 0.7312 | 100 | 406.27 | 0 |
| 12 | 010401004001 | 项 | 冲顶层异形女儿墙-多孔砖墙 | m3 | 6.3424 | 494.06 | 0.0000 | 0 | 0 | 0.0000 | 0 | 0 | 0 | 0 | 0 | 6.3424 |
| 13 | 010401004002 | 项 | 200厚多孔砖墙 | m3 | 939.1375 | 491.23 | 0.0000 | 0 | 0 | 0.0000 | 0 | 0 | 0 | 0 | 0 | 939.1375 |
| 14 | 010401004003 | 项 | 200厚多孔砖墙 | m3 | 3.7052 | 530.06 | 0.0000 | 0 | 0 | 0.0000 | 0 | 0 | 0 | 0 | 0 | 3.7052 |
| 15 | 010401004004 | 项 | 100厚多孔砖墙 | m3 | 325.7749 | 736.72 | 0.0000 | 0 | 0 | 0.0000 | 0 | 0 | 0 | 0 | 0 | 325.7749 |
| B1 | A.5 | 部 | 混凝土及钢筋混凝土工程 |  |  |  |  | 53214 |  |  | 53214 |  |  |  | 53214 |  |

| 序号 | 编码 | 类别 | 名称 | 规格及型号 | 单位 | 合同数量 | 合同不含税预算价 | 合同含税预算价 | 合同不含税市场价 | 合同含税市场价 | 合同进项税率(%) | 第1期量 | 第1期合价 |
|---|---|---|---|---|---|---|---|---|---|---|---|---|---|
| 1 | 00010104 | 人 | 综合工日 |  | 工日 | 155.896051 | 85 | 85 | 100 | 100 | 0 | 0 | 0 |
| 2 | 02270133 | 材 | 土工布 |  | m2 | 19.71671 | 7.29 | 8.22 | 7.6 | 8.57 | 12.75 | 0 | 0 |
| 3 | 34110103 | 材 | 电 |  | kW·h | 81.072 | 0.87 | 0.98 | 0.87 | 0.98 | 12.75 | 0 | 0 |
| 4 | 34110117 | 材 | 水 |  | m3 | 19.695091 | 3.27 | 3.37 | 3.27 | 3.37 | 3.01 | 0 | 0 |
| 5 | 80210559 | 商砼 | 预拌混凝土 C25 |  | m3 | 211.803302 | 296.69 | 305.62 | 485.39 | 500 | 3.01 | 0 | 0 |
| 6 | GRPB02 | 浆 | 干混抹灰砂浆 M10 |  | m3 | 6.550618 | 502.1 | 517.79 | 903.26 | 940.61 |  | 0 | 0 |
| 9 | 990611010 | 机 | 干混砂浆罐式搅拌机 |  | 台班 | 0.648576 | 188.83 | 193.11 | 209.68 | 212.82 |  | 0 | 0 |

图 15-5　导入分期数据

### 3. 提取未完成工程量

有的工作在完成前面若干期的工程量输入后，工程进行到当期就全部完成，如假定本工程C30直形墙在第2期就全部完成，可以选中该清单行右击选择“提取未完工程量至上报”（乙方工程造价咨询人员）或“提取未完工程量至审定”（甲方工程造价咨询人员），则剩余的合同工程量会被快速地提取到该清单行，如图15-6所示。

| 序号 | 编码 | 类别 | 名称 | 单位 | 单价 | 第4期上报（当前期） 工程量 | 合价 | 比例(%) | 第4期审定（当前期） 工程量 | 合价 | 比例(%) | 累计完成 工程量 | 比例(%) | 合价 | 未完成 工程量 |
|---|---|---|---|---|---|---|---|---|---|---|---|---|---|---|---|
| 9 | 010302006002 | 项 | 人工挖孔灌注桩护壁 | m3 | 542.84 | 0.000 | 0 | 0 | 0.000 | 0 | 0 | 149.184 | 100 | 80983.04 | 0 |
| B1 | A.4 | 部 | 砌筑工程 |  |  |  | 0 |  |  | 0 |  |  |  | 47355.54 |  |
| 10 | 010401001001 | 项 | 砖基础 | m3 | 555.76 | 0.0000 | 0 | 0 | 0.0000 | 0 | 0 | 84.4776 | 100 | 46949.27 | 0 |
| 11 | 010401001002 | 项 | 砖基础-电梯井壁上方砖墙 | m3 | 555.62 | 0.0000 | 0 | 0 | 0.0000 | 0 | 0 | 0.7312 | 100 | 406.27 | 0 |
| 12 | 010401004001 | 项 | 冲顶层异形女儿墙-多孔砖墙 | m3 | 494.06 | 0.0000 | 0 | 0 | 0.0000 | 0 | 0 | 0 | 0 | 0 | 6.3424 |
| 13 | 010401004002 | 项 | 200厚多孔砖墙 | m3 | [illegible] |  |  |  | 0.0000 | 0 | 0 | 0 | 0 | 0 | 939.1375 |
| 14 | 010401004003 | 项 | 200厚多孔砖墙 | m3 | [illegible] |  |  |  | 0.0000 | 0 | 0 | 0 | 0 | 0 | 3.7052 |
| 15 | 010401004004 | 项 | 100厚多孔砖墙 | m3 | [illegible] |  |  |  | 0.0000 | 0 | 0 | 0 | 0 | 0 | 325.7749 |
| B1 | A.5 | 部 | 混凝土及钢筋混凝土工程 |  |  |  |  |  |  | 0 |  |  |  | 97535.03 |  |
| 16 | 010501001001 | 项 | C10素混凝土垫层 | m3 | [illegible] |  |  |  | 0.0000 | 0 | 0 | 33.5038 | 100 | 16398.31 | 0 |
| 17 | 010501004001 | 项 | C30无梁式满堂基础 | m3 | [illegible] |  |  |  | 0.00 | 0 | 0 | 2.64 | 100 | 1442.44 | 0 |
| 18 | 010501005001 | 项 | C30桩承台基础 | m3 | [illegible] |  |  |  | 0.0000 | 0 | 0 | 64.5326 | 100 | 35463.25 | 0 |
| 19 | 010502001001 | 项 | C25矩形柱 | m3 | [illegible] |  |  |  | 0.000 | 0 | 0 | 0 | 0 | 0 | 216.192 |
| 20 | 010502001002 | 项 | C30矩形柱 | m3 | [illegible] |  |  |  | 0.0000 | 0 | 0 | 30.8456 | 21.19 | 19195.83 | 114.7106 |
| 21 | 010502002001 | 项 | C25构造柱 | m3 | [illegible] |  |  |  | 0.0000 | 0 | 0 | 0 | 0 | 0 | 80.6504 |
| 22 | 010503001001 | 项 | C30基础梁 | m3 | 554.53 | 0.0000 | 0 | 0 | 0.0000 | 0 | 0 | 0 | 0 | 0 | 30.8456 |
| 23 | 010503002001 | 项 | C25矩形梁 | m3 | 534.99 | 0.000 | 0 | 0 | 0.000 | 0 | 0 | 36.077 | 9.18 | 19300.83 | 357.108 |
| 24 | 010503004001 | 项 | C25圈梁 | m3 | 614.57 | 0.0000 | 0 | 0 | 0.0000 | 0 | 0 | 0 | 0 | 0 | 42.4812 |
| 25 | 010503005001 | 项 | C25过梁 | m3 | 638.16 | 0.0000 | 0 | 0 | 0.0000 | 0 | 0 | 0 | 0 | 0 | 11.3286 |
| 26 | 010504001001 | 项 | C25直形墙 | m3 | 559.4 | 0 | 0 | 0 | 0 | 0 | 0 | 0 | 0 | 0 | 42 |

页面显示列设置
导出到Excel
隐藏清单
取消隐藏
插入批注　Ctrl+P
提取未完工程量至上报
提取未完工程量至审定
批量设置当期比例（上报）
批量设置当期比例（审定）
复制格子内容　Ctrl+Shift+C

| 序号 | 编码 | 类别 | 名称 | 规格及型号 | 单位 | 合同数量 | 合同不含税预算价 | 合同含税预算价 | 合同不含税市场价 | 合同含税市场价 | 合同进项税率(%) | 第4期量 | 第4期合价 |
|---|---|---|---|---|---|---|---|---|---|---|---|---|---|
| 1 | 00010104 | 人 | 综合工日 |  | 工日 | 6.085783 | 85 | 85 | 100 | 100 | 0 | 0 | 0 |
| 2 | 34110117 | 材 | 水 |  | m3 | 0.767382 | 3.27 | 3.37 | 3.27 | 3.37 | 3.01 | 0 | 0 |
| 3 | BC0117 | 材 | 烧结多孔砖 190×19… |  | 千块 | 1.695851 | 659.94 | 679.6 | 835 | 860.13 | 3.01 | 0 | 0 |
| 4 | QTCLF-1 | 材 | 其他材料费 |  | 元 | 1.946994 | 1 | 1 | 1 | 1 | 0 | 0 | 0 |
| 5 | GQPB01 | 浆 | 干混砌筑砂浆 M5 |  | m3 | 0.991889 | 481.19 | 497.78 | 878.63 | 911.78 |  | 0 | 0 |
| 8 | 990611010 | 机 | 干混砂浆罐式搅拌机 |  | 台班 | 0.096398 | 188.83 | 193.11 | 209.68 | 212.82 |  | 0 | 0 |

图 15-6　提取未完成工程量

### 4. 红色预警问题项目

对上报工程量超过合同工程量的清单行，软件会针对累计完成和未完成相应列的字体颜色自动高亮显示红色预警，以便直观地查看出问题的项目，进而寻找超量原因，如图15-7所示。

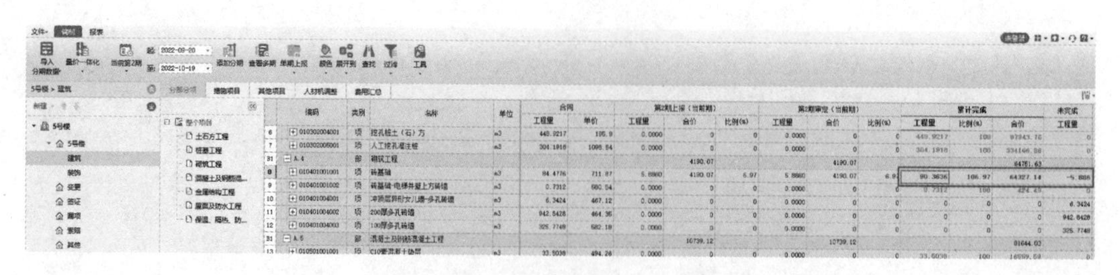

图 15-7　红色预警问题项目

5. 查看多期

要查看多个进度期的报量信息时，单击“查看多期”打开“查看多期”对话框，并在该对话框中勾选要显示出来的进度期，使当期和被勾选的其他期要报的工程量、合价和比例都呈现出来，这样就可以方便地查量，如图 15-8 所示。

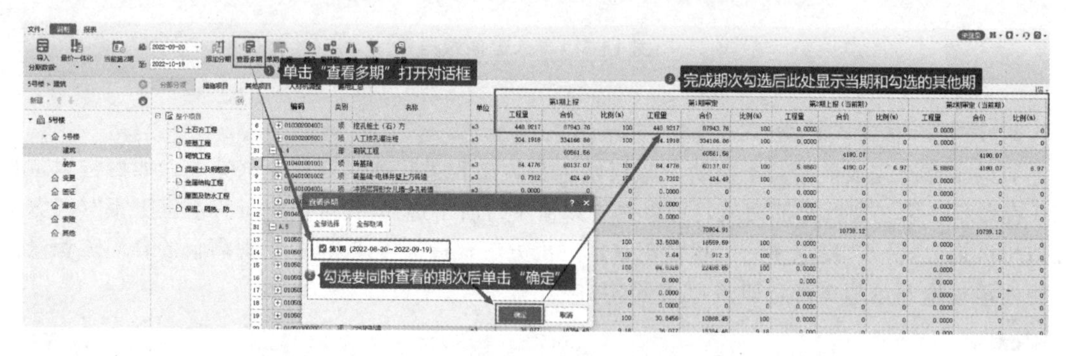


图 15-8　查看多期

**(三)措施项目进度计量**

在选中要报量的单位工程后切换至“措施项目”页签，期次根据需要切换至当前期。软件中针对措施项目的进度计量方式有“手动输入比例”“按分部分项完成比例”和“按实际发生”三种方式，手动输入比例这种方式是指措施总价通过取费系数确定，每期按照上报比例记取当期措施费，这种方式通过输入措施项目完成比例来实现措施项目计量(完成比例＝当前期措施费用合价/措施项目合价)；按分部分项完成比例是指措施费随分部分项的完成比例进行支付(完成比例＝分部分项当前期总合价/分部分项合同清单总合价)；按实际发生记取主要用于可计量清单组价方式，输入当期实际完成工程量，即施工方列出分期内措施项目的内容并据实上报。实际应用中可根据自身情况进行总体或局部的调整。

上述三种措施项目调整方式可以多个清单行统一调整也可以针对某个或某几个清单行进行局部调整，其中统一调整的操作为选中要调整的清单行，单击功能命令区“计量方式”位置选择对应的计量方式即可；局部调整则需要一行一行调整，选中要调整的措施项目清单行，在其“计量方式”列对应格下拉选择对应的计量方式即可，如图 15-9 所示。

假定合同约定安全文明施工费在开工前一次性 100％拨付，过程中不抵扣，直到竣工结算时，才会根据完成的总工程量，重新核定安全文明施工费的支付情况。这种情况下在进行安全文明施工费进度计量时，其计量方式应选择“手动输入比例”，使其各期合价均为 0。其他措施项目费以“项”为单位，其计算按“计算基数×费率”进行，实际情况下，这部分费用会随着实体清单工程量的变化而变化，其计量方式选择“按分部分项完成比例”。其他单价措施项目进度计量

与分部分项工程进度计量方式相同，即根据当期实际发生上报已完合格工程量即可。如图 15-10 所示为各类措施项目计量方式的选择。

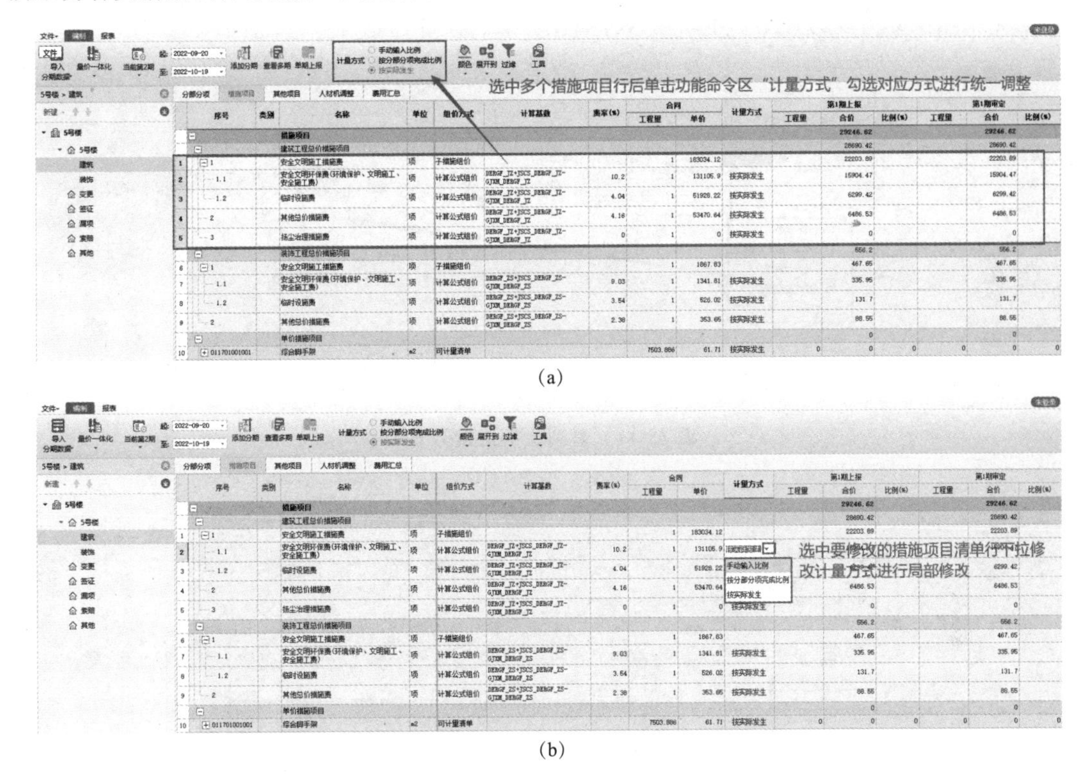


(a)

(b)

图 15-9　措施项目计量方式设置

(a)统一调整计量方式；(b)局部调整计量方式

| | 序号 | 类别 | 名称 | 单位 | 组价方式 | 计算基数 | 费率(%) | 合同 工程量 | 合同 单价 | 计量方式 | 第1期上报（当前期） 工程量 | 第1期上报（当前期） 合价 | 第1期上报（当前期） 比例(%) |
|---|---|---|---|---|---|---|---|---|---|---|---|---|---|
| 1 | 1 | | 安全文明施工措施费 | 项 | 子措施组价 | | | 1 | 183034.12 | | | 0 | |
| 2 | 1.1 | | 安全文明环保费(环境保护、文明施工、安全施工费) | 项 | 计算公式组价 | DERGF_JZ+JSCS_DERGF_JZ-GJXM_DERGF_JZ | 10.2 | 1 | 131105.9 | 手动输入比例 | | 0 | 0 |
| 3 | 1.2 | | 临时设施费 | 项 | 计算公式组价 | DERGF_JZ+JSCS_DERGF_JZ-GJXM_DERGF_JZ | 4.04 | 1 | 51928.22 | 手动输入比例 | | 0 | 0 |
| 4 | 2 | | 其他总价措施费 | 项 | 计算公式组价 | DERGF_JZ+JSCS_DERGF_JZ-GJXM_DERGF_JZ | 4.16 | 1 | 53470.64 | 按分部分项完成比例 | | 8897.51 | 16.64 |
| 5 | 3 | | 扬尘治理措施费 | 项 | 计算公式组价 | DERGF_JZ+JSCS_DERGF_JZ-GJXM_DERGF_JZ | 0 | 1 | 0 | 手动输入比例 | | 0 | 0 |
| | | | 装饰工程总价措施项目 | | | | | | | | | 394.8 | |
| 6 | 1 | | 安全文明施工措施费 | 项 | 子措施组价 | | | 1 | 1867.83 | | | 335.95 | |
| 7 | 1.1 | | 安全文明环保费(环境保护、文明施工、安全施工费) | 项 | 计算公式组价 | DERGF_ZS+JSCS_DERGF_ZS-GJXM_DERGF_ZS | 9.03 | 1 | 1341.81 | 按实际发生 | | 335.95 | |
| 8 | 1.2 | | 临时设施费 | 项 | 计算公式组价 | DERGF_ZS+JSCS_DERGF_ZS-GJXM_DERGF_ZS | 3.54 | 1 | 526.02 | 手动输入比例 | | 0 | 0 |
| 9 | 2 | | 其他总价措施费 | 项 | 计算公式组价 | DERGF_ZS+JSCS_DERGF_ZS-GJXM_DERGF_ZS | 2.38 | 1 | 353.65 | 按分部分项完成比例 | | 58.85 | 16.64 |
| | | | 单价措施项目 | | | | | | | | | 0 | |
| 10 | 011701001001 | | 综合脚手架 | m2 | 可计量清单 | | | 7503.886 | 61.71 | 按实际发生 | 0 | 0 | 0 |
| 11 | 011701002001 | | 外脚手架 | m2 | 可计量清单 | | | 189.2 | 4.02 | 按实际发生 | 0 | 0 | 0 |
| 12 | 011701002002 | | 外脚手架 | m2 | 可计量清单 | | | 306.16 | 2.99 | 按实际发生 | 0 | 0 | 0 |
| 13 | 011702001001 | | 基础 | m2 | 可计量清单 | | | 175.9506 | 46.64 | 按实际发生 | 0 | 0 | 0 |

图 15-10　措施项目进度计量方式选择

## (四)其他项目进度计量

在选中要报量的单位工程后切换至“其他项目”页签，期次根据需要切换至当前期。其他项目中暂列金额和专业工程暂估价都属于暂估金额，只有同时满足以下两个条件时可以计算进度款，否则要纳入结算款范畴。条件一是暂列金额和专业工程暂估价已经实际发生；条件二是暂

列金额和专业工程暂估价部分已由建设单位根据图纸、合同确认具体金额。

暂列金额和专业工程暂估价根据甲方确认的金额填入当期上报合价即可，如图 15-11 所示。计日工则根据实际劳动力计划，手动输入各项计日工工程量，如图 15-12 所示。

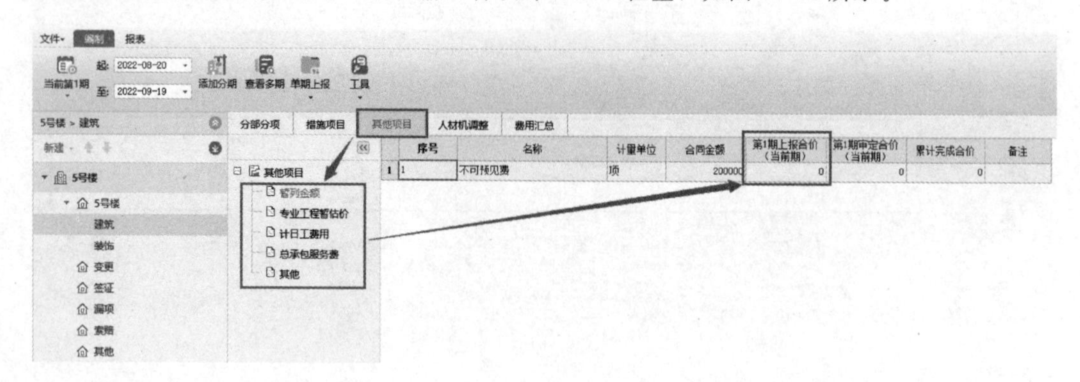


图 15-11　暂列金额进度计量

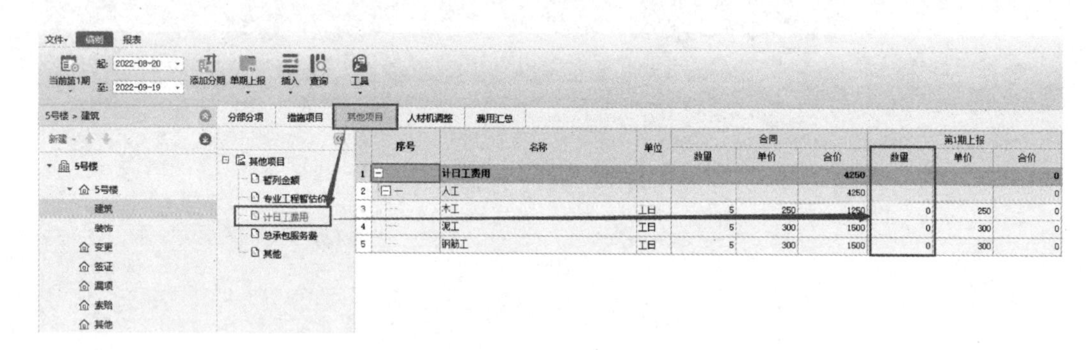


图 15-12　计日工进度计量

## (五)人材机调整

在完成分部分项工程、措施项目、其他项目进度计量之后，要进行人材机调整。以材料调差为例，在实际工程中除要考虑规范或合同规定的量差幅度外，还要根据合同约定把可调差的材料筛选出来，然后确定调差周期内发生的人材机相应数量，再根据合同约定确定调差方法。整体流程如图 15-13 所示。下面以材料调差为例阐述上述流程软件操作，选中要报量的单位工程后切换至“人材机调整”页签下选择“材料调差”，如图 15-14 所示，按以下步骤进行。

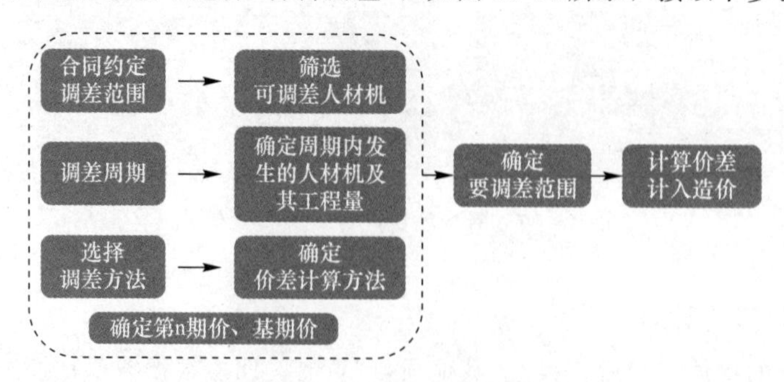


图 15-13　人材机调整整体流程

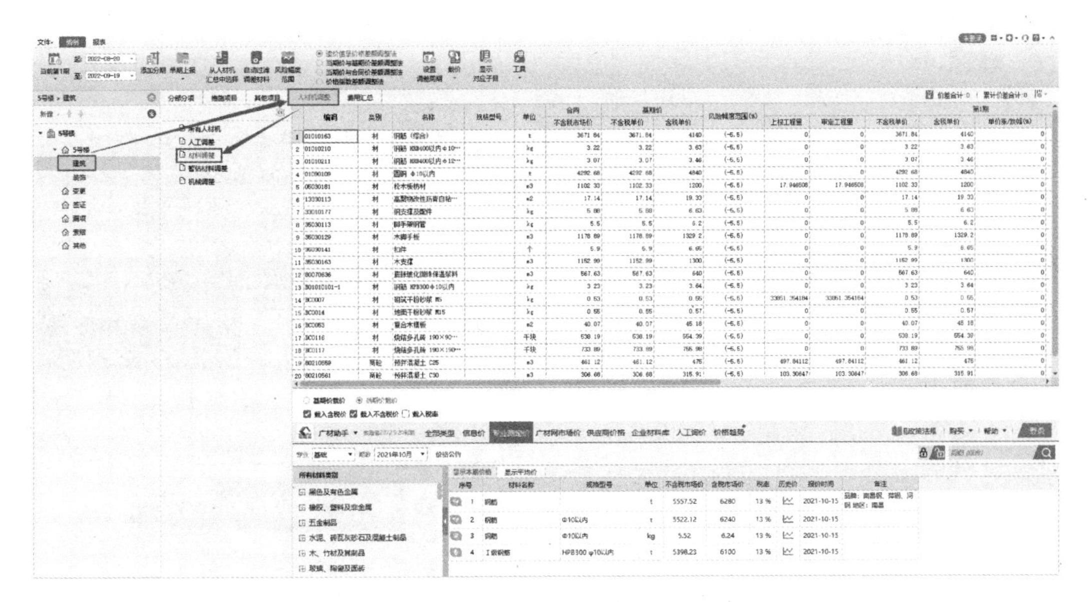

图 15-14　人材机调整界面

### 1. 选择调差材料

软件提供了“从人材机汇总选择”和“自动过滤调差材料”两种筛选调差材料的方法。单击“从人材机汇总选择”后可在弹出的对话框中灵活选择需要调差的材料；单击“自动过滤调差材料”有三种过滤方式可选：当工程中的要调差的材料和设备为主材时可选择“合同计价文件中主要材料、工程设备”；当要调差的材料是按其价值排在前多少位时可选择“取合同中材料价值排在前××位”并输入目标排位；当需要按总价值筛选调差材料时可选择“取占合同中材料总值××%的所有材料”并输入材料价值占比，这种方式选出的材料单价可能不贵，但用量大，总价值高。两种方式如图 15-15 所示，本工程第 1 期采用“从人材机汇总选择”选择混凝土、钢筋、砌筑砂浆和多孔砖，如图 15-15(a)所示。

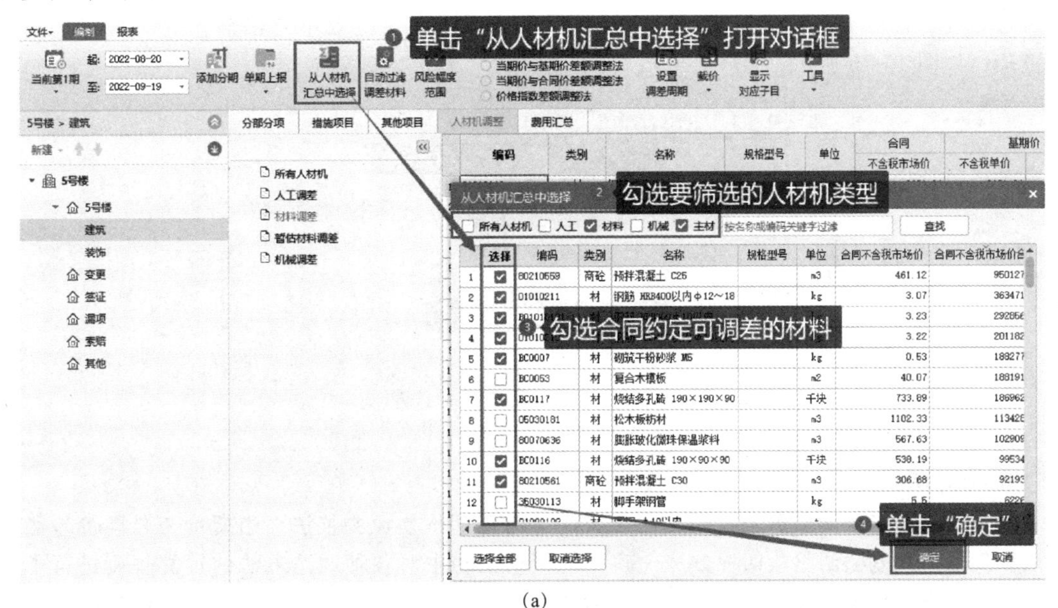


(a)

图 15-15　选择调差材料的两种方式

(a)从人材机汇总选择调差材料

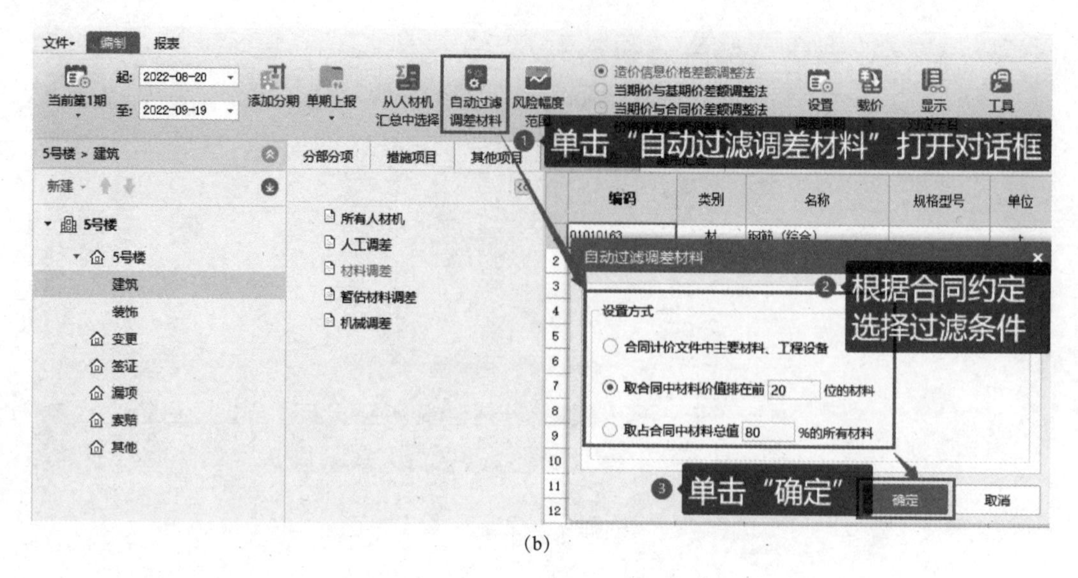

(b)

图 15-15　选择调差材料的两种方式(续)

(b)自动过滤调差材料

## 尝试应用

假定合同约定允许针对5号楼材料总值75%的所有材料进行调差，请在GGCCP6.0中进行操作。

### 2. 设置风险幅度范围

合同有材料价格变化风险幅度范围约定时按合同约定，无约定时参照现行规范一般是按±5%，风险范围内的不参与调差，在软件中设定风险范围，软件会自动计算。单击“风险幅度范围”按钮打开“设置风险幅度范围”对话框，在该对话框中可以对所有要调差的材料统一设置风险幅度，针对个别风险幅度不同的材料可单击风险幅度范围单元格输入这一种材料的幅度范围，如图15-16所示。

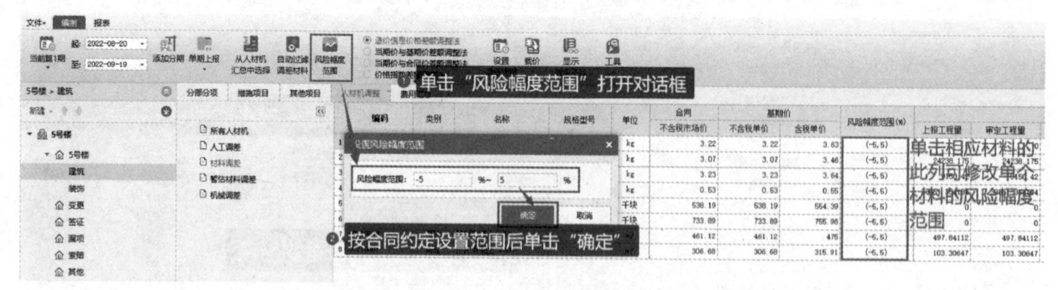


图 15-16　设置风险幅度范围

### 3. 选择调差方法

软件提供了造价信息价差额调整法、当期价与基期价差额调整法、当期价与合同价差额调整法和价格指数差额调整法四种方法，软件的帮助文档中对各种调差方法的计算规则进行了说明，实际操作时根据工程合同要求直接选择即可。本工程选择“造价信息价差额调整法”，如图15-17所示。

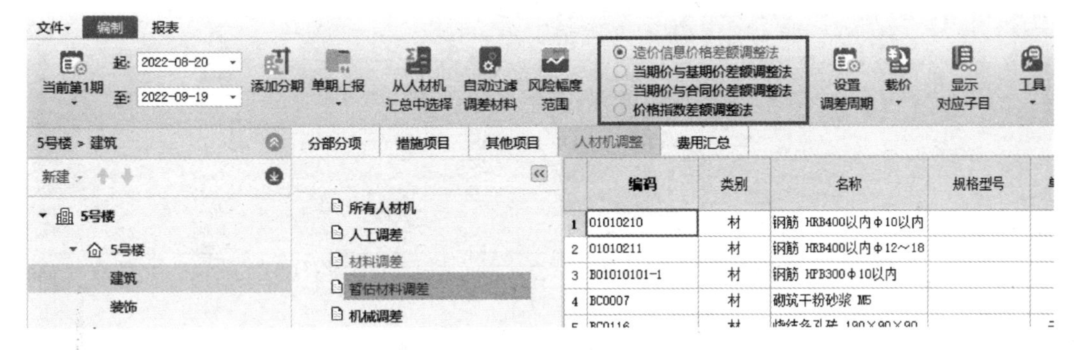


图 15-17　选择调差方法

4. 设置调差周期

针对要求每半年或一季度对材料统一调一次价的工程，可以单击“设置调差周期”进行调差周期设置，以实现多期统一调差，如图 15-18 所示。

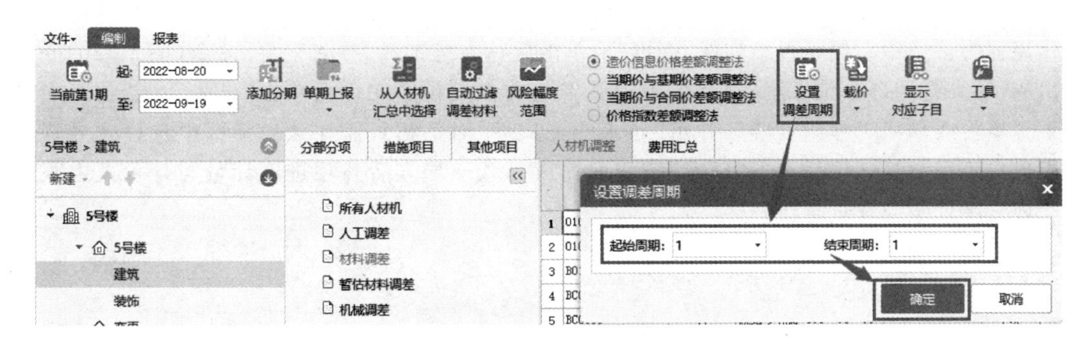


图 15-18　设置调差周期

5. 确定材料价格

软件针对确定材料价格有手动输入和载价两种方式。

(1)手动输入直接选中要调差的材料行，不同的调差方法需输入的价格不同：采用造价信息价差额调整法需输入“基期价格”和“当期价格”；采用当期价与基期价差额调整法需输入“基期价格”和“当期价格”；采用当期价与合同价差额调整法需输入“当期价格”；价格指数差额调整法需输入“基本价格指数 F0”和“第 n 期现行价格指数 Ft”。

拓展阅读：甲供材料计取

(2)载价下有“当期价批量载价”和“基期价批量载价”两种方式，操作流程与 14.2 招标控制价/投标报价编制中“批量载价”流程相似。

确定材料价格后，在人材机调差界面“取费”列可以看到价差默认取税金，切换至“费用汇总”页签能看到价差只取税金，如图 15-19 所示。

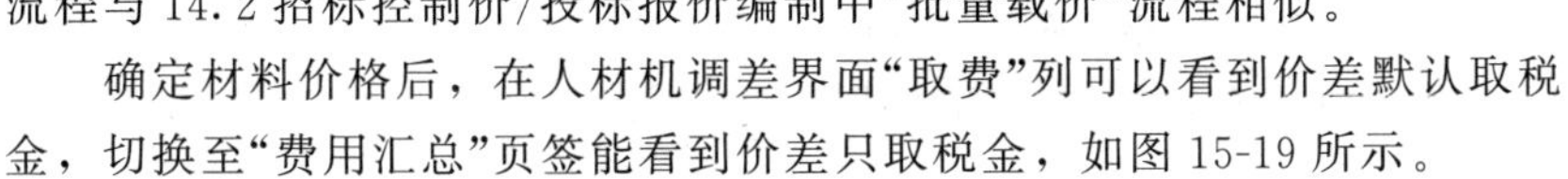

(a)

图 15-19　价差只计取税金

| | 序号 | 费用代号 | 名称 | 计算基数 | 基数说明 | 费率(%) | 合同金额 | 第1期上报合价 | 第1期审定合价 | 累计完成 | | 费用类别 | 备注 | 输出 |
|---|---|---|---|---|---|---|---|---|---|---|---|---|---|---|
| | | | | | | | | | | 合价 | 比例(%) | | | |
| 1 | 一 | A | 分部分项工程量清单计价合计 | FBFXHJ | 分部分项合计 | | 3,948,875.49 | 807,601.46 | 807,601.46 | 957,845.69 | 24.26 | 分部分项工程费 | Σ(分部分项清单工程量×综合单价) | |
| 4 | 二 | B | 单价措施项目清单计价合计 | JSCSF | 技术措施项目合计 | | 1,742,209.67 | 0.00 | 0.00 | 0.00 | 0 | 技术措施费 | Σ(单价措施项目清单工程量×综合单价) | |
| 7 | 三 | C | 总价措施项目清单计价合计 | ZZCSF | 组织措施项目合计 | | 238,726.24 | 18,696.07 | 18,696.07 | 21,406.60 | 8.97 | 组织措施费 | Σ总价措施项目费 | |
| 14 | 四 | D | 其他项目清单计价合计 | QTXMHJ | 其他项目合计 | | 204,250.00 | 0.00 | 0.00 | 0.00 | 0 | 其他项目清单合计 | Σ其他项目费 | |
| 15 | 五 | E | 规费 | ZYHJ_GF | 专业规费合计 | | 257,900.63 | 40,464.89 | 40,464.89 | 42,928.18 | 16.65 | 规费 | Σ规费 | |
| 24 | 六 | F | 税金 | A+B+C+D+E-FBF_ZJF | 分部分项工程量清单计价合计+单价措施项目清单计价合计+总价措施项目清单计价合计+其他项目清单计价合计+规费-分包费_直接费 | 9 | 575,276.59 | 78,008.62 | 78,008.62 | 91,996.24 | 15.99 | 税金 | [(一)+(二)+(三)+(四)+(五)]×税率 | |
| 25 | 七 | ZJXF | 总价下浮费 | A+B+C+D+E+F | 分部分项工程量清单计价合计+单价措施项目清单计价合计+总价措施项目清单计价合计+其他项目清单计价合计+规费+税金 | 0 | 0.00 | 0.00 | 0.00 | 0.00 | 0 | 总价下浮费 | (一)+(二)+(三)+(四)+(五)+(六) | |
| 26 | 八 | G | 工程总造价 | A+B+C+D+E+F-ZJXF | 分部分项工程量清单计价合计+单价措施项目清单计价合计+总价措施项目清单计价合计+其他项目清单计价合计+规费+税金-总价下浮费 | | 6,967,238.72 | 944,771.04 | 944,771.04 | 1,114,176.71 | 15.99 | 工程造价 | (一)+(二)+(三)+(四)+(五)+(六)-(七) | |
| 27 | 九 | JCHJ | 价差取费合计 | JDJC+JCSJ | 进度价差+价差税金 | | 0.00 | 17,309.05 | 17,309.05 | 17,309.05 | 0 | 价差取费合计 | | |
| 28 | 9.1 | JDJC | 进度价差 | JL_JDJCHJ | 验工计价价差合计 | | 0.00 | 15,879.86 | 15,879.86 | 15,879.86 | 0 | 进度结算价差 | | |
| 29 | 9.2 | JCSJ | 价差税金 | JDJC | 进度价差 | 9 | 0.00 | 1,429.19 | 1,429.19 | 1,429.19 | 0 | 价差税金 | | |
| 30 | 十 | JCGCZJ | 工程造价（调差后） | G+JCHJ | 工程总造价+价差取费合计 | | 0.00 | 962,080.09 | 962,080.09 | 1,131,485.76 | 0 | 调差后工程造价 | | |

(b)

图 15-19　价差只计取税金(续)

## (六)合同外变更签证报量

某些中大型项目合同中约定：施工过程中产生的签证、变更、洽商等合同外部分要求随进度款同期上报，审核后按约定比例支付；或施工单位逾期不上报，视为施工单位对甲方的优惠，不再进行支付。针对这种情况会出现合同外变更签证报量。以变更为例，在软件中其操作流程为：选中左侧项目结构树“变更”，单击鼠标右键选择“导入变更”命令(图 15-20)→在弹出的“导入合同外单位工程”对话框中找到本地的变更预算文件后单击“导入”，若预算文件为工程项目或单项工程则会继续弹出“导入变更文件”对话框，需在该对话框中选择要导入的变更单位工程预算文件后单击“确定”按钮即完成导入→导入后各项进度计量与计价及上报同合同内进度计量与计价操作一样。

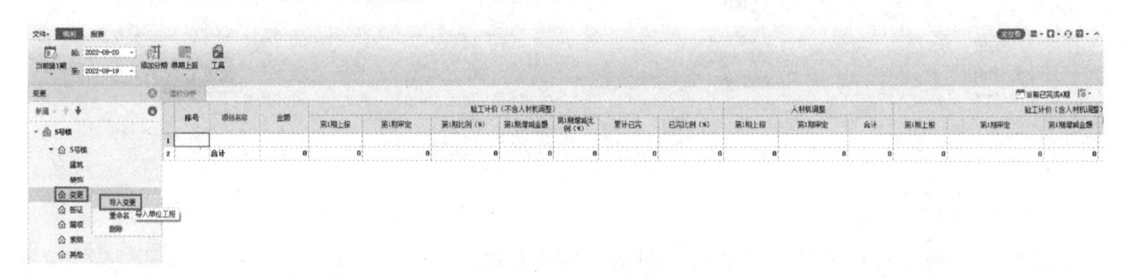


图 15-20　导入变更

## (七)单期上报

建设项目施工过程中，施工单位在每个形象进度周期向甲方上报进度款资料，双方确认后形成当期的产值资料并进行进度款的支付。这时施工单位需要生成当期进度文件，在 GCCP6.0 中的操作流程为：在查看工程项目的情况下单击功能命令区“单期上报”下“生成当期进度文件”→在弹出的对话框中勾选设置上报范围后单击“确定”按钮→在弹出的对话框中选择生成的当期进度文件的存储位置→在弹出成功确认对话框单击“确定”即完成操作，如图 15-21 为上报工程范围设置。

建设单位审定施工单位上报的进度款资料(分部分项、措施项目、其他项目、人材机调整等)，双方确认实际产值后形成确认后的进度款资料。建设单位、施工单位将审定后的产值文件重新导入(“单期上报”下“导入当期审定进度”命令)，进行累计进度款的汇总及分析。

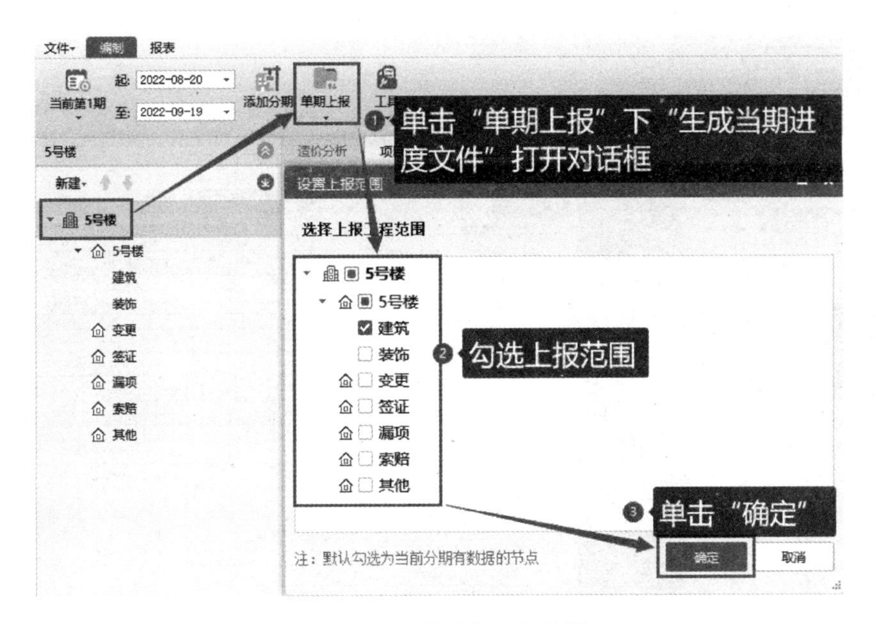

图 15-21　设置上报工程范围

## (八)报表

### 1. 查看项目整体

建设项目在进行到一定阶段时，参建各方需要查看从项目开工截止到当前期的各项费用合计及完成比例情况，例如：建设项目和各单位工程目前累计已经上报的不含价差部分的费用合计及完成比例；建设项目和各单位工程目前累计已经上报的包含价差部分的费用合计；在施工过程中发生的整个项目和单位工程整体的价差情况等。这种情况可以在软件左侧项目结构树切换到工程项目或单项工程的“造价分析”页签查看相应的验工计价相关费用，如图 15-22 所示。

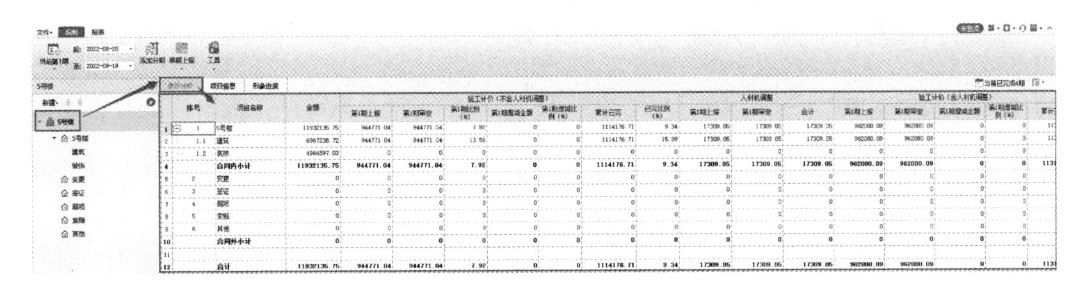
图 15-22　查看项目级验工计价造价分析

### 2. 报表

把每期要申报的量和价计算完毕后，就可以切换至“报表”菜单，可根据需要切换至项目、单项工程或单位工程查看相应的报表，如图 15-23 所示。批量导出报表与 14.1 工程量清单编制和 14.2 招标控制价/投标报价编制操作相同，此处不再赘述。

验工计价编制操作小结

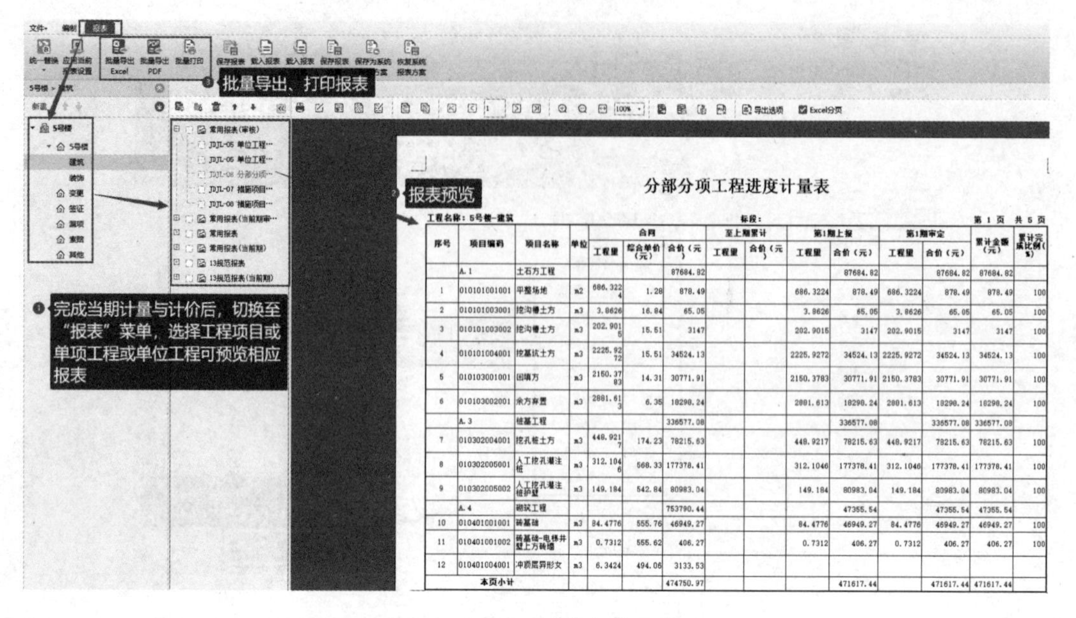


分部分项工程进度计量表

工程名称：5号楼-建筑　　标段：　　第 1 页　共 5 页

| 序号 | 项目编码 | 项目名称 | 单位 | 合同 | | | 至上期累计 | | 第1期上报 | | 第1期审定 | | 累计金额（元） | 累计完成比例（%） |
|---|---|---|---|---|---|---|---|---|---|---|---|---|---|---|
| | | | | 工程量 | 综合单价（元） | 合价（元） | 工程量 | 合价（元） | 工程量 | 合价（元） | 工程量 | 合价（元） | | |
| | A.1 | 土石方工程 | | | | 87684.82 | | | | 87684.82 | | 87684.82 | 87684.82 | |
| 1 | 010101001001 | 平整场地 | m2 | 686.3224 | 1.28 | 878.49 | | | 686.3224 | 878.49 | 686.3224 | 878.49 | 878.49 | 100 |
| 2 | 010101003001 | 挖沟槽土方 | m3 | 3.8626 | 16.84 | 65.05 | | | 3.8626 | 65.05 | 3.8626 | 65.05 | 65.05 | 100 |
| 3 | 010101003002 | 挖沟槽土方 | m3 | 202.9015 | 15.51 | 3147 | | | 202.9015 | 3147 | 202.9015 | 3147 | 3147 | 100 |
| 4 | 010101004001 | 挖基坑土方 | m3 | 2225.9272 | 15.51 | 34524.13 | | | 2225.9272 | 34524.13 | 2225.9272 | 34524.13 | 34524.13 | 100 |
| 5 | 010103001001 | 回填方 | m3 | 2150.3783 | 14.31 | 30771.91 | | | 2150.3783 | 30771.91 | 2150.3783 | 30771.91 | 30771.91 | 100 |
| 6 | 010103002001 | 余方弃置 | m3 | 2881.613 | 6.35 | 18298.24 | | | 2881.613 | 18298.24 | 2881.613 | 18298.24 | 18298.24 | 100 |
| | A.3 | 桩基工程 | | | | 336577.08 | | | | 336577.08 | | 336577.08 | 336577.08 | |
| 7 | 010302004001 | 挖孔桩土方 | m3 | 448.9217 | 174.23 | 78215.63 | | | 448.9217 | 78215.63 | 448.9217 | 78215.63 | 78215.63 | 100 |
| 8 | 010302005001 | 人工挖孔灌注桩 | m3 | 312.1046 | 568.33 | 177378.41 | | | 312.1046 | 177378.41 | 312.1046 | 177378.41 | 177378.41 | 100 |
| 9 | 010302005002 | 人工挖孔灌注桩护壁 | m3 | 149.184 | 542.84 | 80983.04 | | | 149.184 | 80983.04 | 149.184 | 80983.04 | 80983.04 | 100 |
| | A.4 | 砌筑工程 | | | | 753790.44 | | | | 47355.54 | | 47355.54 | 47355.54 | |
| 10 | 010401001001 | 砖基础 | m3 | 84.4776 | 555.76 | 46949.27 | | | 84.4776 | 46949.27 | 84.4776 | 46949.27 | 46949.27 | 100 |
| 11 | 010401001002 | 砖基础-电梯井壁上方砖墙 | m3 | 0.7312 | 555.62 | 406.27 | | | 0.7312 | 406.27 | 0.7312 | 406.27 | 406.27 | 100 |
| 12 | 010401004001 | 冲顶层异形女 | m3 | 6.3424 | 494.06 | 3133.53 | | | | | | | | |
| | 本页小计 | | | | | 474750.97 | | | | 471617.44 | | 471617.44 | 471617.44 | |

图 15-23　验工计价报表预览

## 尝试应用

1. 请按照前述步骤完成 5 号楼全部 4 期进度计量与计价并导出进度款支付报表。
2. 请自行拟定 3 号楼验工计价进度报量周期并完成 3 号楼进度款支付造价文件编制。

# 15.2　结算计价编制

## 聚焦项目任务

**知识：** 1. 了解工程结算计价的基本知识。
2. 熟悉结算计价的编制内容和注意事项。
3. 掌握运用 GCCP6.0 编制结算计价的操作流程。

**能力：** 1. 能够根据工程情况正确新建结算计价。
2. 能够根据工程情况进行合同内和合同外结算计价。
3. 能够根据业务需要进行相应报表输出。
4. 达到 1+X 工程造价数字化应用高级和全国高校 BIM 毕业设计创新大赛 BIM 全过程造价管理与应用赛项关于结算计量计价（合同内、合同外）相关操作及相应造价报告编制的要求。

**素质：** 在工程全部完工、经提交验收并提出竣工验收报告后，以遵守国家有关法律、法规、政策方针和各项规定为前提，基于充分的事实依据和齐全的基础资料，全面严格履行合同进行结算编制，养成遵守法纪、实事求是、诚实守信的良好职业素养。

结算计价编制导学单
及激活旧知思维导图

微课 1：编制合同内一次性
结算计价

微课 2：编制合同外结算计价、
查看造价分析与结算计价报表

## 示证新知

### 一、项目背景导入

某建筑施工单位已经完成了 5 号楼 4 期验工计价，工程已经完工并提交验收形成竣工验收报告。你所在的工程造价咨询企业受该建筑施工单位委托编制结算计价，你负责其中的建筑与装饰工程结算计价任务。

### 二、编制结算计价

齐桓公守诚信
（来源：央视网）

编制结算计价时，所有的量价调整都需要参照双方签订的施工承包合同和相关补充协议进行，结算工程量的核定一定是在全部完工且提交竣工验收报告后基于充分的事实依据进行，不可出现重复和错漏，过程中应认真践行遵纪守法、廉洁自律、求真诚信的职业操守。

#### (一)新建结算计价

GCCP6.0 平台针对结算方式为一次性结算或是分期计量结算提供了两种新建结算计价的方式。如果结算方式是一次性结算时，需要重新对工程的量价进行核实，这时可以将合同预算工程文件转为结算文件，其转换的方式与新建验工计价的两种方法相同，此处不再赘述。如果结算方式采用分期计量结算，则可将验工计价文件转为结算文件，可以打开验工计价文件执行“文件”菜单下“转为结算计价”或在 GCCP6.0 平台“新建结算”模块新建结算计价文件，选择文件时选已完成的验工计价文件即可。

在 GCCP6.0 平台新建结算计价文件与新建验工计价文件相似，此处不再赘述。

此处采用一次性结算的方式，基于 14.2 招标控制价/投标报价编制的结果工程文件“5 号楼招标控制价”来新建结算计价文件。

#### (二)合同内量、价处理

##### 1. 合同内分部分项量差

在《建设工程工程量清单计价规范》(GB 50500—2013)中明确说明，清单工程量偏差低于 15%的综合单价不予调整，量差超出 15%的，超出部分综合单价要调整。根据这条规定，在做结算时需要把每一条清单的合同工程量和结算工程量进行比对做除，找出量差大于 15%的，再重新计算超出 15%部分工程量的综合单价。

(1)输入结算工程量。按一次性结算的方式，完成新建结算计价文件后，要切换至单位工程输入按竣工图复算计算得出的结算工程量。软件提供了手动输入和提取结算工程量(从算量文件提取)两种方法：将合同预算工程文件转为结算计价文件后，软件默认结算工程量为合同工程量，若实际结算时有变化，直接在“★结算工程量”列修改结算工程量即可，这种方法是手动输入方法；若根据竣工图纸重新在算量软件中创建了算量模型并套了做法，可单击“提取结算工程

量”下“从算量文件提取”来直接导入结算工程量，其操作步骤与 14.1 工程量清单编制中导入算量文件操作相似，此处不再赘述。两种操作如图 15-24 所示，实际工程中可根据具体情况选择用哪种方式。输入结算工程量后，软件会自动计算结算工程量相对于合同工程量的量差和量差比例。

图 15-24　结算工程量输入两种方式

软件还可针对结算工程量进行统一系数调整，执行功能命令区“其他”下“结算工程量批量乘系数”命令后在弹出的对话框中输入系数，并单击“确定”按钮即可完成调整，如图 15-25 所示。

图 15-25　结算工程量批量乘系数

若工程中有需要，还可根据实际情况定位到分部行，执行功能命令区“插入”下“插入分部”或“插入清单”命令进行分部或清单的插入，新增的分部或清单，软件会以不同颜色将其标注出来；软件同时支持将原有合同内清单进行复制粘贴，并将粘贴后的新清单以不同颜色标识出来。

(2)修改量差幅度。软件中默认的工程量量差幅度为 15%，若合同规定的偏差幅度和规范规定的不一致，则单击“文件”菜单中“选项”下的“结算设置”，根据合同要求修改即可，如图 15-26 所示。

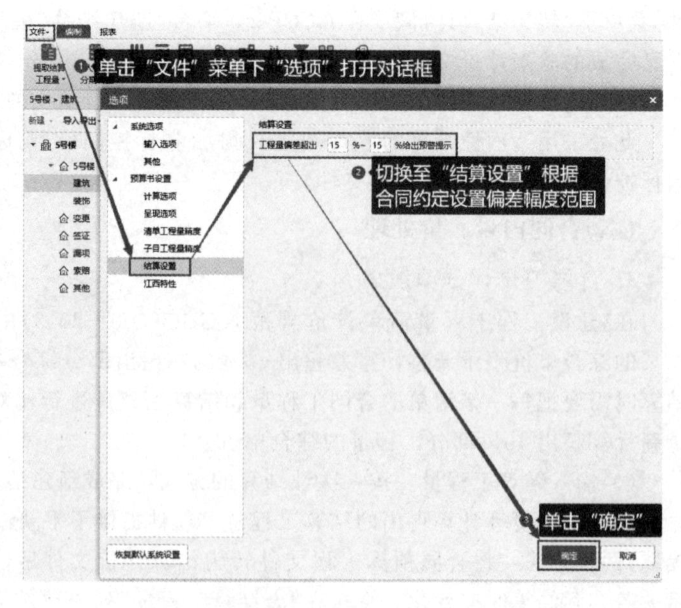


图 15-26　修改量差幅度

设置量差幅度后，软件会针对超出 15% 的清单行的结算工程量

和比例用红色加粗字体显示，如图 15-27 所示。

| | 编码 | 类别 | 名称 | 单位 | 锁定综合单价 | 合同工程量 | 合同单价 | ★结算工程量 | 结算合价 | 量差 | 量差比例(%) | ★备注 |
|---|---|---|---|---|---|---|---|---|---|---|---|---|
| | | | 整个项目 | | | | | | 4459732.79 | | | |
| B1 | A.1 | 部 | 土石方工程 | | | | | | 87642.1 | | | |
| 1 | 010101001001 | 项 | 平整场地 | m2 | | 686.3224 | 1.28 | 643.8224 | 824.09 | -42.5000 | -6.19 | |
| 2 | 010101003001 | 项 | 挖沟槽土方 | m3 | | 3.8626 | 16.84 | 4.5562 | 76.73 | 0.6936 | 17.96 | |
| 3 | 010101003002 | 项 | 挖沟槽土方 | m3 | | 202.9015 | 15.51 | [202.9015] | 3147 | 0.0000 | 0 | |
| 4 | 010101004001 | 项 | 挖基坑土方 | m3 | | 2225.9272 | 15.51 | [2225.9272] | 34524.13 | 0.0000 | 0 | |
| 5 | 010103001001 | 项 | 回填方 | m3 | | 2150.3783 | 14.31 | [2150.3783] | 30771.91 | 0.0000 | 0 | |
| 6 | 010103002001 | 项 | 余方弃置 | m3 | | 2881.613 | 6.35 | [2881.613] | 18298.24 | 0.000 | 0 | |
| B1 | A.3 | 部 | 桩基工程 | | | | | | 433999.81 | | | |
| 7 | 010302004001 | 项 | 挖孔桩土方 | m3 | | 448.9217 | 174.23 | 590.3615 | 102858.68 | 141.4398 | 31.51 | |
| 8 | 010302005001 | 项 | 人工挖孔灌注桩 | m3 | | 312.1046 | 568.33 | 400.0233 | 227345.24 | 87.9187 | 28.17 | |
| 9 | 010302005002 | 项 | 人工挖孔灌注桩护壁 | m3 | | 149.184 | 542.84 | 191.209 | 103795.89 | 42.025 | 28.17 | |

**图 15-27 量差幅度超过 15%红色高亮预警**

(3)15%以上量差处理。如图 15-27 中挖沟槽土方、挖孔桩土(石)方、人工挖孔灌注桩工程量量差均超过 15%，按规定超过 15%的部分要进行综合单价调整，超过的量差部分可以放在合同外处理。这部分处理按新建量差调整单位工程→复用合同清单→调整量差调整中复用过来的清单综合单价的步骤进行。

第 1 步新建量差调整单位工程：选中左侧项目结构树中“其他”，单击鼠标右键选择“新建其他”→在弹出的对话框中修改工程名称为“量差调整”并核对相应的清单和定额专业及清单库后单击“立即新建”即可，如图 15-28(a)所示。

第 2 步复用合同清单：单击功能命令区“复用合同清单”打开对话框→在对话框中根据量差幅度设置并勾选过滤规则，若需精确过滤则可输入关键字→勾选要复用的清单项→选择清单和工程量的复用规则后单击“确定”按钮→在弹出的“确认”对话框单击“是”即完成复用，如图 15-28(b)所示。利用后“量差调整”单位工程“分部分项”页签如图 15-28(c)所示，在图 15-28(d)被利用的清单项的结算工程量软件已自动扣减了超过 15%的部分。若在图 15-28(b)确认对话框中单击“否”则合同内结算工程量无变化。

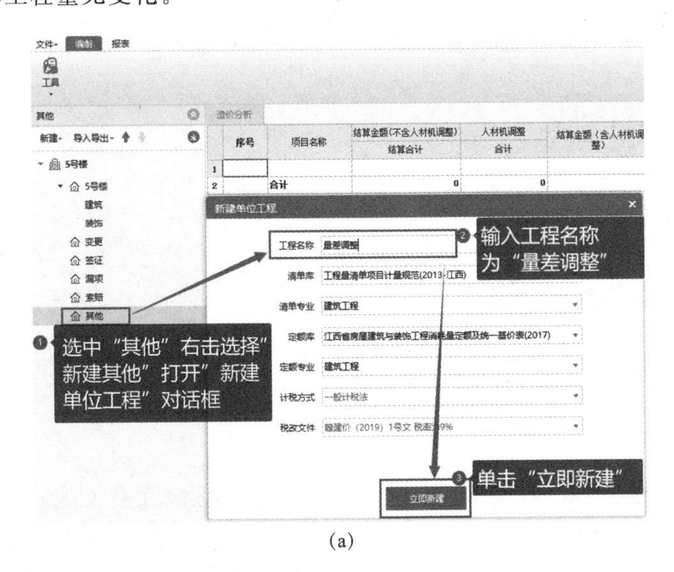


(a)

**图 15-28 复用合同清单完成量差超过 15%部分的清单工程量的处理**

(a)新建其他——量差调整

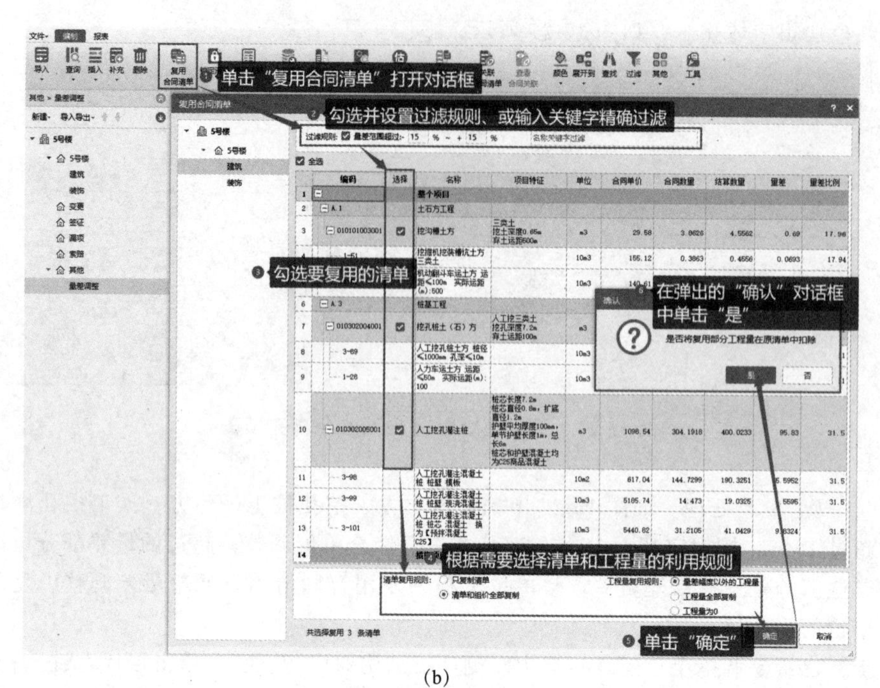


(b)

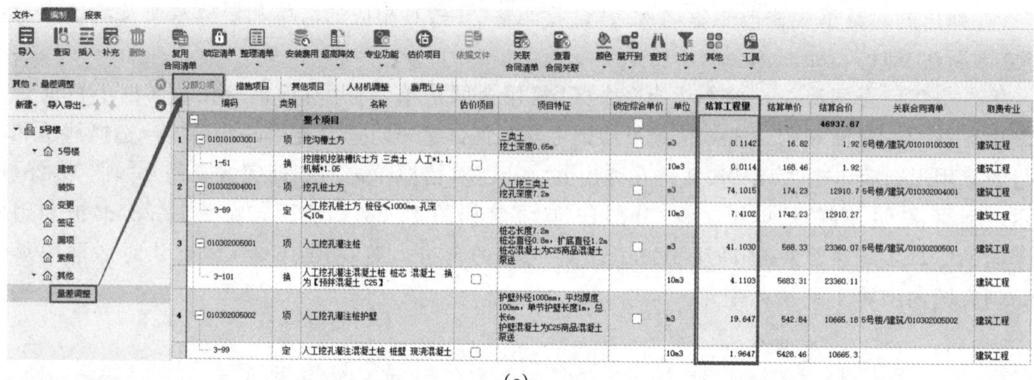

(c)

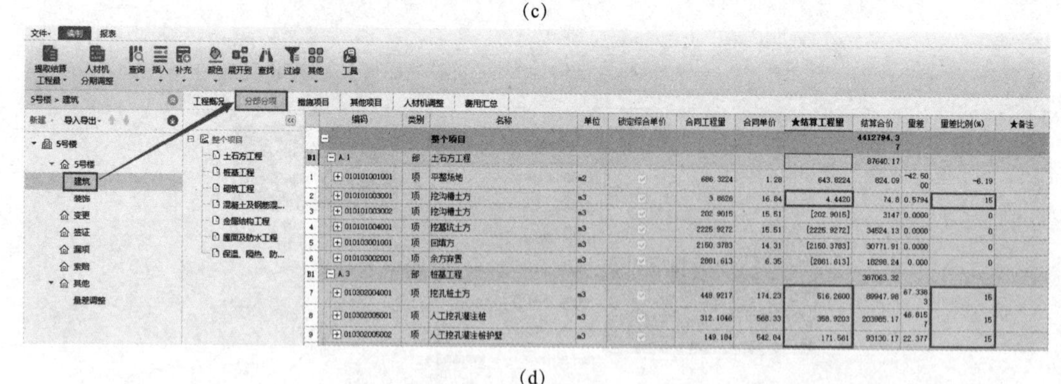

(d)

图 15-28　复用合同清单完成量差超过 15%部分的清单工程量的处理(续)

(b)复用合同清单；(c)复用合同清单后量差调整部分的清单项目显示；(d)复用合同清单后原结算工程量和量差比例的变化

第 3 步确定量差调整中超过 15%部分的综合单价：可通过重套定额或按约定综合单价选中相应清单行单击鼠标右键选择“强制修改综合单价”命令来进行相应综合单价的调整。

## 尝试应用

5 号楼挖基坑土方合同清单工程量是 2 225.927 2 $m^3$，假定实际结算时完成清单工程量 1 890 $m^3$，合同约定实际工程量减少超过 15%时对该清单项单价调整为 33.5 元/$m^3$，请在 GCCP6.0 中完成该项目的结算计价。

### 2. 措施项目费用结算

建设项目合同文件中对于措施费的规定一般分为两种：合同中约定措施费用不随建设项目的任何变化而变化，工程结算时直接按合同签订时的价格进行结算，即总价包干；合同中约定措施费用按工程实际情况进行结算，即可调措施。造价人员可根据合同约定对措施项目的结算方式进行调整。

软件对措施项目费用的结算方式调整可以多行统一调整也可以针对某行或某行进行局部调整，其中统一调整的操作为选中要调整的行，单击功能命令区“结算方式”位置选择对应的结算方式即可；局部调整则需要一行一行调整，选中要调整的措施项目清单行，在其“结算方式”列对应格下拉选择对应的结算方式即可，如图 15-29 所示。

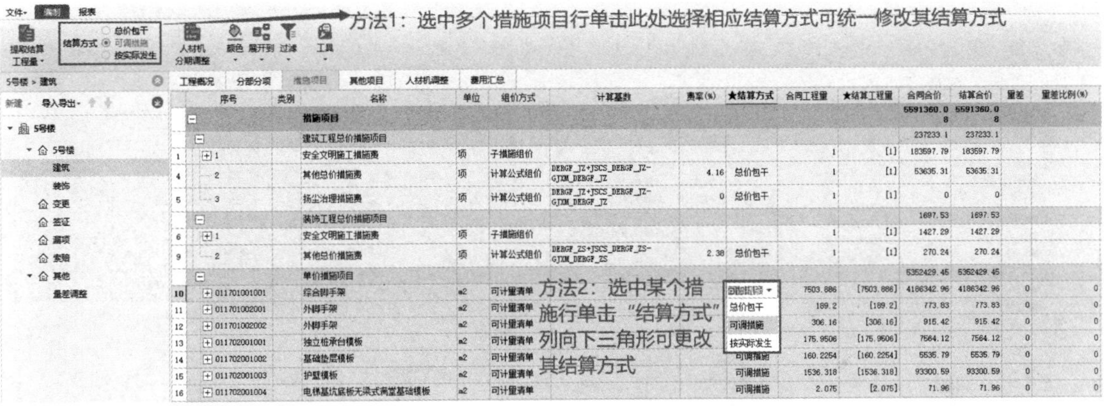

图 15-29　措施项目结算方式修改

当工程中变更非常大时措施项目费用就有可能不再采用原文件要求，这时候需要修改相应措施项目的结算方式，可以在软件中找到相应的措施项目行单击“结算方式”单元格进行调整，或在“结算方式”功能命令区中选择“可调措施”或“总价包干”进行切换。

### 3. 合同内人材机价差调整

竣工结算阶段价差调整主要为单位工程中人材机调差和项目级人材机调差，相关操作和验工计价一致，此处不再赘述。

### 4. 结算分期调差

若在施工过程中不需要施工方向甲方上报调差结果，但最终结算时又需要按分期实际发生的量和价调差，这时就涉及结算分期调差，这种调差方式在软件中分两部分处理：首先需要在分部分项界面设置分期，再在人材机调整界面调差。

(1)分部分项分期设置。第 1 步设置“人材机分期调整”：执行功能命令区“人材机分期调整”命令打开对话框→在对话框中选择是否分期调整(选择分期则在分期工程量明细中输入分期工程量，结算工程量等于分期量之和，选择不分期将采用统一调差，直接在结算工程量输入数值)、设置总期数、选择分期输入方式后单击“确定”按钮，如图 15-30 所示。

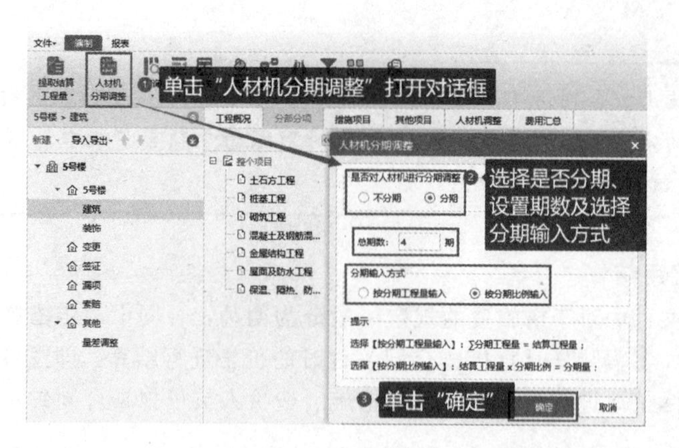


图 15-30　分部分项人材机分期调整

(2)设置分期工程量明细。在“分部分项”页签单击“分期工程量明细”，定位要分期的清单行，根据工程实际情况输入各期结算工程量比例，如图 15-31 所示。输入完毕后，若其他清单项也执行此比例关系，可单击“分期比例应用到”当前分部或分部分项所有清单项。

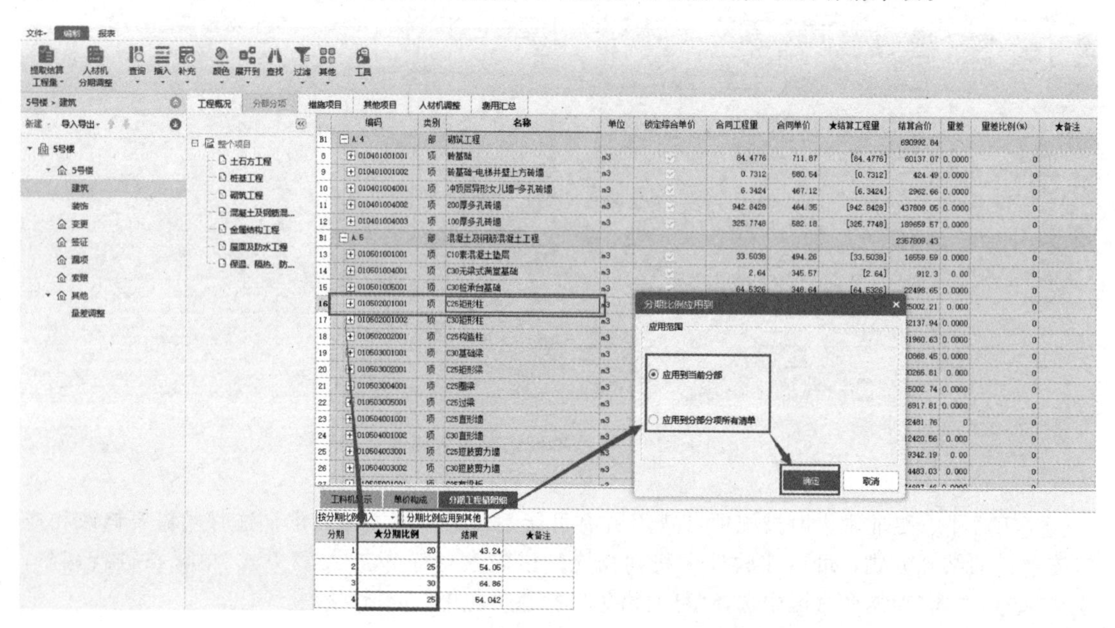

图 15-31　设置各清单行分期工程量明细

完成分部分项分期工程量明细设置后，要进入“人材机调整”页签进行调差，进入“人材机调整”页签之前设置的 4 个分期在“材料调差”下有显示。这种结算分期调差的步骤仅设置调差周期这个步骤与验工计价中人材机调整步骤不同，单击“单期/多期调差设置”，单期设置的意思是软件根据在人材机分期调整设置的总期数、每期中的分期的量来计算当期的发生量，每个分期记一次差，分期结算单价分别输入，最后计入总价差；多期调整是指可把之前设置的分期分多次进行价差调差，如按季度或年为单位调一次差，确定结算单价时进行量价加权，最后再计入总价差。“单期/多期调差设置”操作如图 15-32 所示。按图 15-32 设置后材料调差周期变为按多期调差设置的总调差次数(即由图 15-32 所示的 4 次变为对话框的 2 次)，并且材料工程量也会自动重新计算。

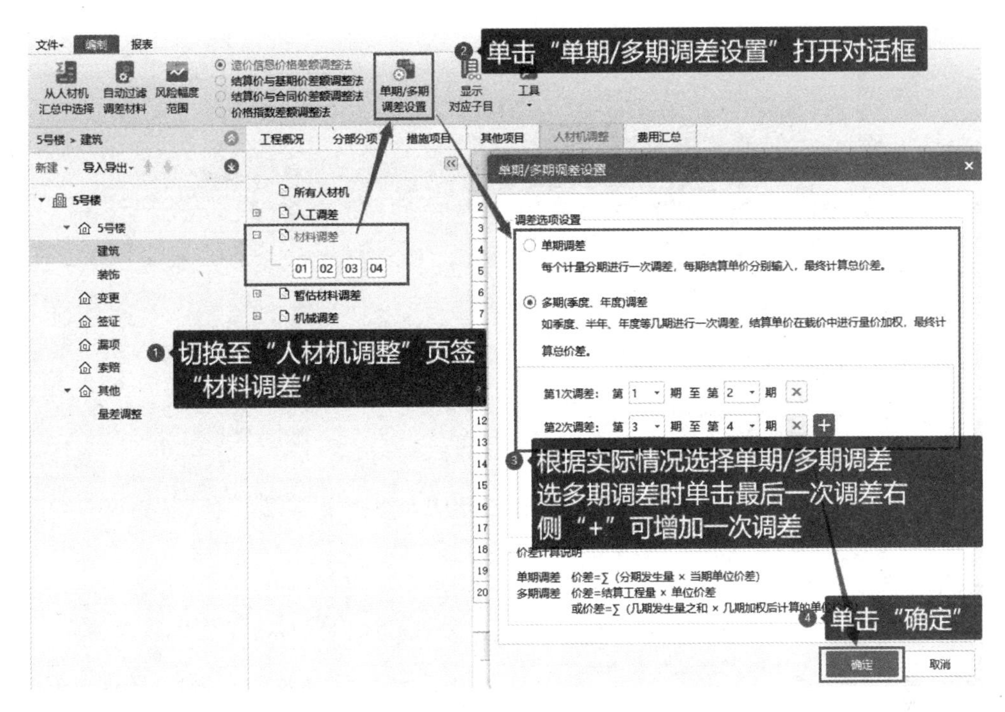


图 15-32　单期/多期调差设置

## 小提示

合同内量、价处理除上述内容外，还需要对原合同价中材料暂估价部分与建设单位协商确认并按确认价计入结算；对专业暂估价要进行确认并按实际发生的进行结算计价；对暂列金额进行确认并按实际发生的计入结算，未发生的归建设单位所有，不计入结算。

### (三)合同外量、价处理

在GCCP6.0结算计价中合同外变更、签证、漏项与索赔均可通过右键命令用三种方式来创建，以变更为例，可通过右键“导入结算工程”“新建变更”或“导入变更”的方式来新建变更，如图15-33所示。“新建变更”后可通过手动输入或导入Excel文件或导入单位工程的方式来导入变更工程的清单，其操作与14.1工程量清单编制中相应内容操作步骤相同。或变更的内容清单项目与合同内结算的清单项目相同或类似时也可以用“复用合同清单”并设置好过滤条件来实现快速利用。变更工程中的定额套用、换算和人材机汇总及价差调整与14.2招标控制价/投标报价编制中相似。

比如本工程的招标工程量清单中没有考虑缺方内运，因此在漏项处新建“缺方内运漏项”，并在“分部分项”页签通过查询清单指引的方式添加清单按实际情况描述项目特征、添加定额子目及进行定额换算，其结算工程量为回填结算工程量，如图15-34所示。

这里介绍几个在合同外量、价处理时常常要用到的此前未介绍过的操作。

#### 1. 依据文件

建设项目合同外部分结算编辑完成后，在进行结算审核时可能需要查看设计变更或签证原件扫描件，软件提供的依据文件功能可以将设计变更或签证的原件扫描件设置成链接方便快速查看。以设计变更依据添加为例，其操作流程为：单击选中变更单位工程→执行功能命令区“依

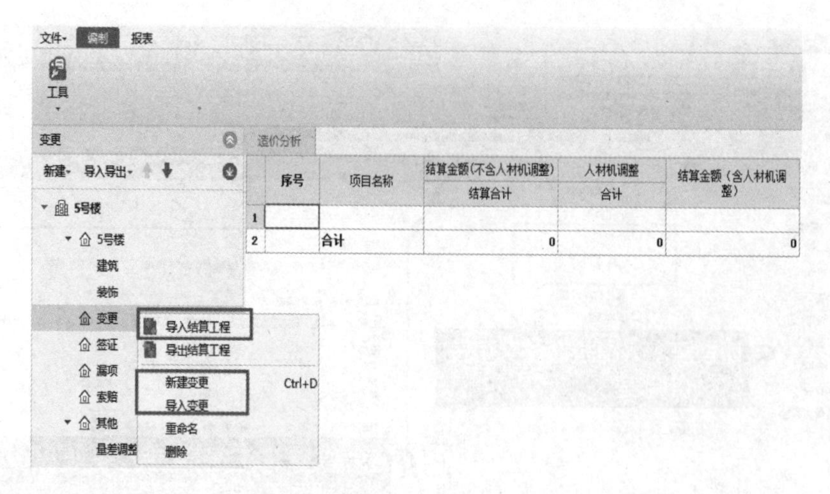


图 15-33　新建变更的几种方式

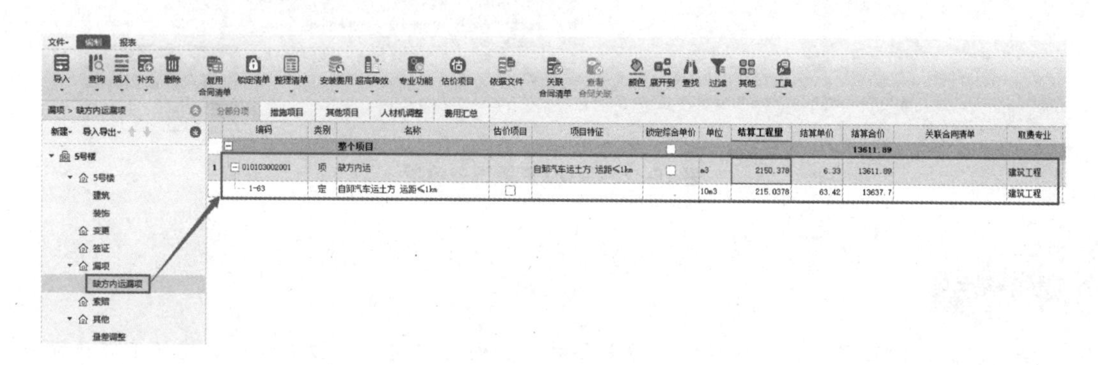


图 15-34　本工程缺方内运漏项处理

据文件”命令打开对话框→单击“添加依据”打开“选择依据文件”对话框→在对话框中本地文件中找到依据文件单击“确定添加”→回到“依据文件”对话框可查看添加的依据文件，如图 15-35 所示。

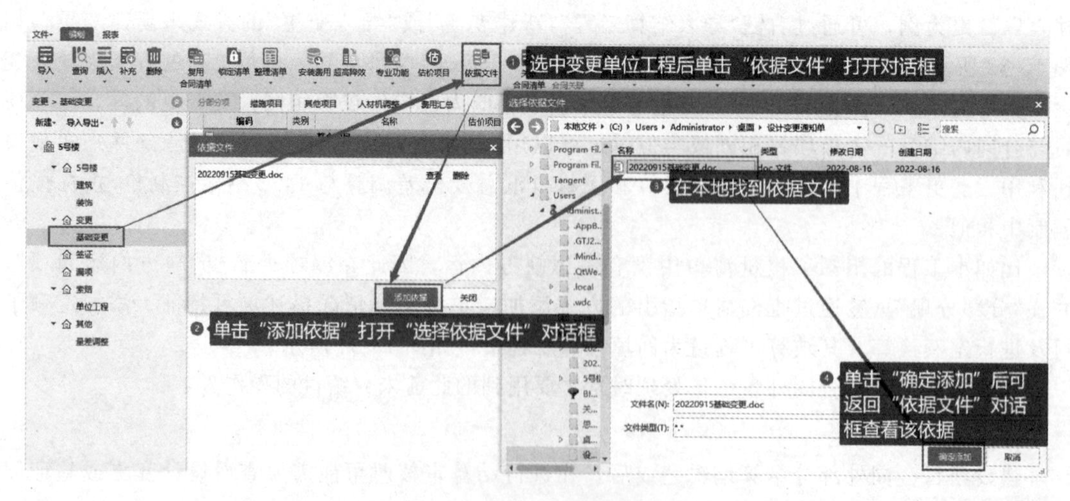


图 15-35　添加依据文件

## 小提示

(1)在“依据文件”对话框中，单击“添加依据”可添加任意格式的文件，并在此框中排列，并且在该框中进行文件“查看”和删除，依据添加完毕后点击“关闭”即可。

(2)完成关联后再次要查看依据内容，单击功能命令区“依据文件”或“依据”列，即可查看相应依据文件内容。

### 2. 关联合同清单

建设项目合同外部分结算编制时，会直接(或间接)使用合同清单或者在上报签证变更资料时将合同内清单作为其价格来源依据，使用“关联合同清单”将合同外新增清单与原合同清单建立关联，方便进行对比查看和管理。

“关联合同清单”操作流程为：选中合同外分部分项、措施项目(可计量清单)的清单行，在功能命令区单击“关联合同清单”或右击“关联合同清单”→在弹出的“关联合同清单”对话框中，通过过滤条件选中关联的合同内清单，单击“确定”即可关联成功，如图 15-36 所示。

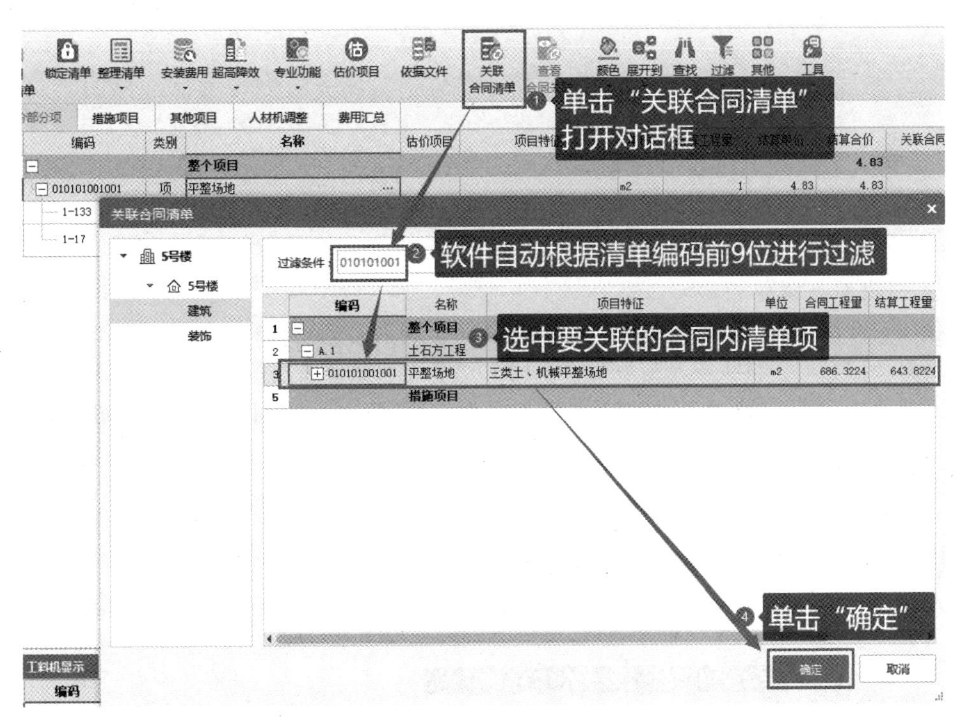


图 15-36　关联合同清单

“查看合同关联”：要查看某条清单具体关联的合同内清单，选中该清单行后执行功能命令区“查看合同关联”命令，在弹出的“查看合同关联”对话框中可以看到合同内清单的详细内容。双击该条清单可定位回到合同内，便于详细查看。单击“返回原清单”，可返回合同外清单行，如图 15-37 所示。

取消合同关联：要取消合同外清单与合同内清单的关联关系，选中合同外清单行右击选择“取消关联合同清单”。

设置了“依据文件”“关联合同清单”后软件会在“依据”和“关联合同清单”列有相应的内容显示，如图 15-38 所示。

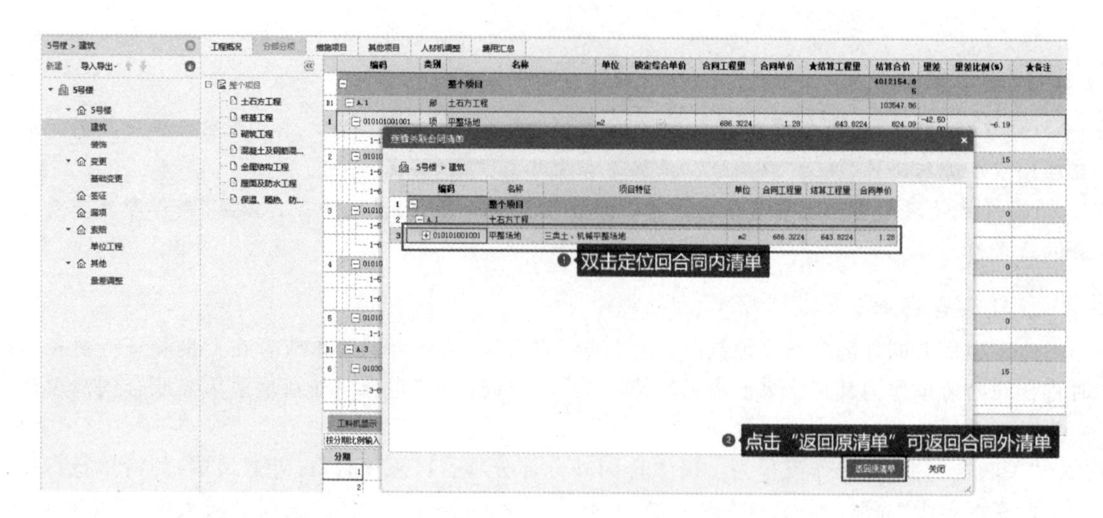


图 15-37　查看合同关联

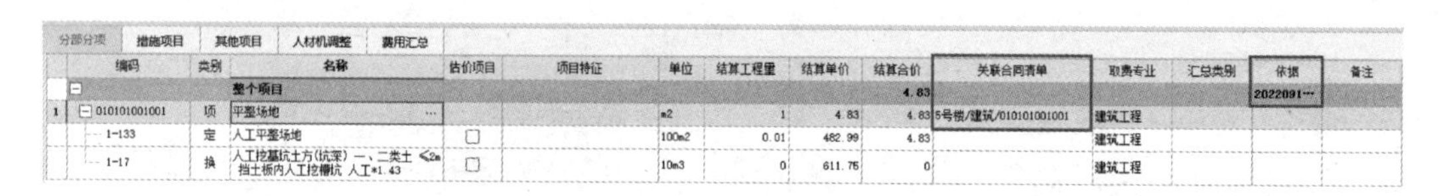

图 15-38　依据与关联合同清单显示

### 3. 人材机参与调差

建设项目合同外部分出现的材料可能包含某些合同内的调差材料，竣工结算时约定合同内外部分材料按照相同价格执行，则需要将合同外部分材料结算价格同步为合同内材料的结算价格，这时就要用到“人材机参与调差”功能。其操作流程为：选中合同外单位工程切换至“人材机调整”页签→勾选“人材机参与调差”→切换至“价差”节点，则右侧会显示出合同外参与合同内人材机调差的人材机。其操作如图 15-39 所示。

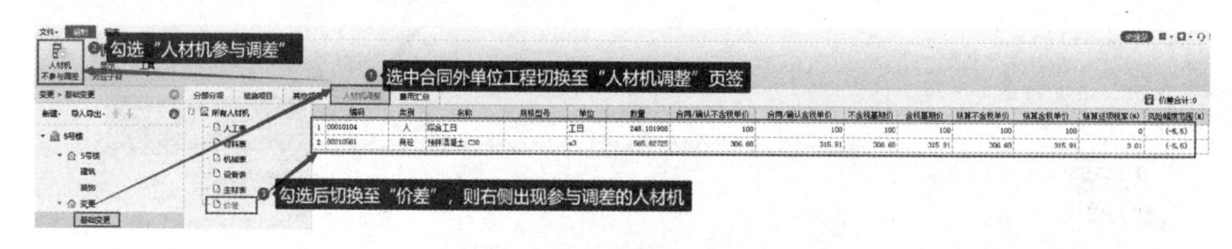


图 15-39　人材机参与调差

## 小 提 示

当验工计价文件导入结算计价文件时，人材机调差界面默认显示验工计价文件中调整价差的材料，但是结算单价及基期价默认等于合同单价。

### 4. 合同外费用汇总

合同外费用汇总与任务 13 工程概算编制和 14.2 招标控制价/投标报价编制中费用汇总相同，可查看，也可根据工程实际要求添加费用行并选择计算基数和费率等。值得注意的是，在

前述完成了“人材机参与调差”设置后，在相应的合同外单位工程费用汇总中会单独将价差部分的各种费用显示出来；若未设置则不显示。

**尝试应用**

> 2022 年 9 月 15 日，乙方收到了一份设计变更通知单，内容如下：所有基础垫层混凝土强度等级由 C10 变更为 C15，基础层梁强度等级由 C25 变更为 C30。请在 GCCP6.0 中新建变更并完成相应清单项目的结算计价。

### (四)查看造价分析

建设项目或单位工程的竣工结算文件编辑完成后，参建各方想要查看整个项目、各个单位工程或合同外部分的结算金额并且与合同金额进行对比分析。这时可根据需要选中工程项目或单项工程查看“造价分析”页签来查看合同金额、结算金额及人材机调整等信息。

### (五)报表

在 GCCP6.0 中可根据需要查看、批量导出项目及合同内和合同外的单项工程、单位工程相应报表，如图 15-40 所示的合同内“建筑”单位工程竣工结算汇总表预览。批量导出报表与 14.1 工程量清单编制和 14.2 招标控制价/投标报价编制操作相同，此处不再赘述。

结算计价编制操作小结

单位工程竣工结算汇总表

工程名称：5号楼-建筑　　标段：　　第 1 页 共 1 页

| 序号 | 汇总内容 | 合同金额(元) | 结算金额(元) |
|---|---|---|---|
| 一 | 分部分项工程量清单计价合计 | 4362352.78 | 4412794.37 |
| 1.1 | 其中：定额人工费 | 700734.39 | 710348.27 |
| 1.2 | 其中：定额机械费 | 68009.78 | 69095.39 |
| 二 | 单价措施项目清单计价合计 | 5352429.45 | 5352429.45 |
| 2.1 | 其中：定额人工费 | 599930.61 | 599930.61 |
| 2.2 | 其中：定额机械费 | 133700.19 | 133700.19 |
| 三 | 总价措施项目清单计价合计 | 238930.63 | 238930.63 |
| 3.1 | 安全文明施工措施费 | 185025.08 | 185025.08 |
| 3.1.1 | 安全文明环保费 | 132534.98 | 132534.98 |
| 3.1.2 | 临时设施费 | 52490.1 | 52490.1 |
| 3.2 | 其他总价措施费 | 53905.55 | 53905.55 |
| 3.3 | 七项组织措施费-园林 | | |
| 3.4 | 扬尘治理措施费 | | |
| 四 | 其他项目清单计价合计 | 204650 | |
| 五 | 规费 | 248757.5 | 250533.63 |
| 5.1 | 建筑工程规费 | 247388.57 | 249164.7 |
| 5.1.1 | 社会保险费 | 195377.36 | 196780.07 |
| 5.1.2 | 住房公积金 | 49477.71 | 49832.94 |
| 5.1.3 | 工程排污费 | 2533.5 | 2551.69 |
| 5.2 | 装饰工程规费 | 1368.93 | 1368.93 |
| 5.2.1 | 社会保险费 | 1081.37 | 1081.37 |
| 5.2.2 | 住房公积金 | 274.27 | 274.27 |
| 5.2.3 | 工程排污费 | 13.29 | 13.29 |
| 六 | 税金 | 936640.83 | 922921.93 |
| 八 | 工程总造价 | 11343761.19 | 11177610.01 |
| 九 | 价差取费合计 | | |
| 十 | 工程造价(调差后) | | 11177610.01 |

图 15-40　合同内“建筑”单位工程竣工结算汇总表

# 参考文献


[1] 中华人民共和国住房和城乡建设部．GB 50500－2013 建设工程工程量清单计价规范[S]. 北京：中国计划出版社，2013.

[2] 中华人民共和国住房和城乡建设部．GB 50854－2013 房屋建筑与装饰工程工程量计算规范[S]. 北京：中国计划出版社，2013.

[3] 中华人民共和国住房和城乡建设部．GB/T 50353－2013 建筑工程建筑面积计算规范[S]. 北京：中国计划出版社，2014.

[4] 中国建筑标准设计研究院．22G101－1 混凝土结构施工图平面整体表示方法制图规则和构造详图(现浇混凝土框架、剪力墙、梁、板)[S]. 北京：中国标准出版社，2022.

[5] 中国建筑标准设计研究院．22G101－2 混凝土结构施工图平面整体表示方法制图规则和构造详图(现浇混凝土板式楼梯)[S]. 北京：中国标准出版社，2022.

[6] 中国建筑标准设计研究院．22G101－3 混凝土结构施工图平面整体表示方法制图规则和构造详图(独立基础、条形基础、筏形基础、桩基础)[S]. 北京：中国标准出版社，2022.

[7] 江西省建设工程造价管理局．江西省房屋建筑与装饰工程消耗量定额及统一基价表(2017 年版)[S]. 长沙：湖南科学技术出版社，2017.

[8] 江西省建设工程造价管理局．江西省建筑与装饰、通用安装、市政工程费用定额(试行)(2017 版)[S]. 长沙：湖南科学技术出版社，2017.

[9] 张向荣，阎俊爱，荆树伟．计算机辅助工程造价[M]. 北京：化学工业出版社，2020.

[10] 张玲玲，刘霞，程晓慧．BIM 全过程造价管理实训[M]. 重庆：重庆大学出版社，2018.

[11]广联达科技股份有限公司. 广联达 BIM 土建计量平台 GTJ2021 帮助文档[DB/OL]. http://zjk. glodon. com/helpdoc/pc/29. 2022.

[12] 广联达科技股份有限公司．广联达云计价平台 GCCP6.0 帮助文档[DB/OL]. 2022.